TRAITÉ
DE CHIMIE
MINÉRALE, VÉGÉTALE ET ANIMALE,

PAR J. J. BERZELIUS,

SECONDE ÉDITION FRANÇAISE,

TRADUITE AVEC L'ASSENTIMENT DE L'AUTEUR,

PAR MM. HOEFER ET ESSLINGER,

SUR LA CINQUIÈME ÉDITION QUE PUBLIE M. BERZELIUS A DRESDE ET A LEIPZIG.

TOME QUATRIÈME.

PARIS,

CHEZ FIRMIN DIDOT FRÈRES, LIBRAIRES,

IMPRIMEURS DE L'INSTITUT DE FRANCE,

RUE JACOB, N° 56.

1847.

TRAITÉ

DE CHIMIE.

SELS.

17. *Sels de cobalt.*

Ces sels se distinguent par leur couleur rouge ou brun rougeâtre. Ceux qui sont solubles ont une saveur astringente, peu métallique; les sulfhydrates alcalins les précipitent en noir, les alcalis caustiques en bleu ou en vert, le cyanure ferroso-potassique en vert grisâtre, et les carbonates alcalins en rouge clair. Le cobalt n'est pas précipité de ses dissolutions par le zinc.

A. *Sels haloïdes de cobalt.*

Chlorure cobaltique. Co Gl. Ce sel se forme avec dégagement de gaz hydrogène, quand on fait bouillir du cobalt avec de l'acide chlorhydrique concentré. On l'obtient aussi en dissolvant l'oxyde cobaltique dans l'acide chlorhydrique étendu, ou en faisant digérer le suroxyde de cobalt avec le même acide, cas dans lequel il se dégage du chlore. La dissolution est rouge; mais quand elle contient un grand excès d'acide, ou qu'on la chauffe à l'état concentré, elle prend une couleur bleue. Si, dans ce dernier cas, elle devient verte, ce qui arrive ordinairement, il faut en conclure qu'elle contient du chlorure niccolique ou du chlorure ferrique. Le sel cristallise en petits cristaux d'un rouge grenat, qui ne s'altèrent pas à l'air. Ils fondent dans leur eau de cristallisation, et se dissolvent dans l'alcool. En évaporant la dissolution jusqu'à ce qu'elle devienne bleue, on obtient, d'après *Proust*, des cristaux bleus anhydres. Si l'on expose le sel rouge à une haute température, il se dégage, outre l'eau, une portion d'acide chlorhydrique, et il reste un sel basique qui se décompose, à une températnre plus élevée, en chlorure cobaltique anhydre qui se sublime, et en oxyde cobaltique qui reste. Le sel sublimé est bleuâtre tant qu'il est chaud, et prend, en se refroidissant, une légère couleur rouge. Il est gras au toucher, très-volumineux, et se dissout d'abord très-lentement dans l'eau; mais quand il est exposé à l'air, il reprend peu à peu son eau de cristallisation, devient d'un rouge clair, et se dissout ensuite aisément. Il ressemble, sous ce rapport, à l'alun anhydre, au sulfate ferreux anhydre et à plusieurs autres sels privés de leur eau de cristallisation. La propriété que possède le chlorure cobaltique contenant de l'oxyde niccolique ou ferrique, de devenir vert quand on le chauffe, a été utilisée pour préparer une *encre sympathique*, inventée en 1700 par *Waitz*, et décrite plus tard par *Hellot*. On dissout 1 partie de cobalt gris dans 3 parties d'eau-forte, on étend la dissolution de 24 parties d'eau, et on la mêle avec une partie de sel ammoniac ou de sel marin. Lorsqu'on écrit avec cette dissolution de cobalt, les lettres ainsi tracées ne deviennent pas visibles par la simple dessiccation, parce que la couleur rouge du sel est très-faible; mais en chauffant le papier près du feu ou sur un poêle, l'écriture devient lisible, et paraît d'un très-beau vert. En se refroidissant, le sel attire l'humidité de l'air, et les lettres disparaissent. Si le papier est exposé à une trop forte chaleur, l'écriture devient noire, et ne disparaît plus. Chaque fois qu'on chauffe cette écriture, il se dégage un peu d'acide chlorhydrique, et il se forme un sel basique dont la couleur est plus foncée, de sorte que si l'essai a été répété plusieurs fois, l'écriture paraît même à froid; elle est alors d'un rouge brunâtre, et devient d'un vert moins beau quand on la chauffe. On peut représenter un paysage d'hiver en dessinant les feuilles des arbres et l'herbe avec cette encre, les baies rouges et les fleurs avec une dissolution étendue de nitrate cobaltique, les fleurs jaunes et les fruits avec du chlorure cuivrique, et les fleurs bleues avec une dissolution d'acétate cobaltique exempte de fer et de nickel. En chauffant ce dessin avec précaution, la végétation se développe peu à peu, et le paysage représente l'été.

Chlorure cobaltique-ammonique. Co Gl + 2NH³. D'après *H. Rose*, on l'obtient en introduisant le chlorure anhydre dans du gaz ammoniac. Cent parties de chlorure absorbent 52,43 parties d'ammoniaque. La combinaison est d'un blanc rougeâtre; l'eau en extrait du sel ammoniac et laisse de l'oxyde vert.

Sesquichlorure cobaltique. $Co\,Cl^3$. Il se produit passagèrement lorsqu'on traite le sesquioxyde hydraté par l'acide chlorhydrique froid. On obtient ainsi une solution brune foncée, qui ne tarde pas à dégager du chlore. Celui-ci s'en va à l'état gazeux par la moindre élévation de température, pendant qu'il reste du chlorure. Le sesquichlorure n'est donc pas connu sous forme solide.

Bromure cobaltique, $Co\,Br$. Il donne des cristaux rouges qui s'effleurissent dans le dessiccateur et sont déliquescents à l'air. A l'état anhydre, il est vert-bleu; il fond à la température rouge blanc, se réduit, à l'air, en un liquide violet, qui tourne au rouge par la dilution. Il est soluble dans l'alcool et dans l'éther.

Bromure cobaltique ammoniacal. $Co\,Br + 3NH^3$. On l'obtient en saturant le sel anhydre par du gaz ammoniac. La combinaison renferme 32,3 pour cent d'ammoniaque. En précipitant une solution de bromure cobaltique par l'ammoniaque caustique, ou versant de l'eau sur le sel précédent, on obtient un précipité bleu et un liquide rouge. L'un et l'autre absorbent l'oxygène de l'air; le précipité devient ainsi vert et le liquide brun; car il se forme du sesquioxyde dans le précipité, et la solution renferme un sel double de bromure d'ammonium avec le sesquibromure cobaltique.

Iodure cobaltique, $Co\,I$. Il se dissout en rouge dans l'eau; du reste on ne connaît pas ses propriétés.

Iodure cobaltique ammoniacal, $Co\,I + 3HN^3$. Il se forme en saturant l'iodure cobaltique anhydre par l'ammoniaque caustique: le premier se change ainsi en une poudre rouge-jaune. Une solution d'iodure cobaltique, traitée par de l'ammoniaque concentrée, donne un précipité rouge-rose pulvérulent. Celui-ci se dissout jusqu'à saturation dans l'ammoniaque caustique chaude, et se prend, par refroidissement, en cristaux rouge rose $= Co\,I + 2NH^3$, qui deviennent d'un brun noir à l'air. Une solution étendue d'iodure cobaltique, mêlée d'ammoniaque, présente les mêmes phénomènes que le bromure cobaltique.

Fluorure cobaltique, $Co\,F$. On l'obtient en dissolvant de l'oxyde cobaltique dans l'acide chlorhydrique, jusqu'à ce que celui-ci soit presque saturé, et évaporant la dissolution : le sel se dépose alors en petits cristaux rose et irréguliers. Il est très-peu soluble dans l'eau, et s'y dissout mieux quand celle-ci contient de l'acide libre; mais les cristaux qu'on obtient par l'évaporation de la dissolution acide ne sont ni plus gros ni plus réguliers. Ce sel contient 2 atomes d'eau de cristallisation. Il se dissout sans décomposition dans une petite quantité d'eau; mais quand on le mêle avec beaucoup d'eau, ou qu'on le fait bouillir, il se forme un sel basique insoluble, et la dissolution devient acide. Le *fluorure basique* se présente sous forme d'une poudre rouge pâle; il contient 2 atomes de fluorure, 2 atomes d'oxyde et 1 atome d'eau, $= 2(CoF + \dot{C}o) + \dot{H}$.

Le *fluorure cobaltico-potassique* et le *fluorure cobaltico-ammonique* forment des cristaux grenus d'un rouge pâle.

Fluorure silico-cobaltique, $3 CoF + 2 SiF^3$. On l'obtient en dissolvant le carbonate dans l'acide hydrofluosilicique, et évaporant la liqueur, qui donne des cristaux d'un rouge clair, affectant la forme de rhomboïdes ou celle de prismes à six pans. Ils contiennent une quantité d'eau de cristallisation dont l'oxygène est sextuple de celui qui serait nécessaire pour oxyder le cobalt; il en contient donc 7 atomes.

Cyanure cobaltique, Co Cy. Il forme un précipité brun-cannelle qui est insoluble dans l'eau. L'acide cyanhydrique, versé dans une dissolution d'acétate cobaltique, en précipite tout le cobalt à l'état de cyanure. Il contient 3 atomes d'eau; ceux-ci étant éliminés, il devient bleu. Chauffé dans un vase distillatoire, il supporte $+ 300°$, sans être décomposé, tandis qu'il s'enflamme dans l'air à $+ 250°$.

Cyanure double suscobaltique et potassique, $3K\bar{C}y + \bar{C}o\bar{C}y^3$. D'après *L. Gmelin*, on l'obtient en dissolvant le cyanure ou le carbonate cobaltique dans l'hydrate potassique, et neutralisant la dissolution par l'acide cyanhydrique, avec la précaution de la remuer sans cesse; quand la liqueur n'est plus alcaline, sans cependant répandre une odeur d'acide cyanhydrique, on l'évapore jusqu'au point de cristallisation. Le sel cristallise en prismes tétraèdres, transparents, brillants, d'un jaune pâle, qui ont la même forme que le cyanure ferrico-potassique, et, d'après *L. Gmelin*, une composition analogue à celle de ce sel; en effet, le cobalt et le potassium y sont combinés avec la même quantité de cyanogène, et le cobalt y est uni à une fois et demie autant de cyanogène que dans le cyanure cobaltique simple. Chauffé, le cyanure double décrépite; il ne paraît pas contenir de l'eau combinée, et quand on le chauffe davantage, il se fond en un liquide vert-olive foncé. — L'existence de ce sel fait voir que le cobalt possède une classe de sels doubles analogues à ceux que le cyanure ferrique forme avec d'autres métaux; cependant ces sels n'ont pas encore été étudiés.

Cyanure ferroso-cobaltique, $2\,Co\,Gi + F\,Gy^3$. On l'obtient en précipitant des solutions de cobalt par le cyanure ferroso-potassique; il est verdâtre, et devient d'un gris rouge à l'air.

Cyanure ferrico-cobaltique, $3\,Co\,Gy + Fe\,Gy^3$. On l'obtient d'une manière analogue; il est d'un rouge brun foncé.

Rhodanure cobaltique, $Co\,C^2N^2S^2$. On l'obtient, d'après *de Grotthus*, en mêlant une dissolution alcoolique de sulfocyanure potassique avec du sulfate cobaltique solide; l'acide sulfurique de ce dernier s'unit à la potasse, et reste en non-solution, tandis que l'oxyde cobaltique se combine avec le rhodan, et forme ainsi une dissolution d'un beau bleu saphir. Par une lente évaporation, le sel cristallise en prismes bleus, qui se résolvent à l'air humide en un liquide violet qui finit par devenir rouge. La dissolution aqueuse de ce sel a une couleur rose; quand on l'étend d'eau, elle perd cette couleur, et ne conserve plus qu'une teinte rougeâtre. On peut l'employer comme encre sympathique bleue, dont la couleur devient visible par l'action de la chaleur. L'ammoniaque le dissout, et quand on évapore la dissolution, il se forme un dépôt bleu qui se redissout quand on prolonge l'évaporation, tandis que l'ammoniaque est chassée.

Mellanure cobaltique, $Co\,C^6N8$. C'est un précipité rouge fleurs de pêcher.

B. *Oxysels de cobalt.*

Le cobalt forme deux classes d'oxysels : l'une comprend les sels cobalteux, et l'autre les sels cobaltiques (à base de sesquioxyde) (1). On ne connaît encore qu'un très-petit nombre de sels de la dernière espèce, parce qu'ils se réduisent très-facilement en sels cobalteux.

(1) Comme ces sels sont analogues aux sels ferreux (à base de protoxyde) et aux sels ferriques (à base de sesquioxyde), nous avons conservé la nomenclature qui rappelle celle des sels de fer. (*Note du Tr.*)

a. Sels cobalteux.

Sulfate cobalteux, $\dot{Co}\dddot{S}$. On l'obtient, soit en dissolvant le cobalt en poudre dans l'acide sulfurique concentré et bouillant, soit en faisant digérer l'oxyde cobaltique avec de l'acide sulfurique étendu. La dissolution du sel est rouge, et donne, par l'évaporation, des cristaux de même couleur. Il se dissout dans 24 parties d'eau froide, mais il est insoluble dans l'alcool; il s'effleurit à l'air, et quand on le chauffe, il perd son eau de cristallisation et devient rose. Soumis à une calcination forte et prolongée, il se décompose et donne un oxyde bleu-noirâtre. D'après *Mitscherlich*, il contient 43,92 pour cent, ou 6 atomes d'eau de cristallisation.

Soussulfate cobalteux. On l'obtient en mêlant le sel neutre avec une quantité d'alcali caustique, insuffisante pour précipiter tout le cobalt. Il est insoluble dans l'eau et couleur rouge de chair. On prétend l'avoir trouvé à l'état cristallisé dans le règne minéral.

Sulfate cobaltoso-potassique et *sulfate cobaltoso-ammonique.* Ces deux sels doubles sont rouges; leur forme cristalline, leur composition et la quantité d'eau qu'ils contiennent établissent une analogie parfaite entre eux et les sels correspondants de magnésie, et d'oxydes manganeux et ferreux, avec lesquels ils sont isomorphes, $=\dot{K}\dddot{S}$ et $NH^4\dddot{S}+\dot{Co}\dddot{S}+6\dot{\bar{H}}$.

Sulfate cobaltoso-ammoniacal, $\dot{Co}\dddot{S}+3NH^3$. D'après *H. Rose*, il forme une poudre blanche qui se produit lorsque le sel anhydre absorbe du gaz ammoniac. L'eau le décompose en laissant du soussulfate cobaltique insoluble.

Sulfate cobaltoso-magnésique, $\dot{Mg}\dddot{S}+\dot{Co}\dddot{S}+14\dot{\bar{H}}$. Suivant *Winckelblech*, il se rencontre naturellement, près de Biber, dans le territoire de Hanau; il y forme une masse saline, rouge, stalactitiforme, connue en minéralogie sous le nom de *vitriol de cobalt.* Il est soluble dans l'eau. D'après une analyse plus ancienne de *Kopp*, on a trouvé, dans la même localité, un soussel $=\dot{Co}^2\dddot{S}+8\dot{\bar{H}}$.

Sulfite cobalteux, $\dot{Co}\ddot{S}$. On l'obtient en dissolvant du carbonate cobalteux dans l'acide sulfureux liquide, ce qui s'effectue très-facilement. Lorsqu'on tient le carbonate cobalteux en suspension dans cette dissolution et qu'on fait arriver du gaz acide sulfureux dans le mélange chauffé jusqu'à l'ébullition, de manière que le liquide atteigne un certain degré de saturation, on voit que le sel, en faisant refroidir la liqueur dans un vase clos, se dépose en grains rouges, contenant de l'eau de cristallisation. *Muspratt*, qui soumit ce sel à l'analyse, y trouva 41,11 pour cent d'eau, ce qui correspond à un peu plus que 5 atomes, mais moins que 6 atomes. Comme le sel de cobalt s'obtient avec deux proportions d'eau différente, savoir, 5 et 6 atomes, il est probable que ces grains rouges sont un mélange de deux combinaisons dont l'une renferme 5 et l'autre 6 atomes d'eau. Quand on mêle avec l'alcool la dissolution préparée à froid, le sel se précipite en flocons rouges non cristallins, dont on n'a pas déterminé la proportion d'eau.

Dithionate (hyposulfate) *cobalteux*, $\dot{Co}\,\ddot{\ddot{S}}$. Il forme, d'après *Heeren*, une masse saline rouge qui contient de l'eau de cristallisation, ne s'altère pas à l'air, et se dissout facilement dans l'eau.

Dithionate cobaltoso-ammonique, $\dot{Co}\,\ddot{\ddot{S}} + 5NH^3$. On l'obtient, suivant *Rammelsberg*, en mêlant une solution concentrée de dithionate cobalteux avec l'ammoniaque caustique en excès, et la soumettant à la chaleur. Il se produit ainsi un précipité vert et un liquide rouge-violet qu'on filtre chaud : le composé se dépose en prismes rectangulaires rouges qui brunissent peu à peu à l'air. Par l'évaporation, la solution se décompose, et l'oxyde cobalteux se précipite complétement.

Dithionite (hyposulfite) *cobalteux*, $\dot{Co}\,S$. Il s'obtient de la même manière que le sel magnésique. La solution est bleue, mais les cristaux deviennent rouges. Il est isomorphe avec le sel magnésique, et contient 6 atomes ou 38,65 pour cent d'eau.

Nitrate cobalteux, $\dot{Co}\,\ddot{\dot{N}}$. Il donne une dissolution rose, et cristallise lentement en très-petits prismes rouges qui attirent l'humidité de l'air, subissent la fusion aqueuse quand on les chauffe, et se décomposent par une évaporation prolongée, en donnant un dépôt de suroxyde de cobalt.

Nitrate cobalteux sexbasique, $\dot{Co}\,\ddot{\dot{N}} + 5\dot{Co}\,\dot{H}$. On l'obtient, d'après *Winckelblech*, en mêlant, avec de l'ammoniaque caustique, une solution de sel neutre, privée d'air par l'ébullition et refroidie dans un flacon bien rempli qu'on referme ensuite. Il se forme ainsi un précipité bleu, et la liqueur se décolore si l'addition d'ammoniaque est suffisante. Ce précipité bleu est le sel en question, contenant 13,875 pour cent d'eau et 16,703 pour cent d'acide nitrique. Par l'exposition à l'air, l'oxyde ne tarde pas à passer à l'état de sesquioxyde : le sel devient ainsi d'abord pourpre, puis vert, enfin jaune, après l'oxydation complète.

Phosphate cobalteux, $\dot{C}o^2\dddot{\bar{P}}$. Il est insoluble, et se précipite en flocons d'un violet foncé. L'acide phosphorique le dissout en prenant une couleur vineuse foncée. En mêlant avec soin une partie de phosphate cobaltique pur avec 1 $\frac{1}{2}$, 2 ou 3 parties d'alumine pure, et chauffant le mélange dans un creuset couvert jusqu'au rouge blanc, on obtient une couleur bleue qui ressemble à celle produite par l'oxyde cobaltique, et possède, vue à la lumière du jour, toutes les qualités de l'outremer. L'intensité de cette couleur dépend de la proportion d'alumine qu'on a ajoutée au mélange, et qui étend le sel colorant. Pour avoir une nuance parfaitement belle, il est nécessaire de chauffer fortement le mélange, et d'employer de l'alumine exempte de fer, et un sel cobaltique pur de tout mélange de nickel. Cette couleur a été découverte par *Thenard*.

Phosphite cobalteux, $\dot{C}o^2\ddot{\bar{P}}$. C'est un sel peu soluble, d'une couleur rouge très-pâle : il se précipite quand on le prépare par double décomposition, à une petite portion près, qui reste dissoute. Étant distillé, il se décompose avec dégagement de lumière, et se transforme en phosphate.

Hypophosphite cobalteux, $\dot{C}o\bar{P}$. Le meilleur moyen de l'obtenir est de dissoudre l'hydrate cobaltique dans l'acide hypophosphoreux. Il est très-soluble, et cristallise en gros octaèdres réguliers, de couleur rouge, qui s'effleurissent à l'air, et contiennent 8 atomes d'eau de cristallisation.

Quand on fait bouillir de l'hypophosphite calcique avec de l'oxalate cobaltique, la décomposition n'est jamais complète, et l'on obtient un mélange de deux sels isomorphes, qui cristallise aussi en octaèdres, mais qui est plus efflorescent que le sel précédent, quoiqu'il ne contienne que 3 atomes d'eau.

Chlorate cobalteux, $\dot{C}o\dddot{\bar{C}l}$. Il cristallise, suivant *Waechter*, en octaèdres rouges réguliers, contenant 6 atomes ou 32,34 pour cent d'eau. Le sel est déliquescent à l'air et très-soluble dans l'alcool. Il fond à + 50°, et se décompose à + 100° en laissant un résidu de suroxyde.

Bromate cobalteux, $\dot{C}o\dddot{\bar{B}r}$. Il est isomorphe avec le précédent, et contient 6 atomes d'eau. Il se dissout dans l'ammoniaque avec une coloration rouge-brune, et la solution laisse, après l'évaporation, une masse brune foncée, déliquescente.

Iodate cobalteux, $\dot{Co}\overset{\cdot\cdot\cdot\cdot\cdot}{I}$. Il existe sous forme de croûtes cristallines d'un rouge violet, qui exigent, pour se dissoudre, 140 parties d'eau froide, et 90 parties d'eau bouillante. Leur solution ammoniacale, traitée par l'alcool, donne un précipité de soussel rouge pâle.

Carbonate cobalteux. L'oxyde cobaltique se comporte comme la magnésie avec l'acide carbonique. L'eau décompose le carbonate cobaltique neutre, en produisant une combinaison de souscarbonate cobaltique avec de l'hydrate cobaltique. Le sel neutre n'a pas encore été produit; mais il est probable qu'on pourrait le préparer, comme le carbonate magnésique, en dissolvant l'oxyde dans de l'eau chargée d'acide carbonique, et en laissant l'acide carbonique se dégager par l'évaporation spontanée. Le précipité que les carbonates alcalins produisent dans les sels cobaltiques dissous, à chaud ou à froid, est une poudre rouge pâle qui, d'après *Setterberg*, contient 70 parties d'oxyde cobaltique, 16,5 parties d'acide carbonique et 13,5 parties d'eau, composition qui pourra s'exprimer par la formule $2\dot{Co}\ddot{C} + 3\dot{Co}\dot{H} + \dot{H}$. Ce sel se dissout dans de l'eau chargée d'acide carbonique et dans une solution de bicarbonate alcalin. La solution est rouge. Par l'ébullition de cette solution, il se sépare intact. Suivant *Beetz*, le précipité produit par le cobalt alcalin dans la solution froide d'un sel de cobalt, a une composition différente : 62,78 oxyde cobaltique, 18,40 acide carbonique et 18,82 eau $= 2(\dot{Co}\ddot{C} + \dot{Co}\dot{H}) + 5\dot{H}$. Mais il se convertit en le sel précédent, tant par le lavage continué que par l'ébullition. Le carbonate cobalteux, qu'on fait bouillir avec le carbonate sodique dans une cornue, se colore, suivant *Beetz*, en bleu-indigo; mais il ne peut pas ensuite être lavé, sans qu'il verdisse par l'influence de l'air; à moins qu'on n'opère le lavage et la dessiccation du précipité dans une atmosphère de gaz hydrogène, où la couleur bleue se conserve. Si la quantité de carbonate sodique est trop petite, ou que l'ébullition ne soit pas suffisamment prolongée, il est coloré en violet par le sel rouge non décomposé. La combinaison bleue se compose de 72,13 d'oxyde cobalteux, 10,57 d'acide carbonique et 17,30 eau $= \dot{Co}\ddot{C} + 3\dot{Co}\dot{H} + \dot{H}$. Elle contient donc 1 atome de carbonate cobalteux de moins que la combinaison précipitée à la température de l'ébullition sans addition d'excès d'alcali.

Carbonate cobaltoso-ammonique, $\dot{N}H^4\ddot{C}+\dot{Co}\ddot{C}$. Ce sel double est soluble dans l'eau; le carbonate ammonique dissout le carbonate cobaltique en quantité considérable, et forme avec lui une dissolution d'un rouge foncé. L'ammoniaque caustique dissout aussi le carbonate cobaltique, en donnant naissance à la même combinaison; mais, dans ce cas, une partie du sel cobaltique est décomposée et cède son acide carbonique à l'ammoniaque, tandis que l'oxyde passe à l'état d'hydrate, et que le sel non décomposé est dissous par le carbonate ammonique qui s'est formé. Par l'évaporation, ce sel double se décompose, l'oxyde cobaltique passe à un plus haut degré d'oxydation, et se précipite, soit en noir, soit en vert. On a tiré parti de la solubilité du carbonate cobaltique dans le carbonate ammonique, pour le séparer des oxydes métalliques qui ne sont pas dissous par le sel ammonique, tels que l'oxyde ferrique; mais celui-ci retient toujours une petite portion d'oxyde cobalteux.

Oxalate cobalteux, $\dot{Co}\dddot{\bar{C}}$. C'est une poudre rose, insoluble, qui ne se dissout pas dans un excès d'acide oxalique; celui-ci précipite même l'oxyde cobalteux de ses dissolutions neutres. En distillation, ce sel se décompose, donne de l'acide carbonique et de l'eau, et laisse du cobalt métallique. Il contient 19 $\frac{2}{3}$ pour cent ou 2 atomes d'eau. Il est peu soluble dans l'ammoniaque caustique, et se dissout mieux dans le carbonate ammonique. La dissolution se dessèche en une masse saline brune foncée, qui se redissout dans l'eau, et contient de l'oxyde cobaltique.

Oxalate cobalteux bibasique. $\dot{Co}\dddot{\bar{C}}+2\dot{Co}\dot{\bar{H}}$. Il se produit en faisant digérer le sel neutre à froid dans une solution d'hydrate potassique. La couleur bleue du sel passe ensuite au bleu; il peut être lavé avec de l'eau bouillie et desséchée dans un courant de gaz hydrogène, mais il verdit au contact de l'air. Traité par l'hydrate potassique à chaud, il cède tout l'acide oxalique.

Oxalate cobaltoso-potassique, $\dot{K}\dddot{\bar{C}}+\dot{Co}\dddot{\bar{C}}$. On l'obtient en saturant le bioxalate potassique par le carbonate cobalteux, ou en faisant bouillir les deux sels neutres dans l'eau, qui les dissout. Il se prend en cristaux rouges.

Oxalate cobaltoso-ammonique, $\dot{C}o\,\dddot{\overline{C}} + 9\dot{\overline{N}}\overline{H}^4\,\dddot{\overline{C}}$. On l'obtient, d'après *Winckelblech*, en faisant dissoudre les deux sels ensemble dans l'eau, ce qui donne une solution rouge cramoisi qui, par une évaporation spontanée, laisse déposer le sel double en cristaux rouges pâles, contenant 5 atomes ou 28,039 pour cent d'eau. Ils s'effleurissent à l'air, et deviennent blancs. Le sel est très-peu soluble dans l'eau froide, mais assez soluble dans l'eau bouillante. La solution est, même celle qui ne renferme que quelques centièmes de sel, d'un rouge plus foncé que le sel même.

Oxalate cobaltoso-ammonique, $2\dot{C}o\,\dddot{\overline{C}} + \overline{N}\overline{H}^3 + 6\dot{\overline{H}}$. On l'obtient en mêlant une solution du sel précédent avec une quantité plus ou moins grande d'ammoniaque. Il commence ainsi, au bout de quelques minutes, à se déposer un précipité brun-rouge; celui-ci continue à se former jusqu'à ce que la liqueur soit devenue incolore. Il contient 7,85 pour cent d'ammoniaque et 24,7 pour cent d'eau. Il est insoluble dans l'eau, et ne se dissout que partiellement dans l'acide oxalique. L'hydrate potassique le convertit dans le soussel bleu, avec dégagement d'ammoniaque.

Borate cobalteux. C'est une poudre rouge pâle, fusible en un verre bleu. Mêlé avec parties égales ou le double de phosphate sodique et calciné, il a été recommandé comme couleur bleue en peinture.

Silicate cobalteux. C'est un produit chimique connu sous le nom de *safre*. S'il a été préparé à une température suffisamment élevée, avec de l'oxyde cobaltique pur et de la silice réduite en poudre fine par la lévigation, il est d'un gris foncé, tirant sur le violet, et se décompose, quand on le traite par l'acide chlorhydrique, en laissant de l'acide silicique gélatineux. Le safre du commerce est un simple mélange de mine de cobalt grillée et de quartz en poudre fine. (Voir *Smalt*, tom. II, pag. 648.)

Formiate cobalteux, $\dot{C}o\,\dddot{F}o$. Il est peu soluble, se dépose en cristaux rouges, et devient plus soluble par un excès d'acide.

Acétate cobalteux, $\dot{C}o\,\dddot{A}c$. Il forme une dissolution rouge, qui se réduit, par l'évaporation, en une masse saline violette, déliquescente. D'après *Ilsemann*, on obtient une encre sympathique bleue en dissolvant une partie d'oxyde cobalteux pur dans 16 parties de vinaigre distillé, réduisant la dissolution jusqu'aux $\frac{3}{4}$ de son volume, filtrant, évaporant jusqu'à moitié, et ajoutant à la liqueur $\frac{1}{4}$ de sel marin. Les lettres tracées avec cette encre sont incolores à froid, et deviennent bleues par l'action de la chaleur.

Tartrate cobalteux, $\dot{\mathrm{Co}}\ddot{\bar{\mathrm{T}}}$. Il forme un sel rouge qui cristallise.

Tartrate cobaltoso-potassique, $\dot{\mathrm{K}}\ddot{\bar{\mathrm{T}}}\mathrm{r} + \dot{\mathrm{Co}}\ddot{\bar{\mathrm{T}}}\mathrm{r}$. Il donne de gros cristaux rhomboédriques.

Succinate cobalteux, $\dot{\mathrm{Co}}\dddot{\bar{\mathrm{S}}}\mathrm{c}$. Il est peu soluble, et se précipite d'une dissolution très-concentrée.

Sélénite cobalteux, $\dot{\mathrm{Co}}\ddot{\mathrm{Se}}$. C'est une poudre insoluble rouge pâle.

Bisélénite cobalteux, $\dot{\mathrm{Co}}\ddot{\mathrm{Se}}^{2}$. Il est soluble, et se dessèche en un vernis brillant, rouge pourpre et limpide.

Tellurate cobalteux, $\dot{\mathrm{Co}}\dddot{\mathrm{Te}}$. Précipité volumineux, floconneux, bleuâtre et purpurin.

Tellurite cobalteux, $\dot{\mathrm{Co}}\ddot{\mathrm{Te}}$. Précipité purpurin foncé.

Arséniate cobalteux. Obtenu par précipitation, il contient un excès de base et forme une poudre rose, insoluble dans l'eau, mais soluble dans un excès d'acide. Chauffé au rouge, il brunit sans se décomposer. Il se dissout en rouge bleuâtre dans l'ammoniaque, et en rouge dans l'acide chlorhydrique. Le gaz sulfide hydrique décompose difficilement cette dernière dissolution, et en sépare, au bout de quelque temps, une portion de sulfide arsénique. La potasse caustique décompose l'arséniate cobaltique, et en sépare de l'oxyde cobaltique bleu. De même que le phosphate, il donne une belle couleur bleue quand on le calcine avec une ou deux parties d'alumine pure.

Arséniate sesquicobaltique, $\dot{\mathrm{Co}}^{3}\overset{\cdot\cdot}{\dddot{\mathrm{As}}}$. On le rencontre à l'état cristallisé dans le règne minéral; il contient, d'après *Bucholz* et d'après *Kersten*, 6 atomes d'eau. Dans les mines de cobalt, on prépare l'arséniate cobaltique en grand, et on le verse dans le commerce sous le nom de *chaux métallique*. Pour l'obtenir, on dissout le cobalt gris dans l'acide nitrique, on verse dans la dissolution une dissolution de potasse, tant que celle-ci en précipite de l'arséniate ferrique blanc, et quand le précipité commence à devenir rouge, on cesse d'ajouter de la lessive à la liqueur; on laisse reposer celle-ci pour qu'elle s'éclaircisse; on décante la partie limpide, on la précipite par de la lessive de potasse, on lave et on sèche le précipité : c'est dans cet état qu'on le vend. Quand la mine de cobalt est peu riche, l'extraction du cobalt par la voie humide ne paye pas les frais qu'elle occasionne ; mais, d'après *Eggertz*, on peut concentrer ce cobalt en le grillant et le fondant, comme cela se pratique pour la mine de cuivre ; la majeure partie du fer entre avec le fondant dans les scories, et la masse fondue est alors assez riche pour être traitée avec avantage. Afin d'épargner une certaine quantité d'acide nitrique, on peut dissoudre la masse dans un mélange d'acide sulfurique et d'acide nitrique. L'acide arsénique ne contribue en rien à la couleur que donne la *chaux métallique ;* mais le fabricant cherche à le maintenir dans sa combinaison avec l'oxyde cobalteux, parce que le poids de ce dernier en est augmenté. Voici le procédé qu'on emploie en grand pour obtenir ce sel assez pur par la voie sèche : on pulvérise la mine de cobalt, on la mêle avec deux fois son poids de potasse et un peu de sable silicique, et on fait fondre le tout. Le soufre de la mine se combine alors avec le potassium, et sépare ainsi du fer, du cuivre et de l'arsenic ; on trouve, sous des scories de couleur vert foncé ou noire qu'on jette, un régule blanc d'arséniure de cobalt. On pulvérise ce dernier, on le refond avec de la potasse, et on obtient ainsi des scories d'un bleu clair, qui sont employées à la préparation du smalt, et qui recouvrent un culot d'arséniure de cobalt pur de tout mélange de fer. En grillant celui-ci avec précaution à une chaleur d'abord douce, puis très-forte et en plein air, il se convertit en une masse d'une couleur rougeâtre foncée, qu'on verse dans le commerce. En Angleterre cette méthode est très-usitée.

Arsénite cobalteux, $\dot{Co}^2 \overset{\cdots}{\overline{As}}$. Il ressemble au précédent par sa couleur et son aspect. Chauffé au rouge, il se décompose, et une partie de l'acide arsénieux se volatilise. Il se dissout dans l'acide nitrique, en dégageant du gaz oxyde nitrique et se transformant en arséniate. Quand on le traite par le gaz sulfide hydrique, après l'avoir dissous dans l'acide chlorhydrique, l'acide arsénieux se décompose de suite, et se précipite à l'état de sulfide arsénieux, en sorte qu'il ne reste plus d'arsenic dans la liqueur. La potasse le décompose, et l'ammoniaque le dissout en prenant une couleur rouge foncée. On le trouve dans le règne minéral.

Antimoniate cobalteux, $\dot{Co} \overset{\because\cdot\cdot}{\overline{Sb}}$. On l'obtient en précipitant une dissolution bouillante d'antimoniate potassique par un sel cobaltique. Le précipité se redissout d'abord, mais finit par se déposer sous forme d'une poudre cristalline rouge pâle. A une température élevée, il perd son eau de cristallisation, et devient d'un violet foncé presque noir. Chauffé jusqu'au rouge, il entre en ignition, et devient d'un blanc légèrement rougeâtre.

Chromate cobalteux, $\dot{\mathrm{Co}}\dddot{\mathrm{Cr}}$. Il n'a pas encore été préparé à l'état neutre. Le bichromate ne cristallise pas.

Les solutions de sels de cobalt, traitées à la température de l'ébullition par du chromate potassique neutre, donnent un précipité gris qui se compose, d'après *Malaguti* et *Sarzeau*, de $\dot{\mathrm{Co}}^{3}\dddot{\mathrm{Cr}}+4\dot{\bar{\mathrm{H}}}$, et qui s'oxyde par le lavage à l'air. Traité ensuite par l'ammoniaque, il détermine la formation d'un chromate cobaltoso-ammonique rouge et amorphe, et d'un chromate cobaltico-ammonique, qui cristallise dans la liqueur sous forme d'aiguilles jaunes.

Vanadate cobalteux, $\dot{\mathrm{Co}}\dddot{\mathrm{V}}$. Il se précipite sous forme d'une poudre jaune-paille tirant sur le rouge. Le bisel est soluble. L'alcool le précipite à l'état de poudre d'un jaune sale.

Molybdate cobalteux, $\dot{\mathrm{Co}}\dddot{\mathrm{Mo}}$. Il forme un précipité jaune sale, qui devient rouge en se desséchant. Ce sel est décomposé par les alcalis et par les acides forts.

b. Sels cobaltiques (à base de sesquioxyde).

Ces sels, dont on ne connaît qu'un petit nombre, ont une couleur brune. L'oxyde (sesquioxyde) cobaltique forme souvent avec l'oxyde cobalteux des sels doubles verts; ceux-ci deviennent jaunes, lorsqu'une partie de l'oxyde cobalteux se suroxyde, et consistent en un sel neutre au maximum combiné avec de l'oxyde cobaltique hydraté. L'alcali caustique précipite les sels cobaltiques en brun, et le cyanure ferroso-potassique les précipite en rouge foncé. L'acide oxalique, ajouté à la solution de ces sels, réduit une partie du sesquioxyde, de manière que la liqueur verdit avec dégagement de gaz acide carbonique. Ces sels ont été étudiés par *Winckelblech*.

L'hydrate d'oxyde cobaltique se dissout avec une coloration brune dans les acides *sulfurique*, *nitrique*, *phosphorique* et *arsénique;* mais ces solutions ne sont pas saturées, et elles ne supportent ni l'évaporation, ni la chaleur, ni l'action de la lumière solaire : il se dégage du gaz oxygène, et le sel se change en sel au minimum.

Sousdithionate cobaltico-ammonique, $\overset{\cdots}{\overline{\mathrm{Co}}}\,\overset{\therefore\cdot\cdot}{\overline{\mathrm{S}}}+5\overline{\mathrm{NH}}^3$. On l'obtient, suivant *Rammelsberg*, en mêlant une solution concentrée de sel au minimum avec de l'ammoniaque caustique, soumettant le mélange à l'action de la chaleur : il se forme ainsi un précipité vert. La solution filtrée chaud est rouge violet, et laisse, par le repos, déposer de petits cristaux rouges, qui brunissent à l'air et se changent en le sel désigné. L'eau le décompose, et laisse un dépôt insoluble vert.

Sousnitrate cobaltique. On le prépare en maintenant le nitrate cobaltique fondu à quelques degrés au-dessus de son point de fusion. Dans cette action, l'oxyde cobaltique décompose l'acide nitrique avec développement de gaz nitreux, et le sousnitrate se dépose de la masse liquide, sous forme de petits grains cristallins gris d'acier, qui restent insolubles lorsqu'on traite le sel refroidi par l'eau. Par une chaleur ménagée et longtemps appliquée, on peut chasser tout l'acide, de manière qu'il ne reste que du suroxyde.

Suivant *Beetz*, on peut obtenir le nitrate, sulfate, etc. cobaltiques, en combinaison avec le nitrate, sulfate ammoniques, et avec l'ammoniaque, en traitant l'oxysel sec par l'ammoniaque caustique, et exposant la liqueur à l'air, jusqu'à ce que, par l'oxydation, elle ait acquis la couleur rouge foncée du vin de Bourgogne. On sépare ensuite par le filtre la partie non dissoute, et on l'évapore dans le vide sur l'acide sulfurique : une partie de l'ammoniaque qui s'y trouve se volatilise, mais il ne se sépare pas d'oxyde cobaltique. Il reste un magma brun, qui se redissout dans l'eau ; le nitrate seul cristallise. Ce sel, soumis à l'analyse, donne 1 atome d'oxyde cobaltique, 4 atomes d'acide nitrique et 4 atomes d'ammoniaque, et de l'eau dont la quantité n'a pu être déterminée. De là, on déduit une composition formée de 1 atome de nitrate ammonique, 1 atome de nitrate cobaltique, et 3 atomes d'ammoniaque, correspondant à la formule $\overline{\mathrm{NH}}^4\overset{\therefore\cdot\cdot}{\overline{\mathrm{N}}}+\overset{\cdots}{\overline{\mathrm{Co}}}\,\overset{\therefore\cdot\cdot}{\overline{\mathrm{N}}}{}^3+3\overline{\mathrm{NH}}^3$. En redissolvant ce sel et faisant bouillir la solution, on voit que l'ammoniaque se change en oxyde ammonique, l'hydrate cobaltique se précipite, et la liqueur se décolore. Mais si, avant l'ébullition, on y ajoute le double de nitrate ammonique que le sel contient déjà, il se dégagera de l'ammoniaque pendant l'ébullition, et il restera $3\overline{\text{N}}\dot{\overline{\text{H}}}^4\ddot{\overline{\text{N}}} + \dddot{\text{Co}}\ddot{\overline{\text{N}}}^3$; mais on-n'a pas essayé de préparer ce corps à l'état solide.

Sousphosphate cobaltique. Il se précipite quand on verse goutte à goutte une solution de phosphate sodique dans une solution d'acétate cuivrique. Le précipité est brun et amorphe.

Oxalate cobaltoso-cobaltique, $\dot{\text{Co}}\,\dddot{\overline{\text{C}}} + \dddot{\overline{\text{Co}}}\,\dddot{\overline{\text{C}}}^3$. On l'obtient en précipitant la solution d'un sel de cobalt par un hypochlorite alcalin, et traitant l'hydrate cobaltique récemment précipité et lavé par une solution aqueuse saturée d'acide oxalique. Il se produit un dégagement d'acide carbonique, dû à ce qu'un tiers de l'oxyde cobaltique se réduit à l'état d'oxyde cobalteux, qui, combiné avec l'acide oxalique, s'unit à l'oxalate des deux tiers restants. On obtient une solution verte foncée, aussi belle que celle du manganate potassique; mais elle ne supporte ni la chaleur ni la lumière solaire sans développer une nouvelle quantité d'acide carbonique et séparer de l'oxalate cobalteux rouge. On peut cependant obtenir le sel, en l'évaporant dans un vase très-plat, sous forme d'aiguilles vertes foncées d'un éclat soyeux, qui ne contiennent pas d'eau de cristallisation. Le sel est très-soluble et déliquescent à l'air. Dissous et précipité par un sel calcaire, il ne donne pas d'oxalate calcique; il n'est pas non plus précipité par les carbonates calcique et barytique. La potasse caustique n'en précipite que de l'hydrate cobaltique, tandis que le carbonate potassique en précipite l'oxyde cobaltoso-cobaltique vert. *Winckelblech* pense qu'il y a là un moyen d'obtenir l'oxyde de cobalt exempt de manganèse, ce qui n'est pas si facile. En préparant le sel avec un oxyde de cobalt manganésifère, on obtient, outre les oxydes de cobalt, le manganèse en dissolution dans la liqueur verte; mais lorsqu'on la fait bouillir, le manganèse reste en dissolution, et l'oxalate cobalteux qui se précipite est exempt de manganèse.

Lorsqu'on mêle la solution verte avec de l'*oxalate potassique* ou *ammonique*, il se forme des sels doubles qui donnent, dans le dessiccateur, des cristaux verts qui, de même que le sel précédent, ne supportent pas l'action de la lumière solaire et de la chaleur.

Acétate cobaltique. C'est, de tous les sels d'oxyde cobaltique jusqu'à présent connus, celui qu'on obtient le plus facilement.

L'hydrate récemment précipité et encore humide se dissout lentement, mais complétement, dans l'acide acétique, en donnant naissance à un liquide brun tellement foncé que quelques gouttes suffisent pour colorer en rouge vineux plusieurs livres d'eau. La dissolution ne supporte pas l'influence prolongée de la lumière directe du soleil; mais on peut la bouillir sans que l'oxyde cobaltique se décompose. On n'a pas essayé d'évaporer la liqueur; on ne connaît donc pas encore le sel à l'état solide. L'oxyde cobaltique en est précipité par la potasse caustique, par le carbonate potassique, ainsi que par le carbonate calcique; mais il n'est précipité que partiellement par l'ammoniaque. Les oxalates ne produisent pas dans ce liquide un changement immédiat sensible : elle ne verdit qu'au bout de quelques jours. Le cyanure ferroso-potassique donne un précipité rouge foncé, mais l'addition d'un excès de ce réactif donne naissance à du cyanure ferrico-potassique et à du cyanure cobaltoso-potassique. *Winckelblech* a observé que l'hydrate cobaltique manganésifère est à peu près insoluble dans l'acide acétique.

Sousarséniate cobaltique. Il se précipite coloré en brun, lorsqu'on mêle la solution du sel précédent avec un arséniate alcalin.

C. *Sulfosels de cobalt.*

Les sels de sulfure cobaltique sont noirs ou d'un brun foncé; ils sont pour la plupart insolubles dans l'eau, mais se dissolvent dans un excès de sulfosel alcalin, par lequel ils ont été précipités. La dissolution est brune ou noire, et entièrement opaque; quand elle est exposé à l'air, le sulfosel cobaltique se précipite à mesure que le sulfosel alcalin est détruit.

Sulfocarbonate cobaltique, $\overset{,}{Co}\overset{,,}{C}$. Il donne une dissolution d'un vert olive foncé, qui est noire par réflexion. Au bout de vingt-quatre heures, cette dissolution dépose une matière noire, floconneuse; après quoi la liqueur est transparente et d'un brun foncé.

Soussulfotellurite cobaltique, $\overset{,}{Co}^3\overset{,,}{Te}$. C'est un précipité noir.

Surfarséniate cobaltique, $2\overset{,}{Co}\overset{,,,}{As}$. Il s'obtient sous forme d'un précipité brun foncé, qui est noir après avoir été recueilli, et se conserve tel pendant la dessiccation. Il est soluble en brun très-foncé dans un excès du précipitant.

Sulfarsénite cobaltique, $\overset{,}{Co}{}^2\overset{,,,}{As}$. Il donne un précipité brun foncé. La liqueur surnageante a la même couleur, mais finit par s'éclaircir. Ce sel se dissout dans un excès du précipitant ; il devient noir en desséchant. Distillé, il donne du sulfide arsénieux, et laisse une masse métallique, grise, qui n'a pas subi la fusion ; cette masse contient du soufre et de l'arsenic, et pourrait bien avoir la même composition que le cobalt gris.

Sulfomolybdate cobaltique ; $\overset{,}{Co}\overset{,,,}{Mo}$. C'est un précipité brun foncé, presque noir, qui se dissout en noir dans un excès du précipitant.

Hypersulfomolybdate cobaltique, $\overset{,}{Co}\overset{,,,,}{Mo}$. C'est un précipité brun-rougeâtre foncé.

Sulfotungstate cobaltique, $\overset{,}{Co}\overset{,,,}{W}$. Obtenu par double décomposition, il forme un liquide brun foncé, qui n'est transparent que sur les bords, et dépose dans l'espace de vingt-quatre heures un précipité noir.

18. *Sels de nickel.*

Les propriétés caractéristiques de ces sels sont les suivantes. Leur couleur est verte, ou d'un vert jaunâtre, leur saveur douceâtre, avec un arrière-goût métallique ; ils sont précipités en jaune clair verdâtre par le cyanure ferroso-potassique, et en noir par les sulfhydrates ; le sulfide hydrique ne précipite pas les sels formés par les acides forts. D'après *Tupputi*, aucun autre métal ne précipite le nickel à l'état métallique de sa dissolution ; mais le zinc en précipite une partie à l'état d'hydrate niccolique vert, lorsqu'on opère au contact de l'air. L'oxyde niccolique forme des sels doubles avec tous les sels ammoniques, et tous les sels niccoliques insolubles dans l'eau se dissolvent dans l'ammoniaque caustique et dans le carbonate ammonique.

A. *Sels haloïdes de nickel.*

Chlorure niccolique, NiGl. Si l'on fait passer un courant de gaz chlore sec sur du nickel en poudre ou à l'état spongieux, et chauffé au rouge faible dans un tube de verre, le gaz est absorbé, et le métal entre en une vive incandescence et se convertit rapidement, et sans qu'il en reste rien, en une masse jaune d'or pâle, composée de paillettes cristallines et brillantes. Une petite partie de cette masse, qui est le chlorure niccolique anhydre, se sublime. Elle a la plus grande ressemblance avec l'or musif, est grasse au toucher, et, à l'instar de ce dernier composé, elle se laisse étendre sur la peau à la manière du talc. Elle attire peu à peu l'humidité de l'air, et prend une couleur verte. Elle paraît d'abord insoluble dans l'eau; mais, au bout d'un long intervalle de temps, elle se dissout et donne une couleur verte.—On l'obtient, à l'état hydraté, soit en traitant le métal par l'acide chlorhydrique bouillant, soit en dissolvant l'oxyde niccolique dans le même acide. Le sel forme des cristaux d'un vert émeraude, qui s'effleurissent ou tombent en déliquescence, suivant que l'air est sec ou humide. Il est peu soluble dans l'alcool. A une température élevée, il perd son eau de cristallisation et devient jaune. Il est facile de reconnaître la présence du cobalt dans ce sel; il suffit pour cela d'écrire avec la dissolution sur une feuille de papier, et de chauffer doucement l'écriture après l'avoir laissée sécher; les lettres deviennent alors jaunes, si le sel est pur, tandis que la plus petite quantité de cobalt les fait tirer sur le vert. Au rouge naissant, le chlorure niccolique se sublime à l'état de sel anhydre. Le chlorure niccolique forme, avec l'oxyde niccolique, un *sel basique* peu soluble, qui ramène au bleu la couleur du papier de tournesol rougi.

Chlorure niccolico-ammoniacal, $Ni\,Gl + 3NH^3$. D'après *H. Rose*, 100 parties de chlorure niccolique anhydre absorbent 78,84 parties d'ammoniaque. La combinaison est blanche, avec une nuance à peine perceptible de violet, se décompose, par la chaleur, en sel ammoniac, gaz ammoniac et gaz nitrogène, qui se dégagent, et en nickel métallique, qui reste. Quand on l'arrose avec de l'eau, une partie s'en dissout en donnant une liqueur bleue, et il reste de l'oxyde niccolique.

Lorsqu'on dissout le chlorure de nickel à chaud dans l'ammoniaque caustique, et qu'on se sert, pour cela, d'un flacon bouché, on voit, suivant *Erdmann*, le même sel cristalliser en octaèdres bleus tirant sur le violet; ces cristaux sont, pour la plupart, nettement formés, mais ils présentent quelquefois des arêtes tronquées et des angles. Ce sel ne renferme pas d'eau, et perd son ammoniaque par l'exposition à l'air.

Chlorure niccolico-ammonique. Il présente, suivant *Tupputi*, l'aspect d'une masse saline verte, irrégulièrement cristalline.

Bromure niccolique, NiBr. Il forme des cristaux verts, contenant 3 atomes ou 20,03 pour cent d'eau. Cette eau s'en va par la dessiccation, en jaunissant; mais, à l'air libre, il reprend de l'eau et devient déliquescent. Lorsqu'il est exempt d'eau, et qu'on le chauffe à l'abri du contact de l'air, il se sublime en écailles jaunes et brillantes, qui se dissolvent dans l'eau avec la même lenteur que le chlorure. Chauffé au contact de l'air, il se transforme en oxyde niccolique, et du brome devient libre. Le bromure niccolique est soluble dans l'alcool et dans l'éther.

Bromure niccolico-ammonique, $NiBr + 3NH^3$. On l'obtient en saturant le bromure anhydre dans le gaz ammoniac, ou en le dissolvant à chaud dans l'ammoniaque caustique : il se précipite, par le refroidissement, sous forme d'une poudre bleu clair. Il y a 32,31 pour cent d'ammoniaque. Il se dissout dans une très-petite quantité d'eau, mais il se décompose dès qu'on étend la dissolution.

Iodure niccolique, NiI. On l'obtient en traitant de la poudre de nickel en excès par de l'iode et de l'eau. On a ainsi, d'après *Erdmann*, une solution verte qui devient brune par une forte concentration, et laisse, après la dessiccation, un sel noir qui, à l'abri du contact de l'air, peut être sublimé en paillettes d'un éclat métallique. Au contact de l'air, le nickel s'oxyde, et l'iode se sublime. Le sel ne fond pas avant de se sublimer.

Sousiodure de nickel. On l'obtient en faisant digérer la solution de l'iodure avec l'hydrate niccolique, qui devient par là brun. Il se produit également en desséchant fortement l'iodure de nickel au contact de l'air; il reste quand on dissout l'iodure.

Iodure niccolico-ammonique, $NiI + 3NH^3$. On le prépare en dissolvant une petite quantité d'iodure de nickel dans de l'ammoniaque chaude caustique; par le refroidissement de la dissolution, il cristallise en octaèdres bleus. Si l'on en dissout une trop grande quantité à la fois, le sel en question se précipite sous forme d'une poudre bleue. Il est très-peu soluble dans l'eau. Quand on le dissout dans l'ammoniaque caustique et qu'on mêle la solution avec de l'alcool, on obtient un précipité vert, qui renferme de l'ammoniaque et qui est probablement une combinaison d'iodure ammonique avec du sousiodure niccolique et de l'eau. L'iodure niccolique sec n'absorbe du gaz ammoniac qu'à une douce chaleur; il se gonfle en une masse jaune-blanchâtre qui est $NiI + 2NH^3$.

Fluorure niccolique, NiF. A la couleur près, il ressemble au sel cobaltique correspondant, se dissout à l'aide d'un excès d'acide, et forme des cristaux verts irréguliers ; du reste, on peut rapporter à ce sel et au sel basique tout ce que j'ai dit à l'article du fluorure cobaltique.

Le *fluorure niccolico-potassique* et le *fluorure niccolico-ammonique* sont des sels doubles très-solubles, qui se déposent, par l'évaporation, en cristaux grenus.

Fluorure niccolico-aluminique. On l'obtient en évaporant la dissolution mixte des deux sels. Le sel double cristallise en longues aiguilles vertes, qui se dissolvent complétement dans l'eau, mais avec lenteur.

Fluorure silico-niccolique. Il cristallise en prismes hexaèdres verts. Du reste, il possède les mêmes propriétés que les sels analogues de fer et de cobalt.

Cyanure niccolique, Ni Cy. On l'obtient en précipitant un sel niccolique par un cyanure soluble, ou, d'après *Wöhler*, en mêlant de l'acétate niccolique avec de l'acide cyanhydrique, qui précipite tout le nickel. L'acide cyanhydrique ne précipite le nickel qu'en partie de ses dissolutions dans les acides sulfurique et nitrique. Le cyanure niccolique forme un précipité vert-pomme pâle, et après la dessiccation une masse d'un vert jaunâtre, cassante, très-dure, à cassure brillante et conchoïde, qui est du cyanure niccolique contenant de l'eau combinée. Il contient, d'après *Rammelsberg*, 3 atomes d'eau pour 2 atomes de sel, ce qui fait 19,43 pour cent. Cette eau ne peut être éliminée qu'entre + 180° et + 200°. Il reste du cyanure niccolique brun clair, qui produit un phénomène de lumière très-vif quand on le chauffe en vase clos, et dégage en même temps un mélange de gaz nitrogène et cyanogène, en laissant un mélange de nickel et de carbure de nickel.

Cyanure niccolico-potassique, K Cy + Ni Cy. On le prépare en dissolvant l'hydrate de cyanure niccolique dans du cyanure potassique et évaporant la liqueur jusqu'au point de cristallisation. Il se forme aussi, lorsqu'on expose pendant longtemps à une chaleur rouge peu intense, dans un creuset bien couvert, un mélange de cyanure ferroso-potassique bien pulvérisé et de nickel métallique également en poudre très-fine. La masse est lessivée avec de l'eau chaude, et séparée de la liqueur par la filtration. Pendant le lessivage, il se développe une grande quantité de gaz hydrogène. On concentre la liqueur par l'évaporation. Il cristallise d'abord du cyanure ferroso-potassique non décomposé, qu'on retire; l'eau mère rouge-jaune qui reste fournit ensuite le sel niccolique en cristaux. Le sel double cristallise en colonnes rhomboïdales, transparentes, d'un jaune de miel, qui contiennent 1 atome ou 6,892 pour cent d'eau. Mais quelquefois il ne renferme, pour 2 atomes de sel, que 1 atome ou 3,57 pour cent d'eau, qui s'en va à + 100°; les cristaux deviennent d'un jaune pâle et opaques. Le sel anhydre entre en fusion au-dessous du rouge, et se décompose ensuite lentement.

Cyanure niccolico-sodique, $Na\,Cy + Ni\,Cy$. On l'obtient en précipitant le sel calcique par le carbonate sodique; il forme des prismes hexagones, étroits, transparents et jaunes. A + 100°, il perd 20,4 pour cent ou 3 atomes d'eau de cristallisation, devient d'un blanc jaunâtre et opaque; si on augmente la chaleur, il se décompose plus facilement que le sel potassique.

Cyanure niccolico-ammonique, $NH^4\,Cy + Ni\,Cy$. Il cristallise en aiguilles jaunes déliées, mais se décompose déjà, à une douce chaleur, en cyanure ammonique qui se volatilise, et en cyanure niccolique qui reste.

Cyanure niccolico-barytique, $Ba\,Cy + Ni\,Cy$. Il forme de grands cristaux transparents, jaunes, qui perdent 20 centièmes d'eau quand on les chauffe.

Cyanure niccolico-calcique, $Ca\,Cy + Ni\,Cy$. Il forme des cristaux d'un jaune foncé, qui perdent 30,6 d'eau de cristallisation quand on les chauffe, mais retiennent encore, comme le sel barytique, une certaine quantité d'eau, qu'ils n'abandonnent qu'en se décomposant.

Ces cyanures doubles ont été découverts et analysés par *Wöhler*. D'après ce chimiste, ils renferment, ainsi que le démontre la formule, le cyanure de nickel, qui vint d'être décrit et qui correspond à l'oxyde; ils n'ont donc pas une composition analogue aux cyanures doubles de cobalt sus-mentionnés. Traités par un acide fort, ils dégagent de l'acide cyanhydrique, et donnent un précipité de cyanure niccolique. En mêlant leurs dissolutions avec d'autres dissolutions métalliques, on obtient des précipités qui sont des cyanures doubles de nickel et d'autres métaux; ainsi ils précipitent le chlorure ferreux en blanc, le chlorure ferrique en jaune rougeâtre, le nitrate mercureux en jaune; ce dernier précipité se décompose et noircit de suite, en donnant du mercure métallique qui reste, et du cyanure mercurique qui se dissout; avec l'acétate plombique on obtient, au bout de quelque temps, de petits cristaux jaunes.

Cyanure ferroso-niccolique, $2Ni\,\text{Cy} + Fe\,\text{Cy}$. On l'obtient à l'état de précipité blanc-verdâtre en mêlant la solution d'un oxysel de nickel avec le cyanure ferroso-potassique.

Cyanure ferrico-niccolique, $3Ni\,\text{Cy} + Fe\,\text{C}^3$. Il s'obtient de la même manière à l'état de précipité brun-jaunâtre, en employant pour précipitant le cyanure ferrico-potassique.

Rhodanure (sulfocyanure) niccolique, $Ni\,C^2N^2S^2$. Il se produit quand on dissout l'hydrate niccolique dans l'acide rhodanhydrique; on obtient une belle dissolution verte qui laisse, après la dessiccation, une poudre cristalline jaunâtre, contenant 1 atome ou 4,86 pour cent d'eau pour 2 atomes de sel; cette eau ne s'en va qu'à + 150°. Le sel se dissout dans l'alcool aussi bien que dans l'eau.

Rhodanure niccolico-ammonique, $Ni\,C^2N^2S^2 + 2NH^3$. On l'obtient en mêlant la solution du sel précédent avec de l'ammoniaque caustique, et évaporant la liqueur bleue, pendant qu'on ajoute de temps en temps un peu d'ammoniaque. On obtient ainsi des cristaux bleus brillants, et qui contiennent 28,02 pour cent d'ammoniaque. Exposé à l'air, il perd de l'ammoniaque et s'effleurit. L'eau laisse de l'hydrate niccolique insoluble.

B. *Oxysels de nickel.*

Sulfate niccolique, $\dot{Ni}\dddot{S}$. On l'obtient en faisant bouillir le métal avec de l'acide sulfurique étendu, ou bien en dissolvant l'oxyde niccolique dans cet acide. L'acide sulfurique concentré, même bouillant, ne dissout pas ce métal, ou n'en dissout qu'une très-petite quantité. La dissolution donne, après l'évaporation, des cristaux d'un vert émeraude, qui affectent la forme de prismes quand la cristallisation a eu lieu au-dessous de 15°. Lorsqu'on expose ces cristaux pendant quelque temps à une douce chaleur, par exemple à la lumière du soleil, leur intérieur éprouve, d'après *Mitscherlich*, un changement remarquable, sans que leur surface perde son éclat. Les particules cristallines prennent d'autres positions, sans cependant devenir liquides. Il faut quelques jours pour que le changement soit complet; les cristaux perdent leur transparence, et lorsqu'on les casse, on trouve leur intérieur composé d'un amas de cristaux qui sont des octaèdres à base carrée, souvent très-volumineux, par exemple de quelques lignes de diamètre. En faisant cristalliser la dissolution de ce sel à une température de +15 à 20°, les cristaux affectent immédiatement la forme d'octaèdres à base carrée. Le sel cristallisé au-dessous de +15° est isomorphe avec le sulfate magnésique cristallisé ordinaire, et renferme 7 atomes ou 44,78 pour cent d'eau. Le sel cristallisé en octaèdres à base carrée est isomorphe avec l'autre sel magnésien, et contient 6 atomes ou 41 pour cent d'eau. — Le sulfate niccolique se dissout dans trois parties d'eau à +10°. A l'air sec il s'effleurit et se convertit en une poussière blanche. L'alcool et l'éther ne le dissolvent pas. Exposé à une douce chaleur, ce sel abandonne une partie de son eau de cristallisation et devient blanc, ensuite il jaunit en perdant la totalité de cette eau. On obtient un *soussulfate niccolique* en précipitant le sel neutre par la potasse, avec la précaution de ne pas mettre un excès de cette dernière. C'est une poudre verte insoluble. D'après *Tupputi*, le même soussel prend naissance quand on calcine doucement le sel neutre. Dans ce cas il est légèrement soluble dans l'eau, et donne une dissolution qui réagit à la manière des alcalis, comme les soussels plombiques.

Sulfate niccolico-potassique, $\dot{K}\dddot{S} + \dot{Ni}\dddot{S}$. *Sulfate niccolico-ammonique*, $NH^4\dddot{S} + \dot{Ni}\dddot{S}$. On les obtient en mêlant les sels simples, et faisant évaporer les dissolutions mixtes. Le sel potassique se dissout dans 9 parties d'eau froide; le sel ammonique n'exige que $1\frac{1}{2}$ partie d'eau pour se dissoudre. Sous le rapport de la forme cristalline et de la composition, ils ont une analogie parfaite avec les sels maganeux et ferreux correspondants, qui sont isomorphes avec eux. — *Proust*, qui a découvert le sel double potassique, a cherché à le purifier par des cristallisations réitérées, afin d'obtenir du nickel pur de tout mélange de corps étrangers. Plus tard *Thomson* a renouvelé cette proposition; mais il est évident que ce sel ne peut être débarrassé, par voie de cristallisation, des métaux qui forment des sels doubles, isomorphes avec lui. *Bette* a fait voir que, quand plusieurs de ces sels doubles isomorphes de cuivre, de fer, de nickel, de cobalt, de zinc et de magnésie, se trouvent ensemble dans une dissolution, on obtient facilement un sel cristallisé, contenant un atome de chacun des sels doubles, en combinaison avec 13 atomes d'eau, bien que chaque sel double, pris isolément, ne renferme pas plus de 12 atomes d'eau.

Sulfate niccolico-ammoniacal, $\dot{Ni}\dddot{S} + 3NH^3$. On l'obtient en laissant du sulfate niccolique anhydre absorber du gaz ammoniac jusqu'à ce qu'il en soit saturé. Dans cette action le sel se réduit en une poudre blanche. L'eau le décompose. Lorsqu'on dissout le sulfate niccolique, à l'aide de la chaleur, dans un flacon fermé et rempli d'ammoniaque caustique, il se dépose, suivant *Erdmann*, par le refroidissement, des prismes bleus rectangulaires de sulfate niccolico-ammoniacal; ces prismes ont deux côtés plus larges, et les côtés plus étroits sont terminés par des sommets dièdres. Ils sont $= \dot{Ni}\dddot{S} + 2NH^3 + 2\dot{H}$. Ils tombent, à l'air, en une poudre bleuâtre. L'eau les décompose en laissant un sel basique.

Sulfite niccolique, $\dot{Ni}\ddot{S}$. Il se forme facilement quand on introduit du gaz sulfureux dans un mélange d'oxyde niccolique et d'eau jusqu'à saturation complète. Une partie du sel reste insoluble, sous forme d'une poudre cristalline verte, qui, suivant *Muspratt*, renferme 4 atomes ou 34,06 pour cent d'eau. En évaporant la solution sur l'acide sulfurique, on obtient, peu à peu, d'après ce même chimiste, des tétraèdres verts, renfermant 6 atomes ou 43,68 pour cent d'eau.

Dithionate niccolique, $\dot{Ni}\overset{\cdot\cdot\cdot\cdot\cdot}{\bar{S}}$. On l'obtient facilement en précipitant une solution de dithionate barytique exactement par le sulfate niccolique. La liqueur filtrée et évaporée donne de longs prismes déliés, verts, contenant 6 atomes ou 32,98 pour cent d'eau.

Dithionate niccolico-ammoniacal, $\dot{Ni}\overset{\cdot\cdot\cdot\cdot\cdot}{\bar{S}} + 3NH^3$. Il se précipite sous forme d'une poudre bleue en traitant la solution du sel précédent par l'ammoniaque en excès. En dissolvant celle-ci à chaud dans l'ammoniaque caustique, le sel se dépose, par le refroidissement, sous forme de lamelles d'un bleu violet. Il est décomposé par l'eau pure.

Dithionite niccolique, $\dot{Ni}\bar{S}$. On l'obtient en faisant digérer dans un flacon rempli et bien bouché une dissolution aqueuse de sulfite, avec du soufre très-divisé. Par l'évaporation dans le vide, le sel se prend en cristaux isomorphes avec le sel magnésien, et contenant 6 atomes ou 38,64 pour cent d'eau. Soumis à la chaleur, ils laissent un résidu de sulfure de nickel.

Dithionite niccolico-ammoniacal, $Ni\ddot{S} + 2NH^3 + 6\dot{H}$. Il se précipite sous forme d'une poudre bleue, en mêlant le dithionite neutre d'abord avec de l'ammoniaque, puis avec de l'alcool. Lavée à l'alcool et rapidement desséchée, cette poudre peut être conservée dans un vaisseau fermé; mais elle ne tarde pas à se décomposer à l'air libre. Ce sel contient 19,72 pour cent d'ammoniaque et 31,01 pour cent d'eau.

Nitrate niccolique, $\dot{Ni}\dddot{N}$. Il forme des cristaux d'un vert bleuâtre, se dissout dans 2 parties d'eau froide, ainsi que dans l'alcool, s'effleurit à l'air sec, et tombe en déliquescence quand l'air est humide. A une température élevée, il se décompose, donne d'abord un soussel vert-jaunâtre, puis, quand on le chauffe plus fortement dans des vases ouverts, du suroxyde de nickel, qui se décompose à une chaleur rouge plus intense, et laisse une quantité d'oxyde niccolique presque égale, en poids, au quart du sel cristallisé.

Nitrate niccolico-ammoniacal. Ce sel cristallise, suivant *Erdmann*, en octaèdres d'un bleu saphir, dont les arêtes sont quelquefois tronquées. Il est $= \dot{Ni}\dddot{N} + 2NH^3 + \dot{H}$. Il se dissout facilement dans l'eau, et s'effleurit à l'air en se convertissant en une poudre d'un blanc bleuâtre, qui tombe en déliquium à l'air.

Phosphate niccolique, $\dot{Ni}\dddot{P}$. Le meilleur moyen de préparer ce sel est d'avoir recours à la double décomposition; mais on peut aussi l'obtenir en traitant le nickel par l'acide phosphorique étendu, qui le dissout à l'aide de l'ébullition. Ce sel est d'un vert clair, et se précipite sous forme d'une poudre qui est soluble dans un excès d'acide phosphorique.

Phosphate niccolico-ammonique. On l'obtient en faisant digérer avec du phosphate ammonique le phosphate niccolique récemment précipité. Il est insoluble dans l'eau.

Phosphite niccolique, $\dot{Ni}^2\dddot{P}$. C'est un sel légèrement soluble, qui, préparé par double décomposition, se précipite sous forme de paillettes cristallines verdâtres, surtout quand on fait bouillir la liqueur pendant qu'on opère la précipitation.

Hypophosphite niccolique, $\dot{Ni}\dot{P}$. Il est vert, très-soluble dans l'eau, cristallise en cubes ou en octaèdres, et jaunit en s'effleurissant.

Chlorate niccolique, $Ni\overset{\cdot\cdot\cdot\cdot\cdot}{\overline{Cl}}$. Il cristallise en octaèdres réguliers d'un vert foncé, contenant 6 atomes ou 32,34 pour cent d'eau. Il est déliquescent à l'air, se dissout dans l'alcool, fond à + 80° dans son eau de cristallisation, et donne, à + 100° de l'eau, du gaz chlore et de l'oxygène ; il reste un mélange noir de chlorure et de sesquioxyde, qui jaunit par la calcination en se convertissant en un chlorure basique.

Bromate niccolique, $\dot{Ni}\overset{\cdot\cdot\cdot\cdot\cdot}{\overline{Br}}$. Il est isomorphe avec le sel précédent, et contient 6 atomes d'eau.

Bromate niccolico-ammoniacal, $\dot{Ni}\overset{\cdot\cdot\cdot\cdot\cdot}{\overline{Br}} + \overline{N}H^3$. C'est une poudre d'un bleu vert qui se forme pendant que le sel précédent absorbe du gaz ammoniac. Elle est décomposée par l'eau.

Iodate niccolique, $\dot{Ni}\overset{\cdot\cdot\cdot\cdot\cdot}{\overline{I}}$. Il est très-peu soluble, et forme une croûte verte cristalline. Il contient 1 atome d'eau, et se dissout dans 120 $\frac{1}{3}$ parties d'eau froide et dans 77 $\frac{1}{3}$ d'eau bouillante.

Iodate niccolico-ammoniacal, $\dot{Ni}\overset{\cdot\cdot\cdot\cdot\cdot}{\overline{I}} + 2\overline{N}H^3$. On l'obtient en précipitant la solution de l'iodate neutre par l'ammoniaque caustique, et y ajoutant de l'alcool. Le précipité est en partie cristallin, en partie pulvérulent.

Carbonate niccolique. L'eau décomposant ce sel, on ne peut l'obtenir par la précipitation au moyen d'un carbonate alcalin. Le carbonate niccolique neutre est encore inconnu. Le précipité que les sels niccoliques donnent avec les carbonates alcalins est une poudre d'un vert-pomme, qui se dissout dans un excès du précipitant. Chauffé jusqu'au rouge, en vases clos, il donne de l'oxyde niccolique ; lorsqu'au contraire on le calcine au contact de l'air à une chaleur modérée, il laisse du suroxyde de nickel. Suivant *Proust*, l'oxyde niccolique calciné absorbe peu à peu l'acide carbonique et l'humidité de l'air, en passant du vert au gris. D'après les expériences de *Berthier*, il existe deux combinaisons d'oxyde niccolique et d'acide carbonique. L'une se produit quand on précipite une dissolution de nickel par un bicarbonate alcalin ; elle se présente sous forme d'un précipité vert clair, qui se réduit au soleil en une poudre légère. On obtient l'autre combinaison à l'aide du carbonate alcalin ordinaire; elle est vert-pomme, et ne s'altère pas au soleil. Il résulte des analyses de *Berthier* que ces deux sels contiennent de l'eau, et consistent probablement en combinaisons de carbonate et d'hydrate niccoliques semblables à celles produites par les oxydes cuivrique et zincique. D'après les expériences de *Setterberg*, les précipités obtenus en mêlant la dissolution bouillante d'un sel niccolique avec un excès de carbonate alcalin dissous et à la même température, ne sont autre chose que des mélanges d'hydrate niccolique avec une combinaison de carbonate et d'hydrate niccoliques. Plus les liqueurs sont étendues, moins il reste d'acide carbonique. Dans différentes expériences, *Setterberg* a trouvé la quantité d'acide carbonique variant entre 11 et 3 pour cent.

Carbonate niccolico-ammonique. C'est un sel soluble dans l'eau, et qui se dépose, pendant l'évaporation spontanée, sur les parois du vase, sous forme d'une croûte cristalline. Si on l'évapore à l'aide de la vapeur, il ne donne que de l'hydrate niccolique.

Oxalate niccolique, $\dot{N}i\dddot{C}$. C'est une poudre insoluble, d'un vert clair, qui ne se dissout pas dans un excès d'acide oxalique. L'acide oxalique précipite ce sel de toutes les dissolutions neutres de nickel. Il contient 13,4 pour cent ou 2 atomes d'eau. Chauffé dans un appareil distillatoire, il donne du nickel métallique et du gaz acide carbonique.

Oxalate niccolico-ammoniacal, $2\dot{N}i\dddot{C} + NH^3 + 6\dot{H}^3$. Suivant *Winckelblech*, il se précipite avec une couleur verte, lorsqu'on mêle l'un des sels doubles suivants avec de l'ammoniaque caustique.

Oxalate niccolico-potassique, $\dot{K}\dddot{C} + \dot{N}i\dddot{C}$. C'est un sel soluble qui cristallise en prismes verts. On peut le préparer, soit en dissolvant l'oxalate niccolique dans l'oxalate potassique, soit en neutralisant le bioxalate potassique par l'oxyde niccolique.

Oxalates niccolico-sodique et *niccolico-ammonique.* Ce sont des sels doubles solubles. L'oxalate niccolique, dissous dans l'ammoniaque caustique, se précipite pendant que l'alcali s'évapore.

Rhodicate niccolique. C'est une masse saline brune qui se dissout dans l'eau aussi bien que dans l'alcool.

Croconate niccolique. $\dot{N}iC^5O^4$. Il se dépose, de sa dissolution aqueuse, sous forme de cristaux bruns foncés ayant une teinte bleuâtre.

Borate niccolique. $\dot{N}i\dddot{B}^2$. C'est une poudre vert pâle, qui est insoluble dans l'eau, mais se dissout dans les acides, et se fond, par l'effet de la chaleur, en un verre couleur hyacinthe.

Silicate niccolique. D'après *Klaproth*, il formerait un minéral vert, ayant un aspect de talc, que les minéralogistes ont appelé *pimélithe*, et qu'on trouve à Kosemütz en Silésie ; mais tous les échantillons de ce minéral que j'ai analysés n'étaient autre chose que du talc, ou du silicate magnésique coloré par du silicate niccolique.

Formiate niccolique. $\dot{\mathrm{Ni}}\dddot{\mathrm{Fo}}$. Il cristallise en longues aiguilles vertes contenant de l'eau de cristallisation ; cette eau s'en va par la chaleur, et le sel devient vert. Il est très-peu soluble dans l'eau.

Acétate niccolique, $\dot{\mathrm{Ni}}\dddot{\bar{\mathrm{A}}}\mathrm{c}$. Il forme des cristaux verts, d'une saveur douceâtre, et se dissout dans 6 parties d'eau froide. Il est insoluble dans l'alcool, et légèrement efflorescent.

Tartrate niccolique. $\dot{\mathrm{Ni}}\ddddot{\bar{\mathrm{T}}}\mathrm{r}$. On l'obtient en saturant une solution d'acide tartrique par le carbonate ou l'hydrate niccolique. Le sel se dissout d'abord dans l'acide libre, mais il ne tarde pas à se déposer sous forme d'une poudre verte. Il est cristallin, et presque insoluble dans l'eau froide aussi bien que dans l'eau bouillante. On l'obtient aussi en mêlant la solution d'un sel de nickel avec du tartrate potassique, parce qu'il se produit en même temps un sel double soluble. Il se dissout dans la potasse et la soude caustiques, sans le secours de la chaleur, ainsi que dans le carbonate alcalin bouillant dont l'acide carbonique se dégage. La solution est d'un beau vert, et si elle est saturée, elle se prend, par le refroidissement, en une masse poisseuse. Soumise à l'évaporation, elle donne, d'après *Werther*, un dépôt blanc-verdâtre, contenant de l'acide tartrique, de l'alcali, et de l'oxyde niccolique. La liqueur qui surnage est trouble, ne s'éclaircit pas par la filtration, et se réduit, par la dessiccation, en une masse gommeuse. La solution dans la potasse caustique, traitée par l'alcool, donne un précipité gélatineux qui est une combinaison du tartrate potassique avec l'hydrate niccolique, $=\dot{\mathrm{K}}\ddddot{\bar{\mathrm{T}}}\mathrm{r}+\dot{\mathrm{Ni}}\dot{\mathrm{H}}$, analogue au sel ferrique. L'hydrate niccolique se dissout, quoique un peu difficilement, dans le tartrate potassique neutre, et produit ainsi la même combinaison non cristalline ; la solution ne présente pas de réaction alcaline.

Tartrate niccolico-potassique. En faisant bouillir le carbonate niccolique avec de l'eau et du tartre, on obtient un sel vert très-soluble, incristallisable et doué d'une saveur sucrée.

Succinate niccolique, $\dot{\mathrm{Ni}}\,\dddot{\overline{\mathrm{S}}}\mathrm{c}$. En évaporant la solution de l'hydrate niccolique dans l'acide succinique, on obtient ce sel sous forme de cristaux verts, irréguliers, mamelonnés. Ces cristaux ne rougissent pas le papier de tournesol, sont solubles dans l'eau et insolubles dans l'alcool. Ils renferment 4 atomes ou 29,1 pour cent d'eau.

Séléniate niccolique, $\dot{\mathrm{Ni}}\,\dddot{\mathrm{S}}\mathrm{e}$. D'après *Mitscherlich*, il a beaucoup d'analogie avec le sulfate, mais il ne paraît pas susceptible de cristalliser autrement qu'en octaèdres à base carrée. Il contient, comme le sulfate, 34,8 ou 2 pour cent ou 6 atomes d'eau de cristallisation.

Sélénite niccolique, $\dot{\mathrm{Ni}}\,\ddot{\mathrm{S}}\mathrm{e}$. C'est un précipité d'un vert-pomme pâle, qui ne se dissout point dans l'eau. Le sel acide est soluble, et se dessèche en une masse transparente gommeuse.

Tellurate niccolique, $\dot{\mathrm{Ni}}\,\dddot{\mathrm{T}}\mathrm{e}$. Précipité blanc, verdâtre et floconneux.

Tellurite niccolique, $\dot{\mathrm{Ni}}\,\ddot{\mathrm{T}}\mathrm{e}$. Même réaction.

Arséniate niccolique, $\dot{\mathrm{Ni}}^{3}\,\overset{\therefore}{\ddot{\mathrm{A}}}\mathrm{s}$. C'est une poudre vert pâle, insoluble dans l'eau, mais soluble dans un excès d'acide. Chauffé jusqu'au rouge, il perd son eau de cristallisation, prend pendant quelque temps une couleur d'hyacinthe, et finit par devenir jaune clair. D'après *Berthier*, le sel précipité par double décomposition est toujours basique, et l'acide y est saturé par une fois et demie autant de base qu'il devrait en contenir dans le sel neutre, $=\dot{\mathrm{Ni}}^{2}\,\overset{\therefore}{\ddot{\mathrm{A}}}\mathrm{s}$. On le rencontre dans le règne minéral sous forme d'une poudre verdâtre clair, qui renferme 8 atomes d'eau. Les minéralogistes l'appellent *nickelblüthe*.

Arsénite niccolique, $\dot{\mathrm{N}}^{2}\,\dddot{\mathrm{A}}\mathrm{s}$. Il ressemble, par son aspect, au sel précédent; mais quand on le calcine, il devient d'abord noir, donne ensuite un sublimé d'acide arsénieux, et laisse un résidu vert clair de *sousarséniate niccolique*.

Chromate niccolique. C'est un sel rouge, déliquescent, qui offre, en se desséchant, des traces d'une cristallisation penniforme. Les alcalis, versés dans la dissolution de ce sel, paraissent en précipiter une combinaison basique, jaune-rougeâtre, insoluble, qu'on obtient aussi en faisant digérer le sel soluble avec un excès de carbonate niccolique.

D'après *Malaguti* et *Sarzeau*, le meilleur moyen de préparer ce sel consiste à précipiter une solution bouillante de chromate potassique neutre par du sulfate niccolique, et à laver le précipité avec de l'eau bouillante. Après la dessiccation, il présente la couleur de tabac à priser d'Espagne, et est tout à fait amorphe. Il se compose de $\dot{N}i^{4}\dddot{C}r + 6\dot{\bar{H}}$. Il contient 21,07 pour cent d'eau.

Chromate niccolico-ammoniacal. Le sel précédent, étant traité par de l'ammoniaque caustique, se change en une poudre cristalline, lourde, d'un jaune verdâtre, qui présente sous le microscope l'aspect d'un amas de prismes rectangulaires. On l'obtient aussi en mêlant le sel soluble avec de l'ammoniaque caustique en excès. Il se compose de $\dot{N}i\dddot{C}r + 3\dot{\bar{N}}\bar{H}^{3} + 4\dot{\bar{H}}$. Il se décompose par l'eau, et perd son ammoniaque à l'air.

Vanadate niccolique. Le *sel neutre*, $\dot{N}i\dddot{V}$ et le *bisel*, $\dot{N}i\dddot{V}^{2}$, sont solubles. L'alcool les précipite sous forme d'une poudre jaune sale; le bisel tire en outre sur le brun. Leurs dissolutions dans l'eau sont jaunes, et laissent par l'évaporation une masse cristalline d'un jaune sale; celle du bisel est composée de petits cristaux jaunes et prismatiques. L'ammoniaque ne le dissout pas en bleu.

Molybdate niccolique, $\dot{N}i\dddot{M}o$. Poudre vert clair, soluble dans l'eau bouillante.

Antimoniate niccolique, $\dot{N}i\overset{\cdot\cdot}{\dddot{\bar{S}}}b$. Il est d'un vert pâle presque blanc, et ne se dissout pas dans l'eau.

C. *Sulfosels de nickel.*

Dans la plupart des cas, le sulfure niccolique se comporte avec les sulfides comme le sulfure cobaltique. Les sulfosels de nickel sont presque tous insolubles, mais se dissolvent dans un excès de sulfosel alcalin, en donnant naissance à une dissolution de couleur foncée.

Sulfocarbonate niccolique, $\acute{N}i + \ddot{C}$. Il donne une dissolution d'un rouge brun foncé, à peine translucide et noire par réflexion. Dans l'espace de vingt-quatre heures, cette dissolution dépose le sulfosel sous forme d'une poudre noire; après quoi la liqueur qui surnage est transparente et d'un jaune brun.

Sulfarséniate niccolique, $\acute{N}i^{2}\bar{A}s$. Il se dépose sous forme d'un précipité brun foncé, qui est noir en masse, et ne s'altère pas pendant la dessiccation. Si l'on emploie des dissolutions étendues, ce sel ne se précipite pas tout de suite, et la liqueur, qui est d'un brun jaunâtre, conserve pendant quelque temps sa transparence; les choses se passent de même, que le sulfarséniate, employé pour opérer la précipitation, soit neutre ou basique.

Sulfarsénite niccolique, $\dot{\mathrm{N}}^{2}\dddot{\mathrm{A}}\mathrm{s}$. C'est un précipité noir qui conserve cette couleur après la dessiccation, et donne une poudre noire; étant distillé, il abandonne aisément son sulfide, et laisse un résidu affaissé de sulfure niccolique jaune.

Sulfomolybdate niccolique, $\dot{\mathrm{N}}\mathrm{i}\dddot{\mathrm{M}}\mathrm{o}$. C'est un précipité brun foncé presque noir, qui conserve cette couleur en se desséchant. Il se dissout en noir dans le sulfosel potassique, mais se dépose de cette dissolution, pour la plus grande partie, dans l'espace de vingt-quatre heures.

Hypersulfomolybdate niccolique, $\dot{\mathrm{N}}\mathrm{i}\ddddot{\mathrm{M}}\mathrm{o}$. C'est une combinaison rouge foncé, insoluble.

Sulfotungstate niccolique, $\dot{\mathrm{N}}\mathrm{i}\dddot{\mathrm{W}}$. Obtenu par double décomposition, il donne une dissolution d'un brun foncé, d'où le sulfotungstate se dépose, au bout de vingt-quatre heures, sous forme d'une poudre noire.

19. *Sels de zinc.*

Les sels de zinc ont une saveur métallique très-désagréable et astringente. Ils sont incolores, et se dissolvent sans résidu dans une quantité suffisante d'ammoniaque caustique; les carbonates alcalins les précipitent avec dégagement de gaz acide carbonique, les sulfhydrates avec dégagement de gaz sulfide hydrique, et dans les deux cas le précipité est blanc. Leur dissolution n'est pas troublée par l'infusion de noix de galle.

A. *Sels haloïdes de zinc.*

Chlorure zincique, $\mathrm{Zn}\,\mathrm{Gl}$. Le zinc en lamelles minces s'enflamme, à la température ordinaire, dans le gaz chlore, et se réduit, par la combustion, en chlorure zincique. Lorsqu'on fait arriver le gaz sec sur des planures de zinc chauffées dans un tube de verre à une température voisine de la fusion, la combinaison s'opère avec une vive production d'étincelles. On peut aussi l'obtenir au-

hydre en distillant un mélange de zinc et de chlorure mercurique, ou de sel marin décrépité et de sulfate zincique anhydre. Le produit de la distillation est d'un gris blanchâtre et translucide comme de la cire; il entre en fusion à 100° ou un peu au-dessous, et devient, en se refroidissant, d'abord visqueux, puis solide; il se volatilise à la chaleur rouge sous forme d'aiguilles prismatiques; il est déliquescent à l'air. On peut amener à faire cristalliser une dissolution de zinc dans l'acide chlorhydrique; par l'évaporation on obtient une masse saline qui, chauffée dans un appareil de distillation, donne du chlorure zincique anhydre. — En mêlant une dissolution concentrée de ce sel avec une forte solution de colle, on obtient, d'après *Black*, une glu qui est préférable à la glu ordinaire, en ce qu'elle ne sèche pas, et qu'on peut facilement la laver.

D'après *Graham*, l'alcool dissout le chlorure zincique avec une extrême facilité. Deux parties de sel anhydre donnent avec 0,7 partie d'alcool absolu une liqueur visqueuse, d'où il se sépare une combinaison de sel et d'alcool en petits cristaux qui contiennent 15 pour cent d'alcool ou 1 atome d'alcool sur 2 de sel.

Souschlorure zincique. On l'obtient à plusieurs degrés de saturation. Lorsqu'on fait bouillir le chlorure zincique avec du zinc jusqu'à ce qu'il ne se dégage plus de gaz hydrogène et qu'on filtre ensuite la liqueur bouillante, ou bien lorsqu'on mêle une solution de chlorure zincique avec de l'alcali caustique de manière à ne pas précipiter la totalité du zinc, on voit qu'il se dépose une poudre blanche $= \mathrm{Zn}\,\bar{\mathrm{C}}\mathrm{l} + 3\dot{\mathrm{Zn}} + 4\dot{\bar{\mathrm{H}}}$, qui, desséchée à $+ 100°$, perd la moitié de son eau. — En précipitant le chlorure zincique par de l'ammoniaque caustique en faible excès, de manière qu'une partie du précipité commence à se redissoudre, ou en traitant le chlorure zincique ammoniacal par de l'eau, on obtient un chlorure encore plus basique, qui, d'après *Kane*, se compose de $\mathrm{Zn}\,\bar{\mathrm{C}}\mathrm{l} + 6\dot{\mathrm{Zn}} + 10\dot{\bar{\mathrm{H}}}$. C'est une poudre blanche, légère, insoluble, qui ressemble à de l'amidon. Par la dessiccation à $+ 100°$, il perd 4 atomes d'eau, de manière que le résidu peut être considéré comme formé de $\mathrm{Zn}\bar{\mathrm{C}}\mathrm{l} + 6\dot{\mathrm{Zn}}\,\dot{\bar{\mathrm{H}}}$. Par une chaleur plus élevée, mais pas assez forte pour faire volatiliser le chlore, l'eau de l'hydrate zincique s'en va aussi, et le résidu est alors $\mathrm{Zn}\,\bar{\mathrm{C}}\mathrm{l} + 6\dot{\mathrm{Zn}}$. Traité ensuite par l'eau, il en absorbe de nouveau 4 atomes, de manière que l'oxyde zincique semble avoir repris, non plus son eau d'hydrate, mais ses 4 atomes d'eau de cristallisation. — Lorsqu'on maintient le chlorure zincique hydraté longtemps à l'état de fusion, l'acide chlorhydrique s'en va peu à peu à l'état de vapeur, sans que la masse devienne opaque; il se trouve par là transformé en un soussel contenant moins d'oxyde zincique qu'aucun des chlorures précédents, mais on ne l'a pas examiné. Par le refroidissement, il devient cristallin; et quand on y verse de l'eau, il se décompose de manière que du chlorure zincique se dissout dans l'eau, tandis qu'il reste un soussel qui, suivant *Schindler* et *Kane*, se compose de $Zn\,Gl + 9\dot{Z}n$. Desséché à $+20°$, il renferme, d'après *Kane*, 14 atomes ou 22,67 pour cent d'eau, qui peut être complétement expulsée par la chaleur; mis en contact avec de l'eau et desséché de nouveau à $+20°$, il reprend 4 atomes d'eau.

Chlorure sulfozincique. On l'obtient, d'après *Reinsch*, en acidulant une solution de chlorure zincique avec de l'acide chlorhydrique et y faisant arriver du sulfide hydrique jusqu'à ce qu'il ne se forme plus de précipité. Le précipité ainsi formé est blanc, et se compose de chlorure et de sulfure zinciques.

Chlorure zincico-potassique, $K\,Gl + Zn\,Gl$, et *chlorure zincico-ammonique*, $\dot{N}H^4\,Gl + Zn\,Gl$. Ces combinaisons s'obtiennent en mêlant ensemble les sels dissous, concentrant les liqueurs et les laissant refroidir. Pendant le refroidissement, les sels doubles cristallisent, bien qu'ils soient déliquescents. *Schindler* a trouvé 1 atome d'eau dans les deux. Ils forment des prismes à 6 pans.

Golfier Bessière a appelé l'attention sur une propriété du chlorure zincique ammoniacal, qui peut être d'une application utile. En solution concentrée et à une douce chaleur, il nettoie très-complétement la surface des métaux oxydés : l'oxyde métallique décompose le chlorure ammonique, pour se changer en chlorure qui produit, avec le chlorure zincique, un composé liquide. En raison de la température élevée que ce liquide supporte, il peut être employé comme moyen de décapage, lorsqu'on veut étamer le cuivre et le fer, ou qu'on veut recouvrir ces métaux d'une couche de plomb. A cet effet, on verse l'étain ou le plomb fondu sur la surface métallique, qu'on frotte avec un torchon, pour enlever le composé de chlorure zincique et y étendre le métal liquide. Des chaudières de cuivre, qu'on recouvre ainsi d'une couche de plomb, rendent les mêmes services que les chaudières de plomb dans l'ébullition des liquides contenant de l'acide sulfurique. Les ustensiles en fer des laboratoires, tant neufs que rouillés, peuvent être ainsi enduits d'une couche de plomb qui résiste à l'action oxydante des vapeurs du laboratoire.

Chlorure zincico-ammonique. D'après *Persoz*, le chlorure zincique anhydre n'absorbe de l'ammoniaque que par le concours de la chaleur. La combinaison obtenue de cette manière est formée d'un atome de sel et d'un atome simple d'ammoniaque, $= Zn\,Gl + NH^3$.

D'après les recherches de *Kane*, on peut combiner le chlorure zincique dans trois proportions différentes avec l'ammoniaque, savoir : 2 atomes de chlorure zincique avec 1 équivalent d'ammoniaque, et 1 atome du premier avec 1 et 2 équivalents d'ammoniaque. 1). Le $Zn\,Gl + 2NH^3 + \dot{H}$ s'obtient en ajoutant de l'ammoniaque caustique à une solution chaude et concentrée de chlorure zincique, jusqu'à ce que tout soit dissous ; la solution s'échauffe par là davantage; on la filtre, au besoin, immédiatement, et on la laisse refroidir : le composé se dépose en paillettes ou lamelles blanches, ayant un éclat nacré, et douces au toucher comme de la poudre de talc. Elles contiennent 30,9 pour cent d'ammoniaque et 8,11 pour cent d'eau. Traité par l'eau, le sel se décompose partiellement en souschlorure zincique insoluble et en ammoniaque, chlorure zincique ammoniacal et chlorure zincique qui se dissolvent dans l'eau. 2). Le $Zn\,Gl + NH^3$ se produit lorsqu'on maintient le composé précédent à $+ 140^\circ$, jusqu'à ce qu'il ne se dégage plus d'eau ni d'ammoniaque : les paillettes se réduisent ainsi en une poudre blanche. En soumettant l'eau-mère du composé en paillettes à une douce évaporation, on obtient la combinaison dont il s'agit cristallisée en petits prismes groupés en étoiles, d'un éclat vitreux. Ces cristaux contiennent 1 atome d'eau pour 2 atomes de chlorure zincique ammoniacal, $= 2Zn\,Gl\,NH^3 + \dot{H}$, ou 19,18 d'ammoniaque et 5,04 d'eau. 3). Le $2\,Zn\,Gl + NH^3$ prend naissance lorsqu'on chauffe le composé précédent doucement jusqu'à la fusion. On l'obtient avec le composé hydraté aussi bien qu'avec le composé anhydre. Le résidu solidifié après le refroidissement est transparent et semblable à de la gomme, d'un jaune de succin et fendillé dans toutes les directions. Soumis à la chaleur rouge, il peut être distillé sous forme de gouttes jaunes.

Bromure zincique, $Zn\,Br$. Quoique déliquescent, il peut cristalliser d'une dissolution concentrée. Chauffé au rouge, il fond; soumis à une température plus élevée encore, il se sublime en aiguilles, si on interdit l'accès de l'air. Il est soluble dans l'alcool et dans l'éther.

Bromure zincique ammoniacal, $ZnBr + NH^3 + \dot{H}$. On l'obtient en cristaux octaédriques incolores en dissolvant le bromure zincique dans de l'ammoniaque chaude et laissant refroidir la solution. Par la chaleur, l'ammoniaque s'en va, et le sel fond; mais on ne s'est pas encore assuré si le résidu renferme de l'ammoniaque.

Iodure zincique, ZnI. On l'obtient en faisant digérer du zinc en excès avec de l'iode et de l'eau. La dissolution est incolore, et donne, par l'évaporation, des cristaux dont la forme appartient au système régulier, et est, d'ordinaire, une combinaison de l'octaèdre et du cube. L'iodure anhydre se sublime en aiguilles cristallines brillantes. Chauffé en vases ouverts, ce sel anhydre donne de l'iode et de l'oxyde zincique. En faisant digérer avec de l'iode une dissolution concentrée de ce sel, il se forme du *biiodure de zinc*, dont la dissolution est d'un brun foncé.

Sous-iodure zincique, $ZnI + 3\dot{Z}n + 2\dot{H}$. On l'obtient, d'après *Millon*, en précipitant une solution d'iodure zincique complétement par la potasse caustique. Le précipité est légèrement soluble dans l'eau bouillante, et se dépose, de nouveau, par le refroidissement.

Iodure zincique ammoniacal, $ZnI + 3NH^3$. On l'obtient en faisant absorber du gaz ammoniac jusqu'à refus par de l'iodure zincique anhydre : celui-ci s'échauffe et se gonfle en une poudre blanche. Lorsqu'on abandonne une solution d'iodure zincique dans l'ammoniaque caustique à l'évaporation spontanée, il se dépose des prismes incolores, brillants, anhydres et composés de $ZnI + NH^3$. Ces deux composés, étant traités par l'eau, laissent de l'oxyde zincique exempt d'iode.

L'iodure zincique, en se combinant avec d'autres iodures, forme des sels doubles qu'on obtient en mêlant ensemble les sels en dissolution et évaporant la liqueur, à la fin, dans la dessiccation : il se produit, d'ordinaire, des cristaux réguliers. Les iodures doubles, dans la composition desquels entrent les radicaux des alcalis et des terres alcalines, sont très-déliquescents à l'air. Les cristaux du *sel potassique* ont pour composition $KI + 2ZnI$, ceux du *sel sodique*, $NaI + ZnI + 3\dot{H}$, ceux du *sel ammonique*, NH^4I

+ ZnI, ceux du *sel barytique*, BaI + 2ZnI. Les autres n'ont pas été analysés.

L'*iodure zincique* et le *nitrate potassique* forment, selon *Anthon*, un sel double. Lorsqu'on mêle une solution aqueuse de nitrate zincique avec de l'iodure potassique, il se produit un précipité cristallin, jaunâtre, qui se redissout par l'addition d'une plus grande quantité d'iodure potassique. Soumise à l'évaporation, la dissolution laisse déposer des cristaux incolores rhomboédriques, qui ne s'humectent pas à l'air, et contiennent les deux sels. Ils sont assez solubles dans l'eau, insolubles dans l'alcool, et donnent, par la chaleur, d'abord de l'iode, puis des vapeurs rouges d'acide nitreux, en laissant de l'oxyde zincico-potassique. La solution aqueuse du sel, traitée par les acides, donne un précipité d'iode; et, par l'acide tartrique, un précipité de bitartrate potassique.

Fluorure zincique, ZnF. Ce sel est très-peu soluble, et se dissout un peu mieux quand l'eau contient de l'acide fluorhydrique. En évaporant la dissolution, il se dépose en petits cristaux transparents et blancs.

Fluorure zincico-potassique, KF+ZnF. C'est un sel double, qui se dissout dans l'eau; il cristallise en petits cristaux grenus et incolores.

Fluorure aluminico-zincique, AlF^3 + ZnF. En mêlant les deux sels simples et livrant la liqueur à l'évaporation spontanée, on obtient ce sel double sous forme de longues aiguilles incolores, qui se dissolvent complétement dans l'eau, mais avec beaucoup de lenteur.

Fluorure borico-zincique, ZnF + BF^3. Pour l'obtenir, on dissout du zinc dans l'acide hydrofluoborique, tant que ce métal produit, à la température ordinaire, un dégagement d'hydrogène; après l'évaporation, le sel forme une masse saline déliquescente.

Fluorure silico-zincique, 3ZnF + $2SiF^3$. Ce sel est très-soluble, et cristallise, après une forte concentration, en prismes à six pans, ou quelquefois en prismes à trois pans, qui sont incolores et contiennent 21 atomes d'eau de cristallisation.

Cyanure zincique, ZnCy. Il est blanc et insoluble; séché et distillé, il donne un résidu noir, qui est du carbure de zinc. D'après *Woehler*, la manière la plus simple de le préparer consiste à mêler une dissolution d'acétate zincique avec de l'acide cyanhydrique dilué, qui précipite tout le contenu en zinc. Le chlorure zincique, au contraire, n'est pas décomposé par l'acide cyanhydrique libre.

Le cyanure zincique a été employé comme médicament. Pour cet usage, on peut le préparer de la manière qui vient d'être exposée, ou par la méthode suivante, indiquée par *Bette*. On étend 12 onces d'ammoniaque caustique, de 0,969 poids spécifique, avec 16 onces d'eau, et on sature le mélange avec la quantité d'acide cyanhydrique qu'on retire de la distillation de 8 $\frac{1}{2}$ onces de cyanure ferroso-potassique avec un mélange égal d'acide sulfurique concentré et 16 onces d'eau. La solution de cyanure ammonique ainsi obtenue est versée goutte à goutte dans une solution de 9 onces de sulfate zincique (complétement exempt de fer), faite avec 24 onces d'eau; il faut avoir soin d'agiter continuellement le mélange. On obtient ainsi 3 $\frac{1}{2}$ onces de précipité lavé et desséché. Il est peut-être plus avantageux de préparer le cyanure ammonique par la distillation du cyanure ferroso-potassique avec du sel ammoniac et de l'eau.

Cyanure zincico-ammonique. D'après *Berthemot* et *Corriol*, on l'obtient en dissolvant du cyanure zincique dans de l'ammoniaque caustique et en abandonnant la liqueur à l'évaporation spontanée. Le sel cristallise en prismes rhomboïdaux, qui s'effleurissent à l'air.

Cyanure zincico-potassique, 2K Cy + Zn Cy. On l'obtient en dissolvant le cyanure zincique dans le cyanure potassique. Après l'évaporation, le sel double cristallise en octaèdres réguliers, qui sont grands, incolores et presque transparents, et ne contiennent point d'eau combinée. Ils décrépitent quand on les chauffe. L'existence de ce sel, dont la découverte est due à *L. Gmelin*, fait présumer que le zinc a une série de cyanures doubles, comme le fer, le nickel, etc.

Cyanure zincico-sodique, Na Cy + Zn Cy. On l'obtient en dissolvant du cyanure zincique dans du cyanure sodique; en évaporant la solution et la portant à la fin dans le dessiccateur, il se forme des lamelles brillantes contenant 5 atomes ou 21,23 pour cent d'eau, qui ne s'en va complétement qu'à + 200°. Ce sel est très-soluble dans l'eau.

Cyanure zincico-barytique, Ba Cy + 2Zn Cy. Il se précipite, suivant *Rammelsberg*, sous forme d'une poudre blanche, très-peu soluble dans l'eau, lorsqu'on mêle une solution aqueuse de cyanure zincico-potassique avec une solution d'acétate barytique. Suivant *Samselius*, il se développe, pendant cette réaction, de l'acide cyanhydrique dans la liqueur, et le précipité qui se forme serait une combinaison de la baryte avec le cyanure zincique.

Cyanure ferroso-zincique, $2\mathrm{Zn}\,\mathrm{Cy} + \mathrm{Fe}\,\mathrm{Cy}$. C'est un précipité blanc, qui se produit lorsqu'on mêle un sel de zinc avec du cyanure ferroso-hydrique.

Cyanure ferroso-zincique ammoniacal, $2(2\mathrm{Zn}\,\mathrm{Cy} + \mathrm{Fe}\,\mathrm{Cy}) + 3\mathrm{NH}^3$. Il se précipite, suivant *Bunsen*, en ajoutant une solution de cyanure ferroso-potassique à du sulfate zincique dissous dans de l'ammoniaque caustique. Le précipité est blanc et cristallin, et perd, par la dessiccation, tout aspect cristallin. Il supporte l'ébullition sans être décomposé.

Cyanure ferroso-zincique potassié $(2\mathrm{K}\,\mathrm{Cy} + \mathrm{Fe}\,\mathrm{Cy}) + 3(2\mathrm{Zn}\,\mathrm{Cy} + \mathrm{Fe}\,\mathrm{Cy})$. Il se forme, d'après *Mosander*, en précipitant une solution de sel de zinc par le cyanure ferroso-potassique. On obtient ainsi un précipité gélatineux, qui est le sel triple en question. Il est insoluble dans l'eau; mais, pendant le lavage, il traverse facilement le filtre et trouble l'eau de lavage. Il contient 12 atomes d'eau.

Boronitrure zincique (éthogène zincique). On l'obtient, d'après *Balmain*, en mêlant intimement $2\frac{1}{2}$ atomes de cyanure zincique et 1 atome d'acide borique anhydre, et chauffant le mélange pendant quelque temps, à la chaleur blanche, dans un creuset de porcelaine muni d'un couvercle. Il reste dans le creuset une poudre blanche, qu'on lave bien avec de l'eau légèrement acidulée. Il possède les propriétés générales des boronitrures. (Comp. p. 106, note.)

B. *Oxysels de zinc.*

Sulfates zinciques. a. Sulfate neutre, $\dot{\mathrm{Zn}}\dddot{\mathrm{S}}$. On le rencontre souvent dans l'eau de certaines mines, par exemple à Fahlun, où il est mêlé avec les sulfates magnésique, cuivrique et ferreux. A Gosslar, on le prépare en grand, en grillant des mines d'argent zincifères et lessivant la masse encore chaude. La dissolution évaporée donne des cristaux, qu'on fait fondre dans leur eau de cristallisation, et qu'on coule dans des formes à sucre, où le sel se cristallise. Le sel ainsi préparé est versé dans le commerce sous le nom de *vitriol blanc* ou de *vitriol de zinc*. On a proposé de le purifier, par l'ébullition, avec du zinc métallique; celui-ci précipite bien le cuivre, mais il est sans action sur les sulfates ferreux et magnésique, qui constituent la principale impureté de ce sel. Pour avoir du sulfate zincique pur, il faut dissoudre le métal dans l'acide sulfurique et faire cristalliser le sel. Mais, comme le zinc est rarement ou presque jamais exempt de fer, il faut saturer la solution, avant de l'évaporer, par du gaz chlore, de manière à en prendre l'odeur, puis la digérer à une douce chaleur avec du carbonate zincique, jusqu'à disparition de l'odeur de chlore; l'oxyde ferrique est par là précipité; on filtre ensuite la liqueur, et on la concentre, par l'évaporation, jusqu'à cristallisation.

Le sulfate zincique forme des cristaux prismatiques incolores, transparents, semblables à ceux du sulfate magnésique, dont la cassure est vitreuse, et dont la surface s'effleurit à l'air sec. La forme des cristaux varie comme celle du sulfate magnésique, suivant la température à laquelle ils ont pris naissance; et quand on chauffe les cristaux qui se sont déposés d'une dissolution froide, ils subissent le même changement que les cristaux du sel magnésique. Le sel cristallisé à froid contient 43,92 pour cent ou 7 at. d'eau. Celui qui a cristallisé à chaud n'en contient que 6 atomes ou 40,18. Quand on traite le sel à 7 atomes d'eau par l'alcool anhydre, tant qu'il peut encore abandonner de l'eau, il reste un sel dont le contenu en eau est de 18 $\frac{1}{3}$ pour cent ou de 2 atomes. C'est cette même combinaison qui se précipite sous la forme d'une poudre blanche, lorsqu'on mêle une dissolution concentrée de sulfate zincique avec de l'acide sulfurique concentré. Enfin, si on fait bouillir le sel cristallisé avec de l'alcool de 0,86, il reste un sel avec 36 pour cent ou 5 atomes d'eau de cristallisation. — *Anthon* prétend qu'on obtient une combinaison de ce sel avec l'eau, combinaison peu probable, en faisant cristalliser la solution saline à 0°. Il se procura ainsi, en mélange avec des cristaux du sel ordinaire à 7 atomes d'eau, d'autres cristaux de forme rhomboédrique, opaques, qui perdaient, par la chaleur, leur eau de cristallisation sans tomber en poudre. Leur eau a été évaluée par ce même chimiste à 27,8 pour cent, $= 2\dot{Zn}\dddot{S} + 7\dot{H}$. Mais ces cristaux appartenaient probablement à un mélange de sel double avec le sulfate potassique. Suivant *Poggiale*, 100 parties d'eau dissolvent 43,02 de sulfate zincique (anhydre) à 0°; 48,36 parties à

+ 10°; 58,4 parties à + 30°; 68,75 parties à + 50°; 84,6 parties à + 80°, et 95,03 parties à + 100°. Il est, suivant *Anthon*, insoluble dans de l'alcool d'une densité inférieure à 0,88; mais 1000 parties d'alcool de 0,905 densité en dissolvent 2 parties.—Le sulfate zincique supporte une chaleur commençante sans se décomposer; mais, à une chaleur plus forte, il devient plus basique; et en continuant l'application de la chaleur suffisamment élevée, on peut à la fin en expulser tout l'acide sulfurique. Lorsqu'on l'expose, avec de la poudre de charbon, à une chaleur rouge sombre, jusqu'à ce qu'il ne se dégage plus d'acide sulfureux, on peut, selon *Gay-Lussac*, à une température plus élevée, faire distiller le zinc à l'état métallique. On pourrait employer ce procédé pour la préparation du zinc, en soumettant le sulfure zincique à un grillage préalable; car c'est surtout à l'état de sulfure ou de blende que le zinc se rencontre le plus généralement dans la nature. Mais il est bon de faire remarquer que si la première calcination avec le charbon dépasse la chaleur rouge sombre, il se dégagera de l'acide sulfureux sans mélange d'acide carbonique ou d'oxyde carbonique, et le résidu contiendra du sulfure zincique. — Le sulfate zincique est employé, dans l'industrie, à différents usages.

Soussulfate zincique. Il existe à plusieurs degrés de saturation. On a trouvé que 1 atome de sulfate zincique peut se combiner avec 1, 2, 3, 5 et 7 atomes d'oxyde zincique (1). *a. Sulfate monobasique*, $\dot{Z}n\dddot{S}+\dot{Z}n$. On l'obtient, d'après *Schindler*, en dissolution, en faisant digérer une solution concentrée de sulfate zincique avec de l'hydrate zincique ou avec un des sels suivants, jusqu'à ce qu'il ne se dissolve plus rien; puis on filtre la solution. Ce sel ne cristallise pas, et n'a pas été examiné à l'état solide. *b. Sulfate bibasique*, $\dot{Z}n\dddot{S}+2\dot{Z}n$. Il se produit quand on mêle une solution de sulfate zincique avec de la potasse caustique, de manière à précipiter un peu moins de $\frac{3}{5}$ de l'oxyde zincique dissous, et à n'y ajouter que la quantité de potasse suffisante pour

(1) C'est sur cela que repose la nomenclature de Berzelius, qui appelle sel *monobasique*, *bibasique*, *tribasique*, etc., ce qu'on appelle en France sel *bibasique*, *tribasique*, *quadribasique*. En traducteurs fidèles, nous avons cru devoir conserver la première nomenclature, basée sur la notation adoptée par l'auteur, qui écrit $\dot{Z}n\dddot{S}+\dot{Z}n$, $\dot{Z}n\dddot{S}+2\dot{Z}n$, $\dot{Z}n\dddot{S}+3\dot{Z}n$, etc., les formules qu'ailleurs on exprime par $\dot{Z}n^2\dddot{S}$, $\dot{Z}n^3\dddot{S}$, $\dot{Z}n^4\dddot{S}$. Cette remarque s'applique à tous les sels de ce genre. (*Note du trad.*)

former un sel double avec l'oxyde zincique non précipité. Le précipité ainsi obtenu est une poudre blanche, volumineuse, qui, après la dessiccation, ressemble à de l'amidon. *c. Sulfate tribasique*, $\dot{Z}n\dddot{S} + 3\dot{Z}n$. Il se forme en précipitant le sel double par la potasse, ou en mêlant le sulfate simple avec une quantité de potasse telle qu'on précipite exactement le zinc, et que la liqueur commence à présenter une réaction alcaline. Le précipité ressemble au précédent. Ce précipité se dissout dans une solution étendue de sulfate zincique neutre, dans laquelle on le fait bouillir; la liqueur renferme, à la température de l'ébullition, un sel monobasique. Mais la solution bouillante, étant filtrée à chaud, dépose, par le refroidissement, le sel tribasique en écailles cristallines déliées. Ce sel est doux au toucher comme du talc, et mérite, comme médicament, de fixer l'attention des médecins. Il contient, selon *Schindler*, 2 atomes ou 8,22 pour cent d'eau. On obtient aussi ce sel en faisant digérer la solution du sulfate neutre avec du zinc métallique, qui se dissout ainsi lentement, avec dégagement de gaz hydrogène; enfin, les écailles cristallines commencent aussi à se déposer par une ébullition prolongée. Si l'on fait évaporer la solution du sulfate monobasique dans le dessiccateur, le sel cristallise en aiguilles contenant 10 atomes ou 30,95 pour cent d'eau. *d. Sulfate quinque-basique*, $\dot{Z}n\dddot{S} + 5\dot{Z}n$. On l'obtient, suivant *Kane*, en traitant le sulfate zincique ammoniacal, contenant 1 équivalent d'ammoniaque, $= \dot{Z}n\dddot{S} + NH^3$, par l'eau; le sel basique reste non dissous. Il renferme 10 atomes ou 24,24 pour cent d'eau. *e. Sulfate septem-basique*, $\dot{Z}n\dddot{S} + 7\dot{Z}n$. On l'obtient, d'après *Schindler*, en versant goutte à goutte la solution du sulfate monobasique dans de l'eau distillée, et agitant la liqueur : le sel se précipite sous forme d'une poudre blanche, volumineuse, contenant 2 atomes ou 4,74 pour cent d'eau.

Ces sels basiques, soumis à une température voisine de la chaleur rouge, perdent leur eau de combinaison sans changer d'aspect. A une température plus élevée, la combinaison entre l'oxyde et le sulfate neutre est détruite, de manière que ce dernier peut être enlevé par l'eau.

Sulfates zincico-potassiques, $\dot{K}\dddot{S} + \dot{Z}n\dddot{S}$, et *zincico-ammonique*, $\dot{N}H^4\dddot{S} + \dot{Z}n\dddot{S}$. Ces sels doubles sont incolores, et correspondent, par leur forme cristalline, leur composition et la quantité de leur eau de cristallisation, aux sels analogues que produisent les oxydes manganeux, ferreux, cobaltique et niccolique.

Sulfate zincique ammoniacal, $\dot{Zn}\dddot{S}+5NH^3$. D'après *H. Rose*, on l'obtient en introduisant le sel anhydre dans une atmosphère de gaz ammoniac. Le sel tombe alors en poudre. Par la voie humide on peut, suivant *Kane*, obtenir plusieurs combinaisons de ce genre. Si l'on fait arriver du gaz ammoniac dans une solution chaude concentrée de sel neutre, jusqu'à ce que le précipité d'abord produit se redissolve, la liqueur laissera, par le refroidissement, déposer des grains à demi cristallins, qui ressemblent à de l'amidon, et dont la séparation continue lorsqu'on évapore le liquide par la chaleur. Mais celui-ci reste limpide et ne dépose plus de cristaux perceptibles lorsqu'on le décante des grains qui s'étaient déposés par le refroidissement.

Ces cristaux sont composés de $\dot{Zn}\dddot{S}+2NH^3+4\dot{H}$. Ils se dissolvent sans résidu dans une petite quantité d'eau. Ils éprouvent à l'air une sorte d'efflorescence : ils deviennent blancs, sans changer de forme. En même temps ils perdent la moitié de leur eau, mais pas d'ammoniaque, et se réduisent à $\dot{Zn}\dddot{S}+2NH^3+2\dot{H}$. Maintenus à une température intermédiaire entre $+30°$ et $+40°$, ils tombent en poudre, en perdant encore 1 atome d'eau, de manière à laisser $\dot{Zn}\dddot{S}+2NH^3+\dot{H}$. Lorsqu'on chauffe les cristaux doucement jusqu'à ce qu'ils commencent à fondre, et qu'on les maintient ensuite au point de fusion jusqu'à ce qu'ils ne perdent plus d'ammoniaque, il reste une masse fondue qui, par le refroidissement, prend un aspect transparent et gommeux, composé de $\dot{Zn}\dddot{S}+NH^3+\dot{H}$.

Le sel, qui ressemble à l'amidon, et qu'on obtient par le refroidissement ou l'évaporation de la solution chaude, évaporée de gaz ammoniac, est tout à fait la même combinaison.

Si l'on chauffe encore plus fortement le sel cristallisé effleuri à une douce chaleur, il perd 1 équivalent d'ammoniaque et 1 atome d'eau, en laissant pour résidu une combinaison anhydre, pulvérulente, de $\dot{Zn}\dddot{S}+NH^3$. Par une application de chaleur ménagée, on peut enlever à ces composés tant l'ammoniaque que l'eau, de manière à ne laisser que $\dot{Zn}\dddot{S}$. Mais, par une application de chaleur brusque et violente, il se sublime du sulfite ammonique.

Schindler prétend avoir obtenu une combinaison de sulfate trizincique avec l'ammoniaque, en dissolvant le sel neutre dans de l'ammoniaque caustique étendu, et faisant bouillir la solution jusqu'à faire disparaître toute odeur ammoniacale. Le produit obtenu était formé de $\dot{Z}n^4\dddot{S} + 2NH^3 + 4\dot{H}$. Il avait l'aspect d'une poudre blanche, insoluble dans l'eau.

Sulfate zincico-niccolique, $\dot{N}i\dddot{S} + \dot{Z}n\dddot{S}$. Quand on met digérer du sulfate niccolique avec du zinc métallique, il se précipite de l'oxyde niccolique et il se dissout du zinc, avec dégagement d'hydrogène, jusqu'à ce que le sel double soit formé; après quoi l'action du zinc s'arrête. La dissolution filtrée et évaporée donne des cristaux d'un vert clair, qui ont la même forme que le sulfate niccolique, s'effleurissent à l'air, et se réduisent en une poudre blanche.

On avait prétendu que le sulfate zincique se combinait avec les sulfates magnésique, ferreux, cobaltique et niccolique; mais ce qu'on a regardé comme des sels doubles n'est qu'un mélange cristallisé de sels isomorphes, qu'on peut aussi produire avec des sels qui affectent ordinairement une forme différente. De ce nombre est le mélange de sulfate zincique et de sulfate ferreux : le premier de ces sels contient 7 atomes d'eau, tandis que le second en contient six; quand ils cristallisent ensemble, en prenant la forme d'un des sels, par exemple celle du sulfate ferreux, l'eau de cristallisation du sel zincique, comme celle du sel ferreux, forme 6 atomes. Ces rapports ont été découverts par *Mitscherlich.*

Sulfite zincique, $\dot{Z}n\ddot{S}$. Pour obtenir ce sel, on dissout l'oxyde zincique dans l'acide sulfureux liquide. Il se prend en cristaux, contenant 2 atomes ou 19,92 pour cent d'eau. Il se dissout facilement dans un excès d'acide sulfureux, et il se dépose de nouveau de cette solution, en l'évaporant dans une cornue ou dans le vide. Il est précipité par l'alcool en aiguilles déliées; il est peu soluble dans l'eau, insoluble dans l'alcool, et s'oxyde facilement à l'air, en se changeant en sulfate zincique.

Dithionate (hyposulfate) *zincique*, $\dot{Z}n\ddot{\ddot{S}}$. On le prépare, d'après *Heeren*, en décomposant l'hyposulfate barytique par le sulfate zincique. Il est si soluble dans l'eau, qu'il est difficile de l'obtenir sous forme cristalline. Il contient 6 atomes d'eau de cristallisation. Il se transforme en sulfate quand on fait bouillir sa dissolution.

Dithionate zincique ammoniacal, $\dot{Zn}\overset{\cdot\cdot\cdot\cdot\cdot}{\overline{S}} + 2NH^3$. Il se dépose, d'après *Rammelsberg*, sous forme de petits prismes, en dissolvant le dithionate neutre dans l'ammoniaque caustique, et laissant refroidir la solution saturée à chaud. Il est décomposé par l'eau, qui laisse de l'oxyde zincique non dissous.

Dithionite (hyposulfite) *zincique*, $\dot{Zn}\ddot{\overline{S}}$. Lorsqu'on met du zinc dans de l'acide sulfureux liquide, le métal se dissout sans dégagement de gaz; c'est le même phénomène qui se présente pendant la dissolution du fer dans ce même acide liquide. On voit partir du zinc des stries d'un liquide plus pesant, comme cela arrive pendant la dissolution des sels. La liqueur se colore d'abord en jaune brunâtre; mais elle devient incolore quand elle est saturée. Quand la combinaison du zinc avec l'acide s'opère avec vivacité, le mélange s'échauffe, une partie de l'eau se décompose, et il se forme un peu de gaz sulfide hydrique, qui précipite une petite portion de zinc. Cette dissolution, qui contient de l'hyposulfite mêlé de sulfite zincique, donne, après l'évaporation dans une cornue, une masse sirupeuse, d'où se déposent des aiguilles cristallines de sulfite zincique; ce sel peut être tout d'abord précipité par l'alcool. On peut aussi digérer la solution, dans un flacon plein et bouché, avec du soufre précipité : le sulfite se change par là en dithionite. Ce sel ne s'obtient pas à l'état solide lorsqu'on concentre la solution. Amenée à consistance sirupeuse, cette solution donne lieu à un dégagement d'acide sulfureux, en même temps qu'il se précipite du soufre et du sulfure zincique. Lorsqu'on abandonne la liqueur de consistance sirupeuse dans un flacon ouvert, il se précipite, suivant *Fordos* et *Gélis*, du sulfure zincique : il s'absorbe un peu d'oxygène, et il reste du *trithionate zincique* dans la liqueur. De 4 atomes $\dot{Zn}\ddot{\overline{S}}$ et 2 atomes d'oxygène naissent 1 atome de sulfure zincique et 2 atomes de trithionate zincique. Ce dernier ne peut pas non plus être obtenu à l'état solide; car il est également soluble dans l'alcool et n'est pas précipité par ce liquide.

Dithionite zincique ammoniacal, $\dot{Zn}\ddot{\overline{S}} + \overline{N}\overline{H}^3$. Il se précipite, suivant *Rammelsberg*, en cristaux blancs déliés, lorsqu'on mêle la solution du dithionite neutre avec de l'ammoniaque caustique en excès.

Nitrate zincique, $\dot{Zn}\overset{\cdot\cdot\cdot\cdot\cdot}{\bar{N}}$. Il cristallise d'une solution très-concentrée et sirupeuse en prismes aplatis quadrilatères, terminés par des pyramides. Ces cristaux contiennent, d'après *Graham*, 6 atomes ou 36,44 pour cent d'eau, dont 3 atomes peuvent être expulsés à chaud; mais, dès que ceux-ci sont éliminés, l'acide commence à se dégager. Il est déliquescent et soluble dans l'alcool. Le *sousnitrate* est une poudre blanche insoluble. D'après l'indication de *Schindler*, quand on fait fondre le sel neutre à une température capable d'éliminer une partie de l'acide, sans toutefois que la masse en fusion commence à se troubler, et qu'on traite la masse refroidie par l'eau, il reste une poudre blanche, dont on ne connaît pas encore la composition. Mise en digestion avec une dissolution de nitrate neutre, cette poudre se gonfle, acquiert la blancheur de la neige, et se transforme en $\dot{Zn}^4\overset{\cdot\cdot\cdot\cdot\cdot}{\bar{N}}+2\dot{H}$. Si la fusion a été assez prolongée pour que le résidu soit jaune, il contient 8 atomes d'oxyde zincique, 1 atome d'acide et 2 atomes d'eau. Mais l'exactitude de ces indications aurait besoin d'être confirmée.

Phosphate zincique, $\dot{Zn}^2\overset{\cdot\cdot\cdot\cdot\cdot}{\bar{P}}$. On le prépare en décomposant le sulfate zincique par un phosphate alcalin. Il est blanc, pulvérulent et insoluble dans l'eau, mais soluble dans un excès d'acide phosphorique. Cette dissolution donne, par l'évaporation, une masse gommeuse, qui se fond au chalumeau en une perle limpide. On obtient le même sursel en dissolvant du zinc dans de l'acide phosphorique liquide; le gaz hydrogène, qui se dégage dans cette circonstance, a une odeur particulière qui annonce la présence du phosphore. En faisant fondre du zinc avec de l'acide phosphorique solide, on obtient un mélange de phosphure de zinc et de phosphate zincique, et le phosphore se volatilise sous forme de bulles de gaz, qui brûlent à la surface de la masse.

Sousphosphate zincique, $\dot{Zn}^3\overset{\cdot\cdot\cdot\cdot\cdot}{\bar{P}}$. On l'obtient en mêlant le sulfate zincique avec une solution de sousphosphate sodique ou ammonique : il se précipite à l'état gélatineux, mais il devient peu à peu grenu. Si la précipitation se fait à chaud, le sel présente sur-le-champ l'aspect grenu. Il renferme, d'après *Schindler*, 2 atomes ou 8,57 pour cent d'eau. Il fond en un verre limpide.

Phosphate zincique ammoniacal. La composition varie suivant l'état variable de l'acide. Le *ᵇphosphate* s'obtient, suivant *Bette*, en mêlant une solution de ᵇphosphate sodique avec une solution de chlorure zincico-ammonique, additionné d'ammoniaque caustique. Il présente l'aspect d'un précipité blanc pulvérulent, non cristallin, et composé de $3Zn^2\overset{:::}{\overline{P}} + 2\overline{N}\overline{H}^3 + 3\dot{\overline{H}}$. Le *ᶜphosphate* s'obtient en précipitant par le chlorure zincique une solution de ᶜphosphate sodique mêlé d'ammoniaque. Le précipité, d'abord floconneux, ne tarde pas à devenir cristallin; mais, suivant le même chimiste, il est basique, et formé de $\dot{Zn}^3\overset{:::}{\overline{P}} + \overline{N}\overline{H}^3 + 3\dot{\overline{H}}$. L'eau peut en être expulsée à une douce chaleur sans entraîner de l'ammoniaque.

Phosphite zincique, $\dot{Zn}^2\dddot{\overline{P}}$. Ce sel est légèrement soluble dans l'eau, et se précipite, en partie, sous forme d'une poudre blanche, dont la quantité augmente quand on chauffe le liquide. Il contient 28,42 pour cent ou 6 atomes d'eau.

Hypophosphite zincique, $\dot{Zn}\dot{\overline{P}}$. Il est si soluble qu'on a de la peine à le faire cristalliser.

Perchlorate zincique, $\dot{Zn}\overset{.......}{\overline{Cl}}$. On le prépare très-facilement en décomposant le sel potassique par le fluorure silico-zincique; la liqueur est séparée, par filtration, du précipité de fluorure silico-potassique. C'est un sel déliquescent, qu'on peut obtenir cristallisé par l'évaporation à chaud.

Chlorate zincique, $\dot{Zn}\overset{:.:}{\overline{Cl}}$. La meilleure manière de préparer ce sel est de dissoudre le carbonate zincique dans l'acide chlorique; car le chlorate, qu'on obtient en faisant passer du chlore à travers un mélange d'hydrate zincique et d'eau, ne peut être séparé du chlorure zincique qui s'est formé simultanément. Le chlorate zincique se dissout aisément dans l'eau, et cristallise, après l'évaporation, jusqu'à consistance sirupeuse en octaèdres aplatis, contenant 6 atomes ou 31,82 pour cent d'eau. Il s'humecte à l'air et se dissout dans l'alcool. Sur des charbons ardents il décrépite; mais l'eau qu'il contient empêche qu'il ne détonne complétement. Lorsqu'on fait dissoudre du zinc dans de l'acide chlorique, il se dégage du gaz hydrogène, et il se forme dans la dissolution un peu de chlorure zincique, surtout quand le mélange s'échauffe.

Hyperchlorite zincique, $\dot{\mathrm{Zn}}\,\dot{\bar{\mathrm{Cl}}}$. On l'obtient en dissolvant le carbonate ou l'hydrate zincique dans l'acide hyperchloreux. La solution a une action blanchissante; mais elle ne supporte pas l'évaporation sans décomposition.

Bromate zincique, $\dot{\mathrm{Zn}}\,\overset{\therefore\cdot\cdot}{\bar{\mathrm{Br}}}$. On peut le préparer comme le sel précédent. Il cristallise en octaèdres, contenant 6 atomes ou 25,4 pour cent d'eau. Il s'effleurit dans le dessiccateur; mais il ne perd complétement son eau de cristallisation qu'à $+200^{\circ}$, en même temps qu'il commence à se décomposer.

Bromate zincique ammoniacal, $\dot{\mathrm{Zn}}\,\overset{\therefore\cdot\cdot}{\bar{\mathrm{Br}}} + \bar{\mathrm{N}}\bar{\mathrm{H}}^{3}$. On l'obtient en dissolvant le bromate neutre dans l'ammoniaque, et évaporant la solution dans le dessiccateur sur de l'hydrate potassique : le sel cristallise alors en petits prismes, contenant 3 atomes ou 13,33 pour cent d'eau. Il est déliquescent, et se réduit à l'air en un liquide jaune, ayant une odeur de brome. Il est décomposé par l'eau et par l'alcool, en laissant de l'oxyde zincique. Si, après qu'il est tombé en déliquium, on l'expose longtemps à l'air, l'ammoniaque s'en dégage, et il reste dans la liqueur du bromure et du bromate zinciques.

Iodate zincique, $\dot{\mathrm{Zn}}\,\overset{\therefore\cdot\cdot}{\bar{\mathrm{I}}}$. Il est très-peu soluble dans l'eau, et s'y dépose en petits grains cristallins. Le meilleur moyen de se le procurer consiste, selon *Rammelsberg*, à mêler ensemble atomes égaux de sulfate zincique et d'iodate sodique en dissolution, et à évaporer la liqueur à siccité; lorsqu'on traite ensuite le résidu par l'eau froide, on obtient l'iodate zincique non dissous. Celui-ci contient 2 atomes ou 8 pour cent d'eau. Il exige, pour se dissoudre, 114 parties d'eau froide et 76 parties d'eau bouillante. Il fond et détonne faiblement sur le charbon.

Iodate zincique ammoniacal, $3\dot{\mathrm{Zn}}\,\overset{\therefore\cdot\cdot}{\bar{\mathrm{I}}} + 4\bar{\mathrm{N}}\bar{\mathrm{H}}^{3}$. Il se dépose en prismes rhomboïdaux, lorsqu'on dissout l'iodate zincique neutre dans l'ammoniaque caustique. L'alcool s'en précipite sous forme d'une poudre blanche cristalline. Il est anhydre, et se décompose par l'eau en laissant de l'oxyde zincique.

Carbonate zincique, $\dot{\mathrm{Zn}}\,\ddot{\mathrm{C}}$. On le rencontre dans le règne minéral, où il constitue la mine de zinc connue sous le nom de *calamine*. Il se présente quelquefois sous forme de petits cristaux rhomboïdaux, qui ne contiennent point d'eau. Le zinc métallique et l'hydrate zincique sont dissous par une eau chargée d'acide carbonique; mais on ne sait pas encore quelle est la combinaison qui se forme par l'évaporation spontanée du gaz acide carbonique excédant. Le sel neutre ne peut pas être obtenu en précipitant un sel zincique par un carbonate alcalin, même quand on opère à froid, car il se forme une combinaison d'hydrate zincique et de carbonate zincique: ces deux corps peuvent se combiner dans des proportions différentes suivant les circonstances, ce qui explique pourquoi on est si peu d'accord sur la composition. *Wackenroder* la trouva $= \dot{Zn}\ddot{C} + 2\dot{Zn} + 4\dot{H}$; *Wittstein*, $= \dot{Zn}\ddot{C} + 2\dot{Zn} + 3\dot{H}$; et moi-même, $= 2\dot{Zn}\ddot{C} + 3\dot{Zn} + 3\dot{H}$. Ce composé a aussi été rencontré dans la nature, mais toujours sous forme terreuse. D'après *Woehler*, on peut l'obtenir sous forme de cristaux, en exposant une dissolution d'oxyde zincique dans la potasse ou la soude, au contact de l'air, de manière qu'elle puisse absorber de l'acide carbonique. La combinaison se dépose peu à peu en petits cristaux brillants et insolubles, qui n'ont pas été analysés. *Schindler* a produit plusieurs autres combinaisons analogues, en décomposant, à l'aide de l'ébullition, les différents soussels zinciques avec du carbonate sodique.

Carbonate zincico-potassique, $\dot{Zn}\ddot{C} + \dot{K}\ddot{C}$. On l'obtient, suivant *Kane*, en dissolvant l'oxyde zincique, jusqu'à saturation, dans l'hydrate potassique, et exposant la solution à l'air; celle-ci, en absorbant peu à peu de l'acide carbonique, laisse déposer le composé en question sous forme d'une poudre blanche insoluble, contenant 2 atomes d'eau. Chauffé doucement, il perd de l'eau en même temps que de l'acide carbonique, et il reste un soussel double auquel l'eau enlève du carbonate potassique, et laisse $\dot{K}\ddot{C} + \dot{Zn}^3\ddot{C}$. Le sel chauffé était donc, avant sa décomposition par l'eau, $= 3\dot{K}\ddot{C} + \dot{Zn}^3\ddot{C}$.

Carbonate zincico-sodique. D'après *Woehler*, on l'obtient en faisant bouillir pendant quelques heures du zinc métallique avec une solution de carbonate sodique. Dans cette opération, l'eau est décomposée en hydrogène qui se dégage, et en oxygène qui se porte sur le zinc; l'oxyde zincique produit se dissout. Au bout de quelques jours, on trouve le métal non dissous couvert d'octaèdres et de tétraèdres peu volumineux, incolores et très-brillants. Ces cristaux sont complétement insolubles dans l'eau; mais si on les traite par l'eau après les avoir calcinés au rouge, il se dissout du carbonate sodique, et il reste de l'oxyde zincique. On ne peut obtenir cette combinaison ni par la précipitation au moyen d'un carbonate ou d'un bicarbonate alcalin, à froid ou à chaud, ni par l'ébullition de l'oxyde ou du carbonate zincique avec un carbonate alcalin.

D'après le même chimiste, on produit un *sel ammoniacal* correspondant, en mêlant une solution de chlorure zincique dans l'ammoniaque avec du carbonate ammoniacal, et en soumettant la liqueur à l'évaporation spontanée. Il se forme ainsi des groupes de cristaux prismatiques, qui sont, suivant *Favre*, $=2\dot{Zn}\ddot{C}+NH^3$. Ils ne se dissolvent pas dans l'eau; mais ils deviennent par là opaques, parce que l'eau enlève du carbonate ammonique, et laisse une combinaison de carbonate zincique avec l'hydrate zincique. Ces cristaux, exposés à l'air, abandonnent, d'après *Woehler*, de l'ammoniaque, et tombent en poudre. Cette poudre renferme encore du carbonate ammoniacal, de l'acide carbonique et de l'eau, qui se dégagent quand on la chauffe au rouge; après quoi il reste 62,2 pour cent d'oxyde zincique.

Oxalate zincique, $\dot{Zn}\dddot{C}$. C'est une poudre blanche, insoluble, qui se précipite quand on verse de l'acide oxalique dans la dissolution d'un sel zincique neutre, sans même excepter le sulfate. Il contient, d'après *Schindler*, 19 pour cent ou 2 atomes d'eau.

Oxalate zincico-potassique, $\dot{K}\dddot{C}+\dot{Zn}\dddot{C}$. On l'obtient, suivant *Kayser*, en faisant bouillir de l'oxalate zincique avec une solution d'oxalate potassique, en filtrant, au bout de quelque temps, la solution bouillante. Le sel se dépose, par le refroidissement, en petites écailles transparentes ou en tables, contenant 3 atomes ou 22 pour cent d'eau. Il est presque insoluble dans l'eau froide, et se décompose partiellement par l'eau bouillante.

Oxalate zincico-ammonique, $\dot{Zn}\dddot{C}+2\dot{N}H^4\dddot{C}$. On l'obtient, d'après *Kayser*, en saturant le bioxalate ammonique par du carbonate zincique, avec lequel on le fait digérer : une partie de l'oxalate zincique nouvellement formée se précipite. Par l'évaporation de la liqueur, le sel se décompose en cristaux mamelonnés, d'un blanc laiteux, contenant 3 atomes ou 19,8 pour cent d'eau. Ils sont peu solubles dans l'eau froide, et sont en partie décomposés par l'eau chaude.

Rhodicate zincique. Il forme une solution jaune, qui se dessèche en une masse saline rouge, soluble dans l'eau aussi bien que dans l'alcool.

Croconate zincique, $\dot{Zn}\,C^5O^4$. Il est très-soluble, et forme des cristaux jaunes.

Borate zincique, $\dot{Zn}\,\dddot{B}^2$. Il est insoluble, devient plus soluble par un excès d'acide, et se fond au feu en un verre jaune. Le zinc est peu attaqué, ou ne l'est même point du tout, quand on le traite par l'acide borique liquide.

Silicate zincique. On le rencontre sous forme cristalline dans le règne minéral. Il a reçu le nom de *zincglas*, et acquiert un haut degré de polarité électrique quand on le chauffe. Exposé à l'action de la chaleur, il donne de l'eau, et laisse une masse d'un blanc de lait, qui conserve la forme des cristaux. Dans ce sel, l'acide silicique et l'oxyde zincique contiennent la même quantité d'oxygène, et l'eau en renferme moitié autant que chacun de ces deux corps, $= 2\dot{Zn}^3\dddot{Si} + 3\dot{\bar{H}}$.

Formiate zincique, $\dot{Zn}\,\dddot{Fo}$. Il est moins soluble que l'acétate, et donne des cristaux réguliers, qui affectent quelquefois la forme de cubes, et ne se dissolvent point dans l'alcool.

Acétate zincique, $\dot{Zn}\,\dddot{A}c$. On l'obtient de la manière la plus simple en précipitant une solution d'acétate plombique (sucre de plomb) par du zinc métallique. Il est très-soluble, cristallise en tables hexagonales, et s'effleurit un peu à l'air sec. Chauffé sur un charbon, au chalumeau, il présente la réaction caractéristique du zinc. L'acétate zincique contient, selon *Schindler*, 22,5 pour cent d'eau; cristallisé à chaud, il n'en contient que 1 atome.

Biacétate zincique, $\dot{Zn}\,\dddot{A}c^2$. *Vœlckel* soumit de l'acétate zincique anhydre à la distillation sèche, et obtint un sublimé cristallin, outre les produits de décomposition de l'acide acétique, tels que acétone, acide carbonique, huile empyreumatique (dumasine), et acide acétique libre. Il resta, dans la cornue, de l'oxyde zincique souillé d'un peu de charbon. Le sublimé cristallin était de l'acétate zincique contenant un excès d'acide acétique. Mais cet excès d'acide y était si faiblement uni, qu'il s'en dégageait déjà à l'air; il ne fut donc pas possible d'en faire l'analyse. L'acétate zincique anhydre, dissous jusqu'à saturation dans l'acide acétique chaud concentré, laissa déposer un composé cristallin semblable, mais dont les éléments étaient tout aussi faiblement unis. En faisant absorber à l'acétate zincique anhydre les vapeurs d'acide acétique provenant de l'action de l'acide sulfurique sur un poids égal d'acétate zincique anhydre, le même chimiste obtint un composé qui, par la distillation à + 120°, point d'ébullition de l'acide acétique, ne perdit rien, mais qui, à + 140°, abandonna l'acide ajouté, exempt de sel zincique.

Tartrate zincique, $\dot{\text{Zn}}\,\overset{\cdot\cdot}{\dddot{\text{Tr}}}$. C'est un précipité blanc, insoluble, obtenu en traitant la plupart des sels zinciques solubles par l'acide tartrique. Si les solutions sont très-étendues, le précipité ne se forme pas si facilement; il se dépose, à la longue, en petits cristaux, sur la paroi intérieure du verre. Lorsqu'on dissout du zinc dans l'acide tartrique, on voit que la solution ne tarde pas à se troubler, en déposant le sel sous forme de poudre, à mesure qu'il se produit. Il est soluble dans la potasse caustique, et cette solution, traitée par l'alcool, donne un précipité de $\dot{\text{K}}\,\overset{\cdot\cdot}{\dddot{\text{Tr}}} + \dot{\text{Zn}}\,\dot{\overline{\text{H}}}$, sous forme d'un épais sirop. Il est décomposé par le carbonate alcalin, et donne ainsi naissance à du carbonate zincique.

Tartrate zincico-potassique, $\dot{\text{K}}\,\overset{\cdot\cdot}{\dddot{\text{Tr}}} + \dot{\text{Zn}}\,\overset{\cdot\cdot}{\dddot{\text{Tr}}}$. On l'obtient en dissolvant le zinc ou l'oxyde zincique dans le bitartrate potassique. La dissolution se dessèche en une masse gommeuse, qui est souvent légèrement colorée en jaune par du fer. Ce sel n'est précipité ni par les alcalis caustiques ni par les carbonates alcalins. Quand on le fait digérer avec un excès d'oxyde zincique, il s'en sépare une combinaison basique. Les sulfhydrates en précipitent tout le zinc.

Succinate zincique, $\dot{\text{Zn}}\,\dddot{\text{Sc}}$. On l'obtient en introduisant le carbonate zincique, par petites portions successives, dans une solution bouillante d'acide succinique; il faut à la fois laisser à part un excès d'acide, avec lequel on fait bouillir le sel déposé pendant l'ébullition, afin de décomposer sûrement le carbonate zincique ajouté. Le succinate zincique est une poudre blanche, cristalline, qui ne renferme pas d'eau chimiquement combinée. Il est peu soluble dans l'eau, même aiguisée d'acide succinique. Il est insoluble dans l'alcool; mais il se dissout facilement dans d'autres acides, même dans l'acide acétique. Il se dissout aussi dans les alcalis caustiques.

Zinco-fulminate zincique. J'ai mentionné dans le tome Ier, page 710, la préparation et les propriétés de l'acide fulminique zincifère; et en traitant dans le tome Ier, page 59, des caractères généraux des fulminates, j'avais émis l'opinion assez probable que l'acide fulminique pourrait bien ne pas être une modification isomérique de l'acide cyanique, mais un acide copulé, dont la copule serait un nitrure métallique. Comme cette dernière opinion explique mieux que la théorie ancienne plusieurs propriétés des fulminates, je l'ai adoptée pour représenter ces composés; et je fais remarquer que, dans ce dernier cas, le poids atomique doit être doublé. Le fulminate zincique est, d'après la théorie ancienne, $= \dot{Z}n\, \dot{\bar{C}}y$, et, d'après la théorie nouvelle, $= \dot{Z}n + (C^4 N^2 O^3 + Zn N^2)$. On l'obtient, suivant *Edmond Davy*, en ajoutant 1 partie de fulminate mercureux à un mélange de 2 parties de tournures de zinc et d'un peu d'eau, et fermant le flacon. *Davy* employa tout au plus 50 grains de fulminate mercureux, 100 grains de tournures de zinc, et 2 onces d'eau. Après que le flacon eut été agité pendant une demi-heure pour former un amalgame de zinc, le mélange fut abandonné à une température de $+ 26°$ à $+ 28°$, jusqu'à ce que tout le mercure fût précipité. Peut-être le danger d'une explosion de la part du fulminate mercureux serait-il moindre, si le zinc était préalablement amalgamé. On évapore dans le vide la solution limpide décantée: le sel se dépose en petites écailles minces, blanches, rhomboïdales, mêlées d'un précipité jaune floconneux, produit d'une décomposition commençante, qu'on peut enlever par le lavage à l'eau. Ces cristaux, une fois formés, ne se redissolvent plus dans l'eau, pas même dans l'eau bouillante. Ils détonent vers $+ 176°$, avec une flamme rouge; ils détonent aussi par le choc sous le marteau, par le frottement avec du sable ou de la poudre de verre, ou par le contact de l'acide sulfurique concentré. Le zinco-fulminate zincique se dissout dans les acides étendus, avec dégagement de gaz. Il se dissout dans la potasse et la soude caustiques; la solution a une odeur de homard bouilli et d'ammoniaque caustique. Si, avant d'évaporer la solution du sel nouvellement formé, on y fait arriver du chlore gazeux, le sel se décompose, en même temps qu'il se sépare un corps jaune oléagineux, volatil, non explosif, doué d'une odeur pénétrante, et d'une saveur astringente et douceâtre, qui persiste quelque temps au palais. Ce corps ne rougit le tournesol que quelque temps après sa formation. Il est insoluble dans l'eau, et se dissout dans l'ammoniaque caustique en un liquide trouble savonneux. — La solution primitive du sel, étant évaporée à une douce chaleur, ne tarde pas à jaunir par la formation d'une plus grande quantité du corps jaune mentionné, et, après l'évaporation, il reste une masse friable, d'un jaune foncé, dans laquelle se trouvent çà et là incrustés des cristaux jaunâtres. Cette masse fait explosion à la même température que le sel blanc, mais l'explosion est moins forte, et elle ne détone pas par l'acide sulfurique. Le sel jaune est presque insoluble dans l'eau froide, peu soluble dans l'eau bouillante, insoluble dans l'alcool, et assez soluble dans l'ammoniaque caustique.

Zinco-fulminate potassique, $\dot{K}+(C^4N^2O^3+Zn\bar{N})$? (1). On l'obtient, suivant *E. Davy*, en décomposant une solution de fulminate barytique par le sulfate potassique, et évaporant la solution. Il cristallise en petits prismes droits rhomboïdaux, incolores, ayant une saveur sucrée et astringente, et une réaction alcaline; il s'humecte à l'air, et ne se dissout pas dans l'alcool. Il ne se décompose pas quand on le conserve longtemps, mais il jaunit par une douce chaleur. Il détone fortement, avec une flamme rougeâtre, tant par une élévation de température que par le frottement, le choc ou le contact de l'acide sulfurique.

Zinco-fulminate sodique, $\dot{N}a+(C^4N^2O^3+Zn\bar{N})$? Il cristallise, suivant *E. Davy*, en prismes obliques rhomboïdaux à sommet dièdre, qui s'effleurissent à l'air. Il est insoluble dans l'alcool, et se comporte au reste comme le sel potassique.

Zinco-fulminate ammonique, $\dot{\bar{N}}H^4+(C^4N^2O^3+Zn\bar{N})$? Il est, suivant *E. Davy*, très-soluble dans l'eau. Sa solution sirupeuse se prend en une masse saline jaune. Il est déliquescent, et ne se décompose pas quand on le conserve. Le sel sec détone avec une flamme jaune par le choc ou par la chaleur. Suivant *Woehler*, il ne se forme pas d'urée, mais beaucoup de cyanure d'ammonium, par la décomposition du fulminate argentique.

Zinco-fulminate barytique, $\dot{B}a+(C^4N^2O^3+Zn\bar{N})$? La préparation de ce sel, au moyen du fulminate zincique, a déjà été indiquée à l'histoire de l'acide, tome I, page 710. En précipitant

(1) Le point d'interrogation à la fin de cette formule et de celles qui suivent indique que ce mode de composition, quelque probable qu'il soit, n'est qu'hypothétique, et non encore confirmé par l'expérience.

l'oxyde zincique, il faut avoir soin de ne pas ajouter un excès de baryte, qui dissoudrait l'oxyde zincique. En solution sirupeuse, le sel cristallise sous forme d'aiguilles ou de prismes plats à quatre pans, transparents et brillants, qui jaunissent insensiblement à l'air.

Zinco-fulminate strontique, $\dot{S}r(C^4N^2O^3+Zn\overline{N})$? On l'obtient en décomposant le sel zincique par l'eau de strontiane. Il cristallise, selon *E. Davy*, en petites aiguilles transparentes, à réaction alcaline, qui se conservent à l'air.

Zinco-fulminate calcique, $\dot{C}a+(C^4N^2O^3+Zn\overline{N})$? On l'obtient en dissolvant une dissolution de sel zincique par l'eau de chaux : l'oxyde zincique est ainsi séparé. Il est peu soluble, et forme de petits cristaux, dont la solution a une réaction alcaline. Ces cristaux jaunissent par la chaleur, et détonent comme les autres.

Zinco-fulminate magnésique, $\dot{M}g+(C^4N^2O^3+Zn\overline{N})$? On l'obtient en précipitant exactement le sel barytique par le sulfate magnésique. La solution, soumise à l'évaporation spontanée, laisse, suivant *E. Davy*, déposer des prismes plats, à quatre pans, longs, opaques, à réaction alcaline, solubles dans l'eau et dans l'alcool. Le zinco-fulminate magnésique détone par la chaleur et le choc, mais non par l'acide sulfurique concentré.

Zinco-fulminate aluminique, $\dddot{\overline{A}l}+3(C^4N^2O^3+Zn\overline{N})$? On l'obtient en décomposant le sel barytique par le sulfate aluminique neutre. Il jaunit par l'évaporation, et laisse une masse jaune, neutre, imparfaitement cristallisée, soluble dans l'eau, et qui détone faiblement, tant par la chaleur que par le choc.

Zinco-fulminate manganeux, $\dot{M}n+(C^4N^2O^3Zn\overline{N})$? On l'obtient en décomposant le sel barytique par le sulfate manganeux. Il se dessèche en une masse sirupeuse, non cristalline, tenace, qui détone facilement par le choc aussi bien que par la chaleur.

Zinco-fulminate ferreux. Il ne paraît pas exister. Lorsqu'on traite la solution d'un zinco-fulminate par un sel de fer, il se forme un précipité brun, et l'acide zinco-fulminique se détruit. Cette circonstance, ainsi que la manière dont le sel zincique se comporte avec le chlore, pourraient fournir des méthodes rationnelles pour analyser l'acide zinco-fulminique en grand, et sans danger.

Zinco-fulminate cobaltique, $\dot{\mathrm{Co}} + (\mathrm{C^4N^2O^3} + \mathrm{Zn}\,\bar{\mathrm{N}})$? On se le procure en décomposant le sel barytique par le sulfate cobaltique. Il cristallise en prismes déliés, jaunes; il est peu soluble dans l'eau froide, un peu plus soluble dans l'eau bouillante; il se dissout aussi dans l'ammoniaque caustique, et détone comme les autres fulminates.

Zinco-fulminate niccolique, $\dot{\mathrm{Ni}} + (\mathrm{C^4N^2O^3} + \mathrm{Zn}\,\bar{\mathrm{N}})$? Par l'évaporation de la liqueur, on l'obtient sous forme d'une croûte cristalline, jaune vert, et peu soluble dans l'eau. Il se dissout dans l'ammoniaque, et laisse, par l'évaporation, un résidu contenant de l'ammoniaque. Lorsqu'on fait détoner le sel desséché dans une cuiller de platine, on obtient, pour résidu, une substance brune, qui se dissout facilement dans l'ammoniaque, avec une coloration jaune.

Séléniate zincique, $\dot{\mathrm{Zn}}\,\dddot{\mathrm{Se}}$. Il ressemble parfaitement au sulfate. *Mitscherlich* a trouvé que la dissolution de ce sel donne des cristaux de trois formes différentes, suivant les circonstances dans lesquelles s'opère la cristallisation. Quand la température du liquide est au-dessus de + 20°, le sel cristallise avec 3 atomes ou 20,64 d'eau. Entre + 20° et 15° il cristallise en octaèdres à base carrée, contenant 6 atomes ou 34,21 pour cent d'eau; et au-dessous de + 15° il affecte la forme prismatique, et contient alors 7 atomes sous ces deux dernières, ou 37,76 pour cent d'eau.

Sélénite zincique, $\dot{\mathrm{Zn}}\,\ddot{\mathrm{Se}}$. C'est une poudre cristalline, blanche, insoluble dans l'eau. Chauffé, ce sel abandonne d'abord son eau de cristallisation, et se fond ensuite en un liquide transparent, qui forme, après le refroidissement, une masse blanche à cassure cristalline. Si l'on chauffe la masse fondue jusqu'au rouge vif, une partie de l'acide se sublime, la masse se fige, et dès lors ne s'altère plus; dans cet état elle consiste en *sousséléníte* zincique. En dissolvant le sel neutre dans un excès d'acide, on obtient un sursel soluble, qui se dessèche, après l'évaporation, en une masse gommeuse, fendillée.

Tellurite zincique, $\dot{\mathrm{Zn}}\,\ddot{\mathrm{Te}}$. Précipité blanc, floconneux.

Arséniate zincique, $\dot{\mathrm{Zn}}^2\,\ddot{\ddot{\mathrm{As}}}$. Il se présente sous forme d'une poudre blanche, insoluble, qui se dissout dans l'acide arsénique, et cristallise de cette dissolution à l'état de sel acide, sous forme cubique. On obtient le même sel en faisant digérer du zinc avec de l'acide arsénique liquide. Dans cette circonstance il se dégage du gaz arséniure d'hydrogène, et il se précipite une poudre brune, qui consiste en arsenic combiné avec une petite quantité d'hydrogène. Lorsqu'on fait fondre ensemble du zinc et de l'acide arsénique, le zinc s'oxyde à la chaleur rouge, avec une légère détonation, et la plus grande partie de l'acide se réduit.

Sous-arséniate zincique ammoniacal, $\dot{Z}n^3 \overset{\cdot\cdot\cdot}{\ddot{A}}s + NH^3$. On l'obtient, suivant *Bette*, en mêlant une solution d'arséniate sodique avec l'ammoniaque caustique, et précipitant la liqueur par le sulfate zincique. Le précipité blanc floconneux ne tarde pas à prendre un aspect cristallin dans la liqueur, et contient 3 atomes ou 9,66 pour cent d'eau, qui peuvent être éliminés à une douce chaleur, sans n'entraîner qu'une petite quantité d'ammoniaque.

Antimoniate zincique, $\dot{Z}n \overset{\cdot\cdot\cdot}{\ddot{S}}b$. C'est une poudre cristalline, blanche, peu soluble. Lorsqu'on ajoute de l'antimoniate potassique à la dissolution d'un sel zincique neutre, il se forme un précipité qui se redissout de suite, et ne devient permanent que quand on introduit dans la liqueur un peu plus de sel potassique. Au bout de quelques heures, le fond et les parois du vase se tapissent de très-petits cristaux. Quand on chauffe ce sel, il donne de l'eau et jaunit; mais il n'offre pas ce phénomène de lumière que présentent les antimoniates cobaltique et cuivrique. Chauffé au chalumeau sur des charbons, il n'entre pas en fusion, et ne se réduit que quand on y ajoute de l'alcali.

Chromate zincique, $\dot{Z}n \dddot{C}r$. On le prépare, suivant *Kopp*, en dissolvant du carbonate zincique jusqu'à saturation dans l'acide chromique. Après l'évaporation de la liqueur, il se dépose en cristaux jaunes, parfaitement isomorphes avec le sulfate, contenant 7 atomes d'eau. Le chromate renferme également 7 atomes ou 40,53 pour cent d'eau de cristallisation, qui peut être expulsée par la chaleur. Le sel anhydre s'échauffe fortement, lorsqu'on y verse un peu d'eau. Il ne cristallise pas avec un excès d'acide.

Sous-chromate zincique. Il est probable que l'acide chromique forme, avec l'acide chromique, des sels analogues aux sous-sulfates; il faudrait, pour cela, examiner les circonstances dans lesquelles ils pourraient se produire. Mais, jusqu'à présent, on ne connaît que le chromate tribasique $= \dot{Z}n^4 \dddot{C}r = \dot{Z}n \dddot{C}r + 3\dot{Z}n$. Suivant *Malaguti* et *Sarzeau*, on l'obtient en faisant bouillir une solution de chromate zincique en excès avec du carbonate zincique, jusqu'à ce qu'il ne se dégage plus d'acide carbonique. Le sel présente l'aspect d'une poudre cristalline, qui contient 5 atomes d'eau de cristallisation.

Chromate zincique ammoniacal, $\dot{Zn}\dddot{Cr} + 2NH^3$. On l'obtient en dissolvant le sel précédent dans une grande quantité d'ammoniaque caustique; cette opération se fait difficilement, et exige une action réciproque des deux corps, longtemps continuée dans un vase fermé. La solution ainsi obtenue donne le sel en question sous forme de petits cristaux cubiques, quand on la mêle avec une quantité d'alcool suffisante pour donner un précipité permanent. Si l'on en ajoute une plus grande quantité, le sel se précipite immédiatement sous forme de poudre. Il renferme 5 atomes d'eau.

Chromate zincico-potassique. D'après les expériences de *Woehler*, le chromate potassique n'est pas décomposé complétement par le sulfate zincique; lorsqu'on mêle les deux dissolutions, il se forme un précipité jaune, floconneux, et la liqueur reste jaune, lors même que le sel zincique a été ajouté en excès. Au bout de 24 heures, le précipité se trouve converti en une poudre cristalline d'un très-beau jaune orangé clair. Ce corps est une combinaison de chromate zincique et de chromate potassique. Quand on le lave avec de l'eau froide, il s'en dissout une petite partie, qui suffit pour teindre une grande quantité d'eau en jaune. Traité à l'ébullition avec de l'eau, il se dissout en majeure partie avec une couleur jaune foncée, et laisse un soussel plus clair et, à ce qu'il paraît, plus riche en base. La dissolution ne se trouble pas en refroidissant. Chauffée au rouge, la combinaison abandonne de l'eau et du gaz oxygène, et perd 15 pour cent de son poids. Le résidu est une poudre jaune foncée, d'où l'eau extrait une quantité de chromate potassique neutre, égale à 21 centièmes du sel jaune. Il reste une combinaison d'oxyde zincique et d'oxyde chromique, qui est d'un brun violet et qui se dissout lentement dans l'acide sulfurique concentré, en formant une dissolution d'un vert foncé. — Le bichromate potassique ne précipite pas le sulfate zincique.

Chromate zincico-ammonique. On ne l'a pas encore obtenu à l'état d'un sel double neutre. Il contient, suivant *Malaguti* et *Sarzeau*, un excès d'ammoniaque, lorsqu'on le prépare en mêlant le chromate zincique soluble, ou mieux encore le chromate acide, avec de l'ammoniaque caustique, et continuant cette addition jusqu'à ce que le précipité qui se forme d'abord soit redissous. Lorsqu'on mêle ensuite la liqueur avec de l'alcool, il se sépare un sel jaune cristallisé en feuilles de fougère, et composé de $\dot{\bar{\text{N}}}\bar{\text{H}}^4\dddot{\text{C}}\text{r} + 2\dot{\text{Z}}\text{n}\dddot{\text{C}}\text{r} + \bar{\text{N}}\bar{\text{H}}^3 + 8\dot{\bar{\text{H}}}$. Il est décomposé par l'eau, qui laisse un soussel zincique insoluble.

Vanadate zincique. Le *sel neutre*, $\dot{\text{Z}}\text{n}\dddot{\text{V}}$, est blanc, et insoluble même dans l'eau bouillante. Le *bisel* est très-soluble, et donne par l'évaporation des cristaux transparents d'un jaune tirant sur l'orange.

Molybdate zincique, $\dot{\text{Z}}\text{n}\dddot{\text{M}}\text{o}$. Il est insoluble, blanc, pulvérulent, et se dissout dans les acides forts.

Molybdate zinco-potassique, et *molybdate zinco-ammonique*. Ces sels doubles sont solubles dans l'eau.

Tungstate zincique, $\dot{\text{Z}}\text{n}\dddot{\text{W}}$. Il est blanc, pulvérulent et insoluble.

Permanganate zincique, $\dot{\text{Z}}\text{n}\bar{\text{M}}\text{n}$. Sel déliquescent.

Aluminate zincique, $\dot{\text{Z}}\text{n}\ddot{\bar{\text{A}}}\text{l}$. On le trouve à l'état cristallisé dans le règne minéral; il forme des octaèdres verts très-durs, et a reçu, des minéralogistes, le nom de *gahnite*. La couleur verte de ce minéral provient de ce qu'une partie de l'oxyde zincique est remplacée par de l'oxyde ferreux.

C. *Sulfosels de zinc.*

Hyposulfophosphite zincique. Lorsqu'on chauffe, en mélange avec du sulfide hypophosphoreux liquide $= \dot{\text{P}}$, dans un courant de gaz hydrogène, le sulfure zincique préparé par voie humide, et desséché, à une douce chaleur, dans un courant de gaz sulfide hydrique, et qu'on continue l'application de la chaleur jusqu'à ce qu'il ne passe plus de sulfure phosphorique à la distillation, on obtient pour résidu une matière rouge, composée de 1 atome de sulfo-phosphure zincique et de 1 atome d'hyposulfophosphite zincique, $= \dot{\text{Z}}\text{n}\,\text{P}^2\text{S} + \dot{\text{Z}}\text{n}\dot{\text{P}}$. (Voir tome I, p. 827). Il importe de ne pas perdre ici de vue l'application de la chaleur, car si la température est trop élevée, il distillera du sulfure phosphorique, pendant qu'il restera un sulfure zincique jaune. En traitant la combinaison dont il s'agit par l'acide chlorhydrique, le zinc se dissout avec dégagement de sulfide hydrique, et il reste du sulfure phosphorique rouge à l'état pulvérulent.

Sulfocarbonate zincique, $\dot{Zn}\,\dot{C}$. Il forme un précipité d'un jaune très-pâle, presque blanc, qui, à l'état sec, est jaune, ou d'un orange pâle et demi-translucide.

Sulfurénate zincique, $\dot{Zn} + C^2N^2H^2S^2$. On l'obtient en mêlant le sulfurénate ammonique avec du sulfate zincique. Il se forme un précipité blanc qui augmente peu à peu, et paraît être un sulfocarbonate. Après quelques jours il se dépose sur les parois du vase des cristaux pyramidaux, d'un vert olive, qui, d'après *Zeise*, sont composés de sulfure zincique et de sulfide urénique.

Sulfotellurate trizincique, $\dot{Zn}^3\overset{,,}{Te}$. Le précipité est au premier instant d'un jaune clair, mais il brunit peu à peu, et finit par prendre la couleur du sulfide tellurique.

Sulfarséniate zincique, $\dot{Zn}^2\overset{,,,}{\ddot{As}}$. Il se précipite sous forme d'une poudre volumineuse, d'un jaune clair, qui devient d'un beau jaune orange en se desséchant. Le sel basique présente à l'état humide une couleur beaucoup moins jaunâtre; mais, desséché, il a la même nuance que le sel neutre.

Sulfarsénite zincique, $\dot{Zn}^2\overset{,,,}{As}$. C'est un précipité volumineux, d'un jaune citron; la liqueur est incolore. Après avoir été séché, le précipité est orangé pâle. Chauffé jusqu'au rouge dans un appareil distillatoire, il abandonne une portion du sulfide arsénieux, et laisse une substance jaune, dure et agglutinée, qui est un sel basique. A la température où le verre entre en fusion, il abandonne la dernière portion de sulfide arsénieux, et laisse un résidu de sulfure zincique.

Sulfantimoniate zincique, $\dot{Zn}^3\overset{,,,}{\ddot{Sb}}$. Il se produit lorsqu'on verse goutte à goutte une solution de sulfate zincique dans une solution de sulfantimoniate sodique cristallisé. Il présente l'aspect d'un précipité orange foncé, qui se redissout quand on chauffe la liqueur. Lorsqu'on introduit, inversement, le sel sodique dans le sel zincique, on obtient un précipité qui ne se redissout plus, et qui, suivant *Rammelsberg*, se compose de $\dot{Zn}^3\overset{,,,}{Sb} + \dot{Zn}$. L'acide chlorhydrique bouillant le dissout avec dégagement de sulfide hydrique. Chauffé dans un vase distillatoire, il s'affaisse en une masse rouge grise brillante, en même temps qu'il se développe un peu d'acide sulfureux et de soufre libre.

Sulfomolybdate zincique, $\overset{,}{\mathrm{Zn}}\overset{,,,}{\mathrm{Mo}}$. Il forme un précipité jaune foncé ; la liqueur qui surnage est incolore.

Hypersulfomolybdate zincique, $\overset{,}{\mathrm{Zn}}\overset{,,,,}{\mathrm{Mo}}$. C'est un précipité rouge.

Sulfotungstate zincique, $\overset{,}{\mathrm{Zn}}\overset{,,,}{\mathrm{W}}$. Il se conserve longtemps en dissolution, et ne se précipite qu'au bout de vingt-quatre heures, sous forme d'une poudre jaune pâle.

20. *Sels de cadmium.*

Les sels de cadmium sont en général blancs et incolores. La plupart d'entre eux se dissolvent dans l'eau, et forment avec elle une dissolution incolore, ayant une saveur désagréable et métallique. Les alcalis caustiques, les carbonates alcalins et le cyanure ferroso-potassique les précipitent en blanc, le gaz sulfide hydrique et les sulfhydrates en jaune orangé. L'infusion de noix de galle ne les précipite pas. Le zinc métallique en précipite le cadmium sous la forme de feuilles qui se réunissent en dendrites ; le fer, au contraire, ne le précipite pas.

A. *Sels haloïdes de cadmium.*

Chlorure cadmique, $\mathrm{Cd}\,\overline{\mathrm{Cl}}$. Il cristallise en prismes rectangulaires à quatre pans, qui sont petits et transparents, se dissolvent aisément dans l'eau, et s'effleurissent à l'air sec et chaud. Le sel effleuri entre en fusion au-dessous de la chaleur rouge, et se prend, par le refroidissement, en une masse transparente, lamelleuse, cristalline, douée d'un faible éclat métallique nacré. A l'air, il reprend son eau de cristallisation, et se réduit en une poudre blanche. Exposé à un feu plus vif, ce sel se sublime en paillettes brillantes, transparentes, qui tombent aussi en poussière quand on les laisse à l'air.

Chlorure cadmique ammoniacal. Le chlorure cadmique anhydre absorbe le gaz ammoniac avec dégagement d'eau, en même temps qu'il se réduit en une poudre blanche, volumineuse $= \mathrm{Cd}\,\overline{\mathrm{Cl}} + 3\overline{\mathrm{N}}\overline{\mathrm{H}}^{3}$. Exposé à l'air, il ne tarde pas à perdre, par la vaporisation, 2 équivalents d'ammoniaque. Lorsqu'on dissout le chlorure cadmique sec dans de l'ammoniaque caustique chaude, il se sépare, par le refroidissement, des grains cristallins composés, d'après *Croft*, de $\mathrm{Cd}\,\overline{\mathrm{Cl}} + \overline{\mathrm{N}}\overline{\mathrm{H}}^{3}$.

Chlorure cadmico-potassique, $KGl + CdGl$. En mélangeant des solutions chaudes de chlorure cadmique et de chlorure potassique, on obtient ce sel cristallisé en aiguilles d'un éclat soyeux, contenant 1 atome d'eau de cristallisation. Ces aiguilles, quand on les laisse dans la liqueur, disparaissent peu à peu, et sont remplacées par des rhomboèdres qui sont le même sel, mais à l'état anhydre.

Chlorure cadmico-sodique, $NaGl + CdGl$. Il s'obtient d'une manière analogue; il cristallise en masses mamelonnées, contenant 3 atomes d'eau de cristallisation. Le sel est très-soluble.

Chlorure cadmico-ammonique, $NH^4Gl + CdGl$. Il se prépare par un moyen semblable, et donne, dans les mêmes circonstances que le sel potassique, des cristaux aciculaires à 1 atome d'eau, et des rhomboèdres anhydres.

Bromure cadmique, $CdBr$. Il cristallise d'une dissolution chaude et concentrée en longues aiguilles, qui s'effleurissent à l'air. Ces cristaux renferment, selon *Croft*, 4 atomes ou 21,15 pour cent d'eau, dont 2 atomes s'en vont par l'efflorescence. Les atomes restants ne sont éliminés qu'à + 200°, en même temps que le sel prend un aspect de porcelaine. Soumis à l'action de la chaleur, il fond dans son eau de cristallisation, qui s'évapore et laisse le sel sec, après quoi celui-ci fond de nouveau, quand la température s'élève davantage. Chauffé au rouge blanc, il se sublime sans résidu. Il est soluble dans l'alcool et dans l'éther.

Bromure cadmique ammoniacal, $CdBr + 2NH^3$. Il se produit quand on sature le bromure cadmique anhydre par le gaz ammoniac : le bromure se gonfle ainsi, et se réduit en une poudre blanche. L'ammoniaque peut être entièrement expulsée par la chaleur. On obtient $CdBr + NH^3$, en dissolvant le bromure cadmique dans l'ammoniaque chaude caustique; par l'évaporation de cette solution, le sel désigné par la formule se dépose en petits cristaux incolores, anhydres. Le premier sel contient 20,39 pour cent d'ammoniaque, et le dernier 11,35.

Bromure cadmico-potassique, $KBr + CdBr$. Il cristallise en aiguilles contenant de l'eau de cristallisation; il est très-soluble dans l'eau, et un peu dans l'alcool.

Iodure cadmique, CdI. On le prépare en traitant le cadmium par l'iode, soit par la voie sèche, soit par la voie humide. Le sel se dissout aisément dans l'eau et dans l'alcool. Il forme de grandes tables hexagones, incolores, transparentes, qui ne s'altèrent pas à l'air, et sont douées d'un vif éclat nacré. Elles entrent facilement en fusion, et reprennent leur forme cristalline, pendant que l'eau de cristallisation se vaporise. A une température plus élevée, le sel se décompose en iode et en cadmium métallique.

Iodure cadmique ammoniacal. L'iodure cadmique anhydre absorbe le gaz ammoniac dans lequel on le chauffe doucement, et se gonfle ainsi en une poudre blanche, qui, complétement saturée, est $= CdI + 3NH^3$. Une solution chaude d'iodure cadmique dans l'ammoniaque caustique laisse déposer une poudre cristalline blanche, qui est $CdI + NH^3$.

Iodure cadmico-potassique, $KI + CdI$. C'est un sel déliquescent, un peu soluble dans l'alcool.

Fluorure cadmique, CdF. Il est peu soluble dans l'eau, mais il s'y dissout mieux quand celle-ci est acide. En évaporant la dissolution, le sel donne une croûte irrégulière qui s'attache au vase.

Fluorure silico-cadmique, $3CdF + 2SiF^3$. Il est très-soluble dans l'eau, et cristallise, après l'évaporation, en longs prismes incolores, qui s'effleurissent à l'aide de la chaleur; le sel effleuri conserve sa forme cristalline, mais se réduit en poussière pour peu qu'on y touche.

Cyanure cadmique, $Cd\,Cy$. On l'obtient, en dissolvant l'hydrate cadmique dans l'acide cyanhydrique et l'eau. Évaporé dans le dessiccateur, il donne des cristaux irréguliers, anhydres, inaltérables à l'air, et solubles dans l'eau.

Cyanure cadmico-potassique, $K\,Cy + Cd\,Cy$. On se le procure, suivant *Rammelsberg*, en combinant le sel précédent avec le cyanure potassique. Le moyen de préparation le plus facile consiste à évaporer un mélange d'acétate cadmique et de cyanure potassique. Le sel double cristallise en octaèdres brillants, incolores, inaltérables à l'air. Il se dissout dans 3 parties d'eau froide et dans parties égales d'eau bouillante; il est insoluble dans l'alcool. Il fond en un liquide clair, incolore, et se prend, par le refroidissement, en une masse cristalline; à une température plus élevée, il se décompose; les acides le détruisent avec dégagement d'acide cyanhydrique. Le sulfide hydrique en précipite le sulfure cadmique, mais celui-ci est tellement divisé qu'il traverse le filtre. Le cyanure cadmico-potassique est anhydre, et se compose de $K\,Cy + Cd\,Cy$, comme les sels zincique et niccolique. Par voie de double décomposition, on peut obtenir des sels doubles analogues avec d'autres bases. Les sels de baryum, de strontium, de calcium, de zinc, de manganèse, de nickel, de plomb, d'argent, de bismuth, d'antimoine, et le chlorure stanneux, produisent des précipités blancs. Le sulfate cobaltique donne un précipité brun qui devient blanc ; le sulfate ferreux produit un précipité jaune qui devient vert, et le sulfate cuivrique, un précipité brun, avec dégagement de gaz cyanogène. Le nitrate mercureux est réduit à l'état métallique. La solution du sublimé corrosif ne donne pas de précipité. L'alun et le sulfate ferrique laissent déposer l'alumine et l'oxyde ferrique, pendant qu'il se développe de l'acide cyanhydrique. La solution aurique perd sa couleur : il se dégage du gaz cyanogène, mais il ne se forme pas de précipité. Le sulfate magnésique n'est pas précipité. Tous ces précipités sont décomposés par les acides, avec dégagement de cyanide hydrique. Ceux de cobalt, de nickel et d'argent se redissolvent dans un excès de précipitant. Le précipité d'argent est, en outre, dissous par l'ammoniaque ; et l'acide nitrique précipite de cette solution le cyanure argentique. Les précipités ainsi obtenus ne paraissent pas être des cyanures doubles proprement dits, mais des mélanges de plusieurs cyanures complexes ; car l'analyse donne des résultats variables, qui ne se laissent pas ramener à des formules de composition simples.

B. *Oxysels de cadmium.*

Sulfate cadmique, $\dot{Cd}\dddot{S}$. Il cristallise en grands prismes rectangulaires et transparents, qui ressemblent beaucoup au vitriol de zinc. Il se dissout facilement dans l'eau, et la dissolution s'effleurit fortement à l'air. Exposé à l'action de la chaleur, il perd son eau de cristallisation, sans subir la fusion aqueuse. On peut le chauffer jusqu'au rouge naissant sans qu'il se décompose ; mais, à une température plus élevée, il abandonne une partie de son acide, et forme un soussel qui se dissout difficilement dans l'eau, et cristallise en paillettes. Le sel neutre contient $25\frac{1}{2}$ pour 100 ou 4 atomes d'eau.

Sulfate cadmico-ammoniacal, $\dot{Cd}\dddot{S} + 3NH^3$. D'après *H. Rose*, on l'obtient sous la forme d'une poudre blanche, en laissant le sel anhydre absorber du gaz ammoniac jusqu'à ce qu'il en soit saturé.

Sulfite cadmique, $\dot{Cd}\ddot{S}$. On l'obtient en dissolvant l'oxyde cadmique dans de l'acide sulfureux liquide. On l'obtient aussi par la dissolution du cadmium dans ce même acide, mais alors il se forme en même temps du sulfure cadmique. Après l'expulsion de l'acide sulfureux libre, le sulfite cadmique se dépose en petits cristaux blancs, contenant 2 atomes d'eau, peu solubles dans l'eau, et très-solubles dans l'acide sulfureux liquide.

Dithionate (hyposulfate) *cadmique*, $\dot{C}d\overset{\cdot\cdot\cdot\cdot\cdot}{\bar{S}}$. On l'obtient en dissolvant le carbonate dans de l'acide hyposulfurique, et livrant la dissolution à l'évaporation spontanée ; il prend alors la forme d'une croûte saline, imparfaitement cristalline, dont la saveur est très-astringente, et qui se liquéfie rapidement à l'air humide.

Dithionate cadmique ammoniacal, $\dot{C}d\overset{\cdot\cdot\cdot\cdot\cdot}{\bar{S}} + 2\bar{N}\bar{H}^3$. On l'obtient, quoique avec difficulté, en dissolvant le dithionate neutre dans l'ammoniaque caustique, et évaporant la liqueur à l'évaporation spontanée. Il se dépose alors, sous forme d'une poudre blanche cristalline, souvent mêlée d'un soussel. La combinaison est détruite par une addition d'alcool ou par l'évaporation à chaud.

Dithionite (hyposulfite) *cadmique*, $\dot{C}d\overset{\cdot\cdot}{\bar{S}}$. On le prépare en précipitant le dithionite barytique exactement par le sulfate cadmique. Il est si soluble dans l'eau et dans l'alcool, qu'on ne peut pas l'obtenir sous forme solide. La solution, dès qu'elle est arrivée à consistance sirupeuse, se décompose comme le sel zincique.

Nitrate cadmique, $\dot{C}d\overset{\cdot\cdot\cdot\cdot\cdot}{\bar{N}}$. Il cristallise en aiguilles qui se groupent en rayons et attirent l'humidité de l'air. Les cristaux contiennent 22 pour 100 ou 4 atomes d'eau.

Phosphate cadmique, $\dot{C}d^2\overset{\cdot\cdot\cdot\cdot\cdot}{\bar{P}}$. C'est une poudre blanche, insoluble, qui se fond, au rouge naissant, en un corps vitreux, transparent.

Phosphite cadmique, $\dot{C}d^2\overset{\cdot\cdot\cdot}{\bar{P}}$. Il se précipite sous forme d'une poudre blanche. Chauffé au rouge, il n'offre aucun phénomène de lumière, se transforme en phosphate, et donne un peu de cadmium réduit.

Hypophosphite cadmique, $\dot{C}d\dot{\bar{P}}$. Il est très-soluble, et se dépose en petits cristaux de forme confuse.

Perchlorate cadmique, $\dot{C}d\overset{\cdot\cdot\cdot\cdot\cdot\cdot\cdot}{\bar{Cl}}$. Quoiqu'il soit déliquescent, on peut l'obtenir sous la forme de cristaux en faisant évaporer sa dissolution par la chaleur.

Chlorate cadmique, $\dot{C}d\overset{\cdot\cdot\cdot\cdot\cdot}{\bar{Cl}}$. Il s'obtient par une précipitation exacte du chlorate barytique au moyen du sulfate cadmique. La liqueur donne, suivant *Wächter*, par l'évaporation dans le dessiccateur, des cristaux prismatiques contenant 2 atomes ou 11,45 pour 100 d'eau. Le chlorate cadmique est déliquescent et très-soluble dans l'alcool. Il fond à + 80°, et commence à dégager de l'oxygène, en même temps que l'eau, qui entraîne aussi du chlore. Après la calcination, il reste un mélange d'oxyde et de chlorure cadmique; ce dernier peut être, en grande partie, enlevé par l'eau.

Bromate cadmique, $\dot{C}d\ddot{\ddot{B}}r$. On l'obtient en traitant le bromate barytique par le sulfate cadmique. Il cristallise en prismes rhomboédriques transparents, qui renferment 1 atome ou 4,7 pour 100 d'eau, et n'exigent, pour se dissoudre, que 0,8 de leur poids d'eau, à une température moyenne.

Bromate cadmique ammoniacal, $2\dot{C}d\ddot{\ddot{B}}r + 3NH^3$. On l'obtient en dissolvant le bromate neutre sec dans un peu d'ammoniaque caustique concentrée, et évaporant la solution, dans le dessiccateur, sur de la chaux vive : le sel se précipite sous forme d'une poudre blanche cristalline. Il se décompose par l'évaporation à chaud, ainsi que par une addition d'eau.

Iodate cadmique, $Cd\ddot{\ddot{I}}$. On l'obtient par voie de double décomposition, en traitant l'acétate cadmique par l'iodate sodique. Si l'on verse goutte à goutte une solution d'iodate sodique dans l'acétate cadmique, le précipité qui devrait se former reste longtemps redissous, mais il finit par se déposer sous forme d'une poudre cristalline anhydre, soluble dans l'acide nitrique, aussi bien que dans l'ammoniaque.

Carbonate cadmique. $\dot{C}d\ddot{C}$. Il est blanc, pulvérulent, insoluble, ne contient point d'eau, et abandonne facilement l'acide carbonique quand on le chauffe jusqu'au rouge. L'oxyde cadmique brun se change peu à peu, à l'air, en carbonate blanc.

Croconate cadmique, $\dot{C}d\,C^5\,O^4$. Il se précipite sous forme d'une poudre jaune.

Oxalate cadmique, $\dot{C}d\,\dddot{C}$. C'est une poudre blanche, insoluble même dans un excès d'acide oxalique.

Borate cadmique, $\dot{C}d\,\ddot{B}^2$. Il forme une poudre blanche peu soluble dans l'eau.

Acétate cadmique, $\dot{C}d\,\dddot{A}c$. Il cristallise ordinairement en aiguilles fines, groupées en étoiles, qui se dissolvent facilement dans l'eau, et ne s'altèrent pas à l'air.

Tartrate cadmique, $\dot{\mathrm{Cd}}\,\dddot{\mathrm{Tr}}$. Il est peu soluble, et cristallise en petites aiguilles lanugineuses au toucher.

Zinco-fulminate cadmique, $\dot{\mathrm{Cd}} + (\mathrm{C^4N^2O^3} + \mathrm{Zn N})$? Il se produit en décomposant le zinco-fulminate barytique par le sulfate cadmique, et évaporant la liqueur sur l'acide sulfurique. Par l'évaporation spontanée, il cristallise en aiguilles déliées, blanches, opaques, qui tournent au jaune dans un intervalle de quelques jours, ou sur-le-champ, si on les fait chauffer. Ce sel est très-peu soluble, une fois qu'il est déposé. Il fait explosion comme les autres fulminates.

Chromate cadmique. En saturant l'acide chromique par le carbonate cadmique, jusqu'à ce qu'il ne se dégage plus de gaz acide carboniqne, on obtient un sel qui n'a pu être amené à cristallisation. Il contient un excès d'acide. On n'en a pas examiné le degré de saturation par l'hydrate cadmique. Lorsqu'on mêle ensemble des solutions bouillantes de chromate potassique neutre et de sulfate cadmique, il se produit, dans la liqueur, du sulfate potassique acide, pendant qu'il se précipite du sous-chromate cadmique, sous forme d'une poudre cristalline jaune-orange, qui présente, sous le microscope, de petites tables hexagonales. Il se compose, suivant *Malaguti* et *Sarzeau*, de $\dot{\mathrm{Cd}}^5\,\dddot{\mathrm{Cr}} + 8\dot{\mathrm{H}} = 2\dot{\mathrm{Cd}}\dddot{\mathrm{Cr}} + 3\dot{\mathrm{Cd}} + 8\dot{\mathrm{H}}$. Il contient 14,56 pour 100 d'eau.

Chromate cadmique ammoniacal, $\dot{\mathrm{Cd}}\dddot{\mathrm{Cr}} + 2\mathrm{NH^3}$. On l'obtient, d'après ces mêmes chimistes, en mêlant du chromate cadmique avec de l'ammoniaque caustique jusqu'à production d'une liqueur limpide, et précipitant celle-ci par l'alcool : il se dépose une poudre cristalline jaune, contenant 3 atomes d'eau. Exposé à l'air, il perd de l'ammoniaque; l'eau le décompose.

Vanadate cadmique, $\dot{\mathrm{Cd}}\dddot{\mathrm{V}}$. Il est presque blanc, et se précipite en partie immédiatement, en partie plus tard, sous forme de petits grains. Le *survanadate* est soluble.

C. *Sulfosels de cadmium.*

Sulfocarbonate cadmique, $\dot{\mathrm{Cd}}\ddot{\mathrm{C}}$. C'est un précipité d'un beau jaune citron, qui se dissout dans l'eau, puisque la liqueur est jaune, même quand elle contient un excès d'oxysel cadmique.

Sulfotellurite tricadmique, $\overset{,}{\mathrm{C}}\mathrm{d}^3\overset{,,}{\mathrm{Te}}$. Il se précipite à l'état de poudre jaune, qui peu à peu devient d'un brun foncé.

Sulfarséniate cadmique, $\overset{,}{\mathrm{C}}\mathrm{d}^3\overset{,,,,,}{\mathrm{As}}$. Il forme un précipité jaune clair.

Sulfarsénite cadmique, $\overset{,}{\mathrm{C}}\mathrm{d}^2\overset{,,,}{\mathrm{As}}$. Il forme un précipité jaune pâle, qui devient d'un beau jaune orange en se desséchant. Il fond à demi par l'action de la chaleur, et abandonne à la distillation une partie de son sulfide arsénieux; après quoi il reste une substance grise, boursouflée, douée de l'éclat métallique, qui donne une poudre d'un jaune foncé, et qui, contenant à la fois de l'arsenic et du soufre, doit être considérée comme une combinaison basique.

Sulfantimoniate cadmique, $\overset{,}{\mathrm{C}}\mathrm{d}^3\overset{,,,,,}{\mathrm{Sb}}$. Il se précipite, par voie de double décomposition, sous forme d'une poudre orange.

Sulfomolybdate cadmique, $\overset{,}{\mathrm{C}}\mathrm{d}\overset{,,,}{\mathrm{Mo}}$. Il donne un précipité brun foncé, dont la couleur ne se fonce point par la dessiccation. La liqueur est incolore.

Sulfotungstate cadmique, $\overset{,}{\mathrm{C}}\mathrm{d}\overset{,,,}{\mathrm{W}}$. Il se précipite instantanément, sous forme d'une poudre d'un beau jaune citron.

21. *Sels de plomb.*

Le plomb ne forme qu'une série de sels, parmi lesquels ceux qui se dissolvent dans l'eau sont incolores et d'une saveur sucrée, astringente. Leurs dissolutions sont précipitées en blanc par les sulfates et le cyanure ferroso-potassique, et en noir par le gaz sulfide hydrique et les sulfhydrates. Les sels de plomb sont en général très-sensibles à la réaction du gaz sulfide hydrique, ainsi que nous l'avons déjà dit dans le tome I, p. 809. L'étain et le zinc précipitent le plomb à l'état métallique de ses dissolutions.

A. *Sels haloïdes de plomb.*

Chlorure plombique, $\mathrm{Pb}\,\bar{\mathrm{C}}\mathrm{l}$. L'acide chlorhydrique bouillant dissout le plomb d'une manière lente, et avec dégagement de gaz hydrogène. Du moment où la liqueur est saturée de chlorure plombique, la dissolution cesse. Le chlorure plombique dissous cristallise par le refroidissement. Après quoi l'eau mère a de nouveau la propriété d'attaquer le plomb à la température de l'ébullition. Ce sel s'obtient aussi en versant de l'acide chlorhydrique sur de l'oxyde plombique; on le fait bouillir avec de l'eau qui le dissout pour le déposer en cristaux par le refroidissement. On le prépare encore en versant une dissolution de sel marin dans la dissolution d'un sel plombique; il se dépose alors sous la forme d'une masse caséeuse, composée de cristaux microscopiques. — Lorsqu'on dissout 1 partie de nitrate plombique dans 4 parties d'eau, et qu'on verse la solution dans un cylindre de verre, de manière que la colonne du liquide soit plus haute que large; ensuite, lorsqu'on introduit sur le fond du verre un morceau suffisamment gros de sel ammoniac sublimé compacte, il commence, suivant *Böttger*, à se former des arborisations qui partent du sel ammoniac, de manière que le tout prend en peu de temps l'aspect d'un buisson blanc, et assez solide pour être retiré sans casser. Ces arborisations consistent en chlorure plombique qui, par la force capillaire, pompe la solution de sel ammoniac, entre les parties les plus déliées; l'action continue ainsi, à mesure que le sel ammoniac précipite le chlorure plombique, à peu près comme il arrive pour la formation de l'arbre de mars, au moyen du silicate ferreux (*V.* t. III, p. 579). — Pendant le refroidissement de la dissolution aqueuse, le chlorure plombique cristallise en aiguilles déliées et aplaties, qui sont exemptes d'eau. D'après *Bischof*, il exige, à la température ordinaire, 135 parties d'eau pour se dissoudre; mais il est beaucoup plus soluble dans l'eau bouillante. L'acide chlorhydrique et plusieurs sels, principalement le chlorure calcique, diminuent sa solubilité dans l'eau, et opèrent un précipité dans sa dissolution concentrée. Il est insoluble dans l'alcool; mais si celui-ci contient plus de 34 pour 100 d'eau, il s'y dissout d'autant plus abondamment que l'alcool est plus dilué. — Bien que l'acide chlorhydrique diminue considérablement la solubilité du chlorure plombique dans l'eau, ce dernier se dissout cependant en assez grande quantité dans l'acide chlorhydrique concentré, d'où il est en grande partie précipité par la dilution dans l'eau. Le plomb dissous dans l'acide chlorhydrique concentré ne peut pas, suivant *Wackenroder*, être précipité par le sulfide hydrique; mais, quand on ajoute de l'eau à la liqueur saturée de sulfide hydrique, le sulfure plombique se précipite, et le sulfide hydrique se décompose. Le sulfure plombique se dissout dans l'acide chlorhyrique concentré bouillant, avec dégagement de gaz sulfide hydrique. — Le chlorure plombique est très-fusible et peut être sublimé à une température plus élevée. Après s'être solidifié, il forme une masse incolore, translucide, amorphe et fendillée, à laquelle les anciens chimistes ont donné le nom de *plomb corné*. Son poids spécifique est 5,8. Quand on le chauffe à l'air libre, il répand des fumées épaisses, se vaporise en partie et laisse un résidu jaune, qui contient de l'oxyde plombique. Le composé plombique est réduit par la calcination dans un courant de gaz oxyde carbonique, et on obtient, d'après *Göbel*, de l'acichloride carbonique gazeux, $= \ddot{C} + C\,Gl^2$.

D'après *Faraday*, le chlorure plombique n'absorbe pas le gaz ammoniac. D'après *H. Rose*, 100 parties de chlorure plombique condensent, au contraire, 9,31 parties, ce qui correspondrait à $4Pb\,Gl + 3NH^3$, mais indiquerait une saturation incomplète par le gaz. Le chlorure plombique se réduit par là en poudre.

Le chlorure plombique se combine en plusieurs proportions avec l'oxyde plombique, d'où résultent des sels basiques dans lesquels l'oxyde plombique contient deux, trois et sept fois autant de plomb que le chlorure. Comme, d'ailleurs, le chlorure et l'oxyde plombique sont l'un et l'autre fusibles, on peut, par la fusion, combiner le chlorure plombique en toutes proportions avec la base.

Chlorure monobasique, $Pb\,Gl + \dot{P}b$. Il se forme, suivant *Brandes*, en faisant digérer le chlorure plombique avec une solution concentrée d'acétate plombique; l'acide acétique, qui devient ainsi libre dans la liqueur, empêche que le chlorure plombique n'absorbe une plus grande quantité de la base. Le même soussel se produit lorsqu'on verse goutte à goutte une solution de chlorure sodique dans une solution d'acétate plombique neutre. Il renferme, pour 2 atomes, 1 atome d'eau, de manière à être composé de 2 atomes de chlorure plombique et 1 atome d'hydrate plombique ordinaire, $\dot{P}b^2\,\dot{H} = 2Pb\,Gl + \dot{P}b^2\dot{H}$. Il jaunit par l'expulsion de l'eau par la chaleur. Fondu, il est jaune foncé, mais il se solidifie, par le refroidissement, en une masse blanche presque cristalline.

Chlorure plombique bibasique, $Pb\,Gl + 2\dot{P}b$. On trouve ce sel sous forme d'un minéral cristallisé, incolore, près de Mendipp dans le Sommersetshire en Angleterre. Il est très-fusible et se dissout facilement dans les acides.

Chlorure plombique tribasique, $Pb\,\text{Ɠl} + 3\dot{P}b$. On l'obtient en dissolvant le sel neutre dans l'eau bouillante et le précipitant par l'ammoniaque caustique. C'est une poudre blanche, insoluble, qui se forme toujours quand on mêle des soussels plombiques avec des liquides contenant des chlorures métalliques. Il contient 7 pour cent ou 4 atomes d'eau, qu'il abandonne à la chaleur rouge en prenant une couleur jaune pâle. Au rouge vif, il se fond en une masse jaune pâle.

Chlorure plombique surbasique, $Pb\,\text{Ɠl} + 7\dot{P}b$. On l'obtient en faisant fondre, à l'aide de la chaleur, un mélange de dix parties d'oxyde plombique pur et d'une de sel ammoniac pur. Le chlore se combine avec le plomb, le chlorure plombique avec l'oxyde, et l'hydrogène de l'ammoniaque décomposée réduit une portion de l'oxyde plombique à l'état de plomb, qui se dépose au fond. La masse fondue, étant refroidie lentement, forme des cristaux cubiques. La masse solidifiée a une texture lamelleuse, cristalline, et quand on s'est servi d'oxyde plombique pur, elle présente une couleur jaune très-riche, qui est employée en peinture et connue dans le commerce sous le nom de *jaune de Cassel*. Ce composé a été découvert par *Turner*, qui l'obtint en faisant digérer l'oxyde plombique avec la moitié de son poids de sel marin, réduit en bouillie avec de l'eau. Dans cette opération, l'oxyde plombique se gonfle en une poudre blanche, et une partie de la soude passe à l'état caustique. On décante la liqueur alcaline, qui contient en dissolution un peu de plomb; on lave le sel basique, on le sèche et on le fait fondre. Il perd, par la fusion, son eau combinée, et devient jaune. Selon *Vauquelin*, il suffit, pour obtenir ce composé, d'employer une partie de sel marin sur sept parties d'oxyde plombique. L'acide nitrique dissout la base en excès, et transforme le soussel en sel neutre. La potasse caustique le dissout sans résidu.

Sulfochlorure plombique, $Pb\,\text{A̶} + 3\dot{P}b$. On l'obtient en faisant arriver une très-petite quantité de sulfide hydrique dans une solution étendue et acide de chlorure plombique, ou en faisant digérer un précipité récent et encore humide de sulfure plombique avec une solution de chlorure plombique en excès. Le composé est jaune ou quelquefois rouge; la dernière couleur tient peut-être à un degré de sulfuration plus élevé du plomb, produit par la décomposition du sulfide hydrique, au moyen de l'oxygène, dans la liqueur. Il se colore donc très-facilement en rouge, lorsque la liqueur où il se forme contient de l'acide nitrique ou un nitrate. Ce mode de combinaison fut d'abord découvert par *Hünefeld.* Pendant la précipitation de liquides à l'aide d'un faible courant de sulfide hydrique, il arrive très-souvent, surtout lorsque ces liquides renferment du plomb et de l'acide chlorhydrique, que le composé en question se forme dès le commencement; mais celui-ci finit par se décomposer, lorsque la liqueur commence à se charger de sulfide hydrique, parce que le chlorure plombique se change en sulfure plombique. Il se décompose par l'ébullition dans l'eau : le chlorure plombique s'y dissout, et il reste du sulfure plombique noir. L'acide chlorhydrique concentré le dissout avec dégagement de sulfide hydrique.

Soussels doubles formés par la combinaison du chlorure plombique avec d'autres chlorures. Becquerel a produit plusieurs sels de cette espèce par une action hydroélectrique faible, mais prolongée. Voici de quelle manière on fait ces expériences : après avoir courbé un tube en verre d'un demi-pouce de diamètre à la manière d'un siphon, on remplit la courbure avec de l'argile bien lavée et humide, pour intercepter toute communication entre les deux branches. Ensuite on verse dans l'une des branches une dissolution de nitrate plombique, et dans l'autre une dissolution concentrée de chlorure potassique, sodique, ammonique, barytique, strontique, calcique ou magnésique; on prend une languette de cuivre recourbée de manière que ses deux extrémités puissent être introduites dans les branches respectives, le plus près possible de l'argile, sans la toucher; on la fixe dans cette position, et on bouche les ouvertures pour empêcher l'évaporation. Peu à peu il se dépose de petits cristaux tétraédriques à l'extrémité de la languette qui plonge dans le chlorure du radical alcalisable; et au bout de huit mois environ, ces cristaux ont atteint une hauteur d'un à deux millimètres. Plus ils se forment lentement, plus leurs angles et leurs arêtes offrent de parties tronquées, comme si la force qui les produit n'avait pas assez d'énergie pour achever la cristallisation. Ces sels ont tous la même forme. Lorsqu'on les traite par l'eau, celle-ci extrait le chlorure alcalin et laisse du chlorure plombique tribasique à l'état pulvérulent.

Bromure plombique, PbBr. Il se dissout difficilement dans l'eau, et se précipite, quand on le prépare par double décomposition, sous forme d'une poudre blanche, cristalline. Exposé à l'action de la chaleur, il se fond en un liquide rouge, qui prend, en se solidifiant, une belle couleur jaune-citron. Son poids spécifique est = 6,63. Le bromure plombique se dissout, en petite quantité, dans l'eau bouillante, où il cristallise, par le refroidissement, sous forme de petites aiguilles blanches.

Bromure monoplombique, Pb Br + $\dot{P}b$. C'est une poudre blanche, insoluble dans l'eau, qui s'obtient à peu près comme le sous-chlorure plombique. Il contient 1 atome d'eau et 2 atomes de sel. Chauffé, le sel perd son eau; il devient rouge, et jaunit par le refroidissement.

Le bromure plombique n'absorbe pas de gaz ammoniac.

Iodure plombique, PbI. Il forme une poudre d'un beau jaune citron, qui est peu soluble dans l'eau. Sa dissolution est incolore. D'après *Denot*, il exige 194 parties d'eau bouillante, et 1235 parties d'eau à la température ordinaire, pour se dissoudre. Par le refroidissement de la liqueur bouillante, il se sépare en écailles hexagones, éclatantes et d'un jaune d'or; après la dessiccation il conserve le même éclat et la même couleur. Il est soluble dans la potasse caustique.

Sur-iodure plombique, PbI + HI. On l'obtient, selon *Lassaigne*, en dissolvant de l'iodure plombique dans de l'acide iodhydrique étendu chaud : il cristallise, par le refroidissement, en aiguilles blanches, réunies en groupes concentriques. Par l'application de la chaleur, l'acide iodhydrique s'en va, pendant qu'il reste de l'iodure plombique. A l'air, l'acide s'en dégage peu à peu par l'évaporation. L'eau en enlève l'acide et laisse de l'iodure plombique.

Sous-iodure plombique. *Denot* n'a pas trouvé moins de trois combinaisons basiques d'iodure et d'oxyde plombiques. On obtient du Pb I + $\dot{P}b$ en précipitant un mélange d'acétate et de sousacétate plombiques par l'iodure potassique, et en faisant bouillir le précipité avec de l'eau; celle-ci s'empare de l'iodure plombique neutre qui s'est produit en même temps, et laisse le sel basique. Le PbI + 2$\dot{P}b$ se forme lorsqu'on précipite l'iodure potassique au moyen de l'acétate plombique; enfin, on se procure le PbI + 5$\dot{P}b$ par la précipitation à l'aide de l'acétate plombique surbasique. Ces trois sels sont d'un jaune pâle, pulvérulents et insolubles dans l'eau bouillante. Ils contiennent, pour chaque atome de sel, 1 atome d'eau qu'ils ne perdent pas au-dessous d'une température d'environ + 200°. D'après *Denot*, il existerait aussi une combinaison bleue d'iode et de plomb; mais cette combinaison n'a pas été examinée ultérieurement. Le moyen le plus sûr de le préparer consiste, d'après *Jammes*, à verser une solution alcoolique d'iode sur de l'oxyde plombique, en même temps qu'on y ajoute quelques gouttes d'acétate plombique; on fait ensuite digérer le mélange jusqu'à ce qu'il soit devenu bleu.

Lorsqu'on broie de l'hydrate plombique avec le quart de son poids d'iode et un peu d'eau, il se produit, suivant *Jammes*, un corps violet pâle ou rouge vineux faible, contenant de l'iode libre; on l'épuise par de l'eau bouillante, jusqu'à ce que les vapeurs n'entraînent plus d'iode. Il contient, selon le même chimiste, 83,82 pour cent d'oxyde plombique et 16,23 pour cent d'iode, résultat qui se rapproche assez bien de 6 atomes d'oxyde plombique et 1 équivalent d'iode $=(PbI + 2\dot{P}b) + \dot{P}b\ddot{P}b)$, c'est-à-dire d'une combinaison ou d'un mélange de 1 atome d'iodure biplombique et de 1 atome de minium, cause de la couleur rouge qui disparaît à la chaleur rouge avec dégagement d'un peu d'oxygène; après quoi il reste $PbI + 5\dot{P}b$.

Iodure plombique ammoniacal, $PbI + NH^3$. On l'obtient en saturant, ce qui se fait très-lentement, par du gaz ammoniac, l'iodure plombique très-divisé, ou, mieux encore, en laissant l'iodure plombique mélangé avec de l'ammoniaque caustique dans un flacon fermé. C'est une poudre blanche, qui perd son ammoniac à l'air, ainsi que par la chaleur, même dans le gaz ammoniac.

Iodure plombico-potassique. On l'obtient, d'après *Boullay* jeune, dans deux proportions différentes. Lorsqu'on dissout deux atomes d'iodure plombique et 1 atome d'iodure potassique ensemble dans la même quantité d'eau bouillante, il se dépose, par le refroidissement, de grandes lamelles hexagonales, jaunes, brillantes, qui sont $= KI + 2PbI$. Quand on dissout ce sel à chaud dans une solution d'iodure potassique, il se dépose, par le refroidissement, des aiguilles blanches, d'un éclat soyeux, quelquefois jaunâtres, $= 2KI + PbI$. Ces sels s'obtiennent moins sûrement par voie de précipitation.

Iodure chlor-ammonico-plombique, $2PbI + 3NH^4Cl$. On l'obtient, selon *Voelckel*, en dissolvant un mélange d'iodure potassique et de sel ammoniac dans l'eau bouillante, et mêlant la solution avec l'acétate plombique, mais dont il ne faut pas employer un excès. Par le refroidissement, le sel double se dépose en petites aiguilles jaunes, d'un éclat soyeux. Il se produit aussi, par la dissolution d'iodure plombique dans une solution bouillante de sel ammoniac. L'eau pure en enlève le sel ammoniac.

Fluorures plombiques. 1° *Fluorure neutre*, PbF. Il est très-peu soluble, et ne se dissout pas même dans de l'eau contenant de l'acide fluorhydrique. Il forme une poudre blanche, non cristalline, qu'on obtient à l'état de pureté en précipitant l'acétate plombique par l'acide fluorhydrique ou en décomposant le carbonate plombique par le même acide. Il se dissout dans les acides nitrique et chlorhydrique, qui le décomposent quand on évapore la dissolution.

2° *Fluorure basique.* On l'obtient en traitant le sel neutre par l'ammoniaque caustique, ou en faisant fondre un fluorure avec de l'oxyde plombique. Il est beaucoup plus soluble que le sel neutre, et a une saveur astringente. Exposée à l'air, la dissolution attire de l'acide carbonique et dépose du carbonate plombique, mêlé, ou peut-être combiné avec du fluorure plombique.

Chlorofluorure plombique, PbF + PbCl. Ce sel double prend naissance quand on précipite une dissolution de chlorure plombique par du fluorure sodique, ou qu'on mêle de l'acétate plombique avec une dissolution mixte de deux parties de fluorure sodique et de trois parties de sel marin. Le sel double est légèrement soluble dans l'eau; de là vient qu'en le lavant pendant longtemps, sa quantité diminue peu à peu; mais dans ce cas le rapport entre ses deux parties constituantes ne change pas, comme il arrive au sel barytique correspondant. Il est soluble dans l'acide nitrique, et fond à une température élevée.

Fluorure borico-plombique. $PbF + BF^3$. On obtient ce sel en ajoutant du carbonate plombique à de l'acide hydrofluoborique, jusqu'à ce qu'on voie paraître un précipité. La dissolution, évaporée jusqu'à consistance sirupeuse, dépose de longs cristaux prismatiques. Par l'évaporation spontanée, le sel cristallise avec une extrême lenteur en prismes ou en tables quadrilatères, qui ressemblent au sel barytique. Les cristaux ont une saveur douce, avec un arrière-goût acidule et astringent. L'eau et l'alcool font subir à ce sel une décomposition partielle; il se forme une dissolution acide, et il reste une poudre blanche.

Fluorure silicico-plombique, $3PbF + 2SiF^3$. Ce sel est très-soluble et se dessèche en une masse gommeuse qui se redissout complétement; il a une saveur sucrée, comme les sels plombiques en général.

Fluorure titanico-plombique. Il se dissout facilement dans l'eau, et se dépose, pendant l'évaporation, en petits cristaux incolores, qui ont une saveur acidule, avec un arrière-goût doux et astringent, et se dissolvent dans l'eau sans résidu.

Cyanure plombique, $Pb\,Cy$. Il se précipite sous forme d'une poudre insoluble. Soumis à la distillation, il se décompose, donne du gaz hydrogène, et laisse du carbure de plomb, qui est pyrophorique quand il n'a pas été calciné trop fortement. Le cyanure plombique ne paraît pas former des cyanures doubles, comme le cyanure de fer; il se comporte, au contraire, comme les cyanures des métaux plus électropositifs, et se combine comme le cyanure potassique, avec les cyanures de fer, de nickel, de cobalt, d'or, etc.

Cyanure ferroso-plombique, $2Pb\,Cy + Fe\,Cy$. Il est d'un blanc jaunâtre, pulvérulent, insoluble dans l'eau et exempt d'eau. Après la combustion, il laisse une combinaison très-fusible, qui réagit fortement à la manière des alcalis, et qui est formée d'un atome d'oxyde ferrique et de 2 atomes d'oxyde plombique. Le cyanure ferroso-plombique ne donne point de sel triple avec le cyanure ferroso-potassique, lors même qu'on emploie un excès de ce dernier sel pour opérer la précipitation. Mais si ce sel contient du cyanure ferroso-magnésique, celui-ci reste en combinaison avec le sel plombique précipité.

Cyanure ferrico-plombique, $3Pb\,Cy + Fe\,Cy^3$ Sel légèrement soluble dans l'eau et cristallisable, dont j'ai déjà fait mention à propos des combinaisons du cyanure ferrique.

Cyanure niccoloso-plombique, $Pb\,Cy + Ni\,Cy$. Il se dépose lentement sous la forme d'une poudre jaune et cristalline, lorsqu'on mêle la dissolution d'un sel plombique avec le cyanure niccolico-potassique, et qu'on laisse reposer le mélange.

Cyanure zincoso-plombique, $Pb\,Cy + 2Zn\,Cy$. On le prépare, d'après *Rammelsberg*, en précipitant une solution d'acétate plombique par une solution de cyanure zinco-potassique. C'est un précipité blanc, qui se décompose par le lavage. Suivant *Samselius*, ce précipité ne renferme pas de cyanure plombique, mais ce serait une combinaison de cyanure zincique avec l'oxyde plombique, $= Zn\,Cy + \dot{Pb}$; ce dernier serait enlevé par l'acide acétique, en laissant le cyanure zincique. Mais on ne comprend pas ce que serait devenu le cyanogène correspondant.

Mellanure plombique, PbC^6N^8. On l'obtient en précipitant une solution de nitrate plombique par une solution de mellanure potassique. Il se produit, suivant *Gmelin*, un précipité blanc, contenant 5 atomes d'eau. De 5 atomes, 3 atomes ou 11,226 s'en vont à + 100°; le quatrième atome ou 14,968 se perd dans un bain de chlorure calcique; mais le cinquième atome y reste avec opiniâtreté.

Rhodanure (sulfocyanure) *plombique*, $PbC^2N^2S^2$. Quand on mêle une dissolution d'acétate plombique avec une dissolution de rhodanure potassique, il ne se forme point immédiatement de précipité; après un certain laps de temps, on voit paraître dans la liqueur une foule de cristaux jaunes et brillants, dont le volume va en augmentant. Si les solutions sont étendues et mêlées à chaud, il se forme, parmi ces cristaux, quelques autres plus grands, qui se font remarquer par un éclat extraordinaire et leur pouvoir réfringent. Ils sont à peine solubles dans l'eau froide, perdent leur éclat par un lavage prolongé, et se décomposent quand on les traite par l'eau bouillante, qui devient acide et laisse une poudre jaune tout à fait insoluble. Le rhodanure plombique ne contient point d'eau de cristallisation. Par l'application de la chaleur, il se dégage du soufre, du gaz nitrogène et du sulfide carbonique; il reste du sulfure plombique d'un éclat métallique. — On obtient un *sous-rhodanure plombique*, $PbC^2N^2S^2 + \dot{P}b$, sous forme d'un précipité blanc, caséeux, en traitant le sous-acétate plombique ou l'acétate neutre mêlé d'ammoniaque par le rhodanure potassique. — Ces données sont de *Liebig*. Autrefois on croyait, à tort, que le rhodanure plombique est soluble dans l'eau, et même déliquescent.

Boronitrure plombique (plomb éthogéné). On l'obtient, suivant *Balmain*, en faisant fondre, à la chaleur blanche, du cyanure plombique avec de l'acide borique anhydre dans un creuset couvert. Le composé est une poudre blanche qu'on lave avec de l'eau aiguisée d'acide chlorhydrique; puis on le dessèche. Il partage les propriétés générales des autres boronitrures. (Comparer la note pag. 106 du tome III.)

B. *Oxysels de plomb.*

Sulfate plombique, $\dot{Pb}\dddot{S}$. On le rencontre à l'état cristallisé dans le règne minéral. Pour l'obtenir il suffit de verser de l'acide sulfurique ou un sulfate dans la dissolution d'un sel plombique. C'est une poudre blanche, pesante, insoluble dans l'eau. Cependant son insolubilité n'est pas complète, et les sels plombiques, même mis en excès, ne précipitent jamais tout l'acide sulfurique contenu dans une liqueur. Ce sel ne contient point d'eau combinée. Il supporte sans altération la chaleur rouge. Le charbon le réduit à l'état de sulfure. Suivant *Berthier*, 100 parties de sulfate plombique, mêlé et fondu avec 68 parties de plomb métallique et 0,3 parties de poudre de charbon, donnent de l'oxyde plombique. 100 parties de ce sel, calciné avec 6 parties de charbon, donnent, d'après le même chimiste, 63 parties de plomb métallique. Avec une plus grande quantité de charbon, on obtient un mélange de plomb et de sulfure plombique, et avec une plus grande quantité encore de ce combustible, on n'obtient que du sulfure plombique. Suivant *Arfwedson*, le sulfate plombique, calciné dans du gaz hydrogène, donne de l'eau, du gaz acide sulfureux, et à la fin du gaz sulfide hydrique, en laissant un mélange de plomb avec le sulfure plombique. L'acide sulfurique agit si peu comme dissolvant sur le plomb, qu'on peut faire bouillir le plomb avec cet acide concentré sans l'attaquer sensiblement; bien plus, il enlève à l'acide nitrique, en grande partie, son pouvoir dissolvant, lorsqu'on fait digérer le plomb métallique dans un mélange des deux acides un peu concentrés. Le sulfate plombique est insoluble dans un liquide contenant de l'acide sulfurique libre. Il se dissout en quantité notable dans l'acide sulfurique concentré, et l'eau l'en précipite de nouveau. L'acide sulfurique dit anglais, qui a été concentré dans des chaudières de plomb, renferme donc toujours de l'oxyde plombique en dissolution : aussi se trouble-t-il par l'addition de l'eau : il se précipite du sulfate plombique. Il se dissout en assez grande quantité dans l'acide chlorhydrique concentré, surtout à l'aide de la chaleur. La liqueur dépose, en se refroidissant, des cristaux de chlorure plombique. Il n'est dissous qu'en petite quantité par l'acide nitrique. D'après les essais de *Bischof*, 1 partie de sulfate plombique se dissout à la température de + 12° dans 172 parties d'acide nitrique d'un poids spécifique de 1,144, dans 969 parties d'une dissolution de nitrate ammonique d'un poids spécifique de 1,29, et dans 47 parties d'une dissolution d'acétate ammonique d'un poids spécifique de 1,036. Cette faculté dissolvante de l'acétate ammonique peut devenir utile dans l'analyse, lorsqu'il s'agit de séparer le sulfate plombique d'autres corps précipités. *Woehler* a remarqué que le tartrate ammonique dissout le sulfate plombique en assez grande quantité. Une dissolution très-concentrée se prend, au bout de quelque temps, en une épaisse gelée. Le sulfate plombique est décomposé, à l'aide de l'ébullition, par les sels alcalins dont les acides forment avec l'oxyde plombique des sels peu solubles : l'acide sulfurique s'unit à la base alcaline; tel est le cas du carbonate, de l'oxalate et du chromate potassique; mais il est difficile et rare d'arriver à une décomposition complète. D'après les expériences de *Berthier*, 2 parties de sulfate plombique et 1 partie de sulfate sodique se fondent, par l'action de la chaleur, en un liquide transparent, qui est opaque et non cristallin, après le refroidissement.

Sulfate plombo-ammonique, $\dot{N}H^4\dddot{S} + \dot{P}b\dddot{S}$. Ce sel, découvert par *Woehler*, s'obtient le mieux en précipitant une solution médiocrement concentrée d'acétate plombique par l'acide sulfurique, et ajoutant plus d'acide qu'il n'en faut pour cela; on neutralise aussitôt la liqueur par l'ammoniaque, et on la porte presque jusqu'à l'ébullition : le précipité se dissout ainsi. S'il reste quelque chose de non dissous, c'est qu'il n'y a pas assez de sulfate ammonique. Par le refroidissement, le sel double se dépose en petits cristaux translucides et brillants. S'il ne se dépose pas d'abord de cristaux, on pourra en obtenir en chauffant de nouveau la liqueur et ajoutant une plus grande quantité d'acide sulfurique, jusqu'à ce que le précipité commence à se manifester. Le sel double cristallise ensuite par le refroidissement. L'eau en retire 39,4 pour cent de sulfate ammonique et laisse 60,6 pour cent de sulfate plombique.

Sulfate ammoniacal avec sulfate plombique, $3NH^3\dddot{S} + 2\dot{P}b\dddot{S}$. C'est, suivant *Jacquelain*, un sel double qu'on obtient en précipitant une solution d'acétate plombique par une solution de sulfate ammoniacal, $3NH^3S^3 + \dddot{S}$. C'est un précipité blanc qui ne s'altère pas à l'air, et qui n'est pas décomposé par l'eau. Par la décomposition de ce sel dans l'eau au moyen du sulfide hydrique, il se produit du sulfure plombique et une liqueur acide qui, saturée par l'eau de baryte, donne le sel barytique cristallin, mentionné tome III, page 342; il suit de là que le sulfate ammoniacal n'a pas été, par ce traitement, converti en sel ammonique.

Sulfite plombique, $\dot{Pb}\ddot{S}$. Il est insoluble. Quand on le chauffe jusqu'au rouge, il se transforme en un mélange de sulfate plombique et de sulfure de plomb. L'acide nitrique concentré le convertit en sulfate plombique. L'acide chlorhydrique et l'acide sulfurique en dégagent de l'acide sulfureux.

Dithionate (hyposulfate) *plombique*, 1° *Sel neutre*, $\dot{Pb}\overset{\cdot\cdot\cdot\cdot\cdot}{\bar{S}}$. Le meilleur moyen de l'obtenir est, d'après *Heeren*, de dissoudre du carbonate plombique dans l'acide dithionique. Pendant l'évaporation spontanée, le sel se dépose en grands cristaux qui sont inaltérables à l'air, se dissolvent facilement dans l'eau et contiennent 16,38 pour cent ou 4 atomes d'eau de cristallisation.

2° *Soussel*. Quand on mêle une dissolution du sel neutre avec une quantité d'ammoniaque insuffisante pour précipiter tout le plomb, on obtient un précipité qui est composé de petits cristaux confus, capillaires, et consiste, suivant *Heeren*, en hyposulfate biplombique, $\dot{Pb}^2\overset{\cdot\cdot\cdot\cdot\cdot}{\bar{S}}$. Lorsqu'on verse de l'ammoniaque sur ce précipité, il se transforme en une poudre fine, qui est un soussel différent du précédent. Ces deux sels sont solubles dans l'eau, mais le premier l'est plus que le second; ils réagissent à la manière des alcalis, attirent l'acide carbonique de l'air, et contiennent de l'eau de cristallisation.

Dithionite (hyposulfite) *plombique*, $\dot{Pb}\ddot{\bar{S}}$. On l'obtient, d'après *Herschel*, en versant goutte à goutte une dissolution d'un sel plombique dans une dissolution de dithionite potassique. Le précipité se redissout d'abord, mais finit par devenir permanent. Le sel sec se présente sous la forme d'une poudre farineuse, blanche, qui exige 3266 parties d'eau pour se dissoudre. Chauffé jusque près de +200°, il reste intact dans le vase distillatoire; et à une température plus élevée il devient gris; chauffé à l'air, il brûle comme de l'amadou, même après avoir été retiré du feu. Soumis à la distillation sèche, il donne du gaz acide sulfureux, et se transforme en un mélange de sulfure de plomb avec une petite quantité de sulfate plombique. Le dithionite plombique est soluble dans les dissolutions de dithionites; c'est pourquoi ceux-ci dissolvent plusieurs sels plombiques insolubles, pour former, avec eux, du dithionite plombique, pendant que l'acide du sel insoluble s'unit à l'alcali. La liqueur renferme alors du dithionite double à base d'alcali et d'oxyde plombique ; mais cette combinaison est si faible qu'elle est déjà décomposée par l'eau pure : il reste du dithionite plombique non dissous.

Dithionite plombico-potassique, $\dot{Pb}\bar{S} + 2\dot{K}\ddot{\bar{S}}$. On l'obtient en agitant le dithionite plombique avec une solution médiocrement concentrée de dithionite potassique ; on chauffe en même temps doucement, mais non pas à la température de l'ébullition, autrement il se formerait du sulfure plombique. On l'obtient encore en versant goutte à goutte de l'acétate plombique dans le dithionite potassique, jusqu'à ce que le précipité ne se redissolve plus. Si la liqueur est chaude, elle se prend, par le refroidissement, en une masse d'aiguilles fines d'un éclat soyeux, tellement serrées, que le tout ne présente pas d'aspect cristallin. Le dithionite plombo-potassique contient deux atomes ou 4,89 pour cent d'eau. En le redissolvant dans l'eau, on obtient un résidu insoluble de dithionite plombique sous forme d'aiguilles. Il se dissout sans décomposition dans une solution de dithionite potassique. Quand on verse dans la liqueur quelques gouttes d'acide sulfurique, il ne se précipite qu'au bout de quelque temps du sulfate plombique ; car c'est une propriété de tous les dithionites de n'être pas immédiatement précipités par les acides puissants ; et dans le cas où cette précipitation a lieu, il se développe de l'acide dithioneux qui se décompose en un précipité de soufre et en acide sulfureux libre. Soumis à la distillation sèche, le sel se décompose, avec dégagement de soufre et d'acide sulfureux, en un mélange de sulfate potassique, de sulfure de potassium, de sulfure et de sulfate plombiques ; l'eau enlève les premiers, tandis qu'une partie de sulfate plombique se change, par le sulfure potassique, en sulfure plombique.

Dithionite plombico-sodique, $\dot{Pb}\ddot{\bar{S}} + 2\dot{Na}\ddot{\bar{S}}$. Le meilleur moyen de l'obtenir consiste à verser goutte à goutte une solution d'acétate plombique dans une solution concentrée de sel sodique, jusqu'à ce que le précipité cesse de se redissoudre. On filtre la liqueur et on la mêle avec de l'alcool qui précipite le sel double à l'état pulvérulent ; on le lave à l'alcool et on le dessèche ; il est anhydre. Mais, dans cette opération, il est indispensable de convertir tout le dithionite sodique en sel double, avant l'addition de l'alcool; car celui-ci précipiterait l'excès de sel sodique en même temps que le sel double. Il n'est guère altéré par l'eau, mais il se dissout dans le dithionite ainsi que dans l'acétate sodiques. Si on le laisse quelque temps dans la liqueur où il s'est déposé, il commence à former de petits cristaux.

Dithionite plombico-ammonique, $\dot{Pb}\bar{\ddot{S}}\ 2\dot{N}H^4\ddot{S}$. On l'obtient à peu près comme les sels précédents. Par l'évaporation spontanée (pendant laquelle il se produit facilement un peu de sulfure plombique), il cristallise en prismes rhomboédriques, dont les angles sont tellement obtus, qu'ils s'élargissent en facettes et forment de grandes tables rectangulaires. Le sel renferme 3 atomes ou 6,05 pour cent d'eau de cristallisation. Il se dissout complétement dans l'eau; mais, au bout de quelques instants, une partie du sel plombique se dépose en paillettes cristallines.

Dithionite plombico-barytique. On l'obtient en précipitant une solution de dithionite barytico-potassique par de l'acétate plombique. C'est une poudre lourde, insoluble.

Dithionite plombico-strontique. On le prépare en dissolvant le sel plombique dans une solution de sel strontique; mais on ne peut pas l'obtenir cristallisé, et l'alcool le précipite sous forme d'un sirop épais.

Dithionite plombico-calcique. On l'obtient directement par le mélange du dithionite plombique et du dithionite calcique. Quand on traite la liqueur par l'alcool, il se précipite en grains cristallins, qui renferment 4 atomes ou 10,31 pour cent d'eau de cristallisation. L'eau le décompose partiellement.

Nitrates plombiques. a. Sel neutre, $\dot{Pb}\overset{\cdot\cdot\cdot\cdot\cdot}{N}$. On prépare ce sel en dissolvant le plomb dans l'acide nitrique, et évaporant la dissolution jusqu'au point de cristallisation. Il cristallise en octaèdres réguliers, qui sont tantôt transparents, tantôt blancs et opaques. Il se dissout dans sept parties et demie d'eau froide, et dans une quantité d'eau bouillante bien moindre. Il est moins soluble dans de l'eau aiguisée d'acide nitrique; on peut donc, en ajoutant de l'acide nitrique à une solution aqueuse saturée, précipiter une bonne partie du sel. Il est insoluble dans l'acide nitrique concentré, ainsi que dans l'alcool. Ses cristaux décrépitent au feu. Il fond par la chaleur, et se décompose en gaz oxygène et en gaz acide nitreux; il reste à la fin de l'oxyde jaune.

b. Nitrate monoplombique, $\dot{\mathrm{P}}\mathrm{b}^2\overset{\cdot\cdot\cdot\cdot\cdot}{\mathrm{N}}=(\dot{\mathrm{P}}\mathrm{b}\overset{\cdot\cdot\cdot\cdot\cdot}{\mathrm{N}}+\dot{\mathrm{P}}\mathrm{b})$ (1). Ce sel se produit lorsqu'on précipite incomplétement par l'ammoniaque caustique une dissolution de nitrate plombique. C'est une poudre blanche, très-peu soluble dans l'eau, et ayant une saveur purement astringente. On peut obtenir le même sel en faisant bouillir une dissolution étendue de sel neutre avec de l'oxyde plombique en poudre fine. Pendant l'évaporation, il cristallise en écailles fines. Ce soussel est peu soluble dans l'eau froide, mais se dissout mieux dans l'eau bouillante. La dissolution, lentement évaporée, donne de petits grains cristallins et opaques, qui décrépitent avec une force extraordinaire quand on les chauffe. Ils ne contiennent point d'eau combinée.

Nitrate biplombique, $\dot{\mathrm{P}}\mathrm{b}^2\overset{\cdot\cdot\cdot\cdot\cdot}{\mathrm{N}}=(\dot{\mathrm{P}}\mathrm{b}\overset{\cdot\cdot\cdot\cdot\cdot}{\mathrm{N}}+2\dot{\mathrm{P}}\mathrm{b})$. On l'obtient en précipitant le nitrate plombique par l'ammoniaque en très-léger excès, ou en versant du nitrate plombique dans la liqueur, pour enlever l'excès d'ammoniaque, de manière qu'après une courte digestion la liqueur ne répande plus d'odeur d'ammoniaque, mais produise encore des fumées par l'approche d'une tige de verre trempée dans de l'acide chlorhydrique. C'est une poudre blanche, qui se dissout en petite quantité dans l'eau pure, mais est précipitée de la dissolution par des sels qui n'altèrent pas sa composition. Chauffé, il abandonne 3 $\frac{1}{2}$ pour cent de son poids d'eau et devient jaune, mais reprend sa couleur blanche en se refroidissant; à une légère chaleur rouge, il donne 83 pour cent d'oxyde plombique, qui est d'un jaune citron et pulvérulent. Ainsi l'oxyde plombique contient dans ce sel deux fois autant d'oxygène que l'eau, c'est-à-dire que deux atomes de sel sont combinés avec 3 atomes d'eau.

Nitrate pentaplombique, $\dot{\mathrm{P}}\mathrm{b}^6\overset{\cdot\cdot\cdot\cdot\cdot}{\mathrm{N}}=(\dot{\mathrm{P}}\mathrm{b}\overset{\cdot\cdot\cdot\cdot\cdot}{\mathrm{N}}+5\dot{\mathrm{P}}\mathrm{b})$. Il se forme quand on fait digérer le nitrate plombique avec un excès d'ammoniaque caustique. Dans ce sel l'acide sature six fois autant de base que dans le sel neutre; quelque grand que soit l'excès d'ammoniaque, la décomposition ne s'étend pas plus loin, et le sel se maintient à ce point de saturation. Il se présente sous forme d'une poudre d'un blanc de neige, presque insoluble, qui fait naître sur la langue un sentiment d'astringence. Soumis à la distilla-

(1) Voyez la note de la page 6.

tion, il donne d'abord 1,85 pour cent d'eau, devient jaune, et conserve cette couleur après le refroidissement; chauffé jusqu'au rouge, il laisse 90,8 pour cent d'oxyde plombique d'une belle couleur jaune-citron. Dans ce sel, l'oxygène de l'eau est le quart de celui de la base, c'est-à-dire qu'ici 2 atomes de sel sont également combinés avec 3 atomes d'eau.

Nitrite plombique. On en connaît au moins trois degrés de saturation, dans lesquels les quantités de base sont, entre elles, comme les nombres 1, 2 et 4. Quand on fait bouillir une dissolution de 100 parties de nitrate plombique avec 78 parties de plomb en feuilles minces, le plomb est dissous, et il se dégage une petite quantité de gaz oxyde nitrique. La dissolution du métal étant achevée, on a une liqueur jaune qui donne, en se refroidissant, des paillettes cristallines, brillantes, d'un jaune d'or, qui sont du *nitrite monoplombique*, combiné avec du *nitrate monoplombique*, $\dot{Pb}^2\dddot{\overline{N}} + \dot{Pb}^2\overset{\cdot\cdot\cdot\cdot\cdot}{\overline{N}} + 4\dot{\overline{H}}$. Ce sel réagit à la manière des alcalis, et se dissout difficilement dans l'eau froide; la dissolution est trouble quand l'eau contient de l'air ou de l'acide carbonique. Les acides concentrés en dégagent de l'acide nitreux sous forme d'une vapeur épaisse d'un rouge foncé. A une température élevée, il se décompose, sans entrer en fusion, et donne de l'acide nitreux, soit en vapeurs, soit à l'état liquide, c'est-à-dire aqueux. Ce sel a été découvert par *Proust*, qui attribue sa formation à la réduction de l'oxyde plombique à un moindre degré d'oxydation.

En dissolvant 100 parties de ce sel dans de l'eau à +75°, et mêlant la dissolution avec 35 parties d'acide sulfurique concentré, préalablement étendu de 4 parties d'eau, la moitié de l'oxyde plombique est saturée par l'acide, et l'on obtient une dissolution jaune foncée de *nitrite plombique neutre* combiné avec le *nitrate*, $\dot{Pb}\dddot{\overline{N}} + \dot{Pb}\overset{\cdot\cdot\cdot\cdot\cdot}{\overline{N}}$. On peut aussi préparer ce sel en délayant le sous-sel, à l'état de poudre fine, dans de l'eau tiède, et faisant passer un courant de gaz acide carbonique à travers le mélange, jusqu'à ce que la base excédante soit saturée par l'acide carbonique. La dissolution jaune ainsi obtenue est évaporée dans le vide, au-dessus d'un vase contenant de l'acide sulfurique; le sel se dépose alors en cristaux d'un jaune foncé, dont la forme a beaucoup d'analogie avec celle du nitrate plombique. Ils contiennent 5 $\frac{2}{3}$ pour cent ou 2 atomes d'eau. Ce sel est plus soluble que le nitrate; en évaporant la dissolution à l'air libre, l'acide absorbe de l'oxygène, et il se forme du nitrate plombique. Lorsqu'on chauffe la dissolution au-dessus de +80°, elle donne, comme tous les nitrites, du gaz oxyde nitrique, et on obtient du sous-nitrate plombique. Chauffé dans une cornue, le sel sec se fond en un liquide brun, opaque, entre en ébullition et se décompose, mais se maintient longtemps à l'état liquide; il reste à la fin de l'oxyde plombique aggloméré. On n'a pas examiné le sel qu'on obtient en triturant le nitrate argentique avec le chlorure plombique.

Nitrite triplombique, $\dot{\mathrm{P}}\mathrm{b}^4\dddot{\mathrm{N}}$. On l'obtient en dissolvant une partie de nitrate plombique dans 50 parties d'eau, et faisant bouillir la dissolution dans 1 $\frac{1}{2}$ partie de plomb en feuilles minces, dans un ballon à long col, tant qu'il se dissout du plomb. Pendant le refroidissement de la liqueur, le sel cristallise en petites paillettes d'un rouge brique qui se réunissent souvent en groupes de forme demi-globulaire. Quand la dissolution est trop concentrée, le sel ne reste pas dissous, mais se dépose sur le plomb pendant qu'on fait bouillir la liqueur; dans ce cas, sa couleur est plus pâle, quoique sa composition soit la même. Il se dissout très-difficilement dans l'eau froide, réagit fortement à la manière des alcalis, et ne s'altère pas à l'air. A une température élevée, il abandonne, d'abord 1,88 pour cent ou 1 atome d'eau, puis son acide, et laisse à la fin de l'oxyde plombique, qui a conservé la forme du sel soumis à la calcination.

En réduisant 1 atome de ce sel en poudre fine, et le décomposant par 3 atomes d'acide sulfurique étendu d'eau, on obtient une solution jaune de nitrite plombique, exempte de nitrate. On n'a pas encore examiné quel sel on obtient par l'évaporation de la solution. En faisant digérer cette solution avec le sel tribasique ajouté en proportions différentes, on obtient des soussels, qui n'ont pas été étudiés. On obtient de même, par la précipitation du sel neutre au moyen de l'ammoniaque (en suivant le procédé indiqué à l'article *Nitrate plombique*), des soussels hydratés à différents degrés de saturation, qui sont probablement analogues à ceux que donne le nitrate.

Relativement à l'analyse des composés qui renferment en même temps de l'acide nitreux et de l'acide nitrique, *Péligot* a trouvé un moyen de dosage facile de l'acide nitreux. Ce moyen consiste à dissoudre le sel dans l'acide nitrique étendu, exempt d'acide nitreux, et à y ajouter une quantité déterminée de suroxyde plombique pur, $\ddot{Pb}$. Celui-ci est dissous par l'acide nitreux en formant du nitrate plombique, tandis qu'il n'est pas attaqué par l'acide nitrique libre. On lave ensuite le suroxyde plombique resté non dissous, on le dessèche et on le pèse; on a ainsi la quantité de celui qui a été dissous, et dont 2 atomes correspondent à 1 équivalent d'acide nitreux.

Avant de quitter les nitrites de plomb, je vais dire quelques mots sur le procédé qu'on emploie pour les préparer, et qui est beaucoup plus compliqué qu'on ne le pense au premier abord. J'ai dit que, pendant la préparation de ces sels, il se dégageait une petite quantité de gaz oxyde nitrique; la formation de ce dernier ne peut provenir de l'action du plomb sur l'acide du nitrate, puisque cet acide doit être réduit à l'état d'acide nitreux. En effet, elle dépend d'une autre cause, savoir, de la décomposition du nitrite qui s'est formé, et qui est transformé, par l'ébullition, en nitrate, avec dégagement de gaz oxyde nitrique, ainsi que je l'ai dit en exposant les propriétés générales des nitrates, tome III, page 44. L'action du plomb sur ces sels commence à s'exercer entre + 50° et 55°; mais en tenant la dissolution du nitrate dans laquelle on a introduit le plomb, à une température de + 69° à 78°, le plomb se dissout plus promptement, et la liqueur devient jaune, sans qu'il se dégage un gaz; le dégagement de gaz oxyde nitrique ne commence que quand la liqueur est arrivée à une température de + 80° et plus. La décomposition du nitrate plombique présente trois périodes. Dans la première, il se forme d'abord du sousnitrate plombique et du nitrite neutre, et l'action reste la même jusqu'à ce que le sel se soit combiné avec une quantité de plomb double de celle qu'il contenait; la liqueur dépose, pendant le refroidissement, un mélange de sousnitrate et de sousnitrite plombiques. La seconde période dure jusqu'à ce que la liqueur ait dissous une fois et un quart autant de plomb qu'elle en contenait, c'est-à-dire 78 pour cent du poids du sel; à cette époque tout le sousnitrate plombique est converti en soussel triplombique. En laissant refroidir la liqueur, elle dépose un mélange de ce sel avec le premier sousnitrite dans une proportion telle, qu'un tiers de l'acide nitrique se trouve à l'état non décomposé dans le sousnitrate, tandis que deux tiers, transformés en acide nitreux, entrent dans la décomposition du sousnitrite. Dans la dernière période, le nitrite commence à devenir surbasique, d'abord par la décomposition du nitrate, puis par la décomposition d'une certaine quantité de l'acide nitreux du premier sousnitrite, d'où résulte, vers la fin de l'opération, un dégagement de gaz oxyde nitrique, par suite de l'oxydation du plomb. Quand la totalité de l'acide nitreux est convertie en sel surbasique, 100 parties de nitrate plombique ont dissous 137 $\frac{1}{2}$ de plomb, ou 2 fois $\frac{1}{5}$ autant que le nitrate en contenait auparavant. Il est cependant difficile de dissoudre cette quantité entière; on arrive facilement au point où 130 parties se trouvent dissoutes, mais il faut faire bouillir la liqueur pendant longtemps pour dissoudre 135 parties, et il reste constamment dans la dissolution une petite portion non décomposée du premier sel basique, tant parce que la dernière portion se trouve étendue que parce que le liquide est alors saturé du sel surbasique déjà formé.

Phosphate plombique. a. Sel neutre, $\dot{\mathrm{Pb}}^2\overset{\cdot\cdot}{\dddot{\mathrm{P}}}$. Il forme une poudre blanche, insoluble dans l'eau. Il se dissout dans l'acide nitrique, dans la potasse et dans la soude caustiques. A une température élevée, il entre en fusion et cristallise pendant le refroidissement. Un grain de ce cel, fondu au chalumeau, produit, au moment de la solidification, des cristaux dont les facettes sont ordinairement grandes et bien marquées; à l'instant où le globule se fige, il redevient incandescent. Il est alors converti en ^{b}phosphate plombique. Il est très-difficile de décomposer ce sel par le charbon en poudre, même à l'aide d'une haute température; on obtient du phosphore, et il reste du plomb. Le phosphate plombique forme facilement un sel double avec le nitrate; il ne faut donc pas précipiter le phosphate plombique d'une dissolution de nitrate, mais employer, pour cette opération, le chlorure plombique, ou verser le nitrate plombique dans la dissolution du phosphate.

Il existe un ^{b}phosphate plombique qu'on prépare par voie humide, en versant goutte à goutte une solution de ^{b}phosphate sodique dans la solution d'un sel plombique. Par son aspect et ses réactions, il ressemble parfaitement au phosphate commun, mais il trahit la nature de son acide, lorsqu'on le fait bouillir avec une solution de ^{c}phosphate sodique: on obtient par là une solution de ^{b}phosphate sodique, pendant que le précipité se convertit en ^{c}phosphate plombique.

b. Surphosphate plombique, $\dot{\mathrm{Pb}}^3\overset{\cdot\cdot}{\dddot{\mathrm{P}}}{}^2 = 2\dot{\mathrm{Pb}}\overset{\cdot\cdot}{\dddot{\mathrm{P}}} + \dot{\mathrm{Pb}}$. On l'obtient en versant une dissolution bouillante de chlorure plombique dans une dissolution de biphosphate sodique. Le précipité est blanc, pulvérulent et indécomposable par le lavage à l'eau bouillante.

Phosphate sousplombique, $\dot{\mathrm{P}}\mathrm{b}^3\overset{\cdot\cdot\cdot\cdot\cdot}{\mathrm{P}}$. On l'obtient en faisant digérer avec de l'ammoniaque le sel neutre encore humide, ou bien en versant de l'acétate plombique dans un phosphate neutre; dans ce dernier cas, de l'acide acétique est mis en liberté. Quand on chauffe ce sel au chalumeau sur du charbon, l'excès de base qu'il contient est réduit, et le phosphate neutre se fond en une perle.

Chlorure plombique avec du sousphosphate plombique, $\mathrm{Pb\,Cl} + 3\dot{\mathrm{P}}\mathrm{b}^3\overset{\cdot\cdot\cdot\cdot\cdot}{\mathrm{P}}$. Cette combinaison forme les minéraux connus sous le nom de *mine de plomb verte* et *brune*. Ces minéraux sont cristallisés en prismes hexagonaux, tantôt verts, tantôt bruns, rarement incolores; assez souvent l'acide phosphorique y est remplacé par l'acide arsénique. On les a longtemps regardés comme une combinaison neutre de l'acide avec l'oxyde plombique. *Woehler* en fit le premier connaître la véritable composition.

Nitrate et phosphate plombiques, $\dot{\mathrm{P}}\mathrm{b}\overset{\cdot\cdot\cdot\cdot\cdot}{\mathrm{N}} + \dot{\mathrm{P}}\mathrm{b}^2\overset{\cdot\cdot\cdot\cdot\cdot}{\mathrm{P}}$. Ces deux sels forment, en se combinant, un sel double que l'on obtient en dissolvant le phosphate plombique dans l'acide nitrique, et faisant évaporer la liqueur jusqu'au point de cristallisation. L'eau décompose ce sel; elle dissout le nitrate et laisse le phosphate.

Phosphite plombique, $\dot{\mathrm{P}}\mathrm{b}^2\dddot{\mathrm{P}}$. On l'obtient en dissolvant dans l'eau le chloride phosphoreux, neutralisant la liqueur par l'ammoniaque, et la versant dans une dissolution bouillante de chlorure plombique. Le précipité volumineux qui se forme consiste en un sel double de chlorure et de phosphite plombiques; mais le chlorure se dissout dans l'eau bouillante, et en lavant le précipité jusqu'à ce qu'une petite portion du résidu, dissoute dans l'acide nitrique, ne soit plus précipitée par le nitrate argentique, le phosphite reste pur et blanc. Pour éviter un long lavage, *Rose* prépare ce sel en précipitant le phosphite alcalin par l'acétate plombique. Il contient 1 atome ou 3,12 pour cent d'eau. Soumis à la distillation, il donne du gaz phosphure hydrique, et laisse un mélange de phosphates plombique et sousplombique. L'acide nitrique le dissout à froid, sans que l'acide phosphoreux soit transformé en acide phosphorique. L'ammoniaque dissout une partie de l'acide phosphoreux, et laisse un *soussel* dans lequel l'acide paraît être combiné avec trois fois autant de base que dans le sel neutre.

Chlorure plombique avec phosphite plombique, $Pb\,\text{Gl} + \dot{P}b^2\dddot{P}$. Sa préparation et sa décomposition par l'eau bouillante viennent d'être indiquées.

Hypophosphite plombique, $\dot{P}b\,\dot{P}$. Il cristallise en prismes rectangulaires ou légèrement rhomboédriques, souvent réunis en larges lames, et contenant 2 atomes ou 10,65 pour cent d'eau. Ce sel s'obtient en saturant l'acide par le carbonate ou l'oxyde plombique; mais, dans ce dernier cas, il dissout une petite quantité d'oxyde plombique, de manière que la liqueur présente une réaction alcaline, qu'on corrige par l'addition d'un peu d'acide libre. Le sel cristallisé se dissout lentement dans l'eau, et il est insoluble dans l'alcool. On peut le précipiter complétement en paillettes nacrées, en versant de l'alcool dans sa dissolution aqueuse. Si la solution contient de l'oxyde plombique libre, ou qu'on la mêle avec du sous-acétate plombique, elle absorbe facilement l'oxygène de l'air, et il se dépose peu à peu du phosphite plombique en grains sablonneux. A l'aide de la chaleur, l'acide hypophosphoreux réduit l'oxyde plombique. La solution, longtemps abandonnée à elle-même, à la température ordinaire de l'air, laisse dégager du gaz hydrogène, en même temps qu'il se sépare du phosphite plombique. L'ammoniaque décompose ce sel de telle manière qu'il reste de l'hydrate plombique en non-solution, et qu'une partie du sel se dissout pour former avec l'alcali un sel double, d'où l'ammoniaque se dégage par l'évaporation, en déposant de *l'hypophosphite pentaplombique*, $\dot{P}b\,\dot{P} + 5\dot{P}b$.

Perchlorate plombique, $\dot{P}b\,\text{Gl}$ (7 points). Cristallise en aiguilles prismatiques, donne une saveur douce, mais très-astringente, s'humecte à l'air, et se dissout dans un poids d'eau égal au sien.

Chlorate plombique, $\dot{P}b\,\text{Gl}$ (5 points). On l'obtient en dissolvant l'oxyde plombique dans l'acide chlorique. Il cristallise, suivant *Waechter*, en prismes rhomboédriques, tronqués au sommet, et renferme 1 atome ou 4,59 pour cent d'eau. Il est très-soluble dans l'eau aussi bien que dans l'alcool, et ne perd son eau de cristallisation qu'à +150°. A +230°, il est tout à coup décomposé avec effervescence en $2Pb\,\text{Gl} + \ddot{P}b$, en même temps qu'il noircit. Par la calcination de ce résidu, il se dégage du gaz oxygène, et il reste $2\mathrm{Pb}\,\overline{\mathrm{Cl}} + \dot{\mathrm{Pb}}$.

Chlorite plombique, $\dot{\mathrm{Pb}}\,\dddot{\overline{\mathrm{Cl}}}$. On l'obtient, d'après *Millon*, en mêlant une solution de chlorite barytique ou strontique avec une solution de nitrate plombique neutre; il se précipite sous forme de belles lamelles ou de paillettes jaunes de soufre, qu'on recueille sur un filtre et qu'on lave. Il ne faut pas employer pour cela le nitrate plombique en excès, car autrement le précipité se dissoudrait. On se procure aussi le sel en question, lorsqu'on traite de l'oxyde plombique en poudre fine avec de l'acide chloreux en excès. A + 126°, il se décompose avec une sorte d'explosion. Les acides le décomposent difficilement; l'acide sulfurique, étendu de son poids d'eau, en dégage, entre + 40° et + 50°, de l'acide chloreux, qui s'en va à l'état de gaz, et qu'on obtient pur en le recueillant dans l'eau et le condensant par un mélange réfrigérant. Le sulfide hydrique le noircit d'abord; puis il se convertit bientôt en sulfate plombique, reconnaissable à sa couleur blanche. Le gaz chlore qu'on fait arriver dans un mélange d'oxyde plombique et d'eau, forme, ainsi que nous l'avons déjà dit, du chlorure et du suroxyde brun plombiques.

Hypochlorite plombique, $\dot{\mathrm{Pb}}\,\dot{\overline{\mathrm{Cl}}}$. On le prépare en neutralisant le souschlorite calcique par l'acide nitrique, et mêlant la liqueur avec du nitrate plombique : il se précipite du chlorure plombique, et l'hypochlorite reste en dissolution. Il détruit les couleurs végétales; sa saveur est sucrée, comme celle des autres sels plombiques. Mais ce sel commence bientôt à se décomposer : l'oxyde plombique se précipite à l'état de suroxyde, tandis que l'acide hypochloreux est réduit à l'état de chlore, qui devient libre.

Bromate plombique, $\dot{\mathrm{Pb}}\,\overset{\cdot\cdot\cdot\cdot\cdot}{\overline{\mathrm{Br}}}$. Il cristallise en petits prismes brillants, isomorphes avec le bromate strontique, contenant 1 atome ou 3,76 pour cent d'eau de cristallisation. Il exige, pour se dissoudre, 75 parties d'eau, à une température moyenne. A + 180°, il commence à se dégager du gaz brome et du gaz oxygène. A une chaleur plus forte, il se décompose tout à coup avec explosion, de sorte que des parcelles de sel sont projetées.

Iodate plombique, $\dot{\mathrm{Pb}}\,\overset{\cdot\cdot\cdot\cdot\cdot}{\overline{\mathrm{I}}}$. Il se précipite sous forme d'une poudre blanche, soluble dans un excès d'acide.

Carbonate plombique, $\dot{\mathrm{Pb}}\,\ddot{\mathrm{C}}$. On le rencontre dans la nature sous forme de cristaux blancs et transparents, qui ont reçu le nom de *plomb carbonaté*. Son poids spécifique est 6,465. On le prépare artificiellement, en précipitant le nitrate plombique par le sesqui-carbonate ammonique, ou en introduisant le gaz acide carbonique dans une solution de sous-acétate plombique jusqu'à saturation complète. La potasse ou la soude, employée comme précipitant, ne donne pas de produit entièrement pur, parce qu'il se précipite en même temps un peu de carbonate alcalin, qu'on ne peut pas complétement enlever par le lavage. C'est une poudre blanche, fine, qui ne renferme pas d'eau chimiquement combinée, ne se dissout pas dans l'eau, et très-peu dans l'eau saturée de gaz acide carbonique. Par une douce calcination, il perd son acide carbonique et se change ainsi en oxyde plombique. Il n'est pas décomposé par l'ammoniaque caustique, mais il se dissout dans la potasse et la soude caustique. Après l'évaporation de la solution jusqu'à siccité, il reste une masse brune qui, après avoir enlevé l'alcali par l'eau, laisse l'oxyde plombique en écailles rouges cinabre. Cette observation fut d'abord faite par *Klaproth*; elle resta ensuite inaperçue jusqu'à ce que *Calvert* la rappela de nouveau (tome II, p. 581). Lorsqu'on fait bouillir du nitrate calcique avec du carbonate plombique, il se dissout de l'oxyde plombique, tandis que le carbonate calcique reste.

Carbonate plombique avec de l'hydrate plombique. Le plomb métallique pur, qu'on laisse dans de l'eau distillée, exempte d'air et d'acide carbonique, s'oxyde et absorbe peu à peu de l'acide carbonique, ainsi qu'on l'a déjà dit tome II, p. 577; il se forme à la surface du métal des végétations d'un sel écailleux. Suivant les analyses concordantes de *de Bonsdorff* et d'*York*, ce sel est $= \dot{Pb}\ddot{C} + \dot{Pb}\dot{\text{H}}$. Il n'a pas la propriété de rester adhérent, quand on s'en sert comme couleur blanche dans la peinture.

D'autres combinaisons de 1 atome d'oxyde hydraté avec 2 et 3 atomes de carbonate plombique sont préparées en grand, et se rencontrent dans le commerce sous le nom de *blanc de plomb*. Voici quelle est la manière d'opérer : on verse du vinaigre dans un pot de terre; à deux pouces au-dessus du vinaigre on place sur un support en bois des lames de plomb roulées sur elles-mêmes, et ayant 6 pieds de longueur, 6 pouces de largeur et environ $\frac{1}{10}$ de pouce d'épaisseur; le plomb est roulé de telle manière que les tours du rouleau sont distants d'un quart de pouce environ les uns des autres. On place le pot dans un lit de paille hachée et humectée d'urine, ou dans une couche de tan, et on le couvre d'une feuille de plomb. La couche dont on entoure les pots, et qui doit être jusqu'à un certain degré imbibée d'humidité, commence à éprouver une fermentation : il se développe de la chaleur et du gaz acide carbonique, tous deux indispensables à la formation du blanc de plomb. Au bout d'environ quatre semaines, la surface du plomb est couverte d'une croûte de blanc de plomb, qui se détache en partie quand on déroule le plomb, et que l'on enlève totalement à l'aide d'une brosse métallique. Le résidu de plomb métallique est soumis à la même opération, et l'on continue de cette manière jusqu'à ce que le tout soit converti en carbonate. Le blanc de plomb ainsi obtenu est moulu et soumis à la lévigation. Pour avoir une couleur pure, il est urgent d'employer des lames de plomb qui soient assez minces pour être corrodées dans toute leur épaisseur, sans quoi la couleur est salie par du métal non attaqué, qui se mêle sous forme d'une croûte grise à la couche intérieure de blanc de plomb. On sait par expérience que quand la température ne s'élève pas à + 35°, le blanc de plomb est toujours mêlé avec du plomb métallique grisâtre, et qu'il devient jaunâtre quand la température excède + 50°. Le plomb s'oxyde, aux dépens de l'air, plus rapidement dans les vapeurs d'acide acétique, et l'oxyde ainsi produit absorbe l'acide de manière à former un soussel qui est décomposé par le gaz acide carbonique développé par la couche environnante, pendant qu'il se forme sans cesse une nouvelle quantité de soussel qui, à son tour, est décomposé par l'acide carbonique (1). La méthode qui vient d'être décrite est généralement

(1) Un nommé *Forssgren* prit, en 1814, en Suède, un brevet pour la fabrication du blanc de plomb. Cette fabrication consistait à introduire des lames de plomb minces dans des vases hermétiquement fermés et soudés au verre, et à les tenir suspendues au-dessus de capsules de verre contenant du vinaigre. Ces vases étaient rangés dans des casiers les uns à côté des autres, et exposés, dans une chambre chauffée de + 40° à + 45°. J'ai vu cette fabrique, et j'ai examiné le blanc de plomb qu'on y prépare : il est beau et d'excellente qualité. Les lames de plomb sont entièrement converties en blanc de plomb. Comme l'air, dans ces vases, ne suffisait pas à l'oxydation du plomb, et qu'on n'y faisait pas arriver d'acide carbonique de l'extérieur, il paraîtrait que les éléments de l'acide acétique ont eux-mêmes contribué à la production du blanc de plomb. Le fabricant mourut un an après avoir pris son brevet, et les héritiers n'ont pas continué la fabrication, qui avait d'abord été tenue secrète. Quoi qu'il en soit, les expériences récentes de *Pelouze* et de *Hochstetter* semblent démontrer que l'acide acétique n'est pas décomposé pendant la formation du blanc de plomb.

employée en Hollande ; c'est pour cette raison qu'on a donné le nom de blanc de plomb de Hollande au produit ainsi obtenu. Il n'est jamais parfaitement blanc, parce que la putréfaction de la paille ou du tan mouillés avec de l'urine, à laquelle on doit l'élévation de température, est accompagnée de la formation d'une petite quantité de gaz sulfide hydrique, dont le soufre s'unit au plomb. Très-souvent on mêle le blanc de plomb avec de la craie, ou avec du sulfate barytique réduit en poudre fine. En Angleterre on prépare du blanc de plomb beaucoup plus blanc, à l'aide d'un procédé tenu secret, et qui probablement ne diffère du précédent que par la manière de chauffer; le plomb qu'on emploie est coulé en forme de grille. En France on fabrique du blanc de plomb, en faisant arriver un courant de gaz acide carbonique dans du sous-acétate plombique dissous dans l'eau. L'acide carbonique est fourni par un feu de charbon. Pendant l'opération, le sousacétate se décompose en grande partie ; il se précipite du carbonate plombique, et il reste dans la dissolution de l'acide acétique combiné avec très-peu d'oxyde plombique. On lave le carbonate plombique, on le moud pour le rendre plus cohérent, et on le sèche dans des vases d'argile poreux, à une température peu à peu croissante. Il est d'un blanc de neige : si on le moud trop longtemps, il devient quelquefois plus dur et plus difficile à réduire en poudre fine que le blanc de plomb de Hollande. L'acétate acide de plomb qui reste est macéré avec de l'oxyde plombique (litharge), et le soussel ainsi obtenu est décomposé de nouveau par l'acide carbonique. C'est *Thenard* qui a proposé cette méthode, et *Roard* qui le premier l'a exécutée en grand. Cette méthode a cependant été abandonnée pour une autre, qui est moins coûteuse, mais se fonde sur un principe analogue. On mêle de l'oxyde plombique en poudre, avec une quantité de vinaigre distillé suffisante pour former une pâte peu épaisse; on l'introduit au fond d'une cuve large et munie d'un couvercle bien adapté, et on y fait passer un courant d'air ayant traversé des charbons incandescents et chargé d'acide carbonique. Par un mécanisme approprié, la masse se trouve constamment agitée, et, dans peu de jours, totalement convertie en blanc de plomb. Le liquide restant, qu'on laisse égoutter, renferme, outre l'acétate plombique, des acétates cuivrique et ferrique. D'autres méthodes de préparation sont tenues secrètes, parce qu'elles donnent un produit d'un blanc plus pur, et qu'on a intérêt à prévenir la concurrence. Une condition essentielle pour se procurer un produit d'un blanc pur, est d'employer, pour le lavage et le broyage, de l'eau exempte de matières organiques, car autrement le blanc de plomb prendrait une teinte jaune, qu'on reconnaît très-facilement, en le comparant avec un échantillon non encore lavé. A défaut d'eau naturelle pure, il vaut mieux se servir d'eau distillée.

Relativement à la composition du blanc de plomb, on a été longtemps d'opinion que c'était du carbonate plombique neutre. Cependant on savait, par expérience, que le blanc de plomb, obtenu par la précipitation des sels plombiques au moyen d'un carbonate alcalin, ne couvre qu'imparfaitement la surface qu'on enduit avec le vernis; mais on attribue ce défaut à un certain degré de transparence du produit ainsi préparé. Quelques chimistes avaient constaté, par l'analyse, que le blanc de plomb du commerce ne donne pas, à la calcination, autant d'acide carbonique que le carbonate plombique obtenu par voie de précipitation : ce dernier ne contient que 16,48 pour cent d'acide carbonique, tandis que le premier en donne rarement 14 pour cent. Mais on attribua cette différence à des substances étrangères qui seraient contenues dans le produit de frabrication. Du blanc de plomb, extraordinairement beau, fabriqué, en Hollande, par *Stratingh*, et dont la préparation était tenue secrète, engagea *Mulder* à en faire l'analyse et à le comparer avec d'autres espèces qu'on rencontre dans le commerce. *Mulder* constata ainsi que le blanc de plomb est une combinaison de carbonate plombique avec l'hydrate plombique, et que l'eau y entre comme un élément essentiel. Le blanc de plomb de *Stratingh*, à part quelque mélange accidentel d'une faible trace d'acétate plombique, fut trouvé composé de $3\dot{\mathrm{Pb}}\ddot{\mathrm{C}} + \dot{\mathrm{Pb}}\dot{\bar{\mathrm{H}}}$, ce qui fait, en centièmes, 85,607 parties d'oxyde plombique, 12,667 parties d'acide carbonique, et 1,726 parties d'eau, tandis que le blanc de plomb ordinaire fut trouvé composé de $2\dot{\mathrm{Pb}}\ddot{\mathrm{C}} + \dot{\mathrm{Pb}}\dot{\bar{\mathrm{H}}}$, ou en centièmes, 86,38 parties d'oxyde plombique, 11,31 parties d'acide carbonique, et 2,31 parties d'eau. Quelques espèces de blanc de plomb étaient des mélanges des deux sortes indiquées, et elles renfermaient surtout une plus grande quantité de la première. Les analyses de *Mulder* furent ensuite, avec les mêmes résultats, répétées par *Hochstetter*. L'un des avantages du blanc de plomb de *Stratingh* consiste en ce qu'il ne jaunit pas quand on s'en sert en peinture, ce qui arrive généralement pour les espèces communes; c'est ce qui se voit surtout quand une partie de la couche a resté exposée à l'air et à la lumière, pendant qu'une autre partie y était soustraite; par exemple, lorsque des tables sont suspendues à un mur enduit de blanc de plomb : en ôtant les tables, on trouve la place jaune. Les tableaux anciens sont souvent si noirs qu'on en distingue à peine la peinture. La cause la plus probable de cette coloration noire est, sans contredit, due à la formation de sulfure de plomb par des quantités d'ailleurs imperceptibles de sulfide hydrique exhalé par l'homme et les animaux. *Thenard* a montré que ce noir peut être en grande partie enlevé, en recouvrant les tableaux d'une faible solution aqueuse de suroxyde hydrique : le sulfure plombique se change ainsi, à la surface, en sulfate plombique (1).

Le blanc de plomb qu'on rencontre dans le commerce est souvent mêlé de matières qui s'y trouvent accidentellement, telles que l'acétate plombique, des traces de chlorure calcique, le sulfate plombique, le sulfure plombique et des paillettes de plomb métallique. Mais plus souvent encore il se trouve sophistiqué, quelquefois pour plus de la moitié de son poids, de spath pesant, en poudre, ou sulfate barytique naturel. Le blanc de Krems est mêlé d'une petite quantité d'indigo, pour lui enlever toute teinte jaune.

Carbonate plombo-sodique, $\dot{\mathrm{Na}}\ddot{\mathrm{C}} + 4\dot{\mathrm{Pb}}\ddot{\mathrm{C}}$. On l'obtient sous forme d'un précipité blanc, en versant goutte à goutte du nitrate plombique dans une solution de carbonate sodique. Le précipité est bouilli avec l'eau-mère et lavé. Il a été découvert et analysé par *L. Svanberg*.

Sulfate et carbonate plombiques. Ces deux sels se combinent en plusieurs proportions, et forment ainsi des sels doubles, qu'on rencontre à l'état cristallisé dans le règne minéral.

Chlorure et carbonate plombiques, $\mathrm{Pb}\bar{\mathrm{Cl}} + \dot{\mathrm{Pb}}\ddot{\mathrm{C}}$. On obtient ce

(1) L'inconvénient de voir les peintures de blanc de plomb noircir avec le temps paraît être irrémédiable. C'est pourquoi on a essayé d'employer, au lieu de blanc de plomb, le carbonate zincique, qui semble atteindre le même but, et plus tard on a proposé d'y substituer l'antimoniate antimonique pour peindre les murs et les meubles. Ce dernier produit peut être obtenu à peu de frais et parfaitement blanc en faisant griller le sulfure d'antimoine naturel dans un courant d'air et de vapeurs d'eau chargées d'acide chlorhydrique : il se forme du chlorure ferrique, qui se volatilise, et le résidu blanc qui reste n'est pas aussi cher que le blanc de plomb.

sel double en faisant digérer du chlorure plombique, en dissolution aqueuse, avec du carbonate plombique, opération pendant laquelle la dissolution abandonne tout le plomb. On fait bouillir la masse insoluble avec de nouvelles quantités de chlorure plombique dissous, jusqu'à ce que la dissolution conserve le chlorure plombique qu'elle contient. La combinaison est insoluble, se fond aisément, et ne tarde pas à entrer en ébullition, en dégageant de l'acide carbonique. On l'a trouvé à l'état cristallisé, près de Matlock en Angleterre.

Bromure avec carbonate plombiques, $PbBr + \dot{Pb}\ddot{C}$. Ce composé se forme comme le sel précédent, auquel il ressemble aussi par ses propriétés.

Oxalate plombique, $\dot{Pb}\dddot{\mathrm{C}}$. C'est une poudre insoluble dans l'eau, qui se dissout en partie dans l'acide oxalique, et qu'on peut obtenir cristallisée en petites aiguilles. Ce sel ne contient point d'eau. Distillé en vases clos, il laisse du sousoxyde de plomb; chauffé à l'air libre, il brûle et donne pour résidu de l'oxyde plombique d'une belle couleur jaune-citron.

Oxalate biplombique, $Pb\dddot{\mathrm{C}} + 2\dot{Pb}$. Il se précipite, suivant *Pelouze*, sous forme d'une poudre blanche, quand on mêle une solution d'acétate biplombique avec de l'oxalate ammonique neutre. On l'obtient aussi, en faisant bouillir de l'acétate ou du nitrate plombique avec de l'oxamide en plus grande quantité qu'il n'en peut dissoudre, en filtrant la solution bouillante et la laissant refroidir : le sel se précipite en paillettes cristallines déliées et douces au toucher. L'excédant de base attire l'acide carbonique de l'air.

Oxalate plombico-potassique, $\dot{K}\dddot{\mathrm{C}} + \dot{Pb}\dddot{\mathrm{C}}$. On l'obtient en faisant digérer le bioxalate potassique avec de l'oxyde plombique ou avec du carbonate plombique. Il cristallise en petites aiguilles inaltérables à l'air.

Oxalate et nitrate plombiques, $\dot{Pb}\dddot{\mathrm{C}} + \dot{Pb}\overset{\cdot\cdot\cdot\cdot\cdot}{N}$. Sel double qu'on obtient, suivant *Johnston*, en dissolvant de l'oxalate plombique jusqu'à saturation dans de l'acide nitrique chaud : par le refroidissement de la liqueur, il se dépose en tables rhomboédriques incolores. Il renferme 2 atomes d'eau de cristallisation, qu'il ne perd pas à + 100°, mais qui peuvent être exposées à une chaleur plus forte, sans que le sel soit décomposé : cette décomposition n'a pas lieu avant + 260°. Il est décomposé par l'eau froide, dans laquelle se dissout le nitrate plombique, tandis que l'oxalate plombique reste. Ce sel double se forme facilement quand on précipite par l'acétate plombique des solutions contenant de l'acide nitrique et de l'acide oxalique, circonstance qu'il ne faut pas oublier dans les recherches analytiques. Il se produit, suivant *Pelouze*, un *soussel double* = $\dot{P}b^2\ddot{C} + \dot{P}b^2\dddot{N}$, quand on mêle de l'oxamide en dissolution saturée et chaude dans du nitrate plombique avec une petite quantité d'ammoniaque caustique : il se dépose sous forme d'un précipité lourd. Le sousoxalate plombique se transforme dans le même sel, quand on l'ajoute à du nitrate plombique dissous à chaud, dans le double de son poids d'eau.

Mesoxalate plombique, $\dot{P}bC^3O^4$. D'après *Wœhler* et *Liebig*, on l'obtient, sous forme d'un précipité blanc, en versant goutte à goutte une solution d'acide mesoxalique dans une solution d'acétate plombique. Il contient un atome d'eau.

Le *sousmesoxalate plombique* se précipite, suivant les mêmes chimistes, quand on verse goutte à goutte une solution d'alloxane (tome I, pag. 613) dans une solution bouillante d'acétate plombique. Le précipité est blanc, floconneux, et, par une ébullition prolongée, se réduit en une poudre blanche, lourde et granuleuse. Il contient 1 atome d'eau.

Mellitate plombique, $\dot{P}b\,C^4O^3$. Par voie de double décomposition, on l'obtient en flocons blancs, qui ne tardent pas à s'affaisser en une poudre pesante. L'eau en enlève de l'acide mellitique et du mellitate plombique, pendant qu'il reste un soussel.

Rhodicate plombique. Il se précipite coloré en rouge de cochenille, quand on mêle le rhodicate potassique avec l'acétate plombique. Après qu'il s'est tassé, il est brun de chocolat. Il est insoluble dans l'eau et dans l'alcool. On n'a pas examiné s'il peut se former un sel neutre par une dissolution de l'acide. Le sel analysé par *Thaulow* avait été obtenu en précipitant une solution de rhodicate potassique aiguisée par l'acide acétique.

Croconate plombique, $\dot{P}b\,C^5O^4$. Il se précipite sous forme d'une poudre jaune.

Borate plombique, $\dot{P}b\dddot{B}^2$. Il se précipite sous forme d'une poudre blanche qui se fond, par l'action de la chaleur, en un verre incolore.

Silicate plombique. Il est facile de l'obtenir, en faisant fondre ensemble de l'oxyde plombique et de l'acide silicique, ou en précipitant le fluorure silico-plombique par l'ammoniaque. Il entre dans la composition de plusieurs espèces de verre, ainsi que dans le vernis des faïences et des poteries. On a fait beaucoup d'essais pour obtenir un vernis exempt de plomb; mais on n'en a pas trouvé qui soit aussi fusible et aussi peu coûteux que le vernis ordinaire. *Chaptal* a proposé d'employer comme vernis de la poudre de verre ordinaire. Cependant l'expérience a fait voir que le vernis ordinaire ne produit aucun effet nuisible, et qu'il est inattaquable aux corps légèrement acides, quand les objets qu'on en a recouverts ont été cuits à une température suffisamment élevée. L'oxyde plombique augmente le poids spécifique du verre, ainsi que son pouvoir réfringent; il communique ces dernières propriétés aussi aux sels plombiques et à leurs dissolutions dans l'eau.

L'oxyde plombique entre en grande quantité dans la composition du verre incolore, qui a reçu les noms de *cristal* et de *flint-glass*, et que sa réfrangibilité rend indispensable à la construction des lunettes achromatiques. Le verre dans la composition duquel entre de l'oxyde plombique est en général plus fusible que les autres espèces de verre; voilà pourquoi on peut l'obtenir plus facilement exempt de bulles et de nœuds. Il paraît que la composition de l'excellente qualité de *flint-glass* fabriqué par *Guinand* pour les instruments d'optique est calculée d'après les proportions chimiques, et qu'il contient 2 atomes de potasse, 3 atomes d'oxyde plombique et 7 atomes d'acide silicique, $=2\dot{K}\ddot{Si}+\dot{Pb}\ddot{Si}+2\dot{Pb}\ddot{Si}^2$, ou, sur 100 parties, 12,54 potasse, 44,48 oxyde plombique, et 42,98 acide silicique. Nous verrons plus bas jusqu'à quel point les résultats de l'analyse s'accordent avec ces proportions. Le verre de cristal est composé autrement. Le rapport de la potasse à l'oxyde plombique y est moindre, et la proportion de silice plus considérable, de sorte que les bases y sont combinées avec plus d'acide silicique que dans les bisilicates. Le *strass*, dont je traiterai incessamment, peut être regardé comme une combinaison d'un atome de silicate potassique neutre avec 3 atomes de silicate plombique neutre, $=\dot{K}\ddot{Si}+3\dot{Pb}\ddot{Si}$.

Voici les résultats de l'analyse de plusieurs espèces de verre plombifère :

PRINCIPES CONSTITUANTS.	VERRE A CRISTAL analysé par Dumas.		par Berthier.			FLINT-GLASS analysé par Dumas.	par Faraday.	STRASS. D'après l'analyse de Wieland.	D'après le calcul.
Acide silicique.	56,0	51,9	56,0	51,4	59,2	42,5½	44,8	38,1	39,5
Oxyde plombique........	32,5	33,3	34,4	37,4	28,2	43,5	43,5	53,0	53,6
Potasse.......	8,9	13,6	6,6	9,4	9,0	11,7	11,7	7,9	6,9
Chaux........	2,6	—	—	—	—	—	—	—	
Alumine.......	—	—	1,0	1,2	—	—	—	1,0	
Oxydes de fer et de manganèse.	—	—	—	0,8	1,4	—	—	—	

On appelle *flux* des sortes de verres colorés, au moyen desquels on imite diverses pierres précieuses. Pour les obtenir, on commence par préparer une masse vitreuse et limpide, appelée *strass*, et qui sert à fabriquer les faux brillants. C'est en refondant ce verre avec des oxydes métalliques qu'on obtient des flux vitreux colorés. On le colore en *rouge* par le pourpre d'or et l'oxyde cuivreux. Ce dernier donne un très-beau verre rouge ; mais il a l'inconvénient d'être sujet à se convertir en oxyde cuivrique, et de teindre alors le verre en vert; on peut restituer à celui-ci sa teinte rouge par l'addition d'une petite quantité d'un corps désoxydant, tel que la limaille d'étain ou de fer, ou le noir de fumée. L'oxyde antimonique, surtout vitrifié, donne du *jaune*. En ajoutant du fer, on obtient une teinte *orangée*. L'oxyde et le chlorure argentiques colorent également le verre en jaune, mais souvent ces corps lui donnent en même temps une nuance opaline. Le *vert* s'obtient avec l'oxyde cuivrique, dont quelques grains suffisent pour colorer une demi-once de strass. C'est l'oxyde chromeux qui procure le plus beau vert d'émeraude. On a du *bleu* avec l'oxyde cobaltique, du *noir* en ajoutant au strass beaucoup d'oxyde ferreux (battitures de fer), du *violet* avec le manganèse. En changeant les proportions et en modifiant le mode d'association de ces substances, on obtient une diversité infinie dans les teintes et les nuances des flux colorés.

On donne le nom d'*émail* à un verre blanc et opaque, qui se prépare de la manière suivante : on fait fondre, dans le moufle

7.

d'un fourneau de coupellation, 3 parties d'étain pur et 10 de plomb, et l'on calcine le mélange jusqu'à ce qu'il soit converti en un oxyde blanc et incolore. Alors on fait fondre cet oxyde avec 10 parties de silice pure, 2 de carbonate potassique ou sodique, et pour chaque livre de la masse, avec 8 grains de manganèse. Cette masse sert à enduire des feuilles d'or ou de cuivre. A cet effet on la pulvérise bien, on la soumet à la lévigation, on étend uniformément cette poudre à la surface du métal, et on fait chauffer le tout dans le moufle d'un fourneau à coupellation, puis on polit l'émail qui se trouve fixé sur le métal. C'est ainsi que l'on fait les cadrans de montres (1).

Faraday a essayé de préparer, pour les besoins de l'optique, un verre parfaitement limpide et exempt de ces espèces de stries provenant de ce que le mélange n'était pas homogène et de ce qu'une portion de la masse du creuset s'est dissoute d'une manière inégale dans le verre ramolli. Il a atteint ce but en faisant fondre ensemble du silicate et du borate plombiques parfaitement purs dans des vaisseaux de platine. — Si l'on fait fondre, à la flamme d'une lampe, du verre qui contient du plomb, il devient plus foncé, prend une couleur brunâtre, et finit par devenir noir. Ce changement paraît provenir de la réduction de l'oxyde plombique à l'état de sousoxyde, et enfin à l'état de métal. La composition connue sous le nom de *pierre de riz*, et que les Chinois fabriquent, à ce qu'on dit, avec du riz (ce qui paraît d'autant plus vrai, que, dans la fabrication du verre, on emploie, d'après *Scharling*, la cendre

(1) On peut peindre sur cet émail avec des couleurs particulières, que l'on passe au feu quand elles sont sèches. La couleur *purpurine* s'obtient avec le pourpre d'or, ou mieux encore avec l'or fulminant, que l'on mêle avec 4 à 20 parties d'émail en poudre fine et un peu de nitre et de borax ; le *rouge* avec de l'alun et du vitriol de fer, qu'on mêle ensemble et qu'on calcine jusqu'à ce que l'acide sulfurique soit chassé ; 3 parties d'alun et 1 de vitriol donnent une couleur de *chair*, et avec plus de vitriol on a un *rouge* plus foncé. L'oxyde ferrique seul, sans alumine, donne un verre verdâtre. Pour avoir du *jaune*, on prend parties égales (ou d'autres proportions) d'oxydes antimonique et plombique, que l'on mêle avec parties égales d'alun et de sel ammoniac, et l'on calcine le mélange jusqu'à ce que le tout ait acquis une belle couleur jaune. Le sulfate et le phosphate argentiques procurent aussi cette teinte. Le *vert* s'obtient avec l'oxyde chromique et l'oxyde cuivrique; cependant ce dernier a besoin d'être fondu avec une poudre d'émail moins fusible, sans quoi il coule. Le cobalt donne du *bleu*, et le manganèse du *violet*. Toutes ces couleurs sont mêlées avec de l'émail en poudre. Les oxydes uraneux, ferrique et cobaltique donnent du *noir*, ou plutôt il résulte des deux premiers un vert, et de l'autre un bleu si foncé, qu'ils paraissent noirs.

fortement siliceuse des balles de riz), consiste en une espèce de verre formée, d'après Klaproth, de 41 parties d'oxyde plombique, 39 parties d'acide silicique et 7 parties d'alumine.

Formiate plombique, $\dot{P}b\,\dddot{F}$. Il se dissout dans 36 parties d'eau froide et dans beaucoup moins d'eau bouillante. Par le refroidissement, il cristallise en longs prismes brillants. Ce sel a besoin de subir plusieurs cristallisations pour être bien blanc. Il ne contient point d'eau combinée, et pétille fortement quand on le chauffe.

Acétates plombiques. a. Acétate neutre, $\dot{P}b\,\bar{A}c$. On le prépare en grand sous le nom de *sucre de saturne*. Il existe deux méthodes pour l'obtenir : 1° on place du plomb en lames minces dans des vases plats, qu'on remplit de vinaigre distillé, avec la précaution qu'une portion de chaque petit morceau de plomb s'élève au-dessus du vinaigre. Le plomb qui se trouve à la surface de la liqueur étant corrodé, on le tourne de manière à mettre une nouvelle partie en contact avec l'air; et quand le vinaigre est saturé d'oxyde plombique, on l'évapore jusqu'au point de cristallisation. Cette opération marche lentement; mais elle a l'avantage de ne donner que du sel neutre. 2° On dissout de l'oxyde plombique (litharge) dans du vinaigre distillé, ou dans du vinaigre de bois purifié, jusqu'à ce que le vinaigre soit saturé; on obtient ainsi une dissolution de soussel, qu'on mêle avec deux parties de vinaigre distillé ou de vinaigre de bois purifié, ou bien avec une quantité de vinaigre suffisante pour donner à la liqueur la propriété de rougir le papier de tournesol, après quoi on l'évapore jusqu'au point de cristallisation. Par un refroidissement rapide, le sel plombique cristallise en aiguilles; par un refroidissement lent, il cristallise en gros prismes quadrilatères aplatis. Il a une saveur d'abord sucrée, puis astringente, et se dissout dans l'eau et dans l'alcool. A une température d'environ +57°, il entre en fusion, et fond dans son eau de cristallisation. A l'air sec il s'effleurit, et, après quelque temps, il est en partie décomposé par l'acide carbonique de l'air, circonstance dans laquelle il se dégage de l'acide acétique. Placé dans le vide au-dessus d'une capsule contenant de l'acide sulfurique, il se réduit en poudre et perd totalement son eau de cristallisation, qui s'élève à $14\frac{1}{3}$ pour 100 du poids du sel ou à 3 atomes; on peut l'éliminer, d'après la méthode indiquée t. I, p. 663, sans décomposer le sel.

Lorsqu'on dissout l'acétate plombique anhydre dans l'alcool

bouillant, de 0,833 poids spécifique, ou l'acétate hydraté dans l'alcool anhydre, jusqu'à saturation, on voit le sel se déposer, par refroidissement, à l'état anhydre, en tables hexagonales.

b. Acétate sesquiplombique, $2\dot{Pb}\dddot{Ac} + \dot{Pb}$. C'est un sel très-soluble dans l'eau, et sa solution porte en général le nom de *sucre de plomb*. Sa composition exacte a été déterminée par *Payen*. Le meilleur moyen de l'obtenir consiste à faire digérer 100 parties de sucre de plomb cristallisé (2 atomes) et 29 $\frac{1}{3}$ parties (1 atome) de litharge pulvérisée dans de l'eau exempte d'acide carbonique. Lorsqu'on évapore la solution jusqu'à consistance sirupeuse, et qu'on la laisse reposer quelques jours dans un endroit frais, on voit une partie du sel se déposer en paillettes nacrées, en tables hexagonales ou sous forme d'une masse mamelonnée. La partie cristallisée renferme 2 atomes d'eau. En continuant à évaporer la solution à chaud, on n'obtient pas de cristaux, mais une matière tenace, transparente, qui ne perd son eau que par une application prolongée de la chaleur, en même temps qu'elle devient blanche et compacte; elle peut être fondue, sans être décomposée, à la température de sa fusion. Ce sel peut, suivant *Wœhler*, être préparé en chauffant lentement le sucre de plomb anhydre jusqu'à ce que la température soit élevée à + 280°, et qu'il soit fondu. Un tiers de l'acide acétique se change ensuite en 1 atome d'acide carbonique et 1 atome d'acétone ($C^3 H^6 O$); ce dernier peut être obtenu condensé quand on fait l'expérience dans une cornue. Pendant cette opération, le sel se gonfle, et, après que le dégagement de ces produits volatils a complétement cessé, il reste une masse blanche poreuse, qui renferme d'ordinaire un faible mélange de carbonate plombique.

100 parties d'eau dissolvent 181 parties d'acétate sesquiplombique, en formant une masse extractiforme, connue dans les pharmacies sous le nom d'*extractum saturninum*. Le sel anhydre se dissout aussi, d'après *Payen*, dans de l'alcool très-concentré. Mais cette dissolution, lorsqu'on y ajoute de l'eau, se décompose en acétate bibasique qui se précipite, et en acétate neutre qui reste en solution.

Ce qu'on connaît dans les officines sous le nom de vinaigre de plomb, est principalement constitué par ce sel, plus ou moins mélangé avec une solution du sel suivant, parce que les pharmacopées prescrivent ordinairement des quantités inégales d'oxyde plombique et de sucre de plomb, le plus communément 1 partie du premier pour 2 parties du second. Une solution étendue de ce sel, mêlée d'un peu d'esprit-de-vin, s'appelle *eau saturnine* ou *eau de Goulard*. Lorsqu'on la prépare en dissolvant l'*extractum saturninum* dans l'eau, le liquide devient ordinairement trouble et laiteux. Ceci peut tenir à deux causes : ou l'eau employée contient de l'acide carbonique et des sels qui précipitent en partie l'oxyde plombique, ou la solution saline concentrée renferme un sel surbasique qui se décompose par la dilution, en même temps qu'il se dépose de l'hydrate plombique.

c. Acétate biplombique, $\dot{P}b^3\dddot{A}c = \dot{P}b\dddot{A}c + 2\dot{P}b$. On peut l'obtenir de plusieurs manières, en précipitant par l'alcool, soit la solution du sel précédent, soit la solution de l'acétate neutre, mêlée avec assez d'ammoniaque pour qu'il n'y en ait pas en excès; il présente l'aspect d'une matière caséiforme, qu'on lave à l'alcool, qu'on dessèche et qu'on conserve à l'abri du contact de l'acide carbonique. C'est une masse blanche, terreuse, qui exige 10 parties d'eau froide pour se dissoudre. Quand on chauffe cette solution jusqu'à l'ébullition et qu'on la mêle d'alcool chaud, le sel se dépose, par le refroidissement, en cristaux microscopiques, prismatiques, contenant 1 atome d'eau.

d. Acétate pentaplombique, $\dot{P}b^6\dddot{A}c = \dot{P}b\dddot{A}c + 5\dot{P}b$. On l'obtient en mêlant le sel précédent avec une quantité d'oxyde plombique en poudre fine, plus grande que celle qu'il peut dissoudre. L'oxyde plombique se transforme alors en une poudre blanche, volumineuse, et la liqueur perd la plus grande partie du plomb qu'elle contient; la saveur sucrée disparaît et se trouve remplacée par une saveur purement astringente. Ce sel est très-peu soluble dans l'eau; il s'y dissout cependant à l'aide de l'ébullition, et cristallise, par le refroidissement de la liqueur, en cristaux incolores, satinés, penniformes. On obtient ce même sel en précipitant par l'ammoniaque une dissolution du sel précédent. Il contient un peu d'eau, qu'il abandonne en prenant une légère teinte rougeâtre, quand on le sèche dans le vide au-dessus d'un vase contenant de l'acide sulfurique.

Sulfoformiate plombique (sulfacétate plombique, *Melsens*), $\dot{P}b\dddot{S}\dot{F}o$. On l'obtient en saturant l'acide sulfoformique par le carbonate plombique. Il cristallise en partie en aiguilles transparentes, en partie en cristaux mamelonnés opaques. Il contient 1 atome d'eau de cristallisation, qui s'en va à + 130°. Il se décompose entre + 210° et + 220°.

Tartrate plombique, $\dot{Pb}\dddot{Tr}$. C'est une poudre cristalline, insoluble dans l'eau. Il renferme, d'après *Werther*, 2 atomes ou 9,181 pour cent d'eau. Par la calcination, il se décompose en acide carbonique, en eau, en huile de tartre, et en carbure plombique qui reste dans la cornue. Si la chaleur n'est pas trop forte, la masse qui reste dans la cornue s'enflamme dès qu'elle arrive au contact de l'air. Suivant *Böttger*, on obtient un excellent pyrophore en broyant ensemble 4 parties d'acide tartrique bien desséché et 1 $\frac{1}{4}$ partie de suroxyde plombique, $\ddot{Pb}$, et chauffant doucement le mélange dans un flacon sur le bain de sable, jusqu'à ce que la masse cesse de se boursoufler; on ferme ensuite le flacon avec un bouchon de craie ou de talc, et on calcine tant que la masse continue de fumer. Après le refroidissement dans le flacon, ce pyrophore s'enflamme à l'air, même à plusieurs degrés au-dessous de 0°.

Quand on dissout le tartrate plombique dans la potasse caustique, et qu'on précipite la solution par l'alcool, il se sépare une masse blanche, gluante, qui ne tarde pas à se convertir en une poudre cristalline, qui n'a pas encore été analysée.

Tartrate plombique avec l'acide tartrique anhydre (tartralate de plomb, *Frémy*), $3\dot{Pb}\dddot{Tr} + \dddot{Tr}$. On l'obtient en versant goutte à goutte une solution d'acide tartrique anhydre dans une solution de nitrate ou d'acétate plombique : le sel se précipite sous forme d'une poudre blanche, qu'on lave plusieurs fois à l'eau froide; puis on la presse et on la dessèche. Si elle reste longtemps humide, par exemple 10 à 12 heures, l'acide anhydre qui s'y trouve s'hydrate; il se dissout alors dans l'eau, et se sépare du sel plombique.

Tartrate plombico-potassique. Il forme un sel insoluble, qui n'est décomposé, selon *Thenard*, ni par l'acide sulfurique ni par les carbonates alcalins.

Succinate plombique, $\dot{Pb}\dddot{S}$. Il se précipite sous forme d'une poudre blanche. Il ne contient point d'eau. L'acide succinique ne précipite ni le nitrate ni le chlorure plombiques, mais il précipite l'acétate.

Le *succinate sesquiplombique*, $2\dot{Pb}\,\dddot{Sc} + \dot{Pb}$, s'obtient, d'après *Döpping*, en mêlant une solution chaude de sousacétate plombique avec une solution, également chaude, de bisuccinate sodique : le sel se dépose, sur les parois et le fond du vase, sous forme d'une masse emplastique qui se laisse pétrir pendant qu'elle est chaude ; par le refroidissement, elle durcit de manière à pouvoir être réduite en poudre après une dessiccation ultérieure. Elle est insoluble dans l'eau aussi bien que dans l'alcool. Le *succinate biplombique*, $\dot{Pb}\,\dddot{Sc} + 2\dot{Pb}$, s'obtient en traitant les deux sels précédents par l'ammoniaque. C'est une poudre blanche, insoluble, qui ne contient pas d'eau.

Sulfosuccinate plombique, $2\dot{Pb}\,\dddot{S} + \dot{Pb}\,C^8H^6O^5$. En traitant une solution d'acétate plombique par l'acide sulfosuccinique, il se précipite sous forme d'une poudre blanche, insoluble dans l'acide acétique devenu libre. Il renferme 3 atomes d'eau, qui s'en vont à $+ 100^\circ$. Il est soluble dans les acides nitrique, chlorhydrique et acétique, dont une partie a été saturée par l'ammoniaque.

Sulfosuccinate sous-plombique, $2\dot{Pb}\,\dddot{S} + \dot{Pb}^2\,C^8H^6O^5$. C'est un précipité blanc qui se produit quand on mêle de l'acétate plombique avec du sulfosuccinate ammonique. Il contient 4 atomes d'eau, qui s'en vont à $+ 100^\circ$.

Cyanate plombique, $\dot{Pb}\,\dot{C}y$. On l'obtient en précipitant l'acétate plombique par une solution alcoolique de cyanate potassique. Le précipité se présente sous forme d'une poudre composée d'aiguilles déliées, et se dissout en petite quantité dans l'eau bouillante. En versant de la potasse caustique sur ce sel, on obtient une poudre jaune-rougeâtre, qui, chauffée en vases clos, entre en fusion, devient rouge, et donne, après le refroidissement, une poudre verte dont les propriétés n'ont pas été étudiées.

Zinco-fulminate plombique, $\dot{Pb} + (C^4N^2O^3 + Zn\,\not{N})$? D'après *E. Davy*, il se forme lorsqu'on mêle une dissolution de fulminate zincique avec une dissolution de nitrate plombique. Si les dissolutions sont chaudes, le sel se dépose sous la forme d'une poudre cristalline. Il détone comme le sel argentique.

Cyanurénate (cyanurate) *plombique.* Il se produit, d'après *Wœhler*, quand on verse une solution d'acide cyanurique, saturée à la température de l'ébullition, dans une solution de sousacétate plombique. Il se passe quelque temps avant que le précipité se soit complétement déposé. On peut aussi l'obtenir en faisant bouillir du carbonate plombique longtemps dans une solution d'acide cyanurique en excès. Vu en masse, il est jaunâtre. Sous le microscope, et à l'état pulvérulent, il présente l'aspect de prismes translucides, obliquement tronqués au sommet, qui sont unis entre eux tantôt hémitropiquement, tantôt sous forme de fougère. A + 240°, il perd 3,95 pour cent d'eau; mais, avant que celle-ci soit éliminée, le sel commence à se décomposer. En conséquence de ses théories sur la nature de l'acide cyanurique, *Liebig* assigne à ce sel la formule $\dot{P}b^3Gy^3O^3 + 2\dot{H}$, qui exprime 1 équivalent d'hydrogène et 1 atome d'oxygène de moins que si l'acide était $= C^6H^6N^6O^6$; il considère l'eau que le sel perd à + 240°, où il commence à se décomposer, comme de l'eau de cristallisation, et les 2 atomes d'eau restants comme de l'eau dont l'élimination entraînerait la destruction totale du sel. En considérant le précipité avant l'application de la chaleur, on peut en représenter la composition par $\dot{P}b\,C^2H^2N^2O^2$.

Euchronate plombique, $\dot{P}b\,C^{12}H^2N^2O^7$. On l'obtient, suivant *Wæhler*, en mêlant une solution bouillante d'acide euchronique avec une solution chaude et étendue d'acétate plombique. L'euchronate plombique se dépose, par le refroidissement, en cristaux jaunes microscopiques, qui donnent une poudre d'un jaune vif. Il est anhydre.

Séléniate plombique, $\dot{P}b\,\dddot{S}e$. Il est blanc, pulvérulent, et insoluble dans l'eau.

Sélénite plombique, $\dot{P}b\,\ddot{S}e$. Ce sel forme une poudre blanche et pesante, qui gagne promptement le fond du vase; il prend naissance quand on mêle l'acide sélénieux avec un sel plombique dissous; l'acide sélénieux enlève de l'oxyde plombique tant au nitrate qu'au chlorure plombiques. Le sélénite plombique est légèrement soluble dans l'eau; mais il ne se dissout pas dans un excès d'acide, et il ne forme point de sursel. Il entre en fusion, de même que le chlorure plombique, mais à une température plus élevée. La masse fondue est jaunâtre et transparente, mais elle redevient blanche et opaque par le refroidissement. Au rouge blanc, le sel entre en ébullition, et donne un sublimé d'acide sélénieux; au bout de quelque temps, l'ébullition s'arrête. Il s'est alors formé un soussel, qui est demi-transparent après le refroidissement, et dont la cassure est à gros cristaux. Ce sel ne peut pas être obtenu en faisant agir l'ammoniaque sur le sel neutre.

Tellurate plombique. L'acide tellurique et l'oxyde plombique forment ensemble plusieurs sels à différents degrés de saturation, qui s'obtiennent tous au moyen de la précipitation. Le *sel neutre*, $\dot{Pb}\dddot{Te}$, est un précipité blanc, peu soluble dans l'eau. Les *bi* et *quadritellurates plombiques* sont précipités, mais ils se redissolvent en grande quantité pendant qu'on les lave. Le quadritellurate est dissous, en très-petite quantité, par l'acide acétique, après l'évaporation duquel il reste sous la forme d'une terre blanche. Quand on le fait chauffer, il n'est pas altéré comme les sels jaunes des alcalis, et il se dissout encore dans l'acide nitrique étendu, même après avoir éprouvé l'action d'une forte chaleur. Tant qu'il est chaud, il a une couleur jaune, mais il reprend sa blancheur en refroidissant. On obtient un *soustellurate* en précipitant le tellurate potassique au moyen de l'acétate plombique. Il est blanc, volumineux, difficile à laver, et presque insoluble dans l'eau.

Tellurite plombique, $\dot{Pb}\ddot{Te}$. Il est blanc et volumineux. Le soussel précipité par l'acétate plombique est volumineux, demi-transparent, difficile à filtrer, et presque insoluble.

Arséniate plombique, $\dot{Pb}^2\overset{\cdot\cdot\cdot}{\ddot{As}}$. Il forme une poudre blanche, insoluble dans l'eau, soluble dans les acides nitrique et chlorhydrique. Au rouge blanc, il se fond en un verre opaque, jaunâtre. En traitant le sel neutre par l'ammoniaque caustique, on obtient un *soussel* pulvérulent, blanc, qui est également insoluble dans l'eau, et dans lequel l'acide est combiné avec une fois et demie autant de base que dans le sel neutre, $=\dot{Pb}^3\overset{\cdot\cdot\cdot}{\ddot{A}}$. L'affinité de l'acide arsénique pour l'oxyde plombique est si grande, que, quand on mêle un arséniate neutre avec de l'acétate plombique, il se forme un précipité de sousarséniate plombique, tandis qu'il reste de l'acide acétique libre dans la liqueur.

Chlorure et sousarséniate plombiques, $= Pb\,Cl + 3\dot{Pb}^3\overset{\cdot\cdot\cdot}{\ddot{As}}$. On le trouve dans la nature, sous la forme de prismes hexagonaux ou de doubles pyramides hexagonales, à sommets fortement tronqués. Ce minéral est jaune. Il a même forme et même composition que le phosphate correspondant. Traité au chalumeau, sur le charbon, il se réduit avec violence en phosphure de plomb. Souvent il contient un peu d'acide phosphorique.

Arsénite plombique. On connaît à ce sel deux degrés de saturation. L'*arsénite neutre*, $\dot{Pb}\dddot{As}$, s'obtient en précipitant l'arsénite ammonique par l'acétate plombique neutre. Le *sousarsénite*, $\dot{Pb}^2\dddot{As}$, se forme quand on opère la précipitation à l'aide du sousacétate plombique. Ces deux sels sont blancs et pulvérulents, contiennent de l'eau combinée, et se fondent, par l'action de la chaleur, en un verre jaunâtre, qui est fortement idioélectrique.

Antimoniate plombique, $\dot{Pb}\overset{\cdot\cdot\cdot\cdot\cdot}{\bar{Sb}}$. C'est un précipité blanc, caséiforme, complétement insoluble dans l'eau. Soumis à l'action de la chaleur, il perd de l'eau et jaunit, sans se fondre; chauffé sur du charbon au chalumeau, il est réduit avec une légère détonation, et donne de l'antimoniure de plomb. Les acides le décomposent incomplétement, lors même qu'il est à l'état de précipité récent. Le même sel se produit lorsqu'on traite l'antimoniure de plomb par l'acide nitrique, bien que cet acide ne convertisse que l'antimoine en oxyde antimonique. *Brunner* a constaté par des expériences analytiques que le jaune de Naples n'est autre chose que de l'antimoniate plombique. On l'obtient surtout très-beau quand on le prépare avec des matières exemptes de métaux étrangers. Ce chimiste le prépare en mêlant intimement 1 partie de tartrate potassico-antimonique, purifié par des cristallisations répétées, avec 2 parties de nitrate plombique exempt de fer et de cuivre; il y ajoute ensuite 4 parties de sel marin, et forme ainsi un mélange exact et homogène. On calcine doucement ce mélange, pendant deux heures, dans un creuset de Hesse, jusqu'à ce que la masse entre en fusion. Une chaleur trop forte donne un mauvais produit. Après le refroidissement, la masse se détache facilement, lorsqu'on frappe extérieurement sur le creuset renversé. La courbe supérieure est du sel marin fondu. Ce sel a été ajouté dans le but d'éviter une action réductive trop violente du charbon de l'acide tartrique. On broie ensuite la masse, et on l'épuise par l'eau, pour enlever le sel marin. Le jaune de Naples qui reste présente des teintes différentes suivant la température inégale qui a été employée pendant la préparation; mais sa couleur est toujours belle. Des caractères d'imprimerie broyés et calcinés avec 1 $\frac{1}{2}$ partie de nitre et 3 parties de sel marin donnent aussi un produit dont on peut faire usage, mais qui est d'une qualité inférieure. La beauté de la couleur repose sans doute sur un certain degré de saturation qu'on n'a pas encore déterminé. Le composé en question est un soussel; c'est ce qui résulte des proportions employées; et le degré de saturation possédant la couleur la plus belle peut être gâté par le mélange d'un autre degré de saturation, lors même qu'on se sert des matières les plus pures.

Chromates plombiques. a. Chromate neutre, $\dot{P}b\,\dddot{C}r$. On le trouve à l'état cristallisé dans le règne minéral; les minéralogistes lui ont donné le nom de *plomb rouge*. Il est d'un rouge de feu brillant, et les cristaux ont un pouvoir réfringent plus grand que la plupart des autres corps. Par des voies artificielles, on obtient ce sel en précipitant le nitrate plombique par le chromate potassique; il forme alors une poudre d'une belle couleur jaune foncée, dont la nuance est plus ou moins foncée, suivant que la liqueur d'où on le précipite est plus ou moins saturée. Quand elle contient un excès d'acide, le précipité est d'un jaune citron; il est d'un jaune orange quand elle est neutre, et d'un jaune rouge ou d'un rouge de cinabre quand elle contient un excès d'alcali. La nuance varie aussi, suivant que la précipitation s'est faite à froid ou à chaud; cependant la couleur plus foncée que le sel prend quand on opère à chaud disparaît presque toujours pendant le refroidissement de la liqueur. D'après l'indication de *Liebig*, une méthode économique pour préparer cette couleur consiste à prendre le sulfate plombique humide (tel qu'on l'obtient en grande quantité et comme produit secondaire, la plupart du temps sans usage, dans les teintureries), et à le faire digérer avec une dissolution de chromate potassique; il se forme alors du sulfate potassique. — Le chromate plombique est peu soluble dans les acides, et se décompose facilement quand on le traite à l'état de poudre, par un mélange d'acide chlorhydrique et d'alcool; il se dégage alors de l'éther chlorhydrique, et il se forme du chlorure chromique qui se dissout, tandis qu'il reste du chlorure plombique en non-dissolution. Le chromate plombique est totalement dissous par la potasse caustique. La belle couleur de ce sel l'a fait employer en peinture, et sous ce rapport il mérite la préférence sur toutes les autres couleurs minérales jaunes. On le connaît dans le commerce sous le nom de *jaune de chrome*, et on en trouve de différentes nuances. Il est tantôt pur, tantôt mêlé de beaucoup de gypse, qui ne diminue pas beaucoup l'intensité de la nuance. On trouve dans le commerce, sous le nom de *cinabre vert*, une couleur verte que l'on obtient en mêlant du bleu de Prusse et du chromate plombique, tous deux récemment précipités et encore humides, et faisant sécher le mélange. On a aussi essayé de teindre des étoffes en jaune, en les imprégnant d'un sel plombique et les trempant ensuite dans une dissolution de chromate potassique. La couleur supporte assez bien l'action des acides, mais elle est décomposée par les alcalis et par le savon; cependant elle résiste mieux à l'action de ce dernier, si, avant de passer l'étoffe dans la dissolution de chromate, on fixe le sel plombique en trempant l'étoffe dans une dissolution d'hypochlorite calcique, mêlé avec un excès de chaux.

b. Chromate sousplombique, $\dot{P}b^2\dddot{C}r$. On l'obtient en faisant bouillir le chromate plombique, récemment précipité, avec un excès de chromate potassique neutre, cas dans lequel ce dernier enlève au sel plombique la moitié de son acide et passe à l'état de bichromate. On l'obtient aussi en faisant digérer trois parties de sel neutre avec deux parties d'oxyde plombique trituré et soumis à la lévigation, ou bien en traitant le sel neutre par une dissolution très-faible d'alcali caustique, ou en versant du nitrate plombique dans une dissolution de chromate potassique, mêlée à un excès d'alcali caustique. Le précipité est d'une belle couleur rouge de cinabre. Suivant *Anthon*, on obtient aussi ce sel en faisant bouillir, pendant une heure et demie, 2 atomes de chromate plombique avec 1 atome d'hydrate calcique : la moitié de l'acide s'unit à la chaux pour former un sel soluble. *Liebig* et *Woehler* ont indiqué une méthode pour préparer, par la voie sèche, un souschromate plombique d'une couleur tellement vive, qu'il peut remplacer le cinabre en peinture. Ces chimistes prescrivent d'introduire peu à peu du chromate plombique neutre et très-pur dans du nitre en fusion à une température rouge peu intense. Une partie de l'acide chromique se porte alors sur la potasse, et l'acide nitrique se dégage avec effervescence. La masse devient noire, parce que le soussel produit est noir à cette température. On interrompt l'opération avant que tout le nitre soit décomposé; on laisse le soussel formé gagner le fond, on décante la masse saline fondue, on laisse refroidir le résidu, et on lessive avec des proportions d'eau qu'on doit renouveler rapidement. Le soussel reste alors sous la forme d'une poudre d'un rouge de cinabre magnifique. Si la fusion s'opérait à une température trop élevée, la couleur prendrait une teinte brunâtre. Il importe aussi de décanter la dissolution saline le plus promptement possible de dessus la poudre rouge, ce qui est très-facile en raison de la promptitude avec laquelle la poudre se dépose. Un contact trop prolongé avec la lessive lui donne une teinte jaune. — On se sert du souschromate plombique dans la peinture à l'huile et dans l'impression des toiles peintes. Dans ce dernier art, on fixe le sel par double décomposition, en se servant d'ailleurs d'une dissolution chaude de chromate potassique contenant de l'alcali caustique. Employé en peinture, le chromate sousplombique couvre assez bien, et on peut y ajouter beaucoup de blanc de plomb sans que la couleur devienne maigre, comme cela arrive pour le cinabre.

Souschromate plombique avec de l'oxyde chromo-plombique, $\dot{Pb}\,\dddot{\overline{Cr}} + \dot{Pb}^3\,\dddot{Cr}^2$. On l'obtient, d'après *Marchand*, en calcinant du chromate plombique jusqu'à ce qu'il ne se dégage plus d'oxygène. Pendant cette opération, 4 atomes du sel employé perdent 3 atomes d'oxygène; en d'autres termes, 2 atomes d'acide chromique donnent naissance à 1 atome d'oxyde chromique. On obtient la même combinaison en mêlant exactement 2 atomes d'oxyde plombique avec un atome d'oxyde chromique, et chauffant le mélange dans l'oxygène jusqu'à ce qu'il n'augmente plus de poids. Le produit est brun foncé et donne une poudre jaune foncée. Chauffé dans du gaz hydrogène, il se convertit, encore avant la chaleur rouge, en oxyde chromo-plombique noir, qui, étant ensuite retiré et chauffé à l'air libre, se change en le même composé.

Vanadates plombiques. Le *sel neutre*, $\dot{Pb}\,\dddot{V}$, se précipite à l'état de masse gélatineuse jaune, qui se contracte au bout de quelques heures et devient blanche. Les bivanadates, versés dans la dissolution d'acétate plombique, n'en précipitent que du sel neutre, quand le sel plombique est en excès. En lavant le précipité, l'eau se colore toujours en jaune et en dissout des quantités sensibles, même lorsque le précipité est un soussel. Le vanadate plombique est très-fusible, et devient jaune-rougeâtre par la fusion. L'acide nitrique froid ou tiède le dissout sans se colorer. Mais si on chauffe la dissolution jusqu'à l'ébullition, elle laisse tomber une masse brune, qui est un sursel à grand excès d'acide vanadique.

Le *bisel*, $\dot{Pb}\,\dddot{V}^2$, est précipité d'une solution de nitrate plombique, lorsqu'on y verse du bivanadate potassique. Il est d'un beau jaune, qui ne change pas. Les carbonates potassique et sodique ne décomposent point le vanadate plombique, même à la température de 100°, ni lorsqu'on le soumet à l'action de ces carbonates sans l'avoir préalablement séché. Ils enlèvent au bivanadate la moitié de son acide. L'acide sulfurique ne décompose jamais complétement le vanadate plombique. Il faut que le sulfate plombique formé soit fondu avec du bisulfate potassique si l'on veut lui enlever les dernières traces d'acide vanadique. Les sulfhydrates ne décomposent qu'incomplétement le vanadate plombique, en laissant un soussulfovanadate plombique.

Le minéral de Zimapan, qui a été considéré comme un chromate de plomb, et que *Del Rio* annonça être au moins un sous-chromate, consiste en une masse cristalline blanche qui est composée de chlorure plombique bibasique et de *vanadate sesquiplombique*, $\dot{Pb}^2\,Pb\,Gl + \dot{Pb}^3\,\dddot{V}^2$, et renferme en outre des traces d'arséniate de plomb, d'hydrate de fer et d'alumine. Le sousvanadate y entre pour les $\frac{3}{4}$ du poids de la mine. Ce minéral a également été trouvé par *Johnston*, à Wanlockead, en Écosse, et par *G. Rose*, à Beresow en Sibérie.

Molybdate plombique, $\dot{Pb}\,\dddot{Mo}$. Il forme une poudre insoluble dans l'eau, soluble dans l'acide nitrique et dans les alcalis caustiques. On le rencontre dans la nature à l'état cristallisé; les minéralogistes lui ont donné le nom de *plomb molybdaté* (Gelbbleierz). Sa forme primitive est l'octaèdre rectangulaire; mais souvent il forme des tables rectangulaires d'un jaune clair ou d'un jaune orangé. Sur des charbons ardents, il décrépite et finit par se fondre en une masse jaune.

Tungstate plombique, $\dot{Pb}\,\dddot{W}$. On le rencontre dans la nature, quoique très-rarement, à l'état de cristaux octaédriques demi-transparents, d'un jaune brunâtre. Le tungstate plombique, artificiellement préparé, est une poudre blanche, représentant un bisel.

Stannate plombique, $\dot{Pb}\,\dddot{Sn}$. Il se précipite sous forme de poudre blanche, lorsqu'on verse goutte à goutte du stannate potassique dans du nitrate plombique. Il est anhydre. Un mélange d'atomes égaux d'étain et de plomb, chauffé à une forte chaleur rouge après sa fusion à l'air, s'enflamme, et continue à brûler lentement, tant qu'il y a contact de l'air, avec dégagement d'une épaisse fumée, et se convertit en stannate plombique.

Uranate plombique, $\dot{Pb}\,\dddot{U}$. On l'obtient en calcinant l'oxalate uranico-plombique à l'air libre, jusqu'à destruction de l'acide : le sel reste sous forme d'une poudre brunâtre.

Bi-uranate plombique, $\dot{Pb}\,\dddot{U}^2$. Il se précipite quand on traite une solution de nitrate uranique, additionnée d'un excès de nitrate plombique, en ayant soin de ne pas précipiter la totalité de l'urane. C'est une poudre jaune, hydratée, qui devient d'un rouge brun par la calcination. On a déjà indiqué, dans le tome II, page 739, la manière dont il se comporte après la réduction par le gaz hydrogène.

Permanganate plombique, $\dot{Pb}\,\ddot{\ddot{Mn}}$. Il se précipite, suivant *Forchhammer*, avec une coloration brune, lorsqu'on traite le nitrate plombique par le permanganate potassique. Il se dissout sans résidu et avec la même couleur dans l'acide nitrique.

Manganate plombique. On l'obtient en mêlant exactement 2 atomes d'oxyde manganoso-manganique avec 3 atomes de nitrate plombique, et faisant fondre le mélange. Il forme, d'après *Berthier*, un verre vert qui absorbe l'oxygène de l'air en devenant rouge-brun.

C. *Sulfosels de plomb.*

Le sulfure plombique est une sulfobase assez forte. Les sels qu'il forme sont insolubles, et, vus en petites couches, bruns et transparents. Ils se tassent peu à peu, et noircissent sans subir d'autre changement que dans leur état d'agrégation. Du reste ils ne s'altèrent pas en séchant, et parmi les acides il n'y a que ceux qui exercent une action oxydante qui les décomposent.

Sulfocarbonate plombique, $\dot{Pb}\,\ddot{C}$. C'est un précipité d'un brun très-foncé, qui paraît translucide aux endroits où il adhère au verre. La liqueur qui surnage est d'un jaune foncé, mais se décolore dans l'espace de vingt-quatre heures. Après la dessiccation le précipité est noir, prend du poli sous la pression d'un corps dur, et donne, par la distillation, du sulfide carbonique et du sulfure de plomb brillant et gris.

Sulfurénate (sulfocyanhydrate) *plombique*, $\dot{Pb}\,C^2\,\overline{H}^2\,N^2\,S^2$ (1). Il forme un précipité blanc, mais il presente très-peu de stabilité, passe au noir par le jaune, le rouge et le gris, et se transforme, en moins de cinq minutes, en sulfure de plomb.

Sulfotellurite triplombique, $\dot{Pb}^3\overset{,,}{Te}$. C'est un précipité brun foncé, qui devient noir en se desséchant.

Sulfarséniate plombique, $\dot{Pb}^2\overset{,,,}{\overline{As}}$. Le sel neutre est un précipité brun foncé, et le sel basique un précipité d'un beau rouge; tous deux noircissent étant rassemblés en masse, et sont complétement noirs après la dessiccation.

Sulfarsénite plombique, $\dot{Pb}^3\overset{,,,}{\overline{As}}$. Il forme un précipité brun-rougeâtre qui, étant rassemblé, devient noir. A l'état sec, il se réduit, par la trituration, en une poudre brune qui se tasse sous le pilon et devient d'un gris d'acier brillant. Il se fond aisément et sans perdre son sulfide arsénieux. La masse fondue est grise, métallique, offre un aspect et une cassure cristalline brillante, et donne une poudre grise d'apparence métallique.

Sulfantimoniate biplombique, $\dot{Pb}\overset{,,,}{\overline{Sb}} + 2\dot{Pb}$. On l'obtient en traitant l'acétate plombique par le sulfantimoniate sodique; c'est un précipité brun foncé qui noircit par la dessiccation. Soumis à la distillation sèche, il donne 2 atomes de soufre, en se changeant en $\dot{Pb}^3\overset{,,,}{\overline{Sb}}$.

Sulfantimonite plombique. On le rencontre souvent, dans le règne minéral, à l'état cristallin et à plusieurs degrés de saturation. Les cristaux sont d'un éclat métallique, gris noir, et quelquefois gris de plomb; leur forme varie suivant les proportions des éléments. Ceux qu'on connaît le mieux jusqu'à présent sont :

Sulfantimonite plombique	neutre,	$\dot{Pb}\overset{,,,}{\overline{Sb}}$	zinkenite.
—	tierce-basique,	$3\dot{Pb}\overset{,,,}{\overline{Sb}}+\dot{Pb}$	plagionite.
—	sesqui-basique,	$2\dot{Pb}\overset{,,,}{\overline{Sb}}+\dot{Pb}$	jamesonite.
—	monobasique,	$\dot{Pb}\overset{,,,}{\overline{Sb}}+\dot{Pb}$	federerz.
—	bi-basique,	$\dot{Pb}\overset{,,,}{\overline{Sb}}+2\dot{Pb}$	boulangerite
—	quadribasique,	$\dot{Pb}\overset{,,,}{\overline{Sb}}+4\dot{Pb}$	géokronite.
—	quinque-basique,	$\dot{Pb}\overset{,,,}{\overline{Sb}}+5\dot{Pb}$	kilbrickenite

(1) Si l'on compare la composition du sulfosel avec celle du cyanurénate plombique,

Sulfomolybdate plombique, $\overset{,}{Pb}\overset{,,,}{Mo}$. C'est un précipité noir qui, à l'état sec, reste noir et donne une trace d'un gris plombé éclatant.

Hypersulfomolybdate plombique, $\overset{,}{Pb}\overset{,,,,}{Mo}$. Il se précipite sous forme d'une poudre rouge foncée, qui conserve cette couleur après s'être rassemblée.

Sulfotungstate plombique, $\overset{,}{Pb}\overset{,,,}{W}$. Préparé en versant le sel potassique pur dans une dissolution de nitrate plombique, il forme un précipité brun foncé, qui devient presque noir en se rassemblant. Le sulfotungstate potassique jaune donne un précipité d'un orange sale, qui ne devient pas plus foncé.

22. *Sels d'étain.*

L'étain produit trois séries de sels, correspondant à ses trois degrés d'oxydation. L'affinité de l'oxyde stannique est cependant très-faible, et on n'a encore examiné aucun de ses sels à base de sesquioxyde. L'oxyde stanneux présente les affinités les plus fortes. Malgré cela, les sels stanneux absorbent facilement l'oxygène de l'air, et passent ainsi à l'état de sels stanniques. Le plomb et le zinc précipitent l'étain à l'état métallique de ses dissolutions.

Les *sels stanneux* ont une saveur métallique et astringente, extrêmement désagréable. Ils sont presque tous incolores; le cyanure ferroso-potassique les précipite en blanc, les sulfhydrates en brun café. Ils sont précipités en blanc par les alcalis caustiques, dont un excès redissout le précipité. Mêlés avec différents sels métalliques au plus haut degré d'oxydation, par exemple avec les sels ferriques, cuivriques et mercuriques, ils réduisent ces sels à un moindre degré d'oxydation; et, ajoutés à une dissolution d'or, ils en précipitent l'or à l'état métallique, ou bien, quand les dissolutions sont très-étendues, sous forme d'une poudre pourpre, qui a été décrite à l'article *Or*.

Les *sels stanniques* sont incolores, ne réduisent aucun autre sel, ne forment point de précipité dans la dissolution du chlorure aurique, et sont précipités en jaune sale par le sulfide hydrique. Les sulfhydrates et les alcalis caustiques dissolvent ce précipité.

on pourrait croire l'atome de l'acide cyanurénique $= C^2H^2N^2O^2$, et celui-ci un oxacide correspondant au sulfide uréique. Ce qu'il y a d'incertain dans l'idée de cet acide devrait être alors attribué à quelque erreur dans la capacité de saturation admise, erreur provenant de la difficulté qu'on a à saturer l'acide assez complétement par des bases alcalines pour donner des sels cristallisés.

A. *Sels haloïdes d'étain.*

Clorure stanneux, Sn-Gl. On prépare le *chlorure stanneux anhydre* en chauffant de l'étain dans du gaz acide chlorhydrique, ou en mêlant du chlorure mercurique avec un poids égal de limaille d'étain, et exposant le mélange, dans une petite cornue de verre, à une chaleur lentement croissante, jusqu'à ce que le chlorure stanneux distille à la température du rouge blanc. Après le refroidissement, la masse fondue est grise, brillante et douée d'une cassure vitreuse. Lorsqu'on dessèche le chlorure hydraté fortement dans un creuset, et qu'on le distille ensuite dans une cornue, le produit de distillation devient, suivant *Capitaine*, blanc et à cassure cristalline. Introduit dans du gaz chlore sec, le chlorure stanneux prend feu, et sur la paroi interne du vase se condensent des gouttes de chlorure stannique anhydre. Le chlorure stanneux anhydre est neutre, et ne diffère du sel cristallisé qu'en ce qu'il ne contient point d'eau.

Pour obtenir du *chlorure stanneux aqueux* (protochlorure d'étain), on dissout l'étain dans l'acide chlorhydrique concentré; et, quand l'acide est saturé, on évapore la dissolution jusqu'au point de cristallisation; par ce moyen, il est facile d'avoir du chlorure stanneux en gros cristaux incolores. En grand, on opère la dissolution de l'étain dans l'acide chlorhydrique, dans des vases de cuivre bien décapés; et tant qu'il y a excès d'étain, la dissolution ne contient point de cuivre, parce que ce dernier métal est négatif en contact avec l'étain. Soumis à la distillation, le sel cristallisé se décompose, donne d'abord de l'eau pure, puis de l'eau et de l'acide chlorhydrique avec une certaine quantité d'étain; après quoi il reste dans la cornue un *sel basique* qui, à une température plus élevée, se décompose en chlorure stanneux et en oxyde stanneux, dont le premier se sublime et dont l'autre reste.

Le chlorure stanneux possède à un plus haut degré que les oxysels stanneux la propriété de réduire une foule de corps dont l'affinité pour l'oxygène est médiocre. Les acides arsénieux et arsénique en sont réduits à l'état d'arsenic, les acides molybdique et tungstique à l'état de combinaisons bleues, les oxydes mercurique et argentique à l'état métallique, les oxydes manganique cuivrique et ferrique au premier degré d'oxydation. L'acide sulfureux est converti en soufre par le chlorure stanneux; le mélange s'échauffe, et il se précipite du soufre mêlé d'oxyde stannique. Si l'acide sulfureux est mêlé d'acide chlorhydrique, il se produit du chlorure stannique qui se dissout, et du sulfure stannique qui se précipite : 6 atomes de chlorure stanneux et 2 atomes d'acide sulfureux donnent naissance à 5 atomes de chlorure stannique et 1 atome de sulfure stannique (*Voir* t. I, p. 743). D'après *Vogel*, il réduit également le cinabre en mercure liquide qui se sépare, et en acide chlorhydrique et sulfide hydrique qui se dégagent. Le cyanure mercurique donne lieu à un développement d'acide cyanhydrique et à un précipité gris, qui est un mélange de mercure métallique et d'oxyde stannique. Avec l'oxyde plombique il forme du chlorure plombique et de l'oxyde stannique. Il réduit l'oxyde bismuthique en sousoxyde noir. D'après *Péligot*, le chlorure stanneux absorbe le gaz oxyde nitrique, avec production d'oxyde et de chlorure stannique.

En teinture on se sert d'une dissolution de chlorure stanneux, connue sous le nom de *composition*. On la prépare en dissolvant l'étain, par petites portions, dans un mélange de deux parties d'eau-forte avec une d'acide chlorhydrique; le vase qui contient les acides doit être posé dans de l'eau froide, pour éviter qu'il se forme de l'oxyde stannique, ce qui arriverait si le mélange s'échauffait. Cette dissolution se décompose à l'air, ou quand on la chauffe; quelquefois on ne réussit pas à la préparer : par exemple, quand l'acide nitrique qu'on emploie est plus pur que d'ordinaire, et que l'acide chlorhydrique est faible; car, dans ce cas, il se précipite de l'oxyde stannique. Il faut alors ajouter à la liqueur une plus grande quantité d'acide chlorhydrique, aussitôt qu'on y voit paraître un précipité. Dans les manufactures de toiles peintes, le chlorure stanneux ne sert pas seulement comme mordant, mais aussi comme moyen de réduction, particulièrement pour ramener au premier degré d'oxydation les oxydes manganique et ferrique fixés sur les étoffes.

Chlorure stanneux monobasique, Sn $\cancel{Cl}+\dot{S}n$. Il se produit quand on verse beaucoup d'eau sur le chlorure stanneux cristallisé, ou quand on le décompose avec moins de potasse qu'il ne faut pour avoir une décomposition complète. Il se sépare une poudre légère, d'un blanc laiteux, qui est le sel basique en question. Le chlorure et l'oxyde stanneux y contiennent la même quantité d'étain. Il renferme 9,55 pour cent ou 2 atomes d'eau de cristallisation. Ce sel se dissout dans la potasse caustique, et au bout de quelque temps la dissolution dépose de l'étain métallique, une partie de l'oxyde stanneux réduisant l'autre, pour donner naissance à cette combinaison saline de potasse et d'oxyde stannique, dans laquelle ce dernier joue le rôle d'un acide. Si l'on mêle le sel basique, encore humide, avec du carbonate cuivrique et de l'eau, l'oxyde stanneux en excès réduit l'oxyde cuivrique à l'état métallique, du chlorure stanneux se dissout, il se dégage du gaz acide carbonique, et on trouve au fond du vase un mélange d'oxyde stannique et de paillettes de cuivre.

Sels doubles des chlorures d'étain. Le chlorure stanneux a beaucoup de tendance à former des sels doubles avec les alcalis et les terres alcalines. Si l'on ajoute à une dissolution de ce sel de la potasse caustique, jusqu'à ce que l'oxyde stanneux précipité se soit redissous, il se dépose un soussel cristallisé, quand la dissolution est concentrée, ou qu'on évapore la liqueur dans le vide. Les sels produits par l'ammoniaque et la baryte ressemblent au soussel potassique. Ceux qu'on obtient avec la soude et la strontiane cristallisent en aiguilles déliées, et le sel double magnésique se résout en liqueur. Lorsqu'on fait distiller de l'étain avec du sel ammoniac, il se dégage du gaz hydrogène et de l'ammoniaque, et il se sublime un chlorure double stanneux et ammonique.

Chlorure stannoso-ammoniacal. D'après *Persoz*, le chlorure stanneux anhydre n'absorbe point de gaz ammoniac, à la température ordinaire; fondu et refroidi dans ce vase, il en absorberait, au contraire, un atome simple.

Chlorure sustanneux, $\overline{\text{Sn}}\,\overline{\text{Cl}}^{3}$. On l'obtient en dissolvant l'acide sustanneux jusqu'à refus dans de l'acide chlorhydrique; la dissolution se fait avec difficulté, et l'on doit opérer dans un vaisseau fermé, pour prévenir l'oxydation. Il forme une liqueur incolore, d'une saveur franche et astringente; on ne l'a pas encore obtenu à l'état solide. Ce qui distingue cette liqueur, c'est qu'elle donne sur-le-champ un très-beau pourpre d'or avec le chlorure aurique.

Chlorure stannique (deutochlorure d'étain), $\text{Sn}\,\overline{\text{Cl}}^{2}$. De tous les sels d'étain c'est le plus remarquable. Pour se procurer du chlorure stannique anhydre, on traite le chlorure stanneux anhydre par le chlore; ou bien, et ce moyen est le meilleur, on mêle exactement quatre parties de chlorure mercurique avec une partie d'étain en limaille, ou d'étain qui a été amalgamé avec une petite quantité de mercure, puis réduit en poudre. En exposant le mélange à une douce chaleur, on obtient dans le récipient un liquide incolore, qui est du chlorure stannique. 100 parties de chlorure mercurique fournissent environ 31 parties de chlorure stannique. *De Kraskowitz* dissout de l'étain dans 3 parties d'acide sulfurique concentré, et chasse, par évaporation, l'excès d'acide sulfurique; il obtient ainsi du sulfate stannique anhydre. Celui-ci est réduit en poudre, puis mêlé intimement avec du sel marin et soumis à la distillation sèche : le chlorure stannique passe, et le sulfate sodique, ainsi que l'excès de sel marin, reste. Le produit de la distillation renferme des chlorures ferrique et antimonique, provenant de l'étain du commerce; on les sépare en mêlant le chlorure stannique avec le double de son poids d'acide sulfurique extrêmement concentré, et chassant ensuite celui-ci par la distillation à une chaleur très-modérée. Les oxydes ferrique et antimonique restent dans l'acide sulfurique, et il se développe, pendant la distillation, un peu d'acide chlorhydrique. On obtient encore le chlorure stannique en distillant, sur de l'acide sulfurique fumant, le sel hydraté ci-dessous décrit. A l'air il répand des fumées plus épaisses que celles produites par l'acide chlorhydrique: aussi l'appelait-on autrefois *liqueur fumante de Libavius*, du nom de *Libavius*, qui en fit la découverte dans le seizième siècle. Les fumées proviennent de ce qu'une partie de ce liquide se volatilise, et forme avec l'humidité atmosphérique un liquide moins volatil, qui se condense. C'est un liquide très-mobile et incolore, qui ne se solidifie pas à un froid de — 29°. Il est très-volatil; il entre en ébullition à 120°, et, d'après *Dumas*, la densité de sa vapeur est de 9,1997. Quand on le mêle avec un tiers de son poids d'eau, il se prend en une masse saline solide; il prend aussi la forme solide quand on le laisse à l'air, dont il absorbe peu à peu l'humidité; mais, dans ce cas, il forme des cristaux réguliers. On l'obtient aussi dans cet état d'hydratation en dissolvant de l'étain, à l'aide de la chaleur, dans l'eau régale, ou en faisant arriver du gaz chlore dans une solution de chlorure stanneux, jusqu'à ce qu'il ne soit plus absorbé; on chasse ensuite l'excès d'acide par l'évaporation, et on fait cristalliser le sel. En chauffant la masse, elle fond comme de la glace, et se solidifie de nouveau quand on la laisse refroidir. L'eau dissout aisément ce sel; l'alcool le décompose avec dégagement de chaleur, formation d'éther, et dépôt de chlorure stanneux basique. En parlant de l'oxyde stannique, j'ai décrit les différences que présentent les combinaisons de l'acide chlorhydrique avec les deux modifications de cet oxyde, et j'ai dit, entre autres, que la combinaison dont il vient d'être question n'est pas décomposée par l'ébullition, et se dissout en toutes proportions dans l'acide chlorhydrique concentré. L'oxyde stannique, préparé à l'aide de l'acide nitrique, forme, avec l'acide chlorhydrique, un composé qui reste en non-dissolution, quand on traite l'hydrate stannique par un excès d'acide chlorhydrique. Si, après avoir décanté l'acide, on met le sel sur du papier gris, où il s'égoutte et se sèche, on obtient une masse d'un jaune de succin, qui n'a aucune tendance à cristalliser, et conserve de la mollesse à l'air. Cette masse se dissout dans l'eau, et l'acide chlorhydrique la précipite de la dissolution. Étant distillée, elle donne d'abord de l'acide chlorhydrique liquide, puis du gaz acide chlorhydrique, ensuite il distille un peu d'esprit de Libavius, et il reste de l'oxyde stannique dans la cornue; mais il faut une forte chaleur pour chasser les dernières portions d'acide.

Chlorostannate de sulfure d'étain, $2Sn\,Cl^2 + \ddot{S}n$. D'après *Dumas*, le chlorure stannique anhydre, exposé à l'action du sulfide hydrique, absorbe ce gaz, sans perdre son état liquide. Il est probable qu'une partie du gaz produit de l'acide chlorhydrique; car, lorsqu'on distille la combinaison, il se dégage du chlorure stannique, et il reste du sulfure stannique. Lorsqu'on verse la combinaison goutte à goutte dans de l'eau, celle-ci dissout du chlorure stannique, et il se précipite du sulfure stannique. C'est pourquoi *Dumas* considère ce corps, ainsi que l'indique la formule, comme une combinaison de 2 atomes de chlorure stannique et d'un atome de bisulfure d'étain. A propos du mercure, nous apprendrons à connaître plusieurs combinaisons d'une sulfobase tant avec des sels haloïdes qu'avec des oxysels.

Chlorure stannique avec perchlorure de soufre, $Sn\,Cl^2 + S\,Cl^2$. On l'obtient, d'après *H. Rose*, en saturant à froid du sulfure stannique, $Sn\,S^2$, par du gaz chlore. Le sulfure fond d'abord en un liquide brun, et se prend ensuite en cristaux jaunes qui, chauffés dans un courant de gaz chlore, distillent sous forme d'une huile jaune, cristallisant par le refroidissement. Les cristaux fument à l'air humide; mais on peut les conserver dans un flacon sec. Ils se dissolvent dans l'eau; mais celle-ci les décompose sans qu'il se sépare rien. La solution renferme du chlorure stannique, de l'acide chlorhydrique, de l'acide sulfurique et de l'acide dithioneux qui se maintient dans ce mélange sans subir la décomposition ordinaire. Le composé dont il s'agit absorbe du gaz ammoniac, et se change ainsi en une masse jaune.

Sulfate de chlorure stannique. L'acide sulfurique anhydre se combine avec le chlorure stannique lorsqu'on en fait absorber les vapeurs par l'acide, qui se prend par là en une masse limpide. Soumise à la distillation, celle-ci donne un produit liquide qui se solidifie, par le refroidissement, en une matière limpide, et qui, outre une partie non altérée de la même combinaison, contient du soufre, du chlore, de l'étain et de l'oxygène, en proportion non exactement déterminable. Une petite partie se dépose sous forme de sublimé contenant les mêmes matières, et il reste, dans la cornue, de l'oxyde stannique en combinaison avec l'acide sulfurique.

Le chlorure stannique dissout, en outre, du soufre aussi bien que du phosphore; ces solutions sont probablement des combinaisons de chlorure stanneux avec des chlorures moins élevés de soufre et de phosphore.

Chlorure stannique avec oxyde nitrique. Le chlorure stannique absorbe, d'après *Kuhlmann*, du gaz oxyde nitrique, et forme, après sa saturation, un composé cristallin qui peut être distillé sans altération. L'eau en dissout le chlorure stannique, et sépare l'oxyde nitrique à l'état de gaz.

On obtient, suivant *Bolley*, des *sels doubles de chlorure stannique* en mêlant une solution aqueuse de chlorure stannique avec un autre chlorure, de manière que le premier soit en excès, et évaporant le mélange jusqu'à cristallisation.

Chlorure stannico-potassique, $K\,Cl + Sn\,Cl^{2}$. Il cristallise en octaèdres, et ne contient pas d'eau.

Chlorure stannico-sodique, $Na\,Cl + Sn\,Cl^{2}$. Il cristallise en tables à angles rentrants, et ne renferme pas d'eau de cristallisation; mais il est si soluble qu'on a de la peine à séparer les cristaux de l'excès de chlorure stannique. Les cristaux commencent à s'effleurir à l'air sec.

Chlorure stannico-ammonique, $NH^{4}\,Cl + Sn\,Cl$. Il cristallise en octaèdres anhydres, comme le chlorure stannico-potassique. Il ne s'altère pas à l'air, et se dissout à + 18°, dans 3 parties d'eau.

Cette solution supporte l'ébullition; mais, quand on y ajoute une plus grande quantité d'eau, il se précipite de l'hydrate stannique, pendant l'ébullition. Le chlorure stannico-ammonique est employé comme le meilleur mordant pour le vrai rouge; c'est pourquoi on le fabrique en grand. Il se rencontre dans le commerce sous le nom de *sel pink*, du mot anglais *pink*, rouge (œillet). Lorsqu'on dissout dans de l'acide chlorhydrique l'oxyde stannique, formé par l'action de l'acide nitrique sur l'étain, et qu'on traite la solution par le sel ammoniac, on obtient également le sel double en question; mais il n'est pas aussi avantageux comme mordant, parce qu'il agit autrement sur les matières colorantes et qu'il donne une couleur moins pure.

Chlorure stannique et *phosphure hydrique.* D'après *H. Rose*, ces deux corps se combinent sans production d'acide chlorhydrique. La combinaison est solide, et elle contient 3 atomes de chlorure stannique et 1 double atome de phosphure hydrique, $= 3Sn\,Gl^2 + PH^3$. Traitée à la distillation, elle développe le l'acide chlorhydrique et du phosphore, et laisse du chlorure stanneux,

Chlorure stannico-ammoniacal, $Sn\,Gl^2 + NH^3$. On l'obtient, d'après *H. Rose*, en laissant le chlorure stannique se saturer de gaz ammoniac. La combinaison se présente sous la forme d'une poudre incolore, qui s'humecte à l'air, et peut être sublimée sans altération. Le sublimé a le même aspect que le chlorure mercureux sublimé. Avant la sublimation, elle trouble l'eau dans laquelle on la fait dissoudre; après avoir été sublimée, elle donne une dissolution limpide. Au bout de quelques jours, la dissolution devient gélatineuse; la chaleur opère ce phénomène sur-le-champ. Évaporée dans le vide sur l'acide sulfurique, elle laisse un sel sec et cristallin qui se sublime de nouveau sans altération.

Bromure stanneux, $Sn\,Br$. Il est soluble, et donne, après l'évaporation, un sel sec qui est blanc et dont les propriétés n'ont pas été examinées.

Bromure stannique, $Sn\,Br$. On l'obtient en mettant de la limaille d'étain en contact avec du brôme. La combinaison s'opère avec dégagement de lumière, et le bromure se sublime en cristaux blancs qui fument peu à l'air, entrent facilement en fusion, et sont solubles dans l'eau.

Iodure stanneux, $Sn\,I$. On le prépare en chauffant un mélange de grenaille d'étain et d'iode; les deux corps se combinent et donnent naissance à une masse rouge-brunâtre, translucide, qui est très-fusible et se sublime à une température plus élevée. Ce sel se dissout dans l'eau, et se réduit, par la trituration, en une poudre d'un jaune orange sale. Par l'évaporation de la solution aqueuse, on peut obtenir le sel en cristaux aciculaires rouge-jaune. Un mélange chaud et étendu de la solution de chlorure stannique avec la même quantité de solution d'iodure potassique laisse, par le refroidissement, déposer les mêmes cristaux. On peut aussi dissoudre le précipité d'iodure dans l'eau bouillante; il se cristallise ensuite par le refroidissement.

Iodure stannoso-ammonique, $SnI + 2NH^3$. On l'obtient en faisant absorber à l'iodure stanneux du gaz ammoniac : le sel s'échauffe et tombe en une poudre blanche.

Sels doubles d'iodure stanneux. D'après les expériences de *Boullay* jeune, l'iodure se combine avec les iodures des radicaux alcalins et des terres alcalines. On dissout l'iodure dans la solution d'un iodure alcalin, et on évapore la liqueur jusqu'à cristallisation, ou bien on précipite du chlorure stanneux par une solution concentrée de l'autre iodure, on dissout le précipité dans l'eau bouillante jusqu'à saturation, et on abandonne la liqueur à la cristallisation.

Iodure stannoso-potassique, $KI + 2SnI$. Il se précipite en aiguilles jaunâtres d'un éclat soyeux, lorsqu'on traite une solution de chlorure stanneux par une solution concentrée d'iodure potassique; la liqueur finit par se changer en une bouillie. On laisse ensuite égoutter le liquide, on presse la masse et on la dissout, à chaud, dans l'alcool jusqu'à saturation : le sel cristallise, par le refroidissement, en belles aiguilles. Il est décomposé par l'eau.

Iodure stannoso-sodique, $NaI + 2SnI$. Il est bien plus soluble que le sel précédent : aussi l'obtient-on en dissolvant l'iodure sodique solide dans du chlorure stanneux. Après quelque agitation, le sel double se précipite; on l'enlève aussitôt, on le presse, et on le purifie en le faisant cristalliser de nouveau dans l'alcool. Il ressemble au sel précédent, et se décompose par l'eau.

Iodure stannoso-ammonique, $NH^4I + SnI$. On l'obtient comme les sels précédents, mais il n'en partage pas la composition, ainsi que le montre la formule.

Avec l'*iodure barytique* et l'*iodure strontique*, on produit des combinaisons semblables, jaunes et cristallisables.

Iodure stanneux avec iodure stannique, $SnI + SnGl^2$. Il se forme, suivant *Kane*, quand on mêle du chlorure stanneux anhydre avec du chlorure d'iode, I Gl : il se sépare d'abord un peu d'iode qui se redissout ensuite. Le sel cristallise en prismes orangés brillants. Probablement on l'obtient aussi, en dissolvant de l'iodure stanneux, en proportion convenable, dans le chlorure stannique.

Iodure stannique, $Sn I^2$. Pour l'obtenir il suffit de dissoudre l'hydrate stannique dans l'acide iodhydrique. Il se dépose en cristaux jaunes, à éclat soyeux, qui sont décomposés par l'eau, et totalement transformés, à l'aide de l'ébullition, en acide iodhydrique et en oxyde stannique.

Fluorure stanneux, SnF. Il se dissout aisément dans l'eau; sa saveur est douceâtre et astringente; et il cristallise, par l'évaporation spontanée, en prismes blancs et brillants. L'oxygène de l'air le transforme en fluorure stannique basique.

Fluorure stannique, $Sn F^2$. Il ne cristallise pas, et se coagule comme du blanc d'œuf, quand on chauffe sa dissolution jusqu'à l'ébullition.

Fluorure silicico-stannique, $3Sn F^2 + 2Si F^3$. Il est très-soluble dans l'eau, et se dépose en longs cristaux prismatiques. L'air le décompose facilement en y faisant naître un précipité de silicate stannique.

Cyanures d'étain. Jusqu'à présent on n'a pu obtenir ces sels à l'état isolé, ni par double décomposition, ni en traitant les oxydes stanniques par l'acide cyanhydrique. Cependant le cyanure stanneux et le cyanure stannique existent, et on peut les obtenir en combinaison avec d'autres cyanures : par exemple, avec ceux du fer, en précipitant les sels stanneux ou stanniques par le cyanure ferroso-potassique.

Cyanure ferroso-stannique, 2Sn Gy + Fe Gy. On l'obtient à l'état de précipité blanc, insoluble dans l'eau, quand on traite le chlorure stanneux par le cyanure ferroso-potassique. Il en est de même du *cyanure ferrico-stannique*, $3Sn\ Gy + Fe\ Gy^3$. On n'a pas cherché à savoir d'une manière exacte comment la solution du chlorure stannique se comporte avec ces précipitants.

Le *rhodanure stannique* est soluble dans l'eau; on n'en sait rien de plus.

B. *Oxysels d'étain.*

a. Sels à base d'oxyde stanneux.

Sulfate stanneux, $\dot{Sn}\dddot{S}$. On le prépare en traitant l'étain par l'acide sulfurique concentré ou peu étendu ; on obtient ainsi une masse saline, qui forme avec l'eau bouillante une dissolution brune, de laquelle le sulfate stanneux se dépose, pendant le refroidissement, en petites aiguilles cristallines. Chauffé jusqu'au rouge, ce sel se décompose et donne de l'oxyde stannique. En distillant un mélange de sulfure stanneux et d'oxyde mercurique, on obtient du *sulfate stanneux anhydre* que l'on peut exposer à la chaleur du rouge obscur sans qu'il soit décomposé. Pour préparer le mordant de *Bancroft*, on verse trois parties d'acide chlorhydrique ordinaire sur deux parties de grenaille d'étain ; au bout d'une heure on ajoute à ce mélange, avec précaution, une partie et demie d'acide concentré. Il se dégage beaucoup de chaleur, et l'étain se dissout avec violence. On entretient la chaleur en faisant digérer le mélange au bain de sable, jusqu'à ce qu'il ne se dégage plus de gaz hydrogène. On laisse refroidir la masse, on dissout le sel dans l'eau, on décante la liqueur de dessus le résidu d'étain, on pèse ce dernier, et on ajoute à la dissolution une quantité d'eau telle que huit parties de la dissolution en contiennent une d'étain.

Sulfite stanneux, $\dot{Sn}\ddot{S}$. Pour l'obtenir, on dissout l'étain dans l'acide sulfureux liquide. Celui-ci se réduit en partie ; on obtient une dissolution de sulfite stanneux, contenant un peu d'hyposulfite stanneux, et il se dépose, au fond du vase, du sulfure d'étain noir. Quand on mêle une solution de chlorure stanneux avec du sulfite sodique, le sulfite stanneux se précipite sous forme de poudre blanche qui, chauffée dans la liqueur, se décompose en un soussel. Il jaunit, mais ne noircit pas par l'ébullition. On n'a pas cherché ce que le composé devient dans ce cas.

Dithionite (*hyposulfite*) *stanneux*, $\dot{Sn}\ddot{\bar{S}}$. Cette combinaison est soluble dans l'eau. Les sels stanneux ne sont pas précipités par les hyposulfites solubles. Si l'on introduit une feuille d'étain laminé dans de l'acide sulfureux, elle devient brune et demi-transparente, et la masse prend une consistance gélatineuse due à la présence de l'oxyde stannique qui s'est formé ; mais elle ne contient que de légères traces d'acide dithioneux.

Nitrate stanneux, $\dot{Sn}\overset{\therefore}{\bar{N}}$. On le prépare en dissolvant de l'hydrate stanneux dans de l'acide nitrique étendu. La dissolution de ce sel ne peut être concentrée, et s'altère facilement. Le sel s'oxyde tant au contact de l'air que quand on le chauffe, et donne dans ce cas un dépôt gélatineux d'oxyde stannique. D'après *Berthollet*, ce dépôt contient quelquefois un soussel stanneux. Il est croyable qu'on obtient aussi du nitrate stanneux, en dissolvant le sulfure stanneux dans l'acide nitrique; mais, en traitant de l'étain pur par cet acide, il ne se forme que de l'hydrate stannique, quand l'acide est concentré; quand au contraire il est étendu, en sorte que son poids spécifique ne s'élève pas au-dessus de 1,114, on obtient un sel double, composé d'acide nitrique, d'oxyde stanneux et d'ammoniaque, dans lequel l'ammoniaque résulte de la décomposition simultanée de l'acide et de l'eau. Ce sel se décompose aussi facilement que le sel stanneux simple.

Phosphate stanneux, $\dot{Sn}^2\overset{\cdot\cdot}{\dddot{P}}$. Précipité blanc, qu'on obtient par voie de double décomposition. On peut le fondre en une masse vitreuse.

Phosphite stanneux, $\dot{Sn}^2\dddot{P}$. Il se précipite sous forme d'une poudre blanche insoluble. Il se dissout dans l'acide chlorhydrique, et cette dissolution est un des moyens de réduction les plus puissants qu'offre la voie humide, attendu que l'acide et l'oxyde tendent à se suroxyder. Il contient 1 atome ou 4,54 pour cent d'eau.

Le *chlorate stanneux* n'a qu'une existence éphémère. L'acide chlorique dissout l'hydrate stannique, si l'on maintient l'acide à une température très-basse, et qu'on ajoute l'hydrate par petites portions successives. Mais la solution se prend bientôt en une espèce de gelée, pendant qu'il se forme de l'oxyde et du chlorure stanniques. Suivant *Waechter*, il se produit alors des détonations violentes dans la liqueur, qui s'échappe fortement ; ces détonations paraissent provenir d'une formation d'oxyde chlorique qui fait explosion par la chaleur.

Iodate stanneux, $\dot{Sn}\overset{\cdot\cdot}{\dddot{I}}$. Il se précipite par voie de double décomposition, lorsqu'on verse goutte à goutte du chlorure stanneux dans de l'iodate sodique. Le précipité présente l'aspect d'une poudre blanche dont la couleur se fonce à mesure que de l'iode est mis en liberté, en même temps qu'il se produit aussi de l'oxyde stannique. Lorsqu'on verse, au contraire, l'iodate sodique dans le chlorure stanneux, le précipité se redissout avec une couleur jaune, et, par l'addition d'une plus grande quantité de sel sodique, l'iode commence à se séparer.

Carbonate stanneux. L'acide carbonique ne s'unit pas à l'oxyde stanneux.

Oxalate stanneux, $\dot{Sn}\bar{C}$. Ce sel est blanc, pulvérulent, insoluble dans l'eau. Il se combine avec un excès d'acide pour former un sursel qui se dissout dans l'eau, et qu'on peut faire cristalliser par une lente évaporation. L'étain métallique se dissout avec dégagement de gaz hydrogène dans l'acide oxalique.

Rhodicate stanneux. C'est une poudre d'un brun de kermès, très-peu soluble dans l'eau.

Croconate stanneux, $\dot{Sn}C^5O^4$. Il se précipite sous forme d'une poudre jaune, insoluble dans l'eau.

Borate stanneux. C'est une poudre blanche, insoluble, qui se précipite quelquefois en petits grains cristallins. Le borate stanneux se fond difficilement en un verre opaque.

Formiate stanneux, $\dot{Sn}\dddot{F}o$. Après l'évaporation, il donne une gelée ; pendant la vaporisation, il se précipite de l'oxyde stannique, et quand on verse de l'alcool dans la gelée, il se précipite une nouvelle quantité de cet oxyde.

Acétate stanneux, $\dot{Sn}\dddot{A}c$. On l'obtient en faisant digérer l'étain avec de l'acide acétique, ou, mieux encore, en dissolvant l'hydrate stanneux dans cet acide. Si on verse de l'alcool dans la dissolution évaporée à consistance sirupeuse, l'acétate se dépose en cristaux blancs, transparents et fermes. Du vinaigre et des substances végétales acidules, que l'on conserve dans des vases en étain qui contient du plomb, n'attaquent que l'étain, quand le plomb n'excède pas un sixième du poids de l'étain ; il faut cependant excepter les endroits dont la surface est en contact avec l'air, car ils sont également attaqués.

Tartrate stanneux, $\dot{Sn}\ddot{\dddot{T}}r$. Il est peu soluble. L'acide tartrique dissout facilement l'étain, et quand il s'approche du point de saturation, le tartrate se précipite en petites aiguilles cristallines. Il se précipite aussi par voie de double décomposition. Suivant *Werther*, la potasse caustique le dissout, et cette dissolution, traitée par l'alcool, laisse déposer un composé sirupeux non cristallin $= \dot{K}\ddot{\dddot{T}}r + \dot{Sn}\dot{H}$.

Tartrate stannoso-potassique, $\dot{K}\dddot{T}r + \dot{Sn}\dddot{T}r$. La crème de tartre dissout l'étain, et forme, avec l'oxyde stanneux, un sel double très-soluble, qu'il est difficile de faire cristalliser, et qui, de même que la plupart des tartrates doubles, n'est précipité ni par les alcalis caustiques ni par les carbonates alcalins. Du tartre ajouté au chlorure d'étain rend celui-ci plus propre à certains genres de teintures, probablement parce qu'il se forme du tartrate d'étain, et que celui-ci n'est point précipité par de l'alcali, quand on emploie des mordants alcalins.

Succinate stanneux, $\dot{Sn}\,\dddot{Sc}$. On l'obtient en dissolvant l'étain ou l'oxyde stanneux dans l'acide succinique. Il est soluble, et cristallise en tables minces, larges et transparentes.

Chromate stanneux, $\dot{Sn}\,\dddot{Cr}$. Il se précipite sous forme de flocons volumineux d'un jaune brunâtre, quand on traite une solution de chromate potassique neutre par le chlorure stanneux. Lorsqu'on verse, au contraire, le chromate potassique dans une solution de chlorure stanneux, l'acide chromique est réduit par le chlorure stanneux, et on obtient un précipité vert. Le chromate stanneux devient violet par la calcination. On l'emploie dans la peinture sur verre et sur porcelaine; il donne, selon les quantités, des nuances variables depuis le rouge rose le plus clair jusqu'au violet le plus foncé.

Vanadate stanneux, $\dot{Sn}\,\dddot{V}$. Sel soluble.

Les *acides métalliques* sont pour la plupart décomposés par l'hydrate ainsi que par les sels stanneux, et il se forme des sels stanniques aux dépens d'une partie de l'acide.

b. Sels à base d'oxyde stannique.

Sulfate stannique, $\ddot{Sn}\,\dddot{S}^2$. On l'obtient, soit à l'état anhydre, en dissolvant de la limaille d'étain dans trois fois son poids d'acide sulfurique concentré bouillant, et chassant l'excès d'acide par l'évaporation à une douce chaleur, soit à l'état de dissolution, en traitant l'hydrate stannique par l'acide sulfurique. En décrivant les deux modifications de l'oxyde stannique, j'ai indiqué les principales propriétés qu'on connaît à ce sel. Il est probable que l'oxyde stannique gélatineux, qu'on obtient quand on verse de l'eau sur le sel stanneux chauffé, n'est autre chose qu'un soussel stannique, et qu'il se dissout en même temps dans la liqueur un sursel correspondant.

Nitrate stannique, $\ddot{Sn}\,\overset{\cdot\cdot}{\dddot{N}}^2$. On le prépare en dissolvant de l'oxyde stannique précipité par un alcali, dans de l'acide nitrique froid jusqu'à saturation de ce dernier; quand on a employé de l'acide nitrique d'une certaine force, le sel finit par se déposer en paillettes cristallines, à éclat soyeux. Lorsqu'on chauffe ce sel, il se décompose, et il se précipite de l'oxyde stannique sous forme gélatineuse, mais qui n'est pas la même modification que l'oxyde obtenu par la digestion de l'étain avec l'acide nitrique.

Le *phosphate stannique* est inconnu.

Phosphite stannique, $\ddot{\mathrm{Sn}}\,\dddot{\mathrm{P}}$. Il se précipite sous forme d'une poudre blanche, insoluble, qui donne de l'eau quand on la calcine, et se transforme en phosphate stanneux.

Le *perchlorate*, le *chlorate*, l'*iodate* et le *borate stanniques* sont inconnus.

Le *carbonate stannique* n'existe pas.

Acétate stannique, $\ddot{\mathrm{Sn}}\,\dddot{\mathrm{A}}\mathrm{c}^2$. Il est soluble dans l'eau, et donne par l'évaporation une masse saline, gélatineuse.

Sélénite stannique, $\mathrm{Sn}\,\ddot{\mathrm{Se}}^2$. Il est blanc, pulvérulent, insoluble dans l'eau, se dissout dans l'acide chlorhydrique, et se précipite de la dissolution quand on étend celle-ci d'eau. Soumis à la calcination, il se décompose, donne d'abord de l'eau, puis un sublimé d'acide sélénieux, et laisse pour résidu de l'oxyde stannique pur.

Arséniate stannique. Il n'a pas été examiné.

Arsénite stannique, $\ddot{\mathrm{Sn}}\,\dddot{\mathrm{A}}\mathrm{s}$. C'est une poudre insoluble, d'apparence gélatineuse, qui ne s'altère pas quand on la calcine, et n'entre en fusion qu'à l'aide d'une violente chaleur.

Chromate stannique, $\ddot{\mathrm{Sn}}\,\dddot{\mathrm{C}}\mathrm{r}^2$. C'est une poudre insoluble, d'une belle couleur jaune-citron.

Vanadate stannique, $\ddot{\mathrm{Sn}}\,\dddot{\mathrm{V}}^2$. Sel soluble.

Molybdate stannique, $\ddot{\mathrm{Sn}}\,\dddot{\mathrm{M}}\mathrm{o}^2$. Il est gris, pulvérulent, insoluble dans l'eau, soluble en brun dans la potasse caustique, en vert dans l'acide chlorhydrique concentré, et en bleu dans l'acide étendu. L'acide nitrique ne l'altère pas.

Tungstate stannique. Il est inconnu. Le précipité bleu qui se forme quand on mêle du tungstate potassique avec du chlorure stanneux est du tungstate tungstique.

C. *Sulfosels d'étain.*

L'étain forme deux sulfobases, dont la composition est proportionnelle à celle des oxydes. Quant au sulfure sustanneux, on ignore s'il possède ou non les propriétés d'une sulfobase. Les sulfosels stanneux sont presque tous d'un brun foncé; les sulfosels stanniques, au contraire, sont plus clairs, souvent jaunes, et parfois solubles dans l'eau.

Sulfocarbonate stanneux, $\overset{'}{Sn}\overset{''}{C}$. C'est un précipité d'un beau brun foncé, qui ne s'altère point pendant la dessiccation.

Sulfocarbonate stannique, $\overset{''}{Sn}\overset{''}{C}^2$. Il forme un précipité d'un orange pâle, qui devient orange foncé par la dessiccation.

Sulfotellurite tristanneux, $\overset{'}{Sn}^3\overset{''}{Te}$. C'est un précipité jaune brunâtre, qui devient noir par la dessiccation.

Sulfotellurite tristannique, $\overset{''}{Sn}^3\overset{''}{Te}^2$. Il est presque noir déjà au moment de la précipitation.

Sulfarséniate stanneux, $\overset{'}{Sn}^2\overset{'''''}{As}$. C'est un précipité châtain foncé, qui conserve sa couleur en séchant. Le sel basique est tout à fait semblable au sel neutre.

Sulfarséniate stannique, $\overset{''}{Sn}\overset{'''''}{As}$. Il forme, tant à l'état neutre qu'avec excès de base, un précipité mucilagineux, d'un jaune pâle, difficile à filtrer. A l'état sec, il est d'un beau jaune orangé.

Sulfarsénite stanneux, $\overset{'}{Sn}^2\overset{'''}{As}$. Il forme un précipité d'un brun rougeâtre foncé, qui ne change pas de couleur en séchant. Il est infusible, et donne, par la distillation, une partie de son sulfide arsénieux, en laissant pour résidu une masse grise, poreuse, d'apparence métallique, qui contient de l'arsenic et du soufre.

Sulfarsénite stannique, $\overset{''}{Sn}\overset{'''}{As}$. C'est un précipité jaune, mucilagineux, qui devient orangé en le desséchant, et donne une poudre d'un beau jaune. A la distillation il se comporte comme le précédent.

Sulfomolybdate stanneux, $\overset{'}{Sn}\overset{'''}{Mo}$. C'est un précipité noir.

Sulfomolybdate stannique, $\overset{''}{Sn}\overset{'''}{Mo}^2$. Il forme un précipité brun, translucide, qui devient d'un gris brun par la dessiccation.

Hypersulfomolybdate stanneux, $\overset{''}{Sn}\overset{''''}{Mo}$. C'est un précipité brun foncé, qui s'altère peu à peu à l'air, et se transforme en hypersulfomolybdate stannique.

Hypersulfomolybdate stannique, $\overset{''}{Sn}\overset{''''}{Mo}^2$. Il est rouge, et se dissout en petite quantité dans l'eau. Le chlorure stannique est précipité en rouge par l'hypersulfomolybdate potassique; mais le précipité se redissout de suite, et colore la liqueur en rouge. En laissant séjourner le sulfosel stanneux dans la liqueur de laquelle il s'est précipité, il s'y redissout en rouge, mais seulement quand la liqueur est au contact de l'air.

Sulfotungstate stanneux, $\overset{,}{Sn}\overset{,,,}{W}$. Il se précipite en flocons bruns, volumineux.

Sulfotungstate stannique, $\overset{,,}{Sn}\overset{,,,}{W}^{2}$. Il se précipite en flocons d'un jaune grisâtre.

23. *Sels de bismuth.*

Jusqu'à présent on ne connaît qu'une série de sels de bismuth. Les sels bismuthiques sont incolores, et l'eau les précipite. Le gaz sulfide hydrique en précipite le métal en noir, et l'infusion de noix de galle forme, dans la dissolution de ces sels, un précipité jaune orangé. Le cuivre et l'étain en précipitent le bismuth à l'état métallique.

A. *Sels haloïdes de bismuth.*

Chlorure bismuthique. On l'obtient en dissolvant l'oxyde bismuthique dans l'acide chlorhydrique concentré, et faisant évaporer la liqueur jusqu'au point de cristallisation. Dans cet état il renferme, suivant *Arppe*, 2 atomes ou 5,32 pour cent d'eau de cristallisation, qu'on peut chasser par la chaleur, mais non pas sans qu'il ne se dégage en même temps un peu d'acide chlorhydrique. Ce sel est volatil, et peut être distillé. Quand on le chauffe, il coule comme de l'huile, mais se solidifie par le refroidissement. On peut aussi préparer ce sel, en distillant un mélange d'une partie de bismuth avec deux parties de chlorure mercurique. Le chlorure bismuthique s'humecte à l'air, et tombe en déliquium. Par l'addition d'une plus grande quantité d'eau, il se décompose, en même temps qu'il se dépose un soussel. Il se dissout, sans résidu, dans l'acide nitrique et l'acide chlorhydrique, bien que ces dissolutions, étendues d'eau, donnent un précipité de soussel. Le chlorure bismuthique anhydre absorbe du gaz ammoniac.

Chlorure bismuthique basique. On l'obtient en versant une dissolution neutre de nitrate bismuthique dans une dissolution concentrée de sel marin, ou en versant de l'acide chlorhydrique sur de l'oxyde bismuthique, et chassant l'excès d'acide par évaporation.

9.

Ce sel est très-léger, et d'un blanc de neige. Il est employé comme fard, et connu sous le nom de *blanc d'Espagne.* Si l'on opère la précipitation à l'aide d'une dissolution d'acide chlorhydrique concentrée jusqu'à un certain point, le sel forme des paillettes à éclat nacré; on l'appelle alors *blanc de perle.* D'après une analyse de *Phillips*, sa composition peut être exprimée par la formule $\mathrm{Bi}\,\bar{\mathrm{Cl}}^{3} + 2\dddot{\mathrm{Bi}} + 3\dot{\bar{\mathrm{H}}}$. *Arppe* et *Heintz* lui ont assigné la même composition, mais ils n'ont pas trouvé d'eau, après la dessiccation à + 100°. Ce soussel devient souvent foncé, quand on l'expose aux rayons directs du soleil; Klaproth attribue ce phénomène à la présence d'un peu d'argent.

Chlorure bismuthique surbasique. On ne s'est pas encore assuré si le soussel qui se précipite dans des solutions très-étendues est le sel dont il s'agit ici, ou si c'est un autre sel. *Arppe* a constaté que le sel précédent étant exposé à une température élevée, jusqu'à ce qu'il ne se sublime plus de chlorure bismuthique, laisse une masse fondue qui jaunit par la chaleur, et blanchit après le refroidissement. Elle se compose de $\mathrm{Bi}\,\bar{\mathrm{Cl}}^{3} + 6\dddot{\mathrm{Bi}}$.

Suivant *Jacquelain*, le chlorure bismuthique neutre, étant chauffé dans un courant de vapeurs d'eau, laisse des paillettes brillantes, constituant le chlorure bibasique qui ne donnerait pas de chlorure bismuthique par une forte calcination, ce qui l'éloignerait singulièrement de la manière dont se comporte le chlorure bismuthique basique, produit par voie humide.

Chlorure sulfobismuthique. On l'obtient, suivant *Reinsch*, en dissolvant le chlorure bismuthique dans l'acide chlorhydrique, et précipitant une partie du bismuth par le sulfide hydrique. On n'en a pas donné d'autres détails.

D'après *Jacquelain*, on obtient des *sels doubles de chlorure bismuthique* en dissolvant le chlorure bismuthique dans l'acide chlorhydrique, ajoutant un chlorure à la solution, qui, étant faite, est évaporée jusqu'à un certain degré, pour la faire cristalliser pendant le refroidissement. Ces sels doubles sont décomposés par l'eau, qui précipite du chlorure bismuthique bibasique.

Chlorure bismutho-potassique, $2\mathrm{K}\,\bar{\mathrm{Cl}} + \mathrm{Bi}\,\bar{\mathrm{Cl}}^{3}$. Il cristallise, suivant *Jacquelain*, en octaèdres rhomboédriques, dérivés d'un prisme rhomboédrique droit. Il contient 5 atomes ou 8,76 pour cent d'eau. *Arppe* ne trouva pas d'eau dans ce sel, auquel il donne du reste la même composition. D'après les expériences d'*Arppe*, on obtient ce sel en dissolvant 2 atomes d'oxyde bismuthique dans l'acide chlorhydrique, y ajoutant ensuite 3 atomes de chlorure potassique, et soumettant la liqueur à l'évaporation. Le sel cristallise en prismes courts à six pans, provenant d'un prisme rhomboédrique, dont deux arêtes sont tronquées de manière à former des faces. En dissolvant 1 atome d'oxyde et 2 atomes de chlorure potassique, *Arppe* obtint un autre sel, cristallisé en prismes rhomboédriques très-réguliers, anhydres, composés de $3K\,Cl + Bi\,Cl^3$.

Chlorure bismutho-sodique, $2Na\,Cl + Bi\,Cl^3$. Il cristallise, d'après *Jacquelain*, en prismes striés, contenant 6 atomes ou 11,01 pour cent d'eau. Il est déliquescent. Suivant *Arppe*, on obtient ce sel en dissolvant 2 atomes d'oxyde bismuthique et 3 atomes de chlorure sodique dans l'acide chlorhydrique, et évaporant la solution à chaud : il cristallise en prismes striés, semblables au nitre. *Arppe* le trouva déliquescent, et composé de $2Na\,Cl + Bi\,Cl^3 + 2\dot{H}$. Lorsque, dans la préparation de ce composé, on emploie le chlorure sodique en excès, il se forme d'abord des cristaux du sel indiqué, puis il se dépose, dans les eaux-mères, d'autres cristaux de même forme, mais dans lesquels la quantité de chlorure sodique va en augmentant; c'est plutôt un conglomérat cristallin qu'une combinaison chimique, de sorte que, dans l'un de ces sels, on a trouvé 18 atomes de chlorure sodique pour 1 atome de chlorure bismuthique.

Chlorure bismutho-ammonique, $2NH^4\,Cl + Bi\,Cl^3$. Il cristallise en dodécaèdres ou en pyramides hexagonales doubles, ne contenant pas d'eau chimiquement combinée. *Arppe* a obtenu, comme pour le potassium, deux sels doubles de chlorure ammonique avec le chlorure bismuthique : l'un renferme 2 atomes de chlorure ammonique pour 1 atome de chlorure bismuthique, et l'autre 3 atomes. Tous les deux sont anhydres, et isomorphes avec les sels potassiques correspondants.

Bromure bismuthique, $Bi\,Br^3$. On le prépare en chauffant du bismuth en poudre dans de la vapeur de brôme, jusqu'à ce que le métal soit complétement saturé. D'après *Sérullas*, la combinaison s'opère sans dégagement de lumière. A la température de 200°, le sel se fond en un liquide rouge foncé, qui, en se refroidissant, devient gris et brillant comme de l'iode. Le bromure bismuthique est peu volatil; cependant il peut être sublimé. A l'air, il devient jaune, et se combine avec une certaine quantité d'eau. Par une plus grande quantité d'eau il est décomposé; il se sépare du bromure basique, tandis qu'il reste en dissolution de l'acide bromhydrique avec très-peu de bromure.

Iodure bismuthique, BiI^3. On l'obtient difficilement par voie sèche. Lorsqu'on chauffe du bismuth en poudre avec de l'iode, ce dernier ne s'y unit qu'en très-petite quantité : la plus grande partie de l'iode se sublime, et le bismuth reste mêlé avec très-peu d'iodure bismuthique. Suivant *Arppe*, on l'obtient le mieux de la manière suivante : On dissout 1 partie de nitrate bismuthique dans 8 parties d'eau, additionnée d'une quantité d'acide nitrique telle que le sel peut s'y dissoudre sans décomposition ; puis, on verse cette solution goutte à goutte dans une solution d'iodure potassique, faite avec 8 parties d'eau et 1 partie de sel. L'iodure bismuthique se précipite sous forme d'une poudre brun foncé ; on le recueille sur un filtre; on le lave promptement à l'eau froide, on le presse et on le dessèche. Après la dessiccation, il est noir, et prend un aspect métallique par le frottement avec les corps durs. Sa poudre est d'un brun foncé. Chauffé dans un courant de gaz acide carbonique exempt d'air, il se change, d'après *Heintz*, en un gaz rouge qui se condense, sur les parties froides de l'appareil, en paillettes vert foncé, d'un éclat métallique. Quand on le chauffe à l'air, le métal s'oxyde pendant que l'iode se vaporise, et il ne reste à la fin que de l'oxyde métallique. A l'état humide, il est décomposé par l'eau chaude : il se dissout de l'acide iodhydrique, et il reste de l'iodure bismuthique bibasique. Après la dessiccation, il se décompose plus difficilement et moins complétement, quand on le fait bouillir avec l'eau. Il se dissout dans l'acide nitrique aussi bien que dans l'acide iodhydrique, et il se précipite de ces dissolutions quand on les mêle avec une quantité exactement convenable d'eau ou d'alcool. La solution précipitée par l'alcool est jaune, et devient d'un brun châtain par l'évaporation. Lorsqu'elle commence à exhaler une odeur acide, elle dépose de petits grains cristallins noirs d'iodure bismuthique neutre, qu'on peut, sans décomposition, laver à l'eau. Par une évaporation prolongée, on obtient le sel suivant :

Iodure bismuthique acide, $BiI^3 + HI + 8\dot{H}$. Il a été découvert par *Arppe*. On l'obtient en dissolvant de l'iodure bismuthique dans l'acide iodhydrique, et évaporant la solution brune dans le dessiccateur : le sel cristallise en octaèdres à base rhomboédrique brun foncé, ou en prismes rhomboïdaux. Il contient 10,01 pour cent d'eau. Ce sel répand une épaisse vapeur, même à l'air sec ; mais il n'est pas déliquescent. L'eau le décompose : il se précipite du sousiodure bismuthique, sans qu'il reste du bismuth en dissolution.

Iodure bismuthique bibasique, $\text{BiI} + 2\dddot{\text{Bi}}$. On l'obtient en dissolvant l'iodure neutre dans un acide, et versant la solution goutte à goutte dans l'eau, ou décomposant le sel neutre récemment précipité par l'ébullition dans l'eau. Il est d'un rouge brique, et insoluble dans l'eau, dans l'iodure potassique, l'iodure sodique, et dans les chlorures correspondants. Il est décomposé très-incomplétement par l'hydrate potassique, même à la température de l'ébullition, mais mieux et plus complétement par l'ébullition avec le carbonate ammonique. Chauffé au feu libre, il se change en oxyde, pendant qu'il se volatilise de l'iode.

Iodure bi-semibasique de bismuth, $2\text{BiI}^3 + 5\dddot{\text{Bi}}$. On l'obtient, suivant *Arppe*, à l'état de précipité jaune, en dissolvant l'iodure potassique dans 1700 fois son poids d'eau, et versant goutte à goutte dans la liqueur, en l'agitant continuellement, une solution de nitrate bismuthique. On l'obtient aussi, en versant goutte à goutte une solution d'iodure bismuthique acide dans une grande quantité d'eau ou dans une lessive très-étendue d'hydrate potassique, ou en faisant digérer l'iodure bismuthique récemment précipité avec une quantité d'iodure potassique insuffisante pour la dissolution. Le précipité est jaune orange, et présente du reste les mêmes propriétés que l'iodure bibasique.

Iodure bismutho-potassique, $2\text{KI} + \text{BiI}^3$. On l'obtient, suivant *Arppe*, en saturant une solution un peu concentrée d'iodure potassique avec l'iodure bismuthique récemment précipité. La solution est rouge, et donne, dans le dessiccateur, des cristaux rouges représentant des paillettes hexagonales, et paraissant appartenir au système rhomboédrique. Ces cristaux renferment de l'eau; l'analyse en donne plus de 1 atome, mais moins de 2 atomes. L'eau les décompose pendant qu'il se sépare de l'iodure bismuthique bibasique.

En faisant digérer l'iodure potassique avec de l'iodure bismuthique tant qu'il peut en dissoudre, il se produit de l'iodure bi et sesquibismuthique. L'iodure potassique absorbe ainsi de l'acide iodhydrique, et il se forme de l'oxyde bismuthique. Cette action se fonde sur la formation d'un sel double acide, qu'on obtient le plus facilement en dissolvant 1 atome d'iodure bismuthique dans de l'acide iodhydrique, chargeant ensuite cette liqueur de 4 atomes d'iodure potassique, et l'évaporant dans le dessiccateur. La solution concentrée laisse à la fin déposer des cristaux noirs déliés, composés de $4KI + \bar{B}iI^3 + \bar{H}I$. Ils fument à l'air sec, donnent de l'iode et de l'acide iodhydrique, et deviennent ainsi rouges. Les deux sels, le noir et le rouge, se dissolvent facilement, sans trouble, dans très-peu d'eau ; mais, par l'addition d'une plus grande quantité d'eau, il se précipite de l'iodure bismuthique et de l'iodure bibasique, en augmentant encore la quantité du précipitant.

Iodure bismutho-ammonique, $\bar{B}iI^3 + 3\bar{N}\bar{H}^3$. On l'obtient, suivant *Rammelsberg*, en chauffant doucement l'iodure bismuthique dans un courant de gaz ammoniac, jusqu'à ce qu'il ne s'absorbe plus de gaz. Le composé est rouge brique.

Fluorure bismuthique. Il se dissout dans l'eau, et se précipite, pendant l'évaporation, sous forme d'une poudre blanche.

Cyanure bismuthique, $\bar{B}i\,\bar{C}y^3$. On n'a pas encore pu l'obtenir à l'état isolé ; le cyanure ferroso-potassique le précipite à l'état de cyanure double ferroso-bismuthique.

Le *Cyanure ferroso-bismuthique*, $2\bar{B}i\,\bar{C}y^3 + 3Fe\,\bar{C}y$, est un précipité blanc, et le *Cyanure ferrico-bismuthique*, $\bar{B}i\,\bar{C}y^3 + \bar{F}e\,\bar{C}y^3$, un précipité jaune brun.

Rhodanure (sulfocyanure) *bismuthique*, $\bar{B}i + 3C^2N^2S^2$. On l'obtient en dissolvant dans l'acide rhodanhydrique l'oxyde bismuthique, précipité de sa dissolution nitrique par l'ammoniaque caustique. La solution est d'un rouge orange, et ne tarde pas à laisser déposer une poudre jaune, qui est un soussel. Par l'évaporation de la liqueur filtrée, il se précipite du rhodanure bismuthique neutre sous forme d'une poudre rouge orange, qui ne contient pas d'eau chimiquement combinée. Traité encore humide par l'eau, il se décompose en oxyde bismuthique insoluble, et en acide rhodanhydrique qui se dissout dans l'eau. Le précipité jaune de soussel se compose, suivant *Rammelsberg*, de $(\bar{B}i + 3C^2N^2S^2) + 4\dddot{\bar{B}i} + 6\dot{\bar{H}}$. L'eau le décompose en oxyde et en acide rhodanhydrique.

B. *Oxysels.*

Sulfate bismuthique, $\dddot{\bar{B}i}\dddot{S}^3$. Il ne peut exister qu'à l'état anhydre ;

il est difficile à préparer, en raison de la facilité avec laquelle la moindre quantité d'eau en enlève 1 atome d'acide sulfurique. On dissout, dans un creuset de platine, 1 partie d'oxyde bismuthique en poudre dans 2 parties ou un peu moins d'acide sulfurique concentré : pour chaque atome d'oxyde bismuthique, il y a 3 atomes d'eau mis en liberté. On élimine cette eau en évaporant la solution à une température qu'on élève successivement de + 250 à + 300° ou 310° ; l'excès d'acide sulfurique est par là complétement chassé. Le sulfate neutre reste sous forme d'une masse blanche, à cassure terreuse, qu'on introduit dans un flacon préalablement desséché et fermant hermétiquement. Si, pendant l'évaporation de la liqueur, la température dépasse à la fin le point d'ébullition de l'acide sulfurique, le sel perd facilement une petite quantité de l'acide qui s'y trouve combiné. Il attire l'humidité de l'air ; il commence alors à se séparer de l'acide sulfurique hydraté. L'eau le décompose en laissant du sulfate bibasique.

a. Sulfate sesquibasique, $\dddot{\overline{Bi}}\dddot{S}^2 = 2\dddot{\overline{Bi}}\dddot{S}^3 + \dddot{\overline{Bi}}$. On l'obtient en dissolvant l'oxyde bismuthique ou le sel précédent dans de l'acide sulfurique chaud, étendu de moitié de son poids d'eau : par le refroidissement, il se dépose en groupes d'aiguilles fines. Il se précipite en aiguilles microscopiques, quand on traite une solution de nitrate bismuthique dans l'acide nitrique par de l'acide sulfurique concentré ou légèrement étendu. Il ne supporte pas l'eau ; il faut donc le dessécher sur une brique, dans le dessiccateur. Ce sel renferme, suivant *Heintz* qui l'a le premier préparé, 9 atomes ou 7,85 pour cent d'eau. Traité par la chaleur ainsi que par l'eau, il devient bibasique. Les acides nitrique et chlorhydrique le dissolvent.

b. Sulfate bibasique, $\dddot{\overline{Bi}}\dddot{S} = \dddot{\overline{Bi}}\dddot{S}^3 + 2\dddot{\overline{Bi}}$. On le prépare en chauffant les deux sels précédents jusqu'à ce qu'ils soient devenus jaunes, et qu'ils ne perdent plus d'acide sulfurique. Il est anhydre, et redevient blanc par le refroidissement. Il se précipite à l'état d'hydrate, quand on verse goutte à goutte une solution nitrique de nitrate bismuthique dans de l'acide sulfurique étendu, recueillant sur un filtre le précipité blanc pulvérulent, et le lavant à l'eau chaude. Il est $= \dddot{\overline{Bi}}\dddot{S}^3 + 2\dddot{\overline{Bi}} + 6\dot{\overline{H}}$, et contient 6,11 pour cent d'eau. Il se dissout dans les acides nitrique et chlorhydrique.

Sulfate bismutho-potassique, $3\dot{K}\dddot{S} + \dddot{\overline{Bi}}\dddot{S}^3$. Il se précipite, suivant *Heintz*, en versant goutte à goutte une solution nitrique d'oxyde bismuthique dans une solution concentrée de sulfate potassique; mais celle-ci ne doit pas être complétement épuisée par la précipitation. C'est une poudre blanche qui, mise sur une brique, doit être desséchée dans un dessiccateur. On l'obtient d'une composition constante, s'il y a du sulfate potassique en excès dans la liqueur où le précipité s'est formé. L'eau le décompose. Si, pendant la préparation, la solution du sulfate potassique est étendue, il se précipite un autre sel qui, suivant *Heintz*, se compose principalement de $2\dot{K}\dddot{S} + \dddot{Bi}\dddot{S}^2$.

Sulfite bismuthique. C'est une poudre insoluble dans l'eau et dans un excès d'acide sulfureux. Chauffé jusqu'au rouge, il abandonne son acide.

Nitrates bismuthiques. 1° *Sel neutre*, $\ddot{Bi}\overset{\cdot\cdot\cdot\cdot\cdot}{\mathrm{N}}$. On l'obtient en dissolvant le bismuth dans l'acide nitrique. La dissolution s'opère avec tant de violence, que quand on verse une petite quantité d'acide concentré fumant sur du bismuth en poudre fine, celui-ci s'échauffe jusqu'au rouge. En dissolvant le métal dans de l'acide moins concentré, on obtient un liquide incolore, qui cristallise, pendant le refroidissement, en prismes quadrilatères. Ces cristaux contiennent 9 atomes ou 16,87 pour cent d'eau de cristallisation. Le sel fond à + 26° environ dans son eau, et se dédouble en une portion qui reste non fondue, et en une autre qui se dissout dans l'eau du sel primitif, mais qui se prend de nouveau en cristaux par le refroidissement. Soumis à la distillation sèche, il donne de l'acide nitrique hydraté, en laissant un soussel qui se décompose par une chaleur plus forte, de manière qu'il ne reste que de l'oxyde. Le nitrate bismuthique neutre se décompose dans l'eau : il s'y dissout de l'acide nitrique avec très-peu d'oxyde bismuthique, et il reste un soussel insoluble. Si l'on écrit sur du papier avec une dissolution saturée de bismuth dans l'acide nitrique, l'écriture n'est pas visible après la dessiccation; mais en trempant le papier dans l'eau, les caractères se développent et paraissent, parce qu'il se forme du sel basique, qui est plus blanc que le papier.

L'acide nitrique forme avec l'oxyde bismuthique plusieurs soussels, dans lesquels 1 atome de sel neutre est combiné avec 1, 2 et 3 atomes d'oxyde.

a. Nitrate monobasique, $\dddot{\overline{Bi}}{}^2\ddot{\overline{N}}{}^3 = \dddot{\overline{Bi}}\ddot{\overline{N}}{}^3 + \dddot{\overline{Bi}}$. On l'obtient, suivant *Graham*, en faisant fondre le sel cristallisé neutre, et le maintenant à une température supérieure à + 78°, jusqu'après dessiccation. On peut ensuite élever la température à + 260°, sans que le sel se décompose davantage. L'eau en enlève de l'acide nitrique, et le rend plus basique.

b. Nitrate bibasique (magistère de bismuth), $\dddot{\overline{Bi}}\ddot{\overline{N}} = \dddot{\overline{Bi}}\ddot{\overline{N}}{}^3 + 2\dddot{\overline{Bi}}$. On l'obtient en versant goutte à goutte une solution nitrique de nitrate bismuthique dans l'eau. C'est un précipité blanc, qu'on emploie en médecine. Il renferme, suivant *Dulk*, 6 atomes ou 5,82 pour cent d'eau, $= \dddot{\overline{Bi}}\ddot{\overline{N}} + 2\dddot{\overline{Bi}}\dot{\overline{H}}{}^3$. Suivant *Heintz*, le sel, desséché à + 100°, contient 3 atomes ou 2,99 pour cent d'eau. Traité par l'eau bouillante, il se convertit dans le sel suivant.

c. Nitrate tribasique, $\dddot{\overline{Bi}}{}^4\ddot{\overline{N}} = \dddot{\overline{Bi}}\ddot{\overline{N}} + 3\dddot{\overline{Bi}}\dot{\overline{H}}{}^3$. On le prépare, d'après *Duflos*, de la manière suivante : On fait d'abord cristalliser la dissolution saturée du nitrate bismuthique, et, après avoir bien débarrassé les cristaux de l'eau-mère adhérente, on les décompose avec 24 fois leur poids d'eau, et on remue le mélange. Par ce moyen, 100 parties de sel cristallisé fournissent 45,5 parties de soussel. Une quantité d'eau plus grande diminue le rendement; mais une plus faible quantité le diminue davantage. Le tableau suivant indique les quantités de sel obtenues par *Duflos*, en décomposant 100 parties de sel au moyen des proportions d'eau marquées au-dessus de chaque quantité, en nombres multiples du poids du sel :

Eau........	1.	2.	3.	4.	8.	12.	16.	24.	32.	64.	128.
Soussel......	16	18,4	27,4	32,5	39,5	43,5	45,0	45,5	45,5	45,0	45,0

Si on filtre la liqueur qui surnage le précipité obtenu, avec 8, 12 ou 16 proportions d'eau, et qu'on la fasse bouillir, il se dépose une nouvelle quantité de soussel en écailles brillantes et cristallines. Le soussel préparé d'après la méthode susmentionnée est d'un blanc de neige, et se compose d'écailles cristallines et microscopiques, qui forment, après la dessiccation, une poudre légère, semblable à la magnésie blanche. *Duflos* y a trouvé 6,42 pour cent ou 9 atomes d'eau; de sorte que le sel peut être considéré comme une combinaison d'un atome de sel neutre avec 3 atomes d'hydrate bismuthique. D'après les expériences de *Dulk*, on peut, par l'eau chaude, enlever à ce sel assez d'acide pour le changer à la fin en $\dddot{\mathrm{Bi}}\,\ddot{\dddot{\mathrm{N}}} + 4\dddot{\mathrm{Bi}}\,\dot{\mathrm{H}}^3$, ce qui représente alors un *nitrate quadribasique*. *Duflos* soutient que ce soussel n'est pas dissous par l'eau, comme on l'avait admis jusqu'ici, mais que l'eau bouillante en extrait un sursel et laisse un soussel insoluble, qui toutefois n'a pas été examiné davantage. Il a trouvé en outre que la liqueur séparée du soussel par la filtration contient un sursel bismuthique qui est composé d'un atome d'oxyde et 12 atomes d'acide, mais qu'on ne peut obtenir à l'état solide.

Phosphate bismuthique, $\dddot{\mathrm{B}}^2\,\ddot{\dddot{\mathrm{P}}}^3$. On le prépare en faisant digérer l'oxyde bismuthique avec de l'acide phosphorique. D'après les essais de *Wenzel*, il forme, d'une part, un sel soluble qui cristallise par l'évaporation, et, d'une autre part, une poudre blanche, insoluble, qui se fond au chalumeau en un verre opaque et laiteux, et se décompose quand on la calcine avec du charbon en poudre.

Phospite bismuthique, $\dddot{\mathrm{Bi}}^2\,\dddot{\mathrm{P}}^3$. Préparé par double décomposition, il se précipite sous forme d'une poudre blanche, insoluble dans l'eau.

Chlorate bismuthique, $\dddot{\mathrm{Bi}}\,\ddot{\dddot{\mathrm{Cl}}}^3$. On l'obtient en dissolution, en traitant l'oxyde bismuthique par l'acide chlorique; mais la solution ne supporte pas l'évaporation, car l'oxyde se change en la modification jaune de l'acide bismuthique, et se précipite.

Bromate bismuthique, $\dddot{\mathrm{Bi}}\,\ddot{\dddot{\mathrm{Br}}}^3$. Il se comporte d'une manière semblable.

Iodate bismuthique, $\dddot{\mathrm{Bi}}\,\ddot{\dddot{\mathrm{I}}}^3$. C'est un précipité blanc, insoluble, et anhydre.

Carbonate bismuthique, $\dddot{\mathrm{Bi}}\,\ddot{\mathrm{C}} = \dddot{\mathrm{Bi}}\,\ddot{\mathrm{C}}^3 + 2\dddot{\mathrm{Bi}}$. C'est une poudre blanche, qui ne se dissout pas dans de l'eau chargée d'acide carbonique. On l'obtient en versant goutte à goutte du nitrate bismuthique dans une dissolution de carbonate potassique. C'est un sel bibasique, qui sert en médecine.

Oxalate bismuthique, $\dddot{\mathrm{Bi}}\,\dddot{\mathrm{C}}^3$. On l'obtient sous forme d'une poudre blanche, en traitant l'hydrate bismuthique par l'acide oxalique. Quand on verse une dissolution concentrée d'acide oxalique dans une dissolution de nitrate bismuthique, l'oxalate se dépose après quelque temps en petits grains cristallins. Il a la même tendance que l'acide bismuthique; il ne faut pas le laver, mais le presser.

Oxalate semibasique, $\dddot{\mathrm{Bi}}\,\dddot{\mathrm{C}}^{2} = 2\dddot{\mathrm{Bi}}\,\dddot{\mathrm{C}}^{3} + \dddot{\mathrm{Bi}}$. On l'obtient en épuisant par l'eau bouillante l'oxalate neutre réduit en poudre fine, jusqu'à ce que l'eau n'enlève plus d'acide oxalique. C'est une poudre blanche insoluble, qui ne se dissout même pas dans l'acide nitrique froid faible; il se dissout, en petite quantité, dans l'acide nitrique concentré, et est très-soluble dans l'acide chlorhydrique. Chauffé entre + 200° et 240°, il se décompose avec dégagement d'acide carbonique. Suivant *Heintz*, il renferme 4 pour cent d'eau, correspondant à la formule $2\dddot{\mathrm{Bi}}\,\dddot{\mathrm{C}}^{2} + 3\dot{\mathrm{H}} = 2\,(2\dddot{\mathrm{Bi}}\,\dddot{\mathrm{C}}^{3} + \dddot{\mathrm{Bi}}) + 9\dot{\mathrm{H}}$.

Rhodicate bismuthique. Il se précipite sous forme d'une poudre jaune.

Croconate bismuthique. Il se précipite également sous forme d'une poudre jaune.

Borate bismuthique. Il est insoluble dans l'eau.

Formiate bismuthique, $\dddot{\mathrm{Bi}}\,\dddot{\mathrm{F}}\mathrm{o}^{3}$. Il est soluble dans l'eau et cristallisable.

Acétate bismuthique, $\dddot{\mathrm{Bi}}\,\dddot{\mathrm{A}}\mathrm{c}^{3}$. Le meilleur moyen de le préparer est de mêler une dissolution d'acétate potassique, concentrée et chaude, avec une dissolution également chaude et concentrée de nitrate bismuthique. Pendant le refroidissement, l'acétate cristallise en paillettes, qui ressemblent à celles que forme l'acide borique. L'oxyde bismuthique se dissout dans le vinaigre concentré, mais le sel reste acide, et on ne peut le faire cristalliser. Le nitrate bismuthique perd la propriété d'être précipité par l'eau, quand on y ajoute du vinaigre.

Tartrate bismuthique, $\dddot{\mathrm{Bi}}\,\dddot{\mathrm{T}}\mathrm{r}^{3}$. Il se précipite en grains cristallins, transparents.

Succinate bismuthique, $\dddot{\mathrm{Bi}}\,\dddot{\mathrm{S}}\mathrm{c}^{3}$. Il est soluble dans l'eau, forme des cristaux lamelleux, et n'est pas précipité par les alcalis.

Arséniate bismuthique, $\dddot{\mathrm{Bi}}^{2}\,\overset{\cdot\cdot\cdot\cdot\cdot}{\mathrm{As}}^{3}$. Il est insoluble dans l'eau et dans l'acide nitrique; l'acide chlorhydrique, au contraire, le dissout. Il est peu fusible. Distillé avec du charbon en poudre, il donne un sublimé d'arsenic, et laisse pour résidu du bismuth contenant un peu d'arsenic.

Chromate bismuthique, $\overset{\cdots}{\text{Bi}}\overset{\cdots}{\text{Cr}}^3$. Il est insoluble dans l'eau, et d'une belle couleur jaune.

Molybdate bismuthique, $\overset{\cdots}{\text{Bi}}\overset{\cdots}{\text{Mo}}^3$. C'est une poudre jaune claire, soluble dans les acides forts.

C. *Sulfosels de bismuth.*

Sulfocarbonate bismuthique, $\overset{,,,}{\text{Bi}}\overset{,,}{\text{C}}^3$. Il se précipite sous forme d'une poudre d'un beau brun foncé, qui se dissout dans un excès du précipitant, et communique à la dissolution une belle couleur rouge-brun.

Sulfarséniate bismuthique, $\overset{,,,}{\text{Bi}}^2\overset{,,}{\text{As}}^3$. Il forme, à l'état neutre et à l'état basique, des précipités d'un brun foncé, qui se ressemblent parfaitement, et se dissolvent dans un excès du précipitant.

Sulfarsénite bismuthique, $\overset{,,,}{\text{Bi}}^2\overset{,,,}{\text{As}}^3$. C'est un précipité brun rougeâtre, qui devient noir par la dessiccation. A l'état de poudre, il est d'un brun noirâtre. Il entre facilement en fusion, donne, à une température élevée, du sulfide arsénieux, et laisse une masse fondue qui ne s'altère plus. Cette masse est grise, douée de l'éclat métallique et d'une cassure cristalline, et donne une poudre grise métallique. C'est du sulfarsénite basique.

Sulfomolybdate bismuthique, $\overset{,,,}{\text{Bi}}\overset{,,,}{\text{Mo}}^3$. C'est un précipité brun foncé.

Le *sulfotungstate*, $\overset{,,,}{\text{Bi}}\overset{,,,}{\text{W}}^3$, et le *sulfotellurite bismuthiques*, $\overset{,,,}{\text{Bi}}^3\overset{,,}{\text{Te}}^3$, sont des précipités d'un brun foncé, qui deviennent noirs en se desséchant.

24. *Sels de cuivre.*

Le cuivre forme deux séries de sels. Les *sels cuivreux* ont été peu examinés. Ils sont la plupart insolubles dans l'eau. A l'état humide, ils absorbent l'oxygène de l'air, et se transforment en soussels cuivriques. Quand on verse de la potasse caustique sur ces sels, ils deviennent, les uns oranges, les autres rouges; l'ammoniaque caustique les dissout sans en être colorée, mais à l'air les dissolutions bleuissent de suite.

Les *sels cuivriques* hydratés sont d'une belle couleur bleue ou verte; leur saveur est astringente, métallique, désagréable. Ils forment, avec un excès d'ammoniaque, des dissolutions d'un beau bleu foncé. Le cyanure ferroso-potassique les précipite en brun rougeâtre; le gaz sulfide hydrique et les sulfhydrates les précipitent en noir. Avec les sels ammoniques, ils forment presque tous des sels doubles, solubles dans un excès d'ammoniaque. — Le fer et le zinc précipitent le cuivre à l'état métallique, de ses dissolutions.

A. *Sels haloïdes de cuivre.*

Chlorures de cuivre. 1. *Chlorure cuivreux*, $\mathrm{\bar{C}u\ \bar{C}l}$. Il se produit quand on mêle du chlorure cuivrique avec un peu d'acide chlorhydrique, et qu'on fait digérer le mélange, à l'abri du contact de l'air, avec du cuivre : le chlorure cuivreux se dépose peu à peu en cristaux blancs, grenus, qui sont, d'après *Mitscherlich*, des tétraèdres. Lorsqu'on ajoute de l'eau à l'eau-mère tenant encore du chlorure cuivreux en dissolution, ce sel forme un précipité blanc et caséeux. Lorsqu'on dissout celui-ci jusqu'à saturation dans de l'acide chlorhydrique bouillant contenu dans un flacon fermé, il se dépose, par le refroidissement, des cristaux assez réguliers. Ces cristaux brunissent quand on les expose à la lumière du soleil, dans un flacon bouché. Le chlorure cuivreux se forme aussi quand on chauffe du chlorure cuivrique dans une cornue, expérience dans laquelle il se dégage d'abord de l'eau, puis du chlore; à la fin il reste une masse foncée, qui se fond en un liquide brun, et consiste en chlorure cuivreux anhydre. On peut encore préparer ce sel en mêlant deux parties de chlorure mercurique avec une de limaille de cuivre, et chauffant le mélange dans un vase distillatoire; il se dégage du mercure avec une petite quantité du sel en excès, et il reste dans la cornue une masse fondue, qui n'est pas volatile, et devient, après le refroidissement, transparente et d'un jaune de succin. *Boyle*, qui fit la découverte de ce composé, l'appela *résine de cuivre*. On prétend qu'on l'obtient aussi quand on expose à la lumière du soleil du chlorure cuivrique dissous dans l'alcool, ou quand on mêle ce chlorure avec une dissolution de chlorure stanneux. Le chlorure cuivreux se dissout en brun dans l'acide chlorhydrique concentré, et l'eau le précipite de la dissolution sous forme d'une masse blanche, pesante. La couleur brune n'appartient pas à ce sel, mais provient, d'après *Colin*, d'une portion de chlorure cuivrique dépouillé de son eau de cristallisation par l'acide concentré. Il reste du chlorure cuivrique en dissolution. Cette solution chlorhydrique, longtemps abandonnée à elle-même dans un vase fermé, laisse déposer la matière brune, et, de trouble qu'elle était, devient limpide et incolore. Il faudrait examiner quel chlorure est cette matière brune. En continuant à faire digérer le chlorure cuivrique avec du cuivre dans des vases bien fermés, on obtient un liquide transparent et incolore. Le sel précipité par l'eau ne peut être séché que dans le vide. A l'air atmosphérique il s'oxyde, se transforme en chlorure cuivrique basique, et prend une couleur verte. Il se dissout dans l'ammoniaque; la dissolution est incolore, et bleuit à l'air. Si l'on verse sur ce sel une dissolution de sulfate ferreux, le cuivre est réduit à l'état métallique. — Il est probable que le meilleur moyen d'obtenir les oxysels cuivreux consiste à décomposer le chlorure cuivreux par les sels argentiques neutres. Quand on essaye de les préparer directement, en traitant l'oxyde cuivreux par les acides, on obtient des sels cuivriques et du cuivre métallique.

Sels doubles de chlorure cuivreux. Suivant *Mitscherlich*, le chlorure cuivreux, récemment précipité d'une solution chlorhydrique, se dissout (ainsi que celui obtenu en précipitant une solution de chlorure cuivrique par le chlorure stanneux) facilement dans les solutions de chlorure potassique et de chlorure sodique; et les sels doubles cristallisent par l'évaporation de ces dissolutions dans le vide. Le *chlorure cuproso-potassique*, K Gl + Gu Gl, donne des cristaux anhydres et isomorphes avec le chlorure potassique. Le *chlorure cuproso-sodique*, Na Gl + Gu Gl, est si soluble dans l'eau, qu'on ne peut pas en obtenir des cristaux parfaitement réguliers.

2. *Chlorure cuivrique* (muriate de cuivre), Cu Gl. On le prépare en dissolvant l'oxyde cuivrique dans l'acide chlorhydrique. Il donne une dissolution verte, qui cristallise, après l'évaporation, en petites aiguilles vertes, contenant 2 atomes d'eau très-solubles dans l'alcool. Exposées à l'action de la chaleur, ces aiguilles entrent en fusion, perdent leur eau de cristallisation, et donnent une masse brune jaunâtre, pulvérulente, qui reprend à l'air son eau et sa couleur primitive. A une température plus élevée, le sel est décomposé; il se dégage du chlore, et il reste du chlorure cuivreux. Une dissolution étendue de ce sel peut servir d'encre sympathique. L'écriture, sèche et invisible, prend une couleur jaune quand on la chauffe; mais ensuite la couleur ne disparaît

pas totalement, parce que la chaleur chasse une petite portion d'acide, en sorte qu'il se forme un sel basique. On obtient aussi cette encre sympathique en dissolvant dans l'eau parties égales de sulfate cuivrique et de sel ammoniac. Une dissolution alcoolique de ce sel, dans laquelle on met un peu de coton qu'on allume ensuite, brûle avec une belle flamme verte.

Souschlorures cuivriques. Le chlorure cuivrique peut se combiner en plusieurs proportions avec l'oxyde cuivrique ou son hydrate. On connaît les combinaisons dans lesquelles entrent 2, 3 et 4 atomes d'oxyde cuivrique. La première et la dernière ont été découvertes par *Kane.* La combinaison intermédiaire est connue depuis longtemps, et employée comme matière colorante en peinture.

a. Chlorure bibasique, $\mathrm{Cu\,Gl} + 2\dot{\mathrm{Cu}}$. On l'obtient en traitant une solution de chlorure cuivrique par de la potasse caustique, de manière à précipiter les $\frac{3}{5}$ du cuivre qui s'y trouve dissous. 5 atomes de chlorure cuivrique et 2 atomes de potasse donnent naissance à 2 atomes de $\mathrm{K\,Gl} + \mathrm{Cu\,Gl}$, qui reste en dissolution, et à 1 atome de $\mathrm{Cu\,Gl} + 2\dot{\mathrm{Cu}}\,\dot{\mathrm{H}} + 2\dot{\mathrm{H}}$, qui se précipite avec une couleur bleu gris, qui n'est pas très-belle. Il contient donc 4 atomes d'eau, qui peuvent être éliminés par la chaleur, et il devient ainsi acide. Lorsqu'on l'humecte ensuite d'eau, il en fixe 3 atomes, et acquiert une couleur verte magnifique. Dans cet état, il paraît être $\mathrm{Cu\,Gl}\,\dot{\mathrm{H}} + 2\dot{\mathrm{Cu}}\,\dot{\mathrm{H}}$. *Kane* fait observer que si la chaleur appliquée à l'élimination de l'eau dépasse $+133^{\circ}$, le résidu devient brun, et retient 1 atome d'eau.

b. Chlorure tribasique, $\mathrm{Cu\,Gl} + 3\dot{\mathrm{Cu}}$. On l'obtient en précipitant le sel double par un alcali, ou lorsqu'on précipite exactement tout le cuivre du chlorure cuivrique simple, c'est-à-dire, en décomposant 5 atomes de chlorure par 4 atomes d'hydrate potassique. Le soussel ainsi formé se sépare à l'état d'un précipité gélatineux vert, présentant les nuances d'un vert pâle. Après la dessiccation, il offre l'aspect de morceaux compactes à cassure terreuse, qui se laissent facilement réduire en poudre, et contiennent 4 atomes d'eau. Soumis à une douce chaleur, il perd la plus grande partie de son eau, et devient d'un brun de foie. Complétement anhydre, il est noir. Humecté de nouveau, il reprend toute l'eau, et, étant plus compacte, il devient plus vert qu'auparavant. On le rencontre naturellement dans plusieurs localités, particulièrement au Chili et au Pérou, cristallisé en prismes rhomboédriques droits, dont la couleur verte est plus belle que celle du sel artificiellement préparé. Ce minéral se trouve quelquefois dans le commerce, en poudre grossière, employée pour dessécher l'écriture. Les minéralogistes le connaissent sous le nom de *atacamite* et d'*émeraude-chalcite*.

Il est employé en peinture; pour cet usage, on le prépare en grand, en humectant de temps à autre des feuilles de cuivre, coupées en morceaux, avec de l'acide chlorhydrique ou avec une dissolution de sel ammoniac. Le cuivre se combine alors sous l'influence de la liqueur avec du chlore; et quand il est couvert d'une quantité suffisante de couleur, on verse de l'eau dessus pour enlever la couleur, qu'on sèche ensuite. On l'appelle ordinairement *vert de Brunswick*, et il est très-propre à peindre des objets que l'on veut exposer à l'air et au soleil.

c. *Chlorure quadribasique*, $\mathrm{Cu\,\overline{Cl}} + 4\dot{\mathrm{Cu}}$. Il reste non dissous, lorsqu'on traite le chlorure cuivrique ammoniacal par beaucoup d'eau. C'est une poudre verte qui, par son aspect, ressemble au sel précédent, et contient 6 atomes d'eau. Soumise à une forte chaleur, elle perd son eau, et devient d'un brun chocolat.

Chlorure cuprico-ammoniacal. D'après *Faraday*, le chlorure cuivrique anhydre absorbe rapidement le gaz ammoniac, et se gonfle en une masse bleue, pulvérulente, et soluble dans l'eau. Soumise à l'action de la chaleur, cette masse abandonne du sel ammoniac, de l'ammoniaque et du gaz nitrogène, et il reste du chlorure cuivreux. D'après *H. Rose*, 100 parties de chlorure cuivrique absorbent 73,7 parties d'ammoniaque, $= \mathrm{Cu\,\overline{Cl}} + 3\mathrm{\overline{N}\overline{H}^3}$. Suivant *Kane*, on obtient le chlorure cuivrique ammoniacal en faisant arriver du gaz ammoniac dans une solution saturée de chlorure, jusqu'à ce que le précipité qui se forme d'abord soit redissous. La liqueur s'échauffe ainsi jusqu'à l'ébullition, et, par le refroidissement, le composé cristallise soit en octaèdres, soit en prismes à base carrée et à sommet dièdre, d'un bleu très-foncé. Ces cristaux se composent de $\mathrm{Cu\,\overline{Cl}} + 2\mathrm{\overline{N}\overline{H}^3} + \dot{\overline{\mathrm{H}}}$, et contiennent 31,08 pour cent d'ammoniaque et 8,16 pour cent d'eau. Par l'application de la chaleur de $+ 148^\circ$ à $+ 150^\circ$, toute l'eau et la moitié de l'ammoniaque s'en vont, et il ne reste que $\mathrm{Cu\,\overline{Cl}} + \mathrm{\overline{N}H^3}$, sous forme d'une poudre vert-pomme, qui, soumise à une chaleur plus forte, perd l'ammoniaque en même temps que le sel se décompose : il se dégage de l'ammoniaque et un peu de nitrogène, pendant qu'il se sublime du chlorure ammonique et qu'il reste du chlorure cuivreux.

Sels doubles de chlorure cuivrique. Le chlorure cuivrique se combine avec d'autres chlorures pour former les sels doubles, dont on n'a encore décrit que ceux de potassium et d'ammonium. Ces sels, tant qu'ils contiennent de l'eau de cristallisation, sont bleus ; mais, après l'élimination de l'eau par la chaleur, ils prennent une couleur brune. Humectés d'eau, ils absorbent ce qu'ils avaient perdu, et redeviennent bleus. Le *chlorure cuprico-potassique* K Gl + Cu Gl, et le *chlorure cuprico-ammonique*, N H⁴ Gl + Cu Gl, sont tous deux isomorphes ; ils cristallisent en octaèdres à base carrée, et renferment 2 atomes d'eau de cristallisation. Ils sont très-solubles dans l'eau et dans l'alcool.

Soussels doubles de chlorure cuivrique. D'après les observations de *Becquerel*, on les obtient de la manière rapportée à propos du chlorure plombique, en substituant le nitrate cuivrique au nitrate plombique (*voir* t. IV, page 72). Ils forment des tétraèdres verts, d'où l'eau extrait le chlorure neutre, en laissant du chlorure cuivrique tribasique à l'état pulvérulent.

Bromures de cuivre. 1° *Bromure cuivreux*, Gu Br. Il ressemble en tout point au chlorure. Il est soluble dans les acides chlorhydrique et bromhydrique ; mais l'acide sulfurique ne le dissout pas même par l'ébullition. Il est fusible sans altération. *Berthemot*, qui l'a examiné, assure qu'il se volatilise en majeure partie, et qu'on n'obtient qu'un léger résidu d'oxyde cuivrique, en le faisant fondre à l'air libre.

2° *Bromure cuivrique*, Cu Br. On l'obtient en décomposant exactement une solution de bromure potassique par le silico-fluorure cuivrique, ou traitant du cuivre dans l'eau avec un excès de brôme. La solution verte, évaporée dans le dessiccateur, laisse déposer des cristaux noirs de bromure cuivrique anhydre. Par une douce chaleur, il perd du brôme et se change en bromure cuivreux, en même temps qu'il blanchit.

Bromure cuivrique ammoniacal. On l'obtient en faisant absorber au bromure cuivrique anhydre du gaz ammoniac sec jusqu'à saturation : il se gonfle ainsi en une poudre bleue, constituant 2Cu Br + 5N H³, contenant 28,07 pour cent d'ammoniaque. On

10.

obtient un autre composé par la voie humide, en traitant la dissolution du bromure cuivrique par l'ammoniaque jusqu'à disparition du précipité qui se forme d'abord; on mêle ensuite la liqueur avec de l'alcool qui détermine la séparation des petits cristaux vert foncé, composés de $2Cu\overline{Br} + 3\overline{N}\overline{H}^3$, contenant 18,97 pour cent d'ammoniaque.

Iodures de cuivre. 1. *Iodure cuivreux*, $\overline{Cu}\,\overline{I}$. C'est une poudre blanche, insoluble dans l'eau, qui devient jaune par la calcination, et n'est pas sensiblement décomposée par le gaz hydrogène, dans lequel on la chauffe jusqu'au rouge naissant. En mêlant l'iodure cuivreux avec de l'oxyde ferrique, manganique ou cuivrique, et exposant le mélange intime à une forte chaleur rouge, le sel abandonne l'iode, et le cuivre passe à l'état d'oxyde cuivreux.

Iodure cuivreux ammoniacal, $\overline{Cu}\,\overline{I} + 2\overline{N}\overline{H}^3$. Il s'obtient en saturant l'iodure cuivreux par du gaz ammoniac sec; il se change par là en une poudre brune. Soumis à une douce chaleur, il perd facilement de l'ammoniaque. On ne peut pas le préparer par la voie humide, et l'iodure cuivreux ne se dissout que dans une très-petite quantité d'ammoniaque caustique. Suivant *Laboure*, il se forme un précipité blanc, quand on laisse la solution d'un sel cuivrique, jusqu'à décoloration, séjourner sur du cuivre métallique dans un vase bien fermé, et qu'on y ajoute ensuite une solution d'iodure potassique additionnée d'ammoniaque. Ce précipité, se ramassant à la fin en petits cristaux blancs, serait de l'iodure cuivreux ammoniacal hydraté, perdant très-promptement son ammoniaque à l'air.

2. *Iodure cuivrique*, $Cu\,\overline{I}$. Ce sel ne paraît pas exister, ou du moins son existence repose sur des affinités très-faibles; car quand on mêle la dissolution d'un sel cuivrique avec la dissolution d'un iodure alcalin, il se précipite de l'iodure cuivreux, et de l'iode est mis en liberté dans la liqueur. Cependant il reste dans la dissolution une petite portion d'iodure cuivrique; car si l'on ajoute à la liqueur un sel ferreux avant d'opérer la précipitation, la liqueur ne se charge pas d'iode libre; et quand il ne se précipite plus rien, elle est verte, et donne, par la digestion avec du cuivre très-divisé, une nouvelle portion d'iodure cuivreux. L'iodure cuivrique paraît former avec l'oxyde cuivrique un sel basique vert. On ignore s'il forme des sels doubles avec les iodures alcalins; cependant l'existence de ces sels est très-probable.

Iodure cuivrique ammoniacal. D'après *Berthemot*, on l'obtient en mêlant de l'iodure potassique avec une solution concentrée de nitrate cuivrique, et en dissolvant le précipité dans l'ammoniaque caustique et chaude. Pendant le refroidissement, le sel cristallise en tétraèdres d'une couleur bleue. Suivant *Rammelsberg*, on l'obtient aussi en exposant l'iodure cuivreux à l'air, après l'avoir tellement imprégné d'ammoniaque caustique, qu'il en est un peu recouvert. Il se forme alors peu à peu une solution bleue au-dessus d'une poudre noire. La liqueur filtrée, précipitée par l'alcool, donne de petits cristaux bleus qui sont $Cu\,I + 2N\,H^3$, et contiennent, à ce qu'il paraît, 3 atomes d'eau pour 2 atomes d'iodure cuivrique ammoniacal. On peut le redissoudre au moyen d'une très-petite quantité d'eau; mais si l'on ajoute plus d'eau à cette dissolution, il se précipite de l'iodure cuivrique basique vert.

Fluorures de cuivre. 1. *Fluorure cuivreux*, Gu F. Ce sel prend naissance quand on verse de l'acide chlorhydrique sur de l'hydrate cuivreux. Celui-ci devient à l'instant même rouge comme du cuivre métallique, mais il se ne dissout pas dans un excès d'acide. Pour éviter que ce sel n'absorbe de l'oxygène, il faut le laver rapidement avec de l'alcool, le presser entre des doubles de papier, et le sécher. Étant chauffé, il entre en fusion et paraît noir; mais en se refroidissant il devient d'un rouge cinabre. Exposé, encore humide, à l'action de l'air, il jaunit d'abord, parce qu'il se forme du fluorure cuivrique pendant que la moitié du cuivre passe à l'état d'hydrate cuivreux, dont la couleur jaune prédomine; quand l'hydrate cuivreux absorbe plus d'oxygène et se convertit en oxyde cuivrique, il se forme du fluorure cuivrique basique, et la masse devient verte. Le fluorure se dissout en noir dans l'acide chlorhydrique. L'eau le précipite en blanc; mais quand il est en masse, il est rose.

2. *Fluorure cuivrique*, Cu F. Il est d'un bleu clair, et peu soluble dans l'eau. Quand on introduit du carbonate cuivrique dans l'acide fluorhydrique, l'oxyde cuivrique se dissout complétement et avec effervescence. Si l'on ajoute à la liqueur une nouvelle dose de carbonate, il se précipite une poudre saline, pesante. La liqueur continue à chasser l'acide carbonique des nouvelles portions de carbonate qu'on y ajoute, et il se forme un sel insoluble, qui se convertit en sel basique quand on le chauffe. En évapo-

rant la liqueur bleue, acide, on obtient une croûte saline, bleue et irrégulière, qui n'affecte pas une forme cristalline régulière, même par une évaporation plus lente. En évaporant la liqueur, l'acide libre, qui tenait le sel en dissolution, se dégage. Quand on verse une petite quantité d'eau sur le sel cristallisé, il se dissout lentement, mais sans se décomposer; en étendant la dissolution, ou en la faisant digérer, le sel se décompose, la liqueur devient acide, et il reste un sel basique en non-dissolution. Le fluorure cuivrique cristallisé contient 2 atomes d'eau de cristallisation. Le sel *basique* est vert, pulvérulent, et insoluble dans l'eau. Il est $= \mathrm{Cu\,F} + \dot{\mathrm{C}}\mathrm{u}$, et contient 1 atome d'eau pour 2 atomes de sel.

Fluorure cuprico-potassique, $\mathrm{K\,F} + \mathrm{Cu\,F}$. Il forme des cristaux grenus, d'un jaune pâle, qui sont très-solubles dans l'eau.

Fluorure cuprico-aluminique, $\mathrm{Al\,F^3} + \mathrm{Cu\,F}$. Il cristallise par l'évaporation spontanée en prismes d'un bleu verdâtre pâle, qui se dissolvent complétement dans l'eau, mais avec beaucoup de lenteur. L'ammoniaque en précipite une combinaison d'alumine et d'oxyde cuivrique, à laquelle l'ammoniaque ne peut enlever l'oxyde cuivrique.

Fluorure borico-cuivrique, $\mathrm{Cu\,F} + \mathrm{B\,F^3}$. On l'obtient en précipitant le fluorure borico-barytique par le sulfate cuivrique, filtrant la liqueur, et l'évaporant à une douce chaleur. Le sel ne cristallise que quand la dissolution est arrivée à consistance sirupeuse, et se prend alors en une masse cristallisée en aiguilles, de couleur bleu clair, qui attire rapidement l'humidité de l'air.

Fluorure silicico-cuivreux, $3\mathrm{Gu\,F} + 2\mathrm{Si\,F^3}$. C'est une poudre insoluble, d'un rouge cuivré, qui a le même aspect et se comporte à l'air de la même manière que le fluorure cuivreux.

Fluorure silicico-cuivrique, $3\mathrm{Cu\,F} + 2\mathrm{Si\,F^3}$. Il se dissout facilement dans l'eau, et donne, par l'évaporation, des cristaux bleus, transparents, qui affectent la forme de rhomboïdes ou de prismes hexaèdres, et qui s'effleurissent à l'air, en devenant d'un bleu clair. Le sel cristallisé contient 21 atomes d'eau combinée, dont l'oxygène est septuple de la quantité qui serait nécessaire pour transformer le cuivre en oxyde cuivrique; et le sel effleuri retient une proportion d'eau dont l'oxygène est cinq fois cette quantité, ou 15 atomes.

Fluorure titanico-cuivrique. On le prépare en mêlant les deux sels. Il forme des aiguilles d'un vert bleuâtre pâle, très-solubles dans l'eau, et qui se décomposent en partie en se dissolvant.

Cyanures de cuivre. 1. *Cyanure cuivreux*, Ȼu Ȼy. Ce sel prend naissance quand on traite l'hydrate cuivreux par l'acide cyanhydrique. Le meilleur moyen de le préparer consiste à mêler une solution de chlorure cuivrique d'abord avec de l'acide sulfureux, puis avec de l'acide cyanhydrique. Le sel se précipite sous forme d'une gelée blanche. Après la dessiccation, il présente l'aspect d'une poudre blanche; qui se dissout sans coloration dans l'ammoniaque.

Sels doubles de cyanure cuivreux. Le cyanure cuivreux se dissout dans les cyanures alcalins, pour former des cyanures doubles incolores. Le carbonate cuivrique lui-même se dissout dans ces cyanures, pour donner naissance à des sels doubles, pendant que l'alcali se change en carbonate; mais, par l'action de l'oxygène de l'oxyde cuivrique sur le cyanogène, il se forme encore d'autres produits qui communiquent au sel une belle couleur rouge, ou quelquefois jaune. La couleur rouge est due, suivant *Meillet*, à la formation d'un acide dont le radical renferme du nitrogène, et qui sera mentionné sous le nom d'acide purpurique, dans la chimie animale. La couleur jaune proviendrait d'un produit analogue. Ces matières colorantes sont ordinairement détruites pendant l'évaporation, de sorte que le sel, qui cristallise le dernier, devient incolore. Quoi qu'il en soit, le moyen de préparation le plus sûr consiste dans l'emploi des deux cyanures (cyanure cuivreux et cyanure alcalin), ou du cyanure alcalin, traité par l'acide cyanhydrique et l'hydrate cuivreux; mais il est alors difficile de prévenir l'oxydation de la liqueur aux dépens de l'air : la liqueur se colore par là en rouge.

Cyanure cuproso-potassique. On l'obtient en deux combinaisons différentes : l'une cristallise en prismes, et l'autre en rhomboèdres; souvent on l'obtient mélangé.

Le *sel prismatique*, KȻy + Ȼu Ȼy, se produit quand on dissout le cyanure cuivreux jusqu'à saturation complète dans une solution de cyanure potassique. Il cristallise, après l'évaporation, en prismes qui sont quelquefois aplatis en feuilles minces et transparentes. Le sel pur est incolore, mais prend souvent une couleur jaune par la présence d'un corps étranger qui s'y forme. Il a une saveur amère, métallique, et est décomposé par l'eau pure : il s'y dissout du cyanure potassique avec une partie du cyanure cuivreux, pendant que le reste du dernier se sépare. Par la chaleur, le sel perd un peu d'eau et devient blanc; puis il fond en un liquide bleu par transmission, et brun par réflexion. Il n'est ni altéré ni décomposé par les alcalis; mais les acides en précipitent le cyanure cuivreux; celui-ci se dissout avec dégagement d'acide cyanhydrique, quand on ajoute l'acide en excès. Le sulfide hydrique n'en précipite que difficilement du sulfure de cuivre. Le *sel rhomboédrique*, 3K Gy + Gu Gy, s'obtient lorsque la solution renferme un excès de cyanure potassique. Il forme souvent de gros cristaux, qui ne s'altèrent pas à l'air et ne sont pas décomposés par l'eau. C'est ce sel qui se produit lorsqu'on décompose le sel précédent par l'eau. Ces sels furent découverts par *de Ittner*, qui croyait qu'ils contenaient du cyanure cuivrique. *L. Gmelin* démontra plus tard qu'ils renferment du cyanure cuivreux et possèdent une composition variable, qui fut déterminée par *Rammelsberg*.

Cyanure cuproso-sodique. Il cristallise en aiguilles fines, qui ne s'altèrent pas à l'air.

Le *cyanure cuproso-barytique* est également incolore. Suivant *Meillet*, on obtient une solution colorée en rouge foncé par l'acide purpurique, lorsqu'on essaye de préparer ce sel avec l'acide cyanhydrique, l'hydrate barytique et le carbonate cuivrique; l'acide purpurique se forme en si grande quantité, qu'on peut le séparer. Après l'évaporation de la solution rouge, on obtient une masse sèche incolore, à laquelle l'eau enlève du sel barytique pur. Lorsqu'on mêle, au contraire, la solution rouge foncé avec du sulfate sodique, de manière à précipiter exactement le baryte, on voit, par l'évaporation de la liqueur filtrée, du purpurate sodique s'effleurir sur les parois du vase; enfin, il reste, au fond, du cyanure cuproso-sodique en aiguilles fines. Les deux sels peuvent être mécaniquement séparés l'un de l'autre; c'est pourquoi il était possible d'isoler et de reconnaître la matière colorante.

Lorsqu'on verse la solution d'un de ces sels doubles dans la solution neutre d'un sel métallique, il se forme des précipités de cyanure cuivreux en combinaison avec le cyanure du sel métallique employé, absolument comme cela arrive dans la précipitation au moyen du cyanure ferroso-potassique. Mais les expériences entreprises à ce sujet sont incomplètes, parce qu'elles ont été faites avec le cyanure cuproso-potassique, qui était probablement un mélange des deux degrés de saturation. Je vais néanmoins reproduire ici ce qu'on sait à cet égard. *De Ittner* a trouvé que le cyanure cuproso-potassique donne, avec les sels ferreux, un précipité vert jaune. Le précipité qu'il produit dans les *sels ferriques* n'est qu'un mélange d'oxyde ferrique et de cyanure cuivreux. Le précipité qu'on obtient par le *plomb* est d'un vert clair ; le *zinc*, le *bismuth* et le *manganèse* sont précipités en jaune clair. Les acides décomposent tous ces précipités, et les dissolvent avec dégagement d'acide cyanhydrique; le cyanure double cuivreux et ferreux donne du cyanure ferreux, qui bleuit à l'air. Les précipités que donnent les sels *stanneux* et *stanniques* consistent en un simple mélange de cyanure cuivreux et d'oxyde stannique.

2. *Cyanure cuivrique*, $\mathrm{Cu}\,\mathrm{\bar{C}y}$. On l'obtient en versant de l'acide cyanhydrique sur l'hydrate cuivrique. Le carbonate cuivrique est également décomposé par l'acide cyanhydrique. La combinaison est pulvérulente, d'un jaune intense, insoluble dans l'eau, soluble dans l'acide chlorhydrique, et précipitée par l'eau de cette dissolution. Lorsqu'on mêle du nitrate cuivrique avec du cyanure ammonique, il se dégage du gaz cyanogène, et il se forme un précipité d'un vert jaunâtre vif, qui ne change pas de couleur quand on le sèche avec précaution. Il se compose, suivant *Rammelsberg*, de 1 atome de cyanure cuivreux, de 1 atome de cyanure cuivrique, et de 5 atomes d'eau, $= \mathrm{\bar{C}u}\,\mathrm{\bar{C}y} + \mathrm{Cu}\,\mathrm{\bar{C}y} + 5\dot{\bar{\mathrm{H}}}$. Lorsqu'on laisse le cyanure cuivrique pur dans la liqueur, il se dégage peu à peu du gaz cyanogène, pendant que le sel devient vert et cristallin. Vu sous le microscope, il se montre composé de prismes brillants. Bouilli avec de l'eau, il se change en cyanure cuivreux, sans que ces prismes perdent leur forme. Il se dissout dans l'acide chlorhydrique avec une couleur brune, et dans l'ammoniaque avec une coloration bleue. La potasse caustique en sépare de l'hydrate cuivrique bleu, et dissout le cyanure cuivreux, qui produit, dans la liqueur, du cyanure cuproso-potassique, au moyen du cyanure potassique formé aux dépens du cyanure cuivrique.

Cyanure ferroso-cuivrique, $2\mathrm{Cu}\,\mathrm{\bar{C}y} + \mathrm{Fe}\,\mathrm{\bar{C}y}$. Il est précipité par le cyanure ferroso-potassique, sous forme d'une belle poudre brune, qui peut être employée en peinture. Il ne se dissout pas dans les acides, et seulement en partie dans l'ammoniaque; la potasse caustique le décompose. L'acide sulfurique concentré et froid lui donne une couleur blanche, qui repasse au brun quand on étend la liqueur. Le cyanure ferroso-potassique est un réactif si sensible pour découvrir les sels de cuivre, qu'il décèle la présence d'une partie de cuivre dissoute dans 60,000 parties de liquide.

Cyanure ferroso-cuivrique avec cyanure ferroso-potassique (2KGy + FeGy) + (2Cu Gy + FeGy). Ce sel a été décrit et analysé par *Mosander*. Il se forme lorsqu'on verse la dissolution d'un sel cuivrique dans celle du cyanure ferroso-potassique. L'affusion doit se faire par petites portions à la fois, et avec une agitation continuelle. Par ce moyen on obtient un précipité brun, qui passe au rouge après quelques instants. Il est insoluble dans l'eau. L'eau bouillante en extrait une petite quantité de cyanure ferroso-potassique et une trace de sel non décomposé. Il est formé de 20,56 potassium, 18,47 cuivre, 16,14 fer et 44,96 cyanogène, et il ne contient pas d'eau. Il est constamment mêlé au cyanure ferroso-cuivrique, précipité au moyen du sel potassique. *Mosander* a trouvé cinq centièmes de potassium dans ce précipité.

Cyanure cuivrique avec cyanure ferrique, 3Cu Gy + Fe Gy^3. Il se précipite quand on traite la solution d'un sel cuivrique par une solution de cyanure ferrico-potassique. Le précipité est d'un jaune brun sale.

Cyanure ferroso-cuprique ammoniacal. Il se précipite, suivant *Bunsen*, en écailles brunes, cristallines, quand on mêle la solution ammoniacale d'un sel cuivrique avec du cyanure ferroso-potassique. Si l'excès d'ammoniaque est trop grand, il ne se forme de précipité que lorsque l'ammoniaque commence à s'évaporer. Il se compose de 2Cu Gy + FeGy + 2N H^3; pour 2 atomes de sel il y a 1 atome d'eau. Les acides en enlèvent l'ammoniaque, et laissent le cyanure.

Rhodanure (sulfocyanure) *cuivreux*, Gu + $C^2N^2S^2$. Il se précipite sous forme d'une poudre blanche grenue, en versant goutte à goutte une solution de rhodanure potassique dans une solution mêlée de sulfate cuivrique et de sulfate ferreux; le précipité est insoluble dans l'eau et dans les acides étendus. Le sel est anhydre. Les acides concentrés le décomposent de diverses manières. L'acide nitrique forme du sulfate cuivrique; s'il est concentré, il le noircit d'abord, par suite de la formation d'un rhodanure cuivrique. L'acide chlorhydrique le dissout à chaud, et la dissolution laisse déposer du chlorure cuivreux. L'acide sulfurique le décompose à chaud : il se dégage de l'acide sulfureux, pendant qu'il se forme du sulfate cuivrique. Le rhodanure cuivreux se dissout dans l'ammoniaque, et l'acide chlorhydrique l'en précipite. La potasse caustique se change par là en rhodanure potassique, pendant qu'il se sépare de l'oxyde cuivreux.

Rhodanure (sulfocyanure) *cuivrique*, $Cu + C^2N^2S^2$. Il se précipite sous forme d'une poudre noir de velours, quand on mêle une solution concentrée de chlorure cuivrique avec une solution également concentrée de rhodanure potassique. Quand les solutions sont étendues, on l'obtient mêlé de rhodanure, en raison de la tendance du sel à se décomposer. Il est un peu soluble dans l'eau; c'est pourquoi le liquide où il se dépose est brunâtre. Le composé est anhydre, et ne peut être lavé à l'eau, car il y aurait formation de rhodanure cuivreux et décomposition de la moitié du rhodan : il se produit de l'acide rhodanhydrique, outre les acides prussique et sulfurique. Chauffé à l'état sec, il se décompose facilement.

Rhodanure cuivrique ammoniacal, $CuC^2N^2S^2 + NH^3$. Il forme un précipité bleu lorsqu'on dissout du rhodanure cuivrique jusqu'à saturation dans l'ammoniaque concentrée, et qu'on traite la liqueur par l'alcool. Il contient 15,93 pour cent d'ammoniaque. Avec une petite quantité d'eau, il donne une dissolution bleue, tandis que, par une grande quantité d'eau, il se précipite un sous-rhodanure cuivrique vert, floconneux; et la liqueur renferme du rhodanure ammonique, avec un peu de cuivre dissous. Par la distillation sèche, le sel donne, entre autres produits, des cristaux de rhodanure ammonique.

Le rhodanure cuivrique se dissout dans les solutions concentrées des rhodanures alcalins et métalliques, pour former des sels doubles, qu'on n'a pas encore obtenus à l'état solide. Étendues d'eau, les solutions se décomposent, pendant qu'il se précipite du rhodanure cuivrique.

Mellanure cuivreux, $\text{Cu}\, C^6N^8$. On l'obtient en décomposant le chlorure cuivreux par le mellanure potassique; c'est un corps insoluble, d'un jaune clair.

Mellanure cuivrique, $Cu\, C^6N^8$. On l'obtient à peu près comme le précédent. Il a une couleur vert de perroquet; il est attaqué par un peu d'eau bouillante, et renferme, suivant *Liebig*, 5 atomes ou 23,94 pour cent d'eau, dont 4 atomes s'en vont à + 120°, pendant que le sel noircit.

B. *Oxysels de cuivre.*

a. *Sels à base d'oxyde cuivreux.*

Sulfate cuivreux, $\dot{\overline{\mathrm{Cu}}}\dddot{\mathrm{S}}$. Quand on traite le cuivre par de l'acide sulfurique concentré, il reste en non-dissolution une poudre noire qui, lavée et séchée rapidement, se dissout dans l'acide nitrique avec dégagement de gaz oxyde nitrique, et qui paraît être du sulfate cuivreux.

Sulfite cuivreux, $\dot{\mathrm{Cu}}\ddot{\mathrm{S}}$. Si l'on verse de l'acide sulfureux sur l'oxyde cuivrique, il se forme du sulfate cuivrique qui se dissout, et du sulfite cuivreux qui reste en non-dissolution, sous forme d'une poudre cristalline de belle couleur rouge. On obtient ce sel également, en précipitant le sulfite potassique ou sodique, à la chaleur de l'ébullition, par du sulfate cuivrique. Si la précipitation se fait avec du bisulfite potassique, une partie se dissout dans l'excès d'acide sulfureux; et, par l'évaporation de la liqueur limpide à une douce chaleur, le sel neutre, à mesure que l'acide sulfureux s'en va, forme des cristaux rouge foncé, qui, suivant *Muspratt*, contiennent 1 atome ou 8,01 pour cent d'eau. En faisant bouillir le sulfite cuivreux pendant longtemps dans l'eau, on parvient à lui enlever tout l'acide.

Sulfite cuproso-potassique, $2\dot{\mathrm{K}}\ddot{\mathrm{S}} + \dot{\overline{\mathrm{Cu}}}\ddot{\mathrm{S}}$. Ce sel double se précipite, sous forme d'une poudre jaune, quand on mêle des dissolutions modérément étendues de sulfite potassique et de nitrate cuivrique. Il est décomposé par un lavage longtemps continué, et très-promptement quand on le fait bouillir avec de l'eau, qui dissout du sulfite potassique, et laisse le sel cuivreux coloré en rouge, de sorte que celui-ci se précipite seul d'une dissolution chaude. Sa formation dépend de ce qu'une partie de l'acide sulfureux se convertit en acide sulfurique, aux dépens de l'oxyde cuivrique.

Dithionite cuivreux, $\dot{\overline{\mathrm{Cu}}}\ddot{\overline{\mathrm{S}}}$. On ne l'a pas encore obtenu à l'état isolé; on le trouve dans les sels doubles, qui ne manquent pas de se produire par la voie de double décomposition avec les dithionites. On n'a pas essayé de le préparer en faisant digérer le sulfite cuivreux avec de l'acide sulfureux liquide et du soufre. Sa tendance à former des sels doubles avec les dithionites alcalins est si grande, que ceux-ci dissolvent le carbonate cuivrique, ce qui donne naissance, indépendamment du sel double, à du carbonate et sulfate alcalins. Les dithionites doubles sont très-solubles dans l'eau; les solutions sont incolores, ont un goût sucré de mélasse; ils ne sont pas précipités par l'ammoniaque, mais ils bleuissent par là à l'air. La potasse caustique en précipite de l'oxyde cuivreux. A l'état solide, ils décomposent l'acide sulfurique concentré, avec dégagement d'acide sulfureux. En dissolution, ils ne sont attaqués par l'acide sulfurique qu'autant que le mélange est chauffé : il se forme du sulfate cuivrique dans la liqueur, et il se précipite du sulfure de cuivre. Traités par l'acide chlorhydrique, ils blanchissent; il ne paraît y avoir de décomposition qu'à chaud : il se dissout du chlorure cuivreux dans l'acide, pendant qu'il se dégage de l'acide sulfureux et qu'il se sépare du soufre. Ces sels doubles se forment, en plusieurs proportions, entre le dithionite cuivreux et un autre sel.

Dithionite cuproso-potassique. Lorsqu'on mêle une solution de dithionite potassique avec une solution de sulfate ou acétate cuivrique en excès, on obtient une liqueur verte qui laisse, au bout de quelque temps, déposer un précipité jaune, qui se compose, suivant *Rammelsberg*, de $\dot{K}\ddot{\bar{S}} + \dot{\bar{Cu}}\ddot{\bar{S}} + 2\dot{\bar{H}}$. Il n'est pas très-persistant, et ne tarde pas à noircir, tant dans la liqueur qu'à l'air, pendant qu'il se forme du sulfure de cuivre. Ce précipité est peu soluble dans l'eau. Mais, étant promptement enlevé et porté dans une solution de dithionite potassique, il se dissout; quand on sature la liqueur avec le sel jaune et qu'on y ajoute de l'alcool, il se sépare un corps oléagineux lourd, qui ne tarde pas à se prendre en une masse saline blanche. Cette masse, d'après le chimiste nommé, se compose de $3\dot{K}\ddot{\bar{S}} + \dot{\bar{Cu}}\ddot{\bar{S}} + 2\dot{\bar{H}}$, et se dissout sans altération dans l'eau.

Dithionite cuproso-sodique. Il s'obtient d'une manière analogue, et ressemble au sel jaune précédent; il se compose, suivant *Lenz*, de $2\dot{Na}\ddot{\bar{S}} + 3\dot{\bar{Cu}}\ddot{\bar{S}} + 5\dot{\bar{H}}$. En dissolvant ce sel dans du dithionite sodique, et précipitant la solution par l'alcool, on obtient un sel blanc, qui se compose, suivant *Rammelsberg*, de $3\dot{Na}\ddot{\bar{S}} + \dot{\bar{Cu}}\ddot{\bar{S}} + 2\dot{\bar{H}}$.

On n'a pas encore examiné les autres sels doubles.

Carbonate cuivreux, $\dot{\bar{Cu}}\ddot{C}$. On l'obtient, d'après *Colin*, en versant goutte à goutte une dissolution chlorhydrique de chlorure cuivreux dans une dissolution de carbonate sodique. Il se forme un précipité jaune, qu'on sèche dans le vide au-dessus d'un vase contenant de l'acide sulfurique. A l'air, ce sel s'oxyde peu à peu, et se transforme en sous-carbonate cuivrique; mais il se conserve très-bien en vases clos.

Acétate cuivreux, $\bar{C}u\dddot{A}c$. On l'obtient en distillant de l'acétate cuivrique, expérience pendant laquelle le sel cuivreux se sublime en une masse volumineuse, blanche, semblable à de la neige. A l'air, il se décompose promptement et prend une couleur verte. Quelquefois le vert-de-gris, ou sous-acétate cuivrique du commerce, contient en mélange de l'acétate cuivreux; et c'est de ce sel que provient le résidu rouge d'oxyde cuivreux qui se forme assez souvent quand on dissout du vert-de-gris dans du vinaigre distillé, parce que le sel cuivreux cède pendant la digestion son oxyde à l'oxyde cuivrique du soussel, celui-ci étant une base plus forte que l'oxyde cuivreux.

Sélénite cuivreux, $\dot{\bar{C}}u\ddot{S}e$. Il est blanc et insoluble; on l'obtient en versant de l'acide sélénieux sur l'hydrate cuivreux.

Sous-antimonite cuproso-niccolique. Suivant *Hausmann* et *Stromeyer*, il se rencontre dans le cuivre rosette provenant des minerais de cuivre antimonifère (*glimmerkupfer*); il rend le métal cassant. Quand on dissout le cuivre dans de l'acide nitrique froid, ce composé reste sous forme de paillettes hexagonales régulières, transparentes, fines, jaune d'or. Par la chaleur, il brunit et devient opaque, mais il redevient jaune par le refroidissement. D'après les analyses de *Borchers*, il contient le cuivre à l'état d'oxyde, et se compose de $\dot{C}u$ 44,3, $\dot{N}i$ 30,6, $\dddot{\bar{S}}b$ 25,1.

b. Sels à base d'oxyde cuivrique.

Sulfate cuivrique, $\dot{C}u\dddot{S}$. On l'obtient en dissolvant le cuivre, à l'aide de l'ébullition, dans de l'acide sulfurique étendu de la moitié de son poids d'eau. L'acide est en partie décomposé, et il se dégage du gaz acide sulfureux. Si l'acide se trouve en quantité suffisante, le tout se change en une masse saline blanche anhydre. Pendant que la dissolution continue à se faire, le sel se précipite à l'état cristallin. Si l'acide y est en excès et qu'on le sépare bouillant, il se dépose, par un refroidissement lent, des cristaux d'une faible teinte bleu verdâtre, qui contiennent, suivant *Thomson*, 1 atome d'eau de cristallisation. Ces cristaux, ainsi que le précipité salin anhydre, se dissolvent dans l'eau avec une belle coloration bleue; la solution saturée à chaud laisse, par le refroidissement, déposer des cristaux bleu saphir foncé, contenant 5 at. ou 36 pour cent d'eau. Dans un endroit tiède, ce sel s'effleurit, abandonne $\frac{2}{5}$ de cette eau, perd sa transparence, et devient d'un bleu clair. A +40° degrés et au-dessus, il perd peu à peu 2 atomes d'eau, devient blanc, et se réduit en poudre au moindre contact. A une température plus élevée, il entre d'abord en fusion, et se convertit ensuite en une masse saline, blanche; en continuant à le chauffer pendant longtemps, on parvient à en chasser tout l'acide sulfurique. D'après *Poggiale*, 100 parties d'eau dissolvent, à 0°, 31,81 parties de sulfate cuivrique cristallisé; 36,95 parties à +10°; 42,31 parties à +20°; 56,9 parties à +40°; 77,39 parties à + 60°; 118 parties à +80°, et 203,32 à +100°. Il est tout à fait insoluble dans l'alcool, dont le poids spécifique est inférieur à 0,89; et, d'après les expériences d'*Anthon*, 4000 parties d'alcool de 0,905 ne dissolvent que 1 partie de sulfate cuivrique. Le sel anhydre passe pour être employé avec avantage dans la concentration de l'alcool. *Casoria* prétend que l'alcool qu'on agite à différentes reprises avec de nouvelles portions de sulfate cuivrique anhydre, perd à la fin toute son eau. Les premières portions du sel deviennent ainsi bleues, en absorbant de l'eau; et les portions suivantes sont d'autant moins colorées, que l'alcool contient moins d'eau. On ne connaît pas de sursulfate cuivrique. Plusieurs chimistes avaient pris autrefois le sel neutre pour un sel acide.

En raison de ses nombreux usages dans la préparation des couleurs et dans l'art de la peinture, le sulfate cuivrique se rencontre dans le commerce sous le nom de *vitriol bleu* ou *vitriol de Chypre;* mais il contient souvent du zinc, et toujours du fer. On le prépare de diverses manières, soit par le grillage et le lavage des minerais de cuivre sulfuré, soit par le grillage du sulfure cuivrique obtenu pendant la fusion du cuivre, soit, comme produit secondaire, pendant l'affinage de l'argent. (*V.* t. II, p. 492). Le plus ordinairement on le fabrique en grand, de la manière suivante: On chauffe de vieilles lames de cuivre jusqu'au rouge, dans un fourneau réverbère; dès que tout le métal est arrivé à cette température, on pousse le tiroir, on ferme les courants d'air, et on ajoute au cuivre une certaine quantité de soufre. Dès que le cuivre s'est combiné avec le soufre, on ouvre les courants d'air, et on chauffe la masse jusqu'au rouge; après quoi on ferme le fourneau incomplétement, et on laisse refroidir la masse au milieu du fourneau. Le soufre et le cuivre s'oxydent alors à une température qui ne suffit pas pour chasser l'acide sulfurique. On épuise la masse froide par l'eau, on traite de nouveau le résidu par le soufre, on le grille comme la première fois, et on l'épuise par la même eau; on continue ainsi jusqu'à ce que la liqueur soit assez concentrée, après quoi on l'évapore dans des vases en plomb, pour la faire cristalliser. On verse la liqueur chaude et trouble dans un réservoir en bois, construit sans clous ni objets en fer; pendant le refroidissement elle s'éclaircit, et la liqueur limpide est soutirée et reçue dans d'autres réservoirs, où elle cristallise. D'après les essais de *Bischof*, la liqueur chaude contient une petite portion de sulfate cuivreux qui s'y trouve, tant en dissolution qu'en suspension. Ce sel se transforme peu à peu en sel cuivrique, en déposant du cuivre métallique, qui forme ordinairement une végétation, laquelle part de l'extrémité d'une des douves dont se compose le réservoir; après quoi le cuivre continue, par suite d'une action électrique, à se déposer à cet endroit, de sorte qu'il se forme quelquefois de grandes masses cohérentes, si l'on n'enlève pas à temps la végétation métallique. Du vitriol de cuivre, qui contient du fer, devient plus pur quand on le calcine doucement, et qu'on le remue, pendant la calcination, avec un crochet de cuivre. Le fer passe alors à l'état d'oxyde ferrique, et abandonne l'acide sulfurique avec lequel il était combiné; la poudre de vitriol de cuivre calcinée est dissoute dans l'eau, et la dissolution évaporée. La plus grande partie de l'oxyde ferrique reste alors en non-dissolution. Quand ce sel contient une grande quantité de fer, on précipite le cuivre en mettant du fer dans la dissolution. C'est ainsi qu'à Fahlun on fait passer l'eau des mines, qui est chargée de cuivre, sur du vieux fer, jusqu'à ce que tout le cuivre soit précipité sur le fer; c'est ce qu'on appelle cuivre de *cémentation*.

Sous-sulfate cuivrique. Le sulfate cuivrique a une grande tendance à se combiner avec l'oxyde ou l'hydrate cuivrique pour former des soussels, mêlés quelquefois en différentes proportions, de sorte qu'on pourrait croire que l'acide ne forme pas avec la base des composés à proportions définies. Les soussels préparés par voie humide sont tous des combinaisons d'hydrate cuivrique avec le sulfate cuivrique; ce dernier renferme d'ordinaire de l'eau de cristallisation. Dans le dernier cas, le composé a une teinte bleue; après avoir perdu son eau, il devient vert, et, après l'élimination de l'eau de l'hydrate, il prend une couleur noire ou brune foncée. Si la température ne s'élève pas trop, le composé conserve la faculté de se combiner de nouveau avec l'eau; il s'échauffe alors, et recouvre la couleur verte.

On n'a pas encore réussi à préparer une combinaison de 1 atome de sel neutre avec 1 atome d'hydrate cuivrique, ou avec 2 atomes du premier et 3 atomes du dernier; il est cependant probable que ces combinaisons pourront se produire. *Thomson* dit avoir obtenu un sel $=\dot{C}u\dddot{S}+\dot{C}u\dot{H}$, en faisant digérer des atomes égaux de $\dot{C}u\dddot{S}$ et d'oxyde cuivrique dans l'eau. Mais *Denham Smith*, qui répéta cette expérience, n'obtint jamais que le sel suivant :

a. Sulfate bibasique, $\dot{C}u^3\dddot{S}=\dot{C}u\dddot{S}+2\dot{C}u$. Quand on mêle une solution de sulfate cuivrique avec de l'ammoniaque caustique, de manière à saturer exactement $\frac{2}{5}$ de l'acide du sel employé, il se produit dans la liqueur un sel double de sulfate ammonique et de sulfate cuivrique, pendant qu'il se précipite un soussel de couleur vert bleu, et composé de $\dot{C}u\dddot{S}+2\dot{C}u\dot{H}+\dot{H}$. Le troisième atome paraît appartenir au sulfate cuivrique et à son eau de cristallisation. Si la précipitation se fait à $+100°$, le produit est vert et l'atome d'eau y manque. Le premier sel, chauffé jusqu'au rouge commençant, donne 3 atomes, et le dernier 2 atomes d'eau; le résidu est noir. On prépare aussi ce soussel à l'aide d'autres bases, donnant des sels doubles solubles avec le sulfate cuivrique. 5 atomes de sulfate cuivrique et 2 atomes d'une base plus forte donnent 2 atomes de sel double et 1 atome de soussel. Ce composé existe, dans le règne minéral, en prismes rhomboïdaux droits, d'un beau vert. Il a été trouvé près de Retzbanya, et est formé, suivant *Magnus*, de $\dot{C}u\dddot{S}+\dot{C}u\dot{H}+\dot{H}$; c'est donc le même composé que celui qu'on obtient par voie humide.

Sulfate tribasique, $\dot{C}u^4\dddot{S}=\dot{C}u\dddot{S}+3\dot{C}u$. On le prépare en traitant le sel précédent par une plus grande quantité d'alcali, ou décomposant la solution du sel double (qui retient l'acide plus fortement que le sel simple) par la potasse caustique, jusqu'à ce que la liqueur commence à prendre une réaction alcaline. C'est un précipité bleu vert, composé de $\dot{\mathrm{Cu}}\dddot{\mathrm{S}} + 3\dot{\mathrm{Cu}}\dot{\mathrm{H}} + \dot{\mathrm{H}}$. Le sel supporte l'ébullition, sans que le dernier atome d'eau s'en sépare. D'après *Denham Smith*, il perd d'abord, à $+200°$, 1 atome d'eau, en prenant une couleur verte; mais, humecté ou chauffé, il ne la reprend pas. A une chaleur plus forte, l'hydrate cuivrique perd aussi ses 3 atomes d'eau, mais il les recouvre lentement à l'air; il les reprend immédiatement et avec dégagement de chaleur, lorsqu'on l'humecte; il redevient ainsi vert.

Suivant *Denham Smith*, on obtient un précipité très-léger d'un bleu pâle, quand on mêle une solution très-étendue de sulfate cuivrique avec une solution également très-étendue d'hydrate potassique, de manière que la liqueur devienne à peine sensiblement alcaline. Ce précipité, lavé et desséché, contient 2 atomes d'eau de plus que l'hydrate, conséquemment 1 atome d'eau de plus que le sel précédent, dont il partage du reste la composition.

Ce produit a été trouvé, comme minéral, au Mexique. La composition de ce minéral est, d'après *Berthier*, $= \dot{\mathrm{Cu}}\dddot{\mathrm{S}} + 3\dot{\mathrm{Cu}}\dot{\mathrm{H}}^3 + \dot{\mathrm{H}}$. On l'a aussi rencontré près de Krisuvig, en Islande; c'est pourquoi on lui a donné le nom de *krisuvigite*. La moitié du composé a, suivant *Forchhammer*, perdu un atome d'eau, et ne renferme plus que 3 atomes, c'est-à-dire, exactement la quantité nécessaire à la formation de l'hydrate cuivrique.

Il résulte de ce qui précède, qu'en ajoutant, à une solution aqueuse de sulfate cuivrique, de la potasse caustique par petites portions successives, il se précipite d'abord le sel bibasique; et le sel double qui se produit donne ensuite le sel tribasique, dont la quantité augmente à mesure qu'on continue la précipitation, pourvu que le sel double ne soit pas totalement décomposé. Lorsqu'on recueille ensuite le précipité, on y trouve le sel neutre combiné avec plus de 2 atomes, mais moins de 3 atomes d'oxyde hydrique. Si l'on ajoute l'alcali jusqu'à précipitation complète de l'oxyde cuivrique, le précipité qu'on obtient est un mélange de $2\dot{\mathrm{Cu}}^3\dddot{\mathrm{S}} + \dot{\mathrm{Cu}}^4\dddot{\mathrm{S}}$. L'excédant d'alcali diminue la quantité du premier, et augmente celle du dernier. *Brunner* trouva ainsi un sous-sel analogue, composé de 4 atomes d'acide sulfurique, 15 atomes d'oxyde cuivrique et 12 atomes d'eau, évidemment un mélange de $(\dot{\mathrm{Cu}}\dddot{\mathrm{S}} + 2\dot{\mathrm{Cu}}\dot{\mathrm{H}} + \dot{\mathrm{H}}) + 3(\dot{\mathrm{Cu}}\dddot{\mathrm{S}} + 3\dot{\mathrm{Cu}}\dot{\mathrm{H}})$. Par l'addition d'un excès d'alcali, tout se change en sel tribasique.

c. Sulfate quadribasique, $\dot{Cu}^5 \dddot{S} = \dot{Cu}\dddot{S} + 4\dot{Cu}$. On l'obtient, suivant *Denham Smith*, en traitant le sulfate cuivrique par l'hydrate potassique en faible excès; c'est un précipité léger, bleu, qui, pendant le lavage et la dessiccation, tend à changer de couleur et à devenir vert foncé. On ne réussit à l'obtenir avec sa couleur intacte qu'en le lavant, le pressant, et le desséchant promptement. Il se compose de $\dot{Cu}\dddot{S} + 4\dot{Cu}\dot{H} + \dot{H}$. Chauffé doucement sur un bain de sable, il perd 1 atome d'eau, et devient d'un vert olive foncé. Il est difficile de décider si 1 atome d'hydrate cuivrique, qui contribue à l'altérabilité du sel, ne s'y trouve pas à l'état de mélange mécanique.

d. Sulfate heptabasique, $\dot{Cu}^8 \dddot{S} = \dot{Cu}\dddot{S} + 7\dot{Cu}$. On l'obtient, suivant *Kane*, en mêlant une solution de sulfate cuivrique avec de l'hydrate potassique, jusqu'à ce que tout l'oxyde cuivrique soit précipité. *Kane* le décrit comme étant coloré en vert pré, et composé de 8,83 acide sulfurique, 68,00 oxyde cuivrique, et 23,17 pour cent d'eau $= \dot{Cu}\dddot{S} + 7\dot{Cu}\dot{H} + 5\dot{H}$. A $+ 150°$, il perd la moitié de son eau ou 6 atomes; à $+ 260°$, il perd aussi l'autre moitié. Il brunit, et, mis dans l'eau, il en reprend tout ce qu'il avait perdu, et même un peu au delà. *Denham Smith* a essayé en vain de préparer ce sel d'après le précepte de *Kane*.

Sulfate cuprico-potassique, $\dot{K}\dddot{S} + \dot{Cu}\dddot{S}$. Il forme de gros cristaux bleus, réguliers, contenant 24,42 pour cent ou 6 atomes d'eau de cristallisation. Privé d'eau et fondu, il cristallise pendant le refroidissement; mais, au moment de se solidifier, il se réduit en poudre fine avec bouillonnement. Ce phénomène curieux se renouvelle toutes les fois que le sel est fondu. Lorsqu'on chauffe une dissolution de ce sel au-dessus de $+ 60°$, il se trouble et dépose un sel double basique, qui, d'après l'analyse de *Brunner*, est formé de 1 atome de sulfate potassique neutre, 3 atomes de sulfate cuivrique neutre, 1 atome d'oxyde cuivrique et 4 atomes d'eau, et dont la composition pourrait être représentée par un atome d'hydrate cuivrique, 1 atome de sel double et 3 atomes d'eau, $= \dot{Cu}\dot{H} + (\dot{K}\dddot{S} + 3\dot{Cu}\dddot{S} + 3\dot{H})$. Lorsqu'on fait bouillir ce sel avec de l'eau, il reste un mélange de 1 atome de sel tribasique et de 3 atomes de sel quadribasique insolubles.

Sulfate cuprico-ammonique, $NH^4\dddot{S} + \dot{Cu}\dddot{S}$. C'est un sel double, très-soluble, et formant des cristaux blancs. Il contient 34,45 pour cent ou 8 atomes d'eau.

Sulfate cuivrique ammoniacal, $\dot{C}u\dddot{S} + 2NH^3 + \dot{H}$. Lorsqu'on dissout du sulfate cuivrique dans l'ammoniaque caustique, et qu'on mêle la solution avec de l'alcool ou qu'on ajoute de l'ammoniaque à sa surface, il se produit, dans le premier cas, un précipité cristallin bleu foncé, et, dans le dernier, des cristaux prismatiques plus gros d'un bleu foncé, qui sont le composé dont il s'agit. Chauffé jusqu'à $+150°$ dans un vase distillatoire, il perd, d'après *Kane*, l'atome d'eau en même temps que 1 équivalent d'ammoniaque, et il laisse pour résidu $\dot{C}u\dddot{S} + NH^3$, sous forme d'une poudre vert pomme. Traitée par l'eau, celle-ci dégage de la chaleur et devient verte. L'excès d'eau peut être évaporé à une température qui ne dépasse pas $+25°$; il reste ensuite une poudre bleue, qui est $\dot{C}u\dddot{S} + NH^3 + 2\dot{H}$. Le sel bleuit aussi, quoique lentement, à l'air humide. Le composé anhydre, soumis à une chaleur qu'on élève graduellement jusqu'à $+260°$, peut perdre son ammoniaque, de manière qu'il reste du sulfate cuivrique. Mais si on le chauffe rapidement à une température plus élevée, il se sublime du sulfate ammonique, et il reste un mélange de sulfate cuivrique et d'oxyde cuivreux.

Lorsqu'on laisse le sulfate cuivrique ammoniacal bleu à l'air, il se décompose peu à peu, exhale de l'ammoniaque, devient bleu clair, et enfin vert. Étant soumis à la distillation, il se décompose, donne de l'ammoniaque et du sulfite ammonique, tandis qu'il reste dans la cornue un mélange de sulfate cuivrique et cuivreux. Le sel double est très-soluble dans l'eau, mais la dissolution se décompose quand on l'étend de beaucoup d'eau; il se précipite du sulfate cuivrique quadribasique, et il reste dans la liqueur du sulfate ammonique, avec un excès d'ammoniaque. Ce sel est employé en médecine, et connu, dans les pharmacies, sous le nom de *cuivre ammoniacal*. D'après *H. Rose*, 1 atome de sulfate cuivrique anhydre absorbe 5 atomes simples d'ammoniaque $= 2\dot{C}u\dddot{S} + 5NH^3$.

Sulfate cuprico-cobaltique, $2\dot{C}o\dddot{S} + \dot{C}u\dddot{S}$. D'après *Liebig*, on l'obtient en dissolvant ensemble les deux sels, et évaporant la dissolution jusqu'au point de cristallisation. Il a la même forme et contient les mêmes multiples d'eau que le sel cobaltique simple.

Dithionates (hyposulfates) *cuivriques. a. Sel neutre*, $\dot{C}u\overset{\cdot\cdot\cdot\cdot\cdot}{S}$. On le prépare, d'après *Heeren*, en décomposant le sulfate cuivrique par l'hyposulfate barytique. Il cristallise en petits prismes, est très-soluble dans l'eau, insoluble dans l'alcool, et légèrement efflorescent à l'air sec. Quand on le chauffe, il décrépite fortement. Les cristaux contiennent 24,47 pour cent ou 4 atomes d'eau.

b. Dithionate basique. On l'obtient sous forme d'un précipité vert bleuâtre, quand on ajoute une petite quantité d'ammoniaque à la dissolution du sel neutre. Il est peu soluble dans l'eau, et verdit le sirop de violettes. Quand on le chauffe, il devient d'un jaune d'ocre. Il contient environ 13 pour cent d'eau.

Dithionate cuprico-ammonique. On l'obtient en sursaturant d'ammoniaque le sel simple. Le sel double se dépose de la dissolution bleu foncé en petits cristaux de la même couleur. Il se dissout assez difficilement dans l'eau, et ne s'altère pas à l'air.

Le *sulfite* et le *dithionite cuivriques* n'existent pas, parce qu'ils forment de l'acide sulfurique aux dépens de l'air, avec réduction de l'oxyde cuivrique à l'état d'oxyde cuivreux.

Nitrates cuivriques. a. Sel neutre, $\dot{C}u\overset{\cdot\cdot\cdot\cdot\cdot}{N}$. Il forme une belle dissolution bleue, qui cristallise après l'évaporation. Il cristallise à froid, en tables rhomboïdales bleues, contenant 6 atomes d'eau; évaporés dans le vide sur l'acide sulfurique, ces cristaux perdent la moitié de leur eau, et deviennent par là opaques. A chaud, le sel cristallise en prismes, contenant 3 atomes d'eau. Ces deux espèces de cristaux attirent l'humidité atmosphérique, et se dissolvent aisément dans l'alcool. Le sel détone légèrement quand on le jette sur des charbons ardents, ou quand, après l'avoir mêlé avec du phosphore, on le frappe fortement. Lorsqu'on l'enveloppe solidement dans une feuille d'étain très-mince, et qu'on place le tout dans un endroit modérément chauffé, l'étain s'oxyde avec une telle violence, qu'assez souvent certains points de la masse entrent en ignition. Si l'on plonge un morceau de papier dans la dissolution alcoolique de ce sel, et qu'on le tienne ensuite devant le feu, il s'enflamme à une température qui serait insuffisante pour faire fondre l'étain.

b. Nitrate cuivrique bibasique, $\dot{C}u^3\overset{\cdot\cdot\cdot\cdot\cdot}{N} = \dot{C}u\overset{\cdot\cdot\cdot\cdot\cdot}{N} + 2\dot{C}u$. On l'obtient en chauffant l'acide du sel neutre à une chaleur modérée, soit en mêlant ce sel avec un alcali caustique, en ayant soin de ne pas mettre celui-ci en excès. Il est insoluble, et d'un vert clair. On obtient ce même sel en faisant bouillir une dissolution de nitrate cuivrique avec du cuivre métallique. Il contient 5 pour cent ou 1 atome d'eau, qui, d'après *Graham*, ne s'en va que lorsque ce sel commence à se décomposer.

Nitrate cuprico-ammonique, $\dot{N}H^4\ddot{\dot{N}} + \dot{Cu}\ddot{\dot{N}}$. Il forme un sel très-soluble, cristallisable. En poussant trop loin l'évaporation de la liqueur, le sel brûle avec détonation et brise le vase, même quand il est mêlé avec d'autres sels. La raison de cela semble être que le sel ammoniaque devient plus stable par sa combinaison avec le sel cuivrique; et cette stabilité s'oppose à toute décomposition successive, jusqu'à ce que la température soit tellement élevée que le tout brûle en un instant.

Nitrate cuivrique ammoniacal. On ne l'obtient pas en mêlant le nitrate cuivrique avec l'ammoniaque et ajoutant ensuite de l'alcool, car il ne se précipite rien. Mais on l'obtient en faisant absorber au sel cristallisé du gaz ammoniac; il se produit ainsi une poudre volumineuse, blanc foncé. On peut aussi le préparer en plaçant sous une cloche de verre, dans deux vases ouverts, une dissolution concentrée de nitrate cuivrique, et une autre, également concentrée, d'ammoniaque. Au bout de quelques heures, le sel basique se dépose de la dissolution de cuivre, sous forme d'une poudre cristalline, qui, reçue sur du papier et séchée, paraît d'un bleu tirant sur le pourpre, semblable à de l'indigo trituré. D'après *Kane*, il est $= \dot{Cu}\ddot{\dot{N}} + 2NH^3$. En dissolvant le sel dans l'eau chaude jusqu'à saturation complète de la liqueur, il cristallise par le refroidissement. Jeté dans le feu, il se décompose sans détonation, mais avec un bruit semblable à celui produit par une fusée qui brûle.

Nitrite cuivrique, $\dot{Cu}\dddot{N}$. Il a été peu examiné. On l'obtient en décomposant le nitrate plombique par le sulfate cuivrique. La dissolution de ce sel est verte; il se décompose à l'air, surtout quand on le chauffe, et donne du nitrate.

Phosphate cuivrique, $\dot{Cu}^2\ddot{\dot{P}}$. On l'obtient en décomposant le sulfate cuivrique par un phosphate soluble. C'est une poudre verte, insoluble, qui perd son eau de cristallisation et devient brune quand on la calcine. Il se dissout dans un excès d'acide phosphorique, et le sel acide se dessèche en une masse verte, gommeuse.

Dans la nature on trouve des *sousphosphates cuivriques*, $\dot{C}u^5\dddot{\bar{P}} + 5\dot{\bar{H}}$ et $\dot{C}u^4\dddot{\bar{P}} + 2\dot{\bar{H}}$, à l'état de minéraux verts, dont la surface noircit avec le temps ; changement qui est dû à ce que le sel perd son eau de cristallisation.

Phosphite cuivrique, $\dot{C}u^2\dddot{\bar{P}}$. Il se précipite sous forme d'une poudre d'une belle couleur bleue. Quand on le chauffe, il donne d'abord de l'eau, puis du gaz hydrogène, et laisse une masse brune, fondue, contenant du surphosphate cuivrique et du cuivre métallique.

Hypophosphite cuivrique, $\dot{C}u\,\dot{\bar{P}}$. Il se dissout en bleu dans l'eau. Lorsqu'on chauffe la dissolution, qu'on la concentre dans le vide ou qu'on l'abandonne pendant longtemps à elle-même, le cuivre s'en précipite à l'état métallique. On ne peut donc obtenir ce sel qu'en dissolution étendue, et on prépare celle-ci en dissolvant l'hydrate cuivrique dans l'acide hypophosphoreux étendu.

Perchlorate cuivrique, $\dot{C}u\,\ddddot{\bar{Cl}}$. Pendant l'évaporation au moyen de la chaleur, il forme des cristaux volumineux, réguliers, bleus et déliquescents.

Chlorate cuivrique, $\dot{C}u\,\dddot{\bar{Cl}}$. Le meilleur moyen de l'obtenir consiste à décomposer le chlorate barytique par le sulfate cuivrique. Par l'évaporation de la liqueur filtrée dans le vide, il se produit, suivant *Waechter*, une masse sirupeuse, verte, épaisse, qui devient cristalline par le refroidissement. Les cristaux renferment 6 atomes ou 31,96 pour cent d'eau. Le sel fond à + 65°, mais il ne se solidifie qu'après avoir été refroidi au-dessous de + 20°. A + 100°, il se dégage des bulles gazeuses, dont chacune cause une détonation. Si on le maintient au-dessous de + 100° jusqu'à ce qu'il ne s'en dégage plus rien, il reste un soussel solide vert, qui ne se décompose qu'environ à + 260°. Ce sel contient de l'acide chlorique, et est insoluble dans l'eau.

Bromate cuivrique, $\dot{C}u\,\dddot{\bar{Br}}$. On l'obtient comme le sel précédent, ou en dissolvant le carbonate cuivrique dans l'acide bromique. D'après *Rammelsberg*, il est si soluble, qu'on ne l'obtient que difficilement en cristaux réguliers. Ces cristaux sont bleu vert, et renferment 5 atomes ou 22,16 pour cent d'eau. Ils s'effleurissent dans le vide sur l'acide sulfurique, et tombent en une poudre d'un vert clair ; mais ils ne perdent toute leur eau qu'en commençant à se décomposer à environ +200°. Le sel laisse, après la calcination, un bromure basique.

Bromate quinquébasique, $\dot{C}u^6 \overset{\cdot\cdot\cdot\cdot\cdot}{Br} = \dot{C}u\overset{\cdot\cdot\cdot\cdot\cdot}{Br} + 5\dot{C}u\dot{\bar{H}} + 5\dot{\bar{H}}$. Il se précipite sous forme d'une poudre vert clair, lorsqu'on précipite le bromate neutre incomplétement par l'ammoniaque. Il renferme 20,17 pour cent d'eau.

Bromate cuivrique ammoniacal, $\dot{C}u\overset{\cdot\cdot\cdot\cdot\cdot}{Br} + 2NH^3$. Il se précipite quand on traite par l'alcool une solution de bromate cuivrique neutre, mêlée d'ammoniaque en excès; le précipité se réunit en petites aiguilles bleu foncé, anhydres, qui, par la chaleur, sont décomposées avec production de lumière. Ces cristaux se dissolvent dans une petite quantité d'eau, mais se décomposent par l'addition d'une plus grande quantité de ce dissolvant, en laissant un sel basique.

Iodate cuivrique, $\dot{C}u\overset{\cdot\cdot\cdot\cdot\cdot}{I}$. Il se précipite sous forme d'une poudre vert bleu, quand on mêle une solution d'iodate sodique avec du sulfate cuivrique. Si les solutions sont étendues, le précipité est manifestement cristallin. Il contient, d'après *Rammelsberg*, 2 atomes de sel, 3 atomes ou 6,38 pour cent d'eau. Il se dissout dans 30 parties d'eau froide et 154 $\frac{1}{2}$ parties d'eau bouillante. D'après *Millon*, l'acide iodique donne un précipité bleu clair dans la solution très-étendue d'un sel cuivrique; le précipité se redissout par l'agitation, et laisse, au bout de quelque temps, déposer des grains cristallins bleus. Le sel bleu clair qui se redissout paraît être hydraté; le sel grenu, de couleur plus foncée, contient 1 atome ou 4,18 pour cent d'eau, qui s'en va entre +230° et +240°, pendant que le sel noircit. Suivant le même chimiste, l'hydrate cuivrique, lavé à l'eau bouillante et traité par une quantité suffisante d'acide iodique, se change en une poudre grisâtre couleur olive, qui a la même composition que le sel bleu foncé, mais qui, pour perdre son eau, exige une température de +40° plus élevée, ce qui paraît indiquer deux modifications isomériques. A la température à laquelle le sel bleu perd toute son eau, le sel couleur olive n'en cède que les deux tiers, en se transformant en $3\dot{C}u\overset{\cdot\cdot\cdot\cdot\cdot}{I} + \dot{\bar{H}}$. L'oxyde cuivrique calciné, étant agité avec la solution d'une quantité suffisante d'acide iodique, ne change pas d'aspect; mais il absorbe tant de l'acide iodique que de l'eau, et devient, suivant le même chimiste,

$= 3\dot{Cu}\ddot{\dot{I}} + 3\dot{Cu} + \dot{H}$. Lorsqu'on fait bouillir l'oxyde avec l'acide, il se produit le sel couleur olive.

Iodate cuivrique ammoniacal. Par le refroidissement d'une solution d'iodate cuivrique neutre, saturé à chaud dans l'ammoniaque, le sel cristallise en prismes bleu foncé, $= \dot{Cu}\ddot{\dot{I}} + 2NH + 3\dot{H}$.

Carbonate cuivrique, $\dot{Cu}\ddot{C}$. On n'a pas pu l'obtenir isolément, mais seulement en combinaison avec l'oxyde ou l'hydrate cuivrique, auquel il s'unit en plusieurs proportions.

a. Carbonate sesquibasique (azur de cuivre), $\dot{Cu}^3\ddot{C}^2 + \dot{H} = 2\dot{Cu}\ddot{C} + \dot{Cu}\dot{H}$. Il se rencontre naturellement cristallisé en prismes rhomboïdaux, près de Chessy en France, et dans plusieurs autres localités. Il est d'un beau bleu foncé ; réduits en poudre, ses cristaux donnent une belle couleur bleu céleste, fort recherchée sous le nom de *bleu minéral.* Autant que je sache, on n'est pas parvenu à le préparer artificiellement, bien qu'on rencontre dans le commerce une matière colorante tout aussi belle, mais qui n'a pas la même composition.

b. Carbonate monobasique, $\dot{Cu}^2\ddot{C} + \dot{H} = \dot{Cu}\ddot{C} + \dot{Cu}\dot{H}$. Il se forme lorsqu'on précipite à une douce chaleur la solution d'un sel cuivrique par un carbonate alcalin : il se dégage de l'acide carbonique, pendant qu'il se dépose une poudre cristalline d'un beau vert, qu'on lave à l'eau bouillante et qu'on dessèche. Par l'addition du carbonate alcalin en excès, il se redissout une petite partie du précipité (la liqueur filtrée a une teinte verte, et donne, par l'évaporation, un résidu salin qui, calciné et redissous, laisse un peu d'oxyde cuivrique non dissous). C'est une poudre verte cristalline. Bouilli, surtout avant la dessiccation, avec de l'eau, ce sel perd d'abord son eau et devient $\dot{Cu}\ddot{C} + \dot{Cu}$, qui noircit ; mais ensuite il ne tarde pas à perdre de l'acide carbonique pendant l'ébullition. Cependant *Brunner* a trouvé que ce composé noir, ayant été bouilli pendant cinq jours, contenait encore 1,88 pour cent d'acide carbonique et 1,25 pour cent d'eau. Les vapeurs d'eau qui s'en dégageaient continuaient à troubler faiblement l'eau de chaux où elles venaient se condenser.

Ce composé se rencontre naturellement dans plusieurs localités, et souvent cristallisé en prismes rhomboïdaux d'un beau vert. On l'appelle *malachite.* Il en existe une espèce à fibres serrées, dont on fabrique des objets d'ornement; et même des vases. On le rencontre quelquefois à l'état terreux, anhydre et noir.

Suivant *Favre*, ce composé peut exister avec 1 atome d'eau de cristallisation, et on l'obtient à l'état de précipité bleu volumineux, en traitant un sel cuivrique à froid par le carbonate alcalin. En le séparant promptement de l'eau mère, le lavant sur le filtre avec une très-petite quantité d'eau froide, le pressant fortement, le desséchant, on peut l'obtenir avec sa couleur intacte. Suivant l'analyse de *Brunner*, il est formé de $\dot{Cu}\ddot{C} + \dot{Cu}\dot{H} + \dot{H}$. A l'état humide, il verdit par une très-douce chaleur; mais, une fois desséché, il supporte au delà de + 60° sans changer de couleur. A + 110°, il perd, d'après *Brunner*, toute son eau de cristallisation, et devient vert. On obtient cette combinaison à l'état cristallisé, lorsqu'on abandonne la liqueur qui a laissé déposer du carbonate cuivrique ammoniacal (*voir* plus bas) à l'évaporation spontanée: il se dégage peu à peu de l'ammoniaque, et la combinaison se dépose sous forme d'une croûte cristalline d'un vert bleu.

c. Carbonate bibasique, $\dot{Cu}^3\ddot{C} + 2\dot{H} = \dot{Cu}\ddot{C} + 2\dot{Cu}\dot{H}$. On l'obtient, suivant *Favre*, lorsqu'au lieu d'abandonner la liqueur dont on vient de parler à l'évaporation spontanée, on l'étend de beaucoup d'eau : il se forme un précipité blanc, qui peut être lavé et desséché entre +50° et + 60°, sans perdre sa couleur. Il renferme de l'eau dont on n'a pas déterminé la proportion, et qu'il perd à + 110°, en verdissant comme l'acétate cuivrique. Il noircit par l'ébullition dans l'eau.

Les différentes variétés du souscarbonate cuivrique sont employées en peinture. La couleur bleue est la plus recherchée et la plus chère. S'il est vrai qu'on peut l'obtenir artificiellement à l'état de $2\dot{Cu}\ddot{C} + \dot{Cu}\dot{H}$, le procédé est au moins resté un secret des fabricants. La belle couleur bleue qu'on prépare en mêlant le nitrate cuivrique avec l'hydrate calcique en excès, n'est autre chose qu'une combinaison de l'hydrate calcique : celui-ci attire peu à peu l'acide carbonique, et l'hydrate cuivrique subit son altérabilité ordinaire.

Carbonate cuivrique ammoniacal, $\dot{Cu}\ddot{C} + \dot{N}H^4$. On l'obtient, d'après *Favre*, en dissolvant le sous-carbonate cuivrique dans une solution concentrée de sesquicarbonate ammonique. La solution est bleu foncé. Quand on traite la solution avec le double de son volume d'alcool, et qu'on l'abandonne pendant vingt-quatre heures au repos, le composé se dépose en cristaux assez gros, d'un beau bleu foncé, qui forment quelquefois des aiguilles de cinq centimètres de longueur, et d'une teinte violette, vue par transparence. Il n'y a pas d'eau de cristallisation. L'eau les décompose en carbonate ammonique qui dissout une partie du carbonate cuivrique, et laisse du sous-carbonate cuivrique insoluble. Le sel est insoluble dans l'alcool et dans l'éther, il se décompose en ammoniaque et en acide carbonique qui se volatilisent, et en oxyde cuivreux ou en cuivre métallique qui reste.

Carbonate cuprico-potassique, $\dot{K}\ddot{C} + \dot{Cu}\ddot{C}$. On l'obtient en dissolvant, à l'aide d'une douce chaleur, le carbonate cuivrique dans le bicarbonate potassique. Par l'évaporation spontanée, la dissolution donne des cristaux bleus. — Le carbonate cuivrique forme des sels doubles semblables avec la *soude* et l'*ammoniaque*.

Oxalate cuivrique, $\dot{Cu}\dddot{\bar{C}}$. Il est insoluble dans l'eau, pulvérulent, bleu clair, et soluble dans un excès d'acide oxalique; en évaporant la dissolution, ce sel forme des cristaux verts.

Oxalate cuprico-potassique, $\dot{K}\dddot{\bar{C}} + \dot{Cu}\dddot{\bar{C}}$. Ce sel double est soluble, et s'obtient en faisant digérer une dissolution de bioxalate potassique avec de l'oxyde cuivrique. Le sel double forme des cristaux bleus. Ce sel affecte deux formes cristallines différentes, celle d'aiguilles ou de prismes courts, et celle de tables épaisses. Le sel cristallisé en aiguilles est efflorescent, tandis que celui cristallisé en tables ne s'altère pas à l'air. Dans les deux sels, le rapport de l'acide à la base est le même; mais le sel aciculaire contient deux fois autant d'eau de cristallisation que le sel en tables, et il se convertit en ce dernier, en perdant par l'efflorescence la moitié de son eau de cristallisation. Le sel en tables est composé de 40,5 parties d'acide oxalique, 27 de potasse, 22 $\frac{1}{2}$ d'oxyde cuivrique et 10 d'eau; le sel en aiguilles est composé de 36,46 parties d'acide oxalique, 25,04 de potasse, 20,5 d'oxyde cuivrique et 18 d'eau, et perd par l'efflorescence 9 parties de cette dernière. La quantité d'eau totale est de 4 atomes, et par conséquent l'eau qui reste après l'efflorescence est de 2 atomes

Oxalate cuprico-sodique, $\dot{Na}\dddot{\bar{C}} + \dot{Cu}\dddot{\bar{C}}$. Selon *Vogel*, il donne un sel double, qu'on obtient en versant une dissolution concentrée et chaude d'oxalate sodique dans une dissolution également concentrée et chaude de sulfate cuivrique. Le sel double se précipite d'abord, car il est peu soluble ; mais il se redissout ensuite, et cristallise, pendant le refroidissement ou par l'évaporation de la liqueur, en petits prismes quadrilatères, d'un bleu foncé, qui ne s'altèrent pas à l'air, mais deviennent, au soleil, d'abord verts, puis noirs. Ce sel est composé de 46,48 parties d'acide oxalique, 19,02 de soude, 23,5 d'oxyde cuivrique, et 11,00 d'eau ou 2 atomes.

Oxalate cuprico-ammonique, $\bar{N}H^4\ddot{\bar{C}} + \dot{Cu}\ddot{\bar{C}}$. On l'obtient en faisant digérer de l'oxalate cuivrique avec de l'eau de l'oxalate ammonique. Il se dissout, et la liqueur évaporée donne de petites tables bleues, contenant 2 atomes ou 11,52 pour cent d'eau, qui s'en vont à + 100°. Ces cristaux ne se dissolvent plus dans l'eau.

Oxalate cuivrique ammoniacal. On le prépare en dissolvant l'oxalate cuivrique dans l'ammoniaque caustique, et abandonnant la dissolution à l'évaporation spontanée. Il cristallise en prismes aplatis, d'un bleu foncé. Ce sel se compose de $\dot{Cu}\ddot{\bar{C}} + \bar{N}H^3 + \dot{\bar{H}}$. A l'air chaud, il perd toute son eau et la moitié de l'ammoniaque, de manière qu'il reste $2\dot{Cu}\ddot{C} + \bar{N}H^3$. On obtient ce même sel en faisant digérer de l'oxalate cuivrique avec une dissolution saturée du même oxalate dans l'ammoniaque caustique. Dans ce cas, l'oxalate cuivrique se transforme en une poudre bleue, qui ne s'altère pas à l'air. Exposé à l'action de la chaleur, le sel dégage de l'ammoniaque et brûle.

Mellitate (honigstate) *cuivrique*, $\dot{Cu}\,C^4O^3$. Il s'obtient sous forme d'un précipité très-volumineux, insoluble, d'un bleu très-clair. Recueilli sur le filtre, il devient de plus en plus foncé, en diminuant considérablement de volume, jusqu'à ce qu'il se change à la fin en une poudre composée de petits cristaux. Dans les solutions étendues et mêlées à chaud, il se dépose peu à peu en cristaux plus gros, nettement formés. Chauffé, il perd 20 pour cent d'eau. Dissous dans l'ammoniaque, il présente l'aspect d'une liqueur blanc foncé, qui ne tarde pas à laisser déposer un soussel en cristaux bleu foncé.

Rhodicate cuivrique. Il forme, par voie de double décomposition, un précipité brun chocolat; il en reste une petite quantité en dissolution dans la liqueur, qui le laisse ensuite déposer.

Croconate cuivrique, $\dot{Cu}\,C^5O^4$. Il se dissout dans l'eau, et se dépose, par l'évaporation, en cristaux bleu violet, solubles dans l'alcool.

Borate cuivrique, $\dot{\mathrm{C}}\mathrm{u}\dddot{\mathrm{B}}^{2}$. Précipité par le borax, il forme une poudre vert pâle, insoluble, qui se décompose en partie pendant le lavage, se dissout dans les acides, et se fond au feu en un verre opaque vert.

Silicate cuivrique. On le prépare en précipitant des sels de cuivre par la liqueur des cailloux. Cette combinaison se rencontre dans la nature, quoique rarement. On l'appelle *dioptase;* elle contient de l'eau combinée, et cristallise en beaux prismes hexaèdres transparents et verts. D'après l'analyse de *Hess*, sa composition peut être exprimée par $=\dot{\mathrm{C}}\mathrm{u}^{3}\dddot{\mathrm{S}}\mathrm{i}^{2}+3\dot{\bar{\mathrm{H}}}$.

On ne l'a trouvé jusqu'ici que dans le pays des Kirghises. On rencontre très-communément, dans les mines de cuivre de la Sibérie, une autre combinaison, qui est aussi verte, mais plus pâle et amorphe, à laquelle on a donné le nom de *malachite silicique* (Kieselmalachit), et qui est composée du même silicate, excepté qu'elle contient 6 atomes d'eau. Enfin, un troisième minéral, qui est également amorphe, et qui se rencontre près de Sommerville, dans les États-Unis, contient, d'après l'analyse de *Berthier*, le même sel combiné avec 12 atomes d'eau.

Formiate cuivrique, $\dot{\mathrm{C}}\mathrm{u}\dddot{\mathrm{F}}\mathrm{o}$. Il donne des cristaux d'un vert bleuâtre, qui affectent la forme de prismes hexaèdres aplatis, s'effleurissent à l'air, et exigent 8 $\frac{1}{2}$ parties d'eau froide pour leur dissolution complète. Le formiate cuivrique est très-peu soluble dans l'alcool, auquel il communique cependant une teinte bleuâtre. Il entre en fusion quand on le chauffe, mais il ne se décompose qu'à une très-haute température; dans ce cas, l'acide formique est détruit, et il reste du cuivre métallique.

Acétates de cuivre. a. Acétate cuivrique neutre, $\dot{\mathrm{C}}\mathrm{u}\dddot{\mathrm{A}}\mathrm{c}$. On l'obtient en dissolvant l'oxyde cuivrique dans l'acide acétique, et faisant évaporer la liqueur jusqu'au point de cristallisation. Il forme de beaux cristaux d'un vert foncé, qui renferment 1 atome ou 9,03 pour cent d'eau, dont la surface s'effleurit à l'air. Ces cristaux exigent 5 parties d'eau bouillante pour leur dissolution complète, et se dissolvent en petite quantité dans l'alcool. *Woehler* a découvert qu'on peut obtenir ce sel combiné avec une autre proportion d'eau. Cette combinaison se produit quand on dissout le sel à une douce chaleur, jusqu'à saturation, dans de l'eau aiguisée par une petite quantité d'acide acétique, et abandonnant la liqueur à la cristallisation dans un endroit frais. On obtient ainsi de gros octaèdres à base rhomboïdale, bleus, transparents, et contenant 5 atomes ou 33,2 pour cent d'eau. Chauffés entre $+30^{\circ}$ et $+35^{\circ}$, les cristaux deviennent opaques et verts, sans perdre leur forme. Desséchés à cette température, ils perdent 4 atomes ou 26,5 pour cent d'eau, et se changent en cristaux secondaires, formés d'un agrégat de petits cristaux de la forme primitive, et se réduisent en poudre par une douce pression. Plus l'application de la chaleur est lente, plus les cristaux verts, dans lesquels se changent les cristaux bleus, deviennent gros. Quand on chauffe l'acétate cuivrique à l'air libre, il prend feu, et brûle avec une belle flamme verte très-intense. En raison de sa belle couleur verte, on emploie cette combinaison en peinture. On la rencontre dans le commerce sous le nom très-impropre de *vert-de-gris distillé*. En distillation, ce sel est décomposé, abandonne d'abord son eau de cristallisation, puis de l'acide acétique, et laisse un mélange de charbon, de cuivre et d'oxyde cuivreux; 16 onces de sel donnent 3 onces d'eau et 6 onces d'acide; ce dernier se réduit, par une seconde distillation, à 5 onces $\frac{1}{2}$; 1 once d'acide se dégage à l'état de gaz, et on trouve dans la cornue un résidu de 5 onces $\frac{3}{4}$. En laissant réagir pendant longtemps, au contact de l'air, l'acide acétique sur du cuivre, une partie de ce dernier se dissout; c'est pour cela qu'on étame les vases de cuivre dont on se sert dans les cuisines. L'acide acétique ne dissout pas de cuivre pendant la cuisson; mais quand on laisse refroidir le tout, et que l'air peut, à travers la liqueur, pénétrer jusqu'au cuivre, une partie de ce dernier se dissout. Il faut donc se garder de laisser refroidir des mets dans des vases de cuivre, et de les y laisser séjourner après que la cuisson est terminée.

b. Acétate bicuivrique (vert-de-gris). D'après *Chaptal*, le vert-de-gris se prépare à Montpellier de la manière suivante: On fait fermenter le marc de raisin, et quand la fermentation acide commence, on place ce marc par couches alternatives avec des lames de cuivre dans des pots de grès. La surface des lames de cuivre a été préalablement attaquée par une dissolution de vert-de-gris dans l'eau; et avant d'exposer les lames à l'action du marc de raisin, on les chauffe jusqu'à ce qu'on ne puisse plus y tenir la main.

Au bout de trois semaines, elles sont ordinairement bonnes à être retirées ; on les enlève donc, on les mouille avec de l'eau, et on les expose à l'air pendant quelques jours. Le vert-de-gris ainsi obtenu est bleu. Aux environs de Grenoble, on prépare le vert-de-gris en arrosant le cuivre de vinaigre ; et en Suède on empile les lames de cuivre entre des morceaux de drap épais, préalablement trempé dans du vinaigre. Le vert-de-gris ainsi obtenu est vert. — Je croyais autrefois que dans la préparation de ce sel il se formait d'abord de l'acétate cuivreux, et que celui-ci s'oxydait à l'air, et se transformait en sel cuivrique, par une réaction que les minéralogistes connaissent sous le nom d'*épigénie*, et en vertu de laquelle le sel cuivreux solide s'oxyderait, et les éléments seraient retenus mécaniquement dans des proportions dans lesquelles ils ne pourraient pas se combiner, si leur mouvement était libre. J'avais trouvé que quand on chauffait graduellement du vert-de-gris dans des vases distillatoires, on obtenait, à une certaine époque, un sublimé blanc d'acétate cuivreux, qui remplissait quelquefois la voûte de la cornue, sous forme d'un assemblage de cristaux légers lanugineux. J'ai exposé ce sublimé à l'air humide, afin d'obtenir la base et l'acide combinés dans les mêmes proportions que dans le vert-de-gris, mais il ne s'est pas altéré.— J'empilai aussi des lames de cuivre pur, couvertes d'une pâte composée d'acétate cuivrique neutre et d'eau, et je les laissai dans cet état pendant deux mois, au milieu d'un air humide qu'on renouvelait quelquefois, mais qui était toujours saturé d'humidité. Au bout de ce temps, les lames étaient couvertes d'une croûte de petits cristaux bleus, à éclat soyeux, qui n'étaient autre chose que du vert-de-gris. Cette expérience est contraire à l'idée d'une épigénie.

Le vert-de-gris contient souvent en mélange des corps étrangers, provenant principalement des raisins, de leur épiderme, et des grains. Le vert-de-gris du commerce se présente, ainsi que je l'ai déjà dit, sous deux aspects différents : il est tantôt d'un bleu clair, et se compose alors d'une foule de paillettes cristallines, qui donnent une belle poudre bleu clair ; tantôt verdâtre, et alors il est d'une apparence moins cristalline. Dans le vert-de-gris bleu, l'acide contient une fois et demie, et l'eau de cristallisation trois fois autant d'oxygène que l'oxyde cuivrique, c'est-à-dire qu'il est composé de 43,34 parties d'oxyde cuivrique, 27,45 d'acide acétique, et 29,21 d'eau $= \dot{C}u^{2}\dddot{A}c + 6\dot{H}$. Je ferai connaître plus tard les circonstances qui paraissent prouver qu'un sel dans lequel l'oxygène de l'acide est une fois et demie celui de la base, ne constitue pas une combinaison aussi simple qu'on pourrait le croire au premier abord; et qu'il serait peut-être plus conséquent de regarder le vert-de-gris comme une combinaison d'acétate cuivrique neutre, d'hydrate cuivrique et d'eau de cristallisation : en admettant cette manière de voir, la moitié de l'oxyde cuivrique se trouverait dans le vert-de-gris à l'état d'hydrate. La facilité avec laquelle ce sel se décompose s'accorde avec cette dernière hypothèse. Quand on le chauffe jusqu'à +60°, il change de couleur, perd de l'eau, et laisse 76,5 pour 100 d'une masse verte, qui consiste en un mélange d'acétate neutre et d'acétate bibasique, contenant tous deux de l'eau de cristallisation; dans le dernier sel, l'oxygène de l'acide est égal à celui de l'oxyde, et il contient $\frac{3}{4}$ de l'oxyde cuivrique du vert-de-gris. — Si l'on verse de l'eau sur du vert-de-gris, il se réduit en une pâte molle : l'eau devient bleue, et laisse en non-dissolution une foule de paillettes cristallines, bleues. En traitant le vert-de-gris par l'eau jusqu'à ce que celle-ci ne dissolve plus rien, le résidu devient plus foncé, et à la fin noir. Ce phénomène tient à ce que le vert-de-gris est décomposé par l'eau, qui dissout 0,1 partie de l'oxyde cuivrique à l'état d'acétate neutre, et 0,3 partie d'un soussel soluble, dans lequel l'acide contient deux fois autant d'oxygène que la base; tandis qu'elle laisse 0,6 partie de l'oxyde cuivrique sous forme d'un sel insoluble, dans lequel l'oxygène de l'acide est égal à celui de la base. Ce sel finit par devenir noir, parce qu'il se forme un sel encore plus basique, qui prend immédiatement naissance quand on mêle et qu'on fait bouillir du vert-de-gris avec de l'eau.

c. *Acétate sesquicuivrique*, $\dot{C}u^{3}\dddot{A}c^{2} = 2\dot{C}u\dddot{A}c + \dot{C}u$. On peut l'obtenir par deux moyens. 1° Quand on traite le vert-de-gris par l'eau, et qu'on abandonne la dissolution à l'évaporation spontanée : ce sel commence alors à s'effleurir sur les bords du vase, sous forme d'une masse bleue non cristalline. 2° On mêle une dissolution concentrée bouillante du sel neutre avec de l'ammoniaque, en ajoutant celle-ci par petites portions jusqu'à ce que le précipité, qui se forme au moment où les liquides se mêlent, soit redissous. Par le refroidissement de la liqueur, le sel se dépose sous forme d'un magma non cristallin, qui remplit tout le volume du liquide.

On le jette sur un filtre, on le presse entre des doubles de papier, et on le lave avec de l'esprit-de-vin, qui ne le dissout pas. En versant de l'alcool dans la liqueur filtrée, on obtient une nouvelle quantité de ce sel, qui se précipite alors en paillettes cristallines. Ce sel s'altère peu quand on l'expose à la température de + 100°; il devient par là un peu plus vert, et perd 10 pour 100 de son poids. Il est soluble dans l'eau; la dissolution dépose, quand on la chauffe, le sel basique brun, et devient neutre. Ce sel contient 6 atomes ou 19,7 pour cent d'eau, dont la moitié s'en va à + 100°, en laissant $2\dot{C}u\,\dddot{A}c + \dot{C}u + 3\dot{\bar{H}}$. Le mélange de ce sel avec le sel suivant constitue les espèces de vert-de-gris dont la nuance est verte. Les deux espèces de vert-de-gris contiennent la même quantité d'oxyde cuivrique; mais l'espèce verte est préférable comme couleur, en ce que, quand on la sèche à une douce chaleur, qui n'excède pas + 100°, elle perd tout au plus 10 pour 100 de son poids, et ordinairement moins; tandis que l'espèce bleue perd, dans les mêmes circonstances, 25 pour 100 de son poids, et verdit. En chimie, l'espèce verte est également préférable, parce qu'elle contient plus d'acide acétique.

d. Acétate bicuivrique, $\dot{C}u^{3}\,\dddot{A}c = \dot{C}u\,\dddot{A}c + 2\dot{C}u$. On l'obtient par plusieurs procédés; par exemple, en traitant le vert-de-gris par l'eau, ou en précipitant le sel neutre par l'ammoniaque caustique, ou le faisant macérer avec de l'hydrate cuivrique. Si l'on mêle de l'acétate cuivrique avec une quantité d'ammoniaque insuffisante pour redissoudre du précipité, on obtient le sel bicuivrique sous forme d'un précipité, qui devient bleu par le lavage. Lorsqu'au contraire on mêle les liqueurs bouillantes à l'état concentré, il se produit un précipité pesant, grenu, d'un vert grisâtre sale, qui est le même sel. L'acétate bibasique est la plus stable de toutes les combinaisons de l'oxyde cuivrique avec l'acide acétique. Il contient 3 atomes ou 7,4 pour cent d'eau.

e. Acétate surbasique, $\dot{C}u^{48}\,\dddot{A}c$. On le prépare en étendant d'eau la dissolution du sel basique soluble, et la chauffant ensuite; plus la liqueur est étendue, moins on a besoin de chauffer, en sorte que ce sel se forme déjà entre + 20° et 30°, quand la liqueur est très-étendue. Même la dissolution étendue du sel neutre dépose de l'acétate surbasique quand on la fait bouillir. Tant que le sel est au milieu de la liqueur, il paraît d'un brun de foie; mais après avoir été recueilli sur un filtre, il est noir, et colore fortement les corps avec lesquels on le touche. Quand on le lave pendant longtemps avec de l'eau, il finit par passer à travers le filtre sous forme d'un liquide trouble; une partie se dissout réellement, et donne, par l'évaporation de la liqueur, un enduit transparent, incolore et mince, qui a l'apparence d'un vernis. Chauffé, ce sel brûle avec une légère détonation, et en lançant des étincelles. L'acétate de cuivre surbasique est composé de 92,3 pour 100 d'oxyde cuivrique, 2,45 pour 100 d'acide acétique, et 5,25 pour 100 ou 12 atomes d'eau; c'est-à-dire que l'oxyde cuivrique y contient 16 fois, et l'eau 4 fois autant d'oxygène que l'acide acétique.

Ure a remarqué que les sousacétates cuivriques se dissolvent dans le sucre. La dissolution est verte, et résiste, d'après ce chimiste, même à l'action des réactifs les plus énergiques, tels que l'ammoniaque, le cyanure ferroso-potassique, et le gaz sulfide hydrique.

Acétate cuprico-calcique, $\dot{\mathrm{C}}\mathrm{u}\,\dddot{\mathrm{A}}\mathrm{c} + \dot{\mathrm{C}}\mathrm{a}\,\dddot{\mathrm{A}}\mathrm{c} + 8\dot{\mathrm{H}}$. On l'obtient en dissolvant les deux sels ensemble, et en évaporant la liqueur jusqu'au point de cristallisation. Il forme de beaux cristaux d'un bleu foncé. Sa composition a été déterminée par *Ettling*.

Tartrate cuivrique, $\dot{\mathrm{C}}\mathrm{u}\,\overset{\cdot\cdot\cdot\cdot\cdot}{\mathrm{T}}\mathrm{r}$. On l'obtient facilement en versant goutte à goutte du tartrate potassique neutre dans une solution de sulfate cuivrique : il se précipite sous forme d'une poudre d'un vert clair. L'acide tartrique dissout l'hydrate ou le carbonate cuivriques jusqu'à saturation; la partie dissoute ne tarde pas à se précipiter de nouveau. Mais il agit très-difficilement sur l'oxyde cuivrique calciné. Examiné sous le microscope, le précipité vert présente l'aspect de petites tables. Le sel renferme 3 atomes ou 20,282 pour cent d'eau, qui s'en vont totalement à + 100°. Il se dissout dans 1715 parties d'eau froide et dans 310 parties d'eau bouillante. Il se dissout aussi dans la soude caustique, et cette solution, traitée par l'alcool, donne un précipité bleu pulvérulent, soluble dans l'eau, et dont il sera question plus bas.

Tartrate cuprico-potassique, $\dot{\mathrm{K}}\,\overset{\cdot\cdot\cdot\cdot\cdot}{\mathrm{T}}\mathrm{r} + \dot{\mathrm{C}}\mathrm{u}\,\overset{\cdot\cdot\cdot\cdot\cdot}{\mathrm{T}}\mathrm{r}$. Ce sel double est soluble dans l'eau, et forme des cristaux d'un bleu vert foncé, dont la dissolution sert à colorier des cartes. Ordinairement cette dissolution est préparée avec du vert-de-gris et de la crème de tartre. La masse saline desséchée, pulvérulente, est employée en peinture.

Soustartrate cuprico-sodique, $\dot{N}a\,\dddot{T}r + \dot{C}u\,\dddot{T}r + 2\dot{C}u + 7\dot{H}$. On le prépare, d'après *Werther*, en traitant une solution sodique de tartratre cuivrique par l'alcool : il se précipite une poudre bleue qu'on lave à l'alcool, puis on la dissout dans l'eau, et on l'expose dans le dessiccateur : à la surface de la liqueur il se forme des tables cristallines bleues, et des cristaux irréguliers dans l'intérieur du liquide. Ces cristaux se dissolvent plus difficilement dans l'eau froide que la poudre séparée par l'alcool; mais ils se dissolvent facilement dans l'eau chaude. La solution est neutre, et n'est pas précipitée par l'alcali. Mais quand on la chauffe jusqu'à l'ébullition, l'acide commence à se détruire, pendant qu'il se dépose, outre une masse charbonneuse noire, des paillettes d'oxyde cuivreux.

Tartrate cuivrique ammoniacal, $\dot{C}u\,\dddot{T}r + NH^3$. Il se précipite quand on traite une solution ammoniacale de tartrate cuivrique neutre par l'alcool. Il renferme, selon *Du Menil*, 2 atomes d'eau, et passe pour inaltérable à l'air.

Succinate cuivrique, $\dot{C}u\,\dddot{S}c$. C'est un sel peu soluble dans l'eau, aussi bien que dans l'acide succinique en excès; on l'obtient en introduisant, par petites portions, du carbonate cuivrique dans une solution d'acide succinique. Il faut avoir soin de n'y ajouter une nouvelle portion de carbonate que quand l'effervescence de la première a cessé; on laisse à la fin une petite portion d'acide non saturé dans la liqueur. Le sel nouvellement formé est une poudre cristalline d'un bleu vert, dont une très-petite quantité reste en dissolution dans la liqueur, qui prend ainsi une faible teinte verte. Il est très-soluble dans l'acide acétique, et insoluble dans l'alcool. Il ne renferme pas d'eau chimiquement combinée. Il importe de remarquer ici que les sels cuivriques ne sont pas précipités par le succinate potassique ou sodique, probablement parce qu'il se produit des sels doubles solubles qu'on n'a pas encore examinés.

Cyanurénate cuivrique. On le prépare en introduisant, par petites portions successives, de l'hydrate cuivrique récemment précipité dans une solution bouillante, et saturée d'acide cyanurénique. La solution, d'abord limpide, ne tarde pas à laisser déposer une poudre bleu clair, qui conserve sa couleur après la dessiccation. A + 250°, le sel perd 9 pour cent d'eau, en verdissant comme l'oxyde chromique. Quand on mêle une solution bouillante d'acide cyanurénique avec de l'acétate cuivrique, il ne se forme pas de précipité; mais lorsqu'on fait bouillir la solution, il se produit un dépôt vert pulvérulent, qui renferme du cyanurénate aussi bien que de l'acétate cuivriques.

Zinco-fulminate cuivrique, $\dot{C}uC^4N^2O^2 + ZnN^2C^2$? D'après *E. Davy*, on peut l'obtenir sous trois modifications différentes, dont l'une est verte, l'autre brune, et la troisième blanche. Les fulminates brun et vert s'obtiennent simultanément. On mêle de la limaille de cuivre et du fulminate mercureux très-divisé avec de l'eau, et on secoue la masse de temps à autre. Par ce moyen il se dissout un sel cuivrique vert, et il se dépose un sel brun, sous une couche d'une substance grise, floconneuse, que *Davy* prend pour du mercure réduit. Il est facile de décanter la liqueur verte avec les flocons gris de dessus la poudre brune, pesante, qu'on sépare complétement des flocons gris au moyen de l'eau, et qu'on recueille sur un filtre. Le sel *brun* se trouve mêlé avec du cuivre; on doit le traiter avec la plus grande précaution, parce qu'il détone aussi facilement que le fulminate argentique. Cependant il ne fait pas explosion avec l'acide sulfurique concentré. Il paraît être un sel cuivreux, car on l'a également obtenu en délayant du cuivre très-divisé avec de l'eau sur un disque de verre, et en plaçant celui-ci sur un verre à vin qui contenait un mélange d'acide sulfurique et d'un fulminate. Au bout de 48 heures, le cuivre s'était transformé en une masse brune, qui détonait avec force et en produisant une grande flamme. Le sel *vert* s'obtient en faisant évaporer à une douce chaleur la dissolution séparée au moyen de la filtration; il affecte la forme de doubles pyramides hexagonales ou de dodécaèdres pyramidaux aplatis, et colorés en vert clair. Quand il détone, il produit une belle flamme blanche. Sa détonation est plus bruyante que celle du sel mercureux. Le sel *blanc* s'obtient en mêlant, dans un matras, du cuivre réduit en feuilles minces comme l'or battu, et broyé fin, avec du fulminate mercureux et de l'eau, laissant le mélange réagir pendant un mois et le secouant de temps à autre. On trouve alors au fond du matras, outre le sel brun, de petits cristaux blancs, éclatants, qui, vus au microscope, présentent une faible teinte de bleu, et la forme de dodécaèdres pyramidaux ou celle de prismes rectangulaires à quatre pans. Ces cristaux ne sont solubles ni dans l'eau froide ni dans l'eau chaude; l'acide nitrique concentré les transforme en nitrate cuivrique, avec développement de gaz. Ils détonent avec une violence particulière. Quand on mêle du sulfate cuivrique avec du fulminate sodico-argentique, il se forme un précipité vert, qui est du *fulminate sodico-cuivrique*. Ce sel double ne fait pas explosion.

Séléniate cuivrique, $\dot{C}u\dddot{S}e$. Il ressemble parfaitement au sulfate, sous le rapport de la couleur, de la forme, de la solubilité, et des multiples d'eau de cristallisation.

Sélénite cuivrique, $\dot{C}u\ddot{S}e$. Il est vert et insoluble. Quand on mêle une dissolution chaude d'un sel cuivrique avec une dissolution de bisélénite ammonique, on obtient un précipité jaunâtre, caséeux, qui se tasse après quelques instants, et forme alors une masse de petits grains cristallins, à éclat soyeux, d'une belle couleur bleuâtre. Ces grains consistent en sélénite cuivrique neutre, et ne se dissolvent ni dans l'eau ni dans un excès d'acide sélénieux. Chauffé, ce sel abandonne son eau de cristallisation et devient d'un brun de foie; à une température plus élevée, il fond, devient noir, entre en ébullition, et donne un sublimé d'acide sélénieux.

Le *sousséléníte cuivrique* forme une poudre d'un vert pistache, qui devient noire par la calcination, et abandonne d'abord de l'eau, puis de l'acide sélénieux.

Tellurate cuivrique, $\dot{C}u\dddot{T}e$. Il se présente sous la forme d'un précipité volumineux, demi-transparent, d'un vert céladon, mais dont la nuance n'est pas belle. Le bisel a une couleur plus pâle; il se précipite également.

Tellurite cuivrique, $\dot{C}u\ddot{T}e$. Il a une belle couleur verte, semblable au vert de Scheele. Le sel préparé par la voie sèche est très-fusible, devient noir en refroidissant, a une cassure vitreuse, et donne une poudre brun verdâtre. On peut le fondre avec un atome d'oxyde cuivrique; on obtient ainsi une masse noire d'une cassure terreuse.

Arséniate cuivrique, $\dot{C}u^2\dddot{A}s$. On l'obtient, par précipitation, à l'aide d'un arséniate alcalin, sous forme d'une poudre verte, insoluble. On trouve dans la nature plusieurs combinaisons basiques d'acide arsénique et d'oxyde cuivrique : 1° l'*euchroïte*, qui, d'après l'analyse de *Turner*, est composé conformément à la formule $\dot{C}u^4 \ddot{\ddot{A}}s + 7\dot{H}$, ou $\dot{C}u^2 \ddot{\ddot{A}}s + 2\dot{C}u\dot{H} + 5\dot{H}$. Il y a 18,64 pour cent d'eau. 2° L'*olivenite*; c'est la même combinaison, dans laquelle une petite partie d'acide arsénique est remplacée par l'acide phosphorique; elle ne contient que 1 atome ou $3\frac{1}{2}$ pour cent d'eau. L'euchroïte est d'un beau vert, et l'olivenite d'un gris sale. 3° La même combinaison, mais avec une autre proportion d'eau, et avec une quantité d'hydrate aluminique, dont l'oxygène est moitié de celui de l'oxyde cuivrique. D'après *Trolle Wachtmeister*, sa composition peut être exprimée par la formule $2(\ddot{A}l\dot{H}^3) + 3(\dot{C}u^4 \ddot{\ddot{A}}s \dot{H}^8)$. 4° L'*écume de cuivre* (Kupferschaum), $\dot{C}u^5 \ddot{\ddot{A}}s + 10\dot{H}$, qui a une belle couleur verte et une texture feuilletée et rayonnée; sa composition a été déterminée par *de Kobell*. Cette même combinaison se rencontre avec 2 atomes d'eau, et a reçu le nom d'*érinite*.

Arsénite cuivrique, $\dot{C}u^2 \ddot{A}s$. Pour l'obtenir, on fait digérer le carbonate cuivrique avec de l'eau et de l'acide arsénieux. La dissolution n'est précipitée ni par les alcalis, ni par les acides. Évaporée, elle donne un sel vert jaunâtre, qui paraît contenir un excès d'acide. On obtient la combinaison neutre en précipitant le sulfate cuivrique par l'arsénite potassique. Le précipité est vert. Quand il contient un excès de base, sa couleur est plus intense; mais il se décompose spontanément en peu de temps, devient d'un brun foncé, et contient de l'arséniate cuivrique et de l'arsénite cuivreux. L'ammoniaque caustique dissout ce cel en un liquide incolore, contenant probablement de l'arséniate cuivreux. On trouve dans le commerce, sous le nom de *vert de Scheele*, une belle couleur dont on se sert en peinture, et qu'on obtient, d'après *Scheele*, de la manière suivante: On dissout deux livres de sulfate cuivrique pur et exempt de fer dans dix-huit pintes d'eau, préalablement chauffée dans une chaudière de cuivre; dans une autre chaudière on dissout deux livres de potasse pure et calcinée, et 11 onces d'acide arsénieux, dans 6 pintes d'eau pure; et quand tout est dissous, on filtre la liqueur à travers un linge. On verse cette liqueur par petites portions dans la dissolution encore chaude de sulfate cuivrique, en ayant soin de remuer sans cesse; quand tout est mêlé, on laisse reposer la liqueur pendant quelques heures, on décante le liquide clair, et on lave le dépôt avec quelques pintes d'eau chaude qu'on y verse, et qu'on laisse s'écouler après qu'elle est devenue limpide, pour en ajouter une nouvelle quantité. Enfin, on verse la couleur sur une toile; et quand elle est bien égouttée, on la sèche à une douce chaleur. On obtient ainsi une livre six onces et demie d'une belle couleur verte. On l'emploie principalement comme couleur à l'eau, quoiqu'elle puisse aussi servir dans la peinture à l'huile.

Composé d'arsénite et d'acétate cuivriques, $\dot{C}u\,\dddot{A}c + 3\dot{C}u^{2}\,\dddot{A}s$. C'est une des matières colorantes vertes les plus belles, et qu'on rencontre dans le commerce sous le nom de *vert de Schweinfurth*. Voici le procédé qu'on emploie pour le préparer : On met 10 parties de vert-de-gris dans une chaudière de cuivre, et on y fait fondre ce sel dans une quantité d'eau suffisante pour produire une bouillie claire ; on filtre celle-ci à travers un tamis, pour la débarrasser des impuretés qu'elle peut contenir. On dissout ensuite 8 à 9 parties d'acide arsénieux en poudre fine dans 100 parties d'eau bouillante, en se servant à cet effet d'une chaudière en cuivre. La dissolution est filtrée toute chaude, puis chauffée de nouveau jusqu'à l'ébullition; après quoi on y ajoute peu à peu le vert-de-gris par petites portions, et en continuant de faire bouillir la liqueur. L'ébullition doit être prolongée jusqu'à ce que la liqueur soit limpide et incolore. La couleur ainsi obtenue est lavée et séchée. D'après *Ehrmann*, il paraît qu'en mêlant les dissolutions concentrées de l'acétate cuivrique et de l'acide arsénieux, on n'obtient d'abord qu'un précipité d'arsénite cuivrique. Ce précipité est volumineux, vert d'olive; par le contact prolongé avec l'acide acétique devenu libre dans la liqueur, il se transforme en sel double, et se dépose à l'état d'une poudre lourde, grenue, et d'un vert superbe. Lorsqu'on interrompt l'ébullition après avoir mêlé les deux liqueurs chaudes, ou qu'on délaye le mélange dans de l'eau froide, cette transformation s'opère beaucoup plus lentement, mais la combinaison devient alors cristalline. Elle est complétement insoluble dans l'eau. La potasse et la soude la décomposent; il se sépare de l'hydrate cuivrique bleu, qui noircit sur-le-champ, et passe ensuite à l'état d'hydrate cuivreux, en cédant de l'oxygène à l'acide arsénieux. Dans ce phénomène, la masse devient d'abord vert d'olive, puis jaune, ensuite brunâtre, et à la fin d'un rouge orangé intense. L'ammoniaque dissout la combinaison, en prenant une vive couleur bleue, même à l'abri de l'air. La découverte de ces propriétés est due à *Ehrmann*. D'après le même chimiste, le vert de Schweinfurth est composé, sur 100 parties, de 31,243 d'oxyde cuivrique, 58,620 d'acide arsénieux et de 10,135 d'acide acétique, proportions qui servent de base à la formule ci-dessus.

Antimoniate cuivrique, $\dot{\mathrm{Cu}}\,\overline{\dddot{\mathrm{S}}}\mathrm{b}$. C'est une poudre cristalline, farineuse, verte, qui ne se dissout pas dans l'eau. Chauffée, elle perd 19 ½ pour 100 d'eau, et devient noire. Si l'on élève la température jusqu'au rouge, le sel paraît prendre feu et brûler pour un instant; après quoi il est d'un blanc légèrement verdâtre. Le sel calciné ne peut être décomposé par la voie humide, ni par les alcalis, ni par les acides. Chauffé au chalumeau sur du charbon, il est facilement réduit, et donne un grain de cuivre métallique pâle.

Chromate cuivrique, $\dot{\mathrm{Cu}}\,\dddot{\mathrm{Cr}}$. On l'obtient, suivant *Kopp*, en saturant à froid une solution d'acide chromique avec du carbonate ou de l'hydrate cuivriques. La solution a, pendant l'évaporation, une grande tendance à donner des efflorescences. Le sel se dépose en cristaux verts, de la même forme que le vitriol de cuivre. Il renferme 5 atomes ou 32,9 pour cent d'eau, et a pour poids spécifique 2,262. Le sel anhydre est blanc; mais, humecté d'eau, il s'échauffe et verdit. Le *bichromate cuivrique*, $\dot{\mathrm{Cu}}\,\dddot{\mathrm{Cr}}^2$, présente l'aspect d'une matière sirupeuse, qui ne cristallise pas.

Souschromate cuivrique, $\dot{\mathrm{Cu}}^4\dddot{\mathrm{Cr}} = \dot{\mathrm{Cu}}\,\dddot{\mathrm{Cr}} + 3\dot{\mathrm{Cu}}$. On l'obtient, d'après *Malaguti* et *Sarzeau*, en mêlant ensemble les solutions bouillantes de sulfate et de chromate neutre cuivriques; le sel se dépose coloré en brun chocolat. On l'épuise ensuite par l'eau, jusqu'à ce que celle-ci ne se colore plus. Il renferme 5 atomes ou 17,61 pour cent d'eau. — Suivant *Böttger*, il se produit, quand on mêle les solutions à froid, un précipité rouge kermès, qui, lavé et desséché, ressemble à l'ocre ferrugineuse. C'est probablement un soussel contenant un léger excès de base.

Chromate cuivrique ammoniacal (basique). On le prépare en mêlant une solution très-concentrée de bichromate cuivrique avec de l'ammoniaque caustique forte, jusqu'à ce que le précipité qui se forme d'abord se redissolve; en ajoutant ensuite de l'alcool à la liqueur, le composé se précipite en grains vert foncé, qu'on peut laver à l'alcool. A l'air, il perd peu à peu son ammoniaque. D'après *Malaguti* et *Sarzeau*, on obtient un composé ammoniacal cristallin, en traitant, dans un flacon, le soussel encore humide $=\dot{Cu}^4\dddot{Cr}+5\dot{H}$, par de l'ammoniaque très-concentrée, fermant bien le flacon, et l'exposant quelques jours dans un endroit tiède, pendant qu'on l'agite fréquemment pour que l'ammoniaque se sature de sel. On décante ensuite la liqueur limpide d'un vert foncé, et on la refroidit fortement au-dessous de 0°; le composé ammoniacal cristallise alors en prismes rhomboédriques vert foncé, ayant quelquefois 1 à 2 centimètres de longueur. Ces cristaux se composent de $\dot{Cu}^3\dddot{Cr}^2+5NH^3+\dot{H}$, c'est-à-dire de $(2\dot{Cu}\dddot{Cr}+\dot{Cu}\dot{H})+5NH^3$. Comme le sel basique dissous dans l'ammoniaque contient, pour 2 atomes d'acide chromique, 8 atomes d'oxyde cuivrique, tandis que ces cristaux ne renferment que 3 atomes d'oxyde cuivrique, il est évident que 5 atomes d'oxyde cuivrique sont restés en dissolution dans l'eau mère. La liqueur, après avoir formé, par le refroidissement, un grand nombre de cristaux, étant ensuite évaporée jusqu'à siccité dans l'appareil dessiccateur (qui contient, au lieu d'acide sulfurique, de la chaux caustique anhydre, et en outre, pour entretenir une atmosphère de gaz ammoniac, un mélange de chaux caustique et de sel ammoniac), laisse un mélange de deux sels, dont l'un, formé de la combinaison ammoniacale citée, est vert, tandis que l'autre a une couleur bleu d'outre-mer et est déliquescent. Lorsqu'on introduit le mélange sous une cloche de verre où se trouve un vase rempli d'ammoniaque caustique, on voit que le dernier sel tombe en déliquium, et peut être décanté des cristaux verts. La liqueur bleue décantée, évaporée dans un appareil dessiccateur disposé comme il vient d'être dit, donne les cristaux bleu pur; ce sont des aiguilles prismatiques déliées, friables, qui, d'après les chimistes nommés, ne renferment pas d'acide chromique, et se composent de $\dot{Cu}+2NH^3+4\dot{H}$; c'est donc de l'*oxyde cuivrique ammoniacal*. A l'air, ces cristaux sont déliquescents, et l'ammoniaque s'en dégage rapidement. Par la chaleur, ils se décomposent avec production de lumière, et laissent du cuivre métallique. Lorsqu'on chauffe un tas de ces cristaux dans un point jusqu'à décomposition, et qu'on retire ensuite le feu, la décomposition continue en pénétrant la masse : chaque cristal s'allonge et se contourne, en laissant un tube mince recourbé de cuivre métallique.

Sous-chromate plombico-cuivrique. On le trouve dans la nature; les minéralogistes lui ont donné le nom de *vauquelinite.* Il est tantôt terreux, tantôt à l'état de petits cristaux qui affectent la forme de champignons. Dans le premier cas, sa couleur est claire; dans le dernier, elle est d'un vert foncé. Sa composition est $= \dot{C}u^3 \dddot{C}r + \dot{P}b^2 \dddot{C}r$.

Vanadate cuivrique, $\dot{C}u \dddot{V}$. Le sel *neutre* est soluble en jaune, et donne, par l'évaporation, une masse jaune foncé, nullement cristalline. Le *bisel*, $Cu \dddot{V}^2$, obtenu par double décomposition, se dépose peu à peu sous forme d'une croûte cristalline jaune.

Molybdate cuivrique, $\dot{C}u \dddot{M}o$. C'est une poudre d'un vert jaunâtre, qui est peu soluble dans l'eau, et que les alcalis et les acides décomposent facilement.

Tungstate cuivrique, $\dot{C}u \dddot{W}$. Il forme un précipité blanc, insoluble.

Stannate cuivrique, $\dot{C}u \ddot{S}n$. Il forme, suivant *Moberg*, un précipité vert, contenant 3 atomes d'eau.

Permanganate cuivrique, $\dot{C}u \dddot{M}n$. D'après *Mitscherlich*, il est déliquescent.

C. *Sulfosels de cuivre.*

On ne saurait révoquer en doute que le cuivre possède deux sulfobases; mais celle qui contient moins de soufre, et qui correspond, par sa composition, à l'oxyde cuivreux, n'a pas été examinée jusqu'à présent; et les sulfosels de cuivre que nous connaissons ont pour base le sulfure, qui est proportionnel à l'oxyde cuivrique. Les sulfosels cuivriques sont d'un brun foncé, et deviennent noirs par la dessiccation; ils sont pour la plupart insolubles dans l'eau.

Sulfophosphate cuivrique, $\dot{C}u^2 \ddot{\ddot{P}}$. Il s'obtient très-difficilement à l'état neutre; le plus souvent il est basique et uni à un grand excès de base, lorsqu'on mêle l'hyposulfophosphite avec 4 atomes de soufre, et qu'on chauffe doucement le mélange dans un vase distillatoire. Il se forme ainsi plus de sulfure phosphorique que n'en peut fixer le sulfure de cuivre, de manière qu'on peut chasser l'excès de ce dernier par la distillation; la difficulté consiste à régler, pour cela, exactement la température qu'il faut employer.

Le composé est jaune pâle, facile à pulvériser, et se conserve intact dans un vase clos.

Sulfophosphite cuivrique, $\overset{\prime}{Cu}\overset{\prime\prime\prime}{P}$. On l'obtient, comme le précédent, en employant seulement 2 atomes de soufre, ou lorsqu'on chauffe le bisulfure cuivrique anhydre, $\overset{\prime\prime}{Cu}$, avec du sulfure hypophosphoreux dans un courant de gaz hydrogène, jusqu'à ce que l'excès de ce sulfure soit chassé par la distillation à une douce chaleur. La combinaison se fait d'abord très-violemment. Le sel est jaune foncé, pulvérulent, très-inflammable, et brûle avec une faible flamme de phosphore et répandant de la fumée; il reste une masse incandescente, qui dégage de l'acide sulfureux. Par la distillation sèche, elle laisse un résidu pulvérulent brun foncé, et donne du sulfure phosphoreux.

Hyposulfophosphite cuivrique, $\overset{\prime}{Cu}\overset{\prime}{P}$. Il se produit quand on chauffe doucement du sulfure de cuivre avec du sulfure hypophosphoreux dans un courant de gaz hydrogène, jusqu'à ce que l'excès en soit chassé par la distillation. C'est une masse brun foncé, donnant une poudre d'un brun de foie, qui, étant allumée, brûle avec une flamme de phosphore très-vive et répand de la fumée, pendant qu'il reste une matière d'un brun de foie clair. Calcinée dans un vase distillatoire, elle donne du sulfide hypophosphoreux, et le même résidu brun de foie. L'hyposulfophosphite cuivrique est soluble jusqu'à un certain degré dans l'acide chlorhydrique concentré, qui se colore ainsi en jaune foncé. La partie dissoute, étendue d'une quantité suffisante d'eau, se précipite sans altération, sans qu'il reste du cuivre en dissolution dans l'acide.

Hyposulfophosphite sesquicuivrique, $\overset{\prime}{\overline{Cu}}\overset{\prime}{P}$. C'est le résidu brun de foie qui reste après la distillation sèche du sel précédent : du sulfure hypophosphoreux passe, à la distillation, avec un peu de sulfure phosphoreux. Le composé acquiert, par le broiement, une couleur plus claire. Il est inaltérable à l'air, et supporte, sans se décomposer, la calcination dans un vase distillatoire. Chauffé à l'air, il brûle avec une faible phosphorescence et une odeur de sulfure phosphoreux, et se réduit enfin, par le grillage, en une masse noire, qui renferme du phosphate cuivrique. On peut aussi préparer ce composé par voie humide, en faisant digérer longtemps le sulfure phosphoreux avec la solution ammoniacale d'un sel cuivrique. Il se dépose alors sous forme d'une poudre rouge-brune.

Sulfocarbonate cuivrique, $\overset{,}{C}u\,\overset{,,}{C}$. Il forme un précipité brun foncé, presque noir, soluble en brun foncé dans un excès du précipitant. Desséché, il est noir; en distillation, il donne d'abord du sulfide carbonique, puis du soufre, et laisse du sulfure cuivreux.

Sulfurénate cuivrique, $\overset{,}{C}u + C^2N^2H^2S^2$. Il se précipite sous forme d'une poudre jaune foncé, qui se conserve assez bien. L'eau à la température de + 50° le décompose, en mettant la base en liberté, et dissolvant de l'acide hydrosulfocyanique.

Sulfotellurite tricuivrique, $\overset{,}{C}u^3\,\overset{,,}{Te}$. C'est un précipité brun, qui passe au noir en se desséchant.

Sulfarséniate cuivrique, $\overset{,}{C}u^2\overset{,,,,,}{As}$. Il donne un précipité brun foncé, qui devient noir par la dessiccation. Ce composé se forme souvent dans les analyses, quand on précipite par le gaz sulfide hydrique une liqueur acide contenant de l'acide arsénique et de l'oxyde cuivrique. Si l'acide arsénique est en excès, le sulfarséniate cuivrique se précipite le premier en brun, puis le sulfide arsénique en jaune.

Sulfarsénite cuivrique, $\overset{,}{C}u^2\overset{,,,}{As}$. Il forme un précipité brun foncé, qui devient brun noirâtre en se desséchant. Quand on le triture, il s'agglomère, devient gris, et prend l'éclat métallique. Dans la distillation, il donne d'abord du soufre, puis du sulfide arsénieux, et laisse une substance boursouflée, grise, à demi fondue, offrant l'éclat métallique, et donnant une poudre grise d'apparence métallique. Cette substance paraît être du *sulfarsénite cuivreux*. Les espèces de cuivre gris arsenical (Fahlerze), qu'on trouve dans le règne minéral, appartiennent sans doute à ce genre de combinaison. — Si l'on décompose une dissolution de bisulfarsénite potassique par de l'hydrate cuivrique encore humide, ajouté par petites portions jusqu'à ce que la couleur de l'hydrate n'éprouve plus d'altération, une partie du sel de cuivre formé se dissout dans la liqueur, qui en est colorée en rouge orangé, tandis que l'autre reste en non-solution. Si l'on verse de l'acide chlorhydrique dans la dissolution, on obtient un précipité brun clair, qui est du soussulfarséniate cuivrique ordinaire; la portion non dissoute est du sulfarséniate basique.

Sulfarsénite cuivrique bibasique, $\overset{,}{C}u^4\overset{,,,}{As} = \overset{,}{C}u^2\overset{,,,}{As} + 2\overset{,}{C}u$. On le rencontre dans le règne minéral, sous le nom de *tennantite*. Il est cristallisé en octaèdres réguliers, d'un éclat gris métallique, et de 4,375 poids spécifique. Une petite quantité de sulfure de cuivre s'y trouve remplacée par du sulfure de fer.

Sulfantimoniate cuivrique bibasique, $\dot{\mathrm{C}}\mathrm{u}^3 \overset{,,,}{\mathrm{Sb}} = \dot{\mathrm{C}}\mathrm{u}\overset{,,,}{\mathrm{Sb}} + 2\dot{\mathrm{C}}\mathrm{u}$. Il forme un précipité brun, quand on précipite une solution de sulfate cuivrique par le sulfosel sodique correspondant.

Sulfantimonites cuivriques basiques. Ces sels sont très-nombreux dans le règne minéral; ils existent d'ordinaire en combinaison avec les sulfures d'autres métaux. Une partie du sulfure antimonieux s'y trouve souvent remplacée par du sulfure arsénieux; ces deux corps étant isomorphes, la forme cristalline du composé n'est pas changée. Ces combinaisons sont comprises par les minéralogistes sous le nom commun de *fahlerze*. J'en vais ici citer quelques exemples :

Bournonite de Caldras, $= \dot{\mathrm{C}}\mathrm{u}^3 \overset{,,,}{\mathrm{Sb}} + 2\dot{\mathrm{P}}\mathrm{b}\overset{,,,}{\mathrm{Sb}}$.

Bournonite de Pfaffenberg, $= \dot{\mathrm{C}}\mathrm{u}^3 \overset{,,,}{\mathrm{Sb}} + 2\dot{\mathrm{P}}\mathrm{b}^3\overset{,,,}{\mathrm{Sb}}$.

Des mélanges de fahlerz, relativement à leur composition, peuvent être exprimés par $\left.\begin{matrix}\dot{\mathrm{F}}\mathrm{e}^4\\ \dot{\mathrm{Z}}\mathrm{n}^4\end{matrix}\right\}\left\{\begin{matrix}\overset{,,,}{\mathrm{Sb}}\\ \overset{,,,}{\mathrm{As}}\end{matrix}\right. + 2\dot{\mathrm{C}}\mathrm{u}^4\left\{\begin{matrix}\overset{,,,}{\mathrm{Sb}}\\ \overset{,,,}{\mathrm{As}}\end{matrix}\right.$.

Dans ces formules, les éléments superposés indiquent qu'ils peuvent varier et se substituer, suivant les localités d'où proviennent les minéraux.

Sulfomolybdate cuivrique, $\dot{\mathrm{C}}\mathrm{u}\overset{,,,}{\mathrm{Mo}}$. Il forme un précipité brun foncé, presque noir, qui ne change pas de couleur pendant la dessiccation.

Hypersulfomolybdate cuivrique, $\dot{\mathrm{C}}\mathrm{u}\overset{,,,,}{\mathrm{Mo}}$. Il se précipite en brun foncé, mais devient plus clair en se rassemblant.

Sulfotungstate cuivrique, $\dot{\mathrm{C}}\mathrm{u}\overset{,,,}{\mathrm{W}}$. Il forme un précipité couleur de foie, qui devient d'un brun foncé quand on le recueille et qu'on le sèche.

25. *Sels de mercure.*

Les sels de mercure solubles ont une saveur métallique particulière, très-désagréable. On peut toujours y reconnaître d'une manière certaine la présence du mercure, en les chauffant jusqu'au rouge avec du carbonate sodique ou potassique dans un tube fermé par le bas; le mercure se sublime alors sous forme métallique. La totalité du mercure peut être séparée, avec la dernière exactitude, par la voie humide, en faisant digérer ce sel avec de l'acide phosphoreux ou hypophosphoreux; ou, d'après *Soubeiran*, en le mêlant avec de l'acide chlorhydrique concentré, et ajoutant au mélange, que l'on a soin de chauffer, un léger excès de chlorure stanneux cristallisé. Les oxysels et les sels haloïdes de mercure peuvent aussi être reconnus, à ce que du cuivre décapé qu'on frotte avec l'un d'eux se couvre d'une pellicule de mercure métallique, qui argente sa surface.

La propriété caractéristique des *sels mercureux* est de donner un précipité noir d'oxyde mercureux lorsqu'on les traite par les alcalis caustiques et les terres alcalines. Les sels mercureux insolubles acquièrent, par une ébullition prolongée dans l'eau, une couleur gris foncé : il se sépare du mercure pendant qu'il se forme un sel mercurique. Les *sels mercuriques*, au contraire, forment, dans le même cas, un précipité rouge d'oxyde mercurique de belle couleur jaune.

A. *Sels haloïdes de mercure.*

Chlorures de mercure. 1° *Chlorure mercureux*, Hg Cl. C'est un des médicaments les plus importants, que les pharmaciens appelaient autrefois *mercure doux*, quand il avait été obtenu par voie de précipitation, et *calomel* quand il avait été préparé par sublimation. Ce sel peut être préparé en grand par deux méthodes, qui donnent toutes deux de bons résultats, pourvu qu'on les exécute avec les précautions nécessaires. La méthode la moins dispendieuse consiste à mêler 1 $\frac{1}{8}$ de mercure pur avec 1 d'acide nitrique pur d'un poids spécifique de 1,2 à 1,25, et à faire digérer le mélange jusqu'à ce qu'il ne se dissolve plus de mercure. Quand le volume du mercure ne diminue plus sensiblement, on fait encore continuer la digestion jusqu'à ce que la liqueur commence à prendre une couleur jaune. D'un autre côté, on prépare une dissolution de 1 partie de sel marin dans 32 parties d'eau distillée; on y ajoute une certaine quantité d'acide chlorhydrique, on la chauffe jusque près du point de l'ébullition, et on la mêle avec la dissolution de mercure. Les sels échangent alors leurs bases, et l'on obtient du chlorure mercureux, qui se précipite sous forme d'une poudre blanche, et que l'on fait digérer pendant quelque temps avec la liqueur surnageante, après quoi on la lave avec le plus grand soin à l'eau bouillante. Voici les circonstances qui peuvent faire manquer l'opération : 1° Quand on a employé moins de mercure que l'acide n'en peut dissoudre, il se produit du nitrate mercurique, qui forme, avec le chlore, un sel soluble. On éprouve alors une perte, en ce que le chlorure mercurique reste dans la dissolution ; mais le précipité bien lavé est un produit de bonne qualité, quand la dissolution était suffisamment acide. 2° Si les liqueurs sont parfaitement neutres au moment où on les mêle, il se précipite un sousnitrate de mercure, qui ne peut être enlevé par le lavage le plus soigné, et qui produit des effets dangereux lorsqu'on emploie cette préparation à l'intérieur, surtout quand la dissolution contenait de l'oxyde mercurique. Pour éviter cet inconvénient, on ajoute une suffisante quantité d'acide à l'une des dissolutions, et on les mêle à chaud. Il est indifférent d'ajouter, suivant la proposition de *Sefström*, de l'acide nitrique à la dissolution de mercure, ou de verser, suivant *Chenevix*, de l'acide chlorhydrique dans la dissolution de sel marin ; car aucun de ces acides ne dissout le chlorure. — La seconde manière de préparer ce sel est de broyer avec le plus grand soin 4 parties de chlorure mercurique avec 3 parties de mercure. Pour éviter que le mélange ne répande de la poussière pendant la trituration, on y ajoute un peu d'alcool. La masse est introduite dans un ballon de verre, et sublimée à une température graduellement croissante ; le mercure se combine alors avec le chlorure mercurique, d'où résulte du chlorure mercureux. On a aussi proposé de préparer ce sel en mêlant avec le plus grand soin 31 parties de sulfate mercurique sec avec 20 $\frac{1}{3}$ de mercure et 15 à 20 de sel marin en poudre fine, et faisant sublimer le mélange. Par ce moyen, on évite la peine de préparer d'abord du chlorure mercurique. Le sel se sublime en une croûte cristalline; cette croûte doit être séparée de la poudre grisâtre qui l'accompagne, et qui, placée plus près du verre, consiste tant en mercure qu'en chlorure mercurique non décomposé. Cependant la croûte saline cristallisée n'est pas tellement exempte de chlorure mercurique, qu'on puisse l'employer en médecine sans précaution ultérieure. Quelques chimistes anciens prescrivaient de la faire sublimer à plusieurs reprises ; après quoi elle recevait le nom de *calomel* ou de *panacée mercurielle*. Mais l'expérience a démontré qu'il se forme une portion de chlorure mercurique chaque fois qu'on sublime du chlorure mercureux, quelque pur qu'il soit. Aujourd'hui, au lieu de faire sublimer la croûte saline à plusieurs reprises, on la réduit en poudre fine par la trituration et la lévigation; le chlorure mercurique qu'elle peut contenir est alors dissous par l'eau. Dans ces derniers temps, on a proposé de conduire les vapeurs du sel dans un vase contenant de l'eau chaude; les vapeurs d'eau les condensent alors en une poudre extrêmement fine, tandis que le chlorure mercurique reste en dissolution dans l'eau. Cette méthode est d'autant meilleure, que l'efficacité du médicament dépend beaucoup de la ténuité de la poudre. Pour obtenir ce degré de division, *Soubeiran* chauffe le sel dans un cylindre de faïence ouvert aux deux bouts; il le réduit ainsi à l'état gazeux, en même temps qu'il y fait passer de l'air à l'aide d'un soufflet : le produit se condense ainsi en une sorte de fumée, qui arrive dans un récipient d'une capacité suffisante, où il se dépose sous forme d'une poussière saline. L'air est de là chassé dans un autre vase, où, traversant de l'eau, il dépose le reste de poussière saline. On ne peut pas remplacer l'air par la vapeur aqueuse, parce que le sel qui se condense au contact de l'eau se décompose partiellement en mercure et en chlorure mercurique, et prend ainsi une couleur grise. On reconnaît que le chlorure mercureux, conservé dans les pharmacies, contient en mélange du chlorure mercurique, en le faisant digérer avec de l'alcool et ajoutant à la liqueur de la potasse caustique; le chlorure mercurique dissous donne alors un précipité jaune d'hydrate mercurique. Lorsqu'au contraire il renferme du sousnitrate, on découvre ce dernier en faisant digérer le sel, à une douce chaleur, avec de l'eau contenant un peu d'acide nitrique, et versant un alcali dans la liqueur; le soussel, qui s'était dissous, se précipite alors. On découvre également la présence du sousnitrate en chauffant une petite portion du sel dans un tube fermé par un bout, expérience pendant laquelle il se dégage du gaz oxyde nitrique, qui colore en rouge l'air contenu dans le tube, et que son odeur fait assez reconnaître.

Le chlorure mercureux, qui a pris une forme cristalline par voie de sublimation, forme des prismes quadrilatères, terminés par des sommets à quatre faces. Son poids spécifique est 6,5. La lumière solaire le noircit, et quand on le pile ou qu'on le casse dans l'obscurité, il répand une lueur comme celle que donne le sucre dans les mêmes circonstances. Les corps durs y produisent des raies d'un jaune clair. Ce sel est tellement insoluble dans l'eau, que, d'après les essais de *Pfaff*, un grain d'acide chlorhydrique, étendu de 250000 grains d'eau, donne un dépôt très-sensible de chlorure mercureux quand on le mêle avec du nitrate mercureux. D'après *Stromeyer*, il passe à l'état de soussel quand on y ajoute une petite quantité d'alcali caustique; et, suivant *Donovan*, on obtient le même sel en faisant bouillir le sel neutre 20 à 30 fois de suite avec de l'eau, ou en l'exposant dans un état de grande division aux rayons solaires. *Davy* regarde, et probablement avec raison, ces produits comme des mélanges d'oxyde mercureux et de chlorure mercureux non décomposé. *Donovan* a trouvé que quand on verse quelques gouttes de potasse caustique sur du calomel en poudre fine, ce dernier prend une couleur brune : il explique ce phénomène en admettant qu'il se forme dans ce cas du chlorure mercurique basique, tandis qu'une portion de mercure est réduite à l'état métallique. En faisant bouillir le sel neutre pendant longtemps avec de l'acide chlorhydrique concentré, le chlorure mercureux se transforme en chlorure mercurique, qui se dissout, et en mercure, qui est réduit. Le chlorure potassique, le chlorure sodique, et surtout le chlorure ammonique, déterminent dans le chlorure mercureux une décomposition semblable: il se forme un sel double avec le chlorure mercurique produit. Il est très-important pour le médecin de se rappeler cette circonstance; car un mélange de sel ammoniac et de chlorure mercureux, même à dose modérée, peut se changer en un poison mortel. Un cas d'empoisonnement de ce genre engagea *Pagenstecher* à entreprendre des recherches, dont on vient d'indiquer le résultat. Plus tard, *Mialhe* s'est efforcé de montrer jusqu'à quel point ce changement peut avoir lieu dans une grande partie des sels mercureux et des sels haloïdes correspondants. On a ensuite contesté l'action mentionnée des chlorures potassique et sodique, en la restreignant seulement au cas où l'on emploierait l'ébullition, et on a voulu expliquer le résultat de *Mialhe* par la solution d'une petite quantité de chlorure mercureux dans des solutions très-concentrées de chlorures potassique et sodique. Il est facile de s'assurer si un tel changement a eu lieu, quand on traite le mélange salin par l'éther, qui dissout le chlorure mercurique. Quoi qu'il en soit, il faut s'imposer comme une règle de ne jamais administrer intérieurement de pareils mélanges avec le chlorure mercureux. — L'acide cyanhydrique exerce à froid une action semblable sur le chlorure mercureux : il se sépare du mercure métallique, et il se forme, dans la liqueur, du chlorure et du cyanure mercuriques.

Chlorure mercuroso-ammoniacal. D'après *H. Rose*, 100 parties de chlorure mercureux absorbent 7,38 parties de gaz ammoniac, correspondant à 1 atome pour 1 atome double de chlorure mercureux, $Hg\,Cl + N\,H^3 = 2Hg\,Cl + N\,H^3$. La combinaison est noire; exposée à l'air, elle abandonne l'ammoniaque et repasse au blanc.

Chlorure mercureux à base d'amide, $Hg\,Cl + Hg\,N\,H^2$. Le chlorure mercureux, traité par l'ammoniaque caustique, se change en un corps noir, que l'on avait toujours pris pour de l'oxyde mercureux, mais dont *Kane* a fait connaître la nature véritable. Dans cette action, l'ammoniaque est décomposée partiellement : de 2 atomes de chlorure mercureux, 1 atome se décompose de manière à former, avec 2 équivalents d'ammoniaque, du chlorure ammonique et de l'amide; en d'autres termes, $2N\,H^3$ donnent ainsi naissance à $N\,H^4$ et $N\,H^2$, dont le premier se combine avec le chlore, et le dernier avec le mercure séparé du chlore, pour former un amidure qui s'unit au second atome du chlorure mercureux, en produisant le chlorure mercureux à base d'amide dont il s'agit. Ce composé est insoluble dans l'eau, et se décompose dans les acides. Avec l'acide chlorhydrique, il forme du chlorure ammonique et du chlorure mercureux : le mercure de l'amidure se combine avec le chlore de l'acide chlorhydrique, et l'amide avec l'hydrogène de l'acide chlorhydrique, pour donner naissance à de l'ammoniaque, qui forme du chlorure ammonique avec une autre partie d'acide chlorhydrique. Les oxacides en précipitent le chlorure mercureux, et dissolvent l'amidure en le réduisant en un oxysel mercureux : l'eau se décompose; son oxygène se porte sur le mercure, qu'il convertit en oxyde mercureux, et son hydrogène s'unit à l'amide pour former de l'ammoniaque; il reste alors en dissolution un sel mercureux et un sel ammonique.

Chlorure mercureux avec chlorure sulfurique, $Hg\,Cl + S\,Cl$. On l'obtient, d'après *Capitaine*, en broyant très-exactement ensemble 94 parties de chlorure mercurique et 6 parties de fleurs de soufre lavées et desséchées, et les chauffant doucement dans une capsule de porcelaine couverte d'un entonnoir. Au bout de quelques instants, on voit le mélange se recouvrir d'une efflorescence formée de petits cristaux blancs, qui sont le sel en question. Après le refroidissement, on enlève les cristaux, et on répète cette opération jusqu'à ce qu'il ne se forme plus de cristaux. On prépare aussi ce sel en mêlant, dans une cornue, le chlorure mercureux avec une quantité suffisante de chlorure sulfurique pour produire une pâte épaisse, qu'on chauffe après vingt-quatre heures de repos. La partie non combinée du chlorure passe d'abord à la distillation à une douce chaleur. La masse fond ainsi, prend une couleur rouge, et finit par se sublimer en prismes rectangulaires droits à sommet rhomboédrique, qui deviennent blanc jaunâtre par le refroidissement. L'eau décompose ces cristaux instantanément en 94,45 pour cent de chlorure mercurique, qui se dissout, et en 5,55 pour cent de soufre, qui reste insoluble.

Chlorure mercureux avec chlorure stanneux, Hg Gl + Sn Gl. On l'obtient, d'après le même chimiste, en faisant fondre 3 parties d'étain avec 1 partie de mercure, réduisant en poudre fine l'amalgame refroidi, mêlant cette poudre très-exactement avec 24 parties de chlorure mercureux, et introduisant ce mélange dans une cornue qu'on ne remplit qu'au quart. Le mélange est alors chauffé à + 250°; il s'établit une action réciproque, pendant laquelle la masse se boursoufle considérablement. Cela fait, on laisse la masse refroidir, on casse la cornue au-dessus de la masse devenue compacte, qu'on pulvérise : il se sépare du mercure coulant, qu'on laisse, autant que possible, s'égoutter; puis on introduit la poudre dans une petite cornue de verre, et on la sublime à une température d'environ + 300°. Le produit sublimé est le chlorure double en question; il reste au fond de la cornue du chlorure stanneux et du mercure métallique. On fait sauter la cornue au-dessous du produit sublimé, qu'on détache pour le conserver dans un flacon sec, bien fermé. Les cristaux de ce sublimé sont très-petits, blancs et dendritiques. Par une sublimation répétée, ils subissent une décomposition partielle : il se sépare du mercure métallique, et il se forme une proportion correspondante de chlorure stannique. Mis dans l'eau, ils se décomposent en chlorure stannique soluble et en mercure métallique, qui se dépose sous forme d'une poudre brune.

Chlorure mercureux avec oxyde platineux. Ce composé se produit quand on mêle une solution de nitrate mercureux avec une solution de chlorure platinique : il se précipite sous forme d'une poudre brune. En chauffant celle-ci, il se sublime du chlorure mercureux, et il reste de l'oxyde platineux. Il reste du chlorure mercurique en dissolution.

2° *Chlorure mercurique*, Hg Gl. On le connaît dans le commerce sous le nom de *sublimé corrosif*. Il peut être obtenu par différents procédés. Le mode de préparation le plus sûr et le moins dispendieux, est de mêler dans un mortier parties égales de sulfate mercurique sec et de sel marin, d'introduire le mélange dans un matras à col long et large, ou mieux dans une cornue à col large, de placer celle-ci dans un creuset faisant office de bain de sable, et de l'exposer à une chaleur graduellement croissante. On obtient dans le col de la cornue un sublimé incolore, cristallin, qui est du chlorure mercurique, et il reste du sulfate sodique au fond de la cornue. D'après *Sefström*, on peut aussi obtenir ce sel très-facilement, en versant de l'acide chlorhydrique concentré dans une dissolution également concentrée et bouillante de nitrate mercureux, jusqu'à ce que l'acide ne produise plus de précipité, ajoutant à la liqueur une quantité d'acide chlorhydrique égale à celle employée pour opérer la précipitation, et faisant bouillir le mélange. Le précipité se redissout peu à peu; et, laissant refroidir la liqueur, le chlorure mercurique se dépose en beaux cristaux. On peut aussi l'obtenir, soit en dissolvant immédiatement l'oxyde mercurique dans l'acide chlorhydrique, soit en faisant digérer avec de l'alcool le mélange de sulfate et de sel marin; l'alcool dissout alors du chlorure mercurique. Mais cette dernière méthode est vicieuse, en ce que l'alcool dissout en même temps le sel marin mis en excès, et qu'on est obligé de perdre l'alcool qu'on distille.

Le chlorure mercurique obtenu par l'un ou par l'autre de ces procédés est cristallin, et forme ou des aiguilles prismatiques ou des prismes quadrilatères aplatis, qui ne s'altèrent pas à l'air. Chauffé, il fond, entre en ébullition, et se volatilise. D'après *Mitscherlich*, le chlorure mercurique qui cristallise dans une dissolution saturée à chaud, affecte une forme différente de celle qu'il prend au moyen de la sublimation. En laissant la dissolution dans l'alcool s'évaporer spontanément, on obtient le sel sous la forme de cristaux tellement réguliers, qu'on peut les mesurer. Leur forme primitive est un prisme droit rhomboïdal. Celle des cristaux obtenus par la sublimation est un octaèdre rectangulaire, qui, toutefois, dérive de la forme précédente. — Son poids spécifique est $= 5,14$. Il est soluble dans l'eau, dans l'alcool et dans l'éther. Suivant *Poggiale*, 100 parties d'eau dissolvent 5,73 parties de sel à 0°; 6,57 parties à + 10°; 7,39 parties à + 20°; 8,43 parties à + 30°; 9,62 parties à + 40°; 11,34 parties à + 50°; 13,86 parties à + 60°; 17,29 parties à + 70°; 24,3 parties à + 80°; 37,05 parties à + 90°, et 53,96 parties à + 100°. La solubilité augmente donc en bien plus forte proportion que la température. Une solution bouillante a une odeur faible désagréable, ce qui prouve qu'une petite partie de sel est entraînée par les vapeurs d'eau. Il est bien plus soluble dans l'alcool. A une température moyenne de l'air, il n'exige, pour se dissoudre, que 2 $\frac{1}{2}$ parties d'alcool de 0,833, et à la température de l'alcool bouillant, 1 $\frac{1}{6}$ parties. Il se dissout dans 3 parties d'éther; celui-ci en extrait la plus grande partie par l'agitation de la solution aqueuse. Cette propriété de l'éther est surtout mise à profit dans les expertises médico-légales, lorsqu'il s'agit de déterminer la présence du chlorure mercurique. Ce sel est aussi entraîné par les vapeurs d'alcool, et, peut-être pas au même degré, par celles de l'éther: ainsi, lorsqu'on distille une solution alcoolique de chlorure mercurique, le produit de la distillation renferme du chlorure mercurique. Si donc on retire l'alcool d'une pareille solution, il faudra d'abord détruire le chlorure mercurique par la potasse caustique. Le chlorure mercurique n'est pas décomposé par l'acide sulfurique. L'acide nitrique le dissout plus facilement que l'eau; mais, en évaporant la dissolution ou en la laissant refroidir, le sel cristallise sans avoir subi d'altération. L'acide chlorhydrique le dissout également mieux que l'eau. Un pouce cube d'acide chlorhydrique concentré bouillant dissout, d'après *John Davy*, près de 1000 grains de chlorure mercurique; et la dissolution se prend, par le refroidissement, en une masse cristalline à éclat nacré, mais qui se liquéfie déjà par la seule chaleur de la main. Exposée à l'air, cette masse s'effleurit, perd l'excès d'acide, et laisse du sel neutre. Elle est aussi décomposée par la distillation. Elle se compose, d'après *Boullay* fils, de $4\text{Hg}\,\text{Gl} + \text{H}\,\text{Gl}$; de sorte qu'on pourrait l'appeler *chlorure mercurique acide*. Cependant, cette combinaison réclame un nouvel examen. Ses dissolutions, exposées à l'action immédiate des rayons solaires, deviennent acides au bout de quelque temps, et déposent du chlorure mercureux. Les corps combustibles le décomposent lentement, en réduisant le chlorure mercurique à l'état de chlorure mercureux; et cet effet a lieu beaucoup plus rapidement quand le mélange est frappé par les rayons du soleil. Il faut donc se garder de laisser exposées au soleil des dissolutions de chlorure mercurique qui contiennent de la gomme, de la matière extractive, une huile essentielle, de l'esprit-de-vin, ou d'autres matières semblables.

Le chlorure mercurique est employé en médecine; son action vénéneuse est très-énergique, et peu inférieure à celle de l'acide arsénieux. On a essayé d'employer du sulfure de potassium dans les cas d'empoisonnement par le sublimé corrosif, mais avec peu de succès. Plus tard, *Orfila* découvrit que le blanc d'œuf était un antidote si excellent, qu'il arrêtait en peu d'instants l'action vénéneuse de ce sel. Une personne avait pris par mégarde une dose de chlorure mercurique trop forte, et les effets vénéneux s'étaient déjà manifestés, quand *Orfila* fut appelé. La propriété que possède l'albumine de précipiter ce sel de ses dissolutions détermina ce chimiste à administrer du blanc d'œuf, qui se trouvait justement à sa disposition. Le malade fut de suite remis, et depuis lors l'expérience a confirmé l'exactitude de cette découverte. *Taddei* prétend que le gluten produit un effet analogue. Si l'on verse une dissolution de chlorure mercurique sur des matières animales, celles-ci se combinent avec le sel, se contractent, deviennent plus fermes, prennent une couleur blanche, et cessent d'être sujettes à la putréfaction. On emploie le sublimé corrosif à la conservation de certaines préparations anatomiques, et on s'en est servi avec succès pour mettre des cadavres à l'abri de la putréfaction; à cet effet, avant de les envelopper, on les mettait tremper pendant quelque temps dans une dissolution alcoolique de sublimé. On l'emploie de même dans la conservation du bois.

Chlorure mercurique basique, $Hg\,\mathrm{Gl} + 3\dot{H}g$. On l'obtient en faisant passer du chlore à travers un mélange d'eau et d'oxyde mercurique. Ce dernier prend peu à peu un aspect cristallin, brillant, et une couleur noir brunâtre; il ressemble alors au suroxyde de plomb. On peut aussi l'obtenir en faisant bouillir du chlorure mercurique avec de l'oxyde mercurique. Quand on mêle une dissolution de chlorure mercurique avec de l'hypochlorite calcique, il se forme un précipité rouge brunâtre, épais; et, en faisant bouillir la liqueur, ce précipité se rassemble en une poudre brun foncé, cristalline, brillante, extrêmement ténue, qui est la même combinaison basique. A une température élevée, le chlorure mercurique basique est décomposé; il se sublime du chlorure mercurique neutre, et il reste de l'oxyde rouge. Ce sel basique ayant une grande ressemblance avec plusieurs suroxydes, on avait d'abord cru que c'était un suroxyde.

Chlorure mercurique ammoniacal, $HgCl + NH^3$. On l'obtient, suivant *Mitscherlich*, en versant goutte à goutte une solution chaude de chlorure mercurique dans une solution de sel ammoniac, mêlée d'ammoniaque caustique, jusqu'à ce que le précipité ne se redissolve plus par l'agitation. Par le refroidissement, le composé cristallise en petits dodécaèdres réguliers. A une douce chaleur, il perd la moitié de son ammoniaque, et laisse $2HgCl + NH^3$. Ce dernier composé est fusible et sublimable. On l'obtient aussi en chauffant le chlorure mercurique doucement dans un courant de gaz ammoniac, ou mêlant la combinaison précédente avec l'eau, qui extrait la moitié de l'ammoniaque, ou en mêlant ensemble de l'oxyde mercurique et du sel ammoniac par atomes égaux, et soumettant le mélange à la sublimation. L'eau ne le décompose pas, et la potasse caustique le colore en jaunâtre.

Une troisième espèce de composé, $3HgCl + NH^3 + \dot{H}$, s'emploie comme médicament, et se prépare, dans les pharmacies, sous le nom de *précipité blanc* ou de *mercure cosmétique*. Les opinions sur la nature de ce composé ont été divisées. On le regarda d'abord comme identique avec le chlorure mercurique à base d'amide, découvert par *Kane;* mais *Woehler* en signala ensuite la différence des réactions; enfin, *Kane* le donna pour du chlorure mercurique ammoniacal ordinaire, $HgCl + NH^3$. Plus tard, *Duflos* en fit une nouvelle analyse, et montra que le composé en question ne contenait guère plus que le tiers de l'ammoniaque que suppose la formule. En raison de la méthode de préparation que nous allons indiquer, *Duflos* le considère comme un sel double de 1 atome de chlorure ammonique et de 1 atome de chlorure sesquimercurique, $= NH^4Cl + (2HgCl + \dot{Hg})$, provenant probablement de ce que l'atome d'eau contenu dans la combinaison aura changé l'ammoniaque en ammoniure, et 1 atome de mercure en oxyde mercurique. La formule de *Duflos*, ainsi que la formule ci-dessus indiquée, supposent le même nombre d'atomes des éléments. Il est impossible de décider laquelle des deux est la plus exacte. J'ai choisi ici la manière de voir le plus en accord avec les combinaisons ordinaires.

On obtient le composé dont il s'agit en dissolvant parties égales de sel ammoniac et de chlorure mercurique dans l'eau bouillante, de manière que la solution renferme environ 3 équivalents de sel ammoniac pour 1 équivalent de chlorure mercurique, et mêlant la liqueur limpide refroidie avec une solution de carbonate sodique, jusqu'à ce qu'il ne se forme plus de précipité. On recueille la poudre blanche précipitée sur un filtre, on la lave, et on la dessèche. Chauffé dans un vase distillatoire, ce composé perd de l'eau et un peu d'ammoniaque, qui se dégage avec bouillonnement. La masse fondue, qui est d'abord jaune, brunit peu à peu, probablement par la formation d'une petite quantité de nitrochlorure mercurique. Il ne se produit pas de sel ammoniac sublimé, et enfin le tout peut se réduire en un produit de sublimation, qui est un mélange de chlorure mercureux et de chlorure mercurique.

Souschlorure mercurique ammoniacal. On l'obtient en faisant digérer le chlorure mercurique tribasique en poudre fine avec de l'ammoniaque : il se change en une poudre blanche, qui ne s'altère ni ne jaunit par l'ébullition avec l'ammoniaque ou l'eau. On ne l'a pas analysé.

Nitrochlorure mercurique, $2Hg\,\text{Gl} + Hg^3\text{N}$. Il a été découvert par *Mitscherlich*, qui l'a obtenu de la manière suivante : On précipite une solution de chlorure mercurique par l'ammoniaque caustique, on lave bien le précipité (chlorure mercurique à base d'amide, que nous décrirons plus bas), on le dessèche, et on le chauffe très-doucement dans une cornue sur un bain métallique, jusqu'à ce que, après une longue application de chaleur, on ait atteint la température de + 360°, qu'il ne faut pas dépasser. Il se dégage d'abord de l'ammoniaque, puis, dans cette atmosphère ammoniacale, il se sublime du chlorure mercurique ammoniacal, $Hg\,\text{Gl} + \text{NH}^3$, et il reste à la fin, dans la cornue, le composé dont il s'agit. Si l'application de la chaleur est trop brusque ou trop élevée, il ne reste pas de résidu; mais il se dégage du gaz nitrogène, en même temps qu'il se sublime du chlorure mercureux et du mercure métallique. La combinaison ainsi obtenue forme des écailles rouges cristallines, composées de 1 atome de nitrure et de 2 atomes de chlorure mercuriques. Elle ressemble singulièrement aux paillettes cristallines d'oxyde mercurique. Exposée à une température qui dépasse $+ 360°$, elle se décompose en gaz nitrogène qui se dégage, en chlorure mercureux qui se sublime, et en globules de mercure qui se condensent avec le chlorure. Elle est insoluble dans l'eau, et peut être bouillie, sans s'altérer, avec une lessive de potasse caustique, avec de l'acide nitrique concentré, et avec de l'acide sulfurique étendu. Elle se dissout, au contraire, peu à peu dans l'acide sulfurique concentré et dans l'acide chlorhydrique : les 3 atomes de mercure contenus dans le nitrure mercurique s'unissent au chlore ou à l'oxygène, tandis que le nitrogène s'unit à l'hydrogène pour former de l'ammoniaque, qui détermine la production de sels ammoniques. On expliquera, dans ce qui va suivre, la formation de ce corps.

Chlorure mercurique à base d'amide (amido-chlorure mercurique), $Hg Cl + Hg N H^2$. Il se produit quand on traite une solution de chlorure mercurique par l'ammoniaque caustique, jusqu'à ce qu'il ne se forme plus de précipité. Le composé est blanc, pulvérulent, inaltérable à l'air, et insoluble dans l'eau. D'après son aspect, on ne saurait le distinguer du précipité blanc (*mercurius præcipitatus albus*). Sa formation s'opère de la manière suivante : Le chlore, qui se sépare de 1 atome de chlorure mercurique, exige, pour produire du chlorure ammonique, 1 équivalent d'hydrogène de plus que n'en contient l'ammoniaque; 2 équivalents d'ammoniaque se partagent donc de manière que l'un se change en $N H^4$, qui s'unit au chlore, et l'autre en $N H^2$ (amide), qui s'unit au mercure pour former de l'amidure mercurique; et celui-ci se combine, à son tour, avec 1 atome de chlorure mercurique pour former le composé en question. 2 atomes de chlorure mercurique et 2 équivalents d'ammoniaque donnent ainsi naissance à 1 équivalent de chlorure ammonique qui reste dissous, et à 1 atome d'amido-chlorure mercurique qui se précipite. On n'a pas réussi à préparer isolément l'amidure mercureux et l'amidure mercurique, ce qui, sans doute, aura lieu un jour. Mais l'un et l'autre ont une si grande tendance à entrer en combinaison, le premier avec les sels mercureux, et le dernier avec les sels mercuriques, qu'à peine un de ces sels existe sans l'amidure correspondant. L'amido-chlorure mercurique se compose, en 100 parties, de 53,488 parties de chlorure mercurique et de 46,512 d'amidure mercurique, contenant 6,30 parties d'amide. Longtemps bouilli avec une solution étendue de sel ammoniac, il ne change pas d'aspect, mais il se convertit peu à peu en chlorure mercurique ammoniacal, $2HgCl + NH^3$; un atome d'amide se décompose ainsi en 1 équivalent de sel ammoniac, dont l'ammonium forme, avec l'amide, 2 équivalents d'ammoniaque; l'un de ces équivalents reste engagé dans la combinaison, tandis que l'autre se dégage avec les vapeurs d'eau. Il ne paraît donc pas être altéré par l'ammoniaque. Il jaunit par la potasse ou la soude caustique, et se change en le composé suivant. Il se dissout dans les acides : le mercure s'oxyde aux dépens de l'eau, dont l'hydrogène sert à former de l'ammoniaque avec l'amide; il reste alors dans la liqueur du chlorure mercurique, un sel mercurique et un sel ammonique, de l'acide employé.

Le composé ne fond pas à une température qui ne dépasse pas $+ 360^\circ$, ce qui le distingue facilement du *précipité blanc*, qui fond et entre par là en ébullition : s'il est parfaitement sec, il se dégagera d'abord un peu d'ammoniaque, sans aucun indice de formation d'eau; il se sublime ensuite du chlorure mercurique ammoniacal, et il reste du nitro-chlorure mercurique. 3 atomes de chlorure mercurique à base d'amide, contenant $6N + 12H + 6Hg + 6Cl$, donnent naissance à

1 équivalent d'ammoniaque........	$2N + 6H$
1 atome $HgCl + NH^3$...........	$2N + 6H + Hg + 2Cl$
1 atome nitrochlorure mercurique.	$2N + 6Hg + 4Cl$
	$= 6N + 12H + 6Hg + 6Cl$

Amidochlorure mercurique avec oxyde mercurique ($HgCl + HgNH^2$) + $\dot{H}g$ (1). Il se produit quand on fait longtemps bouillir avec de l'eau le sel qui vient d'être décrit : il se forme une poudre jaune pesante, pendant qu'il se dissout du chlorure ammo-

(1) On peut appliquer à ces composés et à leurs analogues, avec tout autant de raison, les noms de *amidochlorure mercurique basique*, *sous-suramidoso mercurique* ou *amidico-mercurique*, et indiquant la formule par $(HgCl + 2\dot{H}g) + HgNH^2$. — Pour plus de clarté, il vaudrait peut-être mieux employer, en français, des périphrases pour exprimer ces combinaisons.

nique dans la liqueur. De 2 atomes $HgCl + HgNH^2$, l'un se décompose de telle façon que le mercure s'oxyde aux dépens de l'eau, tandis que 2 équivalents de l'hydrogène de l'eau s'unissent à l'amide pour former 1 équivalent d'ammonium, qui produit, avec le chlore, du chlorure ammonique. Les deux atomes d'oxyde mercurique ainsi formés s'unissent, en outre, à l'atome non décomposé d'amido-chlorure mercurique, pour donner lieu au composé dont il s'agit. Celui-ci renferme, en 100 parties, 46,24 parties d'oxyde mercurique et 53,76 parties de chlorure à base d'amide. — On a déjà dit qu'il se produit également, quand on traite le chlorure à base d'amide par la potasse ou la soude caustiques. Il se forme ainsi du chlorure potassique ou sodique, pendant qu'il se dégage de l'ammoniaque. L'un des atomes de mercure s'oxyde ainsi aux dépens de l'alcali, et l'autre aux dépens de l'eau.

Chlorure sulfomercurique, $HgCl + 2\dot{H}g$. Lorsqu'on fait arriver un courant de gaz sulfide hydrique dans une solution de chlorure mercurique, il se produit, dans la première période de décomposition, un précipité blanc, qui fut longtemps pris pour du chlorure mercureux; et *Taddei* le considéra comme une combinaison de ce chlorure avec le soufre. Mais *H. Rose* montra que ce précipité est une combinaison de sulfure mercureux avec le chlorure mercurique, c'est-à-dire un soussel, dans lequel le chlorure mercurique est converti en soussel par une sulfobase, tandis que ce sont ordinairement les oxybases qui basifient les sels haloïdes. Le sulfure mercureux a la propriété de se combiner avec d'autres sels de mercure. — Le chlorure sulfomercurique reste longtemps en suspension dans la liqueur; et lorsqu'on cherche à la filtrer, le liquide qui passe est laiteux. Il faut donc beaucoup de temps pour que le dépôt se fasse. On obtient le même composé en faisant digérer du sulfure de mercure récemment précipité (le cinabre sublimé est sans action) avec une solution de chlorure mercurique : le sulfure blanchit peu à peu, en précipitant tout le chlorure. Le composé reste blanc, même par la dessiccation. Quand on le chauffe, il se sublime d'abord du chlorure mercurique, et il reste du sulfure de mercure. L'eau bouillante, les acides sulfurique, nitrique et chlorhydrique, même concentrés, sont sans action sur lui. Quand on fait passer un courant de gaz sulfide hydrique dans l'eau contenant en suspension une certaine quantité de chlorure sulfo-mercurique, celui-ci finit par se changer complétement en sulfure. Les alcalis les décomposent : ils lui enlèvent le chlore, et laissent un oxysulfure de mercure. Il se compose de 36,8 parties de chlorure mercurique et 63,2 de sulfure ; le mercure du premier est à celui du dernier comme 2 : 1.

Chlorure sulfo-mercurique avec sulfure cuivrique $(Hg\bar{Cl} + 2\overset{\prime}{Hg}) + (Hg\bar{Cl} + 3\overset{\prime}{Cu})$. On l'obtient, suivant *Rammelsberg*, en introduisant, par petites portions successives, le sulfure mercureux (récemment précipité par le sulfide hydrique, et non encore desséché après le lavage) dans une solution concentrée et chaude de chlorure cuivrique. Le sulfure se dissout d'abord en brun ; puis, par une addition d'une plus grande quantité, il se change en une poudre jaune orange, qui est lourde, facile à laver, et peut être desséchée sans altération. Cependant, pendant la préparation, il faut avoir bien soin de n'employer que la quantité de sulfure strictement nécessaire ; car un excès resterait mêlé à la combinaison qui se forme. La liqueur filtrée renferme un excès de chlorure mercurique, du chlorure cuivreux et du chlorure cuivrique. La nature de ce composé est d'autant plus problématique, qu'il se forme en même temps un dithionite double cuivreux et mercureux, $= 5\dot{\bar{Cu}}\ddot{\bar{S}} + 3\dot{\bar{Hg}}\ddot{\bar{S}}$, dont on parlera plus bas ; et 17,81 pour cent de ce sel double, ainsi qu'un peu de soufre libre, entrent dans la composition de la poudre jaune orange, sans qu'on puisse dire si c'est là un mélange qui se forme en même temps, ou une combinaison chimique. Chauffé dans un vase de distillation, le corps jaune orange noircit, fond, se boursoufle, et se solidifie de nouveau. Par une application prolongée de chaleur, il se sublime d'abord du soufre, puis du chlorure mercurique, et enfin du sulfure mercureux. Il ne se dissout pas dans l'acide chlorhydrique, et s'oxyde par l'eau régale. L'hydrate potassique le décompose, et il reste des sulfures mercureux et cuivreux : l'alcali absorbe du chlore et de l'acide dithioneux, dont une partie se forme aux dépens du soufre par l'oxygène de l'alcali.

Chlorure phospho-mercurique, $3Hg\bar{Cl} + Hg^3\bar{P} + 3\bar{H}$. On l'obtient, suivant *H. Rose*, en faisant arriver du gaz phosphide hydrique dans une solution de chlorure hydrique, jusqu'à ce qu'il ne se forme plus de précipité. Ce précipité est d'abord de couleur foncée, mais il ne tarde pas à devenir jaune. Cette couleur foncée peut être due à ce qu'il ne se précipite d'abord que du phosphure de mercure, qui s'unit ensuite au chlorure mercurique. La liqueur, acidulée par l'acide chlorhydrique, doit être très-exactement mise à l'abri du contact de l'air. On lave le précipité à l'eau froide, on le presse, et on le dessèche dans le vide. Il n'y a pas plus de 3,5 pour cent d'eau. Il faut le conserver dans un vase sec et bien clos. Il se décompose par une distillation sèche : le phosphore s'unit à l'oxygène de l'eau pour former de l'acide phosphorique, et le chlore à l'hydrogène, pour donner naissance à de l'acide chlorhydrique; on obtient ainsi du gaz acide chlorhydrique, du mercure, un peu de phosphure de mercure, et il reste dans la cornue de l'acide phosphorique anhydre. A l'air humide, il se décompose très-lentement, et rapidement à l'eau bouillante : on obtient du mercure métallique et une solution aqueuse d'acide chlorhydrique et d'acide phosphoreux. L'hydrate potassique exerce la même action ; mais il sature en même temps les acides. Par l'acide nitrique, le phosphore du chlorure phospho-mercurique s'oxyde, pour se changer en acide phosphorique, et il reste du chlorure mercureux insoluble. Traité par l'eau et le sulfide hydrique, il se convertit partiellement en sulfure mercurique, et noircit.

Chlorure arsénico-mercurique, Hg Cl + Hg As. On l'obtient en broyant très-exactement 3 parties de chlorure mercureux avec 1 partie d'arsenic métallique, et chauffant le mélange sur un bain de sable, dans une cornue, jusqu'à ce que la plus grande partie en soit sublimée. Il reste au fond une masse dure, rouge jaune, mêlée avec des globules de mercure. Le sublimé est constitué par deux corps différents, superposés. La partie qui s'est déposée le plus près du verre est brune, tachetée de jaune, et probablement un mélange. Celle qui recouvre, dans le vase, la première, est jaune clair, et cristallisée partiellement en tétraèdres, qui sont les uns complétement formés, les autres ayant les arêtes tronquées en faces. C'est là la substance qui a, suivant *Capitaine*, la composition exprimée par la formule. Exposée à la lumière directe du soleil, elle verdit d'abord à sa surface, puis elle noircit, ce qui a lieu tant à l'air que dans le vide; mais ce changement ne pénètre pas toute la masse. L'eau bouillante en sépare un amalgame d'arsenic, et dissout de l'acide arsénieux et de l'acide chlorhydrique.

Pour ce qui concerne le premier sublimé brun, il n'a pas été analysé. D'après mes expériences, on peut l'obtenir pur, si on le mêle avec l'arsenic, et qu'on soumette de nouveau le mélange à la sublimation. Le produit qui se dépose d'abord est d'un beau rouge, et transparent; mais, à mesure qu'il augmente de masse, il devient brun foncé et opaque. Sa cassure ne montre aucun indice de cristallisation, et sa poudre est jaune. Il ne s'altère pas par l'eau et l'acide chlorhydrique; il ne forme pas d'amalgame avec le cuivre quand on le broie avec ce métal; mais cette formation a lieu quand on y ajoute de l'acide chlorhydrique. La potasse caustique le décompose instantanément : il se produit du chlorure potassique et de l'arsénite potassique, tandis qu'il reste un amalgame d'arsenic insoluble. L'ammoniaque détermine le même changement, mais d'une manière plus lente. Sublimé de nouveau avec l'arsenic, il ne s'altère pas. Il paraît donc être, soit une combinaison de chlorure mercurique avec une plus grande quantité d'arséniure de mercure, ou avec de l'arséniure de mercure (où les métaux se trouveraient dans une autre proportion), soit peut-être du chlorure mercureux combiné avec $\overline{Hg}\,\overline{As}$.

Chlorures mercuriques doubles. Le chlorure mercurique se combine avec d'autres chlorures en plusieurs proportions, de manière à produire des combinaisons dans lesquelles la quantité du chlorure mercurique va en croissant depuis la proportion où il contient autant de chlore que le chlorure avec lequel il est combiné, jusqu'à celle où il en contient quatre fois autant. Pour obtenir ces composés, on dissout dans l'eau, en différentes proportions, les sels qu'on veut unir, et on abandonne la liqueur à l'évaporation spontanée; le sel double cristallise alors. *Bonsdorff* a produit de semblables sels doubles avec le potassium, le sodium, l'ammonium, avec les radicaux des terres, et avec la plupart des métaux; ce qui lui fit présumer (*voir* tome III, page 7) que certains chlorides pouvaient être considérés comme des acides, et d'autres chlorures comme des bases.

a. Chlorure mercurico-potassique, $K\,\overline{Cl}\,Hg + \dot{H}$. On l'obtient, suivant *Bonsdorff*, quand on dissout dans l'eau une quantité déterminée de chlorure potassique, qu'on sature cette dissolution, à $+ 30°$, de chlorure mercurique pulvérisé, qu'on décante la liqueur, qu'on y ajoute encore une fois autant de chlorure potassique, et qu'on la laisse évaporer : le sel cristallise en gros prismes rhombes. Dans ce composé, les deux sels renferment la même quantité de chlore, et 1 atome ou 4,25 pour cent d'eau de cristallisation. La dissolution saturée à + 30° étant abandonnée à l'évaporation spontanée, sans addition préalable de chlorure potassique, cristallise en aiguilles fines semblables à de l'amiante, dans lesquelles le chlore du sel mercurique est double de celui du sel potassique, et dont l'eau est de 2 atomes = K Gl + 2Hg Gl + 2Ḣ. Lorsqu'on sature de chlorure mercurique la dissolution de chlorure potassique chauffée à + 60°, elle devient solide en se refroidissant, et les aiguilles fines qui se forment sont composées d'après la formule : K Gl + 4Hg Gl + 4Ḣ.

b. Le *chlorure mercurico-sodique* ne forme qu'une seule combinaison, Na Gl + 2Hg Gl + 4Ḣ, qui cristallise en prismes hexaèdres, fins et réguliers. Ces cristaux contiennent 4 atomes ou 1,78 pour cent d'eau de cristallisation.

c. Le *chlorure mercurico-lithique* donne naissance à un sel double déliquescent, dont la composition n'a pas été déterminée.

d. Chlorure mercurico-ammonique, N H⁴ Gl + Hg Gl. Ce sel double était déjà, avant les recherches de *Bonsdorff*, connu sous le nom de *sel alembroth*. Il cristallise en prismes aplatis, rhombes. Il est composé de 28,5 de chlorure ammonique, 65,5 de chlorure mercurique, et de 5 parties ou 1 atome d'eau. Exposé à l'air sec, il perd cette eau et devient opaque, mais il ne change pas de forme. Suivant *Kane*, ces sels s'unissent aussi dans la proportion = N H⁴ Gl + 2Hg Gl, quand on les dissout dans l'eau et qu'on évapore la liqueur à cristallisation. Ce sel s'obtient sous deux formes différentes, soit en cristaux rhomboïdaux, qui constituent le sel anhydre, soit en aiguilles d'un éclat soyeux, qui contiennent 1 atome d'eau de cristallisation. On le prépare aussi en faisant bouillir du chlorure amido-mercurique avec une solution de chlorure cuivrique : il se précipite un souschlorure cuivrique, Cu Gl + 3Ċu, et, après l'évaporation de la liqueur, ce sel double cristallise dans une eau-mère de chlorure cuivrique.

e. Chlorure mercurico-barytique, Ba Gl + 2Hg Gl + 4Ḣ. Il cristallise en groupes rayonnés, qui s'effleurissent à l'air sec.

f. Le *chlorure mercurico-strontique*, Sr Gl + 2Hg Gl + 2Ḣ, cristallise en aiguilles inaltérables à l'air.

g. Le *chlorure mercurico-calcique*, Ca Gl + 5H Gl + 8Ḣ, cristallise en tétraèdres. L'eau froide le décompose, en dissolvant un sel double qui cristallise en cubes, et a pour composition : $\mathrm{Ca\,\overline{Cl} + 2Hg\,\overline{Cl} + 6\dot{\overline{H}}}$; il reste du chlorure mercurique ; l'eau chaude, au contraire, le dissout sans le décomposer. L'un et l'autre sels sont très-déliquescents.

h. Le *chlorure mercurico-magnésique* peut aussi être obtenu en deux proportions. L'un de ces sels, $\mathrm{Mg\,\overline{Cl} + 3Hg\,\overline{Cl} + \dot{\overline{H}}}$, est lamelleux ; l'autre sel, $\mathrm{Mg\,\overline{Cl} + Hg\,\overline{Cl} + 6\dot{\overline{H}}}$, cristallise en rhombes. Ces deux chlorures doubles sont très-déliquescents.

i. Les sels doubles produits par l'*yttrium*, le *glucyum* et le *cérium* sont cristallisables.

k. Les sels doubles que forment le *manganèse*, $\mathrm{Mn\,\overline{Cl} + Hg\,\overline{Cl} + 4\dot{\overline{H}}}$, et le *zinc* présentent cette particularité que, quand on dissout un excès de chlorure mercurique, cet excès cristallise par l'évaporation en beaux cristaux volumineux ; dans aucun autre cas, le chlorure mercurique ne peut être obtenu sous cette forme.

l. Le *chlorure ferroso-mercurique*, $\mathrm{Fe\,\overline{Cl} + Hg\,\overline{Cl} + 4\dot{\overline{H}}}$, est isomorphe avec le sel manganeux, et composé de la même manière que ce dernier.

m. Le *cobalt*, le *nickel* et le *cuivre* donnent naissance à des sels doubles cristallisables, qui ne s'altèrent pas à l'air. Le chlorure plombique, au contraire, ne paraît pas former de semblable sel double.

Chlorure mercurique avec acétate cuivrique, $\mathrm{\dot{C}u^2\,\ddot{A}c + 2Hg\,\overline{Cl}}$. Ce composé se produit, suivant *Wöhler*, quand on sature une solution d'acétate cuivrique neutre avec une solution de chlorure mercurique, l'une et l'autre saturées à la température ordinaire, et qu'on abandonne le mélange longtemps à lui-même. Le produit se dépose peu à peu en hémisphères à rayons concentriques, d'une couleur bleu foncé extrêmement belle. Il est à peu près insoluble dans l'eau froide ; dans l'eau bouillante, il se convertit en une poudre vert clair, pendant que l'eau se charge de chlorure mercurique.

Bromures de mercure. 1° *Bromure mercureux*, $\mathrm{\overline{Hg}\,\overline{Br}}$. Il se précipite sous forme d'une poudre blanche insoluble, quand on mêle un bromure avec du nitrate mercureux. Il est sublimable au rouge naissant, et il ressemble, sous tous les rapports, au chlorure mercureux. Avec l'ammoniaque caustique, il forme du *bro-*

mure amido-mercureux, $HgBr + HgNH^2$, qui a une couleur noire, et s'accorde, dans nos rapports, avec le chlorure correspondant.

Le bromure absorbe, d'après *Rammelsberg*, 2 équivalents de gaz ammoniac sec, et noircit. Le *bromure mercureux ammoniacal*, $HgBr + 2NH^3$, est noir. A chaud, l'ammoniaque en est chassée, et le bromure blanc reste. Peut-être le composé noir est-il un mélange intime de bromure ammonique et d'amidure, qui se décompose, par la chaleur, en bromure mercureux. Dans ce cas, l'eau en retirerait du bromure ammonique.

Bromure mercuroso-strontique. D'après *Loewig*, on l'obtient en faisant bouillir une solution de bromure strontique avec du bromure mercureux. Pour chaque atome du premier sel, il se dissout 3 atomes doubles de l'autre, dont 1 atome double se précipite de nouveau lors du refroidissement. Quand on fait évaporer la liqueur filtrée, elle dépose, en petits cristaux, un sel qui est composé d'après la formule $SrBr + 2HgBr$. L'eau pure décompose ces cristaux en 1 atome double de bromure insoluble, et en un sel qui se dissout facilement et qui cristallise par l'évaporation, $= SrBr + HgBr$.

2° *Bromure mercurique*, $HgBr$. On l'obtient en traitant du mercure, ou bien le sel précédent, par de l'eau et du brôme. Il est soluble dans l'eau, et donne des cristaux incolores. Soumis à l'action de la chaleur, il entre en fusion et se sublime. Il se dissout dans l'alcool. Les acides sulfurique et nitrique le décomposent. D'après *Loewig*, la lumière solaire décompose la dissolution du bromure mercurique, en précipitant du bromure mercureux. D'après *Berthemot*, le bromure mercurique se distingue du chlorure mercurique, en ce qu'il ne donne pas de précipité avec le chromate potassique. En vertu de cette différence, on pourrait les séparer quantitativement dans un mélange.

Sousbromure mercurique, $HgBr + 3\dot{H}g$. Il se produit quand on traite le bromure mercurique par la potasse caustique, mais sans précipiter tout le mercure, ou lorsqu'on fait digérer la solution de bromure par l'oxyde mercurique. Il ressemble parfaitement au souschlorure correspondant. On l'obtient aussi en précipitant une solution de bromure mercurique par du carbonate potassique, en ayant soin de ne pas ajouter celui-ci en excès.

Bromure mercurique ammoniacal, $2HgBr + NH^3$. On le prépare, d'après *Rose*, en faisant absorber au bromure mercurique du gaz ammoniac jusqu'à saturation. C'est une poudre blanche, sublimable, insoluble dans l'eau, et jaunissant par la potasse caustique.

Les *bromures nitro-mercurique* et *amido-mercurique* s'obtiennent, à l'aide du bromure mercurique, de la même manière que les combinaisons correspondantes du chlorure mercurique; ils en partagent la composition et les propriétés, à tel point qu'on n'a rien de particulier à dire à cet égard.

Bromure sulfo-mercurique, $\text{Hg Br} + 2\dot{\text{Hg}}$. Il se forme quand on traite le bromure mercurique par le gaz sulfide hydrique; il a la plus grande ressemblance avec la combinaison analogue du chlorure. Il est jaunâtre.

Bromure phospho-mercurique. Il se produit d'une manière semblable; il a la composition et les propriétés du composé chlorique correspondant, avec la différence que le composé bromique en question est brun.

Sels doubles de bromure mercurique. Le bromure mercurique se combine avec d'autres bromures, et donne ainsi naissance à des *sels doubles* cristallisés, qui contiennent de l'eau de cristallisation, et ont la plus grande ressemblance avec les chlorures doubles analogues, formés de la même manière. Le bromure *mercurico-potassique* est, d'après *Bonsdorff*, composé de $= \text{K Br} + 2\text{Hg Br} + 2\dot{\text{H}}$. Il paraît exister un sel double potassique, qui contient moitié moins de bromure mercurique que le sel précédent.

Le *bromure mercurico-ammonique*, $\text{NH}^4\text{Br} + \text{Hg Br}$. Il se produit par le mélange des sels simples, ainsi que par le traitement du bromure mercureux à l'aide du bromure ammonique. Dans ce cas, il se sépare du mercure métallique, et le bromure mercureux se change en bromure mercurique. Le sel se comporte, du reste, comme le chlorure correspondant. Le bromure mercureux se convertit aussi en bromure mercurique par l'action du sel ammoniac.

Les sels doubles que le bromure mercurique forme avec les bromures *sodique*, *barytique*, *calcique* et *magnésique*, se prennent en cristaux prismatiques lorsqu'on fait évaporer leur dissolution dans l'air sec, ou sous une cloche sur l'acide sulfurique. Ces sels sont déliquescents. Le calcium et le magnésium produisent deux sels, à des degrés de saturation différents. Ceux qui sont complétement saturés de bromure mercurique ne se liquéfient pas dans l'air humide. Le sel calcique entièrement saturé cristallise en octaèdres ou en tétraèdres éclatants, qui deviennent blancs et opaques dans l'eau froide, mais qui sont solubles dans l'eau chaude, d'où ils se reproduisent sans changement. Le sel *magnésique* tout à fait saturé cristallise en feuilles larges. Le sel *manganique* cristallisé en prismes d'un rouge pâle et très-déliquescents. Le *fer* et le *zinc* forment des cristaux prismatiques, déliquescents. Le sel ferrique est jaunâtre et trouble.

Iodures de mercure. 1° *Iodure mercureux*, $\overline{Hg}I$. Il est très-difficile de l'obtenir exempt d'iodure mercurique. On le prépare par la voie humide, en broyant ensemble 2 atomes de mercure avec 1 équivalent d'iode, et humectant le mélange d'un peu d'alcool. Le broiement se fait d'abord dans un mortier, puis sur une plaque de porphyre. L'iodure mercurique, qui y reste mélangé, est enlevé par le lavage à l'alcool chaud, jusqu'à ce que le liquide qui passe ne soit plus troublé par le sulfide hydrique; on passe ensuite l'iodure mercureux, et on le dessèche à une chaleur très-douce. Il forme une poudre jaune verdâtre. On le prépare par la voie humide, en précipitant une solution de nitrate mercureux par de l'iodure potassique pur, exempt d'iodate et de carbonate potassique. Mais, après le lavage à l'eau, il faut également s'assurer, au moyen de l'alcool, si le précipité est exempt d'iodure mercurique. Ce composé, tant humide que sec, est très-sensible à la lumière : il s'y colore peu à peu en vert olive, puis il brunit, pendant qu'il s'y produit de l'iodure mercurique et du mercure métallique. Il faut donc le conserver dans un vase complétement opaque. Lorsqu'il se trouve dans l'eau et qu'il y noircit par la lumière, l'eau renferme, suivant *Artus,* de l'acide iodhydrique, et le composé noir est un iodure basique. Chauffé brusquement, il fond et se sublime sans altération. Chauffé lentement, il se décompose en iodure mercurique et en mercure. Il est un peu soluble dans l'iodure potassique et dans le nitrate mercureux. On a commencé d'employer l'iodure mercureux comme un médicament interne. Il est donc indispensable, pendant sa préparation, de faire bien attention qu'il n'y ait pas d'iodure mercurique en mélange, parce que celui-ci est vénéneux à très-petite dose.

L'iodure mercureux absorbe le gaz ammoniac et noircit; mais, à l'air, il perd l'ammoniac et redevient jaune vert.

Iodure mercuroso-mercurique. Il a été découvert par *Boullay* fils. On l'obtient en précipitant, par l'iodure potassique, une dissolution de mercure dans l'acide nitrique, qui contient plus d'oxyde mercurique que d'oxyde mercureux, et faisant digérer le précipité à une douce chaleur avec une dissolution de sel marin. Celle-ci dissout de l'iodure mercurique, et laisse une poudre jaune, qui est l'iodure susmercureux. On peut aussi l'obtenir en précipitant du nitrate mercureux par de l'iodure potassique, dans lequel on a préalablement dissous une quantité d'iode égale à la moitié de celle que contient l'iodure. L'iodure jaune se précipite alors immédiatement. Lorsqu'on a ajouté trop d'iode à l'iodure potassique, on parvient aisément à dissoudre l'excès d'iodure mercurique contenu dans le précipité, en traitant celui-ci par l'alcool. L'iodure susmercureux est décomposé par l'ébullition; il se forme de l'iodure mercurique, et du mercure est réduit. On peut regarder cette combinaison comme un iodure simple, dans lequel le métal est combiné avec une fois et demie autant d'iode que dans l'iodure mercureux, $= HgI + 2HgI$; ou comme un iodure simple, dans lequel le métal est uni à $1\frac{1}{2}$ fois autant d'iode que dans l'iodure mercureux, $= HgI^3$.

2° *Iodure mercurique*, HgI. On peut l'obtenir directement en broyant des proportions convenables de mercure et d'iode, et en arrosant le mélange avec une très-petite quantité d'alcool concentré, de manière qu'il reste humide pendant la trituration. Si l'on ajoute trop d'alcool, le mélange s'échauffe facilement, et il s'évapore de l'iode. On l'obtient, en outre, en traitant une solution de sel mercurique par une solution d'iodure potassique; le précipité qui se forme est pulvérulent, et d'un rouge écarlate très-vif. D'après *Mitscherlich*, on obtient le sel cristallisé en le dissolvant, jusqu'à refus, dans une solution d'iodure potassique qui soit bouillante et convenablement étendue, et en laissant la liqueur refroidir lentement. Par ce moyen, une partie de l'iodure mercurique se dépose en beaux cristaux rouges, dont la forme primitive est un octaèdre à base carrée; mais les sommets de ces cristaux étant fortement tronqués, ils se présentent sous la forme de tables. L'iodure mercurique entre facilement en fusion, et devient alors jaune; il se sublime en lamelles rhomboïdales, qui sont d'abord jaunes, et deviennent rouges par le refroidissement. Si l'on en sublime une quantité un peu considérable, on obtient des groupes de cristaux assez grands, d'un jaune de soufre, qui, suivant

Hayes, ne changent pas de couleur à l'air, même quand on les expose aux rayons solaires; mais si on les raye en un endroit avec une pointe fine, ou si on les y comprime fortement, ils rougissent à partir de ce point, et ce changement de couleur ne tarde pas à s'étendre jusqu'aux bords les plus éloignés des cristaux; mais alors il s'opère en même temps un changement dans la forme cristalline. L'iodure mercurique est un corps dimorphe. Les cristaux jaunes, produits par la sublimation, ont pour forme primitive un prisme droit rhomboïdal; et le changement de couleur tient à ce que les molécules se juxtaposent de manière à produire la forme du sel cristallisé par la voie humide. Il arrive souvent qu'on ne peut refroidir les cristaux jaunes assez lentement pour qu'ils ne passent pas au rouge, déjà par une température peu basse. L'iodure mercurique fondu est jaune, et il conserve cette couleur après la solidification; mais il rougit pendant le refroidissement à partir de ce point. D'après *Frankenheim*, on peut sublimer, sans altération de couleur et de forme cristalline, le sel rouge à une température inférieure à celle à laquelle le sel rouge jaunit, quand on le chauffe entre deux lames de verre rapprochées l'une de l'autre. J'en ai déjà parlé dans le t. I, p. 20, comme d'un exemple d'isomérie due à une modification allotropique de l'un des éléments, modification qu'on produit ici par la température. Il est impossible de déterminer avec certitude quel est l'élément qui a subi cette modification; on peut cependant soupçonner que c'est le mercure, car nous avons vu que son oxyde, aussi bien que son sulfure, a deux états allotropiques. D'après *Saladin*, l'iodure mercurique est soluble dans 150 parties d'eau. *Brandes* a trouvé qu'une dissolution de 1 grain d'iodure potassique dans 6,000 grains d'eau donne, au contraire, un trouble rouge distinct avec le chlorure mercurique; mais la dissolution dans 10,000 parties d'eau n'a pas été troublée par ce réactif. — L'iodure mercurique se dissout tant dans l'alcool que dans les acides, surtout à l'aide de la chaleur, et cristallise par le refroidissement de la liqueur. D'après *Boullay* fils, l'acide iodhydrique concentré dissout une proportion d'iodure mercurique telle, que le sel mercurique renferme deux fois autant d'iode que d'acide. Mais cette combinaison ne peut être obtenue que sous forme liquide, et l'eau en précipite la moitié de l'iodure dissous. Quand on évapore cette solution dans l'appareil dessiccateur, on obtient des cristaux de suriodure mercurique, $= Hg + HI$, souvent mêlés d'un faible excès d'iodure mercurique, parce que l'acide iodhydrique s'en évapore facilement à l'air. Les solutions d'iodure mercurique, tant dans les acides que dans l'alcool, dans l'éther et dans l'iodure potassique, sont incolores : l'iodure mercurique s'y trouve dans la modification jaune, qu'il abandonne par la cristallisation pour passer à la modification rouge. Si, par une cause quelconque, l'iodure est séparé très-rapidement, celui qui se sépare le premier est jaune. *Selmi* a montré que la solution alcoolique, versée dans l'eau, donne une émulsion jaune. Si l'on verse la solution saturée dans un vase humecté à l'intérieur, il se sépare des flocons jaunes, dans lesquels se manifestent bientôt des cristaux jaunes; mais les précipités jaunes ne tardent pas à devenir rouges. Lorsqu'on traite la solution alcoolique par l'eau contenant un sel ou un acide, on obtient un précipité qui passe d'autant plus au rouge que l'eau en contient davantage ; il devient complétement rouge quand on chauffe la liqueur.

Periodure mercurique, $Hg I^2$. On l'obtient, d'après *Hunt*, en mêlant le periodure potassique avec une solution de chlorure mercurique : le periodure mercurique se précipite à l'état d'une poudre noire. Il est soluble dans une solution concentrée chaude de sel marin : il cristallise, par le refroidissement, en aiguilles noires. A l'air, 1 équivalent d'iode s'en va par l'évaporation, pendant qu'il se produit de l'iodure rouge.

Sousiodure mercurique, $Hg I + \dot{H}g$. Suivant *Rammelsberg*, on l'obtient en traitant l'iodure mercurique par une solution chaude d'hydrate potassique. Mais il est très-difficile de s'arrêter au point convenable entre la décomposition incomplète et la transformation en oxyde mercurique jaune. Le mieux est de s'arrêter à la décomposition incomplète ; car un excès d'iodure mercurique se dissout dans l'iodure potassique produit, pour former un sel double. Les acides en dissolvent l'oxyde, et laissent de l'iodure rouge.

Iodure mercurique ammoniacal, $Hg I + NH^3$. On le prépare, suivant *H. Rose*, par voie sèche, quand on sature l'iodure mercurique par le gaz ammoniac. C'est une poudre blanche, qui perd de l'ammoniac à l'air et rougit. Traité par l'ammoniaque caustique, l'iodure mercurique se convertit aussi en une poudre blanche, $= 2Hg I + NH^3$, qui perd également de l'ammoniac à l'air et rougit. En faisant bouillir l'iodure mercurique par l'ammoniaque, on obtient une solution jaunâtre qui laisse, par le refroidissement, déposer la même combinaison en longues aiguilles blanches. Suivant *Rammelsberg*, la liqueur renferme de l'iodure ammonique et de l'iodure mercurique ; mais l'iodure ammonique ne peut pas s'être formé ici sans qu'il ne se soit en même temps produit, soit de l'oxyde, soit de l'amidure mercurique, ce qui résulte aussi de ce qui va suivre.

Iodure amido-mercurique avec oxyde mercurique, $\text{Hg I} + \text{Hg NH}^2 + 2\dot{\text{H}}\text{g}$. On l'obtient en faisant bouillir l'iodure mercurique avec de nouvelles portions d'ammoniaque, jusqu'à ce qu'il ne se dissolve plus rien ; ce qui reste est le composé en question. Il faut séparer la liqueur bouillante, afin que l'iodure mercurique ammoniacal qui se dépose ne se mêle pas avec la partie insoluble. Le nouveau composé est brun, souvent d'une teinte pourpre. Si, après la dessiccation, il présente des points rouges d'iodure mercurique, c'est un indice qu'il n'a pas été suffisamment bouilli avec l'ammoniaque. Il supporte + 180° sans se décomposer. Au delà de cette température, il fond en un liquide brun foncé, en même temps qu'il commence à se décomposer, en perdant un peu d'eau. Chauffé lentement, il se change, sans résidu, en ammoniaque, eau, nitrogène, mercure métallique et iodure mercurique. Chauffé brusquement et fortement, il détone avec une flamme bleue. Il est soluble dans l'acide chlorhydrique; il se dépose de cette solution un sel double d'iodure et de chlorure mercuriques, dont il sera parlé plus bas.

Iodure sulfomercurique, $\text{Hg I} + 2\dot{\text{H}}\text{g}$. Ce composé se produit quand on traite l'iodure mercurique par une solution aqueuse de sulfide hydrique. Il est jaune, et reste longtemps en suspension dans la liqueur.

Sels doubles d'iodure mercurique. L'iodure mercurique forme, avec les autres iodures, une série de *sels doubles*, aussi étendue que celle produite par les chlorures doubles. Ces iodures doubles ont été examinés par *Boullay* fils. La combinaison peut avoir lieu en trois proportions différentes, d'après lesquelles la quantité d'iode est égale dans les deux iodures, ou l'iodure mercurique en contient deux ou trois fois autant que l'autre iodure. La combinaison intermédiaire paraît, en général, présenter le plus de stabilité, et avoir le plus de tendance à cristalliser. Ces sels se déposent d'ordinaire en cristaux jaunes ou incolores, lorsqu'on évapore la solution dans le dessiccateur; plusieurs d'entre eux conservent leur couleur primitive; mais la plupart deviennent rouges avec le temps, et les cristaux deviennent opaques sans changer de forme.

Iodure mercurico-potassique. On l'obtient en dissolvant l'iodure mercurique dans l'iodure potassique. Si la solution est concentrée et saturée à chaud, elle contiendra $KI + 3HgI$; mais ce composé n'est stable qu'en dissolution; par un refroidissement lent, l'iodure mercurique se dépose en cristaux rouges, réguliers; si le refroidissement est brusque, il se dépose, en grande partie, sous forme de grains rouges. La liqueur qui reste, soumise à l'évaporation, donne $KI + 2HgI + 3\dot{H}$ en cristaux prismatiques, brillants, jaunes de soufre, qui ne s'altèrent pas à l'air. Chauffé, ce sel perd d'abord son eau de cristallisation; puis il fond en un liquide rouge qui, à une chaleur plus forte, donne de l'iodure mercurique sublimé. Il ne se dissout pas complétement dans l'eau, car il y laisse déposer une partie de l'iodure; mais il est entièrement soluble dans l'alcool et dans l'éther. — L'eau-mère, où le sel précédent s'est déposé, et où il ne se forme plus de cristaux, ainsi que la solution du sel précédent complétement décomposée par l'eau, donnent, par l'évaporation, un sel non cristallisable, jaune, $= KI + HgI$, qui se dissout dans l'eau, sans altération.

Iodure mercurico-sodique. Il forme, de la même manière, une solution saturée à chaud, qui, à l'état de concentration, renferme $NaI + 3HgI$, et qui, par le refroidissement, laisse cristalliser le tiers de l'iodure mercurique. Il demeure alors, dans la liqueur, $NaI + 2HgI$, qui, après l'évaporation, reste sous forme d'une masse jaune amorphe, qui rougit aussi rapidement que l'iodure jaune, quand on le raye avec un corps dur. Ce sel est décomposé par l'eau; et la solution filtrée, étant évaporée dans le dessiccateur, donne $NaI + HgI$ en longues aiguilles jaunes, déliquescentes à l'air. Par la dessiccation au moyen de la chaleur, il reste une masse saline jaune, amorphe, qui, par le contact, devient rouge, mais forme avec l'eau une dissolution incolore. Ces deux sels se dissolvent, sans décomposition, dans l'alcool et dans l'éther.

Iodure mercurico-ammonique. Il se compose comme les deux sels précédents. 1 équivalent d'iodure ammonique dissout à chaud

3 atomes d'iodure mercurique, et, par le refroidissement, il se dépose 1 atome d'iodure. La solution décantée donne, par l'évaporation, des cristaux de $NH^4I + 2HgI + 3\dot{H}$, composé qui, pour la couleur et la forme, ressemble parfaitement au sel potassique correspondant. Il fond facilement, et perd de l'eau en devenant rouge foncé; mais il se fond bientôt en une masse jaune cristalline, qui devient rouge au bout de quelque temps. Par une chaleur forte, une partie se sublime et une autre se décompose. Le sel cristallisé, qu'on dessèche dans le vide sur l'acide sulfurique, perd son eau de cristallisation en devenant rouge; mais il la reprend très-promptement à l'air, et acquiert ainsi une couleur jaune. Il se dissout dans très-peu d'eau, en subissant une légère décomposition; mais, par l'addition d'une plus grande quantité d'eau, la moitié de l'iodure mercurique se sépare. L'alcool et l'éther se dissolvent sans altération.

La solution aqueuse du sel qui vient d'être décrit donne, après la séparation de l'iodure précipité, et par l'évaporation, des cristaux aciculaires jaunes, qui ressemblent tout à fait à ceux du sel précédent, et qui, comme celui-ci, se décomposent dans l'eau. Ils paraissent donc être le même sel régénéré, et se redissolvent à chaud, sans altération, dans l'eau-mère. Le sel $NH^4I + HgI$ n'a donc encore pu être obtenu qu'en dissolution.

L'iodure barytique et *l'iodure strontique* dissolvent à chaud également 3 atomes d'iodure mercurique, dont 1 atome cristallise par le refroidissement. La liqueur qui reste donne des cristaux jaunes, qui rougissent par la dessiccation à l'aide de la chaleur. Ils renferment 2 atomes d'iodure mercurique, dont ils laissent déposer 1 atome, par la dissolution dans l'eau froide. Cette dissolution donne, par l'évaporation, le composé à 1 atome d'iodure mercurique, sous forme de cristaux jaunes qui se redissolvent dans l'eau, sans décomposition.

L'iodure calcique et *l'iodure magnésique* paraissent présenter les mêmes résultats; mais on ne s'en est pas encore exactement assuré.

L'iodure zincique ne dissout que 2 atomes d'iodure mercurique. Suivant *Boullay*, cette dissolution se décompose par l'évaporation, tant dans le vide que par la chaleur. Mais comme ce chimiste avait considéré cette coloration rouge des cristaux comme un effet de décomposition, il se peut que ces cristaux rougissent simplement par l'évaporation, tant à froid qu'à chaud.

Sels doubles d'iodure mercurique avec d'autres chlorures. L'iodure mercurique se combine aussi avec les chlorures. Une dissolution concentrée et bouillante de chlorure potassique dissout une partie d'iodure mercurique, égale à 0,584 du poids du sel potassique dissous. L'iodure mercurique se dissout aussi dans l'acide chlorhydrique et dans une dissolution chaude de chlorure mercurique; pendant le refroidissement de cette dernière liqueur, il se sépare, d'après *Boullay*, un précipité jaune, contenant 37,63 parties de chlorure, et 62,37 d'iodure, lesquels renferment la même quantité de mercure, Hg I + Hg Gl. *Liebig*, en saturant d'iodure mercurique une semblable dissolution, chauffée jusqu'au point d'ébullition, obtint des cristaux blancs, dendritiques, dans lesquels l'iodure était combiné avec deux fois autant de chlorure que dans le précipité jaune, = Hg I + 2Hg Gl. Suivant *Lassaigne*, le chlorure mercurique dissous dans une solution alcoolique d'iode jusqu'à ce que la liqueur soit devenue incolore, et abandonnée à l'évaporation spontanée, laisse déposer des cristaux aciculaires groupés concentriquement, qui sont ordinairement incolores, mais qui ont quelquefois une teinte rouge rose, contenant 2 $\frac{1}{2}$ pour cent d'iode. Ils ne paraissent être guère qu'un amas de cristaux du sel double précédent, avec un grand excès de chlorure mercurique.

Fluorures de mercure. 1. *Fluorure mercureux*, Hg F. On n'est pas certain d'avoir pu le produire. Si l'on mêle du calomel avec du fluorure sodique, et qu'on chauffe le mélange dans un matras de verre, on obtient un sublimé blanc, qui contient à la fois du chlore et du fluor. L'acide fluorhydrique ne trouble pas la dissolution du nitrate mercureux; et quand on évapore la liqueur, l'acide fluorhydrique se volatilise, et le nitrate cristallise sans avoir subi de changement.

2. *Fluorure mercurique*, Hg F. Quand on verse de l'acide fluorhydrique sur de l'oxyde mercurique, celui-ci se trouve converti en une poudre d'un jaune orangé clair, qui se dissout quand on ajoute de l'eau à la liqueur; en évaporant alors la dissolution, on obtient des cristaux prismatiques d'un jaune foncé, qui sont du fluorure mercurique. L'eau décompose le sel cristallisé en sel acide qui se dissout, et un sel basique insoluble qui est d'une belle couleur

jaune, et ressemble au soussulfate. La dissolution donne de nouveau des cristaux de sel neutre, lorsqu'on chasse l'excès d'acide par l'évaporation. Dans des vases de platine, le sel peut être sublimé en petits cristaux d'un jaune clair ; mais le platine est attaqué pendant l'expérience, et il se forme une masse brune qui se dissout en brun dans l'acide chlorhydrique, et donne, par l'ammoniaque caustique, un précipité brun. En chauffant ce précipité jusqu'au rouge, il se volatilise en laissant un faible résidu de platine ; il paraît constituer un sel double. Lorsqu'on sublime le sel mercurique dans un vase de verre, on obtient du mercure et du gaz fluoride silicique.

Fluorure sulfo-mercurique, $HgF + 2\dot{H}g$. C'est un précipité blanc, lourd, qui se produit quand on fait arriver du gaz sulfide hydrique dans une solution de fluorure mercurique. Par une forte dessiccation, il perd un peu d'eau et jaunit ; mais il redevient blanc quand on le met en contact avec de l'eau. Traité par de l'eau bouillante, il cède à celle-ci le fluorure, tandis que le sulfate reste en non-solution.

Fluorure ammonico-mercurique. Ce sel double est blanc, pulvérulent, insoluble dans l'eau.

Silico-fluorures de mercure. 1. *Fluorure silicico-mercureux*, $3HgF + 2SiF^3$. On l'obtient en faisant digérer l'oxyde mercureux récemment précipité, et encore humide, avec de l'acide fluorhydrosilicique, expérience pendant laquelle la couleur de l'oxyde mercureux passe au jaune de paille pâle. Une partie du sel se dissout dans l'acide libre, et, en évaporant la liqueur, on peut l'obtenir sous forme de petits cristaux. Il se dissout en petite quantité dans l'eau, même quand il ne contient point d'acide en excès. La dissolution a une faible saveur métallique, et est fortement précipitée par l'acide chlorhydrique.

2. *Fluorure silicico-mercurique*, $3HgF + 2SiF^3$. Il ne se dissout que dans un excès d'acide. Pendant l'évaporation de la liqueur, il cristallise en petites aiguilles légèrement jaunâtres. Il est décomposé par l'eau, qui dissout un sel acide, et sépare un sel avec excès de base, sous forme d'une poudre jaune. La dissolution acide, livrée à l'évaporation spontanée, forme un sirop qui ne cristallise qu'après avoir été évaporé à l'aide de la chaleur. Dans la distillation, il se dégage du gaz fluoride silicique, puis le verre est décomposé par le florure mercurique qui reste. Le sel basique

jaune, obtenu au moyen de l'eau, est noirci par l'ammoniaque; mais il reprend sa couleur primitive quand on y ajoute de l'eau.

Cyanure mercureux, Hg Cy. On ne l'a pu encore obtenir isolément.

Cyanure ferroso-mercurique, 2Hg Cy + Fe Cy. Il forme un précipité blanc, gélatineux, quand on traite une solution de cyanure ferroso-potassique par une solution de nitrate mercureux. Ce précipité prend, par la dessiccation, une couleur foncée; et, par la distillation sèche, il donne du mercure, du cyanogène, pendant qu'il reste du carbure de fer.

Cyanure mercurique, Hg Cy. On ne connaît pas, comme on vient de le dire, de cyanure mercureux. Quand on verse de l'acide cyanhydrique sur de l'oxyde mercureux, il se forme du cyanure mercurique, et il se sépare du mercure à l'état métallique. Voici comment on prépare le cyanure mercurique: On fait bouillir deux parties de bleu de Prusse de bonne qualité, réduit en poudre fine, avec une partie d'oxyde mercurique et huit parties d'eau, et on s'arrête quand le mélange est d'un brun clair. On le filtre alors, et on évapore la liqueur jusqu'au point de cristallisation. Dans cette circonstance, le mercure et le fer échangent entre eux le cyanogène et l'oxygène, le fer s'oxyde aux dépens de l'oxyde mercurique, et cède à ce dernier le cyanogène. La liqueur filtrée, qui contient le cyanure mercurique, n'est pas entièrement exempte de fer. On est obligé de la faire digérer avec un peu d'oxyde mercurique, qui précipite l'oxyde ferrique. On filtre ensuite la liqueur, et, pour la saturer complétement, on la mêle avec de l'acide cyanhydrique. Pour préparer l'acide cyanhydrique dont on a besoin à cet effet (on sait que cet acide ne se conserve pas longtemps), on fait passer un courant de gaz sulfide hydrique à travers la liqueur, qu'on a soin de remuer sans cesse, jusqu'à ce qu'elle commence à répandre l'odeur de l'acide cyanhydrique, et que cette odeur ne disparaisse plus quand on remue fortement la liqueur; on filtre alors la dissolution, et on l'évapore jusqu'au point de cristallisation. D'après *Liebig*, il n'est pas nécessaire d'employer ce détour, si on évapore au bain-marie, jusqu'à siccité, la dissolution obtenue par la digestion de l'oxyde mercurique avec le bleu de Prusse; alors le sel se dissout sans entraîner de fer, et quand on fait évaporer la liqueur, on obtient des cristaux de cyanure mercurique neutre et pur. *Winkler* indique, pour préparer le cyanure mercurique, la méthode suivante : On mêle 15 parties de cyanure ferroso-potassique, réduit en poudre, avec 13 parties d'acide sulfurique concentré, et 100 parties d'eau; on distille ce mélange jusqu'à siccité, après avoir mis 30 parties d'eau dans le récipient. On met à part une portion de l'acide cyanhydrique distillé, on mêle le restant avec 16 parties d'oxyde mercurique en poudre fine, et on remue jusqu'à ce que l'odeur de l'acide cyanhydrique ait entièrement disparu. Alors on décante, et on verse dans la liqueur la portion d'acide qui a été conservée; de cette manière, le sel basique qui a pu se former se trouve entièrement saturé. Cette opération donne 12 parties de cyanure mercurique, et, en traitant par l'eau le résidu qu'on trouve dans la cornue, on obtient encore 5 parties de bleu de Prusse pur. *Bette* indique le procédé suivant pour préparer le cyanure mercurique : On met dans un flacon 2 ½ onces d'oxyde mercurique en poudre fine, et une quantité d'eau suffisante ; puis on y fait passer de l'acide cyanhydrique provenant de la distillation de 6 onces de cyanure ferroso-potassique avec 6 onces d'acide sulfurique, étendu de 12 onces d'eau. On obtient, par là, 5 onces de cyanure mercurique cristallisé, d'un blanc de neige.

Le cyanure mercurique cristallise en prismes à base rectangulaire, qui sont tantôt transparents, tantôt opaques, et qui ne renferment point d'eau de cristallisation. Ce sel est décomposé par l'action de la chaleur; il se dégage lentement du gaz cyanogène, et le mercure est réduit, ainsi que je l'ai dit en parlant de la préparation du cyanogène. Il est peu soluble dans l'alcool, mais se dissout facilement dans l'eau, et en quantité beaucoup plus grande dans l'eau bouillante que dans l'eau froide. Il a tout à fait la saveur qui caractérise les sels mercuriques, et, pris à l'intérieur, il produit les mêmes effets d'intoxication. Si l'on remplit une cloche, sur du mercure, de gaz acide cyanhydrique, qu'on a préalablement mêlé avec un autre gaz pour éviter que l'action ne devienne trop violente, et qu'on introduise ensuite un peu d'oxyde mercurique dans la cloche, le mercure se combine de suite avec le cyanogène : l'oxygène de l'oxyde et l'hydrogène de l'acide donnent naissance à de l'eau, laquelle est volatilisée par la chaleur dégagée pendant la combinaison des deux corps, et se condense en gouttelettes sur les parois de la cloche. L'affinité du cyanogène pour le mercure est si forte, que l'oxyde mercurique décompose tous les cyanures, même celui de potassium, et met en liberté de la potasse caustique. A l'exception du sulfide hydrique et des acides iodhydrique et chlorhydrique, aucun acide ne décompose le cyanure mercurique. L'acide nitrique le dissout sans le décomposer. Si on verse de l'acide sulfurique concentré sur ce sel, il se gonfle et se transforme en une masse semblable à de la colle d'amidon qui répand une faible odeur d'acide cyanhydrique, et produit, quand on le chauffe, du sulfate mercurique : dans cette circonstance, le cyanogène est décomposé aux dépens de l'acide, avec production d'ammoniaque, de gaz acide sulfureux et de gaz acide carbonique. Si l'on mêle la matière semblable à de la colle avec un excès d'acide sulfurique, une petite portion se dissout dans l'acide ; en versant alors de l'eau dans la dissolution, celle-ci se trouble ; mais elle redevient limpide quand on y ajoute une plus grande quantité d'eau. Voici l'explication de ce phénomène : le cyanure mercurique forme avec l'acide sulfurique un sel qui se dissout dans l'acide sulfurique concentré, mais se précipite quand on étend celui-ci d'eau ; par une plus grande quantité d'eau, ce sel est décomposé, et le cyanure mercurique se dissout dans l'eau.

Cyanure mercurique monobasique, $Hg\,Cy + \dot{H}g$. On l'obtient en mêlant ensemble atomes égaux de cyanure et d'oxyde mercuriques, et dissolvant le mélange dans l'eau bouillante ; par le refroidissement de la liqueur, le sel peu soluble se dépose en cristaux. Il a la propriété de se décomposer avec explosion, par l'application d'une chaleur forte et brusque.

Cyanure mercurique tribasique, $Hg\,Cy + 3\dot{H}g$. Il se produit quand on fait digérer une solution de cyanure mercurique avec de l'oxyde mercurique, qui se dissout ainsi en grande quantité. D'après *Kühn*, 1 atome de cyanure mercurique absorbe 3 atomes d'oxyde. La dissolution a une réaction alcaline ; par l'évaporation, elle dépose de petits cristaux aciculaires. En distillation, le sel donne de l'acide cyanhydrique, de l'eau, du cyanure ammonique, et du gaz carbonique.

Cyanure mercurico-ammoniacal. D'après *H. Rose*, on l'obtient en laissant le cyanure mercurique absorber du gaz ammoniac. Il est soluble dans l'eau. Exposé à l'air ou à une douce chaleur, il abandonne l'ammoniaque.

Sels doubles formés par le cyanure mercurique. Le cyanure mercurique forme des sels doubles avec d'autres cyanures. Ceux qui sont formés par les radicaux des alcalis et des terres alcalines sont solubles dans l'eau, et cristallisables; les autres sont à l'état de précipités. Ces cyanures doubles sont décomposés par l'acide chlorhydrique, avec dégagement d'acide cyanhydrique. Les oxacides les décomposent aussi : le cyanure mercurique reste intact, et il se dégage de l'acide cyanhydrique provenant de la décomposition de l'autre cyanure. Les cyanures doubles pourront avoir, comme précipitants, des usages multipliés dans la chimie analytique, lorsqu'on en aura fait une étude approfondie; car, dans les précipités qu'ils forment avec les sels métalliques et terreux, le cyanure mercurique est détruit par la calcination, et se volatilise. L'usage des cyanures doubles de fer, qu'on employait autrefois souvent pour les analyses, a été abandonné, parce que l'oxyde ferrique resté, après la calcination, constamment uni au corps précipité par le cyanure double.

Cyanure mercurico-potassique, K Ɇy + Hg Ɇy. On l'obtient en dissolvant du cyanure mercurique dans du cyanure potassique, et évaporant la liqueur. Le sel cristallise en octaèdres blancs et transparents. Soumis à l'action de la chaleur, il décrépite fortement, se fond en un liquide brun, et donne du gaz cyanogène et du mercure. A une température moyenne, 100 parties d'eau dissolvent 23 parties de sel. Il est aussi un peu soluble dans l'alcool. Il ne renferme pas d'eau, et n'est pas décomposé par l'hydrate potassique.

Le *cyanure mercurico-sodique* cristallise également en octaèdres.

Le *sel ammonique* n'a pas encore été examiné.

Le *cyanure mercurico-potassique* cristallise en octaèdres à sommets obtus. 100 parties d'eau dissolvent, à une température moyenne, 17 parties de sel. Il est aussi un peu soluble dans l'alcool, et renferme, suivant *Jackson*, environ 18 pour cent d'eau de cristallisation.

Cyanure mercurico-strontique. Il cristallise en prismes quadrilatères; il est à peu près aussi soluble que le sel précédent.

Le *cyanure mercurico-calcique* et le *cyanure mercurico-magnésique* cristallisent l'un et l'autre en octaèdres; les cristaux du premier cristallisent par la chaleur.

La solution de ces sels donne, avec les *sels ferreux*, un précipité jaune brun, qui verdit à l'air. Dans les sels de *zinc*, de *plomb* et d'*argent*, elle produit un précipité blanc, et dans les *sels cuivriques*, un précipité jaune qui verdit à l'air.

Cyanure mercurique avec cyanure ferroso-potassique, $3Hg\,\overline{Cy} + (2K\,\overline{Cy} + Fe\,\overline{Cy}) + 4\dot{\overline{H}}$. Ce composé cristallise, suivant *Kane*, par l'évaporation d'une solution formée de 2 parties de cyanure mercurique et de 1 partie de cyanure ferroso-potassique. Les cristaux ressemblent parfaitement à ceux du cyanure ferroso-potassique; ils perdent, par la chaleur, de l'eau de cristallisation, et deviennent blancs.

Sels doubles de cyanure mercurique avec d'autres sels. Le cyanure mercurique a, en général, beaucoup de tendance à former des sels doubles, en se combinant non-seulement avec d'autres cyanures, mais encore avec des chlorures, des bromures, des iodures, et même avec des oxysels. Jusqu'ici on n'en connaît qu'un petit nombre, et c'est au hasard qu'on en doit la découverte. Il est probable qu'on réussirait facilement à en produire un grand nombre, en faisant de cette recherche l'objet d'un travail spécial. Je vais décrire en peu de mots le petit nombre de ces combinaisons qu'on a observées jusqu'à ce jour.

Cyanure mercurique et *chlorure potassique*, $Hg\,\overline{Cy} + K\,\overline{Cl} + \dot{\overline{H}}$. D'après *Desfosses*, on l'obtient sous la forme de paillettes blanches, en dissolvant une partie de cyanure potassique avec 3 parties de chlorure mercurique dans l'eau, et en faisant évaporer la liqueur. On peut le préparer aussi en mêlant directement les deux sels simples. Il contient ordinairement un sel double de cyanure mercurique et de formiate potassique, qui se produit en même temps que lui, et auquel il faut attribuer la présence du carbonate potassique dans le chlorure potassique qui reste quand on décompose le sel par la calcination.

Les sels suivants ont été préparés par *Butt :*

Cyanure mercurique uni au chlorure sodique, $Hg\,\overline{Cy} + Na\,\overline{Cl}$. Il cristallise en prismes quadrilatères à éclat soyeux, qui sont surtout beaux quand ils se déposent dans une solution alcoolique.

Cyanure mercurique uni au chlorure ammonique, $Hg\,\overline{Cy} + NH^4\,\overline{Cl}$. Il cristallise comme le sel précédent, et est soluble dans l'alcool.

Les *sels doubles*, formés avec les *chlorures barytique*, *stron-*

tique, *calcique* et *magnésique*, ont tous une composition et une forme cristalline semblable. Ils se dissolvent dans l'alcool. Les sels calcique et magnésique ne sont pas déliquescents comme à l'état simple.

Cyanure mercurique avec bromures. Ces combinaisons ont été décrites par *Berthemot.* On les obtient en mêlant les dissolutions, et en faisant évaporer le mélange. *Cyano-mercurate de bromure potassique*, $\mathrm{KBr} + 2\mathrm{HgCy} + 4\dot{\mathrm{H}}$. Il cristallise au sein d'une dissolution saturée à chaud, en écailles larges, minces, nacrées. Il est légèrement soluble dans l'alcool. L'acide nitrique le transforme en nitrate potassique, en bromure mercurique et en acide cyanhydrique. Le *sel sodique*, $\mathrm{NaBr} + 2\mathrm{HgCy} + 3\dot{\mathrm{H}}$, est très-soluble dans l'eau, dans laquelle il cristallise en aiguilles minces et argentines, qui perdent leur transparence à l'air. L'alcool le dissout. Le *sel barytique*, $\mathrm{BaBr} + 2\mathrm{HgCy} + 6\dot{\mathrm{H}}$, cristallise en feuilles minces, rectangulaires, solubles dans l'eau et dans l'alcool. Le *sel strontique*, $\mathrm{SrBr} + 2\mathrm{HgCy} + 6\dot{\mathrm{H}}$, forme des feuilles rhomboïdales, solubles dans l'eau et dans l'alcool. Il s'effleurit à l'air sans perdre sa forme.

Le *cyanure mercurique* et l'*iodure potassique* forment, en se combinant, un sel double, peu soluble dans l'eau, qu'on obtient en mêlant des dissolutions saturées des deux sels. Il se précipite en paillettes brillantes, qui jouissent, après la dessiccation, d'un éclat semblable à celui de l'argent poli. Ces cristaux deviennent plus volumineux quand on mêle les dissolutions à chaud, mais plus beaux, quoique plus petits, quand on verse la dissolution aqueuse du cyanure peu à peu dans une dissolution de l'iodure dans l'alcool. Ce sel se dissout dans 16 parties d'eau froide, et dans 96 parties d'alcool froid. D'après *Liebig*, sa composition peut s'exprimer par la formule $\mathrm{KI} + 2\mathrm{HgCy}$.

Cyanure mercurique et *chromate potassique.* Quand on évapore une dissolution mixte de ces deux sels, ils se combinent pour donner naissance à un sel double, qui forme des cristaux lamelleux, longitudinaux, jaunes, inaltérables à l'air, et très-solubles dans l'eau. Si l'on chauffe ce sel, il prend feu et brûle. Les acides forts en dégagent de l'acide cyanhydrique. Il n'est pas décomposé par les alcalis, mais par les sels terreux et métalliques, qui en précipitent des chromates. Le chromate potassique est le seul chromate qu'on soit parvenu à combiner avec le cyanure mercurique.

Cyanure mercurique avec formiate potassique, $\dot{K}\dddot{F}o + HgCy$. D'après *Winkler*, on obtient ce sel double en dissolvant dans l'eau deux parties de formiate potassique et trois parties de cyanure mercurique, et évaporant la dissolution à une douce chaleur. Le sel double se dépose en paillettes à éclat vitré. Il est très-soluble dans l'eau, et facile à réduire en poudre.

Rhodanures de mercure. 1. *Rhodanure mercureux*, $HgC^2N^2S^2$. On obtient ce sel en chauffant la dissolution du sel suivant avec un excès d'oxyde mercurique; le sulfocyanure mercureux se dépose alors sous forme d'une poudre d'un jaune citron, nullement cristalline, et insoluble dans l'eau. On peut aussi préparer ce sel en mêlant du cyanure mercurique avec $\frac{1}{5}$ de son poids de soufre en petits morceaux, et distillant le mélange à une chaleur peu à peu croissante. Si la masse a été mêlée intimement, elle se boursoufle si fortement pendant la décomposition, que l'ouverture du vase en est obstruée. Dans cette circonstance, la moitié du cyanogène se combine avec du soufre et du mercure, pour donner naissance à du rhodanure, tandis que l'autre moitié est en partie chassée, en partie décomposée par le soufre, et transformée en sulfide carbonique et en gaz nitrogène. Tout le soufre étant distillé, le rhodanure reste dans la cornue. A une température plus élevée que celle où le soufre distille, le rhodanure se décompose, et donne du cinabre et du gaz cyanogène. Quand on expose une petite quantité de ce sel à une température subitement élevée, par exemple, dans un tube de verre fermé par un bout, une partie se sublime sans altération en une masse cristalline, demi-transparente, d'un jaune citron. Lorsqu'on fait bouillir le rhodanure mercureux avec de l'acide chlorhydrique concentré, une petite portion du sel se dissout, mais elle se précipite quand on ajoute de l'eau à la liqueur. L'eau régale ne l'attaque pas, à moins qu'elle ne soit préparée avec des acides concentrés, cas dans lequel le sel se décompose lentement; et quand on ajoute de l'eau à l'acide avec lequel on l'a fait bouillir pendant quelque temps, il se précipite constamment une portion de rhodanure non décomposé. Cette indifférence, si j'ose m'exprimer ainsi, envers des acides qui possèdent à un si haut degré le pouvoir d'oxyder les corps, est très-remarquable, en ce que chacun des constituants de ce sel, pris isolément, serait oxydé dans les mêmes circonstances. *Wöhler* dit qu'en mêlant du nitrate mercureux avec du rhodanure potassique, on obtient un précipité blanc, qui est décomposé avec formation d'acide rhodanhydrique, tant par l'hydrogène sulfuré que par l'acide chlorhydrique même gazeux. Lorsqu'on le chauffe après l'avoir desséché, il se boursoufle subitement, développe du gaz nitrogène et des vapeurs de sulfide carbonique et de mercure, et laisse une masse volumineuse, semblable à une écume, et composée de paillettes analogues au graphite : cette masse, qui contient encore du cyanogène, n'est attaquée ni par la potasse en ébullition, ni par la plupart des acides ; chauffée plus fortement, elle se transforme en cinabre.

2. *Rhodanure mercurique*, $HgC^2N^2S^2$. On l'obtient en neutralisant l'acide cyanhydrique par l'oxyde mercurique, et abandonnant la dissolution à l'évaporation spontanée. Le sel cristallise très-lentement en cristaux rayonnés, qui ont une saveur âcre et métallique. Dans la distillation il est détruit, et son sulfocyanogène, qu'il abandonne à la première impression de chaleur, est décomposé aux dépens de l'eau qui entre dans la composition des cristaux. Il se forme alors du carbonate ammonique, du gaz nitrogène, du sulfide carbonique et du gaz cyanogène, et il reste dans la cornue un corps jaune ou brunâtre, qui est du rhodanure mercureux.

Sels doubles de rhodanure mercurique. E. Böckmann a montré que le rhodanure mercurique s'unit à d'autres rhodanures pour former des sels doubles qu'on obtient cristallisés par le mélange des sels simples et l'évaporation de la liqueur. Ils sont tous formés de 2 atomes de rhodanure mercurique et de 1 atome de rhodadure additionné.

Le *sel potassique* cristallise en lames larges incolores ou en longues aiguilles. Il se dissout dans l'alcool bouillant, et y cristallise en aiguilles par le refroidissement. Il se produit aussi, d'après *Claus*, quand on mêle le rhodanure potassique dans l'eau très-exactement avec du chlorure mercureux. Le mélange noircit, le chlorure se décompose, et il se sépare du mercure mêlé d'un excès de chlorure mercureux employé. La liqueur filtrée, soumise à l'évaporation, donne d'abord le sel double, puis le chlorure potassique. La dissolution du sel double, traitée par l'ammoniaque, donne un précipité jaune pulvérulent, qui est du *rhodanure mercurique bibasique*, $= HgC^2N^2S^2 + 2\dot{H}g$. Chauffé à $+ 180^o$, il se décompose avec détonation; et il reste du mellan pour résidu.

Les sels de *baryum* et de *calcium* cristallisent en lames ou en écailles brillantes. Le sel *magnésique* se précipite sous forme d'une poudre blanche, cristalline.

B. *Oxysels de mercure.*

a. *Sels à base d'oxyde mercureux.*

Sulfate mercureux, $\dot{H}g\dddot{S}$. On l'obtient en chauffant une partie de mercure avec une partie et demie d'acide sulfurique concentré, jusqu'à ce que le mercure se dissolve avec dégagement de gaz acide sulfureux, et en interrompant la digestion au moment où tout le mercure est converti en une poudre blanche. Dans cette expérience, il faut se garder d'élever la température jusqu'au point d'ébullition de l'acide, parce qu'il se formerait une certaine quantité de sel mercurique. On lave la masse saline avec un peu d'eau froide, jusqu'à ce que l'eau de lavage n'ait plus de saveur acide. Le sulfate mercureux se dissout difficilement dans l'eau; il exige, pour sa dissolution, 500 parties d'eau froide et 300 parties d'eau bouillante, et cristallise en prismes. Suivant *Mohr*, on obtient ce sel sublimé quand on décompose l'oxysel par la calcination dans un vase distillatoire. On l'obtient cristallisé par la voie humide, en le dissolvant jusqu'à refus dans l'acide sulfurique étendu bouillant : il cristallise par le refroidissement. Les alcalis caustiques font naître, dans la dissolution bouillante du sulfate mercureux, un précipité gris de soussulfate; si l'on met un excès d'alcali, on obtient de l'oxyde mercureux pur.

Sulfate amido-mercureux, $\dot{H}g\dddot{S} + HgNH^2$. On l'obtient, d'après *Kane*, en traitant le sulfate mercureux neutre en poudre par l'ammoniaque caustique. On extrait la moitié de l'acide du sel en l'unissant à l'ammoniaque, pendant que l'oxygène de l'oxyde mercureux séparé se combine avec 1 équivalent d'hydrogène pour former de l'eau; et le mercure s'unit à l'amide ainsi produit, qui, avec 1 atome de sel, donne naissance à la combinaison nouvelle, qui est d'un gris foncé. Lorsqu'on chauffe le sel doucement avec de l'ammoniaque caustique, la décomposition pénètre encore plus en avant, et au composé amidé s'ajoutent encore 2 atomes d'oxyde mercureux $=(\dot{\overline{Hg}}\dddot{S} + \overline{Hg}NH^2) + 2\dot{\overline{Hg}}$.

Sulfite mercureux. Ce sel ne paraît pas exister : l'acide sulfureux forme du sulfate mercureux avec l'oxyde mercurique ; et quand on ajoute à ce sel une plus grande quantité d'acide sulfureux, l'oxyde mercureux est réduit à l'état métallique. La même chose arrive quand on traite un sel mercureux par l'hyposulfite potassique ; il se forme instantanément du sulfure de mercure. Quand même la liqueur ne contient qu'un cent millième de nitrate mercureux, elle prend une couleur brune, provenant du sulfure de mercure qui se forme dès qu'on y ajoute de l'hyposulfite.

Dithionate (hyposulfate) *mercureux*, $\dot{\overline{Hg}}\overset{\cdot\cdot\cdot\cdot\cdot}{\overline{S}}$. On le prépare, suivant *Rammelsberg*, en dissolvant de l'oxyde mercureux récemment précipité dans l'acide dithionique et évaporant la solution à une douce chaleur. Il forme des cristaux blancs irréguliers. Il est très-peu soluble dans l'eau ; il noircit et se décompose quand on l'y fait bouillir. Il se dissout facilement dans l'acide nitrique. Par la distillation sèche, il donne du mercure, de l'acide sulfureux libre et du sulfate mercurique.

Dithionite (hyposulfite) *mercureux*. On ne le connaît qu'à l'état de sel double, qu'il forme avec le dithionite cuivreux. Ce composé a été découvert et analysé par *Rammelsberg*. On l'obtient en mêlant une dissolution de dithionite mercurico-potassique avec du sulfate cuivrique. Le mélange reste d'abord limpide ; mais peu à peu il laisse déposer un précipité rouge, qu'on peut laver et dessécher : il se compose de $3\dot{\overline{Hg}}\ddot{\overline{S}} + 5\dot{\overline{Cu}}\ddot{\overline{S}}$. Bouilli avec de l'eau, il se décompose, tandis qu'il se dissout de l'acide sulfurique dans la liqueur. La partie non dissoute est noire. L'acide nitrique est ainsi décomposé : il se dégage du gaz oxyde nitrique, et il se dissout du nitrate cuivrique dans la liqueur. Le sulfate mercurique, ainsi que le soussulfate et le nitrate cuivriques, restent non dissous.

Nitrates de mercure. a. Nitrate neutre, $\dot{\overline{Hg}}\overset{\cdot\cdot\cdot\cdot\cdot}{\overline{N}}$. D'après *Mitscherlich* le jeune, on l'obtient en dissolvant du mercure dans un excès d'acide nitrique froid, ou en dissolvant dans de l'acide nitrique le sel basique cristallisé suivant. Il se dépose facilement en cristaux incolores. Chauffé avec une petite quantité d'eau, il s'y dissout, sans subir de décomposition ; par une grande quantité d'eau, au contraire, il est décomposé en sel acide soluble et en sel basique insoluble, décomposition qui n'a pas lieu quand la liqueur renferme un peu d'acide libre. Ce sel contient, d'après *Mitscherlich* le jeune, 6,37 pour cent ou 2 atomes d'eau.

b. Sousnitrate mercureux, $\dot{\mathrm{Hg}}^3\overset{\cdot\cdot\cdot\cdot\cdot}{\mathrm{N}}^2$ ($=2\dot{\mathrm{Hg}}\overset{\cdot\cdot\cdot\cdot\cdot}{\mathrm{N}}+\dot{\mathrm{Hg}}$). On l'obtient, soit en traitant, à la température ordinaire, une grande quantité de mercure par l'acide nitrique étendu, cas dans lequel il se forme d'abord du sel neutre, soit en chauffant l'oxyde mercureux avec la dissolution du sel neutre. Il cristallise facilement en gros prismes transparents. Chauffé avec peu d'eau, il s'y dissout; beaucoup d'eau le décompose. Il contient 3,52 pour cent ou 3 atomes d'eau. L'oxygène de l'oxyde est à celui de l'acide comme 3 : 10, ou comme 1 $\frac{1}{2}$: 5. Ce sel a été découvert par *Mitscherlich* le jeune.

Nitrate monobasique, $\dot{\bar{\mathrm{Hg}}}\overset{\cdot\cdot\cdot\cdot\cdot}{\mathrm{N}}+\dot{\bar{\mathrm{Hg}}}$. Une solution de mercure faite à chaud dans l'acide nitrique, saturé presque entièrement d'oxyde mercureux, laisse, par le refroidissement, déposer de petits cristaux jaunes sur les parois du verre; ces cristaux sont le sel en question, combiné avec 1 atome ou 1,86 pour cent d'eau. On obtient le même composé en épuisant les sels précédents en poudre par l'eau tiède, jusqu'à ce que le liquide qui passe ne présente plus de réaction acide. L'eau bouillante produit le même effet; mais, dans les deux cas, la préparation est moins certaine : dans le premier cas, parce qu'il se sépare de l'oxyde mercureux, et, dans le dernier cas, parce que le sel mercureux tend à se séparer du mercure à chaud, et à former un sel mercurique. La poudre lavée est jaune citron, et a la même composition que les cristaux. On ne connaît pas encore de soussel contenant un plus grand excès d'oxyde mercureux.

Sousnitrate mercureux ammoniacal, $\dot{\bar{\mathrm{Hg}}}\overset{\cdot\cdot\cdot\cdot\cdot}{\mathrm{N}}+\dot{\bar{\mathrm{Hg}}}\,\mathrm{NH}^3$. Il forme un précipité lourd, noir fuligineux, lorsqu'on traite une solution de sel neutre par l'ammoniaque caustique. On le connaît, dans les officines, sous le nom de *mercure soluble d'Hahnemann*. La détermination de la composition exacte de ce sel a été l'objet des recherches de plusieurs chimistes, qui ne se sont pas toujours accordés entre eux; enfin on s'est arrêté à la formule indiquée, comme étant la plus probable. Le nitrate mercureux partage ici la propriété de plusieurs autres sels métalliques, par exemple, des sels cuivriques, de donner, par la précipitation au moyen d'un alcali pur, un soussel saturé à un certain degré, jusqu'à ce qu'il se soit produit assez de sel de la base alcaline pour former un sel double avec une autre partie du sel métallique : ce sel double a une plus grande affinité que le sel métallique simple, et, par l'addition d'une plus grande quantité d'alcali, il laisse précipiter un sel plus basique. La même chose a lieu quand on précipite le nitrate mercureux par l'ammoniaque ; mais la grande tendance qu'ont les sels de mercure à se charger d'ammoniaque fait qu'une partie du précipitant s'unit au soussel précipité. D'après le calcul, cette action devrait continuer jusqu'à ce que la moitié du sel mercureux fût précipitée. Mais comme le sel neutre n'est pas assez soluble dans l'eau, et qu'il reste dans la liqueur de l'acide nitrique libre, souvent en proportion variable, dont la présence fait atteindre plus tôt le degré où se forme le sel double, on obtient, avec une même quantité de sel dissous, des quantités différentes de précipité noir. Pour obtenir ce précipité noir exempt de mélange, il faut employer la solution acide aussi saturée que possible de sel neutre, et n'y ajouter que le quart de l'ammoniaque nécessaire à la précipitation complète. Il faut, en outre, se servir d'une solution très-étendue, et y ajouter l'ammoniaque très-étendue, par petites portions, et en agitant continuellement la liqueur. Le précipité ainsi obtenu doit être lourd et d'un noir pur ; on le lave bien à l'eau froide, et on le dessèche à une douce chaleur. L'acide nitrique le dissout facilement, et l'acide chlorhydrique le change en chlorure mercureux, pendant que l'acide nitrique et l'ammonique se dissolvent dans la liqueur. L'acide chlorhydrique concentré en dégage du gaz oxyde nitrique, en même temps qu'il dissout du chlorure mercurique et du chlorure ammonique. *Hahnemann* en introduisit l'usage en médecine, en l'appelant *mercure soluble*, supposant que ce produit se dissolvait plus facilement dans les liquides de l'économie que les autres préparations mercurielles.

En séparant de ce précipité la liqueur filtrée, et continuant à y ajouter de l'ammoniaque par petites portions, on voit que le précipité qu'on obtient d'abord est encore noir, et la même combinaison qu'on avait laissée non précipitée pour avoir la partie séparée sans mélange. En séparant successivement les précipités, en petites quantités, par le filtre, on trouve que le précipité noir cesse bientôt, et qu'il est suivi d'un précipité gris, et enfin d'un précipité tout blanc. *Kane*, qui s'est occupé de ce sujet, a trouvé que dans ces précipités le mercure augmente continuellement de quantité; de telle sorte que dans le noir il est de 82,3 pour cent, dans le gris foncé de 86,7, et dans le gris clair de 88,97 pour cent. Ces précipités ne sont pas des combinaisons à proportions définies, mais de simples mélanges. Le précipité gris doit sa couleur à du mercure très-divisé, provenant de ce que le nitrate ammonique (dont il s'est formé une certaine quantité) dispose le sel double mercureux à passer à l'état de sel double mercurique; le précipité gris est donc un mélange de mercure très-divisé, en combinaison avec un soussel mercurique ammoniacal; enfin, après que tout le mercure a été précipité, ce soussel forme seul le précipité blanc. — Nous avons vu dans le tome II, page 497, qu'on peut obtenir de l'oxyde mercureux pur en traitant le nitrate mercureux par l'ammoniaque caustique, mais que pour cela il faut verser la solution du nitrate dans de l'ammoniaque caustique concentrée, et mêlée d'alcool: celui-ci s'oppose tout à fait à la formation du sel double, et au changement que ce sel occasionne dans les affinités.

Nitrite mercureux. Il est encore inconnu à l'état neutre. Le sel *basique* prend naissance quand on fait bouillir pendant longtemps le nitrate mercureux avec un excès de mercure; la liqueur devient alors graduellement d'un jaune foncé. On obtient la même combinaison lorsqu'on expose le nitrate mercureux à une douce chaleur, ou qu'on fait fondre ce sel sur du mercure, en appliquant la chaleur avec précaution. Le sel basique forme une poudre jaune citron, peu soluble dans l'eau.

Phosphate mercureux, $\dot{\overline{Hg}}^2\overset{\cdot\cdot\cdot\cdot\cdot}{P}$. Il se précipite sous forme d'une poudre blanche, cristalline, insoluble dans un excès d'acide phosphorique. Exposé à l'action de la chaleur, il est décomposé, et donne pour résidu de l'acide phosphorique contenant très-peu de mercure.

Phosphate mercureux. On l'obtient comme le précédent; c'est un précipité blanc qui, d'après *Stromeyer* et *H. Rose*, est soluble dans le phosphate sodique. Suivant *L. Gmelin*, il n'y est pas soluble. On ignore la cause de la différence de ces expériences.

Phosphites de mercure. Ces sels n'existent pas, car l'acide phosphoreux décompose non-seulement les oxydes, mais tous les sels de mercure, et en sépare le mercure sous forme métallique.

Perchlorate mercureux, $\overset{\cdot}{\text{Hg}}\overset{\cdot\cdot\cdot\cdot\cdot\cdot\cdot}{\text{Cl}}$. Il cristallise en petites aiguilles réunies autour d'un centre commun ; l'air ne lui fait pas éprouver d'altération.

Chlorate mercureux, $\overset{\cdot}{\text{Hg}}\overset{\cdot\cdot\cdot\cdot\cdot}{\text{Cl}}$. On le prépare en dissolvant l'oxyde mercureux dans l'acide chlorique. La solution, évaporée dans le dessiccateur, donne, suivant *Wächter*, de longs cristaux prismatiques, qui perdent à l'air leur transparence et leur éclat, bien qu'ils ne contiennent pas d'eau de cristallisation. Tant que le sel possède sa transparence, il est assez soluble dans l'alcool aussi bien que dans l'eau; mais le sel opaque y laisse un résidu qui noircit par l'ébullition. Traitée par le sel marin, la solution donne un précipité de chlorure mercureux. Chauffé lentement, le sel perd, à + 250°, de l'oxygène, et se change en souschlorate qui donne, à + 295 et + 300°, un sublimé de chlorure mercurique neutre, pendant qu'il reste de l'oxyde mercurique. Chauffé brusquement, il se décompose tout à coup, et il s'en dégage du chlore. Ce sel s'obtient sous une autre modification, qu'avait déjà observée *Vauquelin*, lorsqu'on évapore la solution chlorique de l'oxyde mercureux, jusqu'à siccité, dans un bain d'eau. Il reste alors non dissous, après qu'on a épuisé le résidu par l'eau pour en extraire tout ce qui est soluble. C'est une poudre cristalline qui a la composition exacte du sel neutre. Il est insoluble dans l'eau, et soluble dans l'acide acétique. L'eau qui a été en contact avec le produit laisse, par l'évaporation, déposer d'abord une masse mamelonnée et du chlorure mercureux, puis des cristaux de souschlorate mercurique. Mêlé avec des corps combustibles, le chlorate mercureux détone, sous le choc, plus violemment que le chlorate potassique.

Chlorate monobasique, $\overset{\cdot}{\text{Hg}}\overset{\cdot\cdot\cdot\cdot\cdot}{\text{Cl}} + \overset{\cdot}{\text{Hg}}$. On l'obtient en faisant bouillir dans l'eau la modification peu soluble du chlorate mercurique neutre. Il reste insoluble sous forme de grains cristallins d'un jaune clair.

Bromate mercureux, $\overset{\cdot}{\text{Hg}}\overset{\cdot\cdot\cdot\cdot\cdot}{\text{Br}}$. On l'obtient, suivant *Rammelsberg*, sous forme de lamelles cristallines brillantes, en dissolvant l'oxyde mercureux dans un faible excès d'acide bromique, et évaporant doucement la liqueur : par la saturation de l'acide, le sel se précipite à l'état pulvérulent. Chauffé brusquement, il se décompose avec une faible détonation.

Bromate monobasique, $\dot{\bar{\text{H}}}\text{g}\,\overset{\cdots}{\bar{\text{B}}}\text{r} + \dot{\bar{\text{H}}}\text{g}$. Il se produit quand on fait bouillir le bromate neutre dans l'eau, C'est une poudre jaune cristalline.

Iodate mercureux, $\dot{\bar{\text{H}}}\text{g}\,\overset{\cdots}{\bar{\text{I}}}$. Il est blanc, et ne se dissout pas dans l'eau.

Carbonate mercureux, $\dot{\bar{\text{H}}}\text{g}\,\ddot{\text{C}}$. On l'obtient en versant goutte à goutte du nitrate mercureux dans une solution de bicarbonate potassique; on laisse le précipité quelque temps dans la liqueur alcaline, afin de décomposer ce qui aurait pu avoir été en même temps précipité à l'état de soussel; puis on le recueille sur un filtre, on le lave, on le presse, et on le dessèche dans le vide sur l'acide sulfurique. Si l'on emploie du carbonate potassique neutre, il enlève de l'acide carbonique au précipité, qui noircit par de l'oxyde mercureux devenu libre. Le sel est blanc ou légèrement jaunâtre. Il se décompose peu à peu à l'air, perd de l'acide carbonique, devient gris foncé, tacheté de rouge, et se convertit en un mélange de mercure métallique et de souscarbonate mercurique.

Oxalate mercureux, $\dot{\bar{\text{H}}}\text{g}\,\overset{\cdots}{\bar{\text{C}}}$. On l'obtient en précipitant le nitrate mercureux par un oxalate alcalin. C'est une poudre blanche, presque insoluble dans l'eau, qui se décompose avec une légère explosion quand on la chauffe, ou qu'on la soumet à une faible percussion. Il prend une couleur grise lorsque, à l'état humide, il est frappé par la lumière directe du soleil.

Oxalate amido-mercureux avec oxyde mercureux $(\dot{\bar{\text{H}}}\text{g}\,\overset{\cdots}{\bar{\text{C}}} + \bar{\text{H}}\text{g}\,\text{N}\bar{\text{H}}^{2}) + 2\dot{\bar{\text{H}}}\text{g}$. Il se produit quand on traite l'oxalate neutre par l'ammoniaque caustique, C'est une poudre noire, insoluble.

Oxalate mercuroso-potassique, $\dot{\text{K}}\overset{\cdots}{\bar{\text{C}}} + \dot{\bar{\text{H}}}\text{g}\,\overset{\cdots}{\bar{\text{C}}}$. On le prépare en dissolvant, par une douce digestion, l'oxalate mercureux récemment précipité et bien lavé dans une solution d'oxalate potassique, ou en faisant digérer le bioxalate potassique avec de l'oxyde mercureux : il est cependant difficile de saturer ainsi complétement l'acide libre. Par l'évaporation de la liqueur, le sel cristallise en prismes à quatre pans, rhomboïdaux, incolores; il se dissout facilement dans l'eau sans se décomposer, et peut être ainsi cristallisé de nouveau. Il est insoluble dans l'alcool.

Rhodicate mercureux. Par voie de double décomposition, il forme un précipité rouge kermès; mais il ne tarde pas à brunir, puis à jaunir. Il est insoluble dans l'eau et dans l'alcool.

Croconate mercureux, $\dot{H}g\,C^5O^4$. C'est un précipité jaune, insoluble.

Borate mercureux. On ne peut pas l'obtenir par voie humide. L'acide borique ne dissout pas l'oxyde mercureux; et lorsqu'on traite le nitrate mercureux par un borate, il ne se précipite qu'un sousnitrate, pendant que l'acide borique reste dans la liqueur sous forme d'un sel à grand excès d'acide.

Formiate mercureux, $\dot{H}g\,\dddot{F}$. D'après les recherches de *Goebel*, l'acide formique dissout l'oxyde mercurique quand on mêle bien ces corps, et que l'acide n'est pas en excès; la dissolution contient un sel mercurique qu'on ne peut obtenir à l'état solide, et qui ne tarde pas à se décomposer, même au sein de la liqueur, en gaz acide carbonique et en formiate mercureux, dont le premier se dégage, et dont le second se précipite sous la forme d'écailles cristallines qui remplissent toute la liqueur. La liqueur acide exprimée de ces cristaux peut servir à préparer une nouvelle quantité de sel mercureux. La transformation en sel mercureux se fait plus rapidement, si on soumet la liqueur à l'action d'une douce chaleur, jusqu'à ce qu'il commence à se dégager du gaz acide carbonique. Suivant *Harff*, on obtient ce sel en dissolvant l'oxyde mercureux dans l'acide formique concentré, de 1,08 poids spécifique, et, après une macération de 24 heures, décantant la solution de la partie insoluble; enfin l'évaporant dans le dessiccateur. On l'obtient aussi en dissolvant du mercure, à froid, dans de l'acide nitrique étendu de 4 parties d'eau, et y ajoutant une solution concentrée de formiate potassique, de 1,10 poids spécifique. Le formiate mercureux forme des écailles cristallines, d'un éclat de satin, qui sont des tables hexagonales, régulières; on doit le faire sécher à l'obscurité et très-rapidement, parce que l'humidité et la lumière du jour le décomposent avec séparation de mercure métallique. Quand il est sec, il n'éprouve cette altération que d'une manière très-lente. Il exige 520 parties d'eau à + 17 degrés pour se dissoudre : l'eau chaude le dissout beaucoup plus abondamment; mais à mesure que la température s'élève il se décompose, et si la liqueur a atteint le point d'ébullition, elle ne renferme plus d'acide formique, tout le mercure s'étant précipité à l'état élémentaire. Dans ce phénomène, il se développe du gaz acide carbonique, et la moitié de l'acide formique se décompose.

Formiate amido-mercureux avec oxyde mercureux ($\dot{H}g\dddot{F}o$ + $Hg NH^2$) + $2\dot{H}g$. Il se produit quand on agite le formiate mercureux avec de l'ammoniaque caustique étendue. C'est une poudre noire velours insoluble, qui, déjà par le frottement sur la peau, sépare du mercure à l'état de globules.

Acétate mercureux, $\dot{H}g\dddot{A}c$. Le meilleur moyen de l'obtenir consiste à mêler ensemble des solutions chaudes de nitrate mercureux et d'acétate potassique. Par le refroidissement, le sel cristallise en paillettes brillantes, fines, légères, ne contenant pas d'eau de cristallisation. On l'obtient aussi à l'état de précipité, en traitant une solution de nitrate par de l'eau acétique libre. Suivant *Harff*, on prépare le même sel en faisant bouillir l'oxyde mercureux par de l'acide acétique un peu étendu, filtrant la solution encore bouillante pour faire cristalliser le sel; puis on la reverse sur l'oxyde mercureux, pour la faire bouillir de nouveau; et on répète cette opération jusqu'à ce qu'il ne se dépose plus rien par le refroidissement. Ce sel est très-peu soluble : 1,000 parties d'eau, à + 15°, n'en dissolvent que 1,3 partie. Une addition d'acide acétique le rend plus soluble; il s'en dissout alors une assez grande quantité à la température de l'ébullition. Quand on le fait bouillir avec de l'eau pure, il se décompose partiellement : il se sépare du mercure, et la solution contient un mélange de sel mercurique et de sel mercureux.

Acétate amido-mercureux avec oxyde mercureux ($\dot{H}g\dddot{A}c$ + $Hg NH^2$) + $2\dot{H}g$. On l'obtient de la même manière que le formiate, dont il partage complétement les propriétés.

Tartrate mercureux, $\dot{H}g\ddot{T}r$. On l'obtient en faisant digérer, à + 80°, une solution d'acide tartrique avec de l'oxyde mercureux, et filtrant la liqueur chaude. Par le refroidissement, le sel cristallise en écailles blanches, brillantes. En précipitant le nitrate mercureux par du tartrate potassique, on l'obtient à l'état d'une poudre cristalline blanche. 1,000 parties d'eau en dissolvent, suivant *Harff*, 1,2 partie ; 1,000 parties d'alcool en dissolvent 1,3 partie. Par l'ébullition avec l'eau distillée, il se décompose : il se dissout un sel avec excès d'acide, et il reste un soussel de couleur foncée. L'eau chargée d'acide tartrique le dissout sans altération à la température de l'ébullition. La potasse caustique le décompose, en laissant de l'oxyde mercureux.

Tartrate mercuroso-potassique, $\dot{K}\dddot{Tr} + \dot{Hg}\dddot{Tr}$. *Carbonell* et *Bravo* prétendent que le sursel potassique le produit tant avec l'oxyde mercureux qu'avec l'oxyde mercurique. Dans ce dernier cas, l'oxyde abandonne de l'oxygène pour passer à l'état d'oxyde mercureux, détruit une petite quantité d'acide tartrique avec développement de gaz acide carbonique, et rend la liqueur alcaline. La liqueur saturée dépose, par le refroidissement, une portion du sel double; mais si on la fait évaporer, on obtient une masse gommeuse, déliquescente, grisâtre, et d'une saveur métallique. Les alcalis ne la décomposent pas. Le sulfide hydrique ni les sulfhydrates ne paraissent la décomposer.

La combinaison de *sousamidure mercureux* s'obtient de la même manière que les sels précédents; elle leur ressemble aussi par sa composition et ses propriétés.

Succinate mercureux, $\dot{Hg}\dddot{Sc}$. On ne l'obtient qu'en petite quantité quand on fait digérer une solution d'acide succinique avec de l'oxyde mercureux, et évaporant la liqueur : le sel se dépose sous forme d'une poudre blanche. On l'obtient mieux encore en évaporant doucement jusqu'à siccité une solution acétique d'acétate mercureux, étendue d'acide succinique : l'acide acétique volatil est remplacé par l'acide succinique, en épuisant le résidu par l'alcool; le succinate mercureux reste sous forme de poudre. Une solution de nitrate mercureux, traitée par du succinate sodique, donne un précipité qui est un mélange de sousnitrate et de succinate mercureux. Le succinate mercureux est insoluble dans l'eau; 1,000 parties d'alcool en dissolvent, d'après *Harff*, 0,75 partie.

En traitant ce sel par l'ammoniaque, on obtient une *combinaison amidée* qui, par sa composition et ses propriétés, ressemble aux produits précédents.

Zinco-fulminate mercureux, $\dot{Hg}C^4N^2O^3 + ZnN$? On l'obtient en précipitant une solution de fulminate zincique ou barytique au moyen du nitrate mercureux. Le précipité est d'un gris de fer; il détone faiblement, à peu près comme la poudre.

Mercuro-fulminate mercureux (mercure fulminant), $\dot{\text{H}}\text{g}\,C^4 N^2 O^3 + \text{H}\!\!\!\text{-}\text{g}\,\text{N}\!\!\!\text{-}^2$ (ou $\dot{\text{H}}\text{g}\,\dot{\text{G}}\text{y}^2$). On l'obtient en dissolvant 1 $\frac{2}{3}$ partie de mercure pur dans 20 parties d'acide nitrique de 1,36 à 1,38 poids spécifique, et y ajoutant, après le refroidissement de la liqueur, 27 parties d'alcool de 0,85 poids spécifique; on chauffe ensuite le mélange au bain de sable jusqu'à ce qu'il commence à bouillir, et on le retire immédiatement du feu dès que la liqueur commence à se troubler. L'ébullition s'établit alors d'elle-même, et continue au point que la liqueur menace de déborder le vase. On prévient une ébullition trop vive, en ayant à sa disposition une quantité égale d'alcool pesée, qu'on ajoute par petites portions successives. Dès que tout mouvement a cessé dans la liqueur, le fulminate ainsi formé est recueilli sur le filtre. Il est gris jaune. Pour le dépouiller d'un mélange de mercure métallique, on le dissout dans l'eau bouillante, et on le fait cristalliser à différentes reprises : il forme de petites arborescences blanches, d'un éclat soyeux, et douces au toucher. Il n'y a pas d'eau de cristallisation. L'eau-mère acide, obtenue par ces cristallisations répétées, donne, par l'évaporation, une plus grande quantité encore de ces cristaux. Le mercure fulminant se prépare aujourd'hui en grand pour la fabrication des capsules employées dans les armes à répercussion; il est très-important d'avoir un procédé qui soit le moins dangereux possible. *Cremascoli* a indiqué la méthode suivante comme la moins dangereuse : On verse 6 onces d'acide nitrique de 1,3 densité sur $\frac{1}{2}$ once de mercure dans un flacon, qu'on maintient pendant quelques minutes dans l'eau bouillante. Après que le mercure a été dissous, et que la liqueur se trouve à une température d'environ + 12°, on la mêle avec 4 onces d'alcool de 0,833. On plonge le flacon de nouveau dans l'eau bouillante, et on ne l'en retire qu'au bout de deux ou trois minutes, ou lorsqu'on voit paraître des vapeurs blanches épaisses. La réaction est alors presque insignifiante. On place le flacon dans un endroit frais; le mercure fulminant se dépose insensiblement, dans le cours de quelques heures, sous forme d'un précipité cristallin qui, lavé et desséché, pèse 5 drachmes. Ce sel est remarquable en ce que, chauffé à + 186°, il brûle avec une détonation extrêmement violente; le même effet se produit aussi par le choc. Il détone au briquet et par l'étincelle électrique, ainsi que par le contact de l'acide sulfurique et de l'acide nitrique concentrés. Par l'explosion, il se développe du gaz acide carbonique, du gaz nitrogène, ainsi qu'un peu de gaz ammoniac, si le sel est humide. Il a été découvert par *Howard;* c'est pourquoi il a longtemps porté le nom de *mercure fulminant d'Howard. Howard* essaya d'en faire l'application dans la pyrotechnie, en le substituant à la poudre ordinaire; mais il trouva que l'explosion est si instantanée, que le canon des armes éclate avant même que la balle entre en mouvement. Plus tard, on l'a employé avec avantage dans la fabrication des capsules, en le substituant au mélange de chlorate potassique, de charbon et de soufre. A cet effet, on mêle le sel humide avec un peu de teinture de benjoin (qui maintient la cohésion après la dessiccation); on l'introduit goutte à goutte dans les godets (capsules) de cuivre, dont nous avons parlé à l'article chlorate potassique, et on le dessèche. Dans le même but, on peut, à l'aide d'un cylindre de bois, broyer le sel sur une plaque de marbre polie, le mêler ensuite avec 6 pour cent de son poids de nitre très-divisé, qui se dissout dans l'eau, et, après la dessiccation, le fixer dans les capsules.

Le mercuro-fulminate mercureux, bouilli avec des alcalis caustiques ou des terres alcalines, se décompose : il se sépare de l'oxyde mercureux, et l'acide mercuro-fulminique entre en combinaison avec la base plus forte. Le *sel potassique*, dont la préparation ne réussit pas toujours, forme des cristaux stellaires, jaunes, qui détonent par la chaleur. En redissolvant le sel cristallisé, on n'obtient plus de cristaux, car la liqueur devient laiteuse par le refroidissement. Très-souvent on obtient, au lieu d'un sel cristallisé, une poudre jaune qui ne détone pas. Le *sel ammonique* se produit quand on dissout, à une douce chaleur, du fulminate mercureux dans de l'ammoniaque caustique; par le refroidissement, il se dépose un sel grenu, jaune, très-explosif. Par l'ébullition du mélange, on obtient une poudre non explosive, d'un jaune clair.

Sélénite mercureux, $\overline{\mathrm{Hg}}\overset{\cdot\cdot}{\mathrm{Se}}$. On l'obtient, soit par double décomposition, soit en versant goutte à goutte de l'acide sélénieux dans une dissolution de nitrate mercureux. Il forme une poudre blanche, insoluble dans l'eau. Chauffé, il se fond en un liquide brun, qui devient plus clair en se refroidissant, et prend une couleur jaune. A une température plus élevée, ce liquide entre en ébullition et distille en gouttes foncées, qui deviennent, par le refroidissement, d'un jaune de succin, et sont ordinairement transparentes. La potasse caustique décompose ce sel, et met l'oxyde mercureux en liberté. L'acide chlorhydrique le décompose aussi; du chlorure mercurique et de l'acide sélénieux se dissolvent, et du sélénium réduit reste en non-solution.

Tellurate mercureux, $\dot{\text{Hg}}\dddot{\text{Te}}$. Il se présente sous la forme d'une poudre brun jaunâtre, qu'on obtient en arrosant du nitrate mercureux cristallisé et réduit en poudre fine avec une solution de tellurate potassique neutre. En dissolvant le nitrate dans l'eau, on obtient une solution acide. Quand on y verse le sel potassique goutte à goutte, elle prend d'abord la couleur du sel neutre, mais elle ne tarde pas à tourner au jaune pâle, ce qui paraît indiquer la formation d'un bisel.

Tellurite mercureux, $\dot{\text{Hg}}\ddot{\text{Te}}$. Précipité jaune foncé, qui devient brunâtre après quelque temps.

Arséniate mercureux, $\dot{\text{Hg}}^{2}\overset{\cdot\cdot\cdot}{\dot{\text{As}}}$. On l'obtient en mêlant une solution acide de nitrate mercureux avec une solution d'acide arsénique ou d'un arséniate. Le précipité, qui est d'abord bleu ou blanc jaunâtre, finit par devenir rouge orange, et, après le lavage et la dessiccation, rouge brun. Il est, d'après l'analyse de *Simon*, composé de $\dot{\text{Hg}}^{2}\overset{\cdot\cdot\cdot}{\dot{\text{As}}} + \dot{\text{H}}$, insoluble dans l'eau, dans l'alcool et dans l'acide acétique, et soluble dans l'acide nitrique. L'acide nitrique le change en chlorure mercureux, pendant que l'acide arsénique se dissout dans la liqueur. Par la distillation sèche, il donne du mercure et de l'eau, pendant qu'il reste de l'arséniate mercurique.

Le sel humide, étant traité par une solution d'acide arsénique et évaporé à siccité, devient peu à peu blanc; et l'eau, en enlevant l'excès d'acide, laisse une poudre blanche, qui est le *biarséniate*, $= \dot{\text{Hg}}\overset{\cdot\cdot\cdot}{\dot{\text{As}}}$. Ce sel ne renferme pas d'eau chimiquement combinée; il est insoluble dans l'eau, dans l'alcool et dans l'acide acétique. L'acide nitrique le dissout, et donne, avec l'acide chlorhydrique, du calomel. Les hydrates alcalins étendus le changent en le sel précédent.

Lorsqu'on sature une solution nitrique chaude d'arséniate mercureux avec la quantité d'ammoniaque exactement suffisante pour produire un commencement de précipité, il se dépose de petits mamelons jaunes, par le refroidissement de la liqueur concentrée. Ce sel ne renferme pas d'eau, et se compose de $2\dot{H}g^2\ddot{\ddot{N}} + 3\dot{H}g^2\ddot{\dot{A}}s$. Il est jaune clair. Les mamelons consistent en aiguilles entrelacées. Le sel est insoluble dans l'eau et dans l'acide acétique, mais soluble dans l'acide nitrique. Le précipité d'arséniate mercureux est d'abord blanc, puis il devient rouge orange. Le premier est le sel double, qui se décompose par l'addition d'une plus grande quantité d'acide arsénique.

Arsénite mercureux, $\dot{H}g^2\ddot{\dot{A}}s$. Il se comporte comme le sel précédent. On l'obtient, soit par double décomposition, soit en faisant digérer le mercure avec de l'acide arsénique.

Chromate mercureux, $\dot{H}g\ddot{\dot{C}}r$. C'est une poudre d'un jaune orangé, dont la couleur est plus ou moins intense, suivant le degré de concentration de la liqueur d'où il a été précipité. Il est insoluble dans l'eau, mais il se dissout dans l'acide nitrique, et se transforme dans ce cas en sel mercurique, aux dépens de l'acide chromique; les alcalis précipitent donc de cette dissolution, d'abord du chromate mercurique, puis de l'oxyde chromique vert.

Vanadate mercureux, $\dot{H}g\dddot{V}$. Le *sel neutre* obtenu par double décomposition donne un liquide d'un jaune orangé, qui ne laisse déposer que fort peu de sel, et qui s'éclaircit en conservant sa couleur. Le *bisel*, au contraire, se précipite, et laisse un liquide incolore; le précipité est d'un jaune orangé.

Molybdate mercureux, $\dot{H}g\dddot{M}o$. C'est une poudre d'un jaune de soufre, qui est insoluble dans l'eau, mais se dissout facilement dans l'acide nitrique. L'infusion de noix de galle le décompose; mais le cuivre ne réduit pas le mercure qu'il contient.

Tungstate mercureux, $\dot{H}g\dddot{W}$. Il se précipite quand on traite le nitrate mercureux par le tungstate sodique. Le précipité est jaune, et acquiert, par la dessiccation, une couleur jaune foncé. On emploie la précipitation de ce sel lorsqu'on veut doser l'acide tungstique : l'acide est complétement précipité par le sel mercureux, et le composé laisse, après la calcination, l'acide pur.

b. Sels à base d'oxyde mercurique.

Les sels mercuriques se distinguent des sels mercureux en ce que l'oxyde mercurique possède plus d'affinité que l'oxyde mercureux pour la plupart des acides.

Sulfate mercurique, $\dot{Hg}\dddot{S}$. On l'obtient en mêlant parties égales de mercure et d'acide sulfurique, ou mieux 5 parties d'acide et 4 de métal, et faisant bouillir le mélange jusqu'à ce qu'il soit transformé en une masse saline sèche. On obtient ainsi un sel blanc cristallin, qui est le sel mercurique neutre, et qui, de même que plusieurs autres sels mercuriques, ne peut exister à l'état de dissolution. On obtient le même sel, quoique d'une manière plus coûteuse, quand on mêle dans un vase de platine 2 parties d'oxyde mercurique en poudre fine avec 1 partie d'acide sulfurique étendu d'eau, pendant qu'on remue la masse de temps en temps. Ce sel supporte la chaleur jusqu'à l'incandescence rouge brun sans se décomposer, ce qui n'a lieu qu'au rouge commençant. A une température plus élevée, il devient d'abord jaune, puis brun; mais il redevient blanc par le refroidissement. Par la calcination, il s'en dégage du gaz oxygène et du gaz acide sulfureux, pendant que du mercure passe à la distillation, et qu'il se sublime en même temps du sulfate mercureux. Après que l'opération a été interrompue, le résidu continue à être du sulfate mercurique intact, et la décomposition ne commence qu'au moment de la volatilisation. Du gaz acide chlorhydrique anhydre, qu'on fait arriver sur le sel à la température ordinaire, est sans action; mais quand on chauffe le sel en un point, la décomposition commence et continue graduellement, sans avoir besoin d'une application ultérieure de la chaleur, jusqu'à ce que le tout se soit converti en un mélange de chlorure mercurique et d'acide sulfurique hydraté, $= \dot{H} + \dddot{S}$. Comme le chlorure est plus volatil que l'acide sulfurique, on peut l'en séparer par la sublimation à une température convenable. Les acides iodhydrique et cyanhydrique se comportent d'une manière analogue. Par la voie humide, tous les hydracides décomposent le sulfate mercurique, pendant qu'il se dissout de l'acide sulfurique libre dans la liqueur. Quand on verse de l'eau sur ce sel, il se décompose en sel acide qui se dissout, et en soussel qui reste. La dissolution du sel acide donne, par l'évaporation, des aiguilles cristallines, blanches, qui attirent l'humidité de l'air, et qui sont précipitées d'une dissolution concentrée quand on y verse de l'acide concentré. Le sel neutre résiste d'abord à l'action de l'eau ; mais, à l'aide de la digestion, la décomposition devient complète.

Sulfate bibasique, $\dot{Hg}^2\dddot{S} = \dot{Hg}\dddot{S} + 2\dot{Hg}$. C'est le résidu insoluble qui se produit, comme on vient de le dire. Pour s'assurer si le sel est complétement décomposé, il faut à la fin le faire bouillir avec de l'eau. Le soussel est une poudre jaune citron. On l'appelait autrefois *turbith minéral*, parce qu'on croyait qu'il produisait en médecine des effets analogues à ceux d'une racine autrefois employée, et connue sous le nom de *convolvulus turpethum*. Le sulfate tribasique n'est pas totalement insoluble. On a trouvé qu'il se dissout dans 2000 parties d'eau froide et dans 600 parties d'eau bouillante.

Sulfate amido-mercurique avec oxyde mercurique, $(\dot{Hg}\dddot{S} + Hg\,N\,H^2) + 2\dot{Hg}$. On le prépare, d'après *Kane*, en faisant digérer le sulfate neutre avec un excès d'ammoniaque caustique. Il se forme d'abord un soussel jaune, qui ne tarde pas à disparaître, à devenir incolore. Il ne s'altère ni par l'ébullition avec l'eau, ni par l'ammoniaque. Chauffé, il devient brun, perd de l'eau, du gaz nitrogène, et une très-faible trace d'ammoniaque ; il reste à la fin du sulfate mercureux. Il est très-peu soluble dans l'eau, tandis qu'il se dissout facilement dans l'acide nitrique et dans l'acide chlorhydrique. Quand on le met en suspension dans l'eau, où l'on fait passer du sulfide hydrique, il se produit du sulfure de mercure et du sulfate ammonique neutre, qui reste dans la liqueur.

Sulfate mercurique sulfobasique, $\dot{Hg}\dddot{S} + 2\dot{Hg}$. Il a été découvert, de même que les sels haloïdes sulfobasiques, par *H. Rose*. Cette combinaison se prépare en mêlant le sulfate pulvérisé fin avec une petite quantité d'eau, et en faisant passer un courant de gaz sulfide hydrique à travers le mélange. Elle est blanche, mais elle devient jaunâtre par un lavage prolongé. Le sulfure y contient 2 fois autant de métal que le sulfate. Un excès de sulfide hydrique le transforme entièrement en sulfure.

Sulfate mercurique phosphobasique, $4\dot{Hg}\dddot{S} + 2\dot{Hg} + Hg^3P$. On l'obtient, d'après *H. Rose*, en faisant arriver du gaz phosphide hydrique dans une solution sulfurique de sulfate mercurique, étendue d'eau. Il se produit par là un précipité jaune, qui ne tarde pas à blanchir. C'est une poudre lourde, facile à laver, et qu'on dessèche dans le vide. Le sel renferme 4 atomes ou 8,03 pour cent d'eau, qui s'en vont par la dessiccation; et le sel redevient par là jaune; mais il reprend cette eau à l'air, en blanchissant de nouveau. Par la distillation sèche, il donne de l'acide sulfureux et du mercure, pendant qu'il reste de l'acide phosphorique fondu. L'eau régale le dissout facilement.

Sulfate ammonico-mercurique, $\mathrm{N}\dot{\mathrm{H}}^4\dddot{\mathrm{S}} + \dot{\mathrm{Hg}}\dddot{\mathrm{S}}$. Il forme un sel peu soluble dans l'eau, et se dissout dans un excès d'ammoniaque. La meilleure manière de le préparer est de mêler le sel mercurique avec du sulfate ammonique.

Sulfate mercurique avec iodure mercurique, $\dot{\mathrm{Hg}}\dddot{\mathrm{S}} + \mathrm{Hg}\,\mathrm{I}$. On l'obtient en dissolvant de l'iodure mercurique à chaud dans de l'acide sulfurique concentré: il y a dégagement d'acide sulfureux; la solution laisse déposer le sel double en cristaux feuilletés. L'eau décompose le sulfate et en dissout une partie, outre de l'acide sulfurique, de manière qu'il reste l'iodure mercurique et le soussel insolubles.

Sulfite mercurique. On ne peut le préparer, parce que l'acide sulfureux se change en acide sulfurique aux dépens de l'oxyde mercurique.

Dithionate mercurique. Suivant *Rammelsberg*, on ne l'obtient pas neutre ni à l'état solide. L'acide dithionique dissout, il est vrai, l'oxyde mercurique, mais la solution dépose du sulfate mercureux. Si l'on traite, au contraire, l'acide par un peu plus d'oxyde mercurique qu'il n'en peut dissoudre, la partie non dissoute se changera en une poudre jaune blanc, qui est $\dot{\mathrm{Hg}}^5\overset{\cdot\cdot\cdot\cdot\cdot}{\mathrm{S}}{}^2$ ou $2\dot{\mathrm{Hg}}\overset{\cdot\cdot\cdot\cdot\cdot}{\mathrm{S}} + 3\dot{\mathrm{Hg}}$. Traité par l'hydrate potassique, ce composé donne un résidu d'oxyde mercurique; et il se dissout dans l'acide chlorhydrique sans qu'il reste de chlorure mercureux; il suit de là que ce n'est pas une combinaison à oxyde mercureux. Chauffé, il se décompose, avec un bruit de sifflement, en sulfate mercureux et en mercure métallique.

Dithionite mercureux. On ne l'obtient pas non plus à l'état isolé; il existe à l'état de sel double. *Rammelsberg* a décrit quelques-uns de ces sels doubles. On les prépare en ajoutant l'oxyde mercurique à un dithionite soluble: l'oxyde s'y dissout avec dégagement de chaleur, et le sel double se dépose par le refroidissement, ou on le précipite en ajoutant de l'alcool à la liqueur.

Lorsqu'on essaye, au contraire, de traiter la solution d'un sel mercurique par un dithionite, on obtient un précipité blanc, qui est un sulfosel formé par l'acide du sel de mercure employé.

Dithionite mercurico-potassique, $3\dot{\mathrm{Hg}}\,\dddot{\bar{\mathrm{S}}} + 5\dot{\mathrm{K}}\,\ddot{\bar{\mathrm{S}}}$. Il cristallise facilement, parce qu'il est très-peu soluble dans l'eau. Il forme de petits prismes déliés, incolores, qui noircissent à la lumière du soleil. Sa dissolution, traitée par l'iodure potassique, ne sépare pas le mercure. Les acides le décomposent en soufre et sulfure de mercure qui précipitent, et en acide sulfureux qui se dégage.

Le *dithionite mercurico-sodique* ne cristallise pas. L'alcool le précipite sous forme d'une matière sirupeuse, qui ne tarde pas à laisser déposer du sulfure de mercure.

Le *sel ammonique*, $\dot{\mathrm{Hg}}\,\dddot{\bar{\mathrm{S}}} + 4\bar{\mathrm{N}}\bar{\mathrm{H}}^{4}\,\dddot{\bar{\mathrm{S}}}$ ressemble au sel potassique; seulement il contient 2 atomes ou 11,42 pour cent d'eau. Il se décompose très-facilement.

Nitrate mercurique, $\dot{\mathrm{Hg}}\,\overset{\cdot\cdot\cdot\cdot\cdot}{\bar{\mathrm{N}}}$. On ne connaît pas ce sel sous forme solide. L'acide nitrique dissout l'oxyde mercurique sans s'en saturer complétement. On peut cependant obtenir une solution entièrement saturée d'acide, quand on précipite une solution de chlorure mercurique exactement par du nitrate argentique. Mais cette solution, aussi bien que celle de l'oxyde mercurique dans l'acide nitrique, laissent, par l'évaporation, un soussel cristallisé, et l'eau mère retient une partie de l'acide.

a. Nitrate monobasique, $\dot{\mathrm{Hg}}\,\overset{\cdot\cdot\cdot\cdot\cdot}{\bar{\mathrm{N}}} + \dot{\mathrm{Hg}}$. Il cristallise par l'évaporation de la solution du nitrate neutre, ou du nitrate mêlé d'acide. Les cristaux sont des prismes déliés incolores qui, d'après *C. G. Mitscherlich*, renferment 2 atomes ou 6,18 pour cent d'eau, et sont déliquescents à l'air. Par l'addition d'une plus grande quantité d'eau, il se dissout du sel neutre, et il reste un soussel insoluble.

b. Nitrate bibasique, $\dot{\mathrm{Hg}}\,\overset{\cdot\cdot\cdot\cdot\cdot}{\bar{\mathrm{N}}} + 2\dot{\mathrm{Hg}}$. On l'obtient sous forme de résidu, en traitant le sel précédent par l'eau; il faut ensuite le bien laver à l'eau tiède. C'est une poudre lourde, d'un beau jaune, qui contient, suivant *Kane*, 1 atome ou 6,13 pour cent d'eau. Elle est insoluble dans l'eau, et se décompose dans l'eau bouillante.

c. Nitrate pentabasique, $\dot{\mathrm{Hg}}\,\overset{\cdot\cdot\cdot\cdot\cdot}{\bar{\mathrm{N}}} + 5\dot{\mathrm{Hg}}$. On l'obtient, suivant *Kane*, en épuisant le sel précédent par l'eau bouillante. Il est rouge brun. D'après ses dernières recherches, *Kane* considère comme un mélange de ces deux sels le soussel $= \dot{\mathrm{H}}\mathrm{g}\,\overset{\cdot\cdot\cdot\cdot\cdot}{\bar{\mathrm{N}}} + 4\dot{\mathrm{H}}\mathrm{g}$, signalé par *Grouvelle* et *Braamkamp*.

Sousnitrate mercurique ammoniacal. a. Quand on mêle, à froid, une solution étendue de nitrate mercurique avec de l'ammoniaque également étendue, on obtient un précipité blanc qui se dépose lentement. Il se compose, selon *C. G. Mitscherlich*, de $\dot{\mathrm{H}}\mathrm{g}\,\overset{\cdot\cdot\cdot\cdot\cdot}{\bar{\mathrm{N}}} + 2\dot{\mathrm{H}}\mathrm{g} + \bar{\mathrm{N}}\mathrm{H}^3$, sans renfermer d'eau chimiquement combinée, ce qui est confirmé par l'analyse de *Kane*. Il se conserve bien après la dessiccation, et supporte $+100°$ sans s'altérer. On peut le faire bouillir avec de la potasse caustique, sans qu'il ne dégage de l'ammoniaque ni de l'oxyde mercurique mis en liberté.

b. Le sel précédent, étant bouilli avec de l'eau chargée ou non de potasse, devient granuleux, lourd, et d'un blanc moins pur qu'auparavant. D'après l'analyse de *Kane*, c'est une combinaison de *nitrate amido-mercurique avec l'oxyde mercurique* $= (\dot{\mathrm{H}}\mathrm{g}\,\overset{\cdot\cdot\cdot\cdot\cdot}{\bar{\mathrm{N}}} + \mathrm{Hg}\,\bar{\mathrm{N}}\mathrm{H}^2) + 2\dot{\mathrm{H}}\mathrm{g}$. Ce sel se produit sur-le-champ, quand on précipite une solution bouillante de nitrate mercurique par l'ammoniaque caustique, et quand on fait, pendant quelques instants, bouillir la liqueur en contact avec le précipité. Il renferme 81,13 pour cent de mercure.

c. En traitant une solution concentrée de nitrate mercurique par de l'ammoniaque caustique concentrée, *Kane* obtient un précipité blanc jaune, qui contenait de 84 à 85 pour cent de mercure. Mis dans l'eau et traité par le sulfide hydrique, ce précipité donnait du sulfure de mercure insoluble, et une solution de nitrate ammonique neutre. *Kane* le regarde comme la combinaison précédente, ayant absorbé une proportion double d'oxyde mercurique $= (\dot{\mathrm{H}}\mathrm{g}\,\overset{\cdot\cdot\cdot\cdot\cdot}{\bar{\mathrm{N}}} + \mathrm{Hg}\,\bar{\mathrm{N}}\mathrm{H}^2) + 4\dot{\mathrm{H}}\mathrm{g}$.

d. C. G. Mitscherlich fit bouillir du nitrate mercurique ammoniacal (*a*) avec du nitrate ammonique et de l'ammoniaque caustique; le sel s'y dissolvait en bonne partie, et la solution filtrée bouillante laissa, à mesure que l'excès d'ammoniaque s'évaporait, déposer de petites écailles cristallines, d'un jaune pâle, composées de $\dot{\mathrm{H}}\mathrm{g}\,\overset{\cdot\cdot\cdot\cdot\cdot}{\bar{\mathrm{N}}} + \dot{\mathrm{H}}\mathrm{g} + \bar{\mathrm{N}}\mathrm{H}^3$. *Kane* pense qu'il faut ici doubler le nombre d'atomes, et représenter la formule par $\bar{\mathrm{N}}\mathrm{H}^4\,\overset{\cdot\cdot\cdot\cdot\cdot}{\bar{\mathrm{N}}} + (\dot{\mathrm{H}}\mathrm{g}\,\overset{\cdot\cdot\cdot\cdot\cdot}{\bar{\mathrm{N}}} + \mathrm{Hg}\,\bar{\mathrm{N}}\mathrm{H}^2) + 2\dot{\mathrm{H}}\mathrm{g}$. Il fonde cette manière de voir sur ce que le sel décrit sous le titre (*b*), étant bouilli avec une solution concentrée de nitrate ammonique, se dissout en grande quantité, et que la solution filtrée bouillante dépose, par le refroidissement, de petites aiguilles brillantes, qui ne tardent pas à devenir opaques, et prennent quelquefois cet aspect dès le commencement. Les cristaux desséchés sont décomposés par l'eau, qui dissout du nitrate ammonique et rétablit l'amido-sel. Ce sel se compose, d'après l'analyse de *Kane*, de $2NH^4\overset{\cdot\cdot\cdot\cdot\cdot}{N}+(\dot{Hg}\overset{\cdot\cdot\cdot\cdot\cdot}{N}+HgNH^2)+2\dot{Hg}$; il contient 1 atome de nitrate ammonique de plus que le sel de *Mitscherlich*. On l'obtient aussi, à ce qu'on dit, en faisant bouillir l'oxyde mercurique avec le nitrate ammonique.

Nitrate ammonico-mercurique. On l'obtient en ajoutant de l'ammoniaque à la dissolution du sel précédent. Il se précipite sous forme d'une poudre blanche, insoluble dans l'eau. D'après *Mitscherlich* le jeune, il est composé de $NH^3\overset{\cdot\cdot\cdot\cdot\cdot}{N}+3\dot{Hg}$. Si l'on introduit cette combinaison dans une dissolution de nitrate ammonique, et qu'on y ajoute un excès d'ammoniaque, la poudre blanche se dissout complétement, et on obtient au bout de quelque temps, et pendant que l'ammoniaque se vaporise, des cristaux de couleur jaunâtre. Les alcalis et les acides, l'acide chlorhydrique excepté, exercent très-peu d'action sur les cristaux; les sulfures alcalins, au contraire, et l'acide chlorhydrique l'attaquent facilement, et décomposent, les premiers l'oxyde mercurique, ce dernier l'acide nitrique et l'ammoniaque. Les cristaux sont composés de $NH^3\overset{\cdot\cdot\cdot\cdot\cdot}{N}+2\dot{Hg}$. Selon *Soubeiran*, on obtient un sel contenant encore plus de base, en versant un certain excès d'ammoniaque dans une dissolution de nitrate mercurique exempte d'oxyde mercureux. Le soussel se précipite alors sous forme d'une poudre blanche, qui n'est altérée ni par l'eau ni par les alcalis fixes; l'acide chlorhydrique la dissout, mais les alcalis la précipitent de cette dissolution sans qu'elle ait subi de changement. Ce sel se dissout aussi dans l'ammoniaque, et en quantité d'autant plus grande que cet alcali est plus concentré; l'eau précipite une partie du sel contenu dans cette dissolution. Il est composé de $NH^3\overset{\cdot\cdot\cdot\cdot\cdot}{N}+4\dot{Hg}$.

Nitrate sulfo-mercurique, $\dot{Hg}\overset{\cdot\cdot\cdot\cdot\cdot}{N}+2\dot{Hg}$. On obtient cette combinaison, qui a la plus grande analogie avec celle produite par le sulfate, en faisant arriver un courant de gaz sulfide hydrique dans la dissolution du nitrate. Elle est blanche, et jaunit quand on la lave pendant longtemps, en perdant une partie de son acide. Elle ne renferme point d'eau.

Nitrate phospho-mercurique, $3(\dot{H}g\,\dddot{\bar{N}} + \dot{H}g) + Hg^3 P$. Il se précipite, suivant *H. Rose*, quand on fait arriver du gaz phosphide hydrique dans une solution de nitrate mercurique. Le précipité est d'abord jaune, mais il ne tarde pas à blanchir en absorbant de l'eau, qu'il perd ensuite par la dessiccation dans le vide. Il redevient alors jaune, pour reblanchir à l'air. Chauffé, il perd d'abord de l'eau; puis, à une température un peu plus élevée, il détone très-violemment. Cet effet a aussi lieu par le choc ou au contact du gaz chlore.

Le *nitrate* et l'*iodure mercuriques* forment, d'après *Liebig*, un sel double qu'on obtient en précipitant à moitié, par l'iodure potassique, une dissolution bouillante de nitrate mercurique, et évaporant la liqueur filtrée et limpide; le sel double cristallise alors en paillettes rouges brillantes. L'eau bouillante lui enlève le nitrate. Selon d'autres chimistes, ce sel est incolore, et ne rougit qu'après que l'eau en a extrait le nitrate. Cependant il arrive fréquemment que les sels doubles de l'iodure, d'abord incolores, rougissent en partie immédiatement après la cristallisation, en partie plus tard, comme l'iodure lui-même. Le moyen le plus facile de préparer le sel en question, consiste à dissoudre dans l'acide nitrique la plus grande quantité possible d'oxyde mercurique, et à saturer cette solution, à la température de l'ébullition, avec de l'iodure mercurique, ou à y ajouter de l'iodure jusqu'à coloration de la liqueur. Par le refroidissement, le sel cristallise en aiguilles ou lamelles flexibles, entrelacées, déliées, d'un éclat argentin magnifique. Il est inaltérable à l'air; l'eau le décompose en laissant l'iodure insoluble, qui conserve la forme des cristaux. Il fond à une douce chaleur, et donne de l'acide nitrique, en même temps qu'il se sublime de l'iodure mercurique et qu'il reste de l'oxyde. Ce sel se compose, d'après *Schlesinger*, de $\dot{H}g\,\dddot{\bar{N}} + 2Hg\,\bar{I}$.

Suivant *Souvelle*, l'iodure mercureux se dissout dans l'acide nitrique bouillant : il se dégage du gaz oxyde nitrique, et la liqueur donne, par le refroidissement, des lamelles incolores, composées de $\dot{H}g\,\dddot{\bar{N}} + Hg\,\bar{I}$.

Nitrate d'oxyde et de cyanure mercuriques, $Hg\,\mathrm{Cy} + \dot{Hg}\,\overset{\because\because}{\mathrm{N}}$ + $2\dot{\mathrm{H}}$. D'après *Desfosses*, on l'obtient en mêlant le sel mercurique avec du cyanure potassique, et en laissant reposer la liqueur. Il cristallise en écailles blanches, micacées.

Phosphate mercurique, $\dot{Hg}^2\overset{\because\because}{\mathrm{P}}$. Il est blanc et insoluble dans l'eau, mais soluble dans un excès d'acide phosphorique.

Perchlorate mercurique, $\dot{Hg}^2\overset{\vdots\vdots}{\mathrm{Cl}}$. Par l'évaporation au moyen de la chaleur, il cristallise en prismes rectangulaires et incolores qui se liquéfient à l'air. L'alcool le dissout en laissant une substance blanche qui tourne au rouge pendant qu'on la recueille, et qui consiste principalement en oxyde mercurique. La solution contient un mélange de sel mercureux et de sel mercurique.

Chlorate mercurique, $\dot{Hg}\,\overset{\because\because}{\mathrm{Cl}}$. On l'obtient en dissolvant l'oxyde mercurique dans l'acide chlorique. Il est plus soluble que le chlorure, et, par une évaporation ménagée, on peut le débarrasser en grande partie de ce dernier sel. Il forme des cristaux aciculaires, et se dissout dans quatre parties d'eau froide. Les acides en dégagent du gaz oxygène et du chlore.

Chlorate monobasique, $\dot{Hg}\,\overset{\because\because}{\mathrm{C}} + \dot{Hg}$. On l'obtient en dissolvant dans l'acide chlorique la plus grande quantité possible d'oxyde mercurique. Par l'évaporation de la liqueur, le sel se dépose en tables, ou plutôt en octaèdres, dont les deux sommets opposés sont tronqués de manière à former de larges faces. Ces cristaux contiennent 1 atome ou 2,28 pour cent d'eau.

Bromate mercurique, $\dot{Hg}\,\overset{\because\because}{\mathrm{Br}}$. Il se produit quand on traite l'oxyde mercurique par l'acide bromique. L'acide s'y unit sans se dissoudre notablement, lors même que l'acide est en excès. Par le concours de la température de l'ébullition, l'oxyde se dissout en quantité plus considérable, et, par le refroidissement, le sel se dépose en petits prismes contenant 2 atomes ou 7,33 pour cent d'eau. Il se dissout dans 64 parties d'eau bouillante et dans 600 parties d'eau d'une température moyenne. Entre + 130° et 140°, il se décompose avec détonation. Chauffé dans une cornue de verre, il se décompose en bromure mercureux et bromure mercurique qui se subliment, en même temps qu'il se dégage du gaz oxygène, du gaz brôme, et qu'il reste un peu d'oxyde mercurique.

Bromate amido-mercurique avec oxyde mercurique $(\dot{H}g\,\overset{\cdot\cdot\cdot\cdot\cdot}{B}r + HgNH^2) + 2\dot{H}g$. Il se forme quand on ajoute à une solution de bromate mercurique neutre de l'ammoniaque caustique en excès : il se produit un précipité jaune clair qui tombe lentement au fond. Il reste du bromate ammonique dans la liqueur. Traité par la potasse, le précipité, séparé et desséché, ne développe pas d'ammoniaque; mais il s'en dégage en abondance, par l'action du sulfure et de l'iodure potassique. Chauffé, il détone violemment.

Iodate mercurique, $\dot{H}g\overset{\cdot\cdot\cdot\cdot\cdot}{I}$. Il est soluble dans l'eau, et se forme quand on fait digérer l'oxyde mercurique avec l'acide iodique : il présente ainsi l'aspect d'une poudre blanche. Il ne se précipite pas, quand on traite le nitrate mercurique par l'iodate alcalin.

Carbonate mercurique. Il se précipite sous forme d'une poudre rouge pâle, qui, d'après *Setterberg*, est composée suivant la formule $\dot{H}g^4\ddot{C}$.

Oxalate mercurique, $\dot{H}g\,\dddot{\mathrm{C}}$. On l'obtient en précipitant l'acétate mercurique par l'acide oxalique ou par un oxalate. C'est une poudre blanche, insoluble, qui brûle avec une légère détonation quand on l'expose à une température élevée. Il se dissout en très-petite quantité dans l'eau bouillante : la solution devient acide, et la partie non dissoute est un soussel. L'oxalate mercurique est insoluble dans l'alcool; il est un peu soluble dans l'éther : 1000 parties en dissolvent 2,4 parties. Les acides chlorhydrique et nitrique le dissolvent à chaud.

Sousoxalate mercurique ammoniacal $(\dot{H}g\,\dddot{\mathrm{C}} + 3\dot{H}g) + NH^3$. Il se produit quand on fait digérer l'oxalate neutre par l'ammoniaque caustique. C'est une poudre blanche, dont 2,1 parties se dissolvent dans 1000 parties d'eau. L'alcool en dissout à peu près la même quantité ; l'éther y exerce aussi une faible action dissolvante. L'acide sulfurique le colore en jaune, et l'acide chlorhydrique le dissout. L'hydrate potassique lui communique une couleur jaune.

Rhodicate mercurique. Il se précipite sous forme d'une poudre rouge kermès.

Croconate mercurique, $\dot{H}g\,C^5O^4$. Il forme un précipité jaune.

Borate mercurique. Il ne paraît pas se produire par voie humide. L'oxyde mercurique ne se combine pas avec l'acide borique, quand on les fait bouillir ensemble dans l'eau ; et le nitrate mercurique, traité par les borates solubles, ne donne qu'un précipité de sous-nitrate. Mais en triturant ensemble atomes égaux d'oxyde mercurique et d'acide borique cristallisé, et chauffant le mélange, l'oxyde chasse l'eau de l'acide, et les deux corps se combinent par la fusion. Le composé ainsi obtenu supporte une douce calcination, sans que l'oxyde mercurique se décompose. La masse fondue est jaune gris et translucide. Elle se décompose par l'ébullition dans l'eau : l'acide borique ne s'y dissout qu'avec une très-petite quantité d'oxyde mercurique.

Quand on fait digérer longtemps de l'oxyde mercurique récemment précipité avec une solution concentrée de borate ammonique, et qu'on évapore la liqueur jusqu'à siccité, on obtient une masse blanche, légèrement gris jaunâtre, qui, épuisée par l'eau, cède un excès de borate, sans se décomposer. Elle ne se décompose pas non plus par une solution d'hydrate potassique; elle paraît être un *borate amido-mercurique*.

Formiate mercurique, $\dot{H}g \dddot{F}o$. Il se produit, suivant *Liebig*, quand on ajoute à de l'acide formique extrêmement concentré de l'oxyde mercurique, par petites portions successives, jusqu'à saturation. Le sel présente alors l'aspect d'un liquide sirupeux qu'on peut, dans le vide, dessécher en une masse blanche, cristallisée en grains. Il est très-soluble dans l'eau; mais, à la moindre chaleur, il dégage de l'acide carbonique, et immédiatement après il cristallise du formiate mercureux en aiguilles. On peut aussi préparer le formiate mercurique en faisant digérer l'oxyde dans l'acide étendu; mais, bientôt après, il s'établit un dégagement de gaz acide carbonique, et le formiate mercurique passe à l'état de formiate mercureux.

Acétate mercurique, $\dot{H}g \dddot{A}c$. Suivant *Stromeyer*, on l'obtient en dissolvant l'oxyde mercurique à une très-douce chaleur dans l'acide acétique concentré, et abandonnant la dissolution à l'évaporation spontanée. Le sel cristallise alors en tables quadrilatères, en partie transparentes, en partie translucides et douées de l'éclat nacré. Ces cristaux sont exempts d'eau. Le sel est fusible sans altération, et il se congèle en une masse grenue. Cependant la température à laquelle il se décompose n'est pas très-éloignée de son point de fusion. Pour se dissoudre, il exige 4 parties d'eau à 10 degrés, 2,75 parties à 19 degrés, et 1 partie à 100 degrés.

L'acétate mercurique n'attire pas l'humidité de l'air; mais, dans des vases ouverts, il perd bientôt une partie de son acide, jaunit à la surface, et se transforme en sousacétate. L'eau bouillante le dissout en quantité encore plus grande; mais en même temps une partie de l'acide se volatilise en laissant le soussel. Cette décomposition n'a pas lieu quand on a préalablement ajouté un peu d'acide à l'eau dont on se sert pour opérer la dissolution. L'ébullition fait subir à ce sel encore une autre espèce de décomposition, par laquelle l'oxyde mercurique est réduit, par l'acide acétique, à l'état d'oxyde mercureux; en sorte que la dissolution bouillante donne un précipité de chlorure mercureux quand on y verse de l'acide chlorhydrique. L'acétate mercurique se dissout aussi dans l'alcool, quoique en petite quantité; dans ce cas, il est sujet à la même décomposition que quand on le dissout dans l'eau; 100 parties d'alcool n'en dissolvent que 5 $\frac{2}{3}$ de ce sel. L'éther le décompose, suivant *Harff*, instantanément en un soussel jaune. L'éther dissout de l'acide libre et très-peu de sel neutre.

Sousacétate mercurique ammoniacal, $(\dot{H}g\,\ddot{A}c + 3\dot{H}g) + NH^3$. Il se précipite sous forme d'une poudre blanche, quand on traite l'acétate neutre par l'ammoniaque caustique en excès. A l'air, il perd de l'ammoniaque et jaunit. Il est légèrement soluble dans l'eau : 1000 parties en dissolvent 5,7 parties, à la température de l'ébullition. Par une ébullition prolongée, la partie non dissoute jaunit, et la liqueur contient alors de l'acétate ammonique. L'alcool et l'éther n'en dissolvent rien. Traité par la potasse caustique, il dégage de l'ammoniaque et jaunit.

Acétate sulfo-mercurique. On obtient cette combinaison en faisant arriver un courant de gaz sulfide hydrique dans la dissolution de l'acétate mercurique. Il se forme un précipité blanc qui, d'après *Taddei*, se dissout totalement dans l'eau bouillante.

Tartrate mercurique, $\dot{H}g\,\dddot{T}r$. Il se précipite sous forme d'une poudre cristalline, blanche, quand on verse goutte à goutte de l'acide tartrique dans une dissolution d'acétate mercurique; dans ce cas, tout l'acide mercurique peut être précipité et séparé de sa combinaison avec l'acide acétique. Il se forme un précipité caséeux, quand on traite une solution de nitrate mercurique par le tartrate potassique; par la chaleur, il se change en une poudre cristalline. Suivant *Harff*, 1000 parties d'eau dissolvent 3 parties de sel; 1000 parties d'alcool en dissolvent 2,6 parties, et 1000 parties d'éther en dissolvent 3,8 parties. Une addition d'acide tartrique libre augmente la solubilité dans ces liquides. La potasse caustique le décompose, pendant qu'il reste un mélange brun d'oxyde mercurique et d'oxyde mercureux.

Soustartrate mercurique ammoniacal, $(\dot{\mathrm{Hg}}\,\ddot{\overline{\mathrm{Tr}}} + 3\dot{\mathrm{Hg}}) + \mathrm{N}\mathrm{H}^3$. Il se produit quand on traite le tartrate neutre par l'ammoniaque. Il est blanc, et se dissout, selon *Harff*, dans 100 parties d'eau et dans 500 parties d'alcool. Bouilli avec l'eau, il jaunit, ainsi que par le traitement avec l'hydrate potassique.

Tartrate mercurico-potassique. On l'obtient, d'après *Harff*, en faisant bouillir l'oxyde mercurique avec du surtartrate potassique; la solution, filtrée bouillante, laisse d'abord déposer un excès de surtartrate potassique; puis, par l'évaporation, le sel double cristallise en prismes brillants, insolubles dans l'éther, mais solubles dans l'eau et dans l'alcool.

Succinate mercurique. Selon *Döpping*, on ne parvient pas à préparer ce sel. En mêlant de l'acétate mercurique avec de l'acide succinique, on n'obtient que le succinate mercureux. Quand on dissout dans l'eau des atomes égaux de chlorure mercurique et de succinate sodique, et qu'on évapore la solution, on obtient un sel double qui cristallise en aiguilles brillantes.

Souscyanite mercurique, $\dot{\mathrm{Hg}}^2\,\mathrm{Cy}^4\,\mathrm{O}$. On le prépare, suivant *Johnston*, en précipitant une solution de souscyanite potassique par le nitrate mercurique, ou en mêlant une solution nitrique d'acide souscyaneux, saturée à la température de l'ébullition, avec l'oxysel dissous. Le précipité desséché donne, par la distillation sèche, du mercure et du paracyanogène, qui reste.

Sélénites mercuriques. 1° *Sélénite neutre*, $\dot{\mathrm{Hg}}\,\ddot{\mathrm{Se}}$. Il forme une poudre blanche, peu soluble dans l'eau.

2° *Bisélénite mercurique*, $\dot{\mathrm{Hg}}\,\ddot{\mathrm{Se}}^2$. On l'obtient en saturant l'acide sélénieux par l'oxyde mercurique, jusqu'à ce qu'on voie paraître un précipité de sélénite neutre. Après l'évaporation, le bisélénite cristallise en grands prismes striés. Les cristaux contiennent beaucoup d'eau, et sont légèrement solubles dans l'alcool. L'oxyde mercurique de ce sel n'est pas totalement précipité par les alcalis; les carbonates alcalins en précipitent une très-petite quantité, les alcalis caustiques en précipitent davantage; mais la liqueur conserve sa saveur métallique, même quand elle contient un excès d'alcali, et donne du mercure métallique lorsqu'on calcine le sel sec. L'acide sulfureux précipite de ce sel un mélange de sulfate mercureux et de sélénium. Le bisélénite mercurique fond facilement dans son eau de cristallisation; et quand celle-ci est évaporée, il se dessèche en une masse saline, cristalline, qui se sublime, sans subir d'abord la fusion ignée.

Tellurate mercurique, $\dot{\mathrm{Hg}}\dddot{\mathrm{Te}}$. Précipité volumineux, blanc et floconneux.

Tellurite mercurique, $\dot{\mathrm{Hg}}\ddot{\mathrm{Te}}$. Précipité blanc qui forme avec la liqueur un lait d'où il ne se dépose pas. On l'obtient aussi par l'action de l'air sur le sel mercureux.

Arséniate mercurique, $\dot{\mathrm{Hg}}^2\overset{\cdot\cdot\cdot\cdot\cdot}{\mathrm{As}}$. Il se précipite sous forme d'une poudre jaune, soluble dans un excès d'acide.

Arsénite mercurique, $\dot{\mathrm{Hg}}^2\dddot{\mathrm{As}}$. C'est un précipité blanc, qui est soluble en brun dans l'arsénite potassique.

Antimoniate mercurique, $\dot{\mathrm{Hg}}\overset{\cdot\cdot\cdot\cdot\cdot}{\mathrm{Sb}}$. Préparé par double décomposition, il forme un précipité orange. Par la voie sèche, on l'obtient en mêlant une partie d'antimoine en poudre avec six à huit parties d'oxyde mercurique, et chauffant le mélange dans une cornue de verre. L'antimoine s'oxyde, avec dégagement de lumière, aux dépens de l'oxyde, du mercure distille, et il reste dans la cornue une masse d'un vert olivâtre foncé, qui supporte une légère chaleur rouge, sans être décomposée. Cette combinaison se trouve alors, comme les autres antimoniates calcinés, dans une espèce d'indifférence chimique qui la rend inattaquable, par la voie humide, au moyen des acides et des alcalis. L'acide chlorhydrique bouillant la dissout en petite quantité, et l'ammoniaque fait naître dans cette dissolution un précipité vert clair. Chauffé jusqu'au rouge, ce précipité se décompose; il passe d'abord du mercure et de l'oxygène, et il reste de l'acide antimonique, qui abandonne de l'oxygène à une température plus élevée, et laisse de l'antimoniate antimonique.

Chromate mercurique, $\dot{\mathrm{Hg}}\dddot{\mathrm{Cr}}$. D'après *Vauquelin*, ce sel se dissout dans les acides, et même en partie dans l'eau. Les alcalis le précipitent de sa dissolution dans les acides, sous forme d'une poudre cristalline, pesante, d'un violet foncé. Il est décomposé par un excès d'alcali, et donne de l'oxyde mercurique rouge. Il est également décomposé par la calcination; cependant une partie du sel se sublime en petites aiguilles pourpres, quand on le chauffe en vases ouverts.

Vanadates mercuriques. Le *sel neutre,* $\dot{Hg}\dddot{V}$, forme un précipité jaune citrin; il est légèrement soluble dans l'eau, qu'il colore en orange. Le *bisel,* $Hg\,V^2$, est jaune et soluble dans l'eau, et il n'est point précipité, même par de l'alcool. Le vanadate neutre, chauffé au rouge, retient encore une partie considérable de sa base, qu'il n'abandonne que lorsqu'on y ajoute un carbonate alcalin.

Tungstate mercurique. Suivant *Anthon,* une solution de chlorure mercurique (dont on laisse une partie non décomposée), traitée par le tungstate sodique, donne un précipité blanc, lourd, pulvérulent, qui a une saveur métallique; l'hydrate sodique en retire de l'acide tungstique, et laisse de l'oxyde mercurique. D'après l'analyse de ce chimiste, c'est un *sesquitungstate,* $= 2\dot{Hg}\dddot{W} + \dot{Hg}$. Si l'on emploie un excès de tungstate sodique, on obtient un précipité d'abord jaune, puis rouge, et enfin noir. Ces précipités n'ont pas le même poids spécifique, de manière qu'on peut les séparer, en quelque façon, par la suspension; mais on ne les a pas analysés.

Une solution de nitrate mercurique donne avec le tungstate sodique un précipité blanc, pulvérulent, qui passe pour un tungstate acide $= 2\dot{Hg}\dddot{W} + \dddot{W}$. Si l'on se sert, pour cela, du bitungstate ammonique, on obtient un précipité lourd, blanc, qui est, selon *Anthon*, un sel double hydraté $= N\bar{H}^4\dddot{W} + \dot{Hg}\dddot{W} + 2\dot{\bar{H}}$. Lorsqu'on soumet ce sel à la calcination, l'acide du sel ammonique ne reste pas, dit-on, en combinaison avec l'acide du sel mercurique; mais il ne s'y trouve qu'à l'état de simple mélange, et on peut l'enlever par la suspension dans l'eau; il reste alors le sel neutre $= \dot{Hg}\dddot{W}$.

C. *Sulfosels de mercure.*

Le mercure forme deux sulfobases, qui sont proportionnelles aux deux oxydes. Le *sulfure mercureux* donne naissance à des sulfosels, qui sont, pour la plupart, noirs ou d'un brun foncé, et insolubles dans l'eau. Soumis à l'action de la chaleur, beaucoup d'entre eux dégagent du mercure, et se transforment en sulfosels mercuriques; mais, dans le plus grand nombre des cas, la base se sépare et se sublime. Les *sulfosels mercuriques* sont de couleur plus claire, et parfois légèrement solubles dans l'eau. Les acides ne les attaquent pas, mais les oxysels mercuriques les décomposent très-promptement.

Sulfophosphate mercurique, $\overset{,}{H}g^2\overset{,,,,,}{P}$. On l'obtient en chauffant l'hyposulfophosphite mercurique dans un vase distillatoire, jusqu'à ce que tout se soit sublimé. Il passe d'abord du sulfide hypophosphoreux, puis du mercurique métallique qui est suivi de sulfophosphate, et enfin il reste quelques cristaux rouges. Lorsqu'on maintient le col de la cornue tout près du bain de sable, de manière qu'il s'échauffe, ces sublimés, au lieu de se mélanger, se déposent dans des endroits différents, suivant leur degré de volatilité. Le sulfophosphate mercurique est une masse jaune pâle qui se présente, dans l'intérieur du col de la cornue, sous forme de petites aiguilles, transparentes, brillantes, faiblement jaunâtres, donnant une poudre d'un jaune pâle. Il faut le conserver dans un vase bien fermé.

Sulfophosphite mercurique, $\overset{,}{H}g^2\overset{,,,}{P}$. On l'obtient en maintenant l'hyposulfophosphite longtemps à + 360°, dans un vase distillatoire : il se produit un sublimé noir, composé de globules de mercure, noircis par un faible mélange de soufre. Le sulfophosphite reste, dans la cornue, sous forme d'une masse pulvérulente, jaune blanchâtre.

Hyposulfophosphite mercurique, $\overset{,}{H}g\,\overset{,}{P}$. On l'obtient en chauffant doucement, dans un appareil convenable, du sulfure de mercure en poudre avec un excès de sulfide hypophosphoreux dans un courant de gaz hydrogène; on continue à chauffer jusqu'à ce que le gaz hydrogène n'entraîne plus de sulfide hypophosphoreux. L'hyposulfophosphite mercurique forme une masse rouge sale, qui donne une poudre jaune orange. Si pendant la préparation du sel la température a été trop élevée, on y voit apparaître des globules de mercure, provenant d'un commencement de décomposition du sulfophosphite. Il noircit peu à peu à l'air, et commence ensuite à verdir. *Hyposulfophosphite monobasique*, $\overset{,}{H}g\,\overset{,}{P} + \overset{,}{H}g$. On l'obtient en décomposant le sulfophosphite mercurique par la distillation sèche; après la sublimation du sulfophosphate, ce dernier reste, et se sublime à la fin en beaux cristaux brillants, rouge pâle. 2 atomes de $\overset{,}{H}g^2\overset{,,,}{P}$ se partagent en 1 atome de $\overset{,}{H}g^2\overset{,,,,,}{P}$ et 1 atome $\overset{,}{H}g^2\overset{,}{P}$.

Sulfocarbonate mercureux, $\overset{,}{\mathrm{Hg}}\,\overset{,,}{\mathrm{C}}$. Il se précipite sous forme d'une masse translucide, d'un brun foncé, ayant quelque ressemblance avec le sulfocarbonate plombique. Par la dessiccation il devient noir. Dans la distillation, il ne donne que du mercure et du cinabre, sans traces de sulfide carbonique; celui-ci se dégage probablement pendant la dessiccation.

Sulfocarbonate mercurique, $\overset{,}{\mathrm{Hg}}\,\overset{,,}{\mathrm{C}}$. C'est un précipité noir, qui se maintient en dissolution quand la liqueur renferme un excès du précipitant. A l'état sec il est noir, et donne, par la distillation, du cinabre, sans traces de sulfide carbonique, qu'il paraît avoir perdu dans la dessiccation.

Sulfurénate mercurique, $\overset{,}{\mathrm{Hg}}+\mathrm{C^2H^2N^2S^2}$. Il forme un précipité blanc, qui ne tarde pas à se décomposer, et à devenir jaune, rouge, et à la fin noir.

Sulfotellurites trimercureux, $3\overset{,}{\mathrm{Hg}}\,\overset{,,}{\mathrm{Te}}$, *et trimercurique*, $3\overset{,}{\mathrm{Hg}}\,\overset{,,}{\mathrm{Te}}$. Le premier se précipite en brun foncé, le second en brun jaunâtre. Dans la distillation sèche, le sel trimercureux se convertit en sel trimercurique, en dégageant du mercure. En continuant à chauffer la masse, elle dégage du soufre, et finit par se sublimer en totalité. Le sublimé ainsi obtenu est une combinaison de sulfure et de tellurure mercurique; il est d'un gris foncé, et donne une poudre noire.

Sulfarséniate mercureux, $\overset{,}{\mathrm{Hg}}{}^2\overset{,,,,,}{\mathrm{As}}$. Il donne un précipité noir quand le sel dont on le précipite est entièrement exempt d'oxyde mercureux; et, dans le cas contraire, un précipité jaunâtre foncé, qui devient encore plus foncé en séchant. Chauffé dans un appareil distillatoire, ce sel éprouve, à une certaine température, une violente décrépitation, et donne du mercure métallique, sans traces de soufre ou de cinabre. La masse décrépitée se sublime ensuite sans altération, et le sublimé n'est autre chose que le composé suivant.

Sulfarséniate mercurique, $\overset{,}{\mathrm{Hg}}{}^2\overset{,,,,,}{\mathrm{As}}$. Ce sel, tant neutre que basique, se présente sous forme d'un précipité jaune foncé, dont la couleur ne change pas pendant la dessiccation. Il se sublime sans abandonner du soufre. Le sublimé, qui est noir et brillant, donne une poudre rouge qui ressemble à du cinabre de mauvaise qualité.

Sulfarsénite mercureux, $\overset{,}{\mathrm{Hg}}{}^2\overset{,,,}{\mathrm{As}}$. Il forme un précipité qui est noir, ou, si le sel de mercure contient de l'oxyde mercurique, d'un vert grisâtre. Étant distillé, il décrépite avec une violence qui tient de l'explosion, et dégage en même temps du mercure métallique; après quoi on obtient un sublimé, qui est le sel suivant.

Sulfarsénite mercurique, $\dot{H}g^2 \overset{,,,}{As}$. Il forme un précipité floconneux, rouge orangé, qui, lorsque la liqueur contient un excès de chlorure mercurique, devient bientôt tout blanc. Si c'est, au contraire, le sulfarsénite qui prédomine, le sel conserve sa couleur. En séchant, il devient brun foncé; mais quand on le triture, il donne une poudre jaune foncé. Il entre d'abord en fusion, puis se sublime. Le sublimé, vu sur ses bords, ou en lames minces, est translucide et jaunâtre; sa cassure est grise, et douée de l'éclat métallique. Il donne une poudre qui est jaune comme avant la sublimation, lorsqu'elle a été suffisamment triturée. Ce sublimé est du *bisulfarsénite mercurique*. Celui qu'on obtient par la décomposition du sel précédent, avec dégagement de mercure métallique, est du sulfarsénite neutre; son sublimé est d'un brun presque noir, brillant, opaque, et donne une poudre rouge foncé.

Sulfantimoniate mercureux (basique), $\dot{\text{Hg}}^3 \overset{,,,,,}{\text{Sb}}$. On l'obtient par voie de double décomposition, en traitant le nitrate mercureux par le sulfure sodique cristallisé. Il n'est pas altéré par un excès de sel mercureux.

Sulfantimoniate mercurique (basique), $\dot{H}g^3 \overset{,,,,,}{Sb}$. On l'obtient d'une manière analogue, au moyen du chlorure mercurique. Il forme un précipité orange foncé, qui brunit par la dessiccation. Pour l'obtenir, il faut verser goutte à goutte la solution du chlorure mercurique dans la solution du sulfure alcalin, parce que si l'on procédait d'une manière inverse, il produirait un précipité blanc qui, d'après *Rammelsberg*, se compose de $\dot{H}g^3 \overset{,,,,,}{Sb} + (3Hg\,Cl + \dot{H}g)$. Ce précipité n'est pas attaqué par les acides, mais il se dissout dans l'eau régale. La potasse en enlève du chlore et de l'acide antimonique, en laissant du sulfure mercurique.

Sulfomolybdate mercureux, $\dot{\text{Hg}} \overset{,,,}{\text{Mo}}$. C'est un précipité brun foncé, presque noir, qui donne par la dessiccation une poudre d'un brun foncé. Étant distillé, il donne du cinabre, et laisse du sulfure molybdique gris.

Sulfomolybdate mercurique, $\overset{,}{Hg}\overset{,,,}{Mo}$. Il forme un précipité brun clair, qui n'est point altéré par un excès de sulfomolybdate, mais se décompose instantanément dans une liqueur contenant un excès de chlorure mercurique, liqueur qui donne un précipité blanc et se colore en bleu. Séché, il donne par la trituration une poudre brun foncé; distillé, il dégage d'abord du soufre, puis du cinabre, et laisse du sulfure molybdique gris.

Hypersulfomolybdate mercureux, $\overset{,}{\bar{H}g}\overset{,,,,}{Mo}$. C'est un précipité brun foncé.

Hypersulfomolybdate mercurique, $\overset{,}{Hg}\overset{,,,,}{Mo}$. Il se précipite sous forme d'une poudre rouge.

Sulfotungstate mercureux, $\overset{,}{\bar{H}g}\overset{,,,}{W}$. C'est un précipité noir.

Sulfotungstate mercurique, $\overset{,}{Hg}\overset{,,,}{W}$. Il se précipite en flocons d'une belle couleur orange, quand on mêle le chlorure avec du sulfotungstate potassique. En séchant, il devient d'un brun jaunâtre. Sa poudre est rouge foncé, et prend du poli sous le brunissoir. Étant distillé, il donne premièrement du soufre, puis du cinabre, et laisse du sulfure tungstique. Si l'on emploie un excès de chlorure pour opérer la précipitation, le précipité devient blanc en peu d'instants; un excès de sulfotungstate potassique le rend noir.

Lorsqu'on mêle le chlorure mercurique avec une dissolution du sel double jaune que forme le sulfotungstate avec l'oxytungstate potassique, on obtient un précipité orange, dont la poudre sèche ne prend pas de poli et ne se tasse pas sous le pilon, et qui donne, dans la distillation sèche, un courant continu de gaz acide sulfureux.

26. *Sels d'argent.*

L'argent forme deux classes de sels : les uns ont pour base l'oxyde argenteux, les autres l'oxyde argentique. La *première classe de sels* a été découverte récemment par *Woehler*; mais on n'a préparé encore qu'un très-petit nombre de ces sels argenteux. A l'état solide, ils sont bruns ou noirs; leur solution aqueuse est d'un rouge vineux foncé.

Les *sels de la seconde classe* (sels argentiques) sont incolores; ceux qui sont solubles ont une saveur métallique, extrêmement désagréable. Ils donnent avec l'acide chlorhydrique un précipité blanc, qui devient noir quand on le laisse exposé à la lumière diffuse, et qui, traité au chalumeau sur du charbon, se réduit en argent métallique. Tous les métaux des sels précédents décomposent les sels, en précipitant l'argent à l'état métallique. Ils se dissolvent tous, plus ou moins bien, dans l'ammoniaque caustique. Les sels ferreux et stanneux en précipitent aussi de l'argent métallique; les sels de fer présentent en outre cette particularité, que ceux à base d'oxyde ferrique sont réduits à l'état de sels ferreux par l'argent avec lequel on fait bouillir leurs dissolutions, tandis que les sels à base d'oxyde ferreux réduisent à la température ordinaire l'oxyde argentique, et se transforment à ses dépens en sels ferriques. Ainsi, l'argent se dissout dans une dissolution bouillante de sulfate ferrique, laquelle en est colorée en vert; mais, pendant le refroidissement, l'argent ramené à l'état métallique se précipite, et la dissolution reprend dans la même proportion sa couleur rouge. La plupart des sels argentiques sont noircis par la lumière solaire, mais conservent dans l'obscurité leur couleur blanche. Cette couleur noire est d'ordinaire tout à fait superficielle, et protége la couche subjacente contre l'action de la lumière. Elle se manifeste sous l'eau aussi bien qu'à l'air, et tient à la formation d'une même couche d'oxysel ou de sel haloïde argenteux.

A. *Sels haloïdes d'argent.*

Chlorure argenteux, Ag Gl. Il y a longtemps que les chimistes ont remarqué pour la première fois ce composé, mais sans en connaître la nature. *Scheele* démontra que le chlorure argentique, qui noircit à la lumière, éprouve une espèce de réduction; il trouva qu'il y avait de l'acide chlorhydrique mis en liberté, et qu'en traitant par l'ammoniaque le chlorure argentique noir, il restait en non-solution des flocons noirs, qu'il reconnut être de l'argent métallique. On a conclu de ces observations que le chlorure argentique ne devenait noir que par l'action simultanée de la lumière et de l'humidité. Cependant il n'en est pas ainsi; car quand on fond du chlorure argentique dans un tube de verre qu'on ferme ensuite par les deux bouts, la surface du sel argentique, qui est en contact avec le verre, se noircit peu à peu. *Wetzlar* a fait voir que quand le chlorure argentique noircit, il y a dégagement de chlore, et que la substance noire n'est pas de l'argent, mais un degré inférieur de combinaison de ce métal avec le chlore. D'après *Wetzlar*, on peut se procurer le même composé par d'autres moyens; par exemple, en versant une dissolution de chlorure cuivrique ou ferrique sur de l'argent pur en feuilles. L'argent se réduit de suite en petites paillettes noires; on décante la liqueur, et on lave le souschlorure avec de l'eau. Si le contact était prolongé, on obtiendrait du chlorure ordinaire. La combinaison noire n'est pas attaquée par l'acide nitrique : aussi voit-on que du chlorure argentique sur lequel on a versé de l'acide nitrique, noircit à la lumière du soleil. (Du chlorure sur lequel on a versé de l'acide sulfurique, ou une dissolution de chlore ou de chlorure ferrique, ne devient pas noir quand on l'expose à l'action de la lumière.) La vraie composition de ce corps resta inconnue, jusqu'à ce que *Woehler* découvrit l'oxyde argenteux : il montra qu'on l'obtient en traitant un sel argenteux par l'acide chlorhydrique, ou en précipitant la solution de l'oxysel argenteux par du sel marin. Le chlorure se précipite alors sous forme d'une masse brune, grumeuse, qui noircit par la dessiccation à une douce chaleur. Il se décompose au point où le chlorure argentique fond, et se change en une masse de chlorure fondue, mêlée d'argent métallique très-divisé, qui s'oppose à la fusion exacte. Il est aussi décomposé par de l'ammoniaque caustique, ainsi que par une solution concentrée de sel ammoniac, qui en dissout le chlorure argentique. Il se produit, au contraire, très-facilement par l'action du sel ammoniac sur l'argent métallique. Quand on évapore une solution de sel ammoniac sur de l'argent métallique, il se forme, pendant qu'il se dégage un peu d'ammoniaque, une combinaison de sel ammoniac avec le chlorure argentique. Au contact avec l'argent, cette combinaison se change en chlorure argenteux, de sorte qu'en enlevant le sel par l'eau, il reste une tache noire foncée.

Chlorure argentique, Ag Gl. Il se présente sous forme d'une poudre blanche, insoluble, qui se précipite quand on traite, par l'acide chlorhydrique ou par les chlorures, un sel argentique quelconque, l'hyposulfite excepté. Il occupe d'abord un grand volume, et est caséeux; mais quand on le chauffe, il se rassemble en une masse pesante, et blanche comme la neige. Il est insoluble dans l'eau, et la plus petite quantité de chlorure ou d'acide chlorhydrique contenu dans de l'eau peut être découverte en y versant une goutte d'une dissolution de nitrate argentique. Au bout de quelques instants la liqueur devient opaline, et quand on l'expose à la lumière du soleil, elle prend une teinte vineuse, et dépose, après quelque temps, une poudre d'un brun foncé. Ce réactif est si sensible à la présence de l'acide chlorhydrique, qu'avec son secours on peut très-bien reconnaître cet acide étendu de 113 $\frac{2}{3}$ millions de fois d'eau; mais d'après *Pfaff*, qui a fait cet essai, la réaction est presque insensible quand l'acide chlorhydrique est étendu de 227 $\frac{1}{3}$ millions de fois d'eau. L'acide chlorhydrique dissout le chlorure argentique, surtout quand il est concentré, et le chlorure cristallise en octaèdres à mesure qu'on évapore la dissolution. Celle-ci est précipitée quand on l'étend d'eau. Le chlorure argentique se dissout facilement dans l'ammoniaque caustique, et cristallise aussitôt que l'ammoniaque se volatilise. Exposé à l'action de la chaleur, il devient d'abord rose, et se fond ensuite en un liquide transparent, jaunâtre, qui forme, après le refroidissement, une masse blanche, susceptible d'être coupée au couteau, et dont la consistance tient de celle de la corne; il doit à cette dernière propriété le nom d'*argent corné*, que lui avaient donné les anciens chimistes. Le chlorure argentique fondu se fixe d'ordinaire si solidement aux parois du vase où s'opère la fusion, qu'on a de la peine à le détacher. Il vaut donc mieux le verser sur une plaque de pierre froide et polie. Ce qui reste dans le vase, on le détache par l'ammoniaque caustique ou par l'eau, et on le réduit par du zinc ou du fer, avec addition d'un peu d'acide sulfurique ou d'acide chlorhydrique (t. II, p. 474). Il n'est pas décomposé par la chaleur rouge, même avec le secours du charbon, quand celui-ci a été préalablement bien calciné; mais lorsqu'on fait passer des vapeurs d'eau sur le sel fondu ou sur son mélange avec le charbon, l'argent est réduit, et l'on obtient de l'acide chlorhydrique et de l'oxygène ou de l'acide carbonique. Chauffé, au contraire, à la chaleur rouge, dans un courant de gaz hydrogène, il se forme de l'acide chlorhydrique, et l'argent est réduit. Quand on le chauffe inversement dans un courant de gaz acide chlorhydrique, il se produit de l'hydrogène et du chlorure argentique. La même chose arrive, quand on y fait passer des vapeurs de sel ammoniac. Fondu avec de la potasse caustique ou du carbonate potassique, il se réduit également, et donne du gaz acide carbonique et du gaz oxygène. Par la voie humide, au contraire, les carbonates alcalins sont sans action sur lui, et les hydrates l'attaquent très-peu.

Dans l'analyse, on a tiré parti de l'insolubilité du chlorure argentique, pour déterminer la quantité d'acide chlorhydrique contenue dans une liqueur. A cet effet, il convient de chauffer la liqueur d'où l'on veut précipiter le chlorure, et, si d'autres circonstances ne s'y opposent, de l'aiguiser par un peu d'acide nitrique, parce que le précipité se dépose alors plus facilement, ou s'agglutine, en sorte qu'il est plus facile à laver. Par une agitation violente de la liqueur, on hâte aussi beaucoup la séparation du précipité. Quand la liqueur est parfaitement neutre, le précipité y reste longtemps suspendu, et la liqueur, qui a un aspect laiteux, passe ordinairement trouble à travers le filtre. On fait bien de commencer par laver le précipité avec de l'eau dans laquelle on a versé quelques gouttes d'acide nitrique; sans cette précaution, il arrive quelquefois que quand la dissolution saline est entièrement enlevée par le lavage, l'eau pure devient laiteuse, et passe dans cet état à travers le filtre. Beaucoup de corps, du reste insolubles, possèdent cette propriété. Le chlorure argentique ne fixe pas d'eau, ni par la précipitation, ni par la cristallisation; on l'obtient donc complétement anhydre par la dessiccation à + 100°. On le rencontre très-rarement, dans le règne minéral, soit à l'état amorphe, soit en cristaux octaédriques.

Chlorure argentique ammoniacal, $Ag\,Gl + 3NH^3$. On l'obtient, suivant *H. Rose*, en saturant du chlorure argentique bien desséché avec du gaz ammoniac sec. C'est une poudre blanche, contenant 17,91 pour cent d'ammoniaque, qui s'en vont peu à peu à l'air. Quand on dissout à chaud du chlorure argentique jusqu'à saturation dans l'ammoniaque très-concentrée, et qu'on recouvre le flacon qui contient la liqueur, il se dépose, par le refroidissement, des cristaux cubiques. Ces cristaux ont donc tout à la fois la forme du chlorure argentique et du sel ammoniac; exposés à l'air, ils perdent de l'ammoniaque, et deviennent opaques. Ils représentent probablement une combinaison du chlorure argentique avec un peu moins d'ammoniaque que n'en renferme le composé précédent. Mais on n'en a pas fait l'analyse.

Chlorures doubles argentique et potassique, sodique et ammonique. On obtient ces sels doubles en faisant bouillir des dissolutions concentrées des chlorures alcalins avec du chlorure argentique. Pendant le refroidissement, le sel double se dépose en cristaux qui affectent ordinairement la forme de cubes. Il est décomposé par l'eau, qui laisse le sel argentique sans le dissoudre. Le chlorure potassique, fondu avec le double de son poids de chlorure argentique, donne un liquide jaune. Quand on fait digérer de l'argent en feuilles avec une dissolution concentrée de sel marin, la liqueur devient, d'après *Wetzlar*, légèrement alcaline, et acquiert une saveur prononcée d'argent en dissolution.

Le *chlorure argentique* forme, d'après *Liebig*, un sel double avec le *cyanure potassique*. Le premier est dissous par une dissolution de ce dernier, et, en évaporant la liqueur, le sel double cristallise. Ce sel ne peut pas être préparé à l'aide du cyanure argentique et du chlorure potassique; ces deux sels se décomposent l'un l'autre, et on obtient du chlorure argentique et du cyanure argentico-potassique.

Bromure argentique, Ag Br. Il est insoluble dans l'eau, et forme un précipité qui est d'abord blanc, mais devient d'un jaune pâle en se rassemblant. Il est très-fusible; la masse fondue et solidifiée est transparente, et d'un jaune pur et intense. Chauffé doucement dans un courant de gaz hydrogène, il donne naissance à de l'acide bromhydrique et à de l'argent métallique qui reste. Le bromure argentique n'absorbe pas de gaz ammoniacal. L'acide sulfurique concentré en dissout également une petite quantité; mais on l'en précipite de nouveau par l'eau. Du reste, il partage la plupart des propriétés du chlorure, et devient noir à la lumière, même quand l'intensité de celle-ci est insuffisante pour altérer sensiblement le chlorure. Il est très-peu soluble dans l'ammoniaque caustique; par l'évaporation de la liqueur, il se dépose des paillettes cristallines de bromure argentique. On le rencontre naturellement dans la mine d'argent de San Onofre, au Mexique, soit à l'état amorphe, soit en cristaux octoédriques; il est coloré en jaune; mais il est ordinairement vert à la surface, par suite d'une mince couche de bromure produite par l'action de la lumière. Avec les bromures des métaux alcalins, il forme des sels doubles semblables à ceux que donne le chlorure; et à une douce chaleur il peut être fondu, avec le carbonate sodique, en une masse jaune qui n'est pas parfaitement transparente. L'eau dissout le carbonate alcalin en laissant le bromure argentique; à une forte chaleur rouge, ces deux sels se décomposent l'un l'autre.

Iodure argentique, Ag I. Il est d'un jaune pâle, et ressemble du reste au chlorure par son aspect et par son insolubilité. Il est cependant facile de l'en distinguer, en ce qu'il se dissout très-difficilement dans l'ammoniaque, et en ce qu'il est noirci plus lentement par l'action de la lumière. D'après les expériences de *Martini*, il faut 2,500 parties d'ammoniaque d'une densité de 0,960 pour dissoudre une partie d'iodure argentique. On peut donc avoir recours à ce moyen pour séparer le chlorure argentique d'une très-petite quantité d'iodure. *Martini* pense même que cette séparation peut s'exécuter avec précision, et qu'il suffit pour cela de tenir compte de la solubilité de l'iodure argentique dans la liqueur ammoniacale employée. Je doute cependant qu'on puisse arriver par ce moyen à un résultat exact, attendu qu'une grande partie de l'ammoniaque perd, en dissolvant le chlorure argentique, le pouvoir de dissoudre l'iodure. Il entre aisément en fusion ; à l'état fondu, il est d'un rouge foncé, et, après le refroidissement, d'un jaune impur, opaque, et à cassure grenue. Calciné dans le gaz hydrogène, il donne de l'argent et de l'acide iodhydrique. L'acide sulfurique le rend noir, en mettant de l'iode en liberté; mais il redevient jaune aussitôt qu'on ajoute de l'eau au mélange. L'iodure argentique se rencontre, quoique très-rarement, dans le règne minéral ; jusqu'à présent on ne l'a trouvé que sous forme de lamelles minces, près de Zacatecas, au Mexique.

L'iodure argentique, soit seul, soit en combinaison avec une faible portion de bromure argentique, est devenu d'un usage général dans la production des dessins photographiques (daguerréotypie). A cet effet, on met une plaque d'argent polie ou du plaqué (plaque de cuivre recouverte d'une couche d'argent) en contact avec les vapeurs de l'iode ou avec celles de l'iode, mêlées d'un peu de brôme; la plaque se recouvre ainsi d'une mince couche d'iodure argentique, et devient pâle ou uniformément jaune. On l'introduit dans une chambre obscure, et on y fait tomber l'image qu'on veut reproduire; au bout de quelques minutes, ou même de quelques secondes, la plaque a si bien reçu, dans ses différentes parties, l'action inégalement forte de la lumière de l'image, que le dessin, bien qu'il ne soit pas encore visible, se montre lorsqu'on maintient la plaque sur du mercure chauffé à $+75°$. Pendant que les vapeurs mercurielles s'y précipitent, le dessin devient visible. On dissout l'excès d'iodure argentique non altéré en plongeant la plaque dans une dissolution d'hyposulfite sodique. L'action physico-chimique de ce phénomène n'est pas encore assez exactement connue pour qu'on puisse en donner une théorie certaine.

Iodure argentique ammoniacal, $2Ag + NH^3$. On l'obtient, d'après *Rammelsberg*, en saturant l'iodure argentique par le gaz ammoniac sec : il présente l'aspect d'une poudre blanche, dont l'ammoniaque s'en va à l'air. L'eau en retire également l'ammoniaque, et laisse l'iodure argentique.

Chloro-iodure argentique. L'iodure argentique absorbe du gaz chlore à froid, et blanchit. Par une plus grande quantité de gaz chlore, il devient jaune orangé. Par une douce chaleur, il s'en dégage du chlorure d'iode, et le résidu devient blanc. A une chaleur plus forte, il s'en sublime de l'iode, et il se produit une quantité correspondante de chlorure argentique.

Sels doubles d'iodure argentique avec d'autres iodures. A l'aide de l'ébullition, il se dissout en grande quantité dans les dissolutions concentrées des iodures des métaux alcalins et des terres alcalines. L'eau le précipite de ces dissolutions. D'après *Boullay* jeune, il forme, avec l'iodure potassique, deux combinaisons cristallisées. Si l'on emploie un excès de sel argentique, on obtient un sel dans lequel les deux iodures contiennent la même quantité d'iode. Si, au contraire, on emploie un excès d'iodure potassique, le sel double qu'on obtient renferme 2 atomes d'iodure potassique pour 1 atome d'iodure argentique. Ces sels sont donc, $= KI + AgI$ et $2KI + AgI$. Le premier se dissout dans l'alcool bouillant; et de cette solution, si elle n'est pas trop concentrée, il se dépose, par le refroidissement, en aiguilles régulières; tandis que l'eau mère ne le dissout en cristaux irréguliers que lorsqu'elle est très-concentrée. Le dernier forme, dans son eau mère, des cristaux réguliers. L'un et l'autre sels laissent de l'iodure argentique insoluble, quand on les traite à froid par l'eau ou par l'alcool.

Iodure mercurique avec sousnitrate mercurique, $AgI + \dot{H}g^2\dddot{\ddot{N}} + \dot{H}$. On l'obtient, d'après *Preuss*, en dissolvant l'iodure argentique, à la température de l'ébullition, dans une solution de nitrate mercurique. Par le refroidissement, la liqueur se prend en une masse d'aiguilles, constituant le sel en question. Il se conserve à l'air; mais l'eau en retire du nitrate mercurique neutre.

D'après *Liebig*, le *cyanure argentique* forme, avec l'*iodure argentique*, un sel double analogue à celui produit par le chlorure.

Fluorure argentique, AgF. D'après *Gay-Lussac* et *Thenard*, il est soluble, ne cristallise pas, et donne, par la dessiccation, une masse saline qui attire l'humidité de l'air. A une température élevée, il fond comme le chlorure argentique, et la masse fondue se redissout dans l'eau. Exposé, en vases ouverts, à une température plus élevée encore, il dégage du fluor, et la masse fondue se couvre d'une pellicule d'argent, qui devient peu à peu plus épaisse. Ce changement ne tient pas à la température, mais à l'humidité de l'air qui se trouve en contact avec le sel fondu, et donne naissance à un dégagement d'acide fluorhydrique et de gaz oxygène. Quand on fait fondre le fluorure argentique dans du gaz chlore, il se dégage, d'après *H. Davy*, du gaz fluor, auquel aucun vase n'a pu jusqu'à présent résister. Quand on le chauffe dans un vase de verre, il se produit du fluorure silico-potassique et du gaz oxygène; dans un vase de platine il se forme du fluorure platineux. On n'est pas encore parvenu à obtenir des sels doubles de fluorure argentique avec d'autres fluorures.

Fluorure silico-argentique, $3Ag\bar{F} + 2Si\bar{F}^3$. Évaporée jusqu'à consistance de sirop, la dissolution de ce sel donne des cristaux blancs et grenus, qui s'humectent promptement à l'air. Si l'on mêle la dissolution avec une petite quantité d'ammoniaque, il se précipite un sel basique jaune clair, qui se dissout dans l'ammoniaque en laissant du silicate argentique.

Cyanure argentique, $Ag\bar{C}y$. On l'obtient en versant de l'acide cyanhydrique dans une dissolution de nitrate argentique. Le cyanure se précipite sous forme d'une poudre blanche. Il est insoluble dans l'eau, et ne se dissout dans les acides nitrique et sulfurique qu'autant que ces acides sont concentrés et très-chauds. L'acide chlorhydrique le décompose facilement; il en est de même du gaz sulfide hydrique et des sulfhydrates. Les alcalis caustiques ne le décomposent pas; mais il se dissout facilement dans l'ammoniaque. Il sera question plus bas du changement qu'il éprouve à une température élevée.

Surcyanure argentique, $Ag\bar{C}y + H\bar{C}y$. On l'obtient, suivant *Meillet*, en précipitant une solution de cyanure argentico-barytique par la quantité d'acide sulfurique exactement nécessaire pour séparer le baryte; le composé dont il s'agit reste en solution. On n'en a donné encore qu'une description incomplète. Suivant *Meillet*, la solution est jaune, à réaction acide, exhale une faible odeur d'acide cyanhydrique, se conserve assez bien, et forme, avec les bases alcalines, des cyanures doubles; mais elle exerce une faible action sur les carbonates alcalins.

Cyanures doubles de cyanure argentique. Le cyanure argentique, traité par les cyanures potassique, sodique, calcique, barytique, strontique ou ammonique, forme avec eux des dissolutions incolores qui n'ont point d'odeur, et dont la saveur est d'abord douceâtre et ensuite très-désagréable. Ces combinaisons ont été découvertes par *Ittner.* Elles ne sont précipitées ni par les chlorures ni par les alcalis caustiques; mais les acides qui décomposent le cyanure ferroso-potassique les précipitent. Ils sont insolubles dans l'alcool, qui les précipite de leur dissolution dans l'eau. L'acide carbonique de l'air ne les altère pas. Il est facile de faire cristalliser le sel potassique en évaporant sa dissolution. Il donne des cristaux octaédriques réguliers, transparents, incolores; quelquefois des tables striées, penniformes. Les octaèdres sont souvent scaliformes. Il se compose, suivant *Rammelsberg*, de K Ɇy + Ag Ɇy. D'après *Glassford* et *Napier*, les cristaux brunissent à la lumière du soleil, ainsi qu'à une température de + 100°. Ces chimistes obtinrent des tables hexagonales, mêlées de prismes rhomboïdaux fins; ces derniers contiendraient 1 atome ou 4,33 pour cent d'eau. *Ittner* dit avoir obtenu ce sel en cristaux transparents penniformes. Si l'on mêle les dissolutions de ces sels doubles avec des dissolutions neutres de sels métalliques, le cyanure argentique se précipite avec le métal ajouté, qui s'est combiné avec le cyanogène; et il se forme des cyanures doubles pour la plupart blancs, qui sont de même nature que les cyanures correspondants que forme le fer avec les autres métaux. Les précipités que ce sel donne dans les solutions d'autres sels métalliques, présentent, d'après *Glassford* et *Napier*, les colorations suivantes : celui des sels ferreux est blanc brunâtre; celui des sels ferriques, jaune brun; celui des sels cobaltiques, rouge violet; ceux des sels zinciques et des sels stanneux, blanc jaunâtre; celui des sels plombiques, blanc; celui des sels cuivriques, vert clair; celui du chlorure mercurique, blanc; celui du chlorure aurique, blanc jaune; les sels manganeux ne sont pas par là précipités. Les précipités se dissolvent dans le cyanure potassique, pour former des sels doubles.

Les cyanures doubles argentiques, solubles dans l'eau, ont reçu, dans ces derniers temps, une application importante dans l'argenture par voie hydroélectrique.

Cyanure ferroso-argentique, 2Ag Ɇy + Fe Ɇy. Il se précipite quand on traite une solution de nitrate argentique par le cyanure ferroso-potassique. Il est blanc, et prend facilement à l'air une teinte bleue.

Cyanure ferrico-potassique, 3Ag Ɠy + Fe Ɠy³. Il se précipite d'une manière analogue, au moyen du cyanure ferrico-potassique. Sa couleur est jaune orange.

Cyanure cuivroso-argentique, Ag Ɠy + Ɠu Ɠy. Il se précipite, quand on mêle le nitrate argentique avec le sel prismatique de cyanure cuivroso-potassique. Le précipité est brun noir. L'acide nitrique en dissout $\frac{3}{4}$ de cyanure cuivreux, et laisse 3Ag Ɠy + Ɠu Ɠy, de couleur plus claire. L'acide chaud en retire le dernier atome de cyanure cuivreux, et laisse du cyanure argentique.

Paracyanure argenteux, Ag pƓy. Il se produit, suivant *Harald Thaulow*, quand on chauffe le cyanure argentique doucement dans un vase distillatoire. La moitié du cyanogène passe d'abord à l'état de gaz; à une certaine température, la masse éprouve un phénomène lumineux qui indique le passage d'un état isomérique à un autre. L'argent rentre alors dans la classe des combinaisons où il est représenté par un atome double, et où le cyanogène se trouve à l'état de paracyanogène. Le paracyanure ainsi obtenu est un corps gris cendré, poreux, qui prend, sous le brunissoir, un éclat métallique, à peu près comme le ferait le bismuth. Il se réduit facilement en une poudre fine, noire; et, à l'abri du contact de l'air, il supporte la chaleur blanche sans se décomposer. Au contact de l'air, le paracyanogène brûle à la surface, et se recouvre d'argent métallique qui s'oppose à l'action plus profonde de l'air. *Thaulow*, le mêlant avec de la magnésie, le chauffa à la température ordinaire du fer; la magnésie fut ainsi réduite par le paracyanogène, et le magnésium fondit, avec l'argent, en un bouton de régule. Le paracyanogène fondu avec du mercure forme une masse cristalline, grise, très-dure. Traité par l'acide nitrique, le paracyanogène argenteux cède l'argent; mais celui-ci ne peut être par là complétement enlevé, à moins que le paracyanogène ne soit en même temps détruit. (*Voir* tome I, page 321.)

Rhodanure argentique, Ag + $C^2 N^2 S^2$. Il forme un précipité blanc, caséeux, qui n'est pas dissous par l'ammoniaque étendue. A la lumière il noircit, mais plus lentement que le chlorure.

Mellanure argentique, Ag $C^6 N^8$. Il se précipite, suivant *Liebig*, quand on traite du nitrate argentique par du mellanure potassique; il forme une masse gélatineuse, blanche, qu'on obtient anhydre après le lavage et la dessiccation à $+120^{\circ}$.

Le *boronitrure argentique* s'obtient, suivant *Balmain*, en mêlant très-exactement des proportions convenables de boronitrure zincique et de chlorure argentique, et chauffant le mélange, dans un vase couvert, jusqu'à la chaleur blanche. Le chlore se combine ainsi avec le zinc, et le chlorure zincique produit se volatilise en laissant le boronitrure argentique sous forme d'une poudre blanche.

B. *Oxysels d'argent.*

Sulfate argentique, $\dot{A}g\dddot{S}$. On l'obtient en dissolvant l'argent dans parties égales d'acide sulfurique bouillant : il se dégage du gaz acide sulfureux, et on finit par obtenir une masse saline blanche qui fond à une température peu élevée, et se décompose, en donnant un résidu d'argent, quand on l'expose à une plus forte chaleur. Le sulfate argentique se dissout dans 88 parties d'eau bouillante, et la plus grande partie du sel dissous cristallise, en petites aiguilles, par le refroidissement de la liqueur. Le sel est anhydre. Suivant *Pirwitz*, le sel argentique, quand on le dissout avec le concours de la chaleur dans l'acide sulfurique concentré, cristallise, par le refroidissement, en aiguilles; et quand on expose le restant de la liqueur dans un endroit obscur (où l'acide se dilue peu à peu en absorbant l'humidité de l'air), le sel se dépose en octaèdres réguliers. On l'obtient aussi en précipitant le nitrate argentique par une dissolution concentrée de sulfate sodique; mais comme il est assez soluble dans l'eau froide, il en reste beaucoup dans la liqueur, et il s'en dissout dans l'eau de lavage. On a aussi proposé de préparer ce sel en dissolvant l'argent à l'aide de l'acide sulfurique, et d'un dixième ou d'un huitième de nitre. On prétend que ce moyen est très-économique, dans le cas où l'on veut purifier l'argent en le précipitant par le cuivre ou le sel marin. *Vogel* a observé ce fait singulier, que l'argent très-divisé se dissout à froid dans l'acide sulfurique anhydre, sans qu'il y ait dégagement d'acide sulfureux; jusqu'à présent on ignore à quel état l'argent se trouve dans cette dissolution.

Sulfate argentique ammoniacal, $\dot{A}g\dddot{S}+2NH^{3}$. Lorsqu'on dissout du sulfate argentique récemment précipité dans de l'ammoniaque concentrée et chaude, on obtient, pendant le refroidissement de la liqueur, de beaux cristaux incolores qui se conservent assez bien à l'air. D'après *H. Rose*, on obtient une combinaison avec moitié autant d'ammoniaque, en laissant le sel sec se saturer de gaz ammoniac, c'est-à-dire $\dot{A}g\dddot{S} + NH^3$.

Soussulfate ferrico-argentique. D'après *Lavini*, on obtient deux combinaisons de cette espèce, en laissant pendant quelque temps du nitrate argentique avec du sulfate ferrique dans un vaisseau fermé. Au premier moment de la réaction de ces sels l'un sur l'autre, il se précipite de l'argent métallique; mais ce métal disparaît peu à peu, et il se dépose en sa place un sel couleur de rouille, qui se présente sous la forme d'une croûte cristalline, et qui est complétement soluble dans 1000 parties d'eau. D'après l'analyse de *Lavini*, la composition de ce sel est exprimée par $\ddot{F}e^2\dddot{S} + 18\dot{A}g^2\dddot{S}$, et l'oxygène de l'oxyde argentique y est à celui de l'oxyde ferrique comme 6 : 1. — L'eau mère du sel précédent ayant été mêlée avec une solution de sulfate ferrique rouge, il s'est formé un précipité composé d'après la formule $\ddot{F}e^2\dddot{S} + 7\dot{A}g^2\dddot{S}$. Cependant les nombres paraissent plutôt indiquer un mélange qu'une combinaison.

Sulfate sulfo-argentique. Ce composé s'obtient en faisant digérer le sulfate argentique avec de l'acide nitrique pur. Le sulfure argentique se change partiellement en sulfate argentique, qui s'unit à une autre partie de sulfure argentique pour former un corps brun jaune pulvérulent, qu'on décompose difficilement par l'acide nitrique. Le composé se détruit dans l'eau bouillante, qui dissout du sulfate argentique, et laisse du sulfure argentique noir.

Sulfite argentique, $\dot{A}g\ddot{S}$. On l'obtient en versant de l'acide sulfureux sur l'oxyde argentique, ou en précipitant un sel argentique par un sulfite alcalin, ou par de l'acide sulfureux. Le sel se dépose en petits cristaux blancs et brillants, qui sont inaltérables à l'air; d'après *Fourcroy*, la lumière ne les altère pas davantage. Le sulfite argentique forme des sels doubles avec les sulfites alcalins.

Dithionate (hyposulfate) *argentique*, $\dot{A}g\dddot{\bar{S}}$. D'après *Heeren*, on l'obtient en dissolvant le carbonate argentique dans de l'acide hyposulfurique. Il cristallise en prismes d'une forme régulière, bien prononcée, qui ne s'altèrent pas à l'air. Il se dissout dans deux parties d'eau ; par l'action de la chaleur, il se transforme en une poudre grise qui se dissout dans l'eau bouillante, en laissant pour résidu un peu de sulfure d'argent. L'hyposulfate argentique contient 8,72 parties ou 2 atomes d'eau.

Dithionate argentique ammoniacal, $\dot{A}g\,\overset{\cdot\cdot\cdot\cdot\cdot}{\overline{S}} + 2\,\overline{N}H^3$. Une dissolution, faite à chaud, du dithionate neutre dans l'ammoniaque caustique, laisse déposer ce sel en petits prismes rhomboïdaux, dont toutes les arêtes sont tronquées. Par la chaleur, l'eau et un peu d'ammoniaque s'en vont; il se sublime du sulfite ammonique, et il reste du sulfate argentique.

Dithionite (hyposulfite) *argentique*, $\dot{A}g\,\ddot{\overline{S}}$. D'après les essais de *Herschel*, l'acide dithioneux a une grande affinité pour l'oxyde argentique, quoique la combinaison ne tarde pas à se décomposer. Quand on ajoute, par petites portions, une dissolution étendue d'un hyposulfite neutre à une dissolution étendue de nitrate argentique neutre, on obtient un précipité blanc, qui se redissout après quelques instants. Si l'on ajoute peu à peu à la liqueur assez d'hyposulfite pour rendre le précipité permanent, sans cependant décomposer tout le sel argentique, on obtient une masse floconneuse, d'un gris sale, qui se maintient sans altération ; la liqueur qui renferme le dithionite argentique a une saveur sucrée, et n'est précipitée ni par l'acide chlorhydrique, ni par les chlorures. Si, au contraire, on ajoute un excès de précipitant, le précipité est réduit à l'état de sulfure d'argent, tandis que le précipitant passe à l'état de sulfate : même le dithionite argentique neutre se décompose peu à peu en sulfate et en sulfure. Si l'on précipite le dithionite barytique par l'acide sulfurique, et qu'on ajoute, au moment de la précipitation, du chlorure argentique à la liqueur, ce sel est dissous, et la liqueur prend une saveur sucrée. En la filtrant et y versant de l'alcool, l'hyposulfite argentique se précipite. Il résulte de cette expérience que l'acide dithioneux a plus d'affinité pour l'oxyde argentique qu'aucun autre acide.

L'acide dithioneux forme, d'après *Herschel*, avec l'oxyde argentique et plusieurs bases, des sels doubles, dans lesquels cet oxyde se conserve beaucoup mieux que dans le sel simple. L'oxyde argentique montre une tendance si forte à former de semblables sels doubles, qu'il décompose même les dithionites alcalins et en expulse la moitié de la base, en sorte que la dissolution prend une saveur d'alcali caustique. Les dithionites solubles dissolvent facilement tous les sels argentiques insolubles, en les décomposant : il faut cependant excepter l'arséniate et l'iodure argentiques; car le premier de ces sels se dissout lentement, et le second n'est dissous qu'en partie. Le sulfate argentique est converti, par les dithionites, en sulfure argentique et en acide sulfurique qui devient libre. Les sels doubles, neutres, ont une saveur fortement sucrée, et nullement métallique. On les prépare en mêlant une dissolution neutre d'un dithionite quelconque avec du chlorure argentique récemment précipité et bien lavé : on ajoute le chlorure par petites portions, et on en met jusqu'à ce que la liqueur n'en dissolve plus; après quoi on filtre la dissolution, et on la mêle avec une grande quantité d'alcool, qui précipite le sel double. On le lave avec un peu d'alcool, on l'exprime entre des doubles de papier gris, et on le sèche dans le vide, au-dessus d'un vase contenant de l'acide sulfurique. Ces sels étant décomposés par la chaleur, il est nécessaire de les préparer à froid. Si l'on dissout le sel dans l'eau, et qu'on ajoute de l'oxyde argentique à la dissolution, il se forme une combinaison plus riche en dithionite argentique, qui se précipite sous forme d'une masse cristalline, pulvérulente, volumineuse, blanche. Cette combinaison est peu soluble dans l'eau, mais elle se dissout dans l'ammoniaque, et communique à la liqueur une saveur sucrée très-marquée. D'après les expériences de *Herschel*, les sels doubles solubles paraissent être composés de telle manière qu'ils contiennent 1 atome de dithionite argentique et 2 atomes de dithionite alcalin; dans les sels peu solubles, au contraire, il y a 1 atome de l'un et de l'autre. *Herschel* a examiné les sels doubles à base de *potasse*, de *soude*, d'*ammoniaque*, de *chaux*, de *strontiane* et d'*oxyde plombique*. Les sels formés par la potasse et la soude cristallisent. Le *sel ammonique* cristallise en paillettes, quand on évapore l'alcool qui a été employé à précipiter le sel double. Ce sel se décompose peu à peu; il est tellement sucré, qu'il produit dans le gosier une impression douloureuse; une partie du sel communique à 32000 parties d'eau une douceur sensible. La *strontiane* ne paraît donner naissance qu'au sel plus riche en hyposulfite argentique et peu soluble; car quand on traite le dithionite strontique par le chlorure argentique, tout est précipité, et la liqueur ne prend pas de saveur douce, ni, par l'action du sulfure hydrique, une teinte foncée. On obtient le *sel plombique* en mêlant du nitrate plombique avec une dissolution du sel double calcique; du nitrate calcique reste dans la liqueur, et le sel double métallique se précipite sous forme d'une poudre blanche.

Nitrate argentique, $\dot{\mathrm{Ag}}\,\overset{\therefore}{\ddot{\mathrm{N}}}$. On le prépare en dissolvant l'argent dans l'acide nitrique. Quand on suspend de l'argent pur dans l'acide nitrique pur, et qu'on regarde la liqueur par transparence en la tenant contre le jour, on voit que le métal se dissout sans dégagement de gaz, et qu'une dissolution concentrée descend en stries épaisses le long de l'argent. Ce phénomène continue pendant assez longtemps, surtout quand on empêche la liqueur de s'échauffer. La dissolution devient peu à peu verdâtre, ce qui explique le phénomène; car, à une basse température, l'acide se réduit seulement à l'état d'acide nitreux, qui reste en dissolution. Mais la liqueur ne tarde pas à s'échauffer, et quelquefois l'argent se dissout subitement, avec un violent dégagement de gaz. Le sel cristallise, par le refroidissement de la dissolution, en tables incolores, qui ne s'altèrent pas à l'air. Le nitrate argentique se dissout dans un poids d'eau froide égal au sien, et l'alcool bouillant en dissout un quart de son poids; mais la plus grande partie du sel se précipite par le refroidissement de la liqueur alcoolique. Ce sel ne jouit pas de la propriété que possèdent la plupart des sels métalliques, de rougir la couleur de l'infusion ou du papier de tournesol. Exposé à la lumière solaire, il prend une couleur noire; mais ceci n'a lieu, d'après les expériences de *Scanlan*, que lorsque le sel a été en contact avec une matière organique, soit avec les doigts, le papier à filtre, etc. Dans le cas contraire, l'effet n'a aucunement lieu. A une température élevée, il fond en une masse saline, incolore, qui devient noire par une chaleur plus forte. On emploie cette méthode pour dépouiller le sel du fer ou du cuivre qui pourraient y être contenus: le fer et le cuivre donnent des soussels qui se déposent de la masse fondue à une température où le sel argentique n'est pas encore décomposé, de manière qu'on peut le déverser limpide. Ce qui reste au fond du creuset peut être dissous dans un peu d'eau, et obtenu à l'état de pureté; mais il ne faut pas laver la partie non dissoute, car elle commencerait à se dissoudre. L'argent qui y reste peut être facilement séparé par l'acide chlorhydrique. Si l'on place sur une enclume quelques petits cristaux de nitrate argentique, qu'on pose dessus 2 centigrammes environ de phosphore, et qu'on applique sur le tout un fort coup de marteau, il se produit une forte détonation : cette expérience pourrait devenir dangereuse, si on la répétait sur des quantités de matières plus grandes.

Si l'on introduit du phosphore dans une dissolution très-étendue de nitrate argentique, le phosphore se revêt bientôt d'une couche d'argent, se dissout ensuite, et laisse à la fin une croûte creuse d'argent métallique. Madame *Fulham* a trouvé que quand on plonge un morceau d'étoffe de soie dans une dissolution du sel neutre, et qu'on le suspend ensuite dans une cloche remplie de gaz hydrogène, l'étoffe devient d'abord brune, et prend ensuite la couleur de l'argent métallique, à mesure que la réduction de ce dernier continue ; la surface présente un aspect inégal, et réfléchit par endroits les couleurs de l'arc-en-ciel. D'après *Rumfort*, quand on fait bouillir la dissolution de ce sel avec du charbon, ou qu'on l'expose à la lumière solaire, après y avoir introduit un morceau de charbon, l'argent se réduit et se dépose sur le charbon.

Toutes les matières animales, sur lesquelles on étend une dissolution de nitrate argentique, prennent une couleur d'abord blanche, puis noire, ou brune quand la dissolution est étendue ; cette couleur ne disparaît pas par le lavage. Même le marbre, l'agate et le jaspe prennent une couleur noire quand on les expose à la lumière du soleil, après les avoir enduits d'une dissolution de ce sel. On teint en noir les cheveux et la barbe, en les enduisant d'une dissolution concentrée de nitrate argentique dans l'éther ; mais il faut prendre garde de ne pas toucher à la peau, qui deviendrait également noire. La dissolution aqueuse de ce sel, épaissie avec un peu de gomme, peut servir à marquer le coton et le lin. La place sur laquelle on veut écrire est d'abord enduite d'une dissolution de potasse, puis séchée, opération qui a pour but de roidir l'étoffe et de lui donner une surface lisse ; on écrit ensuite sur cette place avec la dissolution d'argent, et l'on place le tout à la fenêtre pour l'exposer à la lumière, et surtout aux rayons directs du soleil. Au bout d'un jour, on lave à l'eau la place sur laquelle on a écrit : l'écriture est alors noire, et ne peut être effacée. La potasse sert à roidir l'étoffe, à décomposer le sel argentique, et à empêcher que l'acide nitrique n'exerce une action destructive sur le tissu. Cette couleur noire, ainsi produite, n'appartient pas à l'argent métallique; car, selon toute probabilité, elle tient à du nitrate argenteux ou plutôt à du chlorure argenteux, qui se combine chimiquement avec la substance organique. Il est souvent difficile d'enlever cette couleur noire, parce que ni les acides ni les alcalis ne l'attaquent. Mais cette action se fait facilement, tant par le dithionite que par le cyanure potassiques. Le composé noir est par là détruit: du chlorure ou de l'oxysel argentique se dissout dans la liqueur, et il se sépare de l'argent métallique, qu'on enlève facilement par le lavage. La dissolution aqueuse de ce sel préserve mieux de la fermentation putride qu'aucun autre corps; la chair et les matières animales sur lesquelles on a versé du nitrate argentique, se conservent sans altération. L'eau qui en contient $\frac{1}{12000}$ ne se corrompt pas, quelque longtemps qu'on la conserve; et lorsqu'on veut s'en servir, il suffit d'y verser quelques gouttes d'une dissolution de sel marin pour précipiter l'argent. Le nitrate argentique est employé en médecine, soit à l'intérieur, soit à l'extérieur. Dans le premier cas, on l'emploie à l'état cristallisé, et les pharmaciens l'appellent alors *argentum nitratum;* dans le dernier cas, on le fond et on l'entretient dans l'état de fusion, jusqu'à ce qu'il ait pris une couleur noire; puis on verse la masse fondue dans des moules, pour lui donner la forme de petits cylindres connus sous le nom de *pierre infernale.* Dans cet état, on l'emploie pour cautériser les chairs baveuses et d'autres excroissances. Souvent la pierre infernale est préparée avec de l'argent contenant du cuivre; dans ce cas, sa dissolution est verte ou bleu verdâtre, et irrite beaucoup le malade, quoiqu'il cautérise moins que le nitrate pur. Cette différence tient à ce que le sel argentique est décomposé par les parties humides, avec lesquelles on le met en contact immédiat, et y borne toute son action. Le sel cuivrique, au contraire, est dissous par l'humeur des parties sur lesquelles il tombe, se répand dans la plaie, et irrite le malade sans cautériser. Une autre falsification de ce sel consiste à le fondre avec du salpêtre, et à couler le mélange en cylindres. On découve aisément cette fraude en chauffant une quantité du sel au chalumeau sur le charbon, où il se réduit avec détonation, et laisse une tache qui réagit à la manière des alcalis. Le nitrate argentique ne contient point d'eau de cristallisation.

Nitrate argentique ammoniacal, $\dot{Ag}\,\overset{\cdot\cdot\cdot\cdot\cdot}{\bar{N}} + 2\bar{N}H^3$. La dissolution du nitrate argentique dans l'ammoniaque chaude donne, soit par le refroidissement, soit par l'évaporation dans l'obscurité, les cristaux du sel en question. Ce sel est très-soluble dans l'eau. Dans l'obscurité il ne s'altère pas à l'air, mais à la lumière il noircit, et dégage de l'ammoniaque. Suivant *Kane*, quand on fait fondre ce sel, qui est très-fusible, dans une cornue, tube ou boule de verre, et que pendant la fusion on le fait couler sur toutes les parties de l'intérieur du verre, celui-ci se tapisse d'une pellicule miroitante d'argent, pendant qu'il se forme du nitrate ammonique qui reste à la fin seul. D'après *H. Rose*, le nitrate argentique anhydre absorbe 1 atome double d'ammoniaque, et donne un composé $= \dot{Ag}\,\overset{\cdot\cdot\cdot\cdot\cdot}{\bar{N}} + 3\bar{N}H^3$.

Nitrate mercurico-argentique, $\dot{Hg}\,\overset{\cdot\cdot\cdot\cdot\cdot}{\bar{N}} + \dot{Ag}\,\overset{\cdot\cdot\cdot\cdot\cdot}{\bar{N}}$. Ce sel double se dissout aisément dans l'eau, qui ne le décompose pas. Il cristallise en prismes.

Nitrate argentique uni au cyanure cuivrique. Ce sel double prend naissance quand on verse du nitrate argentique sur du cyanure cuivrique encore humide. La combinaison est noire, et insoluble dans l'eau. Chauffée, elle détone, et produit un feu vert. Dans cette expérience, il faut employer le cyanure cuivrique obtenu en précipitant le nitrate cuivrique au moyen du cyanure ammonique. Lorsqu'on verse la dissolution argentique sur le cyanure cuivrique jaune isabelle, précipité du cyanure cuivrico-potassique par un acide, il se dépose sur-le-champ de l'argent métallique en paillettes brillantes, tandis que la liqueur se colore en vert. Si on favorise l'action par la chaleur, la décomposition se fait d'une manière tellement complète, qu'il ne reste plus à la fin que de l'argent métallique. La liqueur contient en outre le sel double de cyanure argentique suivant, puisque l'eau en précipite du cyanure argentique.

Nitrate argentique uni au cyanure mercurique, $2Hg\bar{C}y + \dot{Ag}\,\overset{\cdot\cdot\cdot\cdot\cdot}{\bar{N}} + 8\dot{\bar{H}}$. On obtient ce sel double en mêlant des dissolutions chaudes des deux sels. Pendant le refroidissement, le sel cristallise en cristaux transparents, d'un éclat nacré. Il est peu soluble dans l'eau et dans l'alcool froids; à la température de $+100°$, il perd 7, 8 pour cent de son eau de cristallisation, et devient d'un blanc laiteux, mais ne se réduit pas en poussière; exposé à une température plus élevée, il entre en fusion, et brûle ensuite avec une forte flamme pourpre et beaucoup de bruit.

Le *cyanure argentique* forme, avec le *nitrate argentique*, un sel double cristallisé $2\dot{A}g\,\overline{Cy} + \dot{A}g\,\dddot{\overline{N}}$, qu'on obtient en dissolvant du cyanure argentique récemment précipité, dans une dissolution bouillante et convenablement concentrée de nitrate argentique, et livrant la liqueur à un refroidissement graduel; le sel cristallise en prismes très-brillants. L'eau dissout le nitrate de ce sel double, et laisse le cyanure. Chauffé, il détone avec violence, et donne un résidu d'argent contenant du cyanogène. Il est exempt d'eau. — *Wöhler*, qui a découvert ce sel double et les deux sels précédents, a cherché en vain à combiner le nitrate argentique avec d'autres cyanures. Le sel argentique donne sur-le-champ des nitrates et du cyanure argentique avec les cyanures niccolique, zincique et ferrique.

Nitrites argentiques. 1° *Sel neutre*, $\dot{A}g\,\dddot{\overline{N}}$. D'après *Mitscherlich*, on l'obtient en faisant fondre du nitrate sodique au rouge peu intense, jusqu'à ce qu'une petite portion de la masse, dissoute à part dans l'eau, donne un précipité foncé avec le nitrate argentique neutre. Cette couleur foncée provient de ce que, après l'entière décomposition de l'acide nitrique, il se dégage un peu d'acide nitreux, de sorte que le sel renferme de la soude libre qui précipite de l'oxyde argentique. On précipite une dissolution argentique avec celle de la masse fondue, on sépare le précipité par la filtration, et, après l'avoir lavé avec un peu d'eau froide, on le dissout dans le moins possible d'eau bouillante, et on sépare l'oxyde argentique non dissous en filtrant la liqueur tandis qu'elle est encore en ébullition. Pendant le refroidissement, le sel se dépose en prismes incolores. Il est soluble dans 120 parties d'eau à + 15 degrés. On prépare d'autres nitres en broyant ce sel avec des chlorures pris en quantité atomique convenable.

2° *Sousnitrite argentique.* Voici les indications que donne *Proust* sur ce sel : On l'obtient en faisant bouillir de l'argent en poudre avec une dissolution neutre de nitrate argentique pendant une heure, ou jusqu'à ce qu'il ne se dissolve plus d'argent, comme il a été dit au sujet de la préparation du nitrite plombique. Le sel argentique forme une dissolution jaune clair, qui cristallise difficilement; évaporée jusqu'à ce qu'elle ait une densité de 2, 4, elle ne montre aucune tendance à cristalliser; et quand on pousse l'évaporation plus loin, elle se prend en une masse saline. Lorsqu'on jette de l'eau sur cette masse, le sel se décompose en nitrite neutre qui se dissout, et en nitrite surbasique qui reste sous forme d'une poudre jaune insoluble. On peut aussi préparer le sel neutre en neutralisant le soussel par l'acide chlorhydrique, et séparant la dissolution du chlorure précipité. A l'air, le nitrite argentique se transforme en nitrate. *Proust*, qui découvrit ce sel, le regarda comme du nitrate argenteux; plusieurs de ses expériences méritent d'être citées. La dissolution du sel basique précipita la teinture de tournesol en donnant naissance à une laque bleue, et la dissolution devint neutre. La teinture de cochenille donna avec le nitrite une couleur violette, tandis qu'elle en forma une d'écarlate avec le nitrate; la dissolution d'indigo dans l'acide sulfurique fut décolorée, et il y eut, dans ce dernier cas, réduction d'argent. L'ammoniaque caustique en précipita de l'argent métallique, et la liqueur ne renferma plus d'acide nitreux, mais de l'acide nitrique, de l'ammoniaque et de l'oxyde argentique, ce dernier à l'état de dissolution dans l'ammoniaque excédante. Si l'on verse quelques gouttes de sousnitrite dans de l'eau bouillante, le mélange devient d'abord jaune, puis rouge, et enfin noir, et l'acide nitreux se transforme en acide nitrique aux dépens de l'oxyde argentique.

Phosphates argentiques. A. [b]*Phosphates.* [b]*Phosphate neutre*, $\dot{\mathrm{A}}\mathrm{g}^2\overset{\cdot\cdot\cdot\cdot\cdot}{\overline{\mathrm{P}}}$. On l'obtient en précipitant le nitrate argentique neutre au moyen d'un [b]phosphate. Il se présente sous la forme d'une poudre blanche qui fond aisément en une masse limpide. *Biphosphate*, $\dot{\mathrm{A}}\mathrm{g}\overset{\cdot\cdot\cdot\cdot\cdot}{\overline{\mathrm{P}}}$. On le prépare en prenant de l'acide phosphorique récemment calciné, le dissolvant dans de l'eau à la température zéro, et précipitant la liqueur au moyen d'une dissolution de nitrate argentique. On obtient ainsi un sel blanc pulvérulent, qui perd peu à peu de son acide pendant le lavage. Il est tellement fusible, qu'il suffit d'une température de + 100 degrés pour le ramollir et l'agglutiner; à quelques degrés au-dessus de ce terme, il fond en une masse claire et transparente, qui devient vitreuse et se fendille en refroidissant. *Sesquiphosphate*, $\dot{\mathrm{A}}\mathrm{g}^3\overset{\cdot\cdot\cdot\cdot\cdot}{\overline{\mathrm{P}}}{}^2$. On l'obtient au moyen du sel précédent, en le mettant à l'état de poudre dans de l'eau, qu'on élève peu à peu, sous une agitation continuelle, jusqu'à la température de l'ébullition ; le sesquiphosphate se prend alors en une masse térébenthineuse. Retiré de l'eau et soumis à l'action de la chaleur, il commence par se dessécher et par devenir moins mou, puis il fond en une masse claire; toutefois la fusion s'opère plus difficilement que pour le biphosphate. On n'a pas encore essayé de produire des [b]*phosphates basiques.*

B. [c]*Phosphates. Soussesquisel*, $\dot{A}g^3\overset{\cdot\cdot\cdot\cdot\cdot}{\bar{P}}$. Il se précipite sous la forme d'une poudre d'un beau jaune citrin, lorsqu'on verse un [c] phosphate goutte à goutte dans une solution de nitrate argentique neutre. L'ammoniaque le dissout très-facilement. Lorsqu'on laisse cette dissolution s'évaporer spontanément, on obtient le sel sous la forme de petits grains jaunes et cristallins. Le *sel neutre*, $\dot{A}g^2\overset{\cdot\cdot\cdot\cdot\cdot}{\bar{P}}$, se produit quand on dissout le soussel dans de l'acide phosphorique chaud et concentré, et qu'on fait évaporer la solution. On obtient ainsi de beaux cristaux feuilletés et incolores, qui se décomposent partiellement et laissent du soussel jaune, quand on les traite par l'eau. La manière la plus facile de les préparer consiste à mêler du nitrate argentique avec un excès d'acide phosphorique, et à évaporer la liqueur à l'aide de la chaleur. Ce sel n'éprouve pas d'altération de la part de l'air.

Si l'on fait fondre dans un creuset d'argent de l'acide phosphorique évaporé, l'argent réduit un peu de phosphore ; et, en dissolvant ensuite l'acide, on trouve qu'il contient de l'argent, et que des paillettes brillantes de phosphure d'argent nagent dans la liqueur.

L'acide *phosphoreux* réduit l'oxyde argentique, surtout quand on chauffe la liqueur.

Le *perchlorate argentique*, $\dot{A}g\overset{\cdot\cdot\cdot\cdot\cdot\cdot\cdot}{\bar{Cl}}$, forme une poudre blanche après l'évaporation au moyen de la chaleur. Très-déliquescent, il est soluble dans l'alcool anhydre. La solution aqueuse brunit au soleil. Le sel sec est fusible ; mais si on élève trop la température, il se convertit subitement en gaz oxygène et en chlorure argentique, avant que la température ait atteint le rouge.

Chlorate argentique, $\dot{A}g\overset{\cdot\cdot\cdot\cdot\cdot}{\bar{Cl}}$. On l'obtient en dissolvant de l'oxyde argentique dans l'acide chlorique, et évaporant la liqueur jusqu'à cristallisation. On peut aussi le préparer en mêlant du carbonate argentique avec de l'eau, et y faisant arriver du gaz chlore, pendant qu'on agite le mélange continuellement ; mais il faut interrompre l'arrivée de ce gaz bien avant que tout le carbonate argentique soit décomposé ; car le chlorate est décomposé par le chlore, qui forme ainsi dans la liqueur un mélange d'acide perchlorique et d'acide chlorique, pendant que le chlore s'unit à l'argent et se précipite. Le sel cristallise en prismes rectangulaires, transparents, incolores, tronqués au sommet, et ne contenant pas d'eau. Il fond à + 230° ; à + 270°, il commence à dégager du gaz oxygène, ce qui continue jusqu'à ce qu'il ne reste plus que du chlorure argentique. Chauffé brusquement et violemment, il détone avec production de lumière. Il se dissout dans 5 parties d'eau froide et dans 2 parties d'eau bouillante ; il est aussi soluble dans l'alcool. Les acides chlorhydrique et nitrique, et même l'acide acétique, le décomposent. Mêlés avec du soufre et d'autres corps combustibles, il détone, par une légère pression, avec plus de violence que le chlorate potassique.

Chlorate argentique ammoniacal, $\dot{A}g\,\overset{\cdot\cdot\cdot\cdot\cdot}{\bar{Cl}} + 2\bar{N}\bar{H}^{3}$. On l'obtient en mêlant une solution de sel argentique avec de l'ammoniaque en excès, et évaporant la liqueur à une douce chaleur. Il cristallise en prismes anhydres, qui se dissolvent dans l'eau aussi bien que dans l'alcool. Il y a 15, 19 pour cent d'ammoniaque. Le sel fond à + 100°, commence à perdre de l'ammoniaque, et laisse enfin du chlorate neutre, si la température ne dépasse pas + 270°. Chauffé brusquement, il détone avec production de lumière. Traité par la potasse, il donne un précipité d'oxyde argentique ammoniacal (argent fulminant de *Berthollet*).

Chlorite argentique, $\dot{A}g\,\overset{\cdot\cdot\cdot}{\bar{Cl}}$. On l'obtient en mêlant le nitrate argentique avec du chlorite potassique ou sodique, contenant un excès d'alcali. Le précipité d'oxyde argentique est mêlé de chlorite argentique qui se dissout par l'ébullition de la liqueur, et laisse l'oxyde libre. La solution claire, décantée bouillante, laisse, par le refroidissement, déposer le sel en écailles cristallines jaunes. Le chlorite argentique supporte très-bien l'ébullition, mais, par l'addition d'un excès d'acide chloreux, il se décompose en chlorure argentique et en acide chlorique, qui reste dans la liqueur. A + 105°, il détone. Mêlé avec du soufre, il brûle.

Bromate argentique, $\dot{A}g\,\overset{\cdot\cdot\cdot\cdot\cdot}{\bar{Br}}$. Il est peu soluble dans l'eau, et se précipite sous forme d'une poudre blanche, qui est faiblement noircie par la lumière. Pendant le lavage, il se dissout sensiblement, de manière que l'eau de lavage, traitée par l'acide chlorhydrique, accuse la présence de l'argent. Par la chaleur, il se comporte comme le chlorate.

Bromate argentique ammoniacal, $\dot{A}g\,\dddot{\bar{B}}r + 2\,HN^3$. On l'obtient en dissolvant le bromate neutre dans l'ammoniaque caustique, et évaporant la liqueur jusqu'à cristallisation. Le sel cristallise en prismes incolores, anhydres; il perd de l'ammoniaque à l'air, se décompose par l'eau, et détone par une violente chaleur.

Periodate argentique, $\dot{A}g\,\ddddot{\bar{I}}$. On l'obtient en dissolvant du periodate sodique dans de l'acide nitrique dilué, et en précipitant cette dissolution à l'aide du nitrate argentique. Le précipité est jaune verdâtre. Il contient un excès de base, dont on le délivre en le dissolvant à chaud dans l'acide nitrique à peu près jusqu'à refus, et en évaporant la dissolution à une douce chaleur. Pendant l'évaporation, le sel neutre se sépare en cristaux orangés, qui ne contiennent point d'eau. Il est décomposé par l'eau; ce véhicule en extrait la moitié de l'acide et laisse un sel noir, qui passe au rouge par le frottement. C'est un *periodate mono-argentique*, contenant 1 atome d'eau, $= \dot{A}g^2\ddddot{\bar{I}} + \dot{\bar{H}}$. On obtient le même sel avec 3 atomes d'eau par la précipitation du sel argentique; il se prend en cristaux brillants et couleur de paille, quand on laisse refroidir lentement la dissolution dans l'acide nitrique étendu et chaud; quand on le fait bouillir avec de l'eau, il perd 2 atomes d'eau, et se transforme dans le sel précédent.

Iodate argentique, $\dot{A}g\,\dddot{\bar{I}}$. Il forme un précipité blanc, insoluble, qui se dissout dans l'ammoniaque caustique. Il est presque insoluble dans l'acide nitrique étendu : il se précipite, quand on traite le nitrate argentique par l'acide iodique. Il ne renferme pas d'eau, et est insoluble dans l'eau. Si l'on verse de l'acide sulfureux dans cette dissolution, il se précipite de l'iodure argentique, et l'acide sulfureux se transforme en acide sulfurique.

Carbonate argentique, $\dot{A}g\,\ddot{C}$. Il se précipite, quand on traite le nitrate argentique par une solution de carbonate potassique ou sodique; le précipité, d'abord blanc, devient d'un jaune citron pâle, à mesure qu'il se tasse; cet effet a lieu immédiatement par l'application de la chaleur. Quand on met du carbonate sodique dans une solution de nitrate argentique neutre, il se colore en jaune citron pâle, sans dégagement de gaz acide carbonique, et se change en grumeaux compactes de carbonate argentique. Il se dissout en petite quantité dans l'eau : l'eau de lavage devient toujours opaline, par l'addition de l'acide chlorhydrique. On a attribué cet effet à une faible solubilité dans le carbonate alcalin; mais le sel ne se trouve dissous que dans l'eau de la solution alcaline. Quand on verse goutte à goutte du nitrate argentique neutre dans une solution de bicarbonate potassique étendue de beaucoup d'eau, le sel se précipite longtemps après sans effervescence; et ce n'est qu'à la fin qu'il se manifeste un dégagement de gaz acide carbonique, dû, non pas au sel déjà précipité, mais à celui qui doit se précipiter. Quand on enlève le précipité qui s'est formé sans effervescence et qu'on le fait bouillir dans l'eau, il ne dégage pas sensiblement de l'acide carbonique; ce qui démontre que, pendant cette précipitation, l'excès d'acide carbonique reste en dissolution dans la liqueur jusqu'à ce qu'elle en soit saturée.

Carbonate argentique ammoniacal. Le carbonate argentique se dissout très-facilement et sans couleur dans l'ammoniaque caustique. Quand on le dissout dans l'ammoniaque caustique concentrée, et qu'on traite cette solution par l'alcool anhydre, le composé se précipite en flocons blancs volumineux. Recueilli sur un filtre et lavé à l'alcool, il commence à se décomposer. L'alcool dissout l'ammoniaque, et laisse le carbonate argentique jaune. Par la dessiccation, il perd son ammoniaque et jaunit. Il est très-soluble dans l'eau; quand on concentre la solution et qu'on verse l'alcool à la surface du liquide, il cristallise peu à peu en une masse de lamelles rhomboïdales, transparentes, incolores. La solution aqueuse, abandonnée à l'évaporation spontanée dans un vaisseau plat, forme, aux parois et à la surface, un dépôt cristallin; mais elle perd peu à peu son ammoniaque, pendant qu'il se produit de petits faisceaux cristallins jaunes de carbonate argentique. Par le mélange avec une quantité suffisante d'alcool, il se forme un précipité qui se redissout à chaud et cristallise par le refroidissement. Mais en même temps il se sépare d'ordinaire une poudre brune, qui est l'argent fulminant de *Berthollet*. Il ne faut donc pas employer ce procédé. La solution de carbonate argentique ammoniacal, traitée par le sel marin, donne immédiatement un précipité de chlorure argentique. La facilité avec laquelle l'ammoniaque se dégage a empêché d'en déterminer la quantité.

Oxalate argentique, $\dot{Ag}\dddot{\bar{C}}$. Il forme une poudre blanche, insoluble, qui détone légèrement quand on l'expose à une température élevée.

Oxalate potassico-argentique, $\dot{K}\dddot{\bar{C}} + \dot{Ag}\dddot{\bar{C}}$. On le prépare en saturant le bioxalate potassique par le carbonate argentique. Il est très-soluble et forme des cristaux rhomboïdaux qui ne s'altèrent pas à l'air.

Oxalate argenteux, $\dot{\bar{Ag}}\dddot{\bar{C}}^2\dot{H} = \dot{Ag}\dddot{\bar{C}} + \dot{H}\dddot{\bar{C}}$. On l'obtient en exposant l'oxalate argentique neutre, à + 100°, à un courant de gaz hydrogène sec. Il est d'un brun jaune clair, et détone violemment à + 140°. La décomposition de ce sel neutre à + 100° s'effectue difficilement; elle n'est complète qu'à un degré voisin de la température où il fait explosion. Il est alors entièrement brun.

Chloroxalate (chloracétate) *argentique*, $\dot{Ag}\dddot{\bar{C}} + \bar{C}\bar{Cl}^3$. On l'obtient en dissolvant le carbonate argentique dans l'acide chloroxalique, et évaporant la solution. Il cristallise, soit en grains, soit en tables, et ne contient pas d'eau. Il est assez peu soluble dans l'eau, et s'altère facilement à la lumière du soleil. Par la chaleur, il se décompose avec une vive effervescence, en laissant une masse granuleuse de chlorure argentique. Quand on y verse un peu d'alcool et qu'on l'allume, il reste, après la combustion, du chlorure argentique.

Oxaminate argentique, $\dot{Hg}\dddot{\bar{C}} + \ddot{\bar{C}}\bar{N}\bar{H}^2$. Il se précipite, par voie de double décomposition, sous forme de gelée; mais il ne tarde pas à se tasser, en devenant blanc et opaque. En chauffant la liqueur, il se redissout, et cristallise, par le refroidissement, en aiguilles fines, extrêmement sensibles à la lumière du soleil, qui les noircit. A + 150°, il se décompose en donnant un résidu d'argent.

Mésoxalate argentique, $\dot{Ag}C^3O^4$. C'est un sel en apparence soluble dans l'eau, car il ne se précipite pas quand on traite une solution de nitrate argentique neutre par l'acide mesoxalique; mais lorsqu'on ajoute de l'ammoniaque caustique à un mélange qui contient de l'acide mésoxalique en excès, on obtient un soussel jaune $= \dot{Ag}^2C^3O^4$, qui possède la propriété remarquable de dégager du gaz acide carbonique quand on le chauffe doucement dans l'eau, et de donner de l'argent métallique : l'oxygène de 2 atomes d'oxyde argentique est exactement suffisant pour changer 1 atome d'acide mésoxalique en 3 atomes d'acide carbonique; et cette action se fait par la voie humide.

Mellitate argentique, $\dot{A}g\,C^4O^3$. On l'obtient en précipitant l'acide mellitique libre par le nitrate argentique. C'est une poudre blanche, qui ne noircit pas à la lumière. Chauffé, il détone faiblement avec un bruit de sifflement et réduction d'argent. A + 180°, il perd 1 atome d'eau et prend une couleur foncée.

Mellitate argentico-potassique. Il forme des prismes droits, courts, hexagonaux, à sommet droit : ces cristaux se déposent au bout de quelque temps, quand on a mêlé ensemble du mellitate potassique, du nitrate argentique, et un peu d'acide nitrique libre. Ils sont transparents, très-brillants; chauffés, ils donnent de l'eau, deviennent opaques, et se boursouflent subitement, avec une espèce de détonation, en laissant une masse très-allongée, et contournée d'argent métallique et de carbonate potassique.

Rhodicate argentique. C'est un précipité brun foncé, un peu soluble dans l'eau, et se noircissant facilement à la lumière.

Croconate argentique, $\dot{A}g\,C^5O^4$. C'est un précipité rouge jaune, qui se dissout un peu dans l'eau et noircit facilement.

Borate argentique, $\dot{A}g\,\dddot{B}$. On l'obtient en mêlant avec de l'acide borique une dissolution neutre de nitrate argentique; le borate se précipite alors sous forme d'une poudre cristalline, pesante, qui se dissout dans l'eau, mais très-difficilement. *H. Rose* a fait voir, le premier, que la composition de ce précipité n'est pas analogue à celle du borax. Le même chimiste a trouvé aussi que si le borax qu'on emploie pour cette expérience est dissous dans une grande quantité d'eau, par exemple, dans 30 à 40 fois son poids, il ne se précipite que de l'oxyde argentique. Ce phénomène ne tient pas à ce que l'eau décompose le sel argentique, attendu que ce sel est légèrement soluble dans l'eau, et qu'on peut étendre la dissolution avec une plus grande quantité d'eau, sans qu'elle se trouble.

Formiate argentique, $\dot{A}g\,\dddot{F}o$. Il cristallise difficilement; les cristaux sont rhomboïdaux, et se dissolvent facilement dans l'eau. L'acide formique, produit par l'art, est décomposé par l'oxyde argentique; il se dégage de l'acide carbonique, et l'argent est réduit. En décomposant le formiate potassique par le nitrate argentique, on obtient cependant une combinaison qui se conserve pendant quelque temps. Suivant *Goebel*, le formiate argentique se dépose en petits cristaux, qui sont des tables à six ou à quatre côtés. Déjà, pendant la dessiccation, il commence à se décomposer : il devient d'un gris de plomb, avant qu'il soit complétement desséché. Le formiate plombique dont l'acide a été obtenu par la voie chimique, précipite l'argent à l'état métallique de sa dissolution dans l'acide nitrique.

Acétate argentique, $\dot{A}g\,\dddot{A}c$. On l'obtient en dissolvant le carbonate dans l'acide acétique. Il cristallise en aiguilles nacrées, légères et volumineuses; il exige pour sa dissolution 100 parties d'eau froide : par conséquent, le meilleur moyen de le préparer est de mêler des dissolutions concentrées de nitrate argentique et d'acétate potassique, de séparer le précipité, et de le dissoudre dans l'eau bouillante ; le sel cristallise alors par le refroidissement. Il ne contient point d'eau de cristallisation. Il est facilement décomposé par la chaleur, dégage de l'acide acétique, et donne, en vases ouverts, un résidu d'argent métallique qui a la forme des cristaux. Soumis à la distillation, ce sel donne, d'après *Chenevix*, de l'acide acétique concentré, assez pur, et privé de liquide éthéré, qui se forme pendant la dissolution des autres acétates métalliques.

Sulfoformiate argentique (sulfacétate argentique de *Melsens*), $\dot{A}g\,\dddot{S} + C^2H^2O$. On l'obtient en saturant l'acide formique, à la température de l'ébullition, avec le carbonate argentique. Par le refroidissement, le sel cristallise en larges prismes, aplatis, transparents, à sommet dièdre. Il affecte la même forme par l'évaporation spontanée. Il contient 1 atome d'eau de cristallisation, noircit à la lumière, perd de l'eau dans le vide, et devient opaque, ainsi qu'à + 100°, dans l'air. Soumis à la chaleur, il commence à fondre avant qu'il se décompose : il se dégage de l'acide sulfureux, et, après la calcination à l'air libre, il reste de l'argent métallique.

Tartrate argentique, $\dot{A}g\,\ddot{\dddot{T}}r$. Il se précipite quand on traite une solution de nitrate argentique par l'acide tartrique ou par un tartrate. C'est une poudre blanche, peu soluble. Elle se dissout dans l'ammoniaque caustique; lorsqu'on évapore cette dissolution à l'aide de la chaleur, elle dépose de l'argent métallique, qui revêt souvent la surface du vase sous la forme d'une pellicule métallique; mais, d'après les expériences de *Werther*, l'acide tartrique est par là tellement altéré, qu'il donne avec l'oxyde ammonique un sel moins soluble, et avec les sels de chaux, un précipité blanc, qui diffère du tartrate calcique. Quand on expose ce sel, à +40°, à l'action du gaz ammoniac, celui-ci est absorbé; et, suivant *Erdmann*, il s'échauffe tellement, qu'il se forme du carbonate ammonique qui se sublime, pendant qu'il reste un mélange d'argent et de carbure argentique.

Tartrate potassico-argentique, $\dot{K}\overset{:\cdot:}{Tr} + \dot{Ag}\overset{:\cdot:}{Tr}$. Sel double, pulvérulent et insoluble, que l'ammoniaque caustique dissout aussi, mais sans le déposer pendant l'évaporation.

Succinate argentique, $\dot{Ag}\dddot{Sc}$. Il se précipite, par voie de double décomposition, sous forme d'une poudre blanche, pesante, qui ne renferme pas d'eau chimiquement combinée. Il se dissout d'une manière très-peu sensible dans l'eau ainsi que dans l'acide acétique. A + 150°, il commence à se noircir, en se décomposant.

Succinate argenteux, $\dot{Ag}\dddot{Sc}$. On l'obtient, suivant *Woehler*, en chauffant le succinate argentique, à + 100°, dans un courant de gaz hydrogène sec, jusqu'à ce qu'il ne se développe plus d'eau. Il devient par là jaune citron. A une température un peu supérieure à + 100°, la moitié de l'acide succinique s'en sublime, et il reste le sel neutre. Il est insoluble dans l'eau.

Fulminates argentiques. 1° *Fulminate neutre* (poudre fulminante de Brugnatelli), $\dot{Ag}\,\dot{\rm \bar{C}}y$ (ou $\dot{Ag}\,C^4N^2O^3 + Ag\,\bar{N}$?) (1). On le prépare, comme le fulminate mercureux, en dissolvant 1 partie d'argent dans 20 parties d'acide nitrique, d'une densité de 1,36 à 1,38, et prenant d'ailleurs toutes les précautions que j'ai indiquées en parlant de la préparation du sel mercureux. On l'obtient aussi par le moyen suivant : 100 grains de nitrate argentique fondu et réduit en poudre fine sont introduits dans un vase de verre spacieux, et mêlés avec une once d'alcool tiède. On y ajoute ensuite une once d'acide nitrique fumant, qu'on met en une seule fois. La masse entre dans une espèce d'ébullition; et dès que la poudre noire, qui se trouve au fond du verre, est devenue blanche, on

(1) Voir la note tome IV, page 54.

verse dessus de l'eau froide, qui arrête subitement toute réaction. L'opération entière dure seulement quelques minutes. Quand on retire la poudre pour la mettre sur le filtre, il faut se garder d'employer à cet effet un corps dur, même une plume; car on a des exemples que la masse mouillée a fait explosion, et tué la personne qui y introduisait un tube de verre. Il faut donc simplement jeter un peu d'eau sur la masse, pour l'enlever du vase et la verser sur le filtre. On la lave bien à l'eau, et on la conserve sous l'eau jusqu'au moment de s'en servir; on en prend alors par petites portions, tout au plus de deux à cinq centigr. à la fois; on les met sur du papier gris, et on les sèche avec beaucoup de précaution à une douce chaleur. Le fulminate argentique est une poudre cristalline, qui ne rougit pas la teinture de tournesol, et qui à l'air, et par l'influence de la lumière, devient d'abord rouge et ensuite noire. Il se dissout dans 36 parties d'eau bouillante, et cristallise, par le refroidissement de la liqueur, en petites aiguilles blanches. Ce sel possède la propriété de brûler avec explosion; il détone avec presque autant de violence que l'argent fulminant ordinaire (oxyde argentique ammoniacal), et bien plus fortement que le mercure et l'or fulminants. Un demi-grain (environ deux centigr.) de fulminate argentique, jeté sur des charbons ardents, produit une détonation aussi forte qu'un coup de pistolet. Il fait explosion par l'étincelle électrique, par la pression avec un corps dur, quand on le frappe avec un marteau, ou qu'on le touche avec un tube humecté d'acide sulfurique concentré; et quand il a été exposé aux rayons du soleil, il détone, d'après *Trommsdorff*, par le plus léger contact. D'après *E. Davy*, il détone encore quand on le fait tomber par petites portions dans du gaz chlore. L'exposition s'opérant au milieu du vase, celui-ci n'est pas brisé. On a employé ce produit dans la fabrication des allumettes, des pois, des bonbons, etc., fulminants; joujoux dangereux, dont on abuse pour causer, par leur détonation, des surprises et des frayeurs, et qui sont déjà devenus la cause de tant d'accidents, que la police devrait les proscrire (1). Quand on veut préparer cette poudre ful-

(1) Puisse l'accident suivant servir d'exemple à mes jeunes lecteurs! Un opticien ambulant, qui se livrait, il faut croire, à la fabrication de l'argent fulminant, avait fait venir une petite boîte de cette poudre à l'endroit où il s'était arrêté. A la douane, il fallut ouvrir la boîte pour en faire voir le contenu; et quand l'opticien y remit le couvercle, la poudre fit explosion, probablement parce qu'il en était resté un grain entre le cou-

minante, il faut prendre les précautions suivantes : 1° employer des vases assez grands pour que la liqueur ne déborde pas ; car quand l'argent fulminant sèche sur les parois externes du vase, il fait souvent explosion au moment où l'on veut l'en détacher. 2° Il ne faut jamais approcher une chandelle allumée de la liqueur chaude dans laquelle se trouve l'argent fulminant; car les vapeurs d'éther s'enflamment à une certaine distance du vase, et la masse fait explosion. 3° Ainsi que je l'ai déjà dit, il ne faut jamais remuer la liqueur avec un corps dur, parce qu'on sait par expérience qu'elle peut faire explosion quand on l'agite avec un tube de verre.

2° *Fulminate argentique acide*, $\dot{Ag}\,\overline{Cy}^2$ ou $\dot{\dot{H}} + C^4 N^2 O^3 + Ag\,\overline{N}$? (1). On l'obtient en décomposant le sel neutre par la potasse, la soude, la chaux, ou la baryte; il se dépose alors de l'oxyde argentique, et il se forme un sel double. En filtrant la liqueur et la mêlant avec de l'acide nitrique, le sel acide se précipite sous forme d'une poudre blanche, qui est peu soluble dans l'eau froide, mais se dissout facilement dans l'eau bouillante, et cristallise par le refroidissement de cette dissolution. Quand on chauffe ce sel, il détone avec violence. D'après les premières analyses de *Liebig*, les deux tiers de la base sont précipités, et le sel acide est du trifulminate; mais d'après une analyse plus récente, que *Liebig* fit avec *Gay-Lussac*, l'alcali sépare seulement la moitié de l'oxyde argentique, et le sel qu'on obtient est du bifulminate.

Fulminate potassico-argentique. On le prépare en décomposant le fulminate argentique par la potasse caustique. La liqueur filtrée a ordinairement une couleur brune, qui provient du papier du filtre, et disparaît quand on la fait bouillir. Par l'évaporation, le sel cristallise en lamelles longitudinales, blanches et brillantes. Il a une saveur métallique, ne réagit pas comme les alcalis,

vercle et la boîte. La main de l'opticien fut presque totalement enlevée, et on trouva des fragments d'os sous la table, dont le dessus, quoique épais de plusieurs pouces, fut percé. Des fragments de la boîte paraissaient, en plusieurs endroits, avoir pénétré dans la poitrine du malheureux, qui mourut au bout de onze jours. Aucun des employés de la douane ne fut atteint; et malgré la violence de la détonation, qui les priva de l'ouïe pendant quelque temps, il n'y eut point de vitre brisée, effet qu'aurait infailliblement produit une explosion bien plus faible, causée par de la poudre ordinaire.

(1) Les fulminates suivants sont composés d'après la même formule : 1 atome d'eau basique est remplacé par l'atome d'une autre base.

se dissout dans huit parties d'eau bouillante, et détone tant par la percussion que par l'action de la chaleur. Il n'est pas précipité par les chlorures.

Fulminate sodico-argentique. On le prépare comme le sel précédent; il est un peu plus soluble que lui, et cristallise en petites paillettes rondes, douées de l'éclat métallique, et d'une couleur brune rougeâtre.

Fulminate ammonico-argentique. On l'obtient en saturant par l'ammoniaque le surfulminate argentique, et laissant cristalliser le sel. Il détone fortement. Le sel *basique* s'obtient en dissolvant le sel neutre, à l'aide de la chaleur, dans l'ammoniaque. Après le refroidissement de la liqueur, il se dépose une foule de cristaux blancs, brillants et grenus, qui ont une saveur métallique. On peut à peine toucher à ces cristaux, au milieu du liquide, sans qu'ils fassent explosion; mais tant que la liqueur renferme un excès d'ammoniaque, la détonation ne se propage pas d'un grain à l'autre. Le maniement de cette combinaison présente les plus grands dangers; car elle détone trois fois plus fortement qu'une pareille dose de fulminate argentique neutre.

Fulminate barytico-argentique. Il cristallise en grains d'un blanc sale, se dissout difficilement dans l'eau, et détone fortement.

Fulminate strontico-argentique. Il ressemble au sel précédent.

Fulminate calcico-argentique. Il forme de petits grains cristallins, jaunâtres et pesants, qui se dissolvent aisément dans l'eau froide.

Fulminate magnésico-argentique. Il forme deux composés distincts : l'un se présente sous forme d'une poudre rose, insoluble, qui ne fait pas explosion, mais décrépite seulement; l'autre se dépose en cristaux capillaires, blancs, et détone fortement.

Cyanate argentique, $\dot{A}g\,\dot{C}y$. Il se produit sous forme d'un précipité blanc, quand on verse goutte à goutte une solution de nitrate argentique dans une solution alcoolique de cyanate potassique. Il est légèrement soluble dans l'eau bouillante. Soumis à la distillation sèche, il donne de l'acide carbonique et du gaz nitrogène, pendant qu'il se change, avec production de lumière, en paracyanure argentique.

Cyanate argentique ammoniacal. On l'obtient en dissolvant le cyanate argentique dans l'ammoniaque, et abandonnant la solution à l'évaporation : le sel cristallise en grandes lamelles, demi-transparentes. A l'air, ces cristaux perdent de l'ammoniaque et deviennent opaques.

Souscyanite argentique, $\dot{A}g\,Cy^4\,O$. Il se précipite, suivant *Johnston*, en traitant le nitrate argentique par le sous-cyanite potassique. C'est une poudre d'un brun jaune, insoluble dans l'eau; par la dissolution sèche, elle donne du gaz acide carbonique, du gaz nitrogène, du gaz cyanogène, et laisse du paracyanure argentique.

Parabanate argentique, $\dot{A}g\,C^3\,N^2\,O^2$. Il se précipite sous forme d'une poudre blanche, pesante, quand on mêle le nitrate argentique avec l'acide parabanique. La liqueur restante, traitée par l'ammoniaque, donne une poudre jaune, qui est un composé ammoniacal ou un soussel.

Cyanurénate argentique. On l'obtient en précipitant le nitrate argentique par le cyanurénate potassique. Cependant le meilleur mode de préparation consiste, dit-on, à mêler une solution, saturée à chaud, d'acide cyanurénique avec du nitrate argentique, et ajoutant ensuite une solution étendue d'acétate sodique : il se forme un précipité blanc, volumineux, qui ne tarde pas à devenir grenu et pesant. On y ajoute le sel sodique, dans le but de saturer, par la soude, l'acide nitrique libre qui s'y trouve en dissolution ; mais ne pourrait-il pas y avoir une combinaison avec l'acétate argentique? Vue sous un microscope composé, la poudre cristalline ainsi obtenue présente des rhomboèdres. Elle ne noircit pas à la lumière. Soumise avec précaution à la distillation sèche, elle devient violette, et donne beaucoup d'acide cyanique. A une chaleur plus forte, elle se décompose complétement.

Quand on mêle le nitrate argentique avec le cyanurénate ammonique, il se produit un précipité volumineux qui devient cristallin par l'ébullition. C'est là ou du cyanurénate argentique ammoniacal, ou un cyanurénate double d'argent et d'oxyde ammonique, car il contient beaucoup moins d'argent que le sel préparé d'après la méthode précédente. Ce sel, quand on ajoute, pendant sa préparation, une certaine quantité d'ammoniaque libre, et qu'on fait bouillir longtemps le précipité, présente, suivant *Liebig*, les propriétés suivantes : il ne noircit pas à la lumière, est insoluble dans l'eau, peu soluble dans l'acide nitrique étendu, et supporte une température de + 300° sans être décomposé. Ce corps est, d'après l'analyse de *Liebig*, de $\dot{A}g^3 Cy^3 O^3$, ce qui est la même chose que $3\dot{A}g\,Cy$, dont il partage la composition en centièmes. Ses vues sur la composition de l'acide cyanurénique se fondent sur l'analyse de ce composé. (*Voir* tome I, page 721.)

Anébénate (oxalurate) *argentique*, $\dot{A}g\,C^6H^6N^4O^4$. Il se précipite sous forme d'une masse blanche épaisse, quand on traite le nitrate argentique par l'anébénate potassique. Ce précipité se dissout dans l'eau bouillante, et le sel cristallise, par le refroidissement, en longues aiguilles fines d'un éclat soyeux, ne contenant pas d'eau de cristallisation.

Euchronate argentique, $\dot{A}g^2 C^{12}H^2N^2O^7$. Il se précipite quand on mêle une solution saturée à chaud d'acide euchronique avec du nitrate argentique, et qu'on laisse refroidir la liqueur. Il présente l'aspect d'une poudre cristalline lourde et jaune. Il ne perd pas d'eau à + 100°; à + 200°, il en perd un atome, de manière que ce qui reste se compose de $\dot{A}g^2 C^{12}N^2O^6$. Comme on ne sait pas d'une manière certaine si cet atome d'eau appartient à la constitution du sel, on est dans le doute sur la composition véritable de l'acide euchronique, ainsi qu'on l'a déjà dit tome I, page 729.

Séléniate argentique, $\dot{A}g\dddot{Se}$. Il a beaucoup d'analogie avec le sulfate sous le rapport de la couleur, de la forme cristalline, et de la solubilité. Il forme avec l'ammoniaque du *séléniate argentique ammoniacal*, composé, d'après *Mitscherlich*, de $\dot{A}g\dddot{Se}+2NH^3$. Exposé à l'air, il abandonne l'ammoniaque.

Sélénite argentique, $\dot{A}g\ddot{Se}$. On l'obtient en mêlant le nitrate argentique avec de l'acide sélénieux; le sélénite se précipite alors sous forme d'une poudre blanche. Il est soluble en petite quantité dans l'eau bouillante. L'acide nitrique bouillant le dissout; mais il se précipite quand on ajoute de l'eau froide à la dissolution. Étendue d'eau bouillante, la dissolution ne se trouble pas; et quand on la livre à un refroidissement graduel, le sel cristallise en aiguilles blanches. Il n'est pas noirci par la lumière, fond à peu près à la même température que le chlorure, et donne, par le refroidissement, une masse opaque, blanche, cassante, à cassure cristalline. Exposé à une forte chaleur, ce sel dégage du gaz oxygène tandis qu'il se volatilise de l'acide sélénieux, et le sélénite se couvre d'une pellicule d'argent.

Tellurate argentique, $\dot{A}g\dddot{Te}$. Le sel neutre s'obtient sous la forme d'un précipité jaune foncé, en mêlant une solution de nitrate argentique complétement neutre avec une solution de tellurate potassique pur. L'eau le décompose en soussel insoluble, et en acide qui reste dissous avec une portion de sel non décomposé. Voilà pourquoi la combinaison ne se produit qu'au moyen de liqueurs concentrées jusqu'à un certain point. Quand on lave le sel sur le filtre, il devient de plus en plus foncé en couleur; et si le lavage se fait à l'eau bouillante, il reste à la fin un soussel couleur de foie, $= \dot{A}g^3 \dddot{T}e^2$. Le tellurate argentique est soluble dans l'ammoniaque caustique. Si l'on mêle cette dissolution, qui est incolore, avec du nitrate argentique ammoniacal, et qu'on fasse évaporer le mélange, il se précipite du tellurate bibasique brun noir, $= \dot{A}g^3 \dddot{T}e$. Aucun de ces sels ne contient de l'eau. — Les bi- et quadritellurates alcalins, mêlés avec une dissolution argentique concentrée, précipitent des bi- et des quadrisels argentiques correspondants, sous la forme de flocons volumineux d'un jaune rouge pur. Si l'on mêle ces dissolutions dans un état très-dilué, il s'opère d'abord un précipité jaune rouge; mais ce précipité tourne sur-le-champ au brun noir, c'est-à-dire que l'eau le transforme en soussel.

Tellurite argentique, $\dot{A}g \ddot{T}e$. Il se présente sous la forme d'un précipité volumineux, blanc jaunâtre. L'ammoniaque le dissout. Pendant l'évaporation de ce véhicule, il se dépose un soussel bleu gris.

Arséniate argentique. Le *sel neutre* est encore inconnu. Les arséniates, même ceux qui ont été calcinés, précipitent de l'*arséniate argentique demi-basique*, $\dot{A}g^3 \overset{\cdot\cdot\cdot}{\ddot{A}s}$, sous la forme d'une poudre brune, soluble dans les acides. On ne sait pas encore de quelle manière il se comporte avec l'acide arsénique par la voie humide. Si l'on fait fondre, à l'aide de la chaleur, un mélange d'acide arsénique et d'argent, celui-ci se dissout avec dégagement d'acide arsénieux, et la masse se fond en un verre incolore, qui contient un excès d'acide. L'eau dissout l'acide, et laisse le sel brun en non-solution. Exposé à une haute température, il donne du gaz oxygène, de l'acide arsénieux, et de l'arséniure d'argent.

Arsénite argentique, $\dot{A}g^2 \dddot{A}s$. En versant des arsénites dans des dissolutions d'argent, le sel argentique se précipite sous forme d'une poudre jaune, qui devient peu à peu d'un gris foncé. *Alex. Marcet* regarde le nitrate argentique comme le meilleur réactif pour découvrir la présence de l'acide arsénieux, et il propose de l'employer, à cet effet, comme il suit : On mêle du nitrate argentique avec un excès d'ammoniaque, on trempe dans cette dissolution un tube de verre, et on introduit celui-ci dans la liqueur contenant l'acide arsénieux; il se forme alors autour du tube un nuage jaune, qui ne tarde pas à se précipiter au fond du vase. Cette manière d'opérer réussit quand la liqueur est exempte de corps organiques, d'acide chlorhydrique et d'acide phosphorique. L'arsénite argentique noircit facilement à la lumière. Il renferme, suivant *Simon* jeune, de l'eau chimiquement combinée; par la distillation sèche, il perd cette eau ainsi que de l'acide arsénieux, et laisse un mélange d'arséniate argentique et d'argent métallique; l'arséniate peut être enlevé par l'acide chlorhydrique étendu.

Chromates d'argent. a. Chromate neutre, $\dot{\mathrm{A}}\mathrm{g}\dddot{\mathrm{C}}\mathrm{r}$. Précipité à froid, il est pourpre; à chaud, d'un brun rougeâtre. *b. Bichromate*, $\dot{\mathrm{A}}\mathrm{g}\dddot{\mathrm{C}}\mathrm{r}^2$. Quand la dissolution renferme un excès d'acide, le précipité est d'un rouge carmin, et quand elle est en même temps chaude, elle retient une grande quantité du sel, qui forme ensuite des cristaux rouge rubis. Quand on mêle du bichromate potassique avec l'acide sulfurique, et qu'on y plonge une lame d'argent, ce métal s'oxyde aux dépens de l'acide chromique, et se recouvre de tables rouges cramoisi, rhomboïdales, ou quelquefois hexagonales (les deux arêtes opposées étant tronquées), de bichromate argentique; la formation de ce sel continue jusqu'à ce que la liqueur soit devenue tout à fait verte. Le sel est un peu soluble dans l'eau, qui prend une teinte jaune. L'eau bouillante le décompose de manière qu'il reste du chromate neutre insoluble, tandis qu'il se dissout de l'acide chromique libre avec une partie du bichromate, qui cristallise de nouveau par le refroidissement. Ce sel devient brun à la lumière, et se dissout dans l'acide nitrique, entre en fusion, et se décompose à une haute température, en donnant un résidu d'argent et des scories d'oxyde chromique.

Chromate argentique ammoniacal, $\dot{\mathrm{A}}\mathrm{g}\dddot{\mathrm{C}}\mathrm{r}+2\mathrm{NH}^3$. Il forme des cristaux jaunes qui ont la même forme, et qui sont composés d'après les mêmes multiples que le sulfate et le séléniate. Ce sel perd à l'air l'ammoniaque qu'il contient. On l'obtient en dissolvant le chromate argentique à chaud dans l'ammoniaque : il cristallise par le refroidissement.

Vanadate argentique. Le sel *neutre*, $\dot{\mathrm{A}}\mathrm{g}\ddot{\mathrm{V}}$, se précipite sous forme d'une masse jaune, qui devient blanche en peu de minutes. Elle jaunit de nouveau lorsqu'on la chauffe légèrement, ou qu'on la laisse pendant vingt-quatre heures au milieu du liquide d'où elle a été précipitée. Le *bisel*, $\dot{A}g\dddot{V}^2$, forme une masse d'une couleur orange foncée, qui ne devient pas blanche, mais que l'eau dissout en petite quantité lorsqu'on la lave. Le vanadate argentique est soluble dans l'acide nitrique, ainsi que dans l'ammoniaque étendue de beaucoup d'eau. La dissolution ammoniacale est jaune pâle, et donne, par l'évaporation spontanée, des cristaux de vanadate argentique ammoniacal. Elle est précipitée par l'ammoniaque concentrée. Le *bivanadate* est très-soluble, et cristallise par le refroidissement.

Le *molybdate*, le *tungstate*, l'*antimoniate* et le *tantalate argentiques*, forment des précipités blancs, pulvérulents.

Biuranate argentique, $\dot{A}g\dddot{U}^2$. On l'obtient en brûlant l'acétate uranico-argentique dans un vase ouvert : l'acide acétique réduit, probablement dès le commencement, l'oxyde argentique à l'état de métal, l'oxyde uranique à l'état d'oxyde uraneux, et le composé reste avec une couleur brun clair. On l'obtient sous forme de précipité jaune, anhydre, en traitant le mélange des nitrates argentique et uranique par l'ammoniaque; seulement il faut avoir soin de ne précipiter aucun des oxydes complétement. A une douce chaleur rouge, il perd son eau, et devient brun.

Permanganate argentique, $\dot{A}g\overset{\cdot\cdot\cdot\cdot}{\overline{Mn}}$. D'après *Mitscherlich*, on l'obtient en mêlant les dissolutions chaudes de permanganate potassique et de nitrate argentique neutre, et en laissant le mélange refroidir lentement; par ce moyen, le sel se prend en cristaux volumineux et réguliers. Pour rester en dissolution, il exige 190 parties d'eau à + 15 degrés. L'eau chaude le dissout beaucoup plus abondamment; mais l'eau bouillante le décompose. On emploie ce sel pour préparer d'autres permanganates; à cet effet, on le mêle avec les chlorures des bases qu'on veut combiner avec l'acide permanganique, en prenant des quantités pesées de ces chlorures, les broyant pendant très-longtemps avec le sel argentique et avec de l'eau, laissant le chlorure argentique se déposer, et décantant la liqueur.

C. *Sulfosels d'argent.*

Parmi les métaux proprement dits, l'argent est une des sulfobases les plus énergiques. Les sulfosels argentiques sont insolubles dans l'eau, d'un brun foncé, noircissent en séchant, et se conservent assez bien à l'air.

Sulfophosphate argentique, $\overset{,}{A}g^2\overset{,,,,,}{\bar{P}}$. On l'obtient en mêlant l'hyposulfophosphite argentique exactement avec 4 atomes de soufre, et chauffant le mélange dans un vase distillatoire jusqu'à ce qu'il soit fondu. La moitié du sulfure qui se forme ainsi se sublime. La masse refroidie est jaune orange, avec une teinte rougeâtre; sa cassure ne présente aucun indice de cristallisation, et donne une poudre d'un très-beau jaune foncé.

Sulfophosphite argentique, $\overset{,}{A}g^2\overset{,,,}{\bar{P}}$. On l'obtient à peu près comme le précédent, en employant seulement 2 atomes de soufre. La moitié du sulfure phosphoreux nouvellement formé se sublime. La masse refroidie est affaissée et grise; elle donne une poudre jaune clair, très-colorante. Elle se dissout facilement dans l'acide nitrique, qui sépare une très-petite quantité de soufre insoluble.

Hyposulfophosphite argentique, $\overset{,}{A}g\overset{,}{\bar{P}}$. On l'obtient en chauffant un mélange d'argent très-divisé et de sulfure hypophosphoreux dans un courant de gaz hydrogène. La combinaison s'effectue avec beaucoup de violence, pendant qu'il passe à la distillation du sulfure de phosphore et l'excès du sulfure hypophosphoreux. Mais ceci a lieu très-lentement, parce qu'à une température très-élevée il y a décomposition. Il est très-difficile de combiner le sulfure hypophosphoreux avec le sulfure argentique déjà formé; et l'argent dont on se sert dans cette opération doit être très-divisé, et tel qu'on l'obtient au moyen de la réduction par la voie humide, après le lavage et la dessiccation sans l'emploi de la chaleur. (*Voir* tom. II, p. 474.) Dans le cas contraire, on obtient le composé sous forme de paillettes argentées. Il est noir, et donne une poudre brune de foie avec une teinte violette. L'acide nitrique, de 1,22 densité, l'attaque si difficilement, même à chaud, qu'il dissout l'argent métallique qui pourrait s'y trouver à l'état de simple mélange, sans faire éprouver de perte sensible au composé proprement dit. Soumis à la distillation sèche, il fond en une masse pâteuse et boursouflée : il passe du sulfure hypophosphoreux, et il reste, à la chaleur rouge, du sulfure argentique poreux boursouflé.

Hyposulfophosphite argentique monobasique, $\overset{,}{\mathrm{Ag}}^{2}\overset{,}{\mathrm{\bar{P}}} = \overset{,}{\mathrm{Ag}}\overset{,}{\mathrm{\bar{P}}} + \overset{,}{\mathrm{Ag}}$. On l'obtient en chauffant, dans un vase distillatoire, du sulfophosphate ou du sulfophosphite argentique, jusqu'au rouge commençant; on continue à chauffer jusqu'à ce qu'il ne se forme plus de sublimé. Il reste une poudre brun foncé, d'où l'on retire la moitié du sulfure argentique à l'aide de l'acide nitrique.

Sulfocarbonate argentique, $\overset{,}{\mathrm{Ag}}\overset{,,}{\mathrm{C}}$. Il forme un précipité brun foncé, soluble en brun foncé dans un excès du précipitant. A l'état sec, il est noir, brillant, difficile à réduire en poudre; étant distillé, il donne une quantité insignifiante de sulfure carbonique, une quantité notable de soufre, et un résidu de sulfure d'argent mêlé de charbon.

Sulfurénate argentique, $\overset{,}{\mathrm{Ag}} + \mathrm{C}^{2}\mathrm{N}^{2}\mathrm{H}^{2}\mathrm{S}^{2}$. Il forme un précipité jaune, qui se conserve assez bien, surtout quand on a employé, pour le préparer, des dissolutions un peu étendues.

Sulfotellurite triargentique, $\overset{,}{\mathrm{Ag}}^{3}\overset{,,}{\mathrm{Te}}$. C'est un précipité noir volumineux, qui prend l'éclat métallique sous le brunissoir. Soumis à la distillation, il donne du soufre, et laisse un globule métallique fondu, d'un gris plombé. Ce globule ne s'altère pas quand on le fond au contact de l'air; il est ductile comme du plomb, peut être aplati sans gercer sur les bords, et paraît consister en tellurure d'argent.

Sulfarséniate argentique, $\overset{,}{\mathrm{Ag}}^{2}\overset{,,,,,}{\mathrm{\bar{A}s}}$. Il se précipite en brun foncé, et paraît d'abord être en dissolution dans la liqueur; mais il se rassemble ensuite, se tasse au fond du vase comme un corps pesant, et devient noir. Après la dessiccation, il forme une masse noire, dont la poudre est brune. Le sel neutre et le sel basique se comportent absolument de la même manière. Soumis à la distillation, il ne donne ni soufre ni sulfide arsénique, et fond, au rouge cerise, en un globule métallique, gris et brillant, sans dégager aucun produit volatil. Le globule est doux et malléable, et ne peut être réduit en poudre. Chauffé au contact de l'air, il donne un résidu de sulfure d'argent, tandis que le sulfide arsénique est brûlé.

Sulfarsénite argentique, $\overset{,}{\mathrm{Ag}}^{2}\overset{,,,}{\mathrm{\bar{A}s}}$. Il forme un précipité brun clair, qui dans les premiers instants est transparent, mais se rassemble ensuite en masse, et devient noir. Par la distillation, il donne du sulfide arsénieux, s'il en contient un excès, puis se fond et en donne une nouvelle quantité, jusqu'à ce qu'il ne reste que le sel neutre, qui ne s'altère plus. C'est une masse métallique noire, qui donne par la trituration une poudre brune claire, semblable au précipité considéré dans les premiers instants de sa formation. Si l'on mêle une dissolution saturée de chlorure argentique dans l'ammoniaque avec un bisulfarsénite, on obtient un précipité jaune foncé, qui est du *sulfarsénite pentargentique*, $= \overset{,}{Ag}\overset{,,,}{As} + 5\,\overset{,}{Ag}$.

Sous-sulfantimoniate argentique, $\overset{,}{Ag}{}^{3}\overset{,,,,,}{\bar{S}b}$. Il se précipite par voie de double décomposition, au moyen du sulfosel sodique cristallisé. Le précipité est brun foncé, et parfaitement insoluble. La potasse caustique en retire le sulfure antimonique, et laisse le sulfure argentique. A la distillation sèche, il donne du soufre, et laisse de l'antimoniure argentique, $= Ag^{3}\bar{S}b$.

Sulfantimonite argentique, $\overset{,}{Ag}\overset{,,,}{\bar{S}b}$. On le rencontre dans le règne minéral sous le nom de *myargyrite* ou de *blende rubis hémiprismatique*. Il est naturellement cristallisé en prismes rhomboïdaux couleur noir de fer, donnant une poudre rouge cerise. Vu en lamelles minces, il a une couleur rouge de sang.

Sulfantimonite bibasique, $\overset{,}{Ag}{}^{3}\overset{,,,}{\bar{S}b} = \overset{,}{Ag}\overset{,,,}{\bar{S}b} + 2\,\overset{,}{Ag}$. C'est un des plus beaux minerais d'argent, le *rothgülden*. Ses cristaux ont un éclat métallique très-prononcé, avec une teinte rougeâtre. Ce composé renferme quelquefois en mélange le sulfarsénite argentique correspondant, avec lequel il paraît être isomorphe. Les cristaux sont alors de couleur moins foncée, et rouges rubis, vus par transparence.

Sulfantimonite pentabasique, $\overset{,}{Ag}{}^{6}\overset{,,,}{\bar{S}b} = \overset{,}{Ag}\overset{,,,}{\bar{S}b} + 5\,\overset{,}{Ag}$. On le rencontre, dans le règne minéral, sous le nom de *Sprödglaserz*, de *Schwarzgültigerz*. Il est cristallisé en prismes rhomboïdaux noirs. L'antimoine s'y trouve quelquefois partiellement remplacé par l'arsenic.

Sulfantimonite octobasique, $\overset{,}{Ag}{}^{9}\overset{,,,}{\bar{S}b} = \overset{,}{Ag}\overset{,,,}{\bar{S}b} + 8\,\overset{,}{Ag}$. Il se rencontre, au même degré de saturation que le *polybasite*, en combinaison avec le sulfantimonite cuivrique. D'après une analyse de *H. Rose*, il se compose de $\overset{,}{\bar{C}u}{}^{9}\overset{,,,}{\bar{S}b} + 4\overset{,}{Ag}{}^{9}\overset{,,,}{\bar{S}b}$. Le sulfure antimonieux s'y trouve remplacé par du sulfure arsénieux, en quantités variables suivant les localités.

Sulfomolybdate argentique, $\overset{,}{Ag}\overset{,,,}{Mo}$. C'est un précipité noir, qui, à l'état sec, donne une rayure éclatante, d'un gris plombé.

Hypersulfomolybdate argentique, $\overset{,}{Ag}\overset{,,,,}{Mo}$. Il est d'un brun foncé, et noir en masse.

Sulfotungstate argentique, $\overset{,}{Ag}\overset{,,,}{W}$. Il forme un précipité brun foncé, qui devient noir en peu de temps. A la distillation, il donne du soufre, et devient d'un gris plombé, brillant.

27. *Sels de rhodium.*

Les sels de rhodium sont encore peu connus. Les sels haloïdes paraissent être rouges; les oxysels, jaunes, rouges ou bruns. On ne connaît point de sulfosels de ce métal. Les sels de rhodium ne sont pas précipités instantanément par les alcalis; mais quand on les fait digérer avec eux, ils déposent au bout de quelque temps de l'oxyde rhodique jaune verdâtre. Le gaz sulfide hydrique les précipite en brun noirâtre, mais seulement à l'aide de la chaleur. Tous les sels de rhodium sont décomposés, et le rhodium est réduit quand on les expose, sous forme sèche, à l'action simultanée d'une douce chaleur et du gaz hydrogène. Jusqu'à présent on ne connaît au rhodium qu'une seule série de sels.

A. *Sels haloïdes de rhodium.*

Chlorure rhodeux, $\bar{R}\,\bar{G}l$. On le prépare, par voie humide, en faisant bouillir le chlorure rhodoso-rhodique avec la potasse caustique, et traitant l'oxyde $\ddot{\bar{R}} + \dddot{\bar{R}}$ ainsi obtenu, après le lavage, par l'acide chlorhydrique: il se dissout du chlorure rhodique, tandis qu'il reste une poudre gris rouge ou d'un violet sale, qui devient rouge rose par la calcination. On l'obtient, par la voie sèche, en chauffant le sulfure rhodique, à une douce chaleur, dans un courant de gaz chlore sec, jusqu'à ce qu'il ne se forme plus de chlorure de soufre. Le chlorure rhodeux qui reste est également rouge rose. Il est insoluble dans l'eau, dans les acides chlorhydrique et nitrique; il n'est pas décomposé, à la température de l'ébullition, par les alcalis caustiques ou les carbonates alcalins; mais il l'est facilement par la calcination dans le gaz hydrogène, en laissant, suivant *Fellenberg*, 59,4 pour cent de rhodium.

Chlorure rhodique, $\text{R}\,\text{Gl}^{3}$. Pour l'obtenir on verse peu à peu une dissolution d'acide hydrofluosilicique dans une dissolution de chlorure rhodico-potassique, et on s'arrête aussitôt qu'il ne se forme plus de fluorure silicico-potassique. On évapore jusqu'à siccité la dissolution filtrée, et on reprend la masse par l'eau, qui laisse, sans la dissoudre, une petite portion de fluorure silicico-potassique; on ajoute de l'acide chlorhydrique à la dissolution, et on évapore celle-ci jusqu'à siccité, pour chasser les traces d'acide hydrofluosilicique que le sel peut contenir. Le sel sec est d'un noir brun, et nullement cristallin; il supporte sans se décomposer une assez forte chaleur, et, arrivé au point où il se décompose, il se transforme immédiatement en métal et en chlore, sans passer par un degré intermédiaire de combinaison. A l'air, il est déliquescent; sa dissolution dans l'eau est d'une belle couleur rouge. Il a une saveur métallique, légèrement astringente. Il est composé de 66,24 parties de rhodium et 33,76 de chlore.

Chlorure rhodoso-rhodique, $\text{R}^{2}\,\text{Gl}^{5}$ ou $\text{R}\,\text{Gl}^{2} + \text{R}\,\text{Gl}^{3}$. On l'obtient en chauffant du rhodium en poudre fine (tel qu'on l'obtient par la réduction de ses sels doubles au moyen du gaz hydrogène) dans un courant de gaz chlore, qui le convertit peu à peu en une poudre rose, insoluble dans l'eau et dans les acides. Cette poudre est formée de 54,07 parties de rhodium et 45,93 de chlore, proportions qui correspondent à une composition d'après laquelle ce sel serait formé de deux chlorures, dont l'un renfermerait, pour la même quantité de métal, un tiers moins de chlore que le chlorure rhodique, et qui seraient combinés, dans le sel double, dans la proportion requise pour contenir tous deux la même quantité de rhodium.

Chlorure rhodico-potassique, $\text{K}\,\text{Gl} + \text{R}\,\text{Gl}^{3}$. On le prépare en mêlant du rhodium en poudre fine avec un poids égal au sien de chlorure potassique, et chauffant le mélange intime dans un courant de gaz chlore, jusqu'à ce que ce gaz cesse d'être absorbé. La chaleur peut être élevée jusqu'au rouge obscur, et à cette température l'absorption est plus forte qu'à une température moins élevée. On obtient ainsi une masse saline, noire, qui n'a pas subi de fusion et se dissout dans l'eau; la dissolution, qui est d'une belle couleur rouge, donne, après l'évaporation, des cristaux rouges foncés, dont la forme est rarement bien nette. D'après *Wollaston*, les cristaux forment des prismes rectangulaires à quatre pans, terminés par des pyramides à quatre faces. Ce sel est insoluble dans l'alcool; mais lorsqu'on essaye de le précipiter par l'alcool d'une dissolution concentrée dans l'eau, une partie du sel reste dissoute dans la liqueur spiritueuse, et ne s'en sépare pas quand on y ajoute une plus grande quantité d'alcool. Quand on distille cette liqueur spiritueuse, la plus grande partie du sel dissous se réduit à l'état métallique. Le sel cristallisé contient 2 atomes ou 4,77 pour cent d'eau, qui ne se vaporise pas à la température de 100°, mais qui peut être chassée par une plus forte chaleur, sans que le sel restant soit décomposé.

Chlorure rhodico-sodique, $3 Na \overline{Cl} + \overline{R} \overline{Cl}^3$. On le prépare comme le sel potassique; seulement il est nécessaire d'employer 2 parties de chlorure sodique pour une de rhodium. On peut aussi l'extraire des minerais de platine, par la méthode décrite à l'article de l'extraction du rhodium. Il se dissout dans l'eau, et la dissolution, qui est d'une couleur rouge très-belle, donne, après l'évaporation, de grands cristaux prismatiques d'un rouge foncé. Le sel cristallisé contient 30 pour cent d'eau de cristallisation, dont il perd une portion à l'air sec, en se couvrant d'une poudre rouge. Exposé à l'action de la chaleur, il fond dans son eau de cristallisation, qu'il retient avec opiniâtreté. Avec l'alcool il se comporte comme le sel potassique. La composition du sel sodique n'est donc pas proportionnelle à celle du sel potassique. Lorsqu'on fait bouillir ce sel avec de l'alcool dans un vase distillatoire, jusqu'à ce que la plus grande partie de l'alcool ait passé à la distillation, la liqueur restante laisse, suivant *Biewend*, déposer, par le refroidissement, des aiguilles rouges, qui, par une nouvelle cristallisation dans l'eau, donnent des rhomboèdres brillants, presque noirs. Si ce sel n'est pas identique avec le précédent, ce qui paraît très-probable, ce ne pourra être qu'un sel double d'un degré de chloruration inférieur, et méritera, par conséquent, de nouvelles recherches.

Chlorure rhodico-ammonique, $2 \overline{N} \overline{H}^4 \overline{Cl} + \overline{R} \overline{Cl}^3 + \dot{H}$. On l'obtient en ajoutant du sel ammoniac à la dissolution du chlorure, et évaporant la liqueur. Le sel double ressemble beaucoup au sel potassique, se dissout moins bien dans l'eau que le sel sodique, et se décompose quand on le chauffe, en donnant un résidu de rhodium.

Quand on mêle du chlorure rhodico-sodique avec de l'ammoniaque en certain excès, le sel perd peu à peu sa couleur rouge, et devient jaune. En même temps il se précipite de l'oxyde rhodique ammoniacal, et la dissolution retient un sel double basique. En l'évaporant jusqu'à siccité et traitant le résidu par l'eau, celle-ci laisse, sans la dissoudre, une poudre jaune qui paraît être composée de chlorure rhodique ammoniacal.

B. *Oxysels de rhodium.*

Sulfate rhodique, $\dddot{\text{R}}\,\dddot{\text{S}}^3$. On le prépare en dissolvant du sulfure de rhodium, préparé par la voie humide, dans de l'acide nitrique fumant ; on obtient un liquide brun jaunâtre et une poudre brune. Cette dernière est du sulfate rhodique neutre, et le liquide est une dissolution du même sel dans l'acide nitrique. En décantant l'acide et traitant la poudre brune par l'eau, elle se dissout. La dissolution se dessèche en un sirop brun qui n'offre aucune trace de cristallisation. Si l'on essaye de chasser l'eau par la chaleur, le sel se boursoufle comme de l'alun, et laisse une masse poreuse, gonflée, qui paraît d'abord insoluble dans l'eau, mais finit par s'y dissoudre, absolument comme l'alun calciné. Exposé à l'air, ce sel commence à se liquéfier au bout de quelques heures, et il passe ainsi plus promptement à l'état liquide que quand on y verse de l'eau. La dissolution concentrée est d'un rouge sombre tirant sur le jaune ; et je crois avoir remarqué qu'elle devient d'un rouge plus intense quand elle a été conservée pendant quelque temps.

Sulfate rhodico-potassique. On l'obtient en mêlant du rhodium en poudre fine avec du bisulfate potassique, et chauffant le mélange, dans un creuset de platine couvert, jusqu'au rouge obscur, température à laquelle on le maintient pendant quelque temps. Peu à peu il se dégage du gaz acide sulfureux, et le sel se colore en rouge brun foncé. La dissolution du métal s'opère lentement, et pendant l'expérience il se vaporise beaucoup d'acide. Mais on peut laisser refroidir le sel, y ajouter une quantité convenable d'acide sulfurique, et continuer ensuite à faire digérer le mélange. Le sel solidifié est jaune ou jaune foncé, rarement rose. Il se dissout en jaune dans l'eau, très-lentement quand celle-ci est froide, avec rapidité quand elle bout. Les alcalis versés dans la dissolution précipitent une grande partie de l'oxyde rhodique ; mais celui-ci n'est notablement précipité ni par les alcalis ni par le gaz sulfide hydrique. Pour en extraire tout l'oxyde rhodique, il faut mêler le sel avec un excès de carbonate potassique ou sodique sec, et chauffer le mélange jusqu'au rouge : en traitant la masse calcinée par l'eau, tout l'oxyde rhodique reste.

On obtient un autre sulfate rhodico-potassique, en ajoutant au chlorure de ces bases une certaine quantité d'acide sulfureux. Au bout de quelques heures, la dissolution, dont la couleur devient de plus en plus pâle, dépose une poudre blanche, qui est encore blanche après avoir été lavée, ou d'un blanc tirant à peine sur le jaune. Ce sel est presque insoluble dans l'eau, et très-peu soluble dans l'acide sulfurique; ces deux liquides, mis en contact avec le sel, prennent une couleur jaune. Les alcalis en séparent, à l'aide de la digestion, de l'oxyde rhodique. Il contient 0,28 de son poids de rhodium, et paraît être, à proprement parler, le sel neutre, $= \dot{K}\dddot{S} + \dddot{\bar{R}}\,\dddot{S}^3$.

Nitrate rhodique, $\dddot{\bar{R}}\overset{\cdot\cdot\cdot\cdot\cdot}{\bar{N}}^3$. On l'obtient en dissolvant l'oxyde rhodique dans l'acide nitrique, jusqu'à saturation complète de l'acide. Il forme un sel déliquescent, d'un rouge foncé.

Nitrate rhodico-sodique, $\dot{Na}\overset{\cdot\cdot\cdot\cdot\cdot}{\bar{N}} + \dddot{\bar{R}}\overset{\cdot\cdot\cdot\cdot\cdot}{\bar{N}}^3$. Il forme des cristaux rouges foncés, et se dissout facilement dans l'eau; mais il est insoluble dans l'alcool.

Phosphate rhodique. On l'obtient en mêlant l'oxyde rhodique avec l'acide phosphorique, évaporant le mélange, et soumettant le résidu à une douce calcination. Épuisée par l'eau, la masse calcinée cède très-lentement l'excès d'acide et une portion du sel produit. La solution concentrée est brune foncée, et jaunit par la dilution. La partie non dissoute est brune.

Acétate rhodique. Il forme une dissolution rouge.

Acétate rhodico-sodique. Ce sel double est rouge, très-soluble dans l'eau, et insoluble dans l'alcool.

28. *Sels de palladium.*

Le palladium forme deux séries de sels, dont l'une seulement est un peu connue, celle qui constitue les *sels palladeux*, tandis que l'autre, qui comprend les *sels palladiques*, est presque inconnue. Les sels palladeux sont jaunes ou d'un jaune brunâtre.

Les alcalis caustiques y font naître un précipité jaune, qui est un sel basique, et se dissout dans un excès d'alcali, sans colorer la liqueur; mais, par l'évaporation, l'oxyde palladeux s'en précipite.

Le palladium est précipité, à l'état métallique, des dissolutions des sels palladeux, par tous les métaux précédents, l'argent et le rhodium exceptés. Le même effet est produit par les sels stanneux et ferreux, et, à l'aide de la chaleur, par l'acide sulfureux. Ils sont également réduits quand on distille l'alcool avec lequel on les a mêlés. On prétend que les dissolutions de ces sels prennent une teinte bleue ou verte, quand on y verse de l'ammoniaque et un peu de chlorure stanneux; mais cela n'arrive que quand le palladium contient du cuivre. Sous forme sèche, les sels de palladium sont réduits par le gaz hydrogène, à l'aide d'une douce chaleur.

A. *Sels haloïdes de palladium.*

Chlorures de palladium. 1. *Souschlorure palladeux*, Pd Ꞡl. On l'obtient, suivant *Kane*, en chauffant le chlorure palladeux anhydre jusqu'à fusion dans un vase distillatoire : la moitié du chlore s'en dégage à l'état de gaz. La fusion ne doit pas s'opérer dans un vase de platine, car le chlore, devenu libre, s'unirait au platine, et donnerait naissance à un produit platinifère. Le souschlorure qui reste est rouge grenat, et à cassure nettement cristalline. Il est déliquescent à l'air; et, dissous dans une petite quantité d'eau, il dépose du palladium métallique, qui représente le $\frac{1}{5}$ de la totalité du palladium contenu dans le souschlorure. La solution renferme alors un sel double de chlorure et de souschlorure palladeux, qui paraît être composé de 2 Pd Ꞡl + Pd Ꞡl. La solution est bien plus foncée que celle du chlorure palladeux. Étendue d'une plus grande quantité d'eau, elle se trouble de nouveau. L'ammoniaque y donne un précipité blanc, qui se change très-rapidement en un mélange de chlorure palladeux ammoniacal rouge et de palladium réduit.

2. *Chlorure palladeux*, Pd Ꞡl. On l'obtient en dissolvant le palladium dans l'acide chlorhydrique auquel on a ajouté un peu d'acide nitrique, et évaporant la dissolution jusqu'à siccité, pour en séparer tout l'acide nitrique. Il reste une masse saline, cristalline, d'un brun foncé, qui est noire après avoir perdu son eau de cristallisation. Il est déliquescent à l'air, et se dissout facilement dans l'eau. Une solution concentrée donne, par l'évaporation, de

petits cristaux prismatiques qui renferment, suivant *Kane*, 2 atomes ou 16,87 pour cent d'eau. Chaque fois qu'on évapore le chlorure palladeux jusqu'à siccité, une partie du sel se décompose, il se dégage de l'acide chlorhydrique, et en traitant le sel par l'eau, celle-ci laisse, sans la dissoudre, une poudre couleur de rouille, qui est du chlorure palladeux basique. Suivant *Fellenberg*, on obtient le chlorure palladeux sous forme d'un sublimé rouge rose, en chauffant fortement du sulfure de palladium dans un courant de gaz chlore, jusqu'à ce qu'il ne se dégage plus de chlorure de soufre. Ce qui reste est du souschlorure palladeux.

Chlorure tri-palladeux, $\mathrm{Pd\,Gl} + 3\dot{\mathrm{P}}\mathrm{d}$. Il se produit quand on ajoute à une solution de chlorure palladeux moins de potasse ou de soude caustique qu'il n'en faut pour dissoudre le tout. Il se forme un précipité brun foncé qui renferme, selon *Kane*, 4 atomes ou 11,66 pour cent d'eau, qu'il ne perd pas à + 150°. Par la distillation sèche, il donne de l'eau, du gaz chlore et du gaz oxygène, pendant qu'il reste un mélange de souschlorure palladeux, de sousoxyde palladique et de palladium métallique. Les acides dissolvent le soussel.

Chlorure palladeux ammoniacal. On l'obtient de composition différente et sous deux modifications isomériques qui ont été examinées par *Fehling* et surtout par *Kane*. Lorsqu'on mêle une solution de chlorure palladeux avec de l'ammoniaque caustique, il se forme un précipité rouge de chair, qui est $= \mathrm{Pd\,G} + \mathrm{NH^3}$. Il ne s'altère pas par la dessiccation, ni à l'air; bien desséché, il supporte + 180°, sans changer de couleur ni de composition. Mais, à l'état humide, il jaunit à + 100°, pendant que sa composition reste invariable. Le précipité rouge de chair, qu'on fait bouillir avec l'eau mère, se dissout avec une couleur brune, et la solution laisse, par le refroidissement, déposer de petits cristaux jaunes, représentant la dernière modification, produite sous l'influence de la chaleur.

Quand on dissout le composé, sous l'une ou l'autre modification, dans l'ammoniaque caustique, et qu'on évapore la solution, il se dépose des prismes rectangulaires incolores, qui sont $= \mathrm{Pd\,Gl} + 2\mathrm{NH^3} + \dot{\mathrm{H}}$. Ces cristaux, soumis à une douce chaleur, perdent l'atome d'eau et 1 équivalent d'ammoniaque, en laissant le composé jaune $= \mathrm{Pd\,Gl} + \mathrm{NH^3}$, qui, placé à l'état humide dans le gaz ammoniac, reprend ce qu'il avait perdu. Il est très-soluble dans l'eau; et cette solution, ne contenant plus d'ammoniaque en excès, donne, par l'évaporation, des cristaux cubiques jaunes. Lorsqu'on mêle la solution de $Pd\,Gl + 2N\,H^3$ avec un acide, il se précipite, au bout de quelques minutes, le composé jaune de $Pd\,Cl + N\,H^3$. Lorsqu'on mêle, au contraire, la solution avec de l'hydrate potassique en excès, et qu'on fait bouillir assez longtemps le mélange, il se précipite une poudre vert olive qui, desséchée à une douce chaleur, brûle comme de la poudre à canon très-divisée. On n'en a pas encore examiné la composition.

Souschlorure palladeux ammoniacal. Lorsqu'on fait bouillir le chlorure palladeux ammoniacal rouge dans beaucoup d'eau, il s'y dissout en laissant une petite quantité de poudre brune; et, par le refroidissement de cette solution, il se dépose une faible proportion du composé jaune. La liqueur est brune; mêlée, avant son refroidissement, avec un peu de potasse caustique (qui ne doit pas être en excès), elle donne un précipité brun, cristallin, composé de $(2Pd\,Gl + 3N\,H^3) + \dot{P}d$; on pourrait peut-être le considérer comme une combinaison de 2 atomes $Pd\,Gl + N\,H^3$ avec 1 atome de $\dot{P}d\,N\,H^3$. Par la chaleur, il donne de l'eau et du sel ammoniac, pendant qu'il reste du palladium. — Lorsqu'on laisse, au contraire, refroidir la solution, et qu'on mêle la liqueur limpide avec de l'hydrate potassique en excès, il se forme un précipité blanc qui, par la dessiccation, devient vert olive et se compose de $(Pd\,Gl + N\,H^3) + 3\dot{P}d + 3\dot{H}$. Peut-être aussi pourrait-on, suivant *Kane*, en représenter la composition par $(Pd\,Gl + Pd\,N\,H^2) + 2\dot{P}d + 4\dot{N}$. La présence de l'eau dans cette combinaison rend impossible l'établissement certain de l'une ou de l'autre formule.

Lorsqu'on fait bouillir le précipité blanc en question, dans la liqueur où il s'est formé, il se dissout du souschlorure palladeux dans la potasse, et il reste du $Pd\,Gl + N\,H^3$ jaune insoluble.

La poudre brune qui reste insoluble, quand on dissout le précipité rouge de chair $Pd\,Gl + N\,H^3$ par l'ébullition dans l'eau, se compose, soit de $(Pd\,Gl + 2N\,H^3) + 2\dot{P}d$, soit de $Pd\,Gl + 2Pd\,N\,H^2 + 2\dot{H}$.

Chlorure palladoso-potassique, $K\,Gl + Pd\,G$. On l'obtient en ajoutant du chlorure potassique à la dissolution du sel précédent, et évaporant la liqueur jusqu'au point de cristallisation. Le sel double cristallise en prismes quadrilatères d'un jaune sale, qui ont une teinte brunâtre quand ils sont volumineux. On a annoncé que, vus par transparence, ils étaient rouges dans un sens et verts dans un autre sens. Je n'ai pas trouvé que cette observation fût exacte, et elle se rapporte sans doute à du sel qui contient du cuivre. Le chlorure palladoso-potassique fond à une douce chaleur, mais il ne tarde pas à dégager du chlore; l'eau par laquelle on le traite laisse alors, sans la dissoudre, une quantité de palladium porportionnelle à la quantité de chlorure décomposé. Il est assez soluble dans l'eau, et beaucoup plus dans l'eau chaude que dans l'eau froide. L'alcool le précipite d'une dissolution concentrée chaude, en paillettes cristallines, jaunes et brillantes comme de l'or. Il est peu soluble dans l'alcool anhydre, mais l'esprit-de-vin d'une densité de 0,84 en dissout déjà une quantité notable; en distillant la dissolution, le sel double est décomposé, et le palladium réduit. Le chlorure palladoso-potassique ne contient point d'eau de cristallisation.

Chlorure palladoso-sodique, Na Ɠl + Pd Ɠl. Ce sel double se dissout facilement dans l'eau et dans l'alcool, et attire l'humidité de l'air.

Chlorure palladoso-ammonique, N̶ H̶⁴ Ɠl + Pd Ɠl. Il cristallise en prismes longs rectangulaires d'un vert olive et d'un éclat de bronze; il renferme, suivant *Kane*, 1 atome ou 5,9 pour cent d'eau, qu'on peut expulser par une chaleur modérée. Par la calcination, il laisse du palladium.

D'après les recherches de *Bonsdorff*, le chlorure palladeux forme des sels doubles avec la plupart des autres chlorures. *Bonsdorff* a obtenu ceux que forme ce sel avec les chlorures de baryum, de calcium, de magnésium, de manganèse, de zinc, de cadmium et de nickel. Tous ces sels doubles ont une teinte brunâtre, et se dissolvent facilement dans l'eau et dans l'alcool. Les sels de cadmium, de nickel et de manganèse ne s'altèrent pas à l'air. Ce dernier est presque noir, et forme des cristaux cubiques ou approchant du cube. Les sels doubles de calcium, de magnésium et de zinc sont déliquescents.

3. *Chlorure palladique*, $Pd Ɠl^2$. On l'obtient en dissolvant le chlorure palladeux sec dans l'eau régale concentrée et chauffant doucement la dissolution. Il n'existe qu'à l'état de dissolution; celle-ci est d'un brun si foncé qu'elle paraît noire. Ce sel se distingue du chlorure palladeux, en ce qu'il forme un précipité rouge avec le chlorure potassique, tandis que ce dernier sel ne produit point

de précipité, ou en produit un jaune dans la dissolution du chlorure palladeux. Quand on l'étend d'eau ou qu'on l'évapore, il dégage du chlore, et se transforme en chlorure palladeux.

Chlorure palladico-potassique, K Gl + Pd Gl². On l'obtient en traitant par l'eau régale le chlorure palladoso-potassique réduit en poudre fine, et évaporant, jusqu'à siccité, la liqueur surnageante. Le chlorure double reste sous forme d'une poudre rouge de cinabre, dans laquelle on découvre, à l'aide de la loupe, de petits cristaux octaédriques. Quand ces cristaux sont assez grands pour qu'on puisse en reconnaître la forme, le sel est d'un brun foncé. Chauffé jusqu'au point où il entre en fusion, il abandonne du chlore et se transforme en sel palladeux; l'eau froide en dissout une très-petite quantité en prenant une couleur jaunâtre et l'odeur du chlore. Traité par l'eau chaude, il se dissout avec dégagement de chlore, et se décompose en grande partie: de l'oxyde palladique se précipite, et la liqueur se charge d'acide chlorhydrique libre. Par une ébullition prolongée, il est totalement réduit à l'état de chlorure palladoso-potassique. Quand on le dissout, en vases clos, dans l'eau bouillante, une partie du sel cristallise pendant le refroidissement, sans avoir subi d'altération. L'eau mère renferme du sel palladeux et exhale une odeur de chlore. L'acide chlorhydrique le dissout sans le décomposer, mais seulement en petite quantité; pendant l'évaporation spontanée de l'acide, le sel cristallise. L'alcool froid n'exerce pas d'action sensible sur ce sel, et n'en est pas coloré; l'alcool bouillant le décompose, avec formation d'éther. Si l'on verse dessus de l'ammoniaque caustique, celle-ci se décompose avec une effervescence due au dégagement du gaz nitrogène, et il se forme du sel palladeux. Il n'est ni décomposé ni dissous par l'eau contenant en dissolution du chlorure potassique, sodique ou ammonique; ainsi ces sels, quand ils sont mêlés avec le chlorure palladico-potassique, peuvent en être extraits à l'aide d'une quantité d'eau convenable. Il ne renferme point d'eau combinée.

On n'est pas parvenu à obtenir le *chlorure palladico-sodique*, probablement parce que le sel est très-soluble et que l'eau le décompose.

Chlorure palladico-ammonique, N H⁴ Gl + Pd Gl². On l'obtient comme le sel potassique; il lui ressemble parfaitement, et n'est pas plus soluble.

Bromure palladeux, Pd Br. Il se forme très-difficilement, quand on fait digérer, dans un vase couvert, le palladium avec le brome et l'eau; on ne réussit pas à obtenir la liqueur saturée au point que l'odeur de brome disparaisse. Après l'évaporation de l'excès de brome, il reste une solution rouge-jaune qui laisse, par l'évaporation spontanée, déposer des aiguilles cristallines brunes, irrégulières. Étant redissous dans l'eau, ces cristaux laissent déposer un soussel brun, floconneux, et ceci a lieu chaque fois que le sel est redissous après la cristallisation. Le sel est soluble dans l'alcool.

Bromure palladeux potassique, K Br + Pd Br. On l'obtient en traitant le palladium par une solution de bromure potassique, avec addition de brome pour dissoudre le métal plus promptement. Par l'évaporation spontanée, le sel cristallise en aiguilles aplaties d'un brun foncé, et inaltérables à l'air. Il se dissout facilement dans l'eau, et un peu plus difficilement dans l'alcool; celui-ci ne précipite pas la solution aqueuse.

Le chlorure palladeux donne aussi des sels doubles avec le *bromure sodique* et le *bromure ammonique*.

Iodure palladeux, Pd I. Il se précipite sous forme d'une poudre brune floconneuse, quand on mêle une solution de chlorure palladeux avec l'iodure potassique. La solution d'iodure potassique, étendue de plusieurs milliers de parties d'eau, devient rouge ou rouge brun par l'addition d'un sel de palladium, mais sans qu'il y ait de précipité; quand on la fait ensuite bouillir pendant quelque temps, l'iodure palladeux se précipite, et la liqueur devient incolore. L'iodure de palladium renferme, suivant *Lassaigne*, 1 atome ou 5 pour cent d'eau. Il est à peu près aussi insoluble que le chlorure argentique. Les sels de palladium sont donc, pour l'iode, un réactif aussi sensible que le chlore l'est pour les sels d'argent. Chauffé à + 360°, l'iodure palladeux se décompose en vapeur d'iode et en palladium. L'hydrate potassique le décompose en laissant de l'oxyde palladeux.

Iodure palladeux ammoniacal, Pd I + NH^3. Suivant *Fehling*, l'iodure palladeux se dissout dans l'ammoniaque caustique avec dégagement de chaleur; la dissolution est incolore, et quand on l'évapore ou qu'on la mêle avec un acide, l'iodure palladeux ammoniacal se précipite sous forme d'une poudre jaune orange. Pressé et desséché rapidement, il reste sans altération; abandonné à lui-même à l'état humide, il se change en une masse cristalline d'une belle couleur rouge. C'est une modification isomérique du composé jaune. Si, pendant l'évaporation de la solution ammoniacale, on ajoute de temps en temps de l'ammoniaque caustique, il se forme des cristaux incolores de $PdI + 2NH^3$, qui ne contiennent pas d'eau de cristallisation et sont très-solubles dans l'eau. Ce même composé se forme quand l'iodure palladeux absorbe jusqu'à saturation du gaz ammoniac.

Iodure palladeux potassique, $KI + PdI$. On l'obtient en dissolvant l'iodure palladeux jusqu'à saturation dans une solution d'iodure potassique et évaporant la liqueur pour la faire cristalliser. Le sel double se dépose en cristaux rouges cubiques.

Fluorure palladeux, PdF. Il se produit quand on ajoute de l'acide fluorhydrique à une solution concentrée de nitrate palladeux neutre. Le fluorure se précipite alors sous forme d'un corps brun, qui se dépose difficilement. Par l'évaporation jusqu'à siccité, il reste une masse terreuse d'un brun foncé dont l'eau enlève une très-petite quantité en se colorant en jaune; cette solution elle-même se trouble, et dépose du fluorure quand on l'évapore. Il ne s'altère pas par la calcination, pourvu qu'il ne soit pas mis en contact avec les vapeurs d'eau, qui communiquent à sa surface une nuance bleue. Il est peu soluble dans l'acide fluorhydrique, et même à l'état humide il se dissout difficilement dans l'ammoniaque caustique. La liqueur est incolore, et peut être évaporée à chaud : l'excès d'ammoniaque se volatilise. Il cristallise à la fin un sel incolore qu'on peut redissoudre et évaporer de nouveau, sans qu'il s'altère. Il supporte $+ 100°$ sans se décomposer; mais à une température passablement plus élevée, il se décompose en laissant une poudre brun gris. Ce composé paraît être du fluorure palladeux ammoniacal. Le fluorure palladeux, après la dessiccation, ne se dissout dans l'ammoniaque qu'à la température de l'ébullition; et il laisse, après l'évaporation, un sel brun rayonné, qui est du *fluorure palladoso-ammonique*. L'ammoniaque laisse un sousfluorure palladeux insoluble. Le fluorure ne se dissout pas, à la température de l'ébullition, dans le fluorure sodique acide ou neutre. La solution d'un sel de palladium, traitée par le fluorure sodique, donne un précipité de fluorure palladeux brun.

Cyanure palladeux, Pd Cy. Le palladium a plus d'affinité pour le cyanogène qu'aucun autre métal, en sorte qu'il est précipité par le cyanure mercurique de ses dissolutions neutres, ce qui fournit un moyen bien simple pour le séparer des autres corps. On obtient même du cyanure palladeux en faisant bouillir l'oxyde palladeux avec le cyanure mercurique. Si l'on verse ce dernier sel dans une dissolution de palladium, qui ne contient pas beaucoup de ce métal, le précipité ne paraît pas de suite, et la liqueur, qui ne se trouble qu'au bout d'un certain temps, donne un précipité de couleur claire, grisâtre après la dessiccation. Chauffé jusqu'au rouge, le cyanure palladeux est décomposé, et donne un résidu de palladium. Quand la dissolution d'un sel de palladium est acide, on n'obtient aucun précipité; quand elle contient du cuivre, le précipité desséché est verdâtre, et il n'est pas possible de débarrasser le palladium du cuivre en le précipitant par un cyanure.

Cyanure palladeux ammoniacal, Pd Ɛy + ɴH^3. Quand on ajoute une dissolution de cyanure mercurique à une dissolution incolore du cyanure palladeux dans l'ammoniaque, dont l'ammoniaque excédante s'est volatilisée jusqu'au point où la liqueur ne répand plus d'odeur ammoniacale, il ne se forme point de précipité dans les premiers moments; mais après quelque temps on obtient des paillettes cristallines, incolores, brillantes, qui sont le cyanure palladeux ammoniacal; la solution ammoniacale du cyanure, saturée à chaud, laisse par le refroidissement déposer ce composé en cristaux réguliers. Il supporte + 120° sans perdre de l'ammoniaque. On peut le dissoudre dans l'eau bouillante, et l'obtenir, par le refroidissement, sous forme cristalline sans altération. La même combinaison se forme aussi quand le cyanure palladeux absorbe l'ammoniaque jusqu'à saturation.

Cyanure palladoso-potassique, K Ɛy + Pd Ɛy + Ḣ. On l'obtient en dissolvant le cyanure palladeux dans le cyanure potassique; il cristallise en prismes obliques, fins, incolores et transparents, qui décrépitent quand on les chauffe, et se fondent ensuite avec effervescence. Suivant *Rammelsberg*, qui en détermina la composition, il cristallise en lames inaltérables à l'air.

Le *cyanure palladeux* forme, avec le *nitrate palladeux*, un sel double, qui se précipite quand on mêle le nitrate palladeux avec le sel double précédent. Quand on le chauffe après l'avoir séché, il brûle comme de la poudre.

Cyanure palladique, Pd Ɛy^2. On l'obtient en versant une dissolution de cyanure mercurique sur du chlorure palladico-potassique en poudre très-fine, et remuant le mélange. Il se forme un cyanure rouge pâle, qui se décompose bientôt, et devient d'un blanc pur, tandis que la liqueur prend une odeur de cyanure ammonique.

Rhodanure palladeux, $Pd + C^2N^2S^2$. Il se dissout aisément dans l'eau.

B. *Oxysels de palladium*.

Sulfate palladeux, $\dot{P}d\dddot{S}$. Il a été examiné par *Kane;* nous empruntons aux recherches de ce chimiste les principales données que nous allons communiquer sur ce sel. On l'obtient en dissolvant le palladium dans l'acide sulfurique, mêlé d'acide nitrique étendu, et évaporant la solution jusqu'à consistance sirupeuse; par le refroidissement de la liqueur, le sulfate se dépose en cristaux irréguliers. Le sel est brun comme sa dissolution. Il a une saveur acide et métallique. Il renferme 2 atomes ou 15,08 pour cent d'eau, qu'on peut éliminer par la chaleur, mais qu'il reprend à l'air. Il est déliquescent à l'air humide; mais il est décomposé par l'addition d'une grande quantité d'eau. Il supporte une faible chaleur rouge sans se décomposer. Par une chaleur plus forte, il perd de l'acide sulfurique anhydre, pendant qu'il reste un soussel qui lui-même se décompose à une température encore plus élevée en donnant pour résidu du palladium métallique.

Sulfate heptabasique, $\dot{P}d\dddot{S} + 7\dot{P}d$. On l'obtient en dissolvant le sulfate neutre dans une petite quantité d'eau, afin qu'il ne s'altère pas, et versant cette dissolution goutte à goutte dans beaucoup d'eau; le soussel se précipite, et la liqueur contient de l'acide sulfurique libre qui dissout une petite quantité de sel neutre. Le même soussel se produit quand on précipite par la potasse ou la soude une solution moins étendue du sulfate neutre. Desséché à une douce chaleur, il présente l'aspect d'une poudre brune foncée, contenant 6 atomes ou 9,24 pour cent d'eau. Par une longue exposition à l'air, il absorbe encore 4 atomes d'eau, de manière qu'il ait en tout 10 atomes ou 14,49 pour cent d'eau.

Sulfate palladeux ammoniacal, $\dot{P}d\dddot{S} + 2NH^3$. On le prépare en dissolvant le sulfate neutre dans l'ammoniaque caustique, et évaporant la solution incolore à une douce chaleur : le sel cristallise par le refroidissement. Mais le meilleur moyen consiste à faire arriver du gaz ammoniac dans une solution concentrée de sulfate palladeux jusqu'à dissolution du précipité qui s'était d'abord formé. En même temps la liqueur s'échappe, et laisse, par le refroidissement, déposer le composé en prismes rectangulaires, incolores, d'un éclat nacré, contenant 1 atome ou 6,93 pour cent d'eau, qui s'en va à une douce chaleur. Les cristaux deviennent par là d'un blanc laiteux, et perdent leur transparence. A une température plus élevée, le sel perd de l'ammoniaque, et tombe en une poudre jaune qui est $= \dot{\mathrm{P}}\mathrm{d}\ddot{\mathrm{S}} + \mathrm{NH}^3$. Ce dernier sel se précipite aussi quand on traite la solution aqueuse du premier par les acides. Soumis à une forte chaleur, l'un et l'autre se décomposent en eau, en gaz nitrogène et en sulfite ammonique qui se dégagent, et en palladium métallique qui reste.

Le sulfate palladeux ne produit pas de sels doubles avec les autres sulfates.

Nitrate palladeux, $\dot{\mathrm{P}}\mathrm{d}\overset{\cdots}{\ddot{\mathrm{N}}}$. Il prend naissance quand on dissout le palladium, à chaud, dans l'acide nitrique. A une température moyenne de l'air, le palladium décompose l'acide nitrique de 1,25 à 1,30, de manière à ne former que de l'acide nitreux; on peut ainsi dissoudre le métal sans aucun dégagement gazeux, ce qui s'effectue cependant difficilement. A chaud, il y a dégagement de gaz oxyde nitrique, et la solution se fait plus rapidement. Évaporée jusqu'à consistance sirupeuse, et placée dans le dessiccateur, la solution dépose de longs primes rhomboïdaux, déliés, d'un jaune brun, et contenant de l'eau de cristallisation; mais la quantité de cette eau n'a pas été déterminée, parce que le sel est déliquescent à l'air. Après la dessiccation complète, il reste une masse saline, irrégulière, d'un rouge brun. Il se dissout complétement dans une petite quantité d'eau; mais cette solution se décompose par la dilution : il se dépose un soussel qui, chauffé avec précaution, laisse de l'oxyde palladeux.

Nitrate tribasique, $\dot{\mathrm{P}}\mathrm{d}\,4\overset{\cdots}{\ddot{\mathrm{N}}} = \dot{\mathrm{P}}\mathrm{d}\overset{\cdots}{\ddot{\mathrm{N}}} + 3\dot{\mathrm{P}}\mathrm{d}$. Il se précipite quand on verse goutte à goutte une solution de nitrate neutre dans l'eau, ou lorsqu'on la mêle avec une quantité de potasse caustique insuffisante pour tout précipiter. C'est une poudre brune foncée, contenant 4 atomes ou 11,94 pour cent d'eau.

Nitrate palladeux ammoniacal, $\dot{\mathrm{P}}\mathrm{d}\overset{\cdots}{\ddot{\mathrm{N}}} + 2\mathrm{NH}^3$. On l'obtient en dissolvant, à chaud, le nitrate neutre dans l'ammoniaque caustique très-concentrée. La solution incolore donne, par le refroidissement ou par une douce évaporation, le sel sous forme de prismes ou de tables rhomboïdales. Il est incolore et anhydre; il détone par la chaleur, et est très-soluble.

Quand on ajoute à une solution ammoniacale chaude plus de nitrate palladeux que l'ammoniaque n'en peut dissoudre, la liqueur devient jaune foncée, et, par une contraction modérée, dépose de petits cristaux jaunes, qui paraissent être des octaèdres à base rhombe. Ils sont $\dot{\mathrm{Pd}}\overset{\cdot\cdot\cdot\cdot\cdot}{\mathrm{\bar{N}}} + \mathrm{\bar{N}H^3}$, et détonent par la chaleur.

Phosphate palladeux. Il se précipite, par voie de double décomposition, sous forme d'une poudre jaune.

Carbonate palladeux. Lorsqu'on mêle une solution de chlorure palladeux avec une solution de carbonate alcalin, il se produit un précipité jaune clair, sans dégagement de gaz acide carbonique; mais, en continuant la précipitation, il se manifeste une effervescence, et la poudre devient de plus en plus foncée, et finit par devenir brune. Le carbonate alcalin ne précipite pas ainsi la totalité de l'oxyde palladeux; mais le précipité renferme un peu de carbonate alcalin qu'on peut enlever complétement par le lavage. Après le lavage complet, il se compose de $\dot{\mathrm{Pd}}^{10}\ddot{\mathrm{C}} = \dot{\mathrm{Pd}}\ddot{\mathrm{C}} + 9\dot{\mathrm{Pd}} + 10\dot{\mathrm{\bar{H}}}$; il contient 3,04 d'acide carbonique et 12,41 pour cent d'eau. Il se dissout, avec une faible effervescence, dans l'acide chlorhydrique et dans l'acide nitrique.

En traitant la solution brune par de l'ammoniaque en excès, on obtient une liqueur brune et un résidu brun insoluble. Par l'évaporation, elle donne une masse saline déliquescente, d'un jaune clair, qui, bien desséchée et chauffée, détone avec une faible explosion. *Kane* la considère comme un souscarbonate palladeux ammoniacal.

Le résidu insoluble est de l'*oxyde palladeux ammoniacal*; chauffé, il donne de l'eau, du gaz nitrogène, de l'ammoniaque et un résidu de palladium.

Oxalate palladeux, $\dot{\mathrm{Pd}}\dddot{\mathrm{\bar{C}}}$. Il se précipite sous forme d'une poudre jaune, quand on verse goutte à goutte une solution d'oxalate potassique dans une solution de chlorure palladeux. Il est insoluble dans l'eau.

Oxalate palladoso-ammonique, $\mathrm{\bar{N}H^4}\dddot{\mathrm{\bar{C}}} + \dot{\mathrm{Pd}}\dddot{\mathrm{\bar{C}}}$. On l'obtient, soit en dissolvant l'oxyde palladeux dans du bioxalate ammonique ou l'oxalate dans le sel neutre, ou lorsqu'on mêle la solution ammoniacale incolore d'un sel de palladium avec de l'acide oxalique, et évaporant la solution. Le sel cristallise en aiguilles ou en beaux prismes d'un jaune bronze. Les prismes contiennent 2 atomes ou 10,15 pour cent d'eau, et les aiguilles, 8 atomes ou 31,13 pour cent.

Tartrate palladeux, $\dot{\mathrm{Pd}}\,\dddot{\overline{\mathrm{Tr}}}$. Il se précipite sous forme d'une poudre jaune. On n'a pas examiné s'il peut s'unir à d'autres tartrates.

Fulminate palladeux, $\dot{\mathrm{N}}\,C^4N^2O^3 + \mathrm{Zn}\,\mathrm{N}$? On l'obtient en mêlant la dissolution du nitrate palladeux avec celle du fulminate zincique et en faisant évaporer le mélange. Il se dépose sous la forme d'une masse insoluble, insipide, d'un brun foncé. Après la dessiccation, il est brun-olivâtre. Il détone.

Arséniate palladeux. Il se précipite, par voie de double décomposition, sous forme d'une poudre jaune foncée.

29. *Sels de platine.*

Les sels de platine sont moins connus qu'on ne devrait s'y attendre quand on considère que le platine a été si fréquemment examiné par les chimistes. On connaît au platine deux séries de sels. Les *sels platineux* sont les moins connus ; ils ont une couleur jaune-verdâtre, ou quelquefois rouge, et se distinguent des sels platiniques en ce qu'ils ne sont point précipités par le sel ammoniac. La potasse caustique les précipite en noir, et le précipité est soluble en vert noirâtre dans un excès d'alcali. Les *sels platiniques* sont jaunes ou oranges ; les chlorures potassique et ammonique les précipitent en jaune. Ils forment, avec la plupart des alcalis et des terres, des sels doubles, qui ne sont pas décomposés par une plus grande quantité d'alcali ou de terre. Ils ne sont pas précipités par les sels ferreux, à moins qu'on n'y ajoute en même temps une dissolution de mercure, et alors le précipité est une combinaison de platine et de mercure. Le chlorure stanneux les précipite en rouge brun, et les sulfhydrates en noir ou en brun. Ils ne sont précipités ni par le cyanure mercurique ni par le cyanure ferroso-potassique. Le phosphore et la plupart des métaux en précipitent le platine à l'état métallique.

A. *Sels haloïdes de platine.*

Chlorures de platine. 1. *Chlorure platineux*, Pt Gl. Il existe dans deux états isomériques différents : l'un est vert et l'autre brun. La modification verte s'obtient en évaporant jusqu'à siccité la dissolution du chlorure platinique, triturant la masse saline, l'introduisant dans une capsule de porcelaine, et la chauffant au bain de sable jusqu'à la température de l'étain fondant, avec la précaution de la remuer de temps à autre. Il se dégage du chlore, et il reste à la fin une poudre grise verdâtre, qui n'est plus altérée par la chaleur, et qui consiste en chlorure platineux. Ce sel est insoluble dans l'eau, au point qu'on ne peut pas l'humecter; il n'est décomposé ni par l'acide sulfurique ni par l'acide nitrique, mais il se dissout en partie dans l'acide chlorhydrique concentré bouillant; la dissolution a une couleur rouge particulière, qui ne ressemble pas à celle du chlorure platinique; cependant elle ne renferme que du chlorure platineux. Les alcalis caustiques y forment un précipité noir. Ce sel est décomposé par la chaleur rouge; il dégage 0,2641 parties de chlore, sans aucune trace d'eau, et laisse 0,7359 parties de métal.

Modification brune. Si, au lieu de chauffer le chlorure platinique jusqu'à ce qu'il ne dégage plus de chlore, comme on fait pour obtenir le chlorure platineux, on ne le chauffe que jusqu'à 220° à 250°, et qu'on suspende la calcination à temps, l'eau bouillante, par laquelle on traite le résidu, dissout une combinaison qui est d'un brun tellement foncé, que la liqueur est tout à fait opaque. *Magnus*, qui le premier a fait cette observation, regarde cette dissolution brune comme une combinaison de chlorure platineux et de chlorure platinique. Elle ressemble beaucoup aux chlorures d'iridium et d'osmium, que nous appelons susirideux et susosmieux, et il est très-probable qu'elle consiste en une combinaison analogue. *Magnus* appuie son opinion sur les raisons suivantes. Quand on évapore la dissolution, il se précipite une poudre brune qui, bien qu'elle ne ressemble pas au chlorure platineux préparé comme nous venons de le dire, renferme cependant les mêmes éléments combinés dans les mêmes proportions. Cette poudre est insoluble dans l'eau; mais quand on mêle celle-ci avec la liqueur décantée, et qu'on chauffe le tout avec la poudre, cette dernière se dissout. En évaporant la dissolution presque à siccité, et traitant le résidu par l'eau froide, il reste du chlorure platineux en non-solution, et l'eau dissout du chlorure platinique contenant moins de chlorure platineux. En répétant ce traitement plusieurs fois, on parvient à séparer tout le chlorure platineux. Obtenu par ce moyen, le chlorure platineux se dissout très-facilement dans l'acide chlorhydrique, et donne une dissolution rouge foncée, dont la couleur ne ressemble nullement à celle du chlorure platinique. *Magnus* regarde cette dissolution comme une combinaison de chlorure hydrique, analogue à celle que forme le chlorure mercurique avec l'acide chlorhydrique. On peut aussi préparer le chlorure brun en faisant arriver du gaz acide sulfureux dans une solution de chlorure platinique; l'acide sulfureux se change, aux dépens de l'eau, en acide sulfurique, et la moitié du chlore du chlorure se porte sur l'hydrogène de l'eau pour former de l'acide chlorhydrique, de manière que la liqueur renferme du chlorure platineux, de l'acide chlorhydrique et de l'acide sulfurique.

Chlorure triplatineux, $\mathrm{Pt\,\overline{Cl} + 3\dot{P}t}$. On l'obtient, suivant *Kane*, en traitant le chlorure platinique par l'acide sulfurique concentré, et faisant bouillir le tout de manière à le réduire presque jusqu'à siccité; pendant cette opération, il se dégage beaucoup d'acide chlorhydrique. Quand on traite la masse restante par de l'eau, il se dissout de l'acide sulfurique et du sulfate platinique, pendant qu'il reste une poudre noire qui, lavée à l'eau, est le soussel anhydre en question. Par la calcination, il donne du gaz oxygène, du gaz chlore et un résidu de platine. Il paraît être soluble dans l'hydrate potassique. Il se combine avec l'ammoniaque caustique, sans se dissoudre, et cette combinaison détone par la chaleur. L'acide chlorhydrique dissout le soussel, pour le convertir en chlorure acide à l'état isomérique brun.

Chlorure platineux ammoniacal, $\mathrm{Pt\,\overline{Cl} + \overline{N}H^3}$. Comme le chlorure platineux, il présente deux modifications isomériques, l'une verte et l'autre jaune. On obtient la *modification verte* en versant goutte à goutte une solution de chlorure platineux acide dans de l'ammoniaque caustique chaude; le composé se sépare, au bout de quelque temps, sous forme de paillettes cristallines vertes. Il se produit aussi quand on traite une solution de chlorure platinique par du gaz acide sulfureux, jusqu'à ce qu'un échantillon qu'on essaye ne soit plus troublé par une solution de sel ammoniac, et il ne faut pas dépasser ce point. On chauffe ensuite la liqueur jusqu'à l'ébullition, et on la sursature d'ammoniaque caustique chaude. Par le refroidissement, le sel cristallise en aiguilles vertes. Il est anhydre, et insoluble dans l'eau, dans l'alcool et dans l'acide chlorhydrique. L'acide nitrique le change en nitrate amido-chloro-ammonique. (*Voir* tome II, page 454.) La *modification jaune* se forme, suivant *Reiset*, quand on fait longtemps bouillir avec de l'eau la modification verte; on obtient ainsi peu à peu une liqueur jaune qui, par le refroidissement, dépose le sel sous forme de belles paillettes cristallines jaunes, ou sous forme d'une poudre jaune, quand on refroidit la liqueur brusquement par une addition d'eau froide. Suivant *Peyrone*, on l'obtient encore plus facilement en sursaturant, à la température de l'ébullition, d'ammoniaque caustique ou de carbonate ammonique, le chlorure platineux (préparé avec le chlorure platinique et l'acide sulfureux), et traitant par l'acide chlorhydrique bouillant le précipité, mêlé de vert et de jaune, qui se dépose par le refroidissement; ce composé, qui présente la modification jaune, se dissout dans l'acide, tandis que celui qui présente la modification verte reste insoluble; on filtre ensuite la solution bouillante, et on laisse le liquide filtré tomber goutte à goutte dans l'eau froide, d'où le corps jaune se dépose d'abord à l'état pulvérulent, puis sous forme de paillettes cristallines. Pour le purifier, on le redissout dans l'eau bouillante, et on filtre la liqueur chaude : par le refroidissement, le composé cristallise en écailles jaunes. Quant à un autre moyen de préparation, voyez la méthode de *Peyrone* pour préparer le chloramidure platinico-ammonique, dans le tome III, page 333. Ces écailles cristallines jaunes ne contiennent pas d'eau, et supportent + 250° sans se décomposer; mais à environ + 300°, elles sont détruites avec dégagement de gaz nitrogène et de gaz acide chlorhydrique, pendant qu'il se sublime du sel ammoniac et qu'il reste du platine métallique. L'acide sulfurique froid ne le décompose pas, mais, à chaud, il donne lieu à un dégagement d'acide chlorhydrique et d'acide sulfureux. L'acide se fonce en couleur, et contient alors du sulfate ammonique et du sulfate platineux. L'acide nitrique le dissout à chaud, mais sans résidu de platine, ce qui a lieu pour la modification verte. Par le refroidissement de la liqueur, il se dépose du nitrate de chloramido-platinico-ammonique. L'eau mère restante, qui, après que ce sel s'est déposé, ne renferme plus de chlore, se réduit, par la dessiccation, en un sirop dont la nature est encore inconnue. Les cristaux se dissolvent, sans décomposition, dans l'acide chlorhydrique bouillant : le carbonate potassique ou sodique les dissout et les décompose; le chlore contenu dans cette liqueur peut être précipité par le nitrate argentique. L'ammoniaque caustique les dissout facilement, et la solution donne, par l'évaporation, du chloramido-platinure ammonique. Les oxysels argentiques les décomposent à chaud, de manière qu'il se sépare du chlorure argentique, et il se forme une combinaison de l'acide de l'oxysel platineux avec l'ammoniaque.

Chlorure platinoso-potassique, K Gl + Pt Gl. Ce sel a été découvert par *Magnus*. On l'obtient en ajoutant du chlorure potassique à la dissolution du chlorure platineux dans l'acide chlorhydrique, et évaporant la liqueur. On obtient ce sel également en ajoutant du chlorure potassique à la dissolution brune des deux chlorures. Il se précipite du chlorure platinico-potassique, et le sel platineux qui reste dans la dissolution cristallise quand on évapore celle-ci. Ce sel cristallise, par l'évaporation spontanée, en prismes quadrilatères rouges, dont la forme est la même que celle du sel palladeux correspondant. Par le refroidissement d'une dissolution chaude on obtient des cristaux grenus. Il se dissout assez facilement dans l'eau; la couleur de la dissolution tire plus sur le jaune que sur le rouge. Il est insoluble dans l'alcool, et ce liquide le précipite de sa dissolution dans l'eau, sous forme de fibres cristallines, roses et minces. Il ne contient point d'eau.

Chlorure platinoso-sodique, Na Gl + Pt Gl. On l'obtient comme le précédent. Il est soluble dans l'eau et dans l'alcool, et difficile à obtenir sous forme cristalline.

Chlorure platinoso-ammonique, $N H^4$ Gl + Pt Gl. On le prépare comme le sel potassique; il a la même forme cristalline, la même solubilité dans l'eau, et les deux chlorures renferment dans le sel double la même quantité de chlore. C'est *Vauquelin* qui, le premier, a décrit ce sel.

Chlorure platinoso-zincique, Zn Gl + Pt Gl. D'après *Hünefeld*, on l'obtient quand on laisse du zinc dans une solution aqueuse de chlorure platinique. Le chlorure platinique passe d'abord à l'état de chlorure platineux, et lorsqu'on évapore la liqueur, le sel ci-dessus se prend en petits cristaux durs, jaunes et éclatants. Il est peu soluble dans l'eau froide, et plus soluble dans l'eau bouillante, qui le dépose sous forme de grains cristallins en refroidissant. L'alcool le précipite de sa dissolution. L'eau mère, où le sel est cristallisé primitivement, contient du chlorure platinico-zincique.

Chlorure stannoso-platinique. Suivant *Kane*, le chlorure platineux se combine en deux proportions avec le chlorure stanneux. La combinaison s'obtient quand on dissout le chlorure stanneux dans du chlorure platineux dissous par l'acide chlorhydrique, et évaporant la liqueur. On obtient l'un ou l'autre sel suivant la quantité variable de chlorure stanneux qu'on ajoute. Celui qui renferme le moins de chlorure stanneux est une masse saline cristalline, d'un vert olive, déliquescente. Après que l'excès d'acide chlorhydrique a été évaporé, on peut la dissoudre dans une petite quantité d'eau; par la dilution de la liqueur, on la décompose : les oxydes stanneux et platineux se séparent, et l'acide chlorhydrique reste en dissolution. Le sel qui contient le plus de chlorure stanneux est rouge et également soluble dans une petite quantité d'eau; mais, par la dilution, il se décompose : il se forme un dépôt brun chocolat de chlorure platineux en combinaison avec du souschlorure stanneux. Ce dépôt, traité par l'ammoniaque caustique, se change en grains cristallins noirs. (*Voir* tome II, page 558.) Ces cristaux desséchés s'enflamment par la chaleur, et brûlent lentement pour se changer en oxyde stanneux, et laisser un mélange d'oxyde stannique et de platine métallique.

2. *Chlorure platinique*, $Pt\,Cl^2$. On l'obtient en évaporant la dissolution du platine dans l'eau régale. Il forme une masse saline rouge, qui est d'un brun noirâtre après avoir été privée, par la chaleur, de son eau de cristallisation. Sa dissolution aqueuse, exempte d'iridium et de chlorure platinoso-platinique, est d'un jaune pur et intense. Il se dissout aisément dans l'alcool, et on emploie cette dissolution dans les analyses pour découvrir la présence de la potasse. A cet effet, on dissout le sel dont on veut reconnaître la base, dans une très-petite quantité d'eau, et on le mêle avec la dissolution du chlorure platinique; quand le sel renferme de la potasse, celle-ci se précipite sous forme d'un sel double insoluble dans l'alcool; dans le cas contraire, la liqueur ne se trouble pas. Cependant il faut se souvenir que les sels ammoniques produisent la même réaction; il faut donc commencer par

calciner la combinaison qu'on veut essayer, pour être sûr qu'elle ne renferme point de sel ammonique.

On ne connaît pas encore de chlorure platinique basique. Cependant, si, d'après l'indication d'*Herschel*, on mêle, dans l'obscurité, une dissolution de chlorure platinique avec de l'hydrate calcique, de manière que la liqueur renferme un excès de cette terre alcaline, et qu'on expose ensuite la liqueur claire aux rayons directs du soleil, il se forme un précipité blanc abondant, qui, d'après l'analyse de *Doebereiner*, contient 1 atome de platine, 1 atome de calcium, 2 atomes d'oxygène et 1 atome double de chlore. On peut concevoir ces éléments unis de différentes manières, par exemple, d'après la formule $Ca\,Gl + \ddot{P}t$, qui donne l'idée la plus simple de la combinaison, ou, comme le propose *Doebereiner*, d'après la formule, $Pt\,Gl^2 + (\ddot{P}t + 2\dot{C}a)$. Chauffée au rouge intense, cette combinaison du chlorure calcique avec l'oxyde platinique perd $\frac{1}{4}$ de son poids en abandonnant de l'eau et la moitié de l'oxygène uni au platine. Il reste une poudre violette qui est un mélange de chlorure calcique et d'oxyde platineux. L'eau acidulée d'acide nitrique en extrait le chlorure calcique et laisse l'oxyde platineux sous la forme d'une poudre violette et foncée.

Chlorure platinique ammoniacal, $Pt\,Gl^2 + NH^3$. Suivant *Kane*, on l'obtient très-difficilement à l'état de pureté, parce qu'il s'y mêle facilement du sel ammoniac platinique (sel double de chlorure platinique et de chlorure ammonique, qui est très-peu soluble). Il ne faut donc employer que du chlorure platinique extrêmement étendu, et le mêler avec de l'ammoniaque caustique également très-étendue, qu'il faut se garder d'ajouter en excès. Il se produit ainsi un précipité jaune pâle de la portion du sel ammoniac platinique qui s'est formé, et qui n'a pu se dissoudre, faute d'eau. Ce composé est anhydre, et se décompose tant par un lave prolongé que par de l'eau bouillante.

Quand on chauffe une solution de chlorure platinique jusqu'à l'ébullition, et qu'on y ajoute de l'ammoniaque pendant l'ébullition qu'on continue, le précipité qui se forme prend une couleur rouge pâle. Ce composé consiste, d'après *Kane*, en 1 atome de chlorure platinique ammoniacal, 1 atome de sel ammoniac platinique et 4 atomes d'eau $= (Pt\,Gl^2 + NH^3) + (NH^4\,Gl + Pt\,Gl^2) + 4\dot{H}$.

Ce composé, quand on le fait bouillir longtemps avec l'ammoniaque caustique, devient d'abord brun foncé, et se dissout ensuite sans couleur. Il est difficile d'obtenir le corps brun foncé en quantité un peu considérable, parce qu'il se dissout trop rapidement. C'est pourquoi *Kane* ne regarde pas l'analyse qu'il en a faite comme irréprochable; mais d'après les quantités de platine, de chlore, de nitrogène et d'hydrogène qu'on en a obtenues, on peut en représenter la composition, soit par $(\mathrm{Pt}\,\bar{\mathrm{Cl}} + \bar{\mathrm{N}}\bar{\mathrm{H}}^3) + (\dot{\mathrm{P}}\mathrm{t} + 2\bar{\mathrm{N}}\bar{\mathrm{H}}^3) + \dot{\bar{\mathrm{H}}}$, soit par $\bar{\mathrm{N}}\bar{\mathrm{H}}^3\,\bar{\mathrm{Cl}} + 2\ddot{\mathrm{P}}\mathrm{t}\,\bar{\mathrm{N}}\bar{\mathrm{H}}^3$. La dernière formule suppose 1 atome d'oxygène de plus que la première. Le chlorure platineux dans la première et le chlorure ammonique dans la dernière, sont l'un et l'autre des éléments moins probables d'une pareille combinaison. Ce corps se dissout partiellement dans l'acide chlorhydrique, qui se colore en jaune; la partie non dissoute est blanche. La solution ammoniacale incolore du corps brun ne dépose rien par le refroidissement; mais l'alcool y forme un précipité jaune-blanc qui, après la dessiccation, ressemble à une poudre grossièrement moulue. Réduit en poudre plus fine, il est presque blanc. D'après l'analyse de *Kane*, il paraît être un amidure $= \mathrm{Pt}\,\bar{\mathrm{Cl}} + \bar{\mathrm{N}}\bar{\mathrm{H}}^2 + 2\bar{\mathrm{H}}^2$. L'un des atomes d'eau s'en va par une forte dessiccation. Le composé dont il s'agit serait donc de l'amidure chloro-platinique ou la copule pour l'ammonium dans les sels de *Gros*, en combinaison avec l'eau. Quand on le dissout dans l'ammoniaque et qu'on y ajoute un acide, il donne le sel de *Gros* de l'acide employé. Il est donc probable que la solution ammoniacale saturée par l'amidure chloro-platinique renferme la base de *Gros*, qui n'a pas encore pu être isolée.

Si, au lieu de précipiter par l'alcool la solution dont on vient de parler, on la soumet à une ébullition prolongée, il se précipite du chloro-amidure platinique hydraté, mêlé avec une poudre rouge brique; en continuant l'ébullition jusqu'à siccité, il ne reste que la poudre rouge brique. S'il y a quelques parcelles blanches ou jaunes, il faudra répéter l'ébullition avec l'eau jusqu'à ce que tout soit devenu rouge de chair. L'eau contient alors du chlorure ammonique qui s'est formé. Ce corps pulvérulent rouge brique se compose, d'après une analyse de *Kane*, de $2\mathrm{Pt} + 3\bar{\mathrm{Cl}} + 4\bar{\mathrm{N}} + 13\bar{\mathrm{H}} + 2\mathrm{O}$. Il n'est pas facile de grouper ces éléments avec certitude, mais quand on les compare avec les éléments du sel double rouge

$= Pt\,Gl^2 + (NH^4 + Pt\,NH^2) + 2\dot{H}$, qui se précipite en traitant une solution de chlorure platinique par le platino-amidure chloro-ammonique (chlorure de *Reiset*, t. III, p. 334), on peut admettre avec quelque probabilité l'identité des deux combinaisons. Quand on traite ce corps rouge par l'acide chlorhydrique, une partie se dissout avec une couleur jaune, et une autre partie reste non colorée; c'est là le chlorure de *Gros*, $= NH^4\,Gl + Pt\,Gl\,NH^2$. On ne s'explique pas trop bien comment il pouvait provenir du sel double qui vient d'être indiqué, d'autant moins que la solution chlorhydrique ne contient pas seulement du chlorure platineux, cas dans lequel l'amidure de platine prend 1 équivalent de chlore au chlorure platinique, qui est ainsi réduit et dissous par l'acide chlorhydrique. *Kane* n'a pas examiné ce que l'acide chlorhydrique tenait en dissolution. Les proportions élémentaires trouvées par *Kane* correspondent à $(NH^4\,Gl + Pt\,Gl\,NH^2) + (NH^3 + Pt\,Gl\,NH^2) + 2\dot{H}$; mais il suffit de jeter un coup d'œil sur ce groupement pour voir que l'acide chlorhydrique le doit convertir totalement en le chlorure de *Gros*, qui constitue aussi le premier membre de la formule.

Chlorure platinique acide avec l'oxyde nitrique. Suivant *Boye* et *Rogers*, on obtient ce composé en mêlant le chlorure platinique sec avec de l'acide nitrique et de l'acide chlorhydrique concentrés, et évaporant la solution jusqu'à consistance sirupeuse: le composé ne tarde pas à se déposer. On le laisse s'égoutter dans un entonnoir à tube étroit, placé dans le dessiccateur, et on presse le résidu entre des doubles de papier brouillard, qu'on a préalablement bien desséchés par la chaleur. C'est une poudre jaune dont les moindres parcelles offrent des cristaux quand on les examine sous le microscope. Il supporte + 100° sans s'altérer. Il est déliquescent à l'air, et se décompose avec dégagement de gaz oxyde nitrique. Par la dissolution dans l'eau, ce gaz se dégage avec effervescence, et la solution contient alors du chlorure platinique et de l'acide chlorhydrique libre, qui reste seul quand on précipite le chlorure platinique par le chlorure potassique. Suivant *Boye* et *Rogers*, ce composé est formé de $5\,(Pt\,Gl^2 + H\,Gl) + 2\ddot{N} + 10\dot{H}$.

Chlorure platinico-potassique, $K\,Gl + Pt\,Gl^2$. Ce sel se précipite quand on mêle du chlorure potassique avec une dissolution de chlorure platinique. Il est d'un jaune citron, et tantôt pulvérulent, tantôt cristallisé en petits octaèdres brillants. Il est insoluble dans les acides; mais il se dissout en jaune dans la potasse caustique. Fondu avec de la potasse caustique et une très-petite quantité d'eau, il se résout en un liquide transparent, qui ne se décompose qu'au rouge naissant, et dépose alors l'oxyde platinique. Le chlorure platinico-potassique se dissout en petite quantité dans l'eau froide, et l'eau bouillante en dissout davantage; mais il est insoluble dans l'alcool, circonstance dont il faut tenir compte quand on l'emploie dans les recherches analytiques. Ce sel ne contient point d'eau combinée. Exposé à la chaleur rouge-blanche, il perd du gaz chlore en laissant un résidu de platine métallique et de chlorure potassique. Mais il faut une température très-élevée pour que la décomposition soit complète. Il correspond par sa composition à 19,33 parties de potasse et 40,392 de platine sur 100 de sel.

Chlorure platinico-sodique, $Na\,Gl + Pt\,Gl^2$. C'est un sel soluble dans l'eau et dans l'alcool, qui n'est pas précipité par une plus grande quantité de soude. Il cristallise en beaux prismes transparents, d'un jaune intense, s'effleurit quand on le chauffe, et se réduit en une poussière jaune pâle, mais reprend à l'air l'eau avec laquelle il peut se combiner, et devient en même temps plus léger. Il contient $19\frac{3}{4}$ pour cent ou 6 atomes d'eau de cristallisation. Il correspond par sa composition à 11,72 pour cent de soude et 36,4 de platine. A la chaleur rouge, il se comporte comme le sel potassique.

Lorsqu'on distille une dissolution de ce sel dans l'alcool, jusqu'à ce qu'il ne reste qu'un quart du liquide, on trouve dans la dissolution un sel de platine particulier. Il renferme un sel double composé de chlorure sodique et d'une combinaison de chlorure platineux avec le carbure hydrique, C^2H^4, qui a reçu le nom d'*élayl*. Ce sel double, ainsi que la combinaison du chlorure platineux avec l'élayl, seront décrits dans la chimie organique, parmi les produits de décomposition de l'alcool.

Chlorure platinico-ammonique (sel ammoniac platinique), $NH^4Gl + Pt\,Gl^2$. Ce sel double est très-peu soluble dans l'eau. Il a une couleur jaune citron pure, et se précipite sous forme d'une poudre pesante, quand on mêle une dissolution de platine avec une dissolution de sel ammoniac. En le dissolvant dans l'eau bouillante, et faisant lentement refroidir la liqueur, le sel se dépose en cristaux octaédriques réguliers, qui sont isomorphes avec le sel potassique. Il ne renferme point d'eau combinée. Décomposé par la chaleur, il laisse 0,4432 parties de platine métallique. Dans le traitement des minerais de platine, on obtient souvent du chlorure platinico-ammonique impur et contenant du sel d'iridium, qui lui donne une couleur rouge brique. On avait prétendu que le sel d'iridium pouvait être enlevé par l'acide nitrique bouillant et étendu; à la vérité l'acide dissout plus de sel d'iridium que de sel de platine, mais ce dernier ne saurait être débarrassé, par ce moyen, de tout l'iridium qu'il renferme.

Chlorure platinico-barytique, $Ba\mathrm{Gl} + Pt\mathrm{Gl}^2 + 4\dot{H}$. Il cristallise en prismes d'un jaune orangé, qui ressemblent au chromate plombique. Il contient 11,96 pour cent d'eau.

Chlorure platinico-strontique, $Sr\mathrm{Gl} + Pt\mathrm{Gl}^2 + 8\dot{H}$. Ressemble au sel barytique; il renferme 23 pour cent d'eau.

Chlorure platinico-calcique, $Ca\mathrm{Gl} + Pt\mathrm{Gl}^2 + 8\dot{H}$. Il cristallise difficilement. Posé sur du papier gris, le chlorure calcique se résout en liqueur qui est absorbée par le papier, tandis que le chlorure platinique reste.

Les sels platiniques de *magnésium*, de *fer*, de *manganèse*, de *zinc*, de *cadmium*, de *cobalt*, de *nickel* et de *cuivre* sont isomorphes et contiennent 6 atomes d'eau de cristallisation. Les cristaux sont inaltérables à l'air et affectent la forme de prismes hexagones, de couleur orange. Le sel niccolique et le sel cuivrique sont jaunes. Ils perdent tous leur eau de cristallisation par l'action de la chaleur, et se réduisent en une poudre de couleur foncée, qui absorbe à l'air l'eau, avec laquelle elle peut se combiner, se gonfle, et prend une teinte plus claire. Ces sels doubles, à partir du sel barytique, ont été préparés par *de Bonsdorff*.

Quand on précipite le sulfate platinique par le chlorure aluminique, on obtient, d'après *E. Davy*, une combinaison jaune et insoluble, qui, chauffée jusqu'au rouge, n'abandonne que de l'eau, en quantité égale à 0,27 de son poids. Lorsqu'on mêle les dissolutions des sels doubles susmentionnés avec une petite quantité de potasse, elles donnent un précipité jaune, pulvérulent, qui consiste en un sel double basique; tous ces sels montrent en général beaucoup de tendance à produire de semblables combinaisons basiques.

Chlorure platinico-argentique. Ce sel se précipite sous forme d'un sel basique jaune, quand on mêle la dissolution du chlorure platinique avec du nitrate argentique, expérience pendant laquelle la liqueur se décolore. L'acide chlorhydrique concentré et bouillant enlève à ce sel le chlorure platinique, et laisse du chlorure argentique légèrement coloré.

Bromure platinique, $PtBr^2$. On l'obtient en dissolvant du platine en poudre dans un mélange d'acide bromhydrique et d'acide nitrique. La dissolution est d'un brun rougeâtre, et donne, après l'évaporation, une masse saline, cristalline, brune. D'après les expériences de *Bonsdorff*, ce sel se combine avec d'autres bromures, et donne ainsi naissance à des sels doubles qui ressemblent parfaitement aux chlorures doubles, et en partagent la composition atomique. Si l'on verse une dissolution concentrée de bromure potassique dans une dissolution de bromure platinique, on obtient un précipité pulvérulent, d'un rouge cochenille, qui est le sel double potassique. Ce sel se dissout en petite quantité dans l'eau, et cristallise, pendant l'évaporation de la liqueur, en grains d'un rouge intense, qui ne contiennent point d'eau combinée, et sont composés de 31,5 parties de bromure potassique et 68,5 de bromure platinique, $KBr + PtBr^2$. Le sel sodique contient 13,15 pour cent ou 6 atomes d'eau. Les sels doubles formés par les bromures de sodium, de baryum, de calcium, de magnésium, de manganèse et de zinc donnent tous des cristaux prismatiques d'un rouge de cinabre, qui se dissolvent aisément dans l'eau et ne s'altèrent pas à l'air.

Iodures de platine. Ces combinaisons ont été préparées par *Lassaigne*. Il lui a été tout à fait impossible de les produire par l'action directe de l'iode sur le platine même en poudre extrêmement ténue. La seule méthode pour atteindre ce but consiste à décomposer les chlorures de platine au moyen de l'iode.

Iodures de platine. 1°. *Iodure platineux*, PtI. Il se forme lorsqu'on fait bouillir du chlorure platineux avec un excès d'iodure potassique en dissolution concentrée. Il se passe plus d'un quart d'heure avant que tout le chlorure soit décomposé. L'iodure platineux est une poudre lourde, noire comme du charbon, capable de noircir les doigts après la dessiccation, sans odeur ni saveur, inaltérable à l'air, insoluble dans l'eau et dans l'alcool. A une température comprise entre 300 et 350 degrés, il se décompose en iode et en platine. L'iodure platineux est légèrement soluble dans l'acide iodhydrique; la dissolution est rouge. Les acides sulfurique, nitrique et chlorhydrique ne le dissolvent pas. On n'en connaît pas des combinaisons avec d'autres iodures. A la vérité, l'iodure potassique avec lequel on le fait bouillir se colore en jaunâtre; mais il paraît que, dans ce phénomène, il ne se produit pas de combinaison déterminée.

Iodure platineux ammoniacal, $PtI + NH^3$. On l'obtient sous la modification correspondant au chlorure platineux ammoniacal jaune, quand on fait bouillir une solution d'amidure de platine combiné avec l'iodure ammonique (*v.* t. III, p. 336) : il se produit de l'ammoniaque, parce que l'amide décompose l'ammonium. L'iode s'unit au platine et à la moitié de l'ammoniaque nouvellement formée, et se précipite ensuite à l'état d'une poudre jaune. Le produit se redissout facilement dans l'ammoniaque, et forme alors l'iodure de *Reiset*.

2. *Iodure platinique*, PtI^2. On l'obtient en faisant bouillir de l'iodure potassique avec du chlorure platinique délivré de tout excès d'acide et dissous dans l'eau. La liqueur prend d'abord une couleur rouge de vin sans se troubler, et elle ne dépose l'iodure platinique qu'au moyen de la chaleur. Si elle contient de l'acide nitrique libre, il se précipite en même temps de l'iode. L'iodure platinique lavé et séché est noir comme du charbon, et il tache les doigts. Quelquefois il devient cristallin, ce qui lui donne l'aspect du suroxyde manganique pulvérisé. Il est insoluble dans l'eau tant froide que bouillante. Il est légèrement soluble dans l'alcool ; mais il se décompose en laissant de l'iodure platineux, quand on fait évaporer cette dissolution. Chauffé jusqu'à + 131°, il perd la moitié de son iode, et passe à l'état d'iodure platineux. L'iodure platinique n'est ni dissous ni décomposé par les acides ; l'eau régale et le chlore le transforment peu à peu en chlorure platinique. Cependant l'acide iodhydrique le dissout ; quand on en sature l'acide, et qu'on évapore la dissolution dans le vide sur l'acide sulfurique, il cristallise du *suriodure platinique*, $PtI^2 + HI$. Il forme un réseau d'aiguilles unies à la manière de la barbe d'une plume, a une saveur âcre et astringente, non acide, s'humecte légèrement à l'air, donne, par la chaleur, de l'acide iodhydrique, puis de l'iode, et laisse du platine sous la forme de cristaux. Lorsqu'on sature, au moyen d'une base, la dissolution de cette combinaison dans l'eau, il se produit un sel double.

Sousiodure platinique ammoniacal $(PtI^2 + 2NH^2) + \ddot{P}t$. On l'obtient, d'après *Kane*, en faisant digérer l'iodure platinique dans l'ammoniaque caustique, jusqu'à ce qu'il soit devenu rouge cinabre, ou en mêlant une solution d'iodure platinico-potassique avec l'ammoniaque : il se forme un précipité rouge, et la liqueur devient incolore. Le composé est insoluble dans l'eau; chauffé à + 176°, il donne un peu d'eau qui s'est formée, et ne commence à se décomposer d'une manière plus marquée qu'au delà de + 176°.

Sels doubles d'iodure platinique. Ils sont composés comme les sels doubles de chlorure et de bromure platiniques, de sorte que l'iodure platinique y contient deux fois autant d'iode que l'autre iodure.

Iodure platinico-potassique, $KI + PtI^2$. On l'obtient sans difficulté en dissolvant l'iodure platinique dans l'iodure potassique. Sa dissolution est rouge foncé. Pendant l'évaporation, elle dépose de petits prismes rectangulaires noirs, à sommets tétraédriques. Il ne contient pas d'eau, et il est insoluble dans l'alcool.

Le *sel sodique* est déliquescent et soluble dans l'alcool. Le *sel ammonique* cristallise en petites tables carrées, d'une couleur brune et foncée. Les *sels barytique* et *zincique* sont déliquescents.

Le *fluorure platinique* PtF^2 forme, avec les fluorures *potassique*, *sodique* et *ammonique*, des sels doubles, solubles, incristallisables et gommeux, qui deviennent acides, et donnent un résidu de sel basique quand on les redissout dans l'eau.

Fluorure silicico-platinique. Ce sel est incristallisable, brun-jaunâtre, gommeux, et se comporte comme les sels précédents quand on le traite par l'eau.

Cyanure platineux, Pt Gy. On l'obtient, suivant *Doebereiner*, en chauffant dans une cornue le sel double de cyanure mercurique et de cyanure mercureux, dont on parlera plus bas : il se dégage du gaz cyanogène, et il passe du mercure à la distillation, pendant qu'il reste du cyanure platineux, sous forme d'une belle poudre jaune-verte. Il supporte une douce chaleur, et est insoluble dans l'eau, dans les acides et les alcalis. Chauffé à l'air, le cyanogène brûle, tandis qu'il reste du platine.

Cyanure platineux ammoniacal, $PtGy + NH^3$. On l'obtient, d'après *Reiset*, en mêlant une solution d'amidure platinico-ammonique (base de *Reiset*) avec de l'acide cyanhydrique. Le cyanure ammonique se sépare de l'amidure platinique, et celui-ci s'unit à une autre partie d'acide cyanhydrique pour former du cyanure platineux ammoniacal (le cyanogène se combinant avec le platine, et l'hydrogène avec l'amide), qui se précipite sous forme d'une poudre blanche. Il se dissout difficilement dans l'ammoniaque caustique bouillante, et s'y dépose en cristaux incolores.

Cyanure platinoso-hydrique, $\mathrm{Pt}\,\bar{\mathrm{C}}\mathrm{y} + \bar{\mathrm{H}}\bar{\mathrm{C}}\mathrm{y}$. On le prépare, suivant le même chimiste, en faisant digérer la combinaison de cyanure mercurique avec le cyanure platineux dans l'eau, et y faisant arriver du sulfide hydrique : le cyanure mercurique se décompose en sulfure de mercure et en acide cyanhydrique. Ce dernier s'unit au cyanure platineux, avec lequel il reste en dissolution dans l'eau. La liqueur filtrée est incolore, et présente une réaction acide. Quand on l'évapore, d'abord à une douce chaleur, puis dans le dessiccateur, il se dépose des cristaux jaunes-verts, qui scintillent, à la surface, d'un éclat tantôt jaune doré, tantôt rouge de cuivre. Le sel supporte + 100° sans se décomposer; mais au delà de cette température, l'acide cyanhydrique est éliminé, tandis qu'il reste du cyanure platineux. Le composé est déliquescent à l'air, très-soluble dans l'eau et dans l'alcool anhydre. Dans la solution alcoolique, il se dépose en cristaux dont les nuances sont beaucoup plus riches que celles des cristaux qui se sont formés dans l'eau. Quand on traite la solution alcoolique par l'acide nitrique, et qu'on l'évapore sur du verre, il reste une combinaison du sel avec l'élayl, qui, comme toutes les combinaisons de ce sel avec l'élayl, possède la propriété d'enduire le verre d'une couche miroitante de platine métallique. Le cyanure platinoso-hydrique, par la saturation avec des bases, détermine la formation de sels doubles dont on n'a étudié qu'une faible partie.

Cyanure platinoso-potassique, $\mathrm{K}\bar{\mathrm{C}}\mathrm{y} + \mathrm{Pt}\,\bar{\mathrm{C}}\mathrm{y} + 3\dot{\bar{\mathrm{H}}}$. *L. Gmelin* découvrit ce beau sel, qu'on obtient en mêlant du chlorure platinique avec du cyanure ferroso-potassique, et évaporant le mélange jusqu'au point de cristallisation. On l'obtient aussi en mêlant du platine en éponge avec un poids égal au sien de cyanure ferroso-potassique, et chauffant le mélange jusqu'au rouge naissant, mais pas au delà. On épuise la masse par l'eau, on évapore la solution lentement, on décante la liqueur chaude des cristaux intacts de cyanure ferroso-potassique, et on la laisse refroidir : le sel platinique se dépose, et on le purifie par des cristallisations répétées. *Meillet* prépare ce même sel en mêlant goutte à goutte une solution concentrée de chlorure platinique dans une solution également concentrée de cyanure potassique, jusqu'à ce qu'il ne se forme plus de précipité. Quand on chauffe ensuite le mélange jusqu'à l'ébullition, le chlorure platinique se réduit par le cyanogène à l'état de chlorure platineux : il se forme en même temps du carbonate ammonique et du gaz nitrogène qui se dégagent avec effervescence, pendant que le précipité se dissout. Par le refroidissement, le cyanure platinoso-potassique cristallise; les cristaux sont de longs prismes rhomboïdaux, minces, à sommets à quatre faces. Vus par transparence, les cristaux sont jaunes, et d'un bleu clair dans le sens de l'axe. Ils s'effleurissent à l'air, et deviennent d'un rouge pâle, mais retiennent encore 12,4 pour cent d'eau, qu'ils n'abandonnent qu'à une température plus élevée, par une plus forte chaleur, puis il devient jaune orange, et fond en se décomposant. L'acide sulfurique étendu le rend jaune orange. Ce sel se dissout en abondance dans l'eau bouillante, et cristallise en grande partie pendant le refroidissement de la liqueur. Sa solution forme, avec les sels zinciques, stanneux, stanniques et mercureux, de faibles précipités blancs; avec les sels ferreux, un précipité bleu clair; avec les sels ferriques, au bout de quelque temps, un précipité brun-rouge; avec les sels cuivriques, un précipité bleu-vert; avec le nitrate mercureux, un précipité bleu de smalt, et avec le nitrate argentique, un précipité blanc, caséeux, qui ne noircit pas à la lumière du soleil. Le nitrate plombique n'en est pas précipité.

Cyanure platinoso-platinico-potassique (K Ɠy + Pt Ɠy) + (K Ɠy + Pt Ɠy²), peut-être = 2K Ɠy + Pt Ɠy³. Il a été préparé et analysé par *Knop*, sous la direction de *Woehler*. On dissout du cyanure platinoso-potassique jusqu'à saturation dans l'eau presque bouillante, et on fait arriver du gaz chlore dans la dissolution chaude : il ne tarde pas à se déposer des aiguilles rouges cuivre, et toute la masse finit par se prendre en un magma épais. A ce moment on interrompt l'introduction du gaz chlore, car un excès de celui-ci détruirait le sel qui s'est formé. On le laisse égoutter, et on le presse fortement. On le dissout ensuite dans une quantité aussi petite que possible d'eau bouillante, à laquelle on ajoute quelques gouttes d'acide chlorhydrique pour décomposer un peu de cyanate et de carbonate potassique qui pourrait s'y trouver. Le sel cristallise par le refroidissement. Pour l'avoir entièrement pur, on le fait cristalliser plusieurs fois dans une dissolution aqueuse bouillante. Il renferme 5 atomes ou 9,94 pour cent d'eau. Il forme des prismes microscopiques, quadrilatères, rouges cuivre, d'un éclat métallique, qui, desséchés sur le filtre, présentent l'aspect d'un tissu d'aiguilles de cuivre entrelacées. Vues par transparence, ces aiguilles ont une couleur verte. Elles ne peuvent pas être longtemps conservées dans le vide sur l'acide sulfurique, sans éprouver un commencement de décomposition. Par la chaleur, ces cristaux développent du gaz cyanogène, jaunissent, et se fondent ensuite en une masse brune. Ils sont très-solubles dans l'eau, et leur solution est incolore. Ils sont insolubles dans l'alcool. Par l'action de l'acide sulfurique, ils se changent en un corps jaune, contenant du platine, du potassium et du cyanogène. Par l'action de l'acide chlorhydrique, ils deviennent d'abord jaunes, puis blancs; mais, à chaud, ils reprennent leur couleur rouge. Les carbonates alcalins décomposent le cyanure platinique, et forment un cyanure double.

Il paraît qu'il existe aussi des combinaisons doubles semblables avec d'autres bases. Les sels cuivriques donnent, avec la solution du sel dont il s'agit, un précipité vert-blanc; les sels mercureux donnent un précipité bleu foncé; les sels murcuriques et argentiques, un précipité blanc. Mais on n'a pas encore analysé ces précipités.

Composé de cyanure platineux et de cyanure mercurique, Pt Ꞓy + Hg Ꞓy. On l'obtient, suivant *Doebereiner*, en dissolvant du cyanure mercurique dans de l'acide nitrique, et versant la solution goutte à goutte dans une dissolution de cyanure platinoso-potassique; il se produit un précipité bleu qu'on sépare et qu'on traite par de l'acide nitrique bouillant très-étendu : la partie non dissoute devient blanche et constitue le composé en question. Il est insoluble dans l'eau. Nous avons parlé de sa décomposition par la distillation sèche, en traitant de la préparation du cyanure. Il se dissout dans l'acide chlorhydrique bouillant et sans dégagement d'acide cyanhydrique. Les alcalis caustiques dissolvent le cyanure de platine, et décomposent le cyanure mercurique avec séparation d'oxyde mercurique.

Le composé dont il s'agit forme des espèces de sels triples tant avec le nitrate mercureux qu'avec le nitrate mercurique. Si l'on y verse une solution de nitrate mercureux, et qu'on évapore le mélange à une douce chaleur, on obtient le même composé bleu qui se précipite quand on traite une solution de cyanure platinoso-potassique par le sel mercureux. Lavé et desséché, il a les propriétés suivantes : par la chaleur, il détone avec pétillement et un bruit de fusée. Il se dissout dans l'acide chlorhydrique chaud, avec dégagement de gaz oxyde nitrique et d'acide cyanhydrique. La solution est incolore et n'est précipitée ni par l'alcool ni par le sel ammoniac. Elle est décomposée par la potasse : il se dissout du cyanure platinoso-potassique, et il reste un mélange foncé d'oxyde mercureux et d'oxyde mercurique.

Le composé bleu, soumis à une évaporation prolongée avec une solution mercurique, finit par se colorer en rouge orange; il renferme alors du nitrate mercurique. Le produit rouge orange se comporte, par la chaleur et l'acide chlorhydrique, comme le composé bleu ; mais, décomposé par l'alcali, il ne laisse que de l'oxyde mercurique.

Rhodanure (sulfocyanure) platinique, $Pt + 2C^2N^2S^2$. Il forme un précipité jaune, floconneux, volumineux, qui se dissout dans les acides et dans les dissolutions aqueuses des chlorures potassique, sodique et ammonique ; l'alcool le précipite de ces dissolutions.

B. *Oxysels de platine.*

a. Sels à base d'oxyde platineux.

Sulfate platineux, $\dot{Pt}\dddot{S}$. On l'obtient en saturant par l'acide sulfurique une dissolution d'oxyde platineux dans la potasse caustique, décantant la liqueur et dissolvant le précipité d'oxyde platineux dans l'acide sulfurique étendu. La dissolution a une couleur brune si foncée, qu'une petite quantité de sel suffit pour la rendre opaque. Étendue d'eau, elle prend une couleur rouge, ce qui, comme pour le chlorure platineux, semble indiquer le passage d'une modification verte à une modification rouge. *Vauquelin* obtint le sulfate platineux en faisant digérer du chlorure platineux avec de l'acide sulfurique, jusqu'à ce que tout le chlorure fût chassé à l'état d'acide chlorhydrique. Ainsi obtenu, le sel formait un sirop noir, qui attirait l'humidité de l'air, et devenait d'un jaune verdâtre à mesure que la dissolution s'étendait. La potasse caustique le précipite en noir, mais seulement au bout de quelques jours.

Sulfate platineux ammoniacal, $\dot{Pt}\dddot{S} + NH^3$. On l'obtient, suivant *Reiset*, en décomposant une solution aqueuse bouillante de chlorure platineux ammoniacal exactement par une solution aqueuse bouillante de sulfate argentique, et séparant, à la température de l'ébullition, le chlorure argentique précipité. Par le refroidissement, le nouveau composé se précipite sous forme d'une poudre blanche cristalline. Il renferme 1 atome d'eau de cristallisation, qu'il ne perd pas à + 120°; mais cet atome d'eau s'en va à la température où l'acide sulfurique commence à se décomposer. Le composé est soluble dans l'eau bouillante, et, quand on ajoute à cette solution de l'acide chlorhydrique, il cristallise, par le refroidissement, du chlorure platineux ammoniacal jaune. Il se dissout dans l'ammoniaque caustique, mais il se change par là en sulfate d'amidure de platine ammonique.

Nitrate platineux, $\dot{Pt}\ddot{\ddot{N}}$. On l'obtient en dissolvant l'oxyde platineux dans de l'acide nitrique étendu et incolore. La dissolution, dont la couleur ressemble à celle de la précédente, se dessèche en une masse d'un brun foncé verdâtre, de consistance sirupeuse; quand cette masse contient un léger excès d'acide, l'oxyde platineux se transforme peu à peu, aux dépens de l'acide, en oxyde platinique.

Nitrate platineux ammoniacal, $\dot{Pt}\ddot{\ddot{N}} + NH^3$. On l'obtient, suivant *Reiset*, en décomposant exactement par le nitrate argentique une solution de chlorure platineux ammoniacal jaune, saturée à la température de l'ébullition, filtrant le liquide bouillant pour séparer le chlorure argentique, et évaporant la liqueur dans le vide : le sel reste sous forme d'une croûte saline blanche, qui est anhydre. Par l'action de la chaleur, il se décompose violemment, en laissant du platine sous forme de végétations. Il est assez soluble dans l'eau. L'acide chlorhydrique le change en chlorure platineux ammoniacal, et l'ammoniaque caustique le convertit en nitrate d'amidure de platine ammonique.

Oxalate platineux, $\dot{Pt}\dddot{C}$. D'après *Doebereiner*, on l'obtient en faisant bouillir une dissolution d'acide oxalique avec le platinate sodique qui sera décrit à propos du nitrate platinico-sodique. L'acide oxalique transforme l'oxyde platinique en oxyde platineux avec développement de gaz acide carbonique, et il se forme une dissolution foncée, qui, en refroidissant, devient d'abord verte, puis d'un beau bleu foncé. Cette dissolution dépose de petits cristaux aciculaires d'une couleur foncée, rouge de cuivre, et doués d'un éclat métallique parfait; en même temps la couleur bleue devient plus pâle. Quand on chauffe ces cristaux, qui sont de l'oxalate platineux, ils se décomposent avec une espèce de détonation, sans toutefois qu'il y ait de phénomène lumineux. Les produits de la décomposition sont du platine, du gaz acide carbonique et de l'eau. L'eau mère devient jaune par la dilution, mais elle reprend sa couleur bleue quand on vient à la concentrer de nouveau.

Acétate platineux, $\dot{Pt}\ddot{A}c$. On le prépare en dissolvant dans l'acide acétique l'oxyde platineux humide. La dissolution est verdâtre, et se dessèche en une masse d'un brun verdâtre foncé que l'eau redissout, en laissant néanmoins une petite quantité d'oxyde platineux.

b. Sels à base d'oxyde platineux.

Sulfate platinique, $\ddot{Pt}\dddot{S}^2$. On l'obtient en dissolvant du sulfure de platine, préparé par la voie humide, dans l'acide nitrique fumant, et évaporant l'excès d'acide à une douce chaleur. On peut aussi le préparer en évaporant jusqu'à siccité une dissolution de platine dans l'eau régale, dissolvant le résidu dans une petite portion d'eau, le mêlant avec une quantité d'acide sulfurique suffisante pour chasser l'acide chlorhydrique, et évaporant de nouveau jusqu'à siccité. Le sel sec est presque noir, et la dissolution d'un brun foncé. D'après *Edmond Davy*, ce sel n'est décomposé, par le sel ammoniac, qu'autant qu'on évapore jusqu'à siccité la dissolution mixte des deux sels.

Sulfate platinico-potassique. C'est un sel double basique, insoluble dans l'eau, qu'on prépare en mêlant du sulfate platinique avec de la potasse caustique, et chauffant le mélange jusqu'à l'ébullition. On obtient un précipité brun foncé, qui devient noir par la dessiccation. Les acides sont sans action sur lui, à l'exception de l'acide chlorhydrique bouillant, qui le dissout facilement. Il n'est altéré ni par l'ammoniaque ni par la potasse caustique, à moins que cette dernière ne soit employée dans un état très-concentré. Chauffé jusqu'au rouge, il se décompose. Il contient, d'après *E. Davy*, 10,84 pour cent de sulfate potassique, et 10,84 pour cent d'eau; le surplus consiste en oxyde platinique.

Sulfate platinico-sodique. Ce sel ressemble au précédent. Il contient 7,11 parties de sulfate sodique, 8,73 parties d'eau et 84,16 parties d'oxyde platinique.

Sulfate platinico-ammonique. Ce sel prend naissance quand on mêle le sulfate platinique avec de l'ammoniaque, et qu'on chauffe le mélange jusqu'à l'ébullition. Il contient un excès de base, est d'un brun pâle, insipide, pulvérulent et insoluble dans l'eau. Étant chauffé, il détone légèrement. Quand on le fait bouillir avec de la potasse caustique, il se décompose. Les acides sulfurique et chlorhydrique le dissolvent à l'aide de la chaleur.

Sulfate platinico-barytique. Il forme un sel double basique analogue aux précédents. On l'obtient en versant du chlorure barytique dans une dissolution de sulfate platinique : il se produit un précipité insoluble dans l'eau, qui se dissout dans l'acide chlorhydrique bouillant. La potasse ne le décompose pas, et, d'après *E. Davy*, il donne de l'eau, mais ne dégage aucun gaz lorsqu'il est chauffé jusqu'au rouge.

Sulfite platineux. On l'obtient en tenant de l'oxyde platineux récemment précipité en suspension dans l'eau, et y faisant passer du gaz acide sulfureux jusqu'à saturation; après quoi, on ferme le vase hermétiquement. L'oxyde platineux s'y dissout insensiblement, pendant que la liqueur prend une couleur vert brunâtre. On n'en a pas examiné l'évaporation dans le vide. Par le mélange avec le sulfite alcalin, il donne naissance à un sel double, ce qui rend la liqueur incolore.

Sulfite platinoso-sodique. Il constitue deux composés de proportions différentes, qui ont été analysés par *Litton* et *Schnedermann*.
1. Le composé $3\dot{N}a\dddot{S} + \dot{P}t\dddot{S}$, se précipite quand on traite une solution de sulfite platineux par de l'acide sulfureux en excès, et qu'on sature cet excès par le carbonate sodique. On l'obtient plus facilement et en plus grande quantité en changeant, au moyen de l'acide sulfureux, une solution aqueuse de chlorure platinique en chlorure platineux, saturant ensuite la liqueur par de l'acide sulfureux, et la neutralisant exactement par le carbonate sodique. Le sel double se précipite avec une couleur blanche légèrement jaunâtre. Lavé et desséché, il est blanc; humecté, il prend une

teinte jaune. Ce changement est d'autant plus marqué que les dissolutions où le sel s'est précipité étaient plus concentrées. Ce n'est qu'entre + 180° et + 200° qu'il perd son eau chimiquement combinée, et peut ensuite être chauffé, sans altération, jusqu'à + 240°; mais, au delà de cette température, il prend une teinte foncée; la décomposition complète n'a lieu que par la calcination. Il renferme 3,94 ou 3 atomes d'eau pour 2 atomes de sel. Il est peu soluble dans l'eau froide; il est un peu plus soluble dans l'eau chaude : la solution est incolore, et se trouble par le refroidissement. Certains sels, tels que le chlorure sodique, le sel ammoniac, le chlorure barytique, le nitrate argentique, le précipitent de sa solution aqueuse, sans en altérer aucunement la composition. D'autres sels n'entravent pas sa solubilité dans l'eau. Dans la solution de ce sel on ne saurait, au moyen des réactifs ordinaires, y déceler la présence du platine. Le sulfide hydrique et le sulfhydrate ammonique n'y donnent pas de précipité de sulfure platinique. Il peut être bouilli avec de la potasse et de la soude sans qu'il se décompose. Les sulfures alcalins ne l'attaquent pas à froid, mais ils le dissolvent à chaud, et la solution, traitée par les acides, donne un précipité de sulfure platinique. Les acides concentrés, au contraire, le décomposent : ils en chassent l'acide sulfureux et forment un sel double de soude et d'oxyde platineux. C'est pourquoi une dissolution de ce sel, mêlée d'acide, donne un précipité quand on y fait passer du gaz sulfide hydrique. Le cyanure potassique le dissout pour donner naissance à du cyanure platinoso-potassique.

2. Lorsqu'on dissout le sulfide platinoso-sodique jusqu'à refus dans l'acide sulfurique étendu ou dans de l'acide chlorhydrique, et qu'on évapore la solution, il se dégage de l'acide sulfureux, et il se précipite une poudre jaune, qui est $\dot{Na}\ddot{S} + \dot{Pt}\ddot{S} + \dot{H}$. Ce composé est plus soluble dans l'eau que le précédent, mais il se précipite quand on traite sa dissolution par le chlorure sodique. Au reste, il offre les mêmes réactions que le sel précédent. Sa formation est due à ce que l'acide étendu décompose 2 atomes de sulfite sodique, et en expulse l'acide sulfureux; mais il n'agit pas sur le troisième atome, qui reste en combinaison avec le sel platineux.

Sulfite platinoso-ammonique, $\dot{N}H^4\ddot{S} + \dot{Pt}\ddot{S} + \dot{H}$. Il a été découvert par *Liebig* et analysé par *Böckmann*. On l'obtient, comme le sel précédent, en neutralisant la liqueur saturée d'acide par l'ammoniaque, et précipitant le sel par l'alcool. On le dissout ensuite dans l'excès, et on le purifie par des cristallisations répétées. Il est très-soluble dans l'eau, et cristallise, par l'évaporation, en longues aiguilles aplaties, blanches. Il se comporte avec les réactifs comme le sel précédent. Le platine n'en peut pas être précipité par le zinc.

Sulfite platinique, $\ddot{Pt}\dot{\dot{S}}^2$. On l'obtient, d'après *Doebereiner*, en dissolvant l'oxyde platinique (préparé en décomposant l'oxyde platinico-sodique par l'acide nitrique étendu qui dissout la soude et laisse l'oxyde platinique qu'on lave) dans de l'eau saturée de gaz acide sulfureux. La solution est incolore, et donne, par l'évaporation, une masse gommeuse soluble dans l'eau et dans l'alcool. Desséchée et chauffée dans un vase distillatoire, elle donne de l'acide sulfurique hydraté et du platine métallique. Une solution de chlorure aurique, traitée par le sulfide platinique, donne un précipité d'or métallique, et la liqueur renferme du chlorure platinique et de l'acide sulfurique. Par l'addition du chlorure stanneux, il se développe de l'acide sulfureux, et la solution contient alors du chlorure platinoso-stannique et du sulfate stanneux. Le sulfite platinique n'est décomposé ni par l'acide sulfurique ni par l'acide chlorhydrique. Avec les sulfites alcalins, il produit des sels doubles incolores qui, dans les solutions de sels métalliques, donnent des sulfites doubles d'oxyde platinique avec d'autres oxydes; ces sulfites sont incolores, plus ou moins solubles dans l'eau et inaltérables à l'air.

Nitrate platinique, $\ddot{Pt}\dddot{\dot{N}}^2$. Il existe différentes manières de le préparer. On l'obtient, *a.* en dissolvant l'oxyde platinique dans l'acide nitrique, *b.* en précipitant le sulfate par le nitrate barytique, *c.* en mêlant le chlorure platinique avec du nitrate potassique, jusqu'à ce que celui-ci ne produise plus de précipité de sel double; dans ce dernier cas, un tiers de l'oxyde platinique reste dans la liqueur en combinaison avec l'acide nitrique, et la dissolution donne par l'évaporation une masse sirupeuse. En évaporant celle-ci jusqu'à siccité, et reprenant le résidu par l'eau, il reste un sel basique en non-solution. La liqueur est d'un brun foncé.

Nitrate platinico-potassique. On l'obtient en ajoutant de la potasse caustique à la dissolution du sel précédent : d'abord la moitié de la base se précipite à l'état d'hydrate, ensuite l'autre moitié se dépose à l'état de sel double, dont la couleur est beaucoup plus claire que celle de l'hydrate.

Nitrate platinico-sodique. D'après *Doebereiner*, on l'obtient en décomposant le chlorure platinico-sodique par de l'hydrate potassique à une température qui atteigne à peine le rouge, extrayant le chlorure sodique de la masse au moyen de l'eau, et dissolvant dans de l'acide nitrique le platinate sodique qui reste. La dissolution s'opère facilement; elle a une couleur jaune foncée. Le sel est inconnu à l'état solide. La dissolution donne avec le nitrate argentique un précipité jaune qui est soluble dans l'acide nitrique. On ne connaît pas sa composition.

Borates platiniques. On ne pourrait les obtenir par voie de double décomposition des chlorures de platine, parce qu'il se précipite de l'oxyde platinique ou platineux, tandis que l'acide borique reste en dissolution dans la liqueur.

Carbonate platinique. Ce sel ne paraît pas exister.

Oxalate platinique, $\ddot{Pt}\dddot{G}^2$. Obtenu en dissolvant l'hydrate dans l'acide oxalique, il forme des cristaux d'un jaune clair.

Sels platiniques à acides végétaux. Ces sels sont généralement inconnus. Quand on mêle un acide végétal avec une dissolution de chlorure platinique et qu'on fait bouillir la liqueur, le platine se réduit. Ainsi, quand on fait bouillir une dissolution mixte de chlorure platinique et de tartrate sodique, le platine est réduit, et se précipite en partie sous forme d'une poudre noire et pesante, tandis qu'une autre partie couvre la paroi interne du vase sous forme d'une pellicule cohérente, douée de l'éclat métallique. Cependant il faut que les solutions soient exemptes d'acide libre, sans quoi la réduction serait retardée, ou bien elle n'aurait pas lieu du tout.

Zinco-fulminate platinique, $\ddot{Pt}\ 2(C^4N^2O^3 + Cn\ N^2)$? D'après *E. Davy*, on l'obtient en mêlant du fulminate barytique avec du sulfate platinique. Il se précipite du sulfate barytique avec une petite quantité de fulminate platinique, qui le colore et lui donne la propriété de détoner faiblement. Lorsqu'on évapore la liqueur filtrée, le fulminate platinique cristallise en petits prismes rhomboïdaux, bruns et jaunes, qui détonent très-fortement.

C. *Sulfosels de platine.*

Le platine a très-probablement deux degrés de sulfuration; mais jusqu'à présent on n'a cherché à obtenir que les combinaisons dans lesquelles entre le sulfure correspondant à l'oxyde platinique, c'est-à-dire le *sulfure platinique.* Les sulfosels platiniques sont d'une couleur foncée; quelques-uns d'entre eux se dissolvent en brun foncé dans l'eau.

Sulfocarbonate platinique, $\ddot{Pt}\ddot{C}^2$. C'est un précipité brun-noirâtre, soluble en orange dans un excès du précipitant. Après la dessiccation, il est presque noir. Étant distillé, il donne d'abord du sulfide carbonique, puis du soufre, et laisse un résidu de sulfure platineux.

Sulfotellurite triplatinique, $\ddot{Pt}^3\dddot{Te}^2$. Ce sel, obtenu par le mélange du chlorure platinique avec le sel potassique, se maintient en dissolution dans la liqueur, qui est d'un jaune foncé, et ne donne qu'au bout de quelques jours un précipité floconneux, brun foncé, qui devient noir par la dessiccation.

Sulfarséniate platinique, $\ddot{Pt}\overset{\cdot\cdot\cdot\cdot\cdot}{As}$. Il forme, tant à l'état neutre qu'avec excès de base, une dissolution jaune foncée, qui devient peu à peu d'un brun foncé, mais ne se trouble pas. Le sulfate ferreux en précipite une matière brune-noirâtre, presque noire, et la dissolution devient incolore.

Sulfarsénite platinique, $\ddot{Pt}\dddot{As}$. Il forme un précipité qui est jaune foncé au moment de la précipitation, mais brunit ensuite, et finit par devenir brun foncé. A l'état sec, il est noir, et donne une poudre d'un brun foncé. Distillé, il abandonne facilement une partie de son sulfide arsénieux, et entre en fusion. La masse fondue est noire, offre une cassure vitreuse, et donne une poudre grise, d'un aspect métallique. Chauffé jusqu'au rouge blanc, dans un appareil distillatoire, il abandonne une nouvelle portion de sulfide arsénieux, et se prend en une masse poreuse d'une couleur plus claire. Cette masse contient encore de l'arsenic et du soufre, et se fond aisément au chalumeau.

Sulfomolybdate platinique, $\ddot{Pt}\dddot{Mo}^2$. Il forme un précipité brun foncé, qui est presque noir à l'état sec.

Hypersulfomolybdate platinique, $\ddot{Pt}\ddddot{Mo}^2$. Il forme un précipité rouge foncé.

Sulfotungstate platinique, $\ddot{\text{Pt}}\,\dddot{\text{W}}\text{S}^2$. Quand on mêle une dissolution de chlorure platinique avec une dissolution de sulfotungstate potassique, on obtient un liquide rouge foncé, qui conserve sa limpidité pendant quelque temps, et donne ensuite un précipité noir.

30. *Sels d'iridium.*

On ne connaît qu'un petit nombre de sels d'iridium. Cependant ce métal paraît former jusqu'à quatre séries de sels, correspondant aux quatre degrés d'oxydation. Ces séries sont :

1° *Sels irideux.* Ils sont en partie d'un vert foncé, en partie d'un brun verdâtre.

2° *Sels susirideux.* Ils sont d'un brun si foncé, que les dissolutions de quelques-uns d'entre eux ressemblent à un mélange d'eau et de sang veineux; les alcalis les précipitent en brun foncé.

3° *Sels iridiques.* A l'état solide, ils sont noirs, mais ils donnent une poudre rouge; leurs dissolutions sont d'un rouge foncé et presque opaques, mais prennent une teinte jaune quand on les étend d'eau; elles ne sont pas précipitées par les alcalis.

4° *Sels susiridiques.* Ils n'ont pas été examinés, et on n'en connaît que le chlorure, qui se distingue par la couleur rose de sa dissolution.

A. *Sels haloïdes d'iridium.*

Chlorures d'iridium. 1. *Chlorure irideux*, Ir Gl. On l'obtient en chauffant, jusqu'au rouge naissant, de l'iridium en poudre fine, sur lequel on fait passer un courant de chlore. Le chlorure se gonfle et se transforme en une poudre légère, d'un vert olivâtre foncé, qui colore fortement les corps avec lesquels on la met en contact. Au rouge cerise, ce sel est décomposé; le chlore se dégage à l'état de gaz, et l'iridium reste. Il est insoluble dans l'eau; l'acide chlorhydrique bouillant en dissout seulement la quantité nécessaire pour prendre une teinte verdâtre. L'eau régale en est également colorée en vert, sans que le chlorure irideux soit porté à un plus haut degré de combinaison. Mais, de même que le chlorure platineux, il est soluble dans l'acide chlorhydrique quand il a été préparé par la voie humide. Ainsi, quand on traite l'hydrate irideux par l'acide chlorhydrique, une grande partie du chlorure régénéré se dissout dans l'acide, et lui donne une couleur mêlée de brun, de jaune et de vert. Cette dissolution, évaporée jusqu'à un certain point, prend une couleur jaune; complétement desséchée à une douce chaleur, elle laisse sur le verre un vernis jaune et transparent. Ce vernis est soluble en jaune dans une petite quantité d'eau chaude; mais lorsqu'on étend la dissolution d'une grande quantité d'eau froide, la plus grande partie du chlore dissous se précipite en brun verdâtre, et la dissolution devient d'un vert jaunâtre. La masse jaune paraît être une combinaison du chlorure irideux avec l'acide chlorhydrique, qui se décompose quand on l'étend d'eau.

Suivant *Fellenberg*, le bisulfure iridique, calciné fortement dans un courant de gaz acide chlorhydrique sec, donne du chlorure sulfurique qui passe à la distillation, pendant que l'iridium s'unit au chlore en une masse brune-verdâtre; elle ne présentait pas la même composition, dans différentes expériences, et jamais elle ne contenait assez de chlore pour former un chlorure irideux. Il se sublimait en même temps une petite portion de chlorure susirideux, de couleur brune. La partie non sublimée était d'un brun verdâtre foncé; elle avait un aspect cristallin, et était difficile à réduire en poudre. Elle colorait l'eau en jaune, mais ne s'y dissolvait qu'en petite quantité. Les acides et les alcalis étaient sans action sur elle.

Chlorure iridoso-potassique, $\mathrm{K\,Cl + Ir\,Cl}$. On le prépare en mêlant avec du chlorure potassique une dissolution de chlorure irideux dans l'acide chlorhydrique, et évaporant la liqueur. On l'obtient aussi en ajoutant du chlorure potassique à une dissolution de chlorure susirideux dans l'alcool, et distillant l'alcool; le sel se précipite en partie pendant la distillation, mais la plus grande partie reste en dissolution dans la liqueur. Dans ce cas, une petite quantité d'iridium est réduite. Ce sel double forme une dissolution d'un brun verdâtre foncé, et laisse, après l'évaporation, une masse saline confuse, qui est en grande partie cristallisée en dendrites, et conserve une couleur verte foncée, tant qu'elle est mouillée, mais prend, à l'état sec, une teinte grise tirant sur le vert jaunâtre. Par le refroidissement d'une dissolution saturée, il se dépose sous forme d'une masse verte, grenue. Il n'est pas soluble dans l'alcool; cependant ce liquide ne le précipite pas en totalité d'une dissolution aqueuse.

Chlorure iridoso-sodique, $\mathrm{Na\,Cl + Ir\,Cl}$. On l'obtient, soit en mêlant la dissolution acide du chlorure avec du sel marin, soit en décomposant, par le sel ammoniac, une dissolution chaude et concentrée de chlorure susirodoso-sodique; dans ce dernier cas, il se précipite du sel iridique en combinaison avec le sel ammoniac, et il reste du sel irideux dans la dissolution, qui est verte, et qui donne, par l'évaporation, une masse saline verte, déliquescente, et soluble dans l'alcool.

Chlorure iridoso-ammonique, $NH^4 Gl + Ir Gl$. On l'obtient en ajoutant du sel ammoniac à une dissolution de chlorure susirideux, et exposant la liqueur à une douce chaleur. Il se précipite un sel double iridique, et la dissolution devient verte. Par l'évaporation, on obtient une masse saline, qui ressemble au sel potassique, et se dissout dans l'alcool aqueux.

Tous ces sels doubles sont difficilement transformés en sels iridiques par l'eau régale; leur composition est telle, que les deux chlorures contiennent la même quantité de chlore.

L'ammoniaque forme, dans les dissolutions de la plupart des chlorures d'iridium, un précipité pulvérulent de couleur claire, qui est, à l'état sec, d'un gris clair tirant sur le vert, se dissout en petite quantité dans l'eau, et se dépose sans altération de la dissolution évaporée. Chauffé, il se fond jusqu'à un certain point, se gonfle et se décompose, en donnant, premièrement, de l'ammoniaque, puis de l'acide chlorhydrique et du sel ammoniac, et laissant 56,5 pour 100 d'iridium. Ce corps paraît être du *chlorure irideux ammoniacal*.

2. *Chlorure susirideux*, $Ir Gl^3$. Le meilleur moyen de l'obtenir est de sursaturer par l'acide nitrique l'iridium calciné avec du nitre, de faire digérer le tout, de laver le résidu, et de le dissoudre dans l'acide chlorhydrique. L'acide nitrique s'empare de la potasse et d'une très-petite quantité d'iridium, et l'acide chlorhydrique transforme l'oxyde non dissous en chlorure susirideux; pendant l'expérience, il se dégage du chlore, sans qu'on obtienne du chlorure iridique dans la dissolution. Par la voie sèche, on obtient de petites portions du même chlorure, soit en chauffant de l'iridium au milieu du gaz chlore, soit en décomposant le chlorure irideux dans des vases distillatoires, par l'action de la chaleur. Le chlorure susirideux se sublime et se dépose sur les parties moins chaudes de l'appareil, sous forme d'une masse jaune-brunâtre, nullement cristalline et insoluble dans l'eau. La dissolution du chlorure sus-

irideux est d'un brun foncé tirant sur le jaune; sa couleur est si intense, qu'une petite quantité de sel suffit pour rendre la liqueur opaque. Évaporée, elle se transforme en un sirop qui, séché à une douce chaleur, donne une masse noirâtre, et attire l'humidité de l'air. Cette masse n'offre aucune trace de cristallisation. Desséchée à une température plus élevée, elle dégage de l'acide chlorhydrique, et quand on la traite ensuite par l'eau, elle ne se dissout pas totalement, mais laisse un sel basique, brun et floconneux.

Quand on mêle une dissolution de ce sel avec d'autres chlorures, on obtient des sels doubles; ils sont composés de telle manière qu'en représentant par R le radical alcalin, on a la formule $2R\,Gl + Ir\,Gl^3$. Mais lorsqu'on y verse un excès de chlorure potassique ou de chlorure ammonique, le chlorure se partage, surtout quand on chauffe la dissolution, en sel iridique peu soluble, qui se précipite, et en sel irideux plus soluble, ainsi que je l'ai déjà dit plus haut. Les sels doubles, produits par les chlorures potassique et ammonique, peuvent être desséchés à une douce chaleur, et donnent ainsi des masses noires sans indice de cristallisation. L'alcool les précipite de leurs dissolutions concentrées sous forme de poudres brunes, ne tirant nullement sur le rouge; mais il en reste beaucoup en dissolution dans la liqueur alcoolique, quoique l'alcool ne dissolve pas les sels secs. Le sel double, formé par le chlorure sodique, est déliquescent et soluble dans l'alcool; les chlorures potassique et ammonique le décomposent à l'aide de la chaleur, comme ils décomposent le chlorure susirideux seul.

Les dissolutions de ces sels sont d'une couleur encore plus foncée que celle du chlorure, et qui diffère de la couleur aussi foncée des sels iridiques, en ce qu'elle tire sur le brun jaunâtre, tandis que la couleur de ces derniers sels tire sur le brun rougeâtre; cependant il est quelquefois difficile de distinguer les deux degrés de combinaison, l'un de l'autre, par la couleur seulement.

Quand on évapore la dissolution du chlorure susiridoso-potassique, après y avoir mis un excès de chlorure potassique, il se dépose du chlorure iridico-potassique, et la dissolution devient bleue, ou quelquefois d'un bleu tirant sur le pourpre. Si elle est verte, c'est un indice qu'elle contient du fer, dont la couleur jaune produit le vert. La couleur bleue paraît provenir d'une combinaison, en proportion fixe, entre un sel irideux et un sel susirideux.

Mais cette combinaison est de peu de durée, car les sels ne tardent pas à se séparer, et il se dépose du chlorure iridoso-potassique, tandis que la liqueur repasse au brun jaunâtre, et contient du chlorure susiridoso-potassique. Quand on ajoute du sel ammoniac à une solution de chlorure iridoso-potassique ou sodique, et qu'on évapore la liqueur dans le dessiccateur, on voit, d'après *Frémy*, le chlorure iridoso-ammonique se déposer en gros prismes bruns. Lorsqu'on les chauffe ensuite dans un courant de gaz hydrogène, l'iridium se réduit en conservant la forme des cristaux.

3. *Chlorure iridique*, Ir Gl². On le prépare en mêlant le chlorure susirideux en dissolution concentrée, avec de l'eau régale, et soumettant la liqueur à une douce digestion. D'après *Vauquelin*, on l'obtient en mêlant avec de l'eau le chlorure iridico-ammonique peu soluble, et faisant passer un courant de gaz chlore à travers le mélange, jusqu'à ce que le sel soit dissous; l'ammoniaque est alors décomposée par le chlore. On peut aussi le préparer en décomposant le sel potassique par l'acide hydro-fluosilicique; il se présente alors sous forme d'un liquide brun-rougeâtre foncé, qui est beaucoup plus transparent que le chlorure susirideux, quoiqu'il contienne la même quantité de métal. Par l'évaporation à une forte chaleur, le chlorure iridique dégage du chlore, et il se forme du chlorure susirideux; si on voulait le dessécher à l'aide de la chaleur, il serait entièrement converti en sel susirideux. En évaporant une dissolution de chlorure iridique dans un verre de montre, à une température de tout au plus 40°, on obtient une masse noire, boursouflée et fendillée, nullement cristalline, qui, vue par transparence, offre une couleur rouge aux endroits où elle présente peu d'épaisseur. A l'air, elle attire de l'humidité et se résout en liqueur. La dissolution de ce sel peut être mêlée en toutes proportions avec l'alcool; et, livrée à l'évaporation spontanée, elle répand une odeur d'éther, et donne un résidu qui consiste principalement en chlorure susirideux.

Chlorure iridico-potassique, K Gl + Ir Gl². On l'obtient, soit en dissolvant dans l'eau régale le résidu de la calcination d'un mélange d'iridium et de nitre, soit en mêlant intimement de l'iridium en poudre avec un poids égal de chlorure potassique, chauffant le tout jusqu'au rouge naissant, au milieu d'un courant de gaz chlore, et continuant l'expérience jusqu'à ce que ce gaz ne soit plus absorbé. On obtient ainsi une masse brune-noirâtre, qui n'a pas été fondue, et que l'on débarrasse du chlorure potassique non combiné, en la traitant par une petite quantité d'eau, et de l'iridium en poudre, en la dissolvant dans l'eau bouillante, et filtrant la dissolution. On abandonne cette dernière toute chaude à l'évaporation; le sel cristallise en octaèdres brillants et noirs, qui ressemblent, à la couleur près, à ceux du sel platinique correspondant. Le meilleur moyen de faire cristalliser ce sel double, est d'évaporer la dissolution à une douce chaleur. En calcinant le chlorure iridico-potassique avec un peu de chlorure potassique et d'iridium en poudre, il se convertit en chlorure susiridoso-potassique. Exposé seul à une température plus élevée, il se transforme en ce même sel, et par une chaleur rouge blanc prolongée, l'iridium est totalement réduit. Il est peu soluble dans l'eau froide; et quand celle-ci contient d'autres sels en dissolution, il y est complétement insoluble, en sorte qu'on peut le précipiter en grande partie de sa dissolution aqueuse, en y dissolvant un autre sel, surtout du chlorure potassique. Il se dissout en quantité beaucoup plus grande dans l'eau bouillante; la dissolution, vue en masse, est rouge; en petites quantités, ou à l'état étendu, elle a une teinte jaune. Il est insoluble dans l'alcool, qui le précipite de sa dissolution aqueuse sous forme d'une poudre rouge-cerise foncée. L'ammoniaque concentrée le décompose en dégageant lentement du gaz nitrogène, et donnant naissance au chlorure irideux ammoniacal, qui a déjà été décrit. En parlant de l'oxyde d'iridium bleu, j'ai dit que le chlorure iridico-potassique devient bleu quand on le traite par l'ammoniaque étendue. Si l'on réduit le sel en poudre fine, qu'on le suspende dans l'eau et qu'on y fasse passer du gaz acide sulfureux, il se réduit à l'état de chlorure iridoso-potassique, et se dissout dans la liqueur. Si le sel renferme du chlorure osmico-potassique, il se décompose plus lentement par l'action de l'acide sulfureux, et reste en non-dissolution sous forme d'une poudre rouge. C'est ce qui donne, suivant *Frémy*, une méthode exacte pour séparer l'un de l'autre ces deux métaux, autrement si difficiles à séparer. Mais cette méthode n'est nullement exacte. Il faut aussi se rappeler que le chlorure osmico-potassique n'est pas complétement insoluble dans l'eau; cependant il se dépose par l'évaporation de la liqueur. Le chlorure iridico-potassique ne contient pas d'eau. Il y a 0,40392 pour cent d'iridium.

Chlorure iridico-sodique, Na Ꞓl + Ir Ꞓl². On le prépare par le même moyen que le sel potassique. Il est d'un brun noirâtre; mais, sous le rapport de la forme cristalline et de la solubilité, il ressemble parfaitement au sel platinique correspondant. Il est composé dans les mêmes proportions, et, quand on le chauffe, il se réduit en une poudre farineuse d'un gris brunâtre.

Chlorure iridico-ammonique, $\text{N H}^4 \text{Gl} + \text{Ir Gl}^2$. Il se précipite sous forme d'une poudre farineuse, d'un rouge cerise foncé, lorsqu'on ajoute du sel ammoniac à la dissolution des chlorures iridiques, susirideux et iridico-sodique. Il est peu soluble dans l'eau froide, beaucoup plus dans l'eau chaude, et cristallise, comme le sel potassique, en octaèdres réguliers; il ne contient point d'eau, et laisse 0,4432 d'iridium métallique, quand on le décompose par l'action de la chaleur.

4. *Chlorure susiridique*, Ir Gl^3. Il n'est pas connu à l'état isolé, et jusqu'à présent on ne l'a obtenu qu'en combinaison avec le chlorure potassique, à l'état de *chlorure susiridico-potassique*. On l'obtient quelquefois en calcinant l'iridium avec du nitre, dissolvant la masse entière dans l'eau régale, et évaporant la dissolution jusqu'à siccité. D'abord l'eau n'enlève à la masse saline, ainsi obtenue, que du chlorure potassique; une nouvelle quantité d'eau par laquelle on traite ensuite la masse, se colore en rose, et, avec de petites proportions d'eau, on parvient à enlever peu à peu tout le sel rose, sans dissoudre une quantité notable de chlorure iridico-potassique. On évapore jusqu'à siccité les dissolutions roses, on réduit le sel en poudre fine, et on le traite par l'alcool, pour dissoudre le chlorure potassique qui s'y trouve mêlé. La poudre saline brunâtre, qui reste, est dissoute dans l'eau, et la dissolution abandonnée à l'évaporation spontanée; le sel cristallise alors en prismes rhomboïdaux à sommets dièdres, et d'une couleur brune foncée. Ce sel se dissout dans l'eau; la dissolution est d'une belle couleur rose, semblable à celle d'un sel rhodique, mais tirant peut-être un peu plus sur le pourpre. La couleur du sel solide est plus foncée que celle du sel rhodique. Il est insoluble dans l'alcool, qui le précipite d'une dissolution aqueuse, sous forme d'une poudre rose pâle; cependant la dissolution conserve une teinte rose; l'alcool peut être distillé, sans que le sel dissous soit altéré. Quand la dissolution aqueuse de ce sel a été évaporée jusqu'à siccité, et qu'on reprend le résidu par l'eau, celle-ci laisse

ordinairement, sans les dissoudre, quelques flocons verdâtres, qui paraissent être du chlorure irideux.

Le chlorure susiridico-potassique contient 52,21 pour cent de chlorure potassique et 47,79 de chlorure susiridique, et celui-ci est composé de 23,01 parties d'iridium et 24,78 de chlore = 3K Gl + Ir Gl³.

Les circonstances qui favorisent la formation de ce sel ne sont pas connues. On ne peut l'obtenir à volonté, et il est impossible de le préparer à l'aide du chlorure iridico-potassique, ni en traitant celui-ci par l'eau régale, ni en saturant la dissolution par du chlore gazeux, ni en la traitant par le chlorate potassique et l'acide chlorhydrique. Sa ressemblance avec le chlorure rhodico-potassique est surprenante; mais il en diffère essentiellement par sa composition : d'après mes essais, le métal contenu dans ce sel, réduit par le gaz hydrogène, ne se dissout pas dans le bisulfate potassique, avec lequel on le calcine; et quand on le chauffe dans du gaz chlore avec du chlorure potassique, il ne donne que du chlore iridico-potassique ordinaire, en sorte qu'il est impossible d'attribuer son existence à la présence d'un métal étranger mêlé à l'iridium. En outre, l'osmium est susceptible de former des sels roses analogues.

Iodure iridique, Ir I². On le prépare, suivant *Lassaigne*, en mêlant une solution de chlorure iridique avec de l'acide chlorhydrique et de l'iodure potassique, et faisant bouillir le mélange: l'iodure iridique se précipite sous forme d'une poudre noire, insoluble dans l'eau et dans les acides. Par la calcination, il donne de l'iode, et laisse de l'iridium.

Cyanure irideux. On peut le préparer, d'après *Doebereiner*, en mêlant une solution de cyanure iridoso-potassique (dont la préparation sera décrite plus bas) avec une solution nitrique de mercure : il se forme un précipité tout à fait semblable à celui qui se produit, de la même manière, dans une solution de cyanure platinoso-potassique. Ce précipité se compose de cyanure irideux, de cyanure mercurique et de nitrate mercureux; quand on le traite par l'acide nitrique chaud étendu, le sel mercureux se dissout, pendant qu'il reste un sel double de cyanure irideux et de cyanure mercurique, = Ir Gy + Hg Gy. Chauffé dans un vase distillatoire, il donne du gaz cyanogène et du mercure qui se dégagent, pendant qu'il reste du cyanure irideux. Si, au lieu de cela, on tient la combinaison mercurique et qu'on la décompose par le sulfide hydrique, il se dissout du cyanure iridoso-hydrique dans la liqueur; quand on évapore ensuite cette liqueur jusqu'à siccité et qu'on chasse l'acide cyanhydrique par la distillation à une chaleur convenable, il reste également du cyanure irideux. Mais on n'a décrit les propriétés d'aucun de ces composés. On a tout lieu de soupçonner qu'en mêlant du cyanure iridoso-potassique avec de l'acide hydrofluosilicique pour précipiter le fluorure silico-potassique, on obtient aussi du cyanure iridoso-hydrique. Par l'évaporation et la dissolution dans l'alcool, il est facile de le séparer d'une petite quantité de fluorure silico-potassique qui pouvait se trouver en dissolution dans la liqueur.

Cyanure iridoso-potassique, $2\mathrm{K}\,\mathrm{Cy} + \mathrm{Ir}\,\mathrm{Cy}$. Il a été découvert par *Booth* et *Woehler*, et analysé par *Rammelsberg*. Il importe de remarquer qu'il renferme 1 atome de cyanure potassique de plus que le sel platinique correspondant. On l'obtient en calcinant au rouge faible, mais pendant longtemps, un mélange d'iridium en poudre et de cyanure ferroso-potassique anhydre. Le mieux est d'employer à cet effet un petit matras de verre, parce que la masse prend feu au contact de l'air. On broie la masse affaissée, et on la traite par l'eau chaude. La dissolution est presque incolore. Ordinairement il cristallise encore un peu de cyanure ferroso-potassique pendant qu'on la fait évaporer; à la fin elle dépose le sel irideux en longs prismes quadrilatères. Ces cristaux sont ordinairement réunis deux à deux. Ils sont parfaitement transparents et incolores, et ne présentent pas les nuances de bleu et de jaune qui caractérisent le sel de platine. Ils sont solubles dans l'eau, insolubles dans l'alcool. La dissolution n'est pas précipitée par l'acide chlorhydrique. Ils ne contiennent pas d'eau. Soumis à l'action de la chaleur, ils décrépitent fortement, et noircissent ensuite. Chauffés plus fortement, ils fondent, et déposent l'iridium, qui forme souvent un miroir métallique sur la surface du verre.

B. *Oxysels d'iridium.*

Jusqu'à présent on n'en a examiné qu'un très-petit nombre. On obtient les *sels irideux* en dissolvant l'hydrate irideux dans les acides.

Sulfate irideux, $\dot{\mathrm{I}}\mathrm{r}\,\dddot{\mathrm{S}}$. En évaporant doucement la dissolution de ce sel, il se forme une masse verte-brunâtre, brillante, nullement cristalline, qui se redissout en vert jaunâtre foncé dans l'eau.

Le *nitrate irideux*, $\dot{\mathrm{Ir}}\overset{\cdot\cdot\cdot\cdot\cdot}{\mathrm{N}}$, donne une dissolution de même couleur, qui devient quelquefois pourpre au bout d'un certain temps; mais le sel reprend sa couleur verte quand on évapore la dissolution jusqu'à siccité. L'iridium calciné avec du nitre forme avec l'acide nitrique une dissolution d'une couleur pourpre peu intense; en évaporant cette dissolution jusqu'à siccité, à une douce chaleur, elle devient d'un vert si foncé, qu'elle en paraît presque noire; le résidu se redissout en vert foncé dans l'eau. Le nitrate n'offre aucune trace de cristallisation, ni seul, ni en combinaison avec le nitrate potassique.

Parmi les *sels iridiques*, on ne connaît que le *sulfate*, $\ddot{\mathrm{Ir}}\dddot{\mathrm{S}}^{2}$. On l'obtient en dissolvant le sulfure iridique dans l'acide nitrique et chassant l'excès d'acide par l'évaporation. Le sulfate reste alors sous forme d'un sirop épais et jaune, sans aucun indice de cristallisation. Il se dissout facilement dans l'eau et dans l'alcool; la dissolution, qui est orange, n'est pas précipitée par les alcalis. Le chlorure barytique y forme un précipité de sulfate barytique coloré en jaune de rouille par de l'oxyde iridique. En desséchant le sulfate iridique et le calcinant doucement, il perd de l'acide sulfurique et laisse un sel basique brun. On obtient aussi un semblable soussel en grillant un sulfure d'iridium.

31. *Sels d'osmium.*

L'osmium paraît posséder les mêmes séries de sels que l'iridium, et les sels des deux métaux qui appartiennent à la même série ont en général beaucoup de ressemblance sous le rapport de la couleur, et probablement aussi sous celui de la forme cristalline. Du reste, ils ne sont guère mieux connus que les sels d'iridium. On découvre la présence de l'osmium dans ses sels, en mêlant ceux-ci avec un peu de carbonate sodique et chauffant le mélange intime sur une feuille de platine, cas dans lequel l'osmium s'annonce, tant par l'odeur de l'acide osmique que par la propriété qu'il possède de donner de l'éclat à la flamme de l'esprit-de-vin. Déjà, en parlant du chlorure iridico-potassique, j'ai fait mention du mode de séparation indiqué par *Frémy* : l'acide sulfureux réduit le sel d'iridium à l'état de chlorure susiridique soluble, mais il agit bien plus lentement sur le sel d'osmium.

A. *Sels haloïdes d'osmium.*

Chlorures d'osmium. Quand on chauffe de l'osmium à la lampe alcoolique, au milieu d'un courant de gaz chlore, ces deux corps se combinent, et il se forme un mélange volatil de chlorures osmieux et osmique. Le premier, étant moins volatil que le second, se dépose le plus près de l'osmium, tandis que le second est entraîné par l'excès de gaz, sous forme d'une fumée, qui se condense plus loin. Il est nécessaire de recevoir ces produits dans un tube un peu large et assez long, pour qu'ils puissent se déposer avant que le gaz excédant les ait entraînés hors du tube.

1. *Chlorure osmieux*, Os Gl. Il est d'un beau vert foncé, et cristallise en aiguilles qui se croisent dans l'intérieur du tube. Il se dissout dans une très-petite quantité d'eau, et attire l'humidité de l'air. La dissolution est d'une couleur verte, remarquable par sa beauté; mais elle ne subsiste que dans un état de grande concentration, et lorsqu'on y ajoute une quantité d'eau un peu plus forte que celle nécessaire pour tenir le chlorure en dissolution, la liqueur se trouble, et il y a réduction d'osmium; une grande quantité d'eau décolore instantanément la dissolution, qui dépose de l'osmium métallique, et ne retient plus que de l'acide chlorhydrique et de l'acide osmique. En y ajoutant assez d'eau pour produire seulement un commencement de décomposition, celle-ci continue ensuite d'elle-même, et l'osmium forme un dépôt gris, lanugineux, qui remplit tout l'espace occupé par le liquide. Si l'on dissout le chlorure dans une dissolution très-concentrée d'un chlorure alcalin, la portion qui se combine avec le sel alcalin ne se décompose pas.

On peut obtenir par d'autres moyens encore des sels doubles de chlorure osmieux, par exemple, en dissolvant dans l'alcool aqueux les sels doubles formés par des chlorures à un degré supérieur de combinaison, et distillant ensuite l'alcool; il se forme alors de l'éther, il se dépose un peu d'osmium, et la plus grande partie du sel est réduite à l'état d'un chlorure double osmieux, dont la dissolution est verte. Il est difficile d'obtenir ces sels à l'état cristallisé. Ils forment, par l'évaporation spontanée, des végétations dendritiques qui sont d'un vert foncé et se dissolvent dans l'alcool aqueux, mais beaucoup moins bien que dans l'eau.

2. *Chlorure susosmieux*, Os Gl^3. On ne le connaît pas à l'état isolé. On obtient le sel double ammonique en dissolvant dans l'acide chlorhydrique l'oxyde susosmieux qui contient de l'ammoniaque, et évaporant la dissolution jusqu'à siccité. Il forme une masse saline, non cristalline, d'une couleur brune presque noire, et donne avec l'eau et avec l'alcool des dissolutions d'un noir jaune-brunâtre.

Quand on réduit l'acide osmique par l'acide chlorhydrique et le mercure, la dissolution finit par prendre une teinte brunâtre, et dès lors la réduction ne fait plus de progrès. En évaporant la liqueur, on obtient un sel pourpre, translucide, brillant, non cristallin, qui est un chlorure double susosmioso-mercurique, se redissout dans l'eau, et forme une dissolution d'une saveur métallique très-prononcée. Si l'on essaye d'en précipiter l'osmium par le zinc ou par le fer, il se précipite du mercure à la place de l'osmium, et le chlorure de ce dernier métal entre en combinaison avec le chlorure de fer ou de zinc qui s'est formé. On chercherait en vain à précipiter l'osmium par le fer ou le zinc de la dissolution brune du chlorure susiridoso-ammonique; ces métaux ne le réduisent pas même à l'état de chlorure osmieux.

A cette occasion, je ne passerai pas sous silence le fait suivant. J'avais dissous un mélange de chlorure osmieux et de chlorure osmique solides dans une dissolution de chlorure potassique, et en livrant la dissolution à l'évaporation spontanée, j'obtins des cristaux prismatiques d'un brun clair. Ces cristaux étaient solubles en vert jaunâtre dans l'eau, et l'alcool aqueux les dissolvait et les réduisait au bout de quelque temps, sans le secours de la chaleur. Ils noircissaient la peau, comme le fait l'acide osmique; cependant ils n'avaient pas l'odeur de cet acide, et différaient sous plusieurs rapports des combinaisons précédentes. J'ignore la différence entre ce sel et celui qu'on obtient par la dissolution de l'oxyde susosmieux.

3. *Chlorure osmique*, Os Gl^2. Quand on chauffe l'osmium dans du chlore gazeux, ainsi que je l'ai dit plus haut, il se dépose, à quelque distance du chlorure osmieux, une poudre farineuse, non cristalline, d'un rouge foncé, et dans l'espace qui sépare ces deux

composés on voit se former quelques cristaux jaunes, dont l'état cristallin provient évidemment de l'eau hygrométrique du gaz chlore. Ces cristaux sont si fusibles, que la chaleur de la main suffit pour les faire entrer en fusion. En exposant la poudre rouge à l'air, elle en attire l'humidité et cristallise en dendrites; ces cristaux conservent la couleur rouge de la poudre, et ne se fondent pas à la chaleur de la main. On n'a pas encore examiné quelle est la différence entre les propriétés chimiques de ces deux corps : si, par exemple, le sel jaune est du chlorure susosmieux, le sel rouge du chlorure osmique, ou si le premier consiste en chlorure osmique et le second en chlorure susosmique; ou s'ils sont tous deux du chlorure osmique, mais combiné avec différentes proportions d'eau. Je ne saurais décider laquelle de ces hypothèses est la plus voisine de la vérité. Ces deux corps sont solubles en jaune dans peu d'eau; de même que le chlorure osmieux, ils sont décomposés par une quantité d'eau un peu plus grande; la dissolution devient d'abord verte, et donne du chlorure osmieux, puis se décolore complétement. Il se dépose alors de l'osmium métallique sous forme d'un précipité gris, et la liqueur contient de l'acide chlorhydrique et de l'acide osmique. Le chlorure osmique contient pour la même quantité de métal une fois plus de chlore que le chlorure osmieux.

Chlorure osmico-potassique, $K\,Cl + Os\,Cl^2$. On l'obtient en mêlant de l'osmium avec un poids égal au sien de chlorure potassique, en chauffant le mélange, à la lampe alcoolique, au milieu d'un courant de gaz chloré. La masse n'entre pas en fusion, et il se forme un sel double, qui est noir tant qu'il est chaud, et qui, après le refroidissement, est d'un rouge semblable à celui du minium. Il se dissout dans l'eau; la dissolution est d'un jaune citron pur. Une dissolution bouillante et saturée est d'un jaune foncé et tire sur le vert, mais nullement sur le rouge. Évaporée à une douce chaleur, elle donne des cristaux octaédriques d'un brun foncé, qui ressemblent parfaitement aux sels correspondants de platine et d'iridium, tant sous le rapport de la forme cristalline que sous celui de la composition. De même que ces sels, le chlorure osmico-potassique ne se dissout ni dans l'eau contenant en dissolution un autre sel, ni dans l'alcool, et ce dernier le précipite d'une dissolution aqueuse, saturée sous forme d'une poudre cristalline, rouge cinabre foncée; néanmoins une partie du sel reste en dissolution, en sorte que la liqueur est jaune. Si l'on imbibe du papier d'une dissolution aqueuse de ce sel, et qu'on l'expose ensuite au soleil, il devient peu à peu bleu, par suite de la réduction que subit le sel osmique, et cette couleur bleue résiste au lavage. Ce sel supporte une légère chaleur rouge sans être décomposé, et quand on élève la chaleur jusqu'au point où la décomposition s'effectue, il se dégage du gaz chlore, et on obtient de l'osmium métallique; mais il ne se forme point de chlorures intermédiaires. Il ne s'en forme pas même quand on mêle le sel avec de l'osmium en poudre, avant de le calciner. L'acide sulfureux est sans action sur la dissolution du chlorure osmico-potassique, même à la température de l'ébullition. Mais quand on verse de l'acide nitrique sur ce sel et qu'on le chauffe, l'osmium se convertit en acide osmique et passe dans le récipient avec les vapeurs de l'acide nitrique.

4. *Chlorure susosmique*, Os Gl^3. Il n'est pas connu à l'état isolé. On obtient le sel double qu'il forme avec le chlorure ammonique, en saturant l'acide osmique par l'ammoniaque, le traitant au bout d'un certain temps, pendant lequel on ne doit ni le chauffer ni l'exposer au soleil, par un excès d'acide chlorhydrique, et y ajoutant du mercure. Après quelques jours, la liqueur perd l'odeur d'acide osmique; on la décante et on l'évapore jusqu'à siccité. Elle laisse un sel dendritique, brun, soluble dans l'eau et dans l'alcool. La dissolution aqueuse est rose quand elle est très-étendue; mais une petite quantité de sel suffit pour lui donner une couleur d'un brun pourpre si intense, qu'elle en paraît opaque. La dissolution alcoolique ne le cède en rien, pour la beauté de la couleur, à une dissolution de manganate potassique dans l'eau, et l'alcool peut être distillé sans que le sel soit décomposé. Ordinairement une partie du sel obtenu est insoluble dans l'alcool; mais tout s'y dissout quand on traite le sel une seconde fois par l'eau, et qu'on évapore la dissolution jusqu'à siccité. Soumis à la distillation, le chlorure susosmico-ammonique laisse de l'osmium métallique. Sa composition n'a pas été déterminée par des analyses; on l'a déduite par analogie de celle du chlorure iridique correspondant. Cependant ce sel pourrait n'être qu'une modification isomérique du chlorure susosmieux.

B. *Oxysels d'osmium.*

On prépare les sels *osmieux* en dissolvant l'hydrate osmieux dans les acides. Les sels ainsi obtenus ne sont pas parfaitement purs; car l'oxyde osmieux contient toujours une petite quantité d'alcali, qui s'y trouve à l'état de combinaison chimique. Le *sulfate osmieux*, $\dot{O}s\,\dddot{S}$, laisse, après l'évaporation, une masse saline, brun grisâtre, presque noir, qui forme des excroissances dendritiques. Le *nitrate osmieux*, $\dot{O}s\,\overset{\cdot\cdot\cdot\cdot\cdot}{N}$, parfaitement saturé, se dessèche en un vernis vert, translucide. Le *phosphate osmieux*, $\dot{O}s^2\,\overset{\cdot\cdot\cdot\cdot\cdot}{P}$, est une combinaison pulvérulente, peu soluble, d'un vert foncé.

On obtient les *sels susosmieux* en dissolvant l'oxyde susosmieux dans les acides. Ce sont des sels doubles, car l'oxyde contient toujours la quantité d'ammoniaque nécessaire à la formation d'un sel double. Le *sulfate susosmieux* se dessèche en un vernis brun et brillant. L'excès d'acide sulfurique peut être chassé sans que le sel subisse de décomposition : en redissolvant celui-ci dans l'eau, il reste un sous-sel insoluble, qui forme des flocons bruns. Le *nitrate susosmieux* est peu soluble dans l'eau, mais beaucoup plus à chaud qu'à froid. Après l'évaporation de la liqueur, le sel ressemble à un extrait, et après avoir été parfaitement desséché, il est pulvérulent ou terreux. Chauffé sur un point, il prend feu et brûle comme de la poudre à tirer qui a été mouillée, en lançant de tous côtés une poudre noire qui paraît consister en osmium oxydé.

Parmi les *sels osmiques*, on ne connaît que le *sulfate*. On l'obtient en dissolvant le sulfide osmique dans l'acide nitrique froid. En distillant l'excès d'acide nitrique, il passe en même temps un peu d'acide osmique dans le récipient, et le sulfate reste sous forme d'une masse sirupeuse, d'un brun jaunâtre foncé. Il ne montre aucune tendance à cristalliser. L'eau le dissout; la dissolution, qui est d'un jaune pur, a une saveur astringente, mais nullement métallique ni acide, et rougit fortement le papier de tournesol. Les alcalis ne la précipitent pas; l'acide sulfureux la rend plus pâle, mais ne la bleuit pas, et le chlorure barytique la précipite en jaune, absolument comme les sels correspondants de platine et d'iridium.

32. *Sels d'or.*

L'or paraît posséder deux séries de sels, mais les sels qu'il forme sont très-peu connus. Jusqu'à présent on sait à peine s'il existe des oxysels d'or. *Pelletier* a fait voir que l'oxyde aurique ne se dissout pas dans les acides, et que, si l'acide sulfurique et l'acide nitrique concentrés en dissolvent une petite quantité, la portion dissoute est précipitée par l'eau. D'un autre côté, *Mitscherlich* a annoncé que l'acide sélénique dissolvait l'or, qui s'oxydait aux dépens d'une partie de l'acide, et ce fait semble indiquer la formation d'un oxysel (1). Jusqu'à présent nous ne connaissons que des sels haloïdes et des sulfosels d'or. Les sels haloïdes sont presque tous d'une belle couleur jaune ou orange. Ils se distinguent des autres sels par la belle couleur pourpre (pourpre de Cassius) qu'ils donnent, quand on verse du chlorure stanneux dans leurs dissolutions très-étendues. Les sels ferreux en précipitent de l'or métallique, sous forme d'une poudre brune, qui prend l'éclat métallique par la pression.

A. *Sels haloïdes d'or.*

Chlorures d'or. 1. *Chlorure aureux*, Au Gl. On obtient ce sel en évaporant le chlorure aurique jusqu'à siccité dans une capsule de porcelaine, chauffant la poudre ainsi obtenue au bain de sable, et la maintenant à la température de l'étain fondant, en la remuant souvent, jusqu'à ce qu'il ne se dégage plus de chlore. Il se présente sous forme d'une masse saline, blanche, légèrement jaunâtre, qui est insoluble dans l'eau et ne communique à celle-ci une couleur jaune que quand elle contient du chlorure aurique non décomposé. Dans ce cas, la masse se réduit en petits cristaux brillants, d'un jaune de paille. A l'état sec, ce sel se conserve sans altération; mais quand on verse dessus de l'eau, il se décompose peu à peu en or et en chlorure aurique. Cette décomposition s'opère presque instantanément quand on se sert d'eau bouillante ou qu'on fait digérer le sel avec de l'eau. On obtient alors deux parties d'or métallique sur une qui se dissout à l'état de sel aurique.

Quand on arrête l'évaporation du chlorure aurique avant que le sel soit complétement solidifié, et qu'on y ajoute de l'eau, la masse liquide dépose du chlorure aureux; d'où l'on pourrait conclure qu'il existe un chlorure susaureux, mais qu'il est décomposé par l'eau.

Sels doubles de chlorure aureux. Lorsqu'on mêle une solution de

(1) D'après *Gay-Lussac*, l'or est également dissous par l'acide iodique.

chlorure aurique, par petites portions successives, avec la solution d'un dithionite, le chlorure perd la moitié de son chlore; il se forme de l'acide sulfurique aux dépens de l'oxygène de la base, et le chlore s'unit au radical de la base du dithionite, pendant que le chlorure aureux se porte sur le chlorure qui s'est formé, et reste ainsi en dissolution dans la liqueur. Jusqu'à présent on n'a encore étudié qu'un de ces sels, et cela très-imparfaitement. Il ne faut pas verser la solution du chlorure aurique goutte à goutte dans la solution du dithionite, parce qu'il ne se précipiterait que du sulfure aurique.

Chlorure auroso-sodique. On l'obtient, d'après *Meillet*, en mêlant le chlorure aurique, par petites portions successives, avec le dithionite sodique, jusqu'à ce que la solution ait perdu sa couleur jaune. On évapore ensuite la liqueur jusqu'à cristallisation : il cristallise d'abord du dithionite et du sulfate sodique dont on décante le liquide de temps en temps, et enfin on voit, entre les cristaux de ces sels, de petites aiguilles incolores. On verse ensuite sur la masse desséchée de l'alcool froid de 0,90, qui dissout ces aiguilles, et on abandonne la solution à l'évaporation spontanée : ces aiguilles cristallisent de nouveau. C'est là le chlorure auroso-sodique. Les cristaux sont incolores et se dissolvent, sans coloration, dans l'eau et dans l'alcool. Leur solution n'est pas précipitée par les sels au minimum d'oxydation, tels que les sels ferreux, stanneux, mercureux, qui réduisent le chlorure aurique et séparent l'or à l'état métallique, mais les sulfhydrates en précipitent du sulfure aurique. D'après l'analyse de *Meillet*, le sel contient 2 atomes de chlorure sodique pour 1 atome d'eau; mais le chlore qu'il y trouva ne correspond à aucune des combinaisons auriques connues.

2. *Chlorure aurique*, Au Cl³. On l'obtient en dissolvant l'or dans l'eau régale et évaporant l'excès d'acide. Il se dissout dans l'eau. La dissolution, qui est jaune, devient plus pâle par un excès d'acide; elle est au contraire d'un rouge foncé quand elle est parfaitement neutre. Elle possède la propriété remarquable de déposer de l'or métallique à sa surface et sur la paroi du vase qui est tournée vers le jour. L'or en est précipité à l'état métallique par le phosphore, par la plupart des métaux et par les sels ferreux. Les sels stanneux y forment un précipité plus ou moins foncé de pourpre de Cassius. A la chaleur rouge, le chlorure aurique est

décomposé et donne de l'or métallique. Ce sel peut être obtenu à deux degrés de saturation. Le *chlorure aurique acide* cristallise facilement d'une dissolution acide, sous forme d'aiguilles longues, d'un jaune clair, qui se conservent sans altération à l'air sec, mais se résolvent à l'air humide en un liquide jaune. On obtient le *chlorure aurique neutre* en évaporant la dissolution du sel précédent, jusqu'à ce que la masse prenne une couleur rouge rubis foncé, et qu'elle commence à dégager du chlore. Le sel se prend, pendant le refroidissement, en une masse cristalline d'un rouge foncé; à l'air il se résout promptement en un liquide rouge brun. Mais pour obtenir ce sel à l'état de neutralité parfaite, et pur de tout mélange de sel acide, il n'existe qu'un seul moyen : c'est de décomposer par l'eau le chlorure aureux; car le sel neutre se décompose presque aussi facilement qu'il abandonne l'excès d'acide. Lorsqu'on mêle une dissolution de ce sel avec du nitrate ou du sulfate argentique, il se précipite du chlorure argentique, et l'oxyde aurique qui n'entre pas en combinaison avec l'acide auparavant uni à l'oxyde argentique, se précipite en même temps; on peut le séparer du précipité en le traitant par l'acide chlorhydrique, qui le dissout. Une solution de chlorure aurique s'altère, suivant *Oberkampf*, quand on y fait arriver continuellement du gaz hydrogène : sa couleur jaune se change peu à peu en une couleur rouge, jusqu'à ce qu'elle soit devenue enfin d'un beau rouge pourpre, ce qui démontre qu'il s'est produit de l'acide chlorhydrique et un chlorure d'un degré inférieur, correspondant probablement à l'oxyde rouge pourpre dont on soupçonne l'existence dans le pourpre de Cassius. Lorsqu'on essaye d'évaporer cette solution à chaud, il se précipite de l'or métallique, pendant que la liqueur recouvre sa couleur jaune et contient du chlorure aurique. Si l'on précipite une dissolution de chlorure aurique neutre par la potasse caustique, avec la précaution de ne pas rendre la liqueur alcaline, on obtient un précipité jaune clair, qu'on a pris tantôt pour de l'oxyde aurique, tantôt pour du chlorure aurique basique. *Pelletier* a essayé de prouver que ce précipité consiste en hydrate aurique, ainsi que je l'ai dit en parlant de l'oxyde aurique. Il retient cependant l'acide chlorhydrique avec beaucoup d'opiniâtreté, et ne saurait en être complétement débarrassé par le lavage. L'eau en dissout une petite portion; la dissolution est jaunâtre, et les sels ferreux y décèlent la présence d'une petite quantité d'or. Le chlorure aurique se dissout en jaune dans l'éther, et ce dernier, versé dans une dissolution aqueuse de ce sel, enlève à l'eau une partie du chlorure. Il se dissout aussi dans quelques huiles volatiles. La dissolution du sel neutre dans l'éther sert à dorer les objets en acier poli; on trempe ces objets dans la dissolution, ou on étend celle-ci à leur surface, puis on les plonge dans l'eau, on les polit et on les frotte avec un morceau de linge fin; cette dorure a peu de durée.

Pelletier a fait voir que, lorsqu'on mêle une dissolution neutre de chlorure aurique avec un acide végétal, l'or se réduit en peu de temps et se précipite à l'état métallique. Ce changement s'opère encore plus promptement quand l'acide qu'on emploie est saturé par un alcali. L'oxalate potassique décompose la dissolution avec effervescence et dégagement de gaz acide carbonique; mais les sels que forment les autres acides végétaux ne produisent pas cet effet. On n'a pas cherché à connaître le changement que ces acides éprouvent. Les phénomènes sont les mêmes quand on fait digérer les acides avec de l'oxyde aurique. Il faut cependant excepter l'acide acétique, qui dissout une petite quantité d'or, laquelle ne tarde pas à se précipiter à l'état métallique. L'acide acétique étendu et l'acétate potassique se décomposent plus lentement que les acides oxalique, tartrique et citrique. L'infusion de noix de galle précipite l'or à l'état métallique.

Sels doubles du chlorure aurique. Le chlorure aurique forme des sels doubles avec la plupart des chlorures, et dans toutes ces combinaisons, le chlorure aurique contient trois fois autant de chlore que l'autre chlorure. A l'état cristallisé, ces sels sont presque tous orangés; en s'effleurissant ils deviennent d'un jaune citron, mais à l'état anhydre ils sont d'un rouge intense. Le meilleur moyen de les obtenir est d'évaporer les dissolutions mixtes des deux sels.

Chlorure aurico-potassique, $K\,\text{€l} + Au\,\text{€l}^3 + 5\dot{\text{H}}$. Il forme, ou des prismes fortement striés, à sommets droits, ou des tables hexagones minces. A l'air, ces cristaux s'effleurissent promptement, et se réduisent ensuite en une poudre jaune de soufre, pour peu qu'on y touche. Dans ce cas, les petits cristaux perdent moins de leur éclat que les grands. A la température de $+ 100^{\circ}$, ce sel perd toute son eau de cristallisation, sans abandonner la plus petite portion de son chlore. Le sel anhydre entre facilement en fusion; mais il perd en même temps du chlore, ce qui ne l'empêche pas de conserver sa liquidité, même à la chaleur rouge. Dans cette circonstance, il se transforme en chlorure auroso-potassique, qui paraît noir tant qu'il est liquide, et sur les bords translucide et brun foncé; après le refroidissement il est jaune. L'eau le décompose; du chlorure aurique double se dissout, et il reste l'or métallique. L'acide chlorhydrique le décompose également. Le chlorure aurico-potassique non calciné est très-soluble dans l'eau et dans l'alcool; la lumière ne le décompose pas. Le sel cristallisé contient 10,59 pour cent d'eau.

Le *chlorure sodico-potassique*, $Na\,\bar{Cl} + \bar{Au}\,\bar{Cl}^3 + 4\dot{\bar{H}}$, cristallise en longs prismes quadrilatères, qui se conservent à l'air sans altération, fondent facilement dans leur eau de cristallisation, et perdent alors souvent un peu de chlore. Il contient 9 pour cent d'eau.

Le *chlorure aurico-lithique* est déliquescent.

Le *chlorure ammonico-aurique*, $\bar{N}\,\bar{H}^4\,\bar{Cl} + \bar{Au}\,\bar{Cl}^3 + 2\dot{\bar{H}}$, cristallise en aiguilles prismatiques, transparentes, qui, d'après *Johnston*, deviennent opaques à l'air ou quand on les touche avec les doigts. Ce sel est très-soluble dans l'eau et dans l'alcool. Il contient 4,71 pour cent d'eau.

Bonsdorff a préparé le premier les sels doubles que forme le chlorure aurique avec les chlorures de *baryum*, de *strontium*, de *calcium*, de *magnésium*, de *manganèse*, de *zinc*, de *cadmium*, de *cobalt* et de *nickel*. Ils cristallisent tous en longs prismes rhomboïdaux, et contiennent de l'eau de cristallisation. Le sel calcique renferme 6 et le sel magnésique 12 fois autant d'eau que le métal alcalin en exigerait pour s'oxyder. Le chlorure ferreux ne se combine pas avec le chlorure aurique : il le réduit.

Bromure aurique, $\bar{Au}\,\bar{B}^3$. On le prépare en dissolvant l'or dans un mélange d'acide bromhydrique et d'acide nitrique. La dissolution donne, après l'évaporation, une masse saline, rouge foncé. D'après les essais de *Bonsdorff*, le bromure aurique se combine avec d'autres bromures, pour former des sels doubles analogues aux chlorures correspondants. Par conséquent le bromure aurique y contient 3 fois autant de brôme que l'autre bromure. Ainsi, le *sel potassique* cristallise en tables rouges, qui s'effleurissent à l'air, et deviennent d'un rouge de chair. Dans ce phénomène, ils perdent 7 ½ pour cent ou 5 atomes d'eau. Lorsqu'on dissout le sel anhydre dans de l'alcool exempt d'eau et qu'on évapore la dissolution à une douce chaleur, le sel se prend en cristaux qui ne contiennent pas d'eau et qui sont des prismes hexagonaux semblables aux cristaux du sel aqueux. — La plupart de ces sels forment des cristaux prismatiques, rouges, qui contiennent de l'eau.

Iodure aureux, AuI. On l'obtient en faisant digérer l'acide iodhydrique avec de l'oxyde aurique, expérience pendant laquelle il se forme de l'iodure aureux et de l'iode. On obtient le même sel, en traitant de l'or très-divisé par de l'acide iodhydrique, auquel on ajoute de petites portions d'acide nitrique, jusqu'à ce que toute action sur l'or ait cessé. Il est nécessaire d'employer un excès d'acide iodhydrique, sans quoi la combinaison neutre se précipite et se mêle avec l'or. La liqueur, filtrée bouillante, dépose pendant le refroidissement une poudre cristalline, jaune citron. La majeure partie de la combinaison reste en dissolution; on l'obtient en ajoutant à la liqueur de l'acide nitrique, en chauffant la masse jusqu'à ce que la totalité de l'iode précipité par l'acide nitrique soit chassée; l'iodure se précipite alors sous forme d'une poudre jaune verdâtre. — Lorsqu'on mêle du chlorure aurique avec de l'iodure potassique, il se précipite un mélange d'iode et d'iodure aureux, et ce dernier reste à l'état de pureté, quand on volatilise l'iode par l'ébullition. L'iodure aureux est insoluble dans l'eau froide et se dissout très-difficilement dans l'eau bouillante. Les acides ne le décomposent pas, à moins qu'ils ne soient concentrés, et qu'on ne les fasse bouillir avec lui, cas dans lequel l'or est réduit, tandis qu'il se dégage de l'iode: ainsi la température élevée agit seule dans cette circonstance. Exposé à une chaleur de + 150°, l'iodure aureux se décompose; il reste de l'or, et il se volatilise de l'iode. Les alcalis le décomposent instantanément; ils réduisent l'or, et se combinent avec l'iode et l'acide iodique; car, sous l'influence de l'alcali, l'iode a plus d'affinité pour l'oxygène que n'en a l'or.

Johnston a indiqué ce qui suit relativement à la préparation de l'iodure aureux. Quand on verse goutte à goutte une solution de chlorure aurique dans une solution d'iodure potassique, il se précipite de l'iodure aureux coloré en jaune vert, et la solution renferme de l'iodure potassique qui lui communique une couleur brune. Quand on verse, au contraire, l'iodure potassique dans le chlorure aurique, il se précipite un mélange d'iodure aurique et d'iode. Lorsqu'on mêle le chlorure aurique avec une solution préalablement chauffée d'iodure potassique jusqu'à ce que le précipité se soit redissous, il s'y dépose, par le refroidissement, de très-beaux cristaux jaune d'or d'iodure aureux. Ces cristaux renferment une petite quantité d'or métallique très-divisé. Pour obtenir l'iodure aureux parfaitement pur, il faut préparer d'abord du chlorure aureux, puis décomposer celui-ci à froid par le moindre excès possible d'iodure potassique; après le lavage, il présente l'aspect d'une poudre vert pâle. Par la dissolution dans l'iodure potassique et par la cristallisation, on obtient de nouveau des cristaux brillants, ayant la couleur et l'éclat de l'or, mais dont l'iode est resté en combinaison avec l'iodure potassique. A + 150°, il commence à perdre de l'iode, et entre + 300° et + 400°, il laisse de l'or pur.

Pour ce qui concerne la préparation de l'iodure aureux, nous possédons aussi les données de *Meillet* et de *Fordos*. Le premier traite une solution de chlorure aurique neutre, pas trop étendue, par une solution d'iodure ammonique, ajouté en petites portions, jusqu'à ce qu'il ne se forme plus de précipité. On mêle ensuite la liqueur avec la moitié de son volume d'alcool, on sépare le liquide filtré du précipité presque noir, et on traite celui-ci à différentes reprises par de petites quantités d'alcool pour dissoudre un excès d'iode. Dès que le produit est devenu jaune blanc et cristallin, on décante l'alcool et on dessèche l'iodure aureux à l'air libre dans un endroit obscur. *Fordos* emploie comme précipitant l'iodure ferreux, qui se convertit en iodure ferrique aux dépens de l'excès d'iode, et il lave le produit à l'eau. Il faut le conserver dans un vase bien fermé et le garantir de la lumière, parce qu'il se décompose insensiblement comme l'oxyde aurique. Il supporte à peine + 50°, sans éprouver un commencement de décomposition. A + 120°, et même au-dessous de cette température, il se décompose en très-peu de temps. Il se décompose par l'ébullition avec l'eau ou avec les acides, pendant qu'il se sépare de l'or. Il est de même décomposé à froid par l'alcool et l'éther.

Fordos croit avoir trouvé qu'en précipitant l'iodure aureux par l'iodure potassique en excès, on obtient une solution jaune qui renferme de l'iodure aurico-potassique, mais ne supporte pas l'évaporation sans déposer de l'or.

Iodure aurique, $Au I^3$. Suivant *Johnston*, on l'obtient en versant goutte à goutte une solution de chlorure aurique dans une solution étendue d'iodure potassique : on agite la liqueur de manière à redissoudre le précipité. Pendant cette opération, il se forme d'abord un sel double soluble; puis, par l'addition d'une plus grande quantité de chlorure aurique, l'iodure aurique se précipite, pendant que la liqueur finit par se décolorer. L'iodure aurique est une poudre vert foncé, qui ne se décompose que très-faiblement par le lavage; mais, par l'évaporation, il perd de l'iode de manière à donner d'abord de l'iodure aureux, et enfin de l'or qui reste. La poudre humide se dissout dans l'acide iodhydrique et donne, par l'évaporation spontanée, des cristaux noirs qui deviennent, à l'air, d'un rouge pourpre. Avec l'ammoniaque il produit de l'or fulminant iodifère, et avec d'autres iodures, il forme des sels doubles.

Iodure aurico-potassique. On le prépare en dissolvant 4 atomes d'iodure potassique et 1 atome de chlorure aurique dans une petite quantité d'eau, et abandonnant la liqueur à l'évaporation spontanée. L'iodure aurico-potassique cristallise en aiguilles à sommet dièdre, striées longitudinalement, noires, brillantes, qui se dissolvent dans l'iodure potassique et l'acide iodhydrique, mais se décomposent dans l'eau pure, en or et en suriodure potassique. Il est anhydre. L'iodure se décompose à l'air. Soumis à la distillation sèche, les cristaux perdent de l'iode, mais ils conservent leur couleur et leur éclat d'or. Ils se composent de $KI + AuI^3$.

L'*iodure aurico-sodique* et l'*iodure aurico-ammonique* cristallisent, sur l'acide sulfurique, en prismes quadrilatères, noirs, très-brillants. Ils sont déliquescents à l'air, surtout le sel sodique. On a également obtenu l'*iodure aurico-ferrique* à l'état cristallin.

Cyanures d'or. Les combinaisons de l'or avec le cyanogène ont été découvertes par *Ittner;* mais elles fixèrent peu l'attention jusqu'à ce qu'on en fît usage pour la dorure par la voie hydro-électrique. A dater de ce moment, plusieurs chimistes se sont occupés de leur étude. Ce que je vais communiquer à cet égard a été emprunté à l'excellent travail d'*Himly*.

Cyanure aureux, Au Cy. On l'obtient, en mêlant une solution de cyanure auroso-potassique (dont nous indiquerons plus bas la préparation) avec une quantité suffisante d'acide chlorhydrique, et évaporant la liqueur. La solution, qui reste limpide et n'exhale pas d'odeur d'acide cyanhydrique, commence, à + 56°, à déposer de beaux grains cristallins jaunes; cette cristallisation continue pendant qu'on évapore le liquide, au bain-marie, jusqu'à siccité. Pendant cette opération, il se dégage de l'acide cyanhydrique, et le résidu est un mélange de cyanure aureux et de cyanure potassique; ce dernier s'enlève par le lavage à l'eau, à l'abri de la lumière directe du soleil, car autrement le produit aurait une teinte verdâtre. Le cyanure lavé et desséché est une poudre cristalline d'un beau jaune, qui, desséchée, ne s'altère pas à la lumière directe du soleil, mais offre les nuances de l'arc-en-ciel, et présente, sous le microscope, de petites tables hexagonales. Par la distillation sèche, il donne du gaz cyanogène, qui se dégage, et de l'or qui reste. Il est insipide, insoluble dans l'eau, inaltérable dans les acides les plus puissants, et insoluble dans l'alcool et dans l'éther. La potasse caustique ne l'attaque pas à la température de l'air, mais elle l'attaque lentement pendant l'ébullition : il se forme, par réduction, de l'or et du cyanure auroso-potassique. Le sulfide hydrique ne l'attaque pas, tandis que le sulfhydrate ammonique le dissout peu à peu complétement en un liquide à peine coloré qui, traité par les acides, donne un précipité de sulfure aurique. Il se combine facilement avec les cyanures d'autres métaux pour former des cyanures doubles.

Cyanure auroso-ammonique. On l'obtient, suivant *Carty*, en dissolvant le cyanure aureux dans l'ammoniaque caustique chaude : par le refroidissement, il se dépose en écailles grises brillantes. A une douce chaleur, il perd de l'ammoniaque, qu'on peut aussi enlever par l'acide chlorhydrique.

Cyanure auroso-potassique, K Cy + Au Cy. On l'obtient en dissolvant 7 parties d'or dans l'eau régale, précipitant la solution par l'ammoniaque, lavant bien l'or fulminant qui se précipite, et l'introduisant dans une solution chaude de 6 parties de cyanure potassique pur; on détache avec une seringue à flacon les dernières portions d'or fulminant, ou bien on peut y mettre le filtre lui-même. L'or fulminant se dissout sur-le-champ en un liquide incolore, en même temps qu'il se dégage de l'ammoniaque. Si la liqueur n'est pas trop étendue, le cyanure auroso-potassique cristallise par le refroidissement; dans le cas contraire, il faut la concentrer par l'évaporation. L'eau mère qui reste après la cristallisation du sel, renferme du chlorure et du carbonate potassiques, et ne fournit pas de cristaux purs. On en sépare, de la manière ci-dessus indiquée, le cyanure aureux, on en dissout 77 parties avec 23 parties de cyanure potassique dans l'eau chaude, et on abandonne la liqueur à la cristallisation. Les cristaux qui se forment les premiers sont dissous dans la même quantité pondérale d'eau et soumis à une nouvelle cristallisation.

Le sel cristallise sous la forme du soufre (Sγ) en prismes incolores, ajoutés les uns aux autres, qui prennent, déjà au bout de 10 minutes, trois centimètres de longueur, et ne contiennent pas d'eau chimiquement combinée. Il a une saveur salée, légèrement sucrée, d'un arrière-goût métallique; il est inaltérable à l'air, se dissout dans 7 parties d'eau froide et dans un peu moins que la moitié de son poids d'eau bouillante. Il est peu soluble dans l'alcool et insoluble dans l'éther. Sa dissolution, traitée par le chlorure mercurique, surtout à chaud, donne un précipité de cyanure aureux, et il ne reste dans la liqueur que du chlorure potassique et du cyanure mercurique. Le nitrate argentique y précipite un cyanure double blanc d'or et d'argent, qui noircit promptement à la lumière.

Le cyanure auroso-potassique a acquis récemment de l'importance en raison de son usage dans la dorure par voie hydroélectrique.

Cyanure auroso-ammonique, $\text{N̶H̶}^4 \text{G̶y} + \text{A̶u} \text{G̶y}$. Il se produit, quand on mêle une solution concentrée du sel précédent avec un faible excès de sulfate ammonique, et qu'on traite la solution par l'alcool: les sulfates se précipitent, pendant que le sel double reste en dissolution. Par l'évaporation spontanée, il se dépose sous forme d'une croûte formée d'un réseau de fines aiguilles cristallines. Il est très-soluble dans l'eau et dans l'alcool, et insoluble dans l'éther. Il se décompose entre $+ 200°$ et $+ 250°$, et ne renferme pas d'eau.

Cyanure auroso-cuivrique. Il se précipite avec une couleur verte, quand on mêle le cyanure cuproso-potassique avec une solution de chlorure aurique. Après le lavage et la dessiccation, il est jaune vert.

Cyanure aurique, $\text{A̶u} \text{G̶y}^3$. C'est un sel soluble dans l'eau qu'on obtient en mettant le cyanure aurico-argentique récemment lavé et encore humide (*voir* plus loin la préparation de ce sel), en contact avec de l'eau, et le traitant à froid ou à une douce chaleur avec un peu moins d'acide chlorhydrique qu'il ne faut pour convertir le cyanure argentique, qui s'y trouve, en chlorure argentique; le cyanure aurique se dissout dans la liqueur qu'on évapore ensuite dans le vide sur l'acide sulfurique, à côté d'un vase rempli de chaux caustique, si la liqueur renferme de l'acide chlorhydrique libre. Elle laisse un résidu un peu jaunâtre, irrégulièrement cristallisé, qu'on dissout dans la moindre quantité possible d'eau ou d'alcool; on sépare, par le filtre, le cyanure aureux qui se dépose, et on évapore le liquide, soit dans le dessiccateur, soit spontanément. Le cyanure aurique cristallise en belles tables ou feuilles. En évaporant la solution à chaud, on obtient le sel constamment mêlé de cyanure aureux.

On l'obtient aussi en précipitant le cyanure aurico-potassique par l'acide hydrofluosilicique; après quoi, on évapore le liquide dans le dessiccateur, on dissout le résidu dans l'alcool anhydre, on filtre la solution et on l'évapore sans l'emploi de la chaleur.

Les cristaux sont incolores; ce sont souvent des tables ou des lames qui n'appartiennent pas au système cristallin régulier, et contiennent 6 atomes ou 16,26 pour cent d'eau. Ils ne s'humectent pas à l'air, mais se dissolvent facilement dans l'eau, dans l'alcool anhydre et dans l'éther. Les cristaux fondent à $+ 50^\circ$ dans leur eau de cristallisation, et donnent de l'acide cyanhydrique, à une température plus élevée; après quoi, il se dégage du gaz cyanogène, et il reste à la fin du carbure d'or (paracyanure aurique?) qui laisse facilement de l'or, par la combustion à l'air.

La solution de cyanure aurique donne avec le sulfate ferrique, surtout à une température voisine de $+ 100^\circ$, un précipité jaune. Le chlorure mercurique n'y produit pas de changement. Le nitrate mercureux y produit, à la température de l'ébullition, du cyanure mercurique et du cyanure aureux. L'oxyde mercurique a la même action.

Cyanure aurico-potassique, $K\,Cy + Au\,Cy^3$. On l'obtient en changeant 36 parties d'or aussi exactement que possible en chlorure aurique neutre, le dissolvant dans une petite quantité d'eau, et versant la solution, par petites portions successives, dans une solution concentrée, préalablement chauffée, de 46 parties de cyanure potassique. La couleur jaune du chlorure aurique disparaît instantanément, et, par le refroidissement, le sel double cristallise en grandes tables incolores, qu'on purifie par une nouvelle cristallisation. Le meilleur moyen de retirer tout l'or de l'eau mère consiste à la mêler avec du sulfure potassique, et précipitant ensuite l'or, à l'état de sulfure, par l'addition d'un acide.

Le cyanure aurico-potassique contient 3 atomes ou 3,779 pour cent d'eau, pour 2 atomes de sel. Il s'effleurit à l'air, et perd son eau complétement dans le vide, sur l'acide sulfurique. Soumis à une douce chaleur, il dégage du cyanogène et laisse du cyanure auroso-potassique. Sa solution n'est pas sensiblement altérée par le chlorure mercurique. Le nitrate argentique y forme, à chaud, un précipité jaune.

Cyanure aurico-ammonique, $\overline{N}H^4 \overline{G}y + Au \overline{G}y^3$. En dissolvant, jusqu'à saturation complète, de l'hydrate aurique dans une solution de cyanure ammonique, préparée par la distillation des solutions mêlées de cyanure ferrico-potassique et de chlorure ammonique, on obtient une liqueur incolore qui, filtrée et évaporée, se recouvre d'une pellicule jaune rouille et laisse une masse saline; celle-ci cristallise, après l'évaporation spontanée, en tables à quatre et à six côtés, contenant 2 atomes ou 5,283 pour cent d'eau. Ce sel est très-soluble dans l'eau et dans l'alcool; mais il est insoluble dans l'éther. A + 100°, il perd de l'eau et devient d'un blanc laiteux. A une chaleur plus forte, il se décompose.

Le corps jaune rouille, qui se forme en même temps, détone légèrement par la chaleur; il paraît être dû à une production d'acide cyanique aux dépens de l'oxygène de l'oxyde aurique.

Cyanure aurico-argentique. On l'obtient en précipitant une solution de cyanure aurico-potassique par une solution de nitrate argentique neutre. C'est un précipité caséeux jaunâtre, parfaitement insoluble dans l'eau et noircissant par la lumière. Il est insoluble dans l'acide nitrique et soluble dans l'ammoniaque. On ne l'a pas analysé.

Rhodanure aurique, $\overline{Au} + 3C^2N^2S^2$. On l'obtient en précipitant le chlorure aurique par le rhodanure potassique. Le précipité est couleur de chair, et se dissout tant dans le rhodanure potassique que dans l'ammoniaque. L'acide chlorhydrique rend sa couleur plus intense; les alcalis la font passer au jaune.

Pour ce qui concerne les *oxysels auriques*, je n'ai point d'articles spéciaux à y consacrer. Il est probable que ces sels existent; mais on n'a pas encore trouvé de méthode pour les préparer. On n'en a produit qu'un très-petit nombre.

Sulfite aurico-potassique. On l'obtient en dissolvant, jusqu'à refus, l'oxyde aurique précipité par la magnésie, bien lavé (après l'avoir débarrassé de toute trace de magnésie à l'aide de l'acide nitrique), et encore humide dans une solution de sulfite potassique qui ne doit pas contenir d'excès d'acide sulfureux. Ce sel double n'a pas été obtenu sous forme solide ; mais on l'emploie quelquefois, avec addition d'une plus grande quantité de sulfite potassique, dans la dorure par voie hydroélectrique.

Le *zinco-fulminate aurique*, $3\dot{Z}n\,\dot{C}y + \dddot{A}u\,Cy^3$ ou $\dddot{A}u + 3(C^4N^2O^3 + Zn\,N)$? a été décrit par *E. Davy*. On l'obtient en décomposant le sel basique au moyen d'une dissolution faible et neutre de chlorure aurique. Par ce moyen, il se précipite lentement une poudre brune que la dessiccation rend couleur de chocolat et susceptible de détoner. L'acide chlorhydrique la dissout à froid; l'acide nitrique laisse un résidu jaune foncé, soluble dans l'acide chlorhydrique. La poudre est soluble dans l'ammoniaque et dans l'acide sulfurique concentré; la dissolution dans ce dernier véhicule donne, avec l'eau, un précipité pourpre. La liqueur d'où la substance brune s'est déposée, donne, après l'évaporation, de petits prismes hexagonaux, jaunes, qui possèdent également la propriété de détoner, et laissent un résidu d'or. Ces cristaux ne se redissolvent plus dans l'eau, et l'acide muriatique ne les dissout qu'après avoir été aiguisé d'acide nitrique.

Il paraît qu'outre ce sel, il existe un *séléniate aurique*, attendu que, d'après l'indication de *Mitscherlich*, l'or se dissout dans l'acide sélénique, après en avoir réduit une partie en acide sélénieux. Mais cette dissolution n'a pas été examinée de plus près.

B. *Sulfosels d'or.*

Jusqu'à présent on n'a pu produire des sulfosels qu'avec le sulfure aurique, dont les propriétés basiques sont bien plus prononcées que celles de l'oxyde aurique. Les sulfosels auriques sont bruns ou d'un jaune foncé, et quelques-uns d'entre eux se dissolvent en jaune brunâtre dans l'eau.

Sulfocarbonate aurique, $\overset{'''}{Au}\,\overset{''}{C}^3$. Il forme un précipité gris brunâtre foncé dans une liqueur trouble, qui est lente à se clarifier. Desséché, il est noir; soumis à la distillation, il donne du soufre, et laisse de l'or coloré en noir par un mélange de charbon.

Sulfotellurite sesquiaurique, $\overset{'''}{Au}\,\overset{''}{Te}$. Il se dissout également dans l'eau ; la dissolution est d'un brun jaunâtre si intense, qu'elle perd toute transparence. Peu à peu la combinaison se dépose sous forme de flocons volumineux. Après la dessiccation, elle est noire. Étant distillée, elle dégage du soufre et laisse du tellurure aurique, sous forme d'une masse grise, fondue, d'un aspect métallique.

Sulfarséniate aurique, $\overset{,,,}{Au}{}^2\overset{,,,,,}{As}{}^3$. Il est soluble dans l'eau en brun rougeâtre. Le sel basique se précipite en brun foncé, mais se redissout quand on le lave sur le filtre. Si l'on mêle la dissolution avec du sulfate ferreux, il s'en précipite une substance d'un brun jaunâtre, et la liqueur devient incolore.

Sulfarsénite aurique, $\overset{,,,}{Au}{}^2\overset{,,,}{As}{}^3$. Il forme un précipité jaune, qui brunit, se rassemble, et finit par devenir presque noir. Desséché et trituré, il donne une poudre d'un brun jaunâtre foncé. Il entre facilement en fusion, abandonne au rouge naissant une portion de son sulfide arsénieux et reste liquide. Après le refroidissement, il est transparent et d'un rouge jaunâtre foncé. Réduite en poudre, la masse fondue est d'un brun foncé ; mais si l'on y ajoute de l'eau et que l'on continue la trituration, cette poudre acquiert de l'éclat métallique, et offre l'aspect de l'or réduit. Cependant la liqueur n'a rien dissous. Chauffée jusqu'au rouge blanc, la masse fondue finit par laisser de l'or métallique.

Sulfomolybdate aurique, $\overset{,,,}{Au}\overset{,,,}{Mo}{}^3$. Il se dissout dans l'eau, d'où il se précipite, au bout de quelque temps, sous forme d'une poudre brun foncé, qui noircit en séchant.

Hypersulfomolybdate aurique, $\overset{,,,}{Au}\overset{,,,,}{Mo}{}^3$. Il forme un précipité qui est d'abord brun foncé, mais devient jaune par la dessiccation, offre un éclat métallique impur, et prend le poli, ce qui prouve qu'il s'est décomposé. Étant distillé, il donne du soufre, et devient plus foncé. Chauffé ensuite à l'air libre, il brûle avec dégagement d'acide sulfureux, et devient d'un jaune d'or. A une température plus élevée, il se forme un sublimé d'acide molybdique ; circonstances qui prouvent que le sel ne s'est point décomposé dans la liqueur par la redissolution du molybdène, mais seulement par la dessiccation.

Sulfotungstate aurique, $\overset{,,,}{Au}\overset{,,,}{W}{}^3$. C'est une combinaison soluble, dont la dissolution est d'un brun foncé et transparente. Au bout de quelques jours, elle donne un précipité translucide, qui est noir quand il est rassemblé.

33. *Sels de titane.*

Les sels de titane ont été peu étudiés. L'eau les décompose, surtout à la température de l'ébullition, et met de l'acide titanique en liberté. L'infusion de noix de galle les précipite en orange, les alcalis y forment un précipité blanc.

A. *Sels haloïdes de titane.*

Chlorure titanique, Ti Gl². Le sel anhydre a été découvert par *George*, qui l'a obtenu en faisant passer un courant de gaz chlore sur du titane chauffé. Plus tard, *Dumas* a fait voir qu'il est facile de se le procurer par une méthode analogue à celle employée pour préparer le chlorure aluminique, c'est-à-dire, en chauffant un mélange de charbon et d'acide titanique au milieu d'un courant de gaz chlore. Pendant l'expérience, il distille un liquide jaunâtre, qui répand une forte odeur de chlore, parce qu'il contient en dissolution du chlore; pour l'en débarrasser, on l'agite avec du mercure, puis avec un amalgame de potassium, et on distille le mélange. On obtient ainsi un produit incolore. Son point d'ébullition est + 135°, et sa vapeur a 6,836 de densité. Le potassium brûle avec une extrême vivacité dans la vapeur du chlorure titanique: il réduit le titane, et donne naissance à du chlorure potassique. Le chlorure titanique répand à l'air des fumées épaisses, et ressemble parfaitement au chlorure stannique (esprit de Libavius). Il s'unit à l'eau avec une telle violence, et en dégageant tant de chaleur, que la masse est lancée de tous côtés. Quand on le laisse à l'air, il en absorbe peu à peu l'humidité, et cristallise lorsqu'il contient une certaine quantité d'eau; une plus grande portion de ce liquide le redissout. La dissolution est précipitée par l'ébullition, surtout quand on y ajoute un peu d'acide nitrique. En évaporant la liqueur mêlée avec de l'eau, on obtient de l'acide chlorhydrique qui se vaporise, et de l'acide titanique qui reste.

Chlorure titanique avec chlorure de soufre. D'après *H. Rose*, on obtient cette combinaison sous la forme de cristaux, en mêlant les deux corps ensemble et en exposant le mélange, pendant longtemps, à un froid considérable. On l'obtient aussi en saturant du sulfure titanique par du gaz chlore sec, et distillant le composé dans un courant de gaz chlore : il se produit un sublimé jaune non cristallin, qui fume à l'air. Il se dissout dans l'eau : le chlorure sulfurique se change en un mélange d'acide sulfurique, d'acide dithioneux et d'acide chlorhydrique, absolument comme le chlorure stannique correspondant.

Chlorure titanique avec phosphure hydrique. D'après le même chimiste, le chlorure titanique absorbe le gaz phosphure hydrique, prend d'abord la consistance du beurre, devient jaune, et se transforme ensuite en une poudre sèche, brune, qui fume à l'air. Ce n'est qu'avec lenteur qu'il se sature du gaz. On ne connaît pas la quantité qu'il en absorbe. Quand on chauffe la combinaison, il se développe une petite quantité d'acide chlorhydrique et de gaz phosphure hydrique : il se produit un sublimé jaune citrin, et il reste du titane métallique. D'après l'analyse de *H. Rose*, ce sublimé contient, pour 3 atomes de chlorure titanique, 1 atome d'une combinaison de phosphure hydrique et d'acide chlorhydrique, qu'on n'a pu encore isoler, mais qui ressemble tout à fait aux combinaisons de ce gaz avec les acides bromhydrique et iodhydrique. Veut-on considérer cette combinaison comme un sel double analogue à un sel ammonique, on exprimera sa composition par la formule $PH^4 Gl + 3Ti Gl^2$. Dans chaque sublimation il s'en décompose une partie; avec l'eau, il développe du gaz phosphure hydrique. L'ammoniaque déplace également le phosphure hydrique et change le chlorure titanique dans le composé suivant.

Chlorure titanique ammoniacal, $Ti Gl^2 + 2NH^3$. Il forme une masse saline blanche, pulvérulente, dont j'ai déjà indiqué la préparation, dans le tome II, page 362, où j'ai rapporté également la propriété qu'il a de laisser du titane élémentaire, quand on le fait chauffer. Sa composition a été déterminée par *H. Rose*.

Le chlorure titanique se combine avec les chlorures alcalins, et forme avec eux des sels doubles, incolores et susceptibles de cristalliser.

Fluorure titanique, $Ti F^2$. D'après *Unverdorben*, on l'obtient à l'état anhydre, en distillant de l'acide titanique dans un appareil de platine, avec du spathfluor en poudre et de l'acide sulfurique fumant. Il forme un liquide incolore, qui répand des fumées à l'air. Pour préparer le sel aqueux, il suffit de dissoudre l'acide titanique dans l'acide fluorhydrique, et d'évaporer la solution acide dans des vases de platine, jusqu'à consistance de sirop; une partie de fluorure cristallise. L'eau décompose ces cristaux en sel acide qui se dissout, et en sel basique qui reste, et que l'on peut exposer à la chaleur rouge, sans que le fluorure qu'il contient soit décomposé. La combinaison acide, qui se dissout, est analogue aux acides hydrofluoborique et hydrofluosilicique : on pourrait l'appeler *acide hydrofluotitanique*, $HF + Ti F^2$. Elle forme des sels doubles particuliers, qu'on obtient en saturant l'acide libre par une base ; j'ai décrit ces sels, en tant qu'ils sont connus, à l'article de chaque base, places que je leur ai assignées, pour ne pas séparer des corps d'une certaine ressemblance.

Cyanure titanique, $Ti\,Cy^2$. On l'obtient, d'après *Doebereiner*, en mêlant une solution de chlorure titanique avec du cyanure palladeux, et y versant goutte à goutte une solution de cyanure mercurique. On obtient ainsi un précipité blanc, composé de cyanure palladeux et de cyanure titanique. Après le lavage et la dessiccation, on le chauffe dans une cornue à une douce chaleur. Le cyanure titanique se sublime alors sous forme d'une masse amorphe, gris blanchâtre, très-soluble dans l'eau. Cette solution, mêlée d'acide chlorhydrique, prend, quand on y plonge une lame d'étain, une couleur violette ; elle contient alors du cyanure stanneux et du chlorure sesquititanique.

Cyanure titanico-ammonique. Il se précipite, selon le même chimiste, sous forme d'une poudre blanche, quand on mêle la solution aqueuse du cyanure titanique avec de l'ammoniaque caustique.

Cyanure ferroso-titanique. Il se précipite sous forme d'une masse floconneuse, brune, quand on mêle du sulfate titanique avec du cyanure ferroso-potassique.

B. *Oxysels de titane.*

Sulfate titanique, $\ddot{Ti}\dddot{S}^2$. On l'obtient en mêlant de l'acide titanique, en poudre fine, avec de l'acide sulfurique préalablement étendu de la moitié de son poids d'eau, et faisant digérer le mélange jusqu'à ce que toute l'eau soit évaporée ; après quoi on chasse l'excès d'acide sulfurique à une température qui ne doit pas s'élever jusqu'au rouge. La masse saline qui reste est une espèce de combinaison neutre d'acide sulfurique et d'acide titanique, dans laquelle ce dernier acide contient un tiers autant d'oxygène qu'en renferme le premier. Lorsqu'on verse une certaine quantité d'eau tiède sur cette combinaison, elle se dissout complétement au bout de quelque temps. La dissolution est précipitée quand on l'étend d'eau, et lorsqu'on la fait bouillir dans un état de grande dilution, tout l'acide titanique se dépose; en sorte que la liqueur ne contient plus que de l'acide sulfurique. En versant de l'acide sulfurique dans la dissolution saturée du surtitanate potassique dans l'acide chlorhydrique, il se précipite une combinaison que *H. Rose* a trouvée composée de 76,83 d'acide titanique, 7,78 d'acide sulfurique, et 15,39 d'eau, ce qui correspond à peu près à la formule $= \ddot{Ti}\dddot{S}^2 + 18\ddot{Ti}\dot{H}$.

Les cristaux qu'on regardait autrefois comme du nitrate et du muriate d'oxyde titanique, ne consistent qu'en sels potassiques. Les acides phosphorique et arsénique précipitent, de la dissolution du surtitanate potassique dans l'acide chlorhydrique, des combinaisons gélatineuses qui renferment un de ces acides uni à l'acide titanique. Les acides acétique et succinique ne forment point de précipité; l'acide oxalique et les oxalates donnent un précipité blanc, qui est, d'après *Rose*, un oxalate titanique dodécabasique $= \ddot{Ti}\dddot{C}^2 + 12\ddot{Ti}\dot{H}$.

Rhodicate titanique. On l'obtient en faisant digérer l'acide titanique hydraté dans une solution alcoolique d'acide rhodicique; l'acide titanique se dissout, et, après l'évaporation de la liqueur, il reste un résidu rouge.

L'*acide tartrique* précipite en blanc la dissolution du surtitanate potassique dans l'acide chlorhydrique. Le précipité ressemble extérieurement à celui produit par l'acide oxalique; calciné en vases clos, il devient noir et brillant. Lorsqu'on fait bouillir avec de l'eau un mélange d'acide titanique récemment précipité, et d'acide tartrique ou de surtartrate potassique, ou qu'on ajoute de l'acide tartrique à une dissolution d'acide titanique, on obtient une liqueur qui n'est pas précipitée par un excès de potasse.

34. *Sels de tungstène.*

Le tungstène donne, avec les corps halogènes, des composés salins; et ses oxydes se combinent avec les acides pour former des sels, mais qui sont peu stables en raison des faibles propriétés électropositives de la base. Les composés tungstiques ne sont connus qu'en dissolutions. On obtient ces dissolutions en plongeant de l'étain dans la solution d'un sel à base d'oxyde tungstique, qu'on tient dans un vase couvert : il se produit un oxysel qui communique à la liqueur une couleur violette foncée. Les combinaisons de l'acide tungstique avec les acides plus forts, sont incolores et solubles dans l'eau pure ; mais elles en sont précipitées par l'addition d'un acide libre plus puissant. Avec un excès d'acide tungstique, elles forment une espèce de soussels qui jaunissent en perdant leur eau chimiquement combinée. Du reste, ces sels ont été peu étudiés.

Chlorures de tungstène. D'après les recherches de *Woehler*, le tungstène peut se combiner en plusieurs proportions avec le chlore.

1. *Chlorure tungsteux*, $W Gl^2$. On l'obtient en chauffant du tungstène métallique dans un courant de gaz chlore. Le métal brûle, et se change en un composé rouge foncé qui se sublime en un amas d'aiguilles fines, d'un rouge foncé. Le chlorure tungsteux est très-fusible, bout à une température élevée, et se change en un gaz rouge, d'une couleur beaucoup plus intense que le gaz nitreux. Le chlorure tungsteux se décompose, par l'eau, en acide chlorhydrique et en oxyde tungstique d'un beau violet brun qui se dépose. La potasse caustique le dissout complétement avec dégagement de gaz hydrogène. L'ammoniaque le dissout aussi avec quelque dégagement de gaz ; mais la dissolution est jaune et dépose, par la chaleur, de l'oxyde brun en même temps qu'elle devient incolore.

2. *Chlorure tungstique*, $W Gl^3$. *Woehler* l'obtient, mêlé avec le sel précédent, en chauffant le sulfure tungstique dans du gaz chlore. Il est d'un rouge plus beau que le chlorure tungsteux, et forme des aiguilles longues, transparentes, rouge foncé. Il est très-fusible et se prend, par le refroidissement, en longs cristaux. Sa vapeur est rouge comme le gaz nitreux. A l'air, il se décompose très-rapidement en acide tungstique et en acide chlorhydrique ; dans l'eau, il se gonfle, dégage de la chaleur, et se change instantanément, avec un bruit sifflant, en acide tungstique et acide chlorhydrique.

3. *Biaci-chlorure tungstique*, $W Gl^3 + 2 \dddot{W}$. Il se produit, quand on chauffe de l'oxyde tungstique dans un courant de gaz chlore. L'oxyde tungstique s'enflamme, en laissant de l'acide tungstique, et le chlorure tungstique se sublime en paillettes blanches, faible-

ment jaunâtres, semblables à l'acide borique naturel. Ce composé est très-volatil, mais il se sublime sans fondre, en formant un gaz jaune foncé. Il a une odeur acide piquante; dans l'eau, il ne tarde pas à se décomposer en acide tungstique et en acide chlorhydrique. Quand on le chauffe, sur une lame de platine, à la flamme de l'alcool, le gaz qui s'élève est décomposé par les vapeurs d'eau de la flamme, et se sépare de l'acide tungstique sous forme d'une fumée éclairante, qui voltige dans l'air, comme les fleurs de zinc. Par une chaleur brusque et forte, on le décompose, suivant *H. Rose*, de telle façon qu'il se sublime du chlorure tungsteux et qu'il reste de l'acide tungstique. Cette circonstance fit découvrir la composition exacte de ce corps.

Biaci-bromure tungstique, $W\ddot{B}r + 2\dddot{W}$. On l'obtient, selon *Bonnet*, en chauffant de l'oxyde tungstique fortement dans du gaz brôme. On n'en a pas décrit les propriétés. On obtient, dit-on, un autre composé, en chauffant de l'acide tungstique et de la poudre de charbon dans du gaz brôme; *Bonnet* le considère comme formé de $(\ddot{W} + 2\,WBr^2) + 2(\dddot{W} + 2\,WBr^3)$; mais il n'en a pas davantage décrit les propriétés.

Fluorure tungstique, WF^3. Il est inconnu à l'état anhydre. Peut-être pourrait-on l'obtenir en distillant, dans une cornue de platine, du spath-fluor en poudre fine et de l'acide tungstique avec du bisulfate anhydre. On obtient le fluorure tungstique, par voie humide, en dissolvant l'acide tungstique dans l'acide fluorhydrique. Il s'y dissout difficilement, surtout après la calcination. La solution est incolore; évaporée à une douce chaleur, elle se dessèche en une masse jaune qui se fendille à la fin et devient verdâtre. Parfaitement desséchée, elle peut être calcinée, en vases clos, sans qu'il se dégage de l'acide fluorhydrique. La masse bleue ou verdâtre est décomposée par l'eau qui dissout de l'acide hydrofluotungstique; celui-ci se combine avec des bases salifiables pour former des sels doubles, et laisse une poudre blanche, composée d'acide tungstique et de fluorure tungstique. Les sels doubles, résultat de la combinaison de l'acide hydrofluotungstique avec les bases salifiables, ont une composition particulière, ainsi que nous l'avons déjà dit à l'occasion des diverses bases.

Les combinaisons du tungstène avec l'*iode* et le *cyanogène* sont totalement inconnues.

Oxysels de tungstène.

Sulfate tungstique. Il se produit quand on verse goutte à goutte une solution de tungstate potassique dans de l'acide sulfurique étendu, qui doit rester en excès. Il a l'aspect d'un précipité blanc qui tombe lentement au fond, et auquel on enlève le sulfate potassique par l'acide sulfurique étendu. Il est soluble dans l'eau pure, d'où il est de nouveau précipité par l'acide sulfurique étendu.

Nitrate tungstique. On l'obtient d'une manière analogue. Il a l'aspect d'un précipité jaune qu'il faut très-bien laver avec l'acide nitrique pour enlever la potasse. Il est peu soluble dans l'eau, et la solution jaune est précipitée par l'acide nitrique.

Par le même procédé, on peut obtenir des combinaisons semblables avec d'autres acides; mais on ne les a pas encore examinées.

35. *Sels de molybdène.*

Le molybdène forme trois séries de sels : les sels molybdeux, qui contiennent l'oxyde molybdeux, ou correspondent, par leur composition, à cet oxyde; les sels molybdiques, qui renferment l'oxyde molybdique, et les sels hypermolybdiques, qui ont pour base de l'acide molybdique. Dans les sels haloïdes, on trouve également les degrés de combinaisons proportionnels à l'oxyde et à l'acide molybdiques.

Sels molybdeux. Ils sont noirs ou pourpres, et offrent en général les mêmes variations de nuance que les sels manganiques. Ils ont pour la plupart cette couleur composée de vert, de brun et de noir, que possède une dissolution d'oxyde manganique dans l'acide chlorhydrique froid, avant que le dégagement de chlore commence. Leur saveur est purement astringente, et n'offre aucun arrière-goût métallique; leurs dissolutions s'oxydent moins facilement que celles des sels molybdiques, en sorte qu'il est plus facile de les évaporer sans altération que d'évaporer les sels molybdiques. Quelquefois, surtout quand ils contiennent un excès d'acide, ils prennent une couleur pourpre très-foncée, semblable à celle que présentent les sels manganiques dans certaines circonstances.

Sels molybdiques. Ils sont presque noirs à l'état anhydre, et rouges quand ils contiennent de l'eau de cristallisation. Leurs dissolutions ont une saveur astringente, légèrement acidule, avec un arrière-goût métallique. L'infusion de noix de galle leur donne une couleur orange foncé, tirant sur le brun, et y fait naître un faible précipité brun grisâtre. Le cyanure ferroso-potassique les précipite en brun foncé, et le précipité est insoluble dans un excès du précipitant. Quand on y introduit du zinc, elles deviennent noires et finissent par donner un dépôt d'oxyde molybdeux zincifère, qui est noir. Les sels molybdiques, insolubles dans l'eau, se dissolvent peu à peu dans une liqueur alcaline, à mesure que l'oxyde se convertit en acide, ce qui n'a pas lieu quand la liqueur ne renferme point d'alcali.

Sels hypermolybdiques. L'acide molybdique, tel qu'il se dépose de l'acide nitrique, se dissout assez facilement dans les acides, tandis qu'il est insoluble quand il a été calciné ou fondu. Les sels compris dans cette série peuvent aussi être désignés par le nom d'acides doubles, car ils se comportent comme tels envers les alcalis; cependant ils ressemblent en général aux sels à base d'oxydes métalliques, si bien qu'on ne croirait jamais qu'ils ont un acide pour base.

A. *Sels haloïdes de molybdène.*

Chlorures de molybdène. 1. *Chlorure molybdeux,* Mo Gl. On l'obtient en dissolvant de l'hydrate molybdeux dans l'acide chlorhydrique, jusqu'à ce que l'acide en soit saturé. La dissolution est d'une couleur très-foncée, et ne paraît translucide et rouge brun, que quand on la tient contre la flamme d'une bougie. Elle ne prend point de nuance pourpre. Soumise à l'évaporation, elle laisse une masse noire, visqueuse, qui finit par se fendiller, et qui se redissout en grande partie dans l'eau. Chauffée dans le vide, elle donne de l'eau et de l'acide chlorhydrique, et laisse une poudre noire, insoluble dans l'eau, qui consiste en chlorure molybdeux basique.

Lorsqu'on fait passer des vapeurs de chlorure molybdique sur du molybdène pulvérulent, chauffé presque au rouge, celui-ci absorbe une partie du chlorure et se transforme en une masse agglomérée, qui paraît d'un rouge foncé après le refroidissement.

L'eau enlève à cette masse une petite quantité de chlorure molybdeux ; mais, ni l'eau bouillante, ni l'acide chlorhydrique chaud, n'en dissolvent davantage. Lorsqu'on fait digérer cette substance rouge avec de la potasse, elle se transforme en hydrate molybdeux ; et quand on la chauffe jusqu'au rouge, à l'abri du contact de l'air, elle se sublime en une masse irrégulièrement cristallisée, d'un rouge-brique foncé, qui ne se dissout pas dans l'eau. Cette substance rouge n'est autre chose que du chlorure molybdeux, qui ne diffère du chlorure obtenu par la voie humide, qu'en ce qu'il est insoluble dans l'eau, par suite du mode de préparation.

Chlorure molybdoso-potassique. En évaporant une dissolution de chlorure molybdeux, formée par l'action d'un amalgame de potassium sur le chlorure molybdique, on obtient une masse noire et efflorescente, qui est du chlorure molybdoso-potassique. Traité par l'eau, ce sel laisse une poudre noire qui consiste probablement en un sel basique, produit par un excès de potasse.

2. *Chlorure molybdique*, $Mo\,Gl^2$. On l'obtient à l'état de dissolution par le procédé décrit à l'article *Hydrate molybdique.* Le sel solide et anhydre prend naissance quand on chauffe doucement du molybdène en poudre, au milieu d'un courant de gaz chlore exempt d'air atmosphérique. A la température ordinaire, le chlore n'agit pas sur le molybdène ; mais lorsqu'on chauffe le métal, il s'enflamme à la surface. Ce phénomène ne tarde pas à disparaître ; après quoi le gaz chlore se transforme, sans dégagement de lumière, en un gaz rouge foncé, d'une couleur si intense, qu'il est complétement opaque dans un vase de $\frac{3}{4}$ de pouce de diamètre. Il se condense, dans les parties moins chaudes de l'appareil, en cristaux brillants, noirs, ou d'un gris foncé, et tout à fait semblables aux cristaux d'iode. Le chlorure, ainsi obtenu, est très-fusible et se sublime à une douce chaleur. Par le refroidissement, la masse fondue se solidifie et devient cristalline. A l'air, elle fume d'abord pendant quelques instants, et se résout ensuite en une liqueur, qui est d'abord noire, devient ensuite bleu verdâtre, puis, à mesure qu'elle absorbe plus d'eau, verte jaunâtre, rouge foncé, couleur de rouille, et à la fin jaune. Lorsqu'on conserve le chlorure molybdique solide dans un vase contenant de l'air atmosphérique, il absorbe peu à peu de l'oxygène, et il se dépose, à peu de distance du chlorure, un sublimé blanc qui consiste en

biaci-chlorure molybdique. Le chlorure molybdique se dissout dans l'eau avec tant de violence, que la liqueur entre en une espèce d'ébullition, et fait effervescence, comme s'il se dégageait un gaz, quoiqu'il n'en soit pas ainsi. Quand on verse beaucoup d'eau sur une petite quantité de chlorure molybdique, on obtient une dissolution qui devient bientôt verte ou bleue, effet qui provient de l'action oxydante de l'air. Une dissolution moins étendue se conserve très-bien, et peut même être évaporée jusqu'à siccité, à l'aide d'une douce chaleur, après quoi le chlorure qui reste se trouve coloré en noir.

Chlorure molybdique basique. Il prend naissance quand on introduit de l'hydrate molybdique dans une dissolution de chlorure molybdique, jusqu'à ce que celle-ci cesse de dissoudre l'hydrate. Après l'évaporation spontanée, la liqueur donne une masse nullement cristalline, de couleur foncée, qui devient facilement bleue, et se redissout dans l'eau.

Chlorure molybdico-ammonique. La dissolution de ce sel, abandonnée à l'évaporation spontanée, donne de petits cristaux bruns, inaltérables à l'air. Lorsqu'on mêle le chlorure molybdique avec de l'ammoniaque, jusqu'à ce que le précipité produit par cette dernière commence à devenir stable, et qu'on livre la dissolution à l'évaporation spontanée, on obtient une masse noire, cristalline, qui consiste en un sel double basique, soluble en rouge dans l'eau.

3. *Chloride molybdique*, Mo Gl³. On l'obtient sous forme liquide, en dissolvant l'acide molybdique dans l'acide chlorhydrique. Il est soluble dans l'eau, et on en peut chasser l'excès d'acide chlorhydrique par l'application d'une douce chaleur. La masse blanche sèche se redissout dans l'eau. Si elle a été chauffée trop fortement, elle laisse un peu d'acide molybdique non dissous.

Biaci-chlorure molybdique, Mo Gl³ + 2$\dddot{\text{Mo}}$. On l'obtient à l'état solide, quand on chauffe doucement l'oxyde molybdique anhydre au milieu d'un courant de gaz chlore. Le gaz perd sa couleur; il se dépose des paillettes cristallines d'un blanc légèrement jaunâtre, et il reste de l'acide molybdique. Le biaci-chlorure est moins volatil que le chlorure molybdique; il est néanmoins facile de le sublimer à une température qui ne s'élève pas jusqu'au rouge. Il n'est pas fusible. Très-peu d'eau suffit pour le dissoudre sans résidu; l'alcool le dissout également. Il a une saveur âcre, astringente, avec un arrière-goût acidule. On le considéra d'abord comme un surchlorure molybdique; mais, plus tard, *H. Rose* en montra, ainsi que pour la combinaison tungstique correspondante, sa composition exacte.

Iodures de molybdène. 1. *Iodure molybdeux*, Mo I. On l'obtient en dissolvant de l'hydrate molybdeux dans l'acide iodhydrique, jusqu'à ce que celui-ci soit complétement saturé. Il ressemble, sous tous les rapports, au chlorure molybdeux soluble. Par la voie sèche, l'iode est sans action sur le molybdène métallique, même quand on calcine ce dernier au milieu d'un courant de vapeurs d'iode.

2. *Iodure molybdique*, $Mo\,I^2$. On le prépare en saturant l'acide iodhydrique par l'hydrate molybdique. La dissolution est rouge, et donne, après l'évaporation à l'air, un sel cristallisé, qui est rouge vu par transparence, et brun par réflexion. A une température élevée, il se décompose; il se forme de l'acide iodhydrique, qui se décompose à l'air, et il reste de l'oxyde molybdique. Le sel obtenu par l'évaporation spontanée se redissout dans l'eau.

Fluorures de molybdène. 1. *Fluorure molybdeux*, Mo F. Pour l'obtenir, il suffit de dissoudre l'hydrate molybdeux dans l'acide hydrofluorique. La dissolution a une belle couleur pourpre, semblable à celle du tungstate molybdique, mais beaucoup plus claire. A une douce chaleur, elle se dessèche en un vernis pourpre; à une température élevée, la masse perd sa couleur pourpre, devient brune, et cesse d'être complétement soluble dans l'eau.

Fluorure molybdoso-potassique. On l'obtient en mêlant la dissolution du fluorure molybdeux avec une dissolution de fluorure potassique. Il se précipite en flocons d'un rouge pâle; il se dissout dans l'eau, à la faveur d'un excès d'acide, et se dépose pendant l'évaporation, ou par le refroidissement de la liqueur, sous forme d'une poudre rose foncé, qui devient plus pâle par la dessiccation.

Fluorure molybdoso-sodique. Il est plus soluble que le sel précédent, et se dépose, pendant l'évaporation, sous forme d'une poudre rose, cristalline et farineuse.

Le *fluorure molybdoso-ammonique* ressemble parfaitement au sel double potassique.

2. *Fluorure molybdique*, $Mo\,F^2$. On l'obtient en saturant l'acide fluorhydrique par l'hydrate molybdique. La dissolution est rouge;

quand elle contient un grand excès d'acide, elle est presque incolore. Évaporée, elle bleuit facilement, lorsqu'elle ne contient point d'acide libre. Le sel sec est noir et cristallin; il se dissout en rouge dans l'eau, et sans laisser de résidu. Si l'on emploie une chaleur trop forte pendant l'évaporation, il se dégage facilement une certaine quantité d'acide, et le sel sec, repris par l'eau, laisse une quantité d'oxyde molybdique anhydre, correspondant à celle du fluorure décomposé.

Fluorure molybdico-potassique. Pour l'obtenir, on mêle la dissolution du fluorure molybdique avec du fluorure potassique. Le sel double se précipite sous forme d'une poudre couleur de rouille, qui n'est pas entièrement insoluble dans l'eau.

Les *fluorures molybdico-sodique* et *molybdico-ammonique* sont très-solubles dans l'eau, et forment, après l'évaporation, des masses salines, rouge jaune.

3. *Surfluorure molybdique*, MoF^3. On le prépare en dissolvant l'acide molybdique dans l'acide fluorhydrique. La dissolution se fait facilement. En évaporant la liqueur, elle se dessèche en une masse jaunâtre, sirupeuse, qui n'offre aucune trace de cristallisation, et qui devient aisément verte ou bleue quand il y tombe de la poussière ou d'autres corps susceptibles d'opérer l'oxydation du molybdène. Après avoir été parfaitement desséchée, cette masse ne se dissout plus complétement dans l'eau. Le résidu, qui contient un excès d'acide molybdique, se dissout jusqu'à un certain point dans l'eau pure; cette dissolution est précipitée quand on la mêle avec la dissolution acide, qui s'est formée en premier lieu. L'oxyde de molybdène bleu se dissout aussi dans l'acide fluorhydrique; le sel, ainsi obtenu, forme une masse saline, incristallisable, d'un bleu foncé.

Les sels doubles, d'une composition particulière, que forme le fluorure molybdique avec les fluorures potassique, sodique et ammonique, ont été décrits à l'article consacré aux sels haloïdes de ces bases.

Fluorure silicico-molybdeux. Il se dissout facilement dans un excès d'acide, et ne se dessèche pas quand on abandonne la dissolution à l'évaporation spontanée. A chaud, l'excès d'acide se dégage, et la combinaison neutre reste. Elle est noire. L'ammoniaque versée dans la dissolution de ce sel, en précipite une substance floconneuse, d'un brun foncé, qui consiste en silicate molybdeux, et se décompose dans la liqueur ammoniacale, en laissant un résidu d'acide silicique.

Fluorure silicico-molybdique. Le sel se dissout dans l'eau, à l'aide d'un excès d'acide. Par l'évaporation spontanée la dissolution bleuit un peu, et se dessèche en une masse noire non cristalline. L'eau enlève à cette masse la partie devenue bleue, et laisse une poudre noire comme de la poix, qui est la combinaison neutre. L'action prolongée de l'eau fait subir à cette combinaison une décomposition partielle; l'eau dissout un sel acide et laisse un sel basique, comme cela arrive ordinairement à cette classe de sels. L'ammoniaque décompose même ce sel sec; elle s'empare du fluor et laisse du silicate molybdique.

Surfluorure silicico-molybdique. L'acide hydrofluosilicique dissout l'acide molybdique. La dissolution, qui est jaunâtre, donne par l'évaporation une substance opaque, d'un jaune citron, dont la plus grande partie se dissout en jaune dans l'eau, tandis qu'il reste une combinaison basique en non-solution.

Le *cyanure de molybdène* n'est pas connu à l'état isolé; mais il forme avec le cyanure ferreux trois sels doubles.

Cyanure ferroso-molybdeux. Ce sel prend naissance quand on précipite un sel molybdeux par une dissolution de cyanure ferroso-potassique. Le précipité est d'un brun foncé, et se dissout dans un excès de précipitant, qui prend alors la même couleur. Il se dissout également en brun foncé dans l'ammoniaque caustique; cette dissolution est troublée par le sel ammoniac, qui paraît précipiter le cyanure double; le dépôt a la même couleur que ce sel, tandis que la liqueur qui surnage a une légère teinte pourpre.

Cyanure ferroso-molybdique. On l'obtient en précipitant le chlorure molybdique par le cyanure ferroso-potassique. C'est une poudre brun foncé, qui ne se dissout pas dans un excès du précipitant. Après avoir été lavé, ce sel se dissout dans l'ammoniaque, et se décompose en même temps en hydrate molybdique et en cyanure ferroso-ammonique; si l'on ajoute un peu de sel ammoniac à la liqueur, l'hydrate molybdique se précipite. Cet hydrate n'est pas dissous lorsqu'on emploie, pour décomposer le sel, un mélange d'ammoniaque et de sel ammoniac.

Surcyanure ferrico-molybdique. On le prépare en précipitant une dissolution d'acide molybdique par le cyanure ferroso-potassique. Le précipité est d'un rouge brun semblable aux deux précédents, mais d'une teinte plus claire. Il se dissout en rouge foncé dans un excès de précipitant, et ressemble sous ce rapport au cyanure ferroso-molybdeux. Mais il diffère de ce dernier, en ce qu'il se dissout instantanément dans l'ammoniaque, et donne ainsi naissance à une dissolution incolore.

B. *Oxysels de molybdène.*

a. Sels à base d'oxyde molybdeux.

Sulfate molybdeux, $\dot{\mathrm{Mo}}\dddot{\mathrm{S}}$. On l'obtient en dissolvant l'hydrate molybdeux dans l'acide sulfurique. La dissolution est presque noire. L'hydrate sec donne, par la trituration avec de l'acide sulfurique concentré, une combinaison visqueuse et noire comme de la poix, qui consiste en sulfate neutre, quand on a employé une quantité suffisante d'oxyde molybdeux. L'eau décompose cette masse; il se sépare un sel basique boursouflé, et il se dissout un sel acide. La dissolution se concentre par l'évaporation en une masse noire, visqueuse, non cristalline. On obtient la même combinaison en saturant l'acide sulfurique étendu, par l'hydrate molybdeux; ce dernier, mis en excès, se transforme en sel basique. Le sulfate ammonique n'est pas troublé par une dissolution de chlorure molybdeux. Lorsque, après avoir évaporé le sulfate, on essaye de le rendre neutre, en chassant l'excès d'acide à l'aide d'une température convenablement élevée, il se dégage du gaz acide sulfureux, et l'on obtient du sulfate molybdique, qui se dissout en rouge dans l'eau. En continuant de chauffer, le sel devient bleu. L'ammoniaque forme, dans la dissolution du sulfate molybdeux, un précipité gris brun, qui est le soussel déjà cité. Le sel neutre, mêlé avec un excès d'acide sulfurique et abandonné à lui-même, prend une couleur pourpre.

Nitrate molybdeux, $\dot{\mathrm{Mo}}\overset{\cdot\cdot\cdot\cdot\cdot}{\bar{\mathrm{N}}}$. Pour obtenir ce sel, on dissout dans l'acide nitrique étendu l'hydrate molybdeux humide, ou séché dans le vide. La dissolution a la couleur foncée commune à ces sels; mais elle ne tarde pas à devenir pourpre. Lorsqu'on sature l'acide par un excès d'hydrate humide, il se forme un sel basique; mais ces combinaisons ne se conservent pas longtemps, elles se décolorent peu à peu, et il se forme de l'acide molybdique, aux dépens de l'acide nitrique.

Phosphate molybdeux, $\dot{Mo}^2\dddot{P}$. Il se précipite quand on décompose une dissolution de chlorure molybdeux par une dissolution de phosphate sodique. Le précipité se redissout d'abord, mais devient bientôt permanent. Il est d'un gris foncé. Lorsqu'on dissout l'hydrate molybdeux dans l'acide phosphorique, on obtient un sel acide qui prend, pendant l'évaporation, une couleur pourpre foncé, et forme ensuite une masse déliquescente, sirupeuse. L'ammoniaque caustique dissout le sel acide; la dissolution a une couleur si foncée, qu'elle paraît noire; tenue contre la flamme d'une bougie, elle est d'un brun foncé.

Carbonate molybdeux. Ce sel n'existe pas; du moins on ne saurait l'obtenir par la voie humide.

Oxalate, *borate*, *acétate*, *tartrate* et *succinate molybdeux.* Tous ces sels sont insolubles, et forment des précipités d'un gris foncé, qui deviennent noirs en séchant. Ils se dissolvent en petite quantité dans un excès de leurs acides.

Oxalate molybdoso-potassique. Ce sel double est pourpre et se dissout dans l'eau.

Tartrate molybdoso-potassique. Il est peu soluble dans l'eau, se dissout en pourpre dans l'ammoniaque, et se précipite à mesure que l'ammoniaque se vaporise. Le meilleur moyen d'obtenir ce sel est de dissoudre l'acide molybdique dans le bitartrate potassique, et de faire digérer la dissolution avec du zinc, qui réduit le sel à l'état de sel molybdique. Si l'on y ajoute alors un peu d'acide chlorhydrique, l'oxyde molybdique se réduit à l'état d'oxyde molybdeux, et si l'on maintient l'action du zinc après que l'acide est saturé, il se précipite un sel double, noir et pulvérulent, qui, reçu sur un filtre, colore l'eau de lavage en pourpre, dès que la dissolution de zinc a été filtrée. Calciné au contact de l'air, ce sel double donne un résidu de molybdate potassique fondu.

Arséniate molybdeux, $\dot{Mo}^2\dddot{As}$. Il se comporte absolument comme le phosphate.

Chromate molybdeux. Ce sel ne paraît pas exister. Quand on mêle le chromate potassique avec du chlorure molybdeux, il se précipite du souschromate molybdique, et il se forme du chlorure chromique, soluble en vert dans la liqueur.

b. Sels à base d'oxyde molybdique.

Sulfate molybdique, $\ddot{\mathrm{Mo}}\dddot{\mathrm{S}}^{3}$. On l'obtient, soit en dissolvant l'hydrate molybdique dans l'acide sulfurique, soit en décomposant le chlorure molybdique par le même acide. La dissolution de ce sel est rouge; le sel sec est noir. Quand on évapore la dissolution à une température trop élevée, le sel devient facilement bleu, changement pour lequel les sels molybdiques montrent beaucoup de tendance.

Nitrate molybdique, $\ddot{\mathrm{Mo}}\overset{\cdot\cdot\cdot\cdot\cdot}{\mathrm{N}}^{2}$. Pour obtenir ce sel, on sature l'acide nitrique par l'hydrate molybdique, ou on fait digérer le molybdène avec de l'acide nitrique étendu. En évaporant la dissolution, on parvient à la concentrer jusqu'à un certain point; mais il n'est pas possible d'obtenir par ce moyen le sel solide; car il commence par bleuir, puis, en se desséchant, il devient incolore, dégage du gaz oxyde nitrique, et laisse un résidu d'acide molybdique.

Phosphate molybdique, $\ddot{\mathrm{Mo}}\overset{\cdot\cdot\cdot\cdot\cdot}{\mathrm{P}}$. Il se précipite sous forme d'une poudre rouge clair, floconneuse, quand on mêle le chlorure molybdique avec du phosphate ammonique. La liqueur conserve une couleur jaunâtre, ce qui prouve que le sel n'est pas totalement insoluble. En dissolvant de l'hydrate molybdique dans l'acide phosphorique jusqu'à ce que celui-ci refuse de se combiner avec une nouvelle portion d'hydrate, on obtient un *phosphate acide*, qui se dessèche, par l'évaporation spontanée, en une masse transparente, visqueuse, rouge, qui n'offre aucun indice de cristallisation. L'ammoniaque dissout ce sel en rouge; mais au bout d'une heure, la liqueur se trouble, et la plus grande partie du sel se précipite. A l'air, la dissolution ammoniacale ne tarde pas à se décolorer.

Carbonate molybdique. Il n'existe pas.

Oxalate molybdique, $\ddot{\mathrm{Mo}}\dddot{\mathrm{C}}^{2}$. Il est soluble dans l'eau. Les cristaux qui se forment pendant l'évaporation spontanée de la dissolution, sont bleuâtres, presque noirs, et se dissolvent en rouge dans l'eau. L'ammoniaque, versée dans la dissolution de ce sel, en précipite un soussel d'un rouge-brique pâle, qui ne se dissout pas dans un excès d'alcali.

Oxalate molybdico-potassique. Il est soluble dans l'eau.

Borate molybdique, $\ddot{\mathrm{Mo}}\dddot{\mathrm{B}}^{2}$. Ce sel ne se dissout pas dans l'eau.

Il est d'un jaune de rouille, et s'obtient en précipitant une dissolution de chlorure molybdique par une dissolution de borate ammonique. L'hydrate molybdique se dissout dans l'acide borique bouillant; on obtient une liqueur jaune, qui devient gélatineuse par l'évaporation, et dépose le sel neutre.

Acétate molybdique, $\ddot{Mo}\,\dddot{A}c^2$. Il se précipite quand on mêle le chlorure molybdique avec de l'acétate potassique; le précipité a la même couleur que l'hydrate molybdique. Ce dernier se dissout dans l'acide acétique bouillant; la dissolution est jaune, et devient gélatineuse par le refroidissement. Abandonnée à elle-même, la masse se dessèche, sans bleuir, en une substance pulvérulente d'un brun foncé.

Tartrate molybdique, $\ddot{Mo}\,\dddot{T}^2$. Il se dessèche en une masse rouge pâle, gommeuse, qui a une tendance remarquable à devenir verte ou bleue. Ce sel n'est pas précipité par les alcalis; il forme avec eux des dissolutions d'un rouge foncé, qui se décolorent à l'air.

Tartrate molybdico-potassique. Ce sel double est soluble dans l'eau, et se dessèche en une masse saline jaune. Mêlé avec un excès d'hydrate molybdique, il se transforme en un sel moins soluble, qui se présente sous forme d'une poudre brune, soluble dans les alcalis. Le sel double soluble est précipité en orange par l'infusion de noix de galle, et la dissolution prend une couleur orange foncée. La nuance du précipité et celle du liquide diffèrent de la couleur que donne l'infusion de noix de galle avec les autres sels molybdiques.

Succinate molybdique, $\ddot{Mo}\,\dddot{S}c^2$. Il se comporte comme l'acétate, en tout ce qu'on a dit de ce dernier.

Arséniate molybdique, $\ddot{Mo}\,\dddot{A}s$. Il se précipite quand on mêle le chlorure molybdique avec un arséniate. En dissolvant l'hydrate dans l'acide arsénique, on obtient un sel acide. Ce dernier a beaucoup de tendance à devenir bleu, même pendant l'évaporation spontanée. L'ammoniaque caustique le dissout en rouge foncé; la dissolution, abandonnée à elle-même, ne dépose rien, mais se décolore peu à peu.

Chromates molybdiques. a. Chromate neutre, $\ddot{Mo}\,\dddot{C}r^2$. Il se dissout en jaune clair dans l'eau. La dissolution donne, après l'évaporation spontanée, des paillettes cristallines blanches ou légèrement jaunâtres, ou des aiguilles efflorescentes ; le sel parfaitement sec est blanc.

b. Surchromate molybdique. Il est soluble en brun dans l'eau, et se dessèche en une masse saline, brune, nullement cristalline, d'un aspect effleuri. Cette masse se dissout dans l'eau, sans altération.

c. Souschromate molybdique. Il se précipite quand on verse de l'ammoniaque caustique dans la dissolution d'un des sels précédents. Il forme une masse floconneuse, grise-jaunâtre, insoluble dans l'eau.

Tungstate molybdique, $\ddot{Mo}\dddot{W}^2$. Lorsqu'on mêle une dissolution concentrée de tungstate ammonique avec le chlorure molybdique, on obtient une dissolution d'une très-belle couleur pourpre, mais d'une nuance si foncée, qu'elle offre à peine quelque transparence, vue sur les bords les plus minces. En l'étendant d'eau, sa couleur paraît dans toute sa beauté. Si l'on mêle la dissolution concentrée avec une dissolution également concentrée de sel ammoniac, la combinaison pourpre se précipite, et la liqueur ne conserve qu'une faible teinte pourpre. Le précipité peut être lavé sur le filtre, d'abord avec une dissolution de sel ammoniac, puis avec de l'esprit-de-vin de 0,86, qui ne le dissout pas ; on l'exprime ensuite, et on le sèche à une douce chaleur. Il forme une masse d'un pourpre foncé, qui ne s'altère pas à l'air, et se dissout sans résidu dans l'eau. Une dissolution étendue de tungstate molybdique, abandonnée à elle-même dans un vase plat, pâlit peu à peu, et devient incolore au bout de quelque temps. La liqueur contient alors une dissolution de tungstate molybdique. La dissolution pourpre est décomposée par la soude, qui précipite l'oxyde molybdique; l'ammoniaque caustique, au contraire, fait disparaître la couleur, sans que, au premier moment, il se forme un précipité. Mais ensuite il se précipite peu à peu une poudre saline, blanche. Cette poudre se forme instantanément quand on verse de l'ammoniaque sur le sel précipité par le sel ammoniac. C'est un sel basique, insoluble dans l'eau, et composé de tungstate ammonique et de tungstate molybdique. La soude caustique décompose ce soussel, en laissant de l'oxyde molybdique, qui ne tarde pas à disparaître aussitôt que l'air y pénètre.

3. *Sels hypermolybdiques* (*sels à base d'acide molybdique*).

Sulfate hypermolybdique. Il forme une dissolution jaune, qui se dessèche en une masse jaune citrine, imparfaitement soluble dans l'eau. D'après les expériences d'*Anderson*, on obtient ce composé à l'état cristallin, en décomposant le molybdate barytique par l'acide sulfurique en excès, et évaporant la liqueur filtrée dans le dessiccateur : le sel se dépose, dans les eaux-mères, sous forme de cristaux, composés de $Mo S^3 + 2\dot{H}$. L'eau y est de 9,9 pour cent. Comme, en dissolvant l'acide molybdique dans l'acide sulfurique, et évaporant également la liqueur, on n'obtient pas le même composé à l'état cristallin, il est probable qu'il en existe deux modifications isomériques. La masse est déliquescente à l'air, et les cristaux disparaissent. Si l'on fait bouillir la dissolution saturée avec un excès d'acide molybdique, on obtient un liquide trouble et laiteux, qui devient gélatineux par l'action de la chaleur, et dépose une substance floconneuse, jaune claire, que l'on peut comparer à un sel basique. Cette substance se dissout dans l'eau jusqu'à un certain point, mais elle est insoluble dans l'esprit-de-vin, qui la colore en vert.

Nitrate hypermolybdique. L'acide nitrique ne paraît pas former, avec l'acide molybdique, une combinaison qu'on puisse obtenir sous forme solide.

Phosphate hypermolybdique. Si l'on introduit dans de l'acide phosphorique de l'acide molybdique encore humide, celui-ci devient à l'instant même d'un jaune citron, et se dissout ensuite à l'aide de la chaleur. La liqueur filtrée est incolore et laisse, après l'évaporation, une masse limpide, visqueuse, qui n'offre aucune trace de cristallisation, et dont la saveur est fortement astringente. Cette masse se dissout facilement dans l'eau et dans l'alcool. La dissolution alcoolique est jaune, devient bleue pendant l'évaporation, et laisse un résidu brun, opaque, soluble en bleu dans l'eau. Lorsqu'on fait digérer un excès d'acide molybdique avec de l'acide phosphorique, ce dernier se précipite et forme avec l'acide molybdique un sel jaune citron, qui ne se dissout point dans l'eau, et peut être regardé comme un sel basique.

Oxalate hypermolybdique. On l'obtient facilement, en faisant digérer un mélange des deux acides. La dissolution est incolore, et même un excès d'acide molybdique n'est pas coloré. La dissolution évaporée donne une gelée incolore, qui devient cristalline, sans se dessécher davantage. Le sel se dissout complétement dans l'esprit-de-vin ; la dissolution est jaune.

Le *bioxalate potassique* forme avec l'acide molybdique un sel double, qui ne cristallise point.

Borate hypermolybdique. L'acide borique dissout l'acide molybdique à l'aide de l'ébullition. Lorsqu'on emploie un excès d'acide molybdique, celui-ci devient opaque et gluant comme de la térébenthine. La dissolution devient laiteuse par le refroidissement. La liqueur filtrée est incolore et donne, après l'évaporation, un sel cristallisé, incolore. L'esprit-de-vin décompose les cristaux, sépare une poudre jaune, et dissout l'acide borique avec une très-petite portion d'acide molybdique.

Acétate hypermolybdique. On le prépare en dissolvant l'acide molybdique, à l'aide de l'ébullition, dans l'acide acétique. Un excès du premier acide rend la dissolution trouble et laiteuse. La liqueur clarifiée donne, après l'évaporation, une gelée incolore, qui devient jaune, sans être desséchée davantage, se fendille, et se réduit en une poudre jaune, grossière. Cette poudre se dissout en petite quantité dans l'eau; la dissolution est jaune.

Tartrate hypermolybdique. Ce sel est incolore et ne cristallise pas. Dans mes expériences, la dissolution devint toujours bleue pendant l'évaporation. Je ne puis décider si cela tenait à quelque impureté contenue dans l'acide tartrique. La combinaison se dissout complétement dans l'esprit-de-vin.

Le *bitartrate potassique* est le meilleur dissolvant pour l'acide molybdique, et dissout, à l'aide de l'ébullition, même l'acide fondu et sublimé. La dissolution se dessèche en une masse gommeuse.

Succinate hypermolybdique. Pour l'obtenir, il suffit de faire digérer avec de l'eau un mélange des deux acides. La dissolution est incolore, et donne, par l'évaporation, des cristaux jaunes. L'alcool sépare de ces cristaux une poudre jaune, et ne dissout, pour ainsi dire, que de l'acide succinique.

Arséniate hypermolybdique. On l'obtient comme le sel précédent. Il forme une dissolution incolore, et un sel basique jaune citron. La dissolution cristallise quand on l'évapore jusqu'à consistance de sirop. L'esprit-de-vin décompose les cristaux, et en sépare une substance blanche et floconneuse, qui finit néanmoins par s'y dissoudre. En évaporant la dissolution, elle devient bleue, et ne cristallise plus par la dessiccation.

Chromate hypermolybdique. L'acide chromique dissout l'acide molybdique, à l'aide de l'ébullition. La dissolution est jaune. Si l'on y ajoute un excès d'acide molybdique, ce dernier se transforme en une gelée jaune et opaque. La dissolution, filtrée et évaporée, laisse un vernis brunâtre, transparent, qui n'est pas susceptible de cristalliser. L'eau décompose ce vernis en un corps brunâtre, soluble, et en une poudre jaune pâle, moins soluble, qui finit néanmoins par se dissoudre, quoiqu'elle exige pour cela une plus grande quantité d'eau.

Le molybdène forme encore une classe d'oxysels, qui se distinguent par leur couleur bleue, intense, et que l'on doit considérer comme des sels doubles, dans lesquels l'acide et l'oxyde molybdiqués jouent le rôle de base. Ces sels n'ont pas encore été soumis à un examen particulier.

C. *Sulfosels de molybdène.*

Le sulfure molybdique, c'est-à-dire le sulfure dont la composition est proportionnelle à celle de l'oxyde molybdique, s'unit, par la voie humide, aux sulfides, et forme avec eux des sulfosels, qui n'ont pas encore été étudiés. Jusqu'à présent on n'est pas parvenu à obtenir un sulfure correspondant à l'oxyde molybdeux.

36. *Sels de vanadium.*

Oxysels vanadiques.

La dissolution de ces sels est, à peu d'exceptions près, d'un bleu d'azur superbe. A l'état solide et avec de l'eau de combinaison, ils sont, ou bleus foncés ou bleus clairs, quelquefois verdâtres. Sans eau, ils sont ordinairement bruns, quelquefois aussi verts. Les sels bruns et les sels verts se dissolvent cependant avec une couleur bleue. Leur saveur est astringente et un peu douceâtre, comme celle des sels ferreux. La plupart d'entre eux sont solubles dans l'eau. Les alcalis caustiques y déterminent un précipité qui est d'abord d'un blanc grisâtre, et passe ensuite au brun hépatique; un excès d'alcali dissout le précipité avec une couleur brune. L'ammoniaque ajoutée en excès donne un précipité brun, et le liquide devient incolore. Les carbonates produisent des précipités gris-blancs. Les sels vanadiques ne sont point troublés par le sulfide hydrique. Les sulfhydrates y font naître un précipité noir, qu'un excès du précipitant dissout en prenant une belle couleur pourpre; le cyanure ferroso-potassique y occasionne un précipité jaune citron qui verdit à l'air. L'infusion de noix de galle y produit un précipité d'un bleu tellement foncé qu'il présente l'aspect de l'encre.

Sels ayant l'acide vanadique pour base, ou sels haloïdes correspondants.

Ces sels sont rouges ou jaunes. Leur saveur est fortement astringente, comme celle des sels ferriques, et en même temps aigrelette. Les sels neutres, dissous dans l'eau et soumis à l'évaporation à chaud, déposent, lorsqu'ils sont arrivés à un certain degré de concentration, une masse d'un rouge brun, non cristallisée, qui est une espèce de soussel. Souvent les dissolutions des sels hypervanadiques se décolorent complétement lorsqu'on les chauffe; changement qui paraît être de la même nature que celui que présentent plusieurs vanadates, et dont je parlerai plus bas. Exposées à l'air pendant quelque temps, ces dissolutions verdissent peu à peu, probablement par suite d'une réduction partielle que subit l'acide vanadique par des molécules organiques suspendues dans l'atmosphère. Les sels hypervanadiques sont ramenés au bleu par un grand nombre de corps désoxydants, tels que le sulfide hydrique, l'alcool, le sucre, plusieurs acides végétaux, le tannin, etc. Ce dernier leur donne une couleur bleue tellement foncée qu'elle paraît noire; mais, après avoir été étendue d'eau, la liqueur est d'un bleu très-pur, quoique extrêmement foncé. Le cyanure ferroso-potassique y détermine un précipité vert.

A. *Sels haloïdes de vanadium.*

1. *Chlorure vanadique*, $V\text{-}Gl^2$. Ce sel n'a pu être obtenu à l'état anhydre. Il ne prend pas naissance lorsqu'on fait passer la vapeur du chloride vanadique sur un mélange de sous-oxyde de vanadium et de charbon chauffé au rouge. On ne l'obtient pas davantage en faisant fondre autant que possible du

sulfate vanadique anhydre avec du chlorure potassique. Tout le vanadium resté dans la masse saline fondue s'y transforme probablement en acide aux dépens de l'acide sulfurique. Mais on obtient ce chlorure très-facilement combiné avec de l'eau. Si l'on dissout l'acide vanadique dans de l'acide chlorhydrique concentré, et qu'on chauffe cette dissolution, il se dégage du chlore; mais en la faisant digérer avec du sousoxyde de vanadium ou avec du vanadium métallique, on obtient du chlorure exempt de chloride. On arrive au même résultat en ajoutant à la dissolution un peu de sucre, du sulfide hydrique ou de l'alcool. La dissolution a une belle couleur bleue. Si, au contraire, on verse de l'acide chlorhydrique concentré sur de l'oxyde vanadique préparé par la calcination du vanadate ammonique en vaisseaux clos, on obtient une dissolution brune-noirâtre. Il se dégage en même temps un peu de chlore, par suite de la décomposition d'un peu d'acide vanadique. Le liquide brun, saturé d'oxyde autant que possible, et abandonné à l'évaporation spontanée, se concentre jusqu'à un certain point, mais ne se dessèche pas. Étendu d'eau, il conserve sa couleur brune; mais par l'évaporation à l'aide de la chaleur, il bleuit peu à peu complétement. Ce changement s'opère sur-le-champ lorsqu'on ajoute au liquide, même concentré, de l'acide sulfurique; et dans cette circonstance, il n'y a ni formation d'un précipité, ni dégagement d'un gaz. Il paraît que le chlorure brun ne diffère du chlorure bleu qu'en ce qu'il se trouve dans un autre état isomérique, que l'acide sulfurique change à l'instant. Le chlorure bleu se concentre peu à peu, et en couches minces il se dessèche en laissant un vernis brun qui ne se dissout plus complétement dans l'eau. Évaporé à une chaleur modérée, il se convertit tout entier en cette masse brune, qui est un chlorure basique. Il ne présente aucun indice de cristallisation. Le chlorure vanadique concentré peut être mêlé avec de l'alcool anhydre, sans en être précipité. L'ammoniaque y fait naître un précipité gris-verdâtre, qu'on peut laver sans le dissoudre, et qui paraît être un chlorure basique contenant de l'ammoniaque.

2. *Surchlorure vanadique*, $V\,Cl^3$. On l'obtient en faisant passer un courant de gaz chlore sur un mélange incandescent de sousoxyde de vanadium et de charbon. Le surchlorure distille sous forme d'un liquide jaune. La couleur jaune tient à du chlore dissous qu'on enlève en y faisant passer un courant d'air sec. Lors-

que l'air qui a passé à travers le chloride ne répand plus d'odeur de chlore, mais sent seulement l'acide chlorhydrique, on arrête l'opération. Une petite portion du chloride se vaporise dans cette circonstance; pour éviter la plus légère perte du vanadium, on peut faire passer l'air dans de l'eau mêlée avec un peu d'ammoniaque. Après avoir été débarrassé du chlore, le chloride vanadique est d'un jaune beaucoup plus pâle. Il ne bout pas à la température de +100°; mais il se vaporise facilement, et répand, au contact de l'air, une fumée jaune-rougeâtre, en déposant de l'acide vanadique sous forme d'une poussière extrêmement fine. La partie liquide attire l'humidité de l'air, devient rouge, et se coagule ensuite en déposant un chloride basique. Le surchlorure vanadique peut être étendu d'eau, qui dissout la partie coagulée, prend une couleur jaune pâle et une saveur purement astringente. A l'état concentré, cette dissolution exhale du chlore, et verdit lorsqu'on la chauffe; elle finit par se convertir en grande partie en chlorure. L'alcool anhydre colore en rouge le chloride avec lequel on le mêle, et donne en peu de temps naissance à de l'éther, tandis que le liquide est coloré, d'abord en vert, puis en bleu. Le potassium peut être conservé sous le chloride anhydre; mais il brûle dans son gaz. Le chloride vanadique absorbe le gaz ammoniac en s'échauffant beaucoup. La combinaison peut être sublimée, et forme alors une poudre blanche non cristalline. Chauffée au milieu d'un courant de gaz ammoniac, elle est décomposée par ce gaz au-dessous de la chaleur rouge; il se forme du sel ammoniac, du gaz nitrogène et du vanadium réduit, comme nous l'avons vu plus haut.

Bromure vanadique, VBr^2. Ce sel se comporte en tous points comme le chlorure bleu. L'acide bromhydrique dissout l'oxyde vanadique anhydre; la dissolution est bleue. Le bromure concentré, mêlé avec de l'alcool anhydre, se prend, après quelques moments, en gelée, parce que l'alcool s'empare de l'eau; mais il redevient liquide à mesure que l'alcool s'évapore. Séché, il devient brun, et il se redissout presque entièrement dans l'eau. L'ammoniaque en précipite un chlorure double basique gris-verdâtre.

Iodide vanadique, VI^2. Par la voie sèche, le vanadium se combine difficilement avec l'iode. Je l'ai chauffé jusqu'au rouge dans le gaz iode, sans qu'il ait paru se combiner avec lui. A la vérité, il s'est sublimé une petite quantité d'une substance orangée, fondue, mais qui n'est probablement que de l'acide vanadique dont la formation dépend de l'humidité. L'iodide vanadique, produit par voie humide, donne une dissolution bleue qui verdit promptement à l'air. Par l'évaporation spontanée, elle se prend en une masse demi-liquide, brune, qui, étendue d'eau, est d'un brun noirâtre. L'acide sulfurique en dégage alors de l'iode. Elle paraît contenir un mélange de vanadate vanadique et d'iodide ioduré de vanadium.

Fluorures de vanadium. 1. *Fluorure vanadique*, VF^2. A l'état de dissolution, il est bleu; séché, il est brun, et se dissout de nouveau dans l'eau. Abandonné à l'évaporation spontanée, il donne un sirop verdâtre, dans lequel se forment des cristaux verdâtres. Dans cet état, il est soluble dans l'alcool anhydre, qui ne rétablit pas sa couleur bleue primitive. Le sulfide hydrique le ramène facilement au bleu. Ce fluorure se combine avec les fluorures alcalins, avec lesquels il forme des sels doubles d'un bleu clair, très-solubles dans l'eau, mais insolubles dans l'alcool.

Fluorure silicico-vanadique. La dissolution bleue, évaporée à la température de +60°, donne un résidu bleu clair boursouflé. Par l'évaporation spontanée, il verdit, et se comporte comme le fluorure.

2. *Fluoride vanadique*, VF^3. Un mélange de vanadate et de fluorures sodiques, distillé dans une cornue de platine avec de l'acide sulfurique fumant, ne donne que de l'acide fluorhydrique, et tout l'acide vanadique se trouve combiné avec le sulfate acide formé. L'acide fluorhydrique dissout l'acide vanadique à l'aide de la chaleur. La dissolution est incolore, et lorsqu'on l'évapore à une température qui ne dépasse point +40°, elle laisse une masse solide, blanche, qui se dissout de nouveau dans l'eau. Exposé à une température plus élevée, le sel devient rouge, mais se dissout encore dans l'eau; mais lorsqu'on le chauffe plus fortement encore, il dégage de l'acide fluorhydrique, et laisse de l'acide vanadique.

Fluoride silicico-vanadique. L'acide hydrofluo-silicique dissout l'acide vanadique en prenant une couleur rouge. Après l'évaporation au bain-marie, il reste une masse non cristallisée, orange. Lorsqu'on verse de l'eau sur cette masse, celle-ci se dissout en partie, en donnant naissance à une dissolution jaune pâle; mais une grande partie reste en non-solution à l'état de masse d'un vert foncé, que l'acide sulfurique dissout avec dégagement de gaz fluoride silicique et formation d'un liquide rouge.

Cyanure vanadique, $V\,Cy^2$. Lorsqu'on traite l'hydrate vanadique par l'acide cyanhydrique, il devient brun, et on peut le laver sans qu'il s'altère. Il se dissout dans le cyanure potassique; mais le liquide, livré à l'évaporation spontanée, ne donne que du vanadate potassique neutre, en exhalant toujours l'odeur de l'acide cyanhydrique.

Le *cyanure ferroso-vanadique* se précipite sous forme d'une masse volumineuse, d'un beau jaune de citron, tirant tant soit peu sur le vert. Il n'est point dissous par les acides étendus. A l'air, il devient d'un beau vert.

Le cyanure ferrico-vanadique se précipite à l'état de masse gélatineuse d'un vert jaunâtre.

Cyanure ferrico-vanadique. Il forme un précipité d'une belle couleur verte. Les substances qui réduisent facilement les autres sels hypervanadiques le ramènent aisément au jaune. Il prend aussi naissance lorsqu'on expose à l'air du cyanure ferroso-vanadique humide; mais dans ce cas, il est à l'état de soussel.

B. *Oxysels de vanadium.*

1. *Sels ayant pour base l'oxyde vanadique.*

Sulfate vanadique, $\ddot{V}\ddot{S}^2$. On obtient ce sel en dissolvant l'acide ou l'oxyde vanadique (tels qu'on les obtient par la calcination du vanadate ammonique) dans l'acide sulfurique, mêlé avec une égale quantité d'eau, et en faisant passer, dans la dissolution étendue d'eau, un courant de gaz sulfide hydrique, pour réduire les dernières traces d'acide vanadique dissous. A cet effet, on peut aussi se servir de l'acide oxalique. On évapore le liquide jusqu'à ce que l'excès d'acide sulfurique commence à se concentrer; le sel se dépose alors sous forme d'une croûte cristalline, transparente, d'un bleu sale. On fait égoutter l'acide, et pour enlever l'excès d'acide dont le sel est imbibé, on le lave avec de l'alcool anhydre. Peu à peu le sel se gonfle et se réduit en une poudre cristalline, légère, d'un bleu d'outremer; on le lave à l'alcool anhydre, qu'il colore toujours en bleu, quoiqu'il ne s'y dissolve qu'en très-petite quantité. On le sèche ensuite en le plaçant sous une cloche, à côté d'un vase contenant de l'acide sulfurique ou du chloruré calcique. Il paraît qu'il existe une différence essentielle entre le sel cristallisé au milieu de l'acide concentré, et le sel bleu pulvérulent; mais on ignore en quoi elle consiste. Il est probable que le premier est un sursel; car la poudre bleue que j'ai analysée consiste en sulfate neutre. Sous cette forme le sulfate vanadique paraît peu soluble dans l'eau froide; il s'y délaye d'abord, et ne se dissout qu'avec une extrême lenteur : mais dans l'eau chaude il se dissout promptement. D'un autre côté il est déliquescent, et si on le laisse exposé à l'air humide et chaud, il forme en peu d'heures un sirop, tandis que la même quantité de sulfate, conservée sous l'eau, reste presque entièrement sans se dissoudre. Il est assez difficile d'obtenir ce sel en cristaux réguliers. Le meilleur moyen pour le faire cristalliser, est de laisser tomber en déliquescence le sulfate sec, et de l'abandonner ensuite à lui-même pendant quelques semaines. Un très-petit excès d'acide favorise souvent l'expérience, qui ne réussit jamais quand le temps est humide. Les cristaux consistent pour la plupart en un agrégat de prismes; mais j'en ai obtenu qui étaient de simples prismes très-courts, droits et à base rhombe, ayant de petites facettes triangulaires obliques aux sommets de chaque arête aiguë. Leur couleur est le beau bleu du sulfate cuivrique, peut-être un peu plus foncé. Ce sel contient 17,9 pour cent ou 4 atomes d'eau. C'est aussi la composition de la poudre précipitée par l'alcool. Le sulfate vanadique se décompose au feu : l'oxyde se convertit en acide vanadique aux dépens de l'acide sulfurique; il se dégage de l'acide sulfureux et de l'acide sulfurique anhydre, et il reste de l'acide vanadique fondu. Si l'on fait digérer avec de l'hydrate vanadique une dissolution un peu concentrée de sulfate, l'hydrate se dissout, et on obtient un soussel soluble qui par l'évaporation spontanée se dessèche en un vernis bleu et transparent, lequel devient brun et perd de l'eau lorsqu'on le chauffe jusqu'à 100°. L'eau le redissout; mais la solution, exposée pendant longtemps à l'influence de l'air, verdit, et le sel se transforme enfin en vanadate vanadique, qui se dépose, et laisse le sel neutre bleu à l'état de dissolution concentrée.

Sulfate vanadico-potassique, $\dot{K}\dddot{S} + \ddot{V}\dddot{S}^2$. On l'obtient en mêlant, dans des proportions convenables, les dissolutions des deux sels neutres. Le sel double ne cristallise pas, mais il se dessèche en une masse gommeuse, d'un bleu clair, qui n'offre aucune trace de cristallisation.

Nitrate vanadique, $\ddot{V}\overset{\cdot\cdot\cdot\cdot\cdot}{\bar{N}}^2$. Le sel se produit quand on dissout par l'acide nitrique le vanadium, le sousoxyde et l'oxyde de ce métal; la dissolution a une couleur bleue, qui n'est pas altérée par l'ébullition; mais lorsqu'on dissout de l'hydrate vanadique jusqu'à saturation complète dans l'acide nitrique, et qu'on livre la dissolution à l'évaporation spontanée, la liqueur verdit lorsqu'elle est arrivée à un certain degré de concentration, et au moment de la dessiccation complète, l'acide se décompose et laisse de l'acide vanadique qui retient une petite quantité d'acide nitrique combiné.

Phosphate vanadique, $\ddot{V}\overset{\cdot\cdot\cdot\cdot\cdot}{\bar{P}}$. Le sel neutre donne un sirop bleu, qui ne cristallise pas, et qui, lorsqu'on le dessèche à l'aide de la chaleur, devient blanc et se boursoufle comme de l'alun séché au feu. Au rouge blanc, il s'affaisse et s'agglomère, mais il ne fond pas. Il est alors d'une couleur foncée, et complétement insoluble dans l'eau. On peut obtenir le phosphate en petits cristaux bleus et ténus, en le mêlant avec un certain excès d'acide phosphorique, et faisant évaporer le liquide à la température de $+ 50°$. Après quelque temps, on trouve le sel neutre cristallisé au sein d'une eau-mère incolore, qui n'est que de l'acide phosphorique concentré, et qu'on peut ensuite enlever avec de l'alcool. A l'air, les cristaux tombent promptement en déliquescence. Lorsqu'on mêle une dissolution concentrée de phosphate vanadique avec de l'alcool anhydre, il s'y forme un précipité gélatineux bleu-grisâtre, qui, lavé avec de l'alcool et séché, est presque blanc, et ne s'altère pas à l'air. Il ne se dissout pas complétement dans l'eau, et paraît être un soussel.

Arséniate vanadique, $\ddot{V}\overset{\cdot\cdot\cdot\cdot\cdot}{\bar{A}}s$. Une dissolution de ce sel, contenant un excès d'acide arsénique, donne par l'évaporation une croûte composée de petits grains cristallins d'un bleu clair, que l'on peut très-bien dépouiller de l'acide excédant par le lavage à l'eau. Ils se dissolvent dans l'eau, même chaude et aiguisée d'acide arsénique, avec une lenteur telle, qu'on les croirait insolubles; cependant l'eau peut en tenir beaucoup en dissolution. L'acide chlorhydrique les dissout promptement. Si on sature complétement l'acide arsénique par de l'hydrate vanadique, on obtient une solution très-concentrée qui, par l'évaporation, fournit d'une part du sel cristallisé neutre, d'autre part une masse gommeuse, qui paraît être un soussel. L'alcool précipite la dissolution d'arséniate de même que celle de phosphate.

Borate vanadique, $\dot{\ddot{V}}\ddot{B}^4$. Ce sel est insoluble dans l'eau; il se précipite quand on mêle une solution de sulfate vanadique avec une solution de borax. Ce précipité est blanc-grisâtre et se dissout dans un excès d'acide borique. La dissolution est bleue, mais elle verdit bientôt à l'air. Si on essaye de ramener au bleu une semblable solution, en y faisant passer un courant de sulfide hydrique, celui-ci convertit l'oxyde vanadique en sulfide vanadeux, qui reste dissous dans l'acide borique, et colore la liqueur en brun très-intense. Quand on y ajoute de l'acide sulfurique, il se précipite du sulfide vanadeux, et la liqueur devient incolore. Livré au contact de l'air, le liquide verdit bientôt, et laisse enfin, par l'évaporation spontanée, un mélange solide, brun-verdâtre, de sulfate et de vanadate vanadiques, de soufre, et d'acide borique en paillettes cristallines.

Carbonate vanadique. Il paraît qu'on ne peut pas obtenir ce sel. J'ai dit plus haut que le précipité formé par les carbonates alcalins dans les sels vanadiques, consiste en hydrate exempt d'acide carbonique ou n'en contenant que des traces.

Silicate vanadique. Préparé par double décomposition, ce sel forme un précipité grisâtre qui verdit par la dessiccation. L'eau n'enlève rien de la poudre verte.

Molybdate vanadique. Lorsqu'on mêle du sulfate vanadique avec du molybdate ammonique, tous les deux dissous, on obtient un liquide d'une belle couleur pourpre, semblable à celle du tungstate molybdique. A l'air, le liquide devient d'abord bleu, et enfin jaune, jusqu'à ce qu'il ne se forme plus de précipité. Mais, comme il pouvait s'être produit réellement du vanadate molybdique, je mêlai un sel molybdique avec une solution de vanadate ammonique; mais la liqueur devint jaune.

Tungstate vanadique. Ce sel se précipite sous forme d'une masse jaune-brunâtre, en employant des solutions concentrées. Il se dissout dans une suffisante quantité d'eau, et lorsqu'on le laisse dans le liquide, il se dissout sans addition d'eau, à mesure que l'oxyde vanadique s'acidifie. La dissolution est alors jaune.

Chromate vanadique. L'acide chromique dissout l'hydrate vanadique. Par l'évaporation spontanée, la dissolution, qui est d'un jaune brunâtre, laisse un vernis brun et brillant. Ce vernis ne se redissout pas complétement dans l'eau. Par l'ébullition avec l'eau, on obtient une dissolution jaune. Le sulfide hydrique en précipite une masse verdâtre, et le liquide devient vert pâle.

Oxalate vanadique. L'acide oxalique, saturé d'hydrate vanadique et évaporé, donne un vernis bleu, translucide, qui se dissout lentement dans l'eau froide, plus promptement dans l'eau chaude. Ce sel, mêlé avec la solution de l'acide oxalique, donne, par l'évaporation, un sel cristallisé bleu, très-soluble dans l'eau. Il reste à déterminer si le premier est un sel neutre ou basique, et si le second, comme il paraît probable, est un sursel.

Oxalate vanadico-potassique. Ce sel est soluble dans l'eau, et donne une masse bleue non cristallisée. L'acide oxalique et les bioxalates dissolvent l'acide vanadique, et forment, en le décomposant, des sels vanadiques.

Tartrate vanadique. Ce sel est d'un bleu clair moyen ; il se dessèche en une masse transparente et fendillée, qui, à la température ordinaire de l'air, se redissout dans l'eau avec une lenteur remarquable. L'ammoniaque caustique la dissout ; la dissolution a une belle couleur pourpre tirant sur le bleu. La solution se décolore rapidement au contact de l'air, en même temps qu'il se forme du vanadate ammonique.

Tartrate vanadico-potassique. Ce sel se présente, comme le précédent, sous forme d'une masse extractive, fendillée, d'une couleur bleue tirant fortement sur le violet. On l'obtient très-facilement lorsqu'on dissout l'acide vanadique à l'aide du bitartrate potassique, circonstance dans laquelle une partie de l'acide tartrique se décompose. L'ammoniaque caustique ne précipite point le tartrate double, mais il lui donne une couleur pourpre magnifique.

Formiate vanadique. L'acide formique (artificiel) dissout l'hydrate vanadique, et donne, par l'évaporation spontanée, une masse saline bleue et opaque, qui se dissout facilement dans l'eau froide. Tant que la solution renferme de l'acide libre en excès, le sel reste bleu; mais quand on dissout dans l'eau le sel sec et débarrassé de l'excès d'acide, on obtient une solution qui devient vert foncé au bout de 10 à 12 heures. Le sel entièrement séché est brun-violet, et ne se redissout pas complétement dans l'eau.

Acétate vanadique. L'acide acétique étendu ne dissout que fort peu d'hydrate vanadique. Le liquide est d'un bleu pâle, et laisse déposer, quand on l'abandonne à l'évaporation spontanée, une poudre blanche, tandis que l'excès d'acide se vaporise. Évaporé dans une étuve, il verdit, et le résidu n'est plus soluble, même dans de l'acide acétique concentré. L'acétate potassique ne précipite point les sels vanadiques. L'acide acétique concentré dissout l'hydrate vanadique; mais la dissolution verdit par l'évaporation spontanée, et laisse enfin une poudre grenue, composée de cristaux microscopiques, d'un vert foncé, qui sont opaques, et affectent la forme de cubes ou de prismes rectangulaires très-courts. Ils se dissolvent très-lentement dans l'eau; la dissolution est d'un vert foncé. Il ne se forme pas de précipité quand on mêle ensemble des solutions concentrées d'acétate potassique et de sulfate vanadique.

Succinate vanadique. L'acide succinique dissout fort peu d'hydrate vanadique, en sorte que le liquide se colore à peine. Par l'évaporation spontanée, on obtient le succinate sous forme d'une poudre blanchâtre, entremêlée de cristaux d'acide succinique. Cependant les sels vanadiques ne sont point précipités par les succinates neutres, mais le mélange commence bientôt à verdir à l'air.

2. *Sels ayant pour base l'acide vanadique.*

Sulfate hypervanadique, $\dddot{V}\,\dddot{S}^3$. Pour l'obtenir à l'état neutre, on dissout l'acide vanadique dans de l'acide sulfurique étendu de la moitié de son poids d'eau, et chauffant légèrement le mélange sur une lampe à esprit-de-vin. On évapore ainsi l'acide excédant à la température la moins élevée possible. Lorsque la masse ne fume plus, on la laisse refroidir. Le sulfate reste sous forme de paillettes cristallines, d'un brun rougeâtre. Il est fortement déliquescent, et se convertit en peu d'heures en un sirop rouge et transparent, que l'on peut étendre d'eau ou d'alcool anhydre, sans qu'il se trouble. La dissolution dans l'eau est d'un jaune pâle. Chauffée jusqu'au point d'ébullition, elle dépose une masse rouge qui est un soussel. La partie liquide, évaporée, donne une masse sirupeuse, contenant un excès d'acide. On obtient un soussel double lorsqu'on dissout le sulfate vanadique neutre dans l'acide nitrique, et qu'on fait ensuite évaporer la dissolution jusqu'à siccité. Il reste une masse saline rouge déliquescente, et sa dissolution dans l'eau est presque entièrement incolore. L'acide s'y trouve combiné avec une fois et demie autant de base que dans le sel neutre, $\dddot{V}\,\dddot{S}^2$.

Sulfate hypervanadico-potassique, $\dot{K}\dddot{S} + \dddot{V}\dddot{S}^3$. On l'obtient en mêlant du vanadate potassique avec un peu d'acide sulfurique, et abandonnant la solution à l'évaporation spontanée; il se dépose des grains d'abord rouges, puis incolores, et enfin jaunes, formés d'aiguilles cristallines microscopiques. Ces cristaux sont très-peu solubles dans l'eau, et insolubles dans l'alcool.

Nitrate hypervanadique. L'acide nitrique étendu dissout fort peu d'acide vanadique; il en est coloré en jaune pâle. Par l'évaporation spontanée, on obtient une masse rouge qui cède à l'eau encore un peu de nitrate hypervanadique.

Phosphate hypervanadique, $\dddot{V}^2\overset{\cdot\cdot\cdot\cdot\cdot}{\overline{P}}^3$. Pour obtenir ce sel, on dissout le phosphate vanadique dans l'acide nitrique, on fait évaporer la liqueur jusqu'à ce qu'elle soit fortement colorée en rouge, et qu'elle commence à répandre des fumées d'acide nitrique, puis on la laisse refroidir lentement. Le phosphate vanadique se dépose peu à peu sous forme de petits cristaux grenus d'un jaune de citron. L'eau-mère, devenue incolore, donne encore une nouvelle quantité de phosphate, lorsqu'on l'évapore. Le sel jaune est très-peu soluble dans l'eau, et peut être débarrassé de l'acide nitrique par le lavage. Il contient de l'eau de cristallisation, qu'il perd à la température de 100°; il devient alors d'un jaune paille. Sa solution dans l'eau est jaune. Lorsqu'on dissout l'acide vanadique dans l'acide phosphorique, on obtient une dissolution rouge qui donne, par l'évaporation, une masse rouge, déliquescente.

Phosphate hypervanadico-sodique. On obtient ce sel soluble lorsqu'on mêle ensemble du phosphate et du vanadate sodique, et qu'on y ajoute un peu d'acide nitrique; la dissolution donne, par l'évaporation, de petits cristaux mamelonnés, d'un jaune citron, composés d'aiguilles fines entrelacées. Il se dissout lentement dans l'eau, et on peut le débarrasser de l'eau-mère par le lavage.

Phosphate hypervanadico-silicique. Cette combinaison particulière me serait probablement restée inconnue si on ne l'obtenait lorsqu'on s'occupe de la purification de l'acide vanadique, tel qu'on l'extrait des scories. On voit alors fort souvent se former de petites écailles cristallines jaunes, qui brillent dans le liquide, lorsqu'on le remue, comme le surmargarate sodique dans une solution de savon. Après en avoir fait l'analyse, j'ai trouvé que ce sel peut être produit artificiellement. A cet effet, on mêle ensemble du phosphate, du vanadate et du silicate sodiques, et l'on ajoute au mélange de l'acide nitrique en excès qui dissout le tout; on évapore ensuite presque à siccité, et on délaye le résidu jaune grumeux dans l'eau; la combinaison se présente alors sous forme de paillettes d'un jaune citron très-légères. On recueille ces cristaux sur un filtre, on les lave deux ou trois fois avec un peu d'eau froide, car ils se dissolvent en quantité notable dans l'eau chaude; on les exprime, et on les sèche. Cette combinaison, dissoute dans l'eau, cristallise de nouveau en paillettes, lorsqu'on abandonne la dissolution à l'évaporation spontanée. Elle verdit facilement sous l'influence de causes réductives, et elle contient de l'eau de cristallisation, qu'elle perd à une température peu élevée, en prenant une couleur jaune de paille. Elle ne fond point à la chaleur rouge. Elle est composée de 30,0 parties d'acide phosphorique, 39,0 parties d'acide vanadique, 19,5 parties d'acide silicique, 11,5 parties d'eau. Sa formule est $\dddot{Si}^2\overset{.....}{P} + \dddot{V}^2\overset{.....}{P} + 6\dot{H}$. Pour la décomposer, on la traite par le carbonate ammonique, qui laisse la silice en non-solution. L'acide vanadique s'unit avec avidité à l'acide silicique, et il paraît que d'autres acides forment avec l'acide vanadique et la silice des combinaisons analogues; car l'acide vanadique silicifère se dissout dans l'acide sulfurique et dans l'acide chlorhydrique, sans que l'acide silicique reste non dissous. Il n'y a d'autre moyen pour les séparer que de traiter l'acide vanadique tour à tour par l'acide fluorhydrique et l'acide sulfurique. Les alcalis dissolvent l'acide vanadique silicifère, et pendant l'évaporation le liquide se prend souvent en une masse gélatineuse. L'acide silicique, séparé de l'acide vanadique par un carbonate alcalin, est dans le même état de solubilité que celui précipité par l'eau du fluoride silicique. Il contient en outre de l'acide vanadique, qu'on ne peut lui enlever qu'à l'aide d'un sulfhydrate alcalin.

Arséniate hypervanadique, $\dddot{V}^2\overset{.....}{As}^3$. L'arséniate vanadique, traité par l'acide nitrique, donne un sel jaune citron, qni se comporte absolument comme le phosphate.

Les *acides oxalique* et *tartrique* décomposent l'acide vanadique lorsqu'ils sont en excès; il se forme au premier instant une dissolution jaune, qui en peu de temps passe par le vert au bleu. Cependant, lorsque ces acides ne sont point en excès, leur union avec l'acide vanadique peut devenir stable. Ainsi, lorsque après avoir oxydé l'oxalate vanadique par l'acide nitrique et chassé ce dernier par l'évaporation, on traite la masse par l'eau, celle-ci en dissout une grande partie en prenant une couleur rouge-jaunâtre, et laissant après l'évaporation l'oxalate hypervanadique sous forme d'un extrait jaune-rougeâtre.

L'*acite acétique*, même concentré, ne dissout pas une trace d'acide vanadique.

L'*acide formique* en dissout un peu, mais le liquide n'en est point coloré. Évaporé, il laisse pour résidu une masse translucide, à peine jaunâtre, de formiate hypervanadique.

37. *Sels de chrome.*

Bien que le chrome donne facilement un acide très-énergique, il a cependant un, sinon plusieurs oxydes basiques qui, comme ceux du vanadium, du molybdène, du manganèse et du fer, sont susceptibles de former des sels. Pour ce qui concerne l'existence de sels à base d'oxyde chromeux, nous n'avons que de simples indices, mais ces indices sont assez certains. Il ne reste plus qu'à préparer ces sels et à les étudier; malheureusement ils sont difficiles à produire, et une fois produits, ils passent à l'état de sels chromiques, dès qu'ils se trouvent au contact de l'air. Je suis donc réduit à en signaler seulement l'existence.

L'oxyde chromique forme des sels qui sont, au contraire, faciles à préparer, et qui présentent, en général, de l'analogie avec les sels d'alumine et d'oxyde ferrique. A l'état hydraté, ils offrent deux modifications isomériques bien distinctes; et les sels qui supportent l'action d'une certaine température élevée ont, à l'état anhydre, encore une troisième modification, produite par l'influence de la température; on peut les considérer comme des sels de $\dddot{Cr}\beta$; ils sont si complétement indifférents à l'égard des réactifs, qu'ils ne se dissolvent, par voie humide, ni dans l'eau, ni dans les acides, pas même à la température de l'ébullition, et ne se décomposent pas dans les alcalis caustiques bouillants. Les sels haloïdes peuvent s'obtenir dans le même état isomérique. Les sels qui contiennent l'oxyde chromique à l'état de $\dddot{Cr}\alpha$ forment deux modifications que nous appellerons, l'une *verte* et l'autre *violette*. Les sels appartenant à la première modification ont, en dissolution, une belle couleur vert émeraude, et n'ont pas, en général, de tendance à cristallisser; mais ils se dessèchent en un sirop vert foncé qui se redissout dans l'eau en lui communiquant une couleur verte. La modification *violette* provient insensiblement de la précédente, lorsqu'on soumet la dissolution de certains sels verts à l'évaporation spontanée : la couleur change peu à peu; elle est d'abord verte, vue par transparence à la lumière du jour, mais rouge, vue contre la lumière artificielle, bien qu'elle réfléchisse la lumière verte au feu d'un foyer; c'est encore la modification verte dans toute sa pureté. Mais, à un certain degré de concentration, la couleur de la solution devient bleu vert, puis rougeâtre, vue par transparence; enfin le liquide devient bleu ou rouge-bleu, et dépose un sel bleu-violet ou rouge, ou se dessèche en une masse saline. Avec le sulfate chromique et les sulfates doubles, ce changement a lieu lentement; mais il est très-rapide pour l'oxalate, et particulièrement les oxalates doubles; en général, il est plus rapide avec les acides à radical composé qu'avec les acides à radical simple. Plusieurs chimistes croient que la différence de coloration tient à une quantité d'eau différente dans le sel; mais cette opinion n'est pas fondée : car, lorsqu'on précipite à froid un sel de la modification violette par la potasse ou la soude, et qu'on redissout ce précipité (après l'avoir lavé) dans un acide, on obtient un sel de la modification violette. Si l'on précipite de même un sel de la modification verte, et qu'on redissolve le précipité dans un acide, on obtient un nouveau sel appartenant à la modification verte. Il suit de là que la propriété en question appartient à l'oxyde précipité. Les solutions des sels violets, chauffées au-dessus de + 65°, passent à la modification verte, et l'oxyde précipité des sels violets, étant bouilli un moment avec l'eau, donne, en se dissolvant, également les sels verts.

Relativement au nom de *modification violette*, je dois faire observer que les sels de cette modification sont tout aussi souvent bleus ou rouges que violets, et qu'il y a des circonstances où tel sel est décidément rouge ou bleu; mais, sous forme solide, ils sont tous rouges, bleus, et, vus par transparence, rouges grenat.

Les sels solubles, quelle que soit la modification à laquelle ils appartiennent, ont une saveur douceâtre et astringente. Leurs dissolutions donnent, avec les alcalis, un précipité gris-vert. Le cyanure ferrico-potassique y produit, si la solution contient de l'acide libre, un précipité vert, et l'infusion de noix de galle un précipité brun. Le sulfide hydrique n'y occasionne pas de trouble; mais les sulfhydrates y donnent un précipité gris-vert avec dégagement de gaz sulfide hydrique, et, si le dissolvant y est ajouté en excès, la liqueur devient brune. Au chalumeau, on reconnaît les sels de chrome à ce que, fondus avec le phosphate sodico-ammonique, ils donnent un verre vert émeraude, qui ne jaunit pas quand on en fond la perle à la flamme d'oxydation. Un excellent caractère distinctif consiste en ce que, pendant qu'on calcine les sels avec du nitrate potassique ou sodique dans un creuset ouvert, l'oxyde chromique se change en acide chromique qui s'unit à l'alcali, et forme avec l'eau une dissolution jaune, d'où l'acide chromique peut être facilement séparé d'après la méthode décrite à l'article *Chromates*.

Le bioxyde chromique $\ddot{\mathrm{Cr}}$, qu'on peut considérer comme un chromate chromique, donne, avec les acides, divers composés jaunes ou bruns, qu'on pourrait prendre pour des sels. Mais ils ont été encore trop peu étudiés pour qu'il soit permis de porter sur leur nature un jugement certain. Quoi qu'il en soit, cet objet mérite, au plus au haut degré, un examen approfondi.

A. *Sels haloïdes de chrome.*

Chlorures de chrome. 1. *Chlorure chromeux*, $\mathrm{Cr\,Gl}$. *Moberg* découvrit, en 1842, que le chlorure chromique, chauffé dans un courant de gaz hydrogène sec, perd du chlore, forme du gaz acide chlorhydrique, et laisse un résidu blanc ou gris-blanc. Dans les expériences de *Moberg*, le chlorure chromique perd ainsi environ 24,75 pour cent, ce qui dépasse environ de 3 pour cent la quantité 21,79, indiquant la perte qu'éprouverait le composé si de $\mathrm{Cr\,Gl^3}$ il se changeait en $\mathrm{2Cr\,Gl}$. Le chlorure chromeux qui reste se dissout dans l'eau, avec un faible dégagement de gaz hydrogène et avec production de chaleur; la solution vert foncé ainsi obtenue se suroxyde très-promptement à l'air. Mais l'analyse n'y a fait constater que 1 équivalent de chlore combiné avec un atome simple de chrome. Les alcalis caustiques y précipitent de l'hydrate chromeux brun qui, pendant le lavage, se suroxyde si rapidement qu'il est imposible de l'analyser exactement ; on y a trouvé moins d'oxygène que dans l'oxyde chromique, mais plus que dans l'oxyde chromeux.

J'ai répété les expériences de *Moberg*, et j'ai trouvé que la réduction s'effectue très-facilement si l'on introduit le chlorure chromique sublimé dans une boule soufflée à un tube de verre, et qu'on le chauffe, à une lampe à esprit-de-vin, dans un courant de gaz hydrogène sec. A la chaleur rouge cerise, il se dégage lentement du gaz acide chlorhydrique, pendant que les écailles cristallines blanchissent peu à peu, sans changer leur couleur. Si l'on ne pousse pas la chaleur plus loin, il reste du chlorure chromeux blanc. La réduction se fait lentement. On la hâte par l'application d'une chaleur plus forte, poussée jusqu'à l'incandescence ; le dégagement du gaz acide chlorhydrique devient plus violent, le chlorure chromeux se colore en gris foncé et prend l'aspect d'un métal réduit. Pendant cette opération, une grande quantité de chrome passe à l'état métallique ; le fond de la boule se recouvre souvent d'une couche métallique brillante de chrome, et, après qu'on a dissous le sel dans l'eau, il reste sur les parois beaucoup de chrome réduit, qui se dissout ensuite dans l'acide chlorhydrique avec dégagement de gaz hydrogène ; c'est ce qui explique facilement la grande perte de chlore, constatée par *Moberg*. Par la voie humide, on obtient, non pas du chlorure chromeux, mais du chlorure chromique ; à cet effet, on réduit le chlorure chromique à l'aide du gaz hydrogène, et on dissout le chrome ainsi produit dans de l'acide chlorhydrique, dépouillé d'air par l'ébullition ; il se dégage du gaz hydrogène par cette opération. La solution est verte, et donne, avec l'ammoniaque, de l'hydrate chromique.

Les expériences de *Moberg* ont été continuées par *Péligot*. Celui-ci trouva qu'en faisant passer un courant de gaz chlore sec à travers un mélange incandescent de charbon et d'oxyde chromique, on obtient, outre le chlorure chromique volatil qui se dépose en paillettes rouges, un chlorure chromeux non volatil qui reste mêlé avec le charbon et l'oxyde chromique, d'où l'on peut le retirer. Il forme des cristaux fixes, blancs, d'un éclat soyeux qui se dissolvent, avec une couleur bleue, dans l'eau complétement privée d'air. Dans l'eau aérée il se dissout, au contraire, avec une couleur verte, et la solution absorbe encore, au contact de l'air, avec beaucoup de vivacité, une plus grande quantité d'oxygène; il se produit alors un soussel soluble $= 2\overline{Cr}\,\overline{Cl}^3 + \dddot{\overline{Cr}}$. Cette solution est un des moyens réductifs les plus puissants; elle dépasse, sous ce rapport, de beaucoup les chlorures ferreux et stanneux. La potasse caustique y forme un précipité brun; il se manifeste en même temps un dégagement sensible de gaz hydrogène, surtout si la précipitation s'effectue dans un tube à essai sur le mercure. Le précipité d'oxyde brun est, d'après l'analyse de *Péligot*, de l'oxyde chromoso-chromique hydraté $= \dot{Cr}\dddot{\overline{Cr}} + \dot{\overline{H}}$. Il renferme souvent une trace d'alcali, et s'oxyde si facilement à l'air, qu'on ne peut le préparer, le laver et le dessécher que dans des gaz exempts d'oxygène. Après la dessiccation, il a l'aspect de tabac à priser d'Espagne.

Le chlorure chromeux est précipité en noir par le sulfure potassique, sans se redissoudre dans un excès de précipitant. Si l'on dissout le chlorure chromeux dans une solution de sel ammoniac exempte d'air, et qu'on traite la solution par l'ammoniaque, la liqueur devient rouge, en s'oxydant aux dépens de l'air, sans qu'il s'y forme de précipité. La solution bleue de chlorure chromeux, étant mêlée avec une solution étendue, exempte d'air, d'acétate sodique (le mieux est d'employer les sels par atomes égaux), prend une couleur rouge-violette, et, au bout de quelques instants, il se dépose de petits cristaux rouges brillants, qui sont, d'après *Péligot*, de l'*acétate chromeux*. On peut recueillir le sel, sur un filtre, dans une atmosphère privée d'air, le laver à l'eau tiède et le dessécher dans le vide. Il est $= \dot{Cr}\dddot{A}c + \dot{\overline{H}}$. A l'état humide, il s'oxyde à l'air, de manière qu'il s'enflamme. Il est peu soluble dans l'alcool et dans l'eau.

2. *Chlorure chromique*, $\overline{Cr}\,\overline{Cl}^3$. On peut le produire de différentes manières. On l'obtient en chauffant doucement le sulfure de chrome au milieu d'un courant de gaz chlore sec, ou bien en faisant rougir, au milieu d'un courant de gaz chlore, un mélange parfaitement desséché d'oxyde chromique et de charbon. Peu à peu il s'élève un sublimé cristallin, d'une très-belle couleur fleur de pêcher. Vu en couches minces, ce sel est transparent, et possède la même couleur; en couches épaisses, il est opaque. On peut l'étendre à la surface de la peau comme de la poudre de talc. *H. Rose* a montré que le chlorure chromique sublimé se trouve dans la modification insoluble que Crβ est supposé prendre en se combinant avec le chlore. Il est tout à fait insoluble

dans l'eau et dans les acides; les alcalis caustiques ne l'attaquent pas même à la température de l'ébullition. Mais, laissé longtemps en contact avec ces réactifs, il passe enfin à la modification soluble; il met cependant très-longtemps à se dissoudre ou à se décomposer. Lorsqu'on dissout l'hydrate chromique dans l'acide chlorhydrique, ou qu'on verse de l'acide chlorhydrique étendu avec un peu d'alcool sur du chromate plombique, ou plutôt sur du chromate argentique, on obtient, par la digestion, une dissolution verte de chlorure chromique qui donne, par l'évaporation, un sirop vert foncé non cristallisable. Celui-ci, maintenu longtemps à une température de + 100° dans un courant d'air sec, laisse une masse verte qui ne perd plus de son poids, mais qui, d'après *Moberg*, renferme encore 9 atomes d'eau. Suivant *Péligot*, il ne contient plus que 6 atomes d'eau quand il est resté longtemps dans le vide sur l'acide sulfurique. Le même chimiste dit que la solution verte, oxydée à l'air et évaporée dans le vide, donne des cristaux grenus, composés de $\bar{C}r\,\bar{C}l^3 + 12\dot{\bar{H}}$; l'eau y est, en moyenne, 37,3 pour cent. Mais il n'a pas montré ce qu'est devenu l'oxyde chromique produit pendant l'oxydation. Le chlorure chromique est déliquescent à l'air et soluble dans l'eau aussi bien que dans l'alcool. On ne peut le dessécher davantage; car, soumis à une forte chaleur, il perd de l'acide chlorhydrique et se change en soussel. Mais, chauffé jusqu'à + 250° dans un courant de gaz acide chlorhydrique ou de gaz chlore, il devient anhydre, sans se décomposer; il prend alors une couleur rouge fleur de pêcher. Quand on le chauffe ensuite plus fortement encore dans ces gaz, il commence à se sublimer, et le produit sublimé est passé à la modification insoluble. La partie non sublimée présente des écailles cristallines tout à fait comme la partie sublimée, mais se dissout facilement, en quantité assez considérable, dans l'eau, qui se colore en vert. Ce chlorure chromique donne, par la calcination à l'air, de l'oxyde chromique d'un vert extrêmement beau; chauffé dans du gaz sulfide hydrique, il se change en sulfure chromique cristallin, d'un noir brillant. Calciné dans du gaz ammoniac, il se réduit à l'état de nitrure de chrome, ainsi qu'on l'a déjà dit à l'occasion de celui-ci. *Péligot* annonce que le chlorure chromique sublimé, introduit dans une solution même très-étendue de chlorure chromeux, se dissout immédiatement avec production de chaleur. Cet effet ne résulte pas d'une combinaison chimique des deux sels, car une liqueur qui ne contient que $\frac{1}{1000}$ de chlorure chromeux suffit pour dissoudre sur-le-champ une quantité considérable de chlorure chromique. C'est donc une action catalytique qui fait passer le chlorure chromique immédiatement à la modification soluble, en fixant de l'eau, ce qui a lieu avec dégagement de chaleur. — On obtient, par voie humide, un chlorure chromique bleu, en précipitant l'un des oxysels chromiques violets par la potasse caustique, et dissolvant dans l'acide chlorhydrique l'hydrate gris-bleu ainsi obtenu et bien lavé à l'eau froide. La dissolution s'effectue lentement; la liqueur devient d'abord violette, puis bleue. Par une douce chaleur, elle devient verte.

Souschlorure chromique. Le chlorure chromique forme, ainsi que le chlorure ferrique, plusieurs composés basiques qui ont été étudiés par *Moberg*.

a. Chlorure quadrichromique, $4\mathrm{Gr}\,\mathrm{Gl}^3 + \dddot{\mathrm{Gr}} + 24\dot{\mathrm{H}}$. On l'obtient en évaporant le chlorure chromique soluble, et le maintenant à + 120° jusqu'à ce qu'il ne perde plus rien de son poids; il se produit de l'acide chlorhydrique qui s'en va avec l'eau, pendant qu'une portion correspondante du chlorure se change, aux dépens de l'eau, en oxyde. La combinaison est verte, déliquescente et parfaitement soluble dans l'eau.

b. Chlorure trichromique, $3\mathrm{Gr}\,\mathrm{Gl}^3 + \dddot{\mathrm{Gr}}$. On l'obtient en chauffant le chlorure chromique fortement dans une cornue. A + 170°, il commence à se boursoufler en perdant de l'eau et de l'acide chlorhydrique; après que ce boursouflement a cessé, on peut élever la température jusqu'à + 200°, sans qu'il y ait aucun autre changement; après quoi le boursouflement recommence. Quand on le conserve alors à cette température jusqu'à ce qu'il ne se dégage plus rien, on obtient un résidu gris de cendres. Ce résidu est un mélange de deux souschlorures, dont l'un se dissout, avec une couleur vert très-foncé, dans un peu d'eau qu'on y verse, tandis que l'autre reste au fond, sous forme d'une poudre rouge pesante. La solution vert foncé et la poudre bleue qui s'y trouve en suspension, et qu'on peut décanter de dessus la poudre rouge, sont l'une et l'autre le chlorure trichromique dont il s'agit.

c. Chlorure sesquichromique, $2\mathrm{Gr}\,\mathrm{Gl}^3 + \dddot{\mathrm{Gr}}$. C'est la poudre rouge dont il a été question précédemment. Il est anhydre, et se dissout peu à peu dans l'eau, avec une couleur verte. On obtient le même composé en maintenant le chlorure chromique desséché, en l'agitant continuellement, à + 150°, jusqu'à ce qu'il ne perde plus rien de son poids. Il reste alors coloré en rouge-gris, et renferme 8 atomes d'eau chimiquement combinée. Il se dissout complétement mais lentement dans l'eau. La même combinaison se produit quand la solution du chlorure chromeux s'oxyde à l'air.

d. Chlorure bichromique, $\overline{Cr}\,\overline{Cl}^3 + 2\dddot{\overline{Cr}}$. On l'obtient en chauffant le chlorure chromique peu à peu jusqu'au rouge sombre dans un creuset de platine muni de son couvercle. On l'obtient aussi en chauffant le chlorure dans une cornue jusqu'à ce que le fond de celle-ci devienne incandescent. Dans ce cas, sa masse devient d'abord rouge et cristalline. On n'a pas encore examiné cette masse rouge cristalline; probablement c'est le chlorure monobasique $\overline{Cr}\,\overline{Cl}^3 + \dddot{\overline{Cr}}$, qui manque dans la série de souschlorures indiquée. Par l'application d'une chaleur plus forte, la couleur pâlit; elle devient d'abord d'un gris cendré, puis elle passe au vert; il reste alors du chlorure bichromique. Il est insoluble dans l'eau.

Sels doubles de chlorure chromique. Le chlorure chromique forme, avec d'autres chlorures, des sels solubles; mais on n'a jusqu'à présent bien examiné que ceux de potassium, de sodium et d'ammonium. On obtient ces sels doubles en mêlant un bichromate avec l'acide chlorhydrique et de l'alcool, et évaporant la liqueur au bain-marie jusqu'à ce que la masse soit devenue rouge. L'acide chlorhydrique doit être en excès de manière que la liqueur qui s'évapore soit très-acide. Quand il ne se dégage plus d'acide chlorhydrique, il reste une masse violette, non cristalline, composée d'après la formule $R\overline{Cl} + \overline{Cr}\,\overline{Cl}^3$. Elle est déliquescente à l'air, et verdit. Quand on y verse de l'eau, elle se dissout avec une couleur rouge foncée, qui passe, en peu de minutes, au vert de chrome pur. Quand on l'abandonne ensuite à l'évaporation spontanée, il cristallise d'abord le chlorure alcalin, et le chlorure chromique forme enfin un sirop vert entre les cristaux. Il se présente donc ici ce que nous avons vu pour les sulfates doubles, savoir, que la modification verte ne se conserve que difficilement en combinaison avec d'autres sels, sous forme de sels doubles. Quand on traite le sel sec par une solution de carbonate ammonique, il se précipite du carbonate chromique gris-bleu qui se redissout, avec une couleur bleue, dans un excès de précipitant, mais qui s'en sépare de nouveau quand on abandonne la liqueur à l'évaporation spontanée. Il résulte de là que le sel double violet appartient à cette modification; et on pourrait en conclure que le chlorure chromique simple, rouge, soluble, se trouve dans la même modification, d'où il passe, au contact avec l'eau, immédiatement à la modification verte. Quand on mêle avec l'acide chlorhydrique le sel double décomposé par une évaporation lente, et qu'on évapore le mélange, au bain-marie, jusqu'à siccité, le sel double se reproduit.

Quand on verse sur le sel sec de l'alcool anhydre, celui-ci dissout du chlorure chromique vert et précipite une poudre saline d'un beau rouge rose; cette poudre, étant insoluble dans l'alcool anhydre, on peut l'y laver. Après la dessiccation, on peut le conserver à l'air sec ou dans un flacon bien fermé. Le sel potassique double, d'après l'analyse que j'en ai faite, se compose de $3R\,Gl + Gr\,Gl^3$; il suit donc les mêmes rapports que nous retrouverons plus bas dans les analyses des sels oxy-chromiques doubles bleus et rouges.

Les trois sels doubles sus-mentionnés se ressemblent tellement entre eux, que ce que nous venons de dire s'applique également à tous les trois. Le dernier sel se dissout dans l'eau avec une couleur jaune-rouge moins foncée que celle du premier; mais il passe tout aussi rapidement au vert. A l'air humide, il s'en sépare peu à peu du chlorure chromique vert tombé en déliquium, tandis que le chlorure alcalin devient incolore. La solution aqueuse de ce sel donne aussi, par l'évaporation spontanée, des cristaux de chlorure chromeux.

2. *Chlorure suschromique*. Il se produit quand on dissout l'oxyde chromique brun dans l'acide chlorhydrique. La solution est rouge, et on peut la conserver intacte; mais, par l'ébullition ainsi que par l'évaporation spontanée, elle se change, avec dégagement de chlore, en chlorure chromique vert.

Perchlorure chromique, $Gr\,Gl^3$. On ne le connaît qu'à l'état de dissolution, et on l'obtient, soit en mêlant ensemble de l'acide chromique ou plutôt de l'acide chlorhydrique, soit en traitant le chromate plombique ou plutôt le chromate argentique par de l'acide chlorhydrique froid, légèrement étendu; il se forme du chlorure plombique ou du chlorure argentique qui restent non dissous, et une solution de perchlorure chromique, d'un brun foncé. Elle ne supporte pas l'application de la chaleur : la moitié du chlore s'en sépare peu à peu ; mais elle supporte beaucoup mieux la chaleur que, par exemple, le perchlorure manganique. Pendant l'application de la chaleur, il se dégage, en même temps que le chlore, un peu de perchlorure chromique qui communique au gaz chlore une couleur rougeâtre foncée. L'or le réduit à l'état de chlorure chromique ; le métal s'unit à l'autre moitié du chlore, et se dissout. L'alcool, le sucre et plusieurs autres corps organiques réduisent le surchlorure chromique, à froid, à l'état de chlorure chromique, sans dégagement de chlore ; la solution devient par là d'un vert bleu. Ce n'est qu'après avoir été chauffée à $+ 65^{\circ}$ qu'elle prend une couleur verte pure. Si, avant de la chauffer, on la précipite par l'ammoniaque, l'hydrate chromique se trouve, en grande partie, à l'état dans lequel il forme des sels violets.

Biaci-chlorure chromique, $\mathrm{Cr}\,\mathrm{Gl}^3 + 2\dddot{\mathrm{Cr}}$. Cette combinaison, qui fut prise pendant quelque temps pour le perchlorure chromique pur, est une liqueur rouge, volatile, dont la composition est analogue à celle des chromates de chlorure potassique et d'autres chlorures décrits plus haut. C'est *H. Rose* qui en a découvert la véritable composition. Pour le préparer, on fait fondre un mélange de 10 parties de sel marin décrépité et de 16,9 de bichromate potassique dans un creuset ordinaire ; on concasse la masse fondue en gros morceaux, on introduit ceux-ci dans une cornue à long col, munie d'un récipient qu'on entoure de papier mouillé, et l'on verse dessus 30 parties d'acide sulfurique concentré, ou plutôt fumant. Il se manifeste sur-le-champ une réaction si violente, que l'aci-chlorure chromique se produit en peu de minutes, et passe à la distillation, sans application de chaleur extérieure. Ce qui passe ensuite, à l'aide de la chaleur, ne représente qu'une petite quantité, et est facilement souillé d'une combinaison qui distille à la fin, et qui contient de l'acide chromique et de l'acide sulfurique.

L'aci-chlorure chromique se présente sous forme d'un liquide de couleur rouge de sang, qui paraît noir à la lumière réfléchie. A l'air, il répand des fumées abondantes ; il est très-volatil ; sa vapeur a la même couleur que celle de l'acide nitreux. Son poids spécifique est $= 1,71$ à $+ 21^{\circ}$; son point d'ébullition à $+ 118^{\circ}$, la colonne barométrique étant $= 0^m,76$; sa vapeur a pour densité 5,5483. Lorsqu'on le conduit à travers un tube de porcelaine incandescent, il se décompose en oxyde chromique qui cristallise dans le tube, et en un mélange de gaz chlore et oxygène. (*Voir* tome II, page 297.) Versé dans de l'eau, il tombe au fond du vase, et reste pendant quelques moments sans se mêler avec l'eau, ensuite il s'y dissout. Pendant que la dissolution s'opère, il se dégage beaucoup de chaleur; le liquide entre en ébullition, et on voit s'élever de grosses bulles de gaz acide chlorhydrique, que l'eau absorbe avec un bruit particulier; en même temps l'eau est colorée en jaune par l'acide chromique qui s'est formé. Lorsqu'on évapore la dissolution ainsi obtenue, il se dégage des vapeurs acides d'un jaune rougeâtre, et il reste à la fin une masse brillante, nullement cristalline, de couleur brune-noirâtre; cette masse se dissout dans l'eau, avec dégagement de gaz chlore. On ne l'a pas encore bien examinée. Le biaci-chlorure chromique s'enflamme au contact de l'alcool; il brûle en répandant une flamme blanche très-éclairante; en général, sa vapeur donne un éclat extraordinaire à toutes les flammes, même à celle du gaz hydrogène. Quand on mêle le biaci-chlorure liquide avec le chlorure de soufre, l'acide chromique se réduit avec une effervescence extrême et un vif dégagement de gaz, en même temps qu'il se précipite du chlorure chromique rouge. Il détone avec le phosphore; le soufre et le mercure l'attaquent violemment. Il exerce en général une action extrêmement vive sur tous les corps susceptibles de se combiner avec le chlore ou l'oxygène; cette action tient à la facilité avec laquelle il cède la moitié de son chlore ou de son oxygène; il se réduit par là à l'état de chlorure chromique ou, dans certains cas, à l'état de souschlorure. C'est ainsi que, par exemple, le sulfide hydrique, le phosphide hydrique, le gaz oléfiant, l'huile de térébenthine, le camphre, les huiles grasses, plusieurs sulfures métalliques, etc., le réduisent souvent avec production de chaleur et de lumière. Il dissout, d'après *Dumas*, le gaz chlore, et devient presque solide, brun, et se décompose avec une sorte d'explosion quand on y ajoute de l'eau. Il dissout aussi de l'iode. D'après *Persoz*, il absorbe $\frac{1}{4}$ de son poids d'ammoniaque, et se transforme en une masse brune. Suivant *Thomson*, cette combinaison a lieu avec un vif dégagement de lumière, lorsque le gaz se trouve en excès.

Bromure chromique, $\overline{\mathrm{Cr}}\,\overline{\mathrm{Br}}^{3}$. Il est vert et soluble dans l'eau. Le moyen de préparation le plus facile consiste à décomposer le chromate argentique, en le faisant digérer avec de l'acide bromhydrique étendu, additionné d'un peu d'alcool, et à évaporer la liqueur. Comme l'hydrate chromique est facilement souillé par l'alcali qui a servi à le précipiter, on n'est pas toujours sûr d'obtenir un produit pur en dissolvant cet hydrate dans l'acide bromhydrique. La liqueur, fortement concentrée dans le dessiccateur, donne difficilement des cristaux verts. A chaud, elle se dessèche en une masse vert brun, déliquescente à l'air. Par l'application de la chaleur, le composé donne des sous-bromures analogues aux sous-chlorures; mais on ne les a pas examinés. D'après les expériences de *H. Rose*, le brome ne donne pas de combinaison qui corresponde à $\mathrm{Cr}\,\overline{\mathrm{Cl}}^{3} + 2\dddot{\mathrm{Cr}}$.

Iodure chromique, $\overline{\mathrm{Cr}}\,\mathrm{I}^{3}$. On l'obtient de la même manière que le bromure. La solution est verte; par l'évaporation, elle donne, suivant *Berlin*, un résidu semblable à du verre vert, et qui, après le refroidissement, peut être réduit en petits fragments, insolubles dans l'eau froide, mais très-solubles dans l'eau chaude : l'iodure s'y dépose par le refroidissement.

Periodure chromique. On l'obtient, suivant *Giraud*, en mêlant 33 ½ parties de chromate potassique exactement avec 165 ½ parties d'iodure potassique anhydre, et distillant le mélange, à une douce chaleur, avec 70 parties d'acide sulfurique fumant. Il passe dans le récipient un liquide oléagineux, rouge grenat, plus pesant que l'eau, et qui, à + 150°, se change en un gaz rouge. *Giraud* ne l'a pu obtenir exempt d'iode libre et d'acide sulfurique. Ce composé est probablement du biaci-iodure chromique $= \mathrm{Cr\,I^{3}} + 2\dddot{\overline{\mathrm{Cr}}}$, et non pas seulement du periodure chromique, ainsi que *Giraud* le prétend.

Fluorures de chrome. 1. *Fluorure chromique*, $\overline{\mathrm{Cr}}\,\mathrm{F}^{3}$. Ce sel prend naissance quand on dissout l'oxyde chromique dans l'acide fluorhydrique. Après l'évaporation, on obtient une masse saline, cristalline, verte, qui se dissout sans résidu dans l'eau.

Les sels doubles que forme le *fluorure chromique* avec les fluorures *potassique*, *sodique* et *ammonique* sont verts, pulvérulents, peu solubles dans l'eau.

2. *Fluorure suschromique*. On l'obtient en dissolvant dans l'acide fluorhydrique l'oxyde suschromique bien lavé. La dissolution est rouge, et se dessèche en un sel d'un rose pâle, qui se dissout sans

altération dans l'eau, et dont la dissolution est précipitée en brun par l'ammoniaque.

3. *Fluoride chromique*, CrF^3. On le prépare en mêlant un chromate anhydre avec du spath fluor et de l'acide sulfurique (l'acide fumant convient le mieux pour cette opération), et distillant le mélange, à une douce chaleur, dans un vase de platine ou de plomb. En parlant de la préparation de l'acide chromique (*voir* tome II, page 301), j'ai indiqué les proportions et les précautions qu'il est nécessaire de prendre; il faut surtout éviter toute humidité. Le fluoride chromique a été découvert en 1824 par *Unverdorben*. On l'obtient sous forme de gaz; mais il est difficile de le recueillir, parce qu'il attaque facilement les vases. Quand on le fait passer à travers des tubes de plomb ou de platine refroidis artificiellement, il se condense en un liquide rouge de sang, qui répand des vapeurs, et se transforme en gaz à une température peu élevée. Au contact de l'air, le fluoride gazeux forme une fumée épaisse, qui est jaune sur les bords et rouge au centre, et qui provient de l'acide chromique précipité par l'humidité de l'air. Ce gaz ne peut être recueilli que dans des vases de platine, par exemple dans un creuset de platine plein de mercure et renversé sur la cuve à mercure; il est donc impossible d'étudier ses propriétés et d'observer l'action qu'il exerce sur les réactifs. Lorsqu'on le recueille dans des vases de verre sur du mercure, le verre devient rouge et demi-transparent, et le gaz se transforme en gaz fluoride silicique, tandis qu'il se dépose de l'acide chromique à la surface du verre. Dans ce cas, il ne se dépose point d'eau, ce qui prouve qu'il n'en entre pas dans la composition de ce gaz. Le gaz étant recueilli sur du mercure dans des éprouvettes dont la paroi intérieure est couverte d'un enduit transparent de résine, on voit que le gaz est rouge, absolument comme le gaz acide nitreux. Mais au bout de peu de temps, la résine commence à absorber une certaine quantité de gaz, et dès lors elle perd sa transparence et devient rouge. Du reste il se passe souvent plusieurs heures avant que l'effet du gaz pénètre jusqu'au verre. Le mercure absorbe une petite quantité de ce gaz, qui le rend pulvérulent et ternit sa surface; mais cette action est beaucoup plus faible quand le mercure est exempt d'humidité. Du gaz ammoniac dont on fait arriver un courant dans du gaz fluoride chromique, se décompose avec une faible explosion. Si, au contraire, on fait arriver le fluo-

ride dans le gaz ammoniac, la première bulle produit une explosion assez forte, tandis que celle produite par la seconde est à peine sensible, et que les autres n'en produisent point: cela tient à ce que la première explosion décompose la majeure partie du gaz en gaz hydrogène et gaz nitrogène. Pendant l'explosion l'enduit résineux se couvre d'une masse grise, dont la nature n'a pu être déterminée avec certitude. On ignore donc si le fluoride chromique se combine avec l'ammoniaque, pour donner naissance à un sel analogue à ceux produits par les gaz fluoride borique et fluoride silicique. Cependant *Unverdorben* assure avoir obtenu un semblable sel. En parlant de l'acide chromique, j'ai fait mention de la décomposition du gaz fluoride chromique par l'eau. Si l'on remplit de ce gaz des vases de plomb ou des vases de verre enduits de résine, et qu'on laisse ceux-ci à l'air, sans les boucher, l'orifice des flacons se remplit d'une très-belle végétation d'acide chromique cristallisé, provenant de l'action de l'air sur le gaz, qui peu à peu se trouve entièrement remplacé par de l'air, dont l'humidité décompose tout le fluoride. — Quand on fait des expériences sur ce gaz, il est difficile de se mettre à l'abri des vapeurs qui se forment, de manière à ne pas en respirer. A la vérité, il n'est pas dangereux d'en respirer de très-petites portions; mais il faut toujours prendre beaucoup de précautions, car quelques heures après en avoir respiré, on est ordinairement affecté d'une toux opiniâtre accompagnée d'une forte irritation dans la trachée-artère.

D'après quelques expériences communiquées par *H. Rose*, cette combinaison contiendrait une quantité de fluor plus grande que celle qui est proportionnelle à l'acide chromique. Il croit qu'un atome de chrome y est probablement combiné avec 5 atomes doubles de fluor. Cependant ce chimiste ne paraît pas avoir considéré que, par suite de l'emploi d'un acide sulfurique aqueux dans la préparation du fluoride, celui-ci devait constamment entraîner une quantité d'acide fluorhydrique proportionnelle à l'eau de l'acide sulfurique, et qu'en décomposant l'eau pour produire de l'acide chromique, la combinaison $Cr F^5$ devait abandonner du fluor ou produire un dégagement d'oxygène gazeux, ce qui n'a pas lieu. L'excès de fluor trouvé par *H. Rose* doit par conséquent tenir à ce que le sel est mêlé d'acide fluorhydrique.

Silicico-fluorure chromique. Il se dissout dans l'eau avec une couleur verte, et la solution se réduit, par l'évaporation, en une masse saline verte qui, d'après *Berlin*, s'effleurit à l'air.

Cyanure chromeux, Cr Cy. On l'obtient en dissolvant le chlorure chromeux dans de l'eau bouillie et versant cette solution récemment préparée dans une solution de cyanure potassique : le cyanure chromeux se précipite en blanc, sans se dissoudre dans l'excès de cyanure potassique. Recueilli sur un filtre, il ne tarde pas à subir un commencement d'oxydation, et à se changer en un composé gris-vert de cyanure et d'oxyde chromiques.

Cyanure ferroso-chromeux, 2 Cr Cy + Fe Cy. D'après *Péligot*, il se précipite en jaune.

Cyanure chromique, Gr Cy^3. Il se précipite en bleu gris clair, quand on verse goutte à goutte une solution de chlorure chromique neutre dans une solution de cyanure potassique également neutre, jusqu'à ce qu'il ne se forme plus de précipité. Le précipité qui se forme d'abord ne paraît pas se dissoudre dans un excès de cyanure potassique, et la liqueur reste incolore. Si l'on introduit, au contraire, inversement le cyanure potassique dans une solution de chlorure chromique, le précipité qui se forme d'abord se redissout dans la solution de chlorure, et cette action dure assez longtemps. S'il s'est formé un dépôt permanent, il se redissout aussi quand on le chauffe dans la liqueur; mais enfin, par l'addition d'une plus grande quantité de cyanure potassique, on peut précipiter le tout. L'action est exactement la même, si, au lieu de chlorure chromique, on emploie le sel bleu double de sulfate chromico-potassique; mais la liqueur bleue qui tient en dissolution le cyanure chromique verdit sur-le-champ.

Le cyanure chromique présente un aspect blanc au moment où il se précipite; mais après qu'il s'est tassé, il est d'un bleu gris, et acquiert, par le lavage et la dessiccation, une couleur un peu plus foncée.

Quand on verse, par petites portions successives, une solution de cyanure potassique dans une solution alcoolique de chlorure chromique (obtenue en traitant les chlorures doubles précédents par l'alcool), il se produit un précipité gélatineux, d'un violet foncé, qui, étant lavé, noircit par la dessiccation et présente une cassure vitreuse. Mais sa poudre a la même couleur que le précipité qui s'est formé dans l'eau. La différence, dans le premier cas, tient probablement à une proportion différente d'eau. Le cyanure chromique supporte une température élevée, sans se décomposer sensiblement, pourvu que l'air n'ait point d'accès. Quand on le dessèche avec précaution dans du gaz hydrogène, à environ + 200°, on peut le calciner ensuite longtemps jusqu'au rouge dans le gaz hydrogène, sans le décomposer. Il se manifeste d'abord une légère fumée, due probablement à un faible reste d'eau, mais ensuite il se conserve intact en prenant une cassure vitreuse. Il se raccornit très-fortement en perdant son eau. Le résidu se dissout dans l'acide chlorhydrique bouillant, en laissant la faible quantité qui s'est décomposée. La solution est verte, et l'ammoniaque y produit le précipité bleu gris ordinaire de cyanure chromique. Le cyanure chromique encore humide se dissout avec une couleur verte dans les acides étendus, même dans l'acide acétique. L'éther ne précipite rien dans cette solution. La potasse caustique le décompose à chaud, en laissant de l'oxyde chromique; mais la liqueur a une faible teinte jaune, par suite de la formation d'un sel double.

Cyanure chromico-potassique. Si l'on introduit le cyanure chromique lavé et encore humide dans une solution de cyanure potassique, et qu'on le fasse digérer dans un flacon rempli et fermé, sur un bain d'eau, la liqueur prendra peu à peu une couleur jaune foncée, sans que le cyanure se dissolve et sans que le cyanure potassique s'unisse au cyanure chromique. Le moyen le plus expéditif de se procurer ce composé consiste à traiter une solution chaude de cyanure potassique avec la poudre rouge de cyanure chromico-potassique, qui se convertit immédiatement en cyanure chromique gris bleu, mais se dissout, si l'on continue la digestion quelques heures, entre + 80° et + 90°. Cette liqueur filtrée donne par l'alcool, ajouté en petites portions, un précipité jaune qui ne tarde pas à s'amasser au fond, puis des flocons blancs de cyanure potassique. Si l'on recueille à part le précipité jaune, qui est du cyanure chromico-potassique, et qu'on le dissolve dans quelques gouttes d'eau, on obtient une liqueur jaune foncée, qui, par l'évaporation à l'air, donne des cristaux irréguliers jaunes, mêlés de cyanure chromique bleu gris qui s'est séparé par une action commençante de l'air sur le cyanure potassique. La plus grande partie se dissout dans l'eau avec une couleur jaune. Quand on mêle la solution avec un peu de sel ammoniac et qu'on l'évapore, il se dégage du cyanure ammonique, pendant qu'il se précipite du cyanure chromique gris bleu. Si l'on évapore la solution à l'aide de la chaleur, sans addition de sel ammoniac, le cyanure chromique se précipite avec une couleur violette. La solution jaune de ce sel donne des précipités de cyanures doubles, quand on la verse goutte à goutte dans les solutions des sels métalliques neutres. Les sels de zinc et de plomb donnent un précipité blanc qui devient gris bleu clair par la dessiccation ; les sels de cobalt donnent un précipité brun qui reste brun après la dessiccation ; les sels mercureux, un précipité blanc, qui ne tarde pas à colorer en brun le fond de la liqueur, pendant qu'il devient lui-même de plus en plus foncé. La liqueur perd bientôt sa couleur, et il reste un mélange de cyanure chromique avec un peu de mercure. Le chlorure mercurique ne précipite que du cyanure chromique. Le sel argentique donne un précipité blanc qui devient gris par la dessiccation.

Cyanure ferroso-chromique. Il ne s'obtient pas directement en mêlant un sel chromique avec du cyanure ferroso-potassique, soit qu'on ajoute le premier au dernier ou le dernier au premier. La solution reste limpide. La solution bleue de sulfate chromico-potassique conserve sa couleur, mais, par l'application de la chaleur, elle verdit sans donner de précipité. Quand on mêle ensemble les solutions des deux sels, qu'on y ajoute du sel ammoniac et qu'on évapore la liqueur au bain-marie, il se dégage du cyanure ammonique, et la masse se change en une gelée vert foncé qui, agitée avec de l'eau et filtrée, laisse du cyanure ferroso-chromique insoluble, boursouflé, d'un beau vert foncé. Après la dessiccation, il est presque noir et d'une cassure vitreuse. La poudre est d'un beau vert foncé. Il se dissout en vert dans les acides, et la solution donne avec l'éther un précipité de cyanure ferroso-hydrique.

Il forme avec le cyanure potassique un sel double ainsi que plusieurs autres cyanures. En mêlant une solution de chlorure chromique avec un peu moins de cyanure ferroso-potassique qu'il ne faut pour décomposer le chlorure, et ajoutant de l'alcool au mélange limpide, on obtient un précipité jaune foncé, demi-cristallin, qu'on lave à l'alcool. C'est le même sel double en question. Il acquiert, par la dessiccation, une couleur plus claire, en s'effleurissant. Quand on essaye de le redissoudre dans l'eau, il se décompose : il se dissout dans l'eau du cyanure ferroso-potassique et une petite quantité du sel non altéré, tandis qu'il reste une poudre saline jaune, contenant une proportion moindre de cyanure ferroso-potassique, qu'on ne peut pas enlever par le lavage. Le sel se dissout en faible proportion pendant le lavage, de manière que le liquide qui passe a une légère teinte jaune. Quand on traite le sel, dissous en premier lieu dans l'eau, par l'alcool, on obtient un précipité, qui, redissous dans l'eau, laisse une nouvelle quantité du dernier composé en non-dissolution, pendant que la liqueur ne renferme plus qu'un peu de chrôme. Ces sels donnent, avec la potassique caustique, de l'oxyde chromique et du cyanure ferroso-potassique. Aucune de ces combinaisons n'a été jusqu'à présent analysée.

Mellanure chromique. Il se précipite, suivant *Liebig*, en vert, quand on mêle le chlorure chromique avec une solution de mellanure potassique.

B. *Oxysels de chrôme.*

Sulfate chromique, $\dddot{\overline{Cr}}\,\dddot{S}^{3}$. Ce sel a été étudié par *Schroeter*; je vais en communiquer ici les résultats.

a. *La modification violette* s'obtient de la manière suivante: On mêle 8 parties d'hydrate chromique desséché à + 100°, avec 9 à 10 parties d'acide sulfurique concentré, et on laisse peu à peu changer ce mélange en une liqueur verte; celle-ci reste ensuite, durant quelques semaines, abandonnée à elle-même dans un vase incomplétement fermé et exposé à une température moyenne: elle absorbe ainsi peu à peu l'eau de l'air, et de la modification verte elle passe à la modification bleue, en se prenant insensiblement en une masse cristalline d'un bleu vert. En dissolvant cette masse dans l'eau, on obtient une solution bleue, qui, traitée par l'alcool, précipite le sulfate chromique sous forme d'une poudre cristalline bleu violet, pendant que l'excès d'acide sulfurique et une partie du sel qui pourrait conserver la modification verte restent en dissolution. Pour avoir des cristaux réguliers, on redissout le sel dans une quantité pas trop petite d'eau, et on mêle la solution avec de l'alcool concentré, ajouté par petites portions, jusqu'à ce que le précipité ne se redissolve plus; il faut avoir soin d'atteindre exactement le point où il ne faudrait qu'une quantité minime d'alcool pour avoir un précipité permanent. On étend ensuite une membrane mouillée sur l'ouverture du vase, qu'on abandonne à lui-même. L'eau s'évapore insensiblement à travers la membrane, tandis que l'alcool reste : la membrane se desséchant continuellement par la face externe, condense de la vapeur aqueuse dans les pores de la face interne, de façon que l'alcool se dépouillant de plus en plus de son eau, ne peut plus maintenir le sel en dissolution; ce sel se dépose à mesure que l'eau s'évapore à travers la membrane. Les cristaux qu'il forme sont des octaèdres réguliers qui, vus par réflexion, sont rouge violet, et rouge grenat, par transmission. Ils renferment 15 atomes ou 40,3 pour cent d'eau; leur poids spécifique est 1,696. Pour faire cristalliser ce sel, on ne doit employer que la méthode indiquée; car il est si soluble, que, pour 100 parties, il n'exige que 83,3 parties d'eau froide pour se dissoudre, et, dans une solution ainsi concentrée, il ne cristalliserait pas régulièrement.

b. *La modification verte* s'obtient en dissolvant l'hydrate chromique dans l'acide sulfurique concentré, aux proportions indiquées ci-dessus. La dissolution se fait plus rapidement à une chaleur douce; mais elle contient alors un excès d'acide sulfurique qu'on ne peut plus enlever. Le meilleur moyen consiste à chauffer le sel violet neutre, qui passe ainsi à la modification verte. Chauffé à + 100°, le sel cristallisé fond dans son eau de cristallisation et devient vert; maintenu à 100°, jusqu'à ce qu'il ne diminue plus de poids, il perd 10 atomes d'eau, de manière que le résidu amorphe, vert, transparent, contienne encore 5 atomes d'eau. Si l'on dissout le sel violet dans l'eau et qu'on chauffe la liqueur entre + 65° et + 70°, celle-ci prend une couleur verte, et laisse, par l'évaporation, le sel vert, à l'état gommeux. Lorsqu'on verse de l'alcool sur une solution bleue de manière que les deux liquides ne se mélangent pas, on remarque que la solution commence à verdir de haut en bas, jusqu'à ce qu'elle soit complétement colorée en vert. Le sulfate chromique vert se dissout dans l'alcool avec une belle couleur verte; il se distingue si bien du sulfate violet, que, lorsqu'on les mêle ensemble, on peut précipiter le dernier par l'alcool. Une solution concentrée du sel vert, surtout si elle contient un faible excès d'acide, passe, au bout de trois à quatre semaines, spontanément à la modification violette.

c. *La modification rouge insoluble* s'obtient en mêlant le sulfate, bleu ou vert, avec de l'acide sulfurique, et chauffant jusqu'à ce que cet acide commence à se dégager: la liqueur se trouble alors (si l'acide s'y trouvait en grand excès), et il se dépose une poudre qui, à la température employée, a une couleur fleur de pêcher. Si l'excès de l'acide est faible, le tout fond en une masse translucide, d'un jaune clair, qui, après l'évaporation de l'acide, laisse le corps rouge en question. En se refroidissant, ce corps devient blanc ou d'un gris blanc avec une faible teinte rouge; chauffé au feu, il passe au gris vert. C'est le sulfate chromique anhydre. Il est complétement insoluble dans les acides sulfurique, chlorhydrique, nitrique, ainsi que dans l'eau régale; il n'est pas décomposé à froid par les alcalis caustiques ou carbonatés. La potasse caustique le décompose, quoique très-incomplétement, à la température de l'ébullition. Une chaleur intense le décompose également en acides sulfureux et oxygène qui se dégagent, et en acide chromique qui reste.

Sulfate sesquichromique, $\overset{\cdots}{\mathrm{Gr}}\,\overset{\cdots}{\mathrm{S}}^{2} = 2\,\overset{\cdots}{\mathrm{Gr}}\,\overset{\cdots}{\mathrm{S}}^{3} + \overset{\cdots}{\mathrm{Gr}}$. On l'obtient en dissolvant l'oxyde chromique encore humide, jusqu'à saturation complète, dans de l'acide sulfurique légèrement étendu. La solution est verte, et donne, par l'évaporation, un résidu vert, qui, vu par transparence, est d'un rouge rubis foncé, tant à la lumière solaire qu'à celle d'un foyer artificiel, et ne présente aucun indice de cristallisation. Il se redissout dans une faible quantité d'eau, mais cette dissolution se précipite quand on l'étend, et davantage encore quand on la chauffe. Plus la solution est étendue, plus la précipitation est complète. Une solution concentrée au point de présenter 1,219 de poids spécifique, peut être bouillie, sans qu'elle se trouble; mais, lorsque son poids spécifique n'est que de 1,166, elle commence à se troubler à + 57°.

On n'a pas cherché à savoir comment l'hydrate chromique, obtenu par la précipitation du sel violet, se comporte quand on le sature d'acide sulfurique.

Sulfate trichromique, $\overset{\cdots}{\mathrm{Gr}}{}^{3}\,\overset{\cdots}{\mathrm{S}}^{2} = 2\,\overset{\cdots}{\mathrm{Gr}}\,\overset{\cdots}{\mathrm{S}}^{3} + 7\,\overset{\cdots}{\mathrm{Gr}}$. C'est le précipité qu'on obtient, en étendant et faisant bouillir la solution du sel précédent. On le prépare aussi en précipitant le sel neutre incomplétement par la potasse ou la soude. Lavé et desséché, il présente l'aspect d'une poudre vert clair, très-hygroscopique; cette poudre, desséchée à + 100°, renferme 14 atomes ou 28,25 pour cent d'eau, qui s'en vont à une température plus élevée. Ce sel est soluble dans les acides, mais sa solubilité diminue à mesure que la température à laquelle on le chauffe s'élève. Digéré ou longtemps calciné avec les alcalis caustiques ou les carbonates alcalins, il se décompose lentement, mais incomplétement.

Quand on traite le sulfate violet par la potasse caustique (dont il ne faut ajouter que la quantité nécessaire pour former avec la partie non précipitée un sel double dans la liqueur), il se précipite un soussel, rouge gris, qui, après sa dessiccation à l'air, est d'un bleu pâle, et se dissout dans les acides en conservant la même coloration. On n'a pas examiné les proportions d'acide et de base contenues dans ce sel. En continuant la précipitation au moyen de l'alcali, même après que le sel double s'est formé, on obtient un précipité mêlé de sulfate simple et de sulfate bibasique, sur lequel je reviendrai plus bas.

Sels doubles de sulfate chromique. Comme l'alumine et l'oxyde ferrique, l'oxyde chromique forme, avec l'acide sulfurique et les alcalis, des sels doubles, tant basiques que neutres. Ces derniers, s'ils appartiennent à la modification violette, ont la même forme cristalline et la même proportion d'eau que les sels doubles d'alumine : ils se composent, comme ceux-ci, de 1 atome de sulfate alcalin et de 1 atome de sulfate chromique. Dans la modification verte, ils ont perdu la faculté de cristalliser, et donnent, par l'évaporation, une masse verte transparente qui se fendille par la dessiccation. Les sels de l'une ou de l'autre modification sont insolubles, ou du moins très-peu solubles dans l'alcool.

On peut les préparer de plusieurs manières. On peut les obtenir en dissolvant les deux sels dans les proportions atomiques exactes; mais la méthode la plus facile et la moins coûteuse consiste à mêler d'abord une solution saturée de 1 atome de bichromate potassique avec 4 atomes d'acide sulfurique étendu préalablement de son poids d'eau, et à y ajouter ensuite un peu d'alcool concentré, qui, par son action, échauffe le mélange : il se développe, par une sorte d'ébullition, de l'aldéhyde et de l'éther. Par le refroidissement, il se dépose ordinairement le sel double de la modification bleue. Il vaut cependant mieux ajouter l'alcool par petites portions et faire en sorte que la décomposition soit accompagnée du moindre dégagement possible de chaleur; car si la masse s'échauffait trop fortement, ce qui peut facilement arriver, une partie du sel passerait à la modification verte, de manière que l'on ne l'obtient cristallisé que lorsqu'il a passé à la modification verte, par suite de l'évaporation spontanée. L'addition d'un excès d'acide sulfurique dans la liqueur hâte ce passage et facilite la cristallisation. Une autre méthode, indiquée par *Hertwig*, consiste à mêler une solution non concentrée de bichromate potassique avec un peu d'acide sulfurique, à placer le vase contenant la solution dans un autre plus grand, susceptible d'être entouré d'eau froide, et à faire arriver dans la liqueur un courant de gaz acide sulfureux qui se change, avec dégagement de chaleur, en acide sulfurique, aux dépens de l'acide chromique. On plonge dans la liqueur un thermomètre, et on règle le courant d'acide sulfureux de telle manière que la température de la liqueur ne dépasse jamais + 40°. Une grande partie du sel se dépose par le refroidissement, et le reste cristallise par l'évaporation spontanée ou dans le dessiccateur.

On a supposé que la modification verte ne forme pas de sels doubles. Cette supposition était fondée en partie sur ce que les sels doubles verts ne cristallisent pas, et en partie sur une assertion de *Fischer*, d'après laquelle la solution du sel potassique violet, devenue verte par l'ébullition, et soumise à l'évaporation, laisse cristalliser isolément le sulfate potassique, tandis que le sulfate chromique reste, de son côté, seul après la dessiccation. Mais, *Schrötter* a démontré ensuite que le sulfate potassique, qui s'était ainsi séparé, n'est qu'en petite quantité, et que, lorsqu'on mêle la solution verte bouillie, après le refroidissement, avec de l'alcool, le sel double vert se précipite sous forme d'un épais sirop; l'alcool se colore ainsi en vert d'une manière insignifiante, et il se dépose, à la paroi intérieure du verre, une portion extrêmement petite de sulfate potassique, correspondant au sulfate chromique libre que l'alcool dissout. Si la combinaison des deux sels avait été détruite par le passage à la modification verte, le sulfate chromique se dissoudrait complétement dans l'alcool, et le sulfate potassique se précipiterait. Ces sels doubles ont reçu le nom générique d'*aluns de chrôme*.

Sulfate chromico-potassique, $\dot{K}\dddot{S} + \overline{Gr}\dddot{S}^3 + 24\dot{\overline{H}}$. *Le sel double de la modification violette* cristallise en beaux octaèdres d'un pourpre foncé, qui, vus par transmission, sont d'un rouge rubis et contiennent 42,95 pour cent ou 24 atomes d'eau. Sa dissolution aqueuse est bleu sale, avec une teinte rougeâtre; chauffée entre + 60° et + 80°, elle devient verte. Le sel est insoluble dans l'alcool, qui le précipite de la solution aqueuse.

La modification verte s'obtient en chauffant le sel précédent.

Suivant *Hertwig*, on prépare le sel vert anhydre en mêlant une solution concentrée du sel violet avec de l'acide sulfurique très-concentré, et évaporant le mélange dans un bain de sable, jusqu'à ce que, vers + 200°, des vapeurs d'acide sulfurique commencent à se dégager. Il se dépose alors sous forme d'une poudre verte qu'après le refroidissement on débarrasse de l'acide libre, en la lavant sur un filtre; il est insoluble dans l'eau froide aussi bien que dans l'eau bouillante. — Lorsqu'on chauffe les cristaux de l'espèce violette à environ + 200°, et qu'on les maintient à cette température jusqu'à ce qu'ils ne diminuent plus de leur poids, il y a perte de 22 atomes ou 39,3 pour cent, et le sel vert reste en combinaison avec 2 atomes d'eau. Il ne se dissout pas dans l'eau froide, tandis qu'il se dissout insensiblement dans l'eau bouillante. Entre + 300° et + 400°, il devient anhydre et insoluble dans l'eau, et ne se dissout que faiblement dans les acides. Soumis à une légère calcination, il devient gris violet; il a alors perdu une partie de l'acide sulfurique de l'oxysel, de manière à être basique.

Sulfate chromico-sodique, $\dot{Na}\dddot{S} + \ddot{\mathrm{Cr}}\dddot{S}^3 + 24\dot{H}$. Le sel violet cristallise, dans le dessiccateur, sous forme d'une masse mamelonnée violette, qui s'effleurit à l'air, perd à + 100° 16 atomes d'eau, et laisse le sel vert contenant 8 atomes d'eau.

Sulfate chromico-ammonique, $\dot{N}H^4\dddot{S} + \ddot{\mathrm{Cr}}\dddot{S}^3 + 24\dot{H}$. Le sel à modification violette cristallise en octaèdres tout à fait semblables à ceux du sel potassique. Leur poids spécifique est = 1,736, et leur proportion d'eau = 44,75 pour cent. La poudre en est d'un bleu de lavande. Le sulfate chromico-ammonique est bien moins soluble que le sel potassique, et on en obtient plus facilement la cristallisation. Une solution concentrée de sulfate chromique violet, traitée par une solution concentrée de sulfate ammonique, précipite le sel double sous forme d'une poudre bleu violet. La solution aqueuse, au contraire, n'est pas précipitée par l'alcool. Le sel vert ne se produit dans la solution qu'après qu'elle a été chauffée au-dessus de + 75°, et la liqueur refroidie et abandonnée pendant dix à douze jours à elle-même, passe à la modification violette. Les cristaux violets fondent à + 100°, perdent 18 atomes d'eau, et laissent un liquide sirupeux vert clair qui se solidifie par le refroidissement et contient 6 atomes d'eau; ceux-ci s'en vont à + 300°, et le sel reste anhydre et vert.

Ces sels doubles, traités par les alcalis, donnent des précipités qui contiennent des sulfates alcalins en combinaison avec le sous-sulfate chromique de l'une et de l'autre modification ; mais aucun d'eux n'a été analysé.

Hertwig a trouvé que, lorsqu'on verse goutte à goutte une solution du sel double potassique dans une grande quantité de potasse caustique, le sel se précipite en partie sous forme d'un hydrate gris vert, pendant qu'une autre partie reste, avec une couleur rouge, en dissolution dans la liqueur. Si l'on mêle préalablement la liqueur avec de l'acide sulfurique libre, le précipité diminue tandis que la solution augmente. On pourrait croire, d'après cela, qu'il se forme un sel double qui contiendrait, pour chaque atome de sulfate chromique, plusieurs atomes de sulfate potassique, et qui n'est pas précipité par l'ammoniaque. On forme avec ce corps une combinaison ammoniacale soluble.

Le précipité gris vert est un alun de chrôme basique de la modification violette : il se dissout dans les acides avec une couleur violette, et forme une solution qui verdit par la chaleur. Ce composé basique gris vert ne change pas, quand même on le laisserait longtemps en contact avec la solution ammoniacale rouge.

En mêlant, au contraire, une solution du sel double potassique avec une petite quantité d'ammoniaque caustique, insuffisante pour produire une liqueur rouge, on obtient un précipité gris violet qui devient d'un violet pur quand on le laisse plusieurs jours en contact avec la liqueur et qu'on l'agite fréquemment. Il se dissout alors en rouge vineux dans l'acide sulfurique, et cette solution, chauffée à + 100°, devient, non pas verte, mais bleue. Les dissolutions rouge et bleue présentent chacune leurs particularités. La dissolution *rouge* donne avec l'ammoniaque caustique un précipité violet, sans que cependant tout soit précipité, et sans que la liqueur perde sa couleur rouge vineux. Étendue d'eau, elle laisse déposer une poudre rouge rose. Traitée par le carbonate sodique, elle ne donne pas immédiatement de précipité ; celui-ci ne se forme qu'au bout de quelque temps, et présente une couleur violette foncée. La dissolution *bleue* donne avec l'ammoniaque un précipité bleu, tandis que la liqueur conserve la même couleur. Le précipité violet ainsi que le précipité bleu sont tous les deux des espèces d'alun de chrôme basiques. En les traitant par l'ammoniaque caustique, on peut, suivant *Hertwig,* en extraire l'acide sulfurique, pendant que l'hydrate chromique reste en conservant sa couleur primitive. Ils contiennent probablement de l'ammoniaque en combinaison, comme l'alumine et l'oxyde ferrique. Les dissolutions rouge et bleue, traitées par l'ammoniaque et séparées de leurs précipités, laissent, par l'évaporation spontanée, déposer un soussel violet qui se dissout en bleu dans l'acide sulfurique. Ces combinaisons n'ont pas encore été analysées.

Sulfite chromique, $\dddot{\text{Cr}}\ddot{\text{S}}^3$. L'acide sulfureux en dissolution aqueuse dissout facilement l'hydrate chromique. Lorsqu'on fait bouillir la dissolution, l'acide qui est en excès se dégage, et le sel se précipite sous la forme d'une poudre verte. *Berthier* recommande l'emploi de l'acide sulfureux pour séparer l'oxyde chromique de l'oxyde ferreux qui, selon lui, n'est pas dissous par cet acide. D'après *Berlin*, le sulfite potassique précipite une solution de chlorure chromique.

Dithionate (hyposulfate) *chromique*. On l'obtient en dissolvant l'hydrate chromique dans l'acide sulfurique. La liqueur donne, par l'évaporation, un résidu gommeux, vert.

Nitrate chromique, $\dddot{\text{Cr}}\overset{\therefore\cdot}{\text{N}}^3$. Il est vert, se dissout facilement dans l'eau, se décompose quand on le calcine, et laisse de l'oxyde chromique vert. L'acide nitrique ne transforme pas l'oxyde chromique en acide, même par une ébullition réitérée. Quand le mélange contient un alcali, surtout de l'ammoniaque, il se dégage du gaz oxyde nitrique lorsqu'on concentre l'acide, et la dissolution devient rouge. Les alcalis versés dans cette dissolution en précipitent de l'oxyde suschromique rouge brun. On peut aussi obtenir ce sel rouge, en calcinant le nitrate chromique à une douce chaleur, de manière à ne pas le décomposer complétement.

Phosphate chromique, $\dddot{\text{Cr}}\overset{\therefore\cdot}{\text{P}}$. Il est d'un vert émeraude, et se dissout facilement dans un excès d'acide. Par l'évaporation spontanée, le sursel se dessèche en une masse verte, informe, qui se redissout dans l'eau. La solution du sulfate chromique violet, traitée par du phosphate sodique, donne un précipité bleu gris de $\dddot{\text{Cr}}\overset{\therefore\cdot}{\text{P}}^3$, qui se dissout en violet dans les acides.

Phosphite chromique, $\dddot{\text{Cr}}^2\dddot{\text{P}}^3$. On l'obtient par double composition, surtout en chauffant la liqueur. C'est une poudre volumineuse, verte, qui dégage du gaz hydrogène quand on la chauffe.

Iodate chromique. Il se précipite sous forme d'une poudre d'un bleu pâle.

Borate chromique. Obtenu de la même manière par la précipitation au moyen du borax, il se présente, d'après *Berlin*, sous la forme d'un précipité bleu, soluble dans un excès de borax.

Carbonate chromique. On n'est pas encore parvenu à obtenir le sel neutre. Le précipité gris verdâtre qui se forme quand on verse un carbonate alcalin dans la dissolution d'un sel chromique neutre, est une combinaison de souscarbonate chromique et d'hydrate chromique. Sa composition peut être exprimée par la formule $\overset{\cdots}{\overline{Cr}}\,\ddot{C} + {}^{3}\overset{\cdots}{\overline{Cr}}\,\dot{\overline{H}}$. Humide, il se dissout, par l'ébullition, dans le carbonate neutre aussi bien que dans le bicarbonate potassique.

Oxalate chromique, $\overset{\cdots}{\overline{Cr}}\,\overset{\cdots}{\overline{C}}{}^{3}$. On l'obtient en dissolvant l'hydrate chromique dans l'acide oxalique. D'après *Berlin*, il est très-soluble, et la solution est rouge comme du jus de cerise. Elle contient le sel de la modification violette. Chauffée jusqu'à l'ébullition, elle passe à la modification verte; mais déjà par le refroidissement, elle revient à la modification violette. Par l'évaporation spontanée, la liqueur se réduit en une masse noire vitreuse, qui se fendille en petits fragments dont les bords minces sont rouge violet par transparence. Quand on évapore la solution, devenue verte par l'ébullition, continuellement dans un bain d'eau, elle se maintient dans la modification verte, et laisse à la fin une masse également verte. L'oxalate chromique ne se combine pas avec l'acide oxalique ajouté en excès : il cristallise séparément. Sa solution n'est précipitée ni par l'ammoniaque caustique, ni par les sels calciques, mais elle l'est par l'eau de chaux, et, à l'aide de la chaleur, par la potasse caustique.

Sels doubles d'oxalate chromique. L'oxalate chromique donne, avec d'autres oxalates, des combinaisons qui revêtent de préférence la modification violette. La première combinaison de ce genre fut découverte par *Gregory*. C'était un sel double potassique, dont la couleur et les propriétés extraordinaires, par exemple, celle de ne pas être précipité par les sels de chaux, excitèrent l'attention des chimistes et provoquèrent les recherches de *Graham*, de *Mitscherlich* et de *Croft*. Plus récemment *Berlin* a entrepris un examen général de plusieurs de ces sels, dont je vais communiquer les principaux résultats.

Berlin remarque que ces sels doubles se forment dans des rapports différents : ils contiennent soit 1 atome d'oxalate chromique et 1 atome d'un autre oxalate, soit 1 atome du premier et 3 atomes du dernier. Un seul, le sel sodique, renferme 2 atomes d'oxalate alcalin pour 1 atome d'oxalate chromique. Les premiers sont rouge violet ou rouge grenat, et leur solution est rouge cerise foncée. Les autres sont bleus, et leurs solutions d'un vert bleu. Tous ces sels, cristallisés ou desséchés sans l'application de la chaleur, contiennent de l'oxyde chromique violet qui, chauffé jusqu'à une certaine température, passe au vert; en évaporant la solution, à cette même température ou au-dessus, on obtient constamment un sel vert, non cristallisable, qui, pendant la dessiccation, se fendille, et se détache alors facilement du verre. Quand on redissout ensuite ce sel dans l'eau, et qu'on le fait cristalliser par le refroidissement ou par l'évaporation spontanée, il se manifeste le même changement qu'éprouve l'alun de chrôme, c'est-à-dire que le sel cristallise en passant du vert au bleu.

Sels doubles potassiques. a. Sel bleu, $3\dot{K}\overline{C} + \dddot{\overline{Cr}}\,\overline{C}^{3} + 6\dot{\overline{H}}$. On l'obtient, en faisant bouillir le bioxalate potassique avec l'hydrate chromique en excès, jusqu'à ce qu'il ne se dissolve plus rien, ou en dissolvant 1 atome (19 parties) de bichromate potassique dans 5 à 6 parties d'eau, et ajoutant à la solution bouillante, par petites portions successives, 7 atomes (55 parties) d'acide oxalique cristallisé; après que le dégagement de gaz acide carbonique a cessé, on ajoute 2 atomes (27 parties) d'oxalate potassique neutre. La solution suffisamment concentrée laisse cristalliser le sel par refroidissement; il faut le purifier par des cristallisations répétées. On l'obtient aussi par l'évaporation spontanée. Les cristaux sont d'ordinaire de gros prismes réguliers, à sommets dièdres. Les arêtes tronquées du prisme sont quelquefois remplacées par des faces, ce qui donne un prisme hexalatère. Les cristaux sont noirs et brillants, tandis que les bords amincis sont bleus par transparence. Le sel renferme 10,98 pour cent d'eau. Chauffé doucement, il s'effleurit et se réduit en une poudre vert foncé. A + 100°, il perd 5 atomes ou 9,15 pour cent d'eau, pendant que le 6me atome reste. Sa poudre, provenant du broiement des cristaux, est verte. A + 15°, il se dissout dans 5 parties d'eau froide. Il est insoluble dans l'alcool; celui-ci donne dans la solution aqueuse un précipité vert pulvérulent. La solution aqueuse n'est pas précipitée par l'ammoniaque; elle n'est précipitée par l'hydrate potassique qu'à la température de l'ébullition. Elle n'est pas précipitée par le chlorure calcique, mais elle l'est par l'eau de chaux aussi bien que par l'eau de baryte. Le précipité ainsi produit est un mélange d'hydrate chromique et d'oxalate terreux.

b. Le *sel rouge*, $\dot{K}\,\ddot{C} + \dddot{Cr}\,\ddot{C}^3 + 10\dot{\bar{H}}$, s'obtient le mieux, en ajoutant 7 atomes (55 parties) d'acide oxalique pulvérisé, par petites portions, à une solution concentrée bouillante de 1 atome (19 parties) de bichromate potassique, et laissant lentement refroidir le mélange, après que tout dégagement d'acide carbonique (provenant de 3 atomes d'acide oxalique aux dépens de l'acide chromique) a cessé. La solution bouillante est vert foncé; par le refroidissement, elle devient rouge violet, et, suffisamment concentrée, elle dépose, au bout de quelques jours, une croûte de grains cristallins rouge grenat, qui, par une cristallisation répétée, forment, soit des paillettes trilatères rouge grenat, soit un tissu de cristaux aciculaires. Ces cristaux paraissent appartenir au système rhomboïdal. A + 15°, ils se dissolvent dans 10 parties d'eau, et, en toute proportion, dans l'eau bouillante. La solution se réduit, par l'évaporation au bain-marie, en une masse verte amorphe. Traitée par l'alcool, la solution aqueuse donne un précipité pulvérulent, rouge clair, cristallin; le sel ainsi précipité paraît avoir perdu son eau de cristallisation; car, exposé à l'air, il absorbe de l'eau et se réduit en une masse rouge grenat, déliquescente. Le sel rouge cristallisé, chauffé rapidement à + 100°, devient semiliquide et noir foncé, tandis que, par une chaleur graduellement augmentée, il finit par devenir rouge rose. Dans les deux cas, il s'en va une partie de l'eau de cristallisation, dont le total est de 24,89 pour cent. A + 120°, le sel perd 7 atomes ou 17,3 pour cent; il retient donc encore 3 atomes d'eau.

Sels doubles sodiques. Le *sel bleu*, $3\dot{Na}\,\ddot{C} + \dddot{Cr}\,\ddot{C}^3 + x\dot{\bar{H}}$, cristallise en tables hexagonales ou en prismes, appartenant au système rhomboïdal. Ces cristaux sont noirs par réflexion, et d'un beau bleu foncé par transmission; ils s'effleurissent faiblement à l'air, et deviennent violets. Ils sont solubles dans l'eau; l'alcool les précipite de leur solution aqueuse, sous forme d'un épais sirop bleu vert.

On obtient un *autre sel bleu*, $2\dot{Na}\,\ddot{C} + \dddot{Cr}\,\ddot{C}^3 + x\dot{\bar{H}}$, en mêlant la solution du sel précédent avec de l'oxalate sodique, et abandonnant le mélange à l'évaporation spontanée : il cristallise alors en petites paillettes et en grains d'un bleu violet, qui s'effleurissent à l'air, et deviennent d'un rouge violet.

Sels doubles ammoniques. a. Le *sel bleu*, $3\dot{N}H^4\dddot{C} + \dddot{Cr}\dddot{C}^3 + 5\dot{H}$, se réduit, par la dessiccation, en une masse bleue, micacée, ou en paillettes groupées en étoiles. Il perd de l'eau à + 100°, et devient bleu clair. Il se dissout très-facilement dans l'eau. A + 15°, il n'exige, pour se dissoudre, que 1 $\frac{1}{3}$ partie d'eau, et il est encore plus soluble dans l'eau chaude. Pendant la décomposition du sel cristallisé en paillettes à une température élevée, l'oxyde qui reste conserve la forme des paillettes. Le sel cristallisé contient 10,72 pour cent d'eau.

b. Le *sel rouge*, $\dot{N}H^4\dddot{C} + \dddot{Cr}\dddot{C}^3 + 8\dot{H}$, ressemble, par sa couleur, son aspect et sa solubilité, au sel potassique ; ses cristaux deviennent quelquefois brillants, translucides et rouge grenat. Ils s'effleurissent par la chaleur et deviennent rouge clair. Ils contiennent 24,89 pour cent d'eau.

Le *sel double barytique* s'obtient en dissolvant de l'oxalate barytique dans de l'oxalate chromique. Il se dépose, par le refroidissement, en cristaux bleu clair.

Le *sel double calcique*, $3\dot{C}a\dddot{C} + \dddot{Cr}\dddot{C}^3 + 18\dot{H}$, se prépare en faisant bouillir une solution concentrée d'oxalate chromique avec de l'oxalate calcique récemment précipité, ou en réduisant une solution bouillante de chromate calcique, au moyen de l'acide oxalique. Dans le dernier cas, il se précipite de l'oxalate calcique qui n'entre pas dans la composition du sel double. La solution, filtrée chaude, dépose, par le repos, un magma épais, d'un violet foncé, provenant de l'eau-mère. Ce magma, recueilli et lavé sur un filtre, laisse des lamelles cristallines, très-belles, brillantes, d'un rouge rose qui, par la dessiccation, s'affaissent en une couche rouge rose. Il se forme quelquefois des granules rouge violet, qui se réduisent, par la pression, en écailles rouges. Le sel exige, pour se dissoudre, plus de 200 parties d'eau froide ; mais il se dissout dans une quantité bien moindre d'eau bouillante, et cette dissolution ne dépose rien avant d'avoir été réduite, par l'évaporation, à consistance sirupeuse, mais elle dépose alors des écailles rouges. Si l'évaporation se fait au bain-marie, il reste une masse amorphe, présentant la modification verte ; cette masse se dissout facilement dans une petite quantité d'eau, où elle ne tarde pas à passer à la modification violette, de manière à déposer ensuite le sel rouge. Bouilli avec beaucoup d'eau, le sel éprouve une décomposition partielle : il se sépare de l'oxalate calcique, et la solution renferme alors l'oxalate chromique en proportion plus grande. Mais, par l'évaporation spontanée, le sel rouge rose se dépose de nouveau, pendant que l'oxalate chromique reste dans l'eau-mère. La solution, précipitée par l'ébullition, puis filtrée et refroidie, donne, avec l'alcool, un magma rouge foncé, pendant qu'il reste de l'oxalate chromique libre en dissolution dans la liqueur alcoolisée. Ce magma est déliquescent à l'air, en se réduisant en un sirop brun foncé, semblable au sirop de cerises, et ne tarde pas à laisser déposer une poudre rouge rose. Ce sel est très-soluble dans une dissolution d'oxalate sodique, où il se dépose, par l'évaporation, en paillettes rouges cristallines. Il contient 33,84 pour cent d'eau. A + 100°, il en perd 16 atomes ou 23,81 pour cent, en devenant bleu. Les 2 autres atomes d'eau y restent encore à + 140°.

Le *sel double magnésien*, $\dot{Mg}\ddot{\bar{C}} + \ddot{\bar{Cr}}\ddot{\bar{C}}^3 + x\dot{\bar{H}}$. Lorsqu'on ajoute de l'acide oxalique à une solution chaude de chromate magnésique, jusqu'à ce que l'acide chromique soit réduit à l'état d'oxyde, il se précipite la moitié de la magnésie à l'état d'oxalate, et on obtient une solution rouge violette ; celle-ci, filtrée sur-le-champ, et abandonnée à l'évaporation spontanée, laisse déposer le sel en cristaux rouges, déliés, qui ressemblent tout à fait à ceux du sel potassique correspondant.

Quand on fait bouillir la liqueur avec l'oxalate magnésique précipité, il s'en dissout une partie, et la solution filtrée dépose, par l'évaporation spontanée, de petits cristaux prismatiques, d'un beau bleu, que *Berlin* présume être composés de $3\dot{Mg}\ddot{\bar{C}} + \ddot{\bar{Cr}}\ddot{\bar{C}}^3$.

Le *sel double plombique*, $3\dot{Pb}\ddot{\bar{C}} + \ddot{\bar{Cr}}\ddot{\bar{C}}^3 + 15\dot{\bar{H}}$, se précipite en bleu gris, quand on mêle la solution du sel potassique avec l'acétate plombique. A + 100°, il ne perd rien de son poids. A l'état humide, il se dissout dans une solution bouillante d'oxalate chromique, mais il se précipite sans altération par le refroidissement de la liqueur. La solution du sel potassique rouge, traitée par l'acétate plombique, donne un précipité bleu gris semblable, qui se redissout bientôt après dans la liqueur.

Le *sel double argentique*, $3\dot{\mathrm{A}}\mathrm{g}\ddot{\bar{\mathrm{C}}} + \dddot{\bar{\mathrm{C}}}\mathrm{r}\ddot{\bar{\mathrm{C}}}^{3} + 9\dot{\bar{\mathrm{H}}}$, se produit, quand on mêle la solution du sel potassique bleu avec du nitrate argentique; le mélange, abandonné à lui-même, dépose une multitude de petites aiguilles cristallines, brillantes, brun foncé, qui, par une cristallisation répétée, acquièrent souvent plusieurs lignes de longueur. Le sel contient 11,15 pour cent d'eau, dont il perd une partie à l'air sec, en prenant une teinte grisâtre. A + 120°, il conserve encore 1 atome d'eau de cristallisation. A + 15°, il exige, pour se dissoudre, 65 parties d'eau, et seulement 9 parties d'eau bouillante; la solution est bleu violet. A chaud, il se dissout dans une solution d'oxalate chromique, mais, par le refroidissement, il cristallise intact. L'eau-mère se dessèche en une masse gommeuse, violette. Chauffé brusquement, le sel cristallisé se décompose avec une violence qui se rapproche d'une explosion.

Les dissolutions de chlorures *manganique*, *ferrique* et *zincique*, traitées d'abord par l'oxalate chromique, puis par l'alcool, ne donnent pas de précipité. Le chlorure cobaltique donne un précipité qui, dissous dans l'eau, se dessèche en une masse gommeuse violette.

Tartrate chromique. Il forme une solution verte, qui est facile à précipiter par les alcalis, et qui, étant évaporée, laisse une croûte saline d'un bleu violet.

Tartrate sesquibasique, $\dddot{\bar{\mathrm{C}}}\mathrm{r}\overset{..}{\dddot{\mathrm{T}}}\mathrm{r}^{2} = 2\dddot{\bar{\mathrm{C}}}\mathrm{r}\overset{..}{\dddot{\mathrm{T}}}\mathrm{r}^{3} + \dddot{\bar{\mathrm{C}}}\mathrm{r}$. Il s'obtient en décomposant le sel double plombique (voir plus bas) dans l'eau au moyen du sulfide hydrique. Il forme ainsi une solution verte qui se réduit, par la dessiccation, en une masse vitreuse verte.

Tartrate chromico-potassique. Comme la plupart des bases à 3 atomes d'oxygène, l'oxyde chromique a de la tendance à former des sels doubles avec l'acide tartrique, à 1 atome d'oxyde et 1 atome d'acide. Le tartrate chromique, $\dddot{\bar{\mathrm{C}}}\mathrm{r}\overset{..}{\dddot{\mathrm{T}}}\mathrm{r}$, forme, d'après *Berlin*, avec le tartrate potassique, deux sels doubles.

a. $\dot{\mathrm{K}}\overset{..}{\dddot{\mathrm{T}}}\mathrm{r} + \dddot{\bar{\mathrm{C}}}\mathrm{r}\overset{..}{\dddot{\mathrm{T}}}\mathrm{r}$. Il s'obtient en mêlant une solution chaude de bichromate potassique avec de l'acide tartrique en poudre, ajouté par petites portions jusqu'à ce qu'il ne se dégage plus de gaz acide carbonique avec effervescence. Il ne faut pas y ajouter l'acide tartrique en excès, parce qu'il pourrait se séparer bientôt après du bitartrate potassique. La solution est d'un gris foncé, et se réduit, par l'évaporation, en une masse vitreuse, d'un vert foncé, très-soluble dans l'eau, d'où elle est précipitée par l'alcool.

b. $3\dot{K}\ddot{\ddot{T}}r + \dddot{Cr}\ddot{\ddot{T}}r$. Il s'obtient quand on ajoute à la solution du sel précédent une solution concentrée de tartrate potassique neutre. Ce mélange dépose le sel double en grains cristallins vert foncé, mais il se dessèche facilement en une masse verte foncée.

Tartrate chromico-plombique, $\dot{P}b\ddot{\ddot{T}}r + \dddot{Cr}\ddot{\ddot{T}}r$. Il se précipite sous forme d'une poudre gris bleu, quand on mêle la solution d'un sel plombique avec la solution du sel potassique correspondant.

Tartrate chromico-argentique, $\dot{A}g\ddot{\ddot{T}}r + \dddot{Cr}\ddot{\ddot{T}}r$. Il ressemble tout à fait au sel précédent, et s'obtient de la même manière. Ces sels doubles ont été également examinés par *Berlin*.

Formiate chromique, $\dddot{Cr}\dddot{F}o^3$. Il donne une croûte saline verdâtre par l'évaporation spontanée.

Acétate chromique, $\dddot{Cr}\dddot{A}c$. C'est un sel vert, soluble, qui forme une croûte saline, confuse, quand on évapore sa dissolution.

Succinate chromique. Le succinate sodique produit, avec une dissolution de chlorure chromique bleu, un précipité bleuâtre, soluble dans un excès du corps précipitant, d'où l'alcool le précipite de nouveau. L'hydrate chromique bleu humide se dissout dans l'acide succinique avec une couleur bleue, et la solution donne, par l'évaporation, une masse bleue amorphe, rouge par transparence, qui se dissout dans une petite quantité d'eau qui n'enlève que l'acide succinique employé en excès. Suivant *Döpping*, l'hydrate chromique ne se dissout ni dans l'acide seul, ni dans l'acide mêlé de succinate sodique. Il se peut qu'il en soit ainsi, lorsque l'hydrate a été auparavant fortement desséché, parce qu'il est alors peu soluble dans les acides puissants.

L'*arséniate chromique* est un précipité vert.

Le *tellurate chromique* est un précipité floconneux, gris vert par réflexion, rougeâtre par réfraction, et soluble dans un excès du sel chromique; il ne devient stable qu'après la décomposition de celui-ci.

Le *tellurite chromique* est un précipité vert gris pâle, et volumineux.

Molybdate chromique. Précipité vert, soluble dans le molybdate d'ammoniaque.

Le *tungstate chromique* se comporte comme le sel précédent.

C. *Sulfosels de chrome.*

Le sulfure chromique, c'est-à-dire le sulfure proportionnel à l'oxyde chromique, forme, avec les sulfides, des sulfosels particuliers. Le sulfure chromique est une sulfobase faible.

Sulfocarbonate chromique, $\overset{\prime\prime\prime}{\bar{Cr}}\overset{\prime\prime}{C}^3$. C'est un précipité gris verdâtre, qui ressemble tellement à l'hydrate chromique, qu'on ne saurait l'en distinguer au simple aspect. En distillation, il donne du sulfide carbonique, et laisse du sulfure chromique brun, qui brûle avec vivacité, et se convertit en oxyde chromique quand on le calcine au contact de l'air.

Sulfarséniate chromique, $\overset{\prime\prime\prime}{\bar{Cr}}{}^2\overset{\prime\prime\prime\prime\prime}{\bar{As}}{}^3$. A l'état neutre et à l'état basique, ce sel est d'un jaune sale, et, après la dessiccation, d'un orange impur.

Sulfarsénite chromique, $\overset{\prime\prime\prime}{\bar{Cr}}{}^2\overset{\prime\prime\prime}{\bar{As}}{}^3$. C'est un précipité d'un jaune grisâtre sale, qui, desséché, est d'un jaune verdâtre. Il est fusible, et donne, en se fondant, du sulfide arsénieux. La masse fondue est d'un gris foncé, brillante, et donne une poudre d'un gris noirâtre tirant un peu sur le vert. A une température plus élevée, il abandonne une nouvelle quantité de sulfide arsénieux, et laisse pour résidu une masse pulvérulente grise, qui ressemble à du sulfure chromique, prend le poli sous le pilon, paraît fine au toucher, et s'étend sur la peau. C'est cependant encore un sulfarsénite. Chauffé à l'air, il s'enflamme et se transforme, par la combustion, en oxyde chromique, avec dégagement d'acides sulfureux et arsénieux.

Sulfomolybdate chromique, $\overset{\prime\prime\prime}{\bar{Cr}}\overset{\prime\prime\prime}{Mo}{}^3$. C'est un précipité brun foncé, qui prend, après la dessiccation, une teinte verdâtre.

Hypersulfomolybdate chromique, $\overset{\prime\prime\prime}{\bar{Cr}}\overset{\prime\prime\prime\prime}{Mo}{}^3$. Précipité rouge foncé.

Sulfotungstate chromique, $\overset{\prime\prime\prime}{\bar{Cr}}\overset{\prime\prime\prime}{W}{}^3$. Il se dissout en brun verdâtre dans l'eau. Quand la dissolution est concentrée, une partie du sel se dépose sous forme d'un précipité brun verdâtre, floconneux.

38. *Sels d'urane.*

L'urane forme deux séries de sels : La première comprend les sels uraneux, qui sont verts. La connaissance de ces sels est aussi ancienne que celle de l'urane; mais ils ont été peu étudiés, jusqu'à l'époque où *Péligot* découvrit le chlorure uraneux anhydre en même temps que l'oxyde uraneux à l'état d'hydrate. Outre ce chimiste, *Ebelmen, Wertheim* et surtout *Rammelsberg* en ont fait l'objet de leurs recherches. Ces sels, en dissolution, sont d'un beau vert; ils ont une grande tendance à former des sels basiques, et sont précipités en brun par la potasse caustique.

Les sels de la seconde série, ou sels uraniques, ont une belle couleur jaune citron. Ils ont, comme les sels bismuthiques, de la tendance à se composer de 1 atome d'oxyde uranique et de 1 atome d'acide, et à fixer, dans les sels haloïdes, 2 atomes d'oxyde; de sorte que les sels uraniques jusqu'à présent connus sont basiques, et formés de 1 atome de sel neutre avec 2 atomes d'oxyde uranique. La plupart se dissolvent dans l'eau aussi bien que dans l'alcool, et sont précipités en jaune citron par les alcalis. Le carbonate ammonique y produit un précipité qui se redissout en jaune par l'addition d'un excès de précipitant. Ils sont précipités en rouge brun par le cyanure ferroso-potassique. Leur dissolution aqueuse n'est pas précipitée par le sulfide hydrique, à moins qu'on n'y ajoute un excès d'acide : ils sont par là réduits à l'état de sels uraneux, de manière qu'il se précipite du soufre. Les sulfhydrates les précipitent en noir, le cyanure ferroso-potassique en rouge brun, et l'infusion de noix de galle en brun chocolat. Le papier de curcuma brunit dans une solution concentrée de sels uraniques. Fondus, au chalumeau, avec du phosphaste sodico-ammonique, ils donnent au feu de réduction un verre vert, semblable au verre chromique; mais il s'en distingue en ce que, au feu d'oxydation, il passe du jaune au vert.

A. *Sels haloïdes d'urane.*

Chlorure uraneux, U Ɇl. On l'obtient en mêlant l'oxyde uranoso-uranique très-intimement avec du charbon, et chauffant le mélange jusqu'à l'incandescence dans un courant de gaz chlore sec. On mêle l'oxyde uranoso-uranique très-exactement avec tout au plus un quart de son poids de poudre de charbon, ou avec les deux tiers de son poids de sucre pulvérisé; on calcine ce mélange dans un creuset couvert, et on obtient ainsi une masse compacte, susceptible d'être broyée en petits morceaux, qu'on introduit dans un tube de verre, qu'on entoure de lames de fer-blanc dans toute l'étendue où se trouvent ces morceaux. La forme de ces fragments facilite l'accès du gaz chlore. On place le tube dans un fourneau convenable, et on le chauffe jusqu'à l'incandescence dans tous les points où il est entouré de fer-blanc, en même temps qu'on y fait passer un courant de gaz chlore convenablement desséché. Il se produit ainsi du gaz carbonique qui se dégage, et il se sublime du chlorure qui se dépose dans un point du tube qui cesse d'être incandescent; car le chlorure n'est pas très-volatil. Si le gaz employé n'est pas sec, on obtient facilement, au-devant du sublimé vert, un léger dépôt de cristaux jaunes. Il importe, pour le succès de cette opération, que le point du tube où le chlore doit se déposer soit un peu élargi, car autrement le sublimé pourrait boucher le tube avant l'opération terminée. Après le refroidissement, on coupe le tube entre le charbon et le sublimé, et on fait tomber celui-ci dans un flacon bien sec, qu'on bouche sur-le-champ hermétiquement. Le chlorure uraneux présente l'aspect d'une masse cristalline d'un vert foncé, dont l'intérieur est garni de cristaux octaédriques réguliers. Il est extrêmement déliquescent, de sorte qu'il est difficile, en le retirant du tube, de l'empêcher d'attirer l'humidité. *Péligot* recommande par conséquent de fermer les deux bouts du tube à la lampe, quand on veut conserver le chlorure uraneux, pour s'en servir dans la réduction de l'urane au moyen du potassium. Tant qu'il n'a pas attiré l'humidité, on peut le sublimer sans altération, ce qui exige une chaleur rouge. Sa vapeur est rouge. Il se dissout, avec dégagement de chaleur, dans l'eau, et la solution, évaporée dans le vide, laisse un sirop vert qui se dessèche à l'air en une masse verte, résineuse, déliquescente. Sa dissolution aqueuse concentrée brunit par la chaleur, pendant qu'il se dépose une poudre fine noire, qui paraît être un souschlorure uraneux. La solution est incolore, après qu'elle s'est éclaircie. Étendue, elle brunit également, sans perdre sa limpidité. La solution verte aussi bien que la solution brune, traitées par les alcalis, donnent un précipité brun d'hydrate uraneux.

Quand on chauffe du chlorure uraneux anhydre dans un courant de gaz hydrogène sec, il se produit du gaz acide chlorhydrique, et il reste un composé moins chloruré; il semblerait, d'après cela, qu'un atome double d'urane pourrait se combiner avec 1 équivalent de chlore. Mais, dans aucune expérience, on ne réussit à enlever ainsi la moitié du chlore. *Péligot*, qui entreprit le premier cette recherche, a trouvé que le gaz hydrogène n'enlève pas le quart du chlore ; suivant une expérience de *Rammelsberg*, il en enlève le tiers. Dans les deux cas, il reste un résidu brun qui, d'après *Péligot*, est fibreux, et se dissout facilement dans l'eau, qu'il colore en rouge pourpre; puis, il commence bientôt à dégager du gaz hydrogène, la solution verdit, et dépose une poudre rouge violette, qui paraît être de l'oxyde uraneux. Les résultats analytiques indiqués sont probablement l'un et l'autre exacts; mais on ne saurait admettre que le produit obtenu soit une combinaison simple. Selon toute apparence, il existe une combinaison $= \bar{U}\bar{Cl}$, ou un souschlorure uraneux, susceptible de former avec le chlorure uraneux des combinaisons doubles qu'on pourrait peut-être, en employant une température suffisamment élevée, obtenir à l'état isolé. Le résultat de *Péligot* s'accorde avec $\bar{U}\bar{Cl} + 2U\bar{Cl}$, et celui de *Rammelsberg* avec $\bar{U}\bar{Cl} + U\bar{Cl}$.

Chlorure uraneux ammoniacal, $3U\bar{Cl} + \bar{N}H^3$. On l'obtient, d'après *Rammelsberg*, en faisant absorber du gaz ammoniac par du chlorure uraneux anhydre : le chlorure se dédouble avec dégagement de chaleur. Il contient 5,61 pour cent d'ammoniaque. Chauffé dans un courant de gaz ammoniac, il laisse $\bar{U}\bar{Cl} + U\bar{Cl}$.

Les expériences qu'on a faites pour produire des sels doubles avec le chlorure uraneux et les chlorures alcalins, ont donné des résultats négatifs.

Chlorure uranique, $\bar{U}\bar{Cl}^3$. Il n'a pas encore été préparé.

Biaci-chlorure uranique (souschlorure uranique), $\bar{U}\bar{Cl}^3 + 2\dddot{\bar{U}}$. On l'obtient, en petite quantité, sublimé sous forme de longues aiguilles aplaties, quand on fait arriver du gaz chlore sec, à une douce chaleur, sur de l'oxyde uraneux anhydre. La vapeur du biaci-chlorure uranique est jaune orange. Le sublimé est déliquescent à l'air. On prépare ce composé par voie humide, en dissolvant l'oxyde uranique dans l'acide chlorhydrique, et évaporant la solution jusqu'à faible consistance sirupeuse, et la portant ensuite dans le dessiccateur. Ce composé se dépose en tables obliques, quadrilatères, déliquescentes à l'air. La solution se réduit, par la chaleur, en une masse saline jaune, irrégulièrement cristallisée et déliquescente. Elle est soluble dans l'eau, dans l'alcool et l'éther.

La solution éthérée, exposée à la lumière directe du soleil, devient verte.

Le biaci-chlorure uranique se combine facilement avec d'autres chlorures pour former des sels doubles.

Le *sel double potassique*, $3K\bar{Cl} + \bar{U}\bar{Cl}^3\ddot{\bar{U}}^3$. Il se forme par le mélange des deux sels composants, et la liqueur, évaporée jusqu'à consistance sirupeuse, donne, par le refroidissement, des cristaux jaunes, extrêmement beaux; ce sont des prismes quadrilatères, des tables rhomboïdales et même hexalatères, contenant 6 atomes ou 6,5 pour cent d'eau, qu'ils perdent un peu au-dessus de + 100°. Le sel est très-soluble dans l'eau; mais, par l'évaporation de la liqueur, il se décompose de telle façon qu'il s'en dépose une portion de chlorure potassique. On prévient ceci par l'addition de l'acide chlorhydrique, ou en employant le biaci-chlorure uranique en excès. Le sel est soluble dans l'alcool, et supporte une légère calcination.

Le *sel sodique* peut être difficilement amené à une cristallisation régulière. Le *sel double ammonique* ressemble au sel potassique, dont il partage la composition. Il renferme 6 atomes ou 7,41 pour cent d'eau; il est déliquescent, et ne s'obtient cristallisé que dans le dessiccateur.

Bromure uraneux, $U\bar{Br}$. Il se produit quand on dissout l'hydrate uraneux dans l'acide bromhydrique, et évaporant la solution vert foncé dans le dessiccateur; il se dépose en cristaux verts, irréguliers, autour desquels l'eau-mère se dessèche en une masse saline, très-déliquescente à l'air. Les cristaux renferment 4 atomes ou 20,65 pour cent d'eau. Par l'application de la chaleur, l'acide chlorhydrique se dégage, et le liquide sirupeux acquiert une couleur brune. Traité par l'eau, il laisse un résidu brun, qui paraît être du souschlorure uraneux.

Biaci-bromure uranique, $\bar{U}\bar{Br} + 2\dddot{\bar{U}}$. On l'obtient en dissolvant l'oxyde uranique dans l'acide bromhydrique. Il cristallise en aiguilles jaunes aplaties, contenant de l'eau de cristallisation, qu'on peut expulser par une douce chaleur; il devient par là rouge orange. Il est déliquescent à l'air, et soluble dans l'alcool. Il forme des sels doubles avec d'autres bromures.

Iodure uraneux, UI. On l'obtient en dissolvant l'hydrate uraneux dans l'acide iodhydrique. La solution est vert foncé, et donne, dans le dessiccateur, des cristaux noirs de biaci-iodure uranique, produits par l'oxydation d'un excès d'acide iodhydrique aux dépens de l'air, et par une séparation d'iode; ce qui rend la solution brune, de verte qu'elle était.

Le *fluorure uraneux* est encore inconnu.

Biaci-fluorure uranique, $\bar{U}F^3 + 2\dddot{\bar{U}}$. On l'obtient en dissolvant l'oxyde uranique dans l'acide fluorhydrique. La solution jaune ne donne pas de cristaux ; mais, pendant l'évaporation, elle donne des efflorescences aux bords, et laisse, par la dessiccation spontanée, une poudre presque blanche, qui se redissout complétement dans l'eau. Avec les fluorures alcalins, il forme des sels doubles jaunes, cristallisables.

Fluorure silicoso-uraneux, $3UF + 2SiF^3$. Il se précipite sous forme d'une masse gélatineuse, bleu vert, quand on traite une solution de chlorure uraneux par de l'acide hydrofluosilicique. Il se dissout en très-petite quantité dans l'acide libre. Le précipité est, après la dessiccation, peu soluble dans les acides, et ne s'altère pas par l'ébullition avec l'alcali. Il contient de l'eau chimiquement combinée.

Le *cyanure uraneux* n'a pu être produit, ni en traitant l'hydrate uraneux par une solution aqueuse d'acide cyanhydrique, ni en décomposant le chlorure uraneux par le cyanure potassique. L'hydrate uraneux se précipite pendant que de l'acide cyanhydrique devient libre dans la liqueur, même lorsqu'il y a un excès de cyanure potassique.

Cyanure ferroso-uraneux, $2U\bar{C}y + Fe\bar{C}y$. Il se précipite en brun clair, quand on mêle du chlorure uraneux avec une solution de cyanure ferroso-potassique. Les acides chlorhydrique et nitrique y ont peu d'action; l'eau régale le dissout en vert. L'hydrate potassique le décompose en hydrate uraneux et en cyanure ferroso-potassique. Quand on emploie le cyanure ferroso-potassique en exces, il se produit du cyanure ferrico-potassique dans la liqueur, pendant qu'il se sépare une combinaison, où les deux métaux (fer et urane) se trouvent par atomes égaux, en même temps qu'une quantité insensible de potassium.

Biaci-cyanure uranique, $\bar{U}\bar{C}y^3 + 2\dddot{\bar{U}}$. C'est une poudre jaune insoluble, qui se forme quand on traite l'hydrate uranique par l'acide cyanhydrique. Le biaci-cyanure uranique s'obtient aussi en précipitant les sels uraniques par le cyanure potassique. Il se dissout dans le cyanure potassique avec une couleur jaune, en formant un sel double qui n'a pas encore été examiné. La solution n'est pas précipitée par l'addition d'un acide.

Rhodanure uraneux, $UC^2N^2S^2$. Il forme une solution verte, quand on traite l'hydrate uraneux par l'acide rhodanhydrique, et donne, par l'évaporation dans le dessiccateur, une masse cristalline, déliquescente, vert foncé ; cette masse, en la redissolvant dans l'eau, se décompose partiellement en oxyde uraneux qui reste, et en une quantité correspondante d'acide rhodanhydrique qui devient libre dans la liqueur.

Rhodanure uranique, $\bar{U} + 3C^2N^2S^2 + 2\dot{H}$. Il se dissout en jaune dans l'eau, quand on sature l'acide rhodanhydrique par l'hydrate uranique. On n'a pas encore cherché à savoir comment la solution se comporte par l'évaporation.

B. *Oxysels d'urane.*

1. *Sels uraneux.*

Sulfate uraneux, $\dot{U}\dddot{S}$. On l'obtient le plus facilement en mêlant une solution de chlorure uraneux avec l'acide sulfurique : la liqueur se prend en masse, si elle est concentrée. Après avoir évaporé l'acide chlorhydrique au bain-marie, on dissout le sel dans une petite quantité d'eau, et on abandonne la liqueur à l'évaporation spontanée. On le prépare aussi en dissolvant l'hydrate uraneux dans de l'acide sulfurique étendu de 5 à 6 parties d'eau, et abandonnant la solution à l'évaporation spontanée. Le sel cristallise en prismes droits rectangulaires, terminés par une pyramide obtuse. Quelquefois les arêtes sont tronquées, et les prismes à huit pans. La cristallisation s'effectue le mieux dans une eau mère, contenant beaucoup d'acide sulfurique; si celui-ci n'y était pas en excès, le sel se dessécherait en un vernis vert. Les cristaux sont d'un beau vert foncé, et renferment 4 atomes ou 26 pour cent d'eau. *Ebelmen* obtint ce sel avec une proportion d'eau différente, en dissolvant l'oxyde uranoso-uranique dans l'acide sulfurique concentré, en y ajoutant d'abord de l'eau, puis de l'alcool, mais non pas jusqu'à précipitation, et exposant la liqueur, à la lumière directe du soleil, dans un flacon fermé. L'oxyde uranique se réduisit ainsi par l'alcool à l'état d'oxyde uraneux, et l'intérieur du vase se tapissait de cristaux de sulfate uraneux, contenant 2 atomes seulement ou 14,29 pour cent d'eau. Ce sel perd difficilement son eau, car il en conserve encore à + 230°. Fortement calciné, il se décompose en laissant de l'oxyde uranoso-uranique. Par l'addition de l'eau, il se décompose en un soussel et en une solution acide de sel neutre. La liqueur renferme 1 atome de sulfate combiné avec 1 atome d'acide sulfurique; mais, pendant la cristallisation, le sulfate neutre se dépose. Il est insoluble dans l'alcool; traitée par ce dernier liquide, la dissolution aqueuse donne un précipité de soussel.

Sulfate monobasique, $\dot{U}^2\dddot{S} = \dot{U}\dddot{S} + \dot{U}$. On le prépare en traitant le sulfate neutre par beaucoup d'eau, et chauffant doucement la liqueur : le soussel se dépose sous forme d'une poudre gris vert clair, contenant 3 atomes ou 13,29 pour cent d'eau. En dissolvant de l'oxyde uranoso-uranique dans de l'acide sulfurique concentré, et ajoutant de l'alcool à la solution verte étendue d'eau jusqu'à ce qu'il ne se forme plus de précipité, on obtient le même soussel, mais il renferme alors 2 atomes ou 9,30 pour cent d'eau. Il se décompose, par l'ébullition, en acide sulfurique qui devient libre, et en un soussel noir, plus basique. On n'a pas examiné jusqu'à quel point cette action s'étend. Il se dissout, par voie de digestion, dans l'acide sulfurique étendu et dans l'acide chlorhydrique.

Sulfate uranoso-potassique, $\dot{K}\dddot{S} + 2\dot{U}\dddot{S}$. On l'obtient par l'évaporation aqueuse du sulfate uraneux et du sulfate potassique : le sel double se dépose sous forme d'une croûte verte, cristalline, contenant 1 atome ou 2,88 pour cent d'eau. Soumis à l'action de la chaleur, il donne, avant d'atteindre l'incandescence, de l'acide sulfureux et de l'acide sulfurique, pendant qu'il se produit de l'uranate potassique. Le sulfate uranoso-potassique est très-peu soluble dans l'eau.

Sulfate uranoso-ammonique, $\dot{N}H^4\dddot{S} + \dot{U}\dddot{S}$. Il présente l'aspect de petits mamelons verts, résultant d'un amas d'aiguilles entrelacées, contenant 1 atome ou 5,17 pour cent d'eau. Il est plus soluble dans l'eau que le sel précédent, et renferme 1 atome de sulfate uraneux de moins. Soumise à la chaleur, sa solution laisse déposer un soussel uraneux.

Soussulfite uraneux, $\dot{U}^2\ddot{S} = \dot{U}\ddot{S} + \dot{U}$. Il se précipite en gris vert, quand on mêle le chlorure uraneux avec une solution de sulfite potassique ou sodique neutre : de l'acide sulfureux devient libre dans la liqueur, qui contient en même temps une petite portion de sel en dissolution ; mais celui-ci se précipite par l'évaporation de l'acide sulfureux. Il renferme 2 atomes ou 9,68 pour cent d'eau. Chauffé doucement, il perd de l'acide sulfureux, et il reste, à l'abri du contact de l'air, de l'oxyde uraneux ; au contact de l'air, il reste de l'oxyde uranoso-uranique. Il se dissout facilement dans les acides.

Le *dithionite uraneux* ne paraît pas exister. La solution de chlorure uraneux, traitée par du dithionite sodique, donne un précipité qui est un mélange de soussulfite uraneux et de soufre, pendant qu'il reste de l'acide sulfureux libre dans la liqueur. Le liquide filtré est gris vert ; abandonné au repos, il dépose une quantité de plus en plus grande de sulfite.

Le *nitrate uraneux* ne paraît pas non plus exister.

Phosphate uraneux, $\dot{U}^2\dddot{P}$. Il forme un précipité gélatineux vert, contenant 3 atomes ou 11,59 pour cent d'eau, quand on verse du phosphate sodique dans une solution de chlorure uraneux. Il est complétement insoluble dans l'eau ; et, à l'état de non dessiccation, il est même insoluble dans les acides étendus. L'acide chlorhydrique concentré en dissout une très-petite quantité, que l'eau fait précipiter de nouveau. L'ammoniaque caustique ne le décompose pas ; mais l'hydrate potassique en extrait presque la totalité d'acide phosphorique. En employant, pour précipitant, du ^{b}phosphate sodique, on obtient une combinaison tout à fait semblable.

Perchlorate uraneux, $\dot{U}\dddot{Cl}$. On l'obtient en dissolvant l'hydrate uraneux dans l'acide perchlorique. La solution est vert foncé, et se réduit, par l'évaporation dans le dessiccateur, en un sirop vert. Par l'application de la chaleur, l'oxyde uraneux se suroxyde aux dépens de l'acide.

Chlorate uraneux, $\dot{U}\ddot{Cl}$. Il s'obtient comme le sel précédent ; mais il ne tarde pas à s'oxyder aux dépens de l'acide, et jaunit.

Le *bromate uraneux* ne paraît pas exister. L'acide bromique, au contact de l'oxyde uraneux, donne immédiatement lieu à un dégagement de brôme, et la liqueur contient du biaci-bromure uranique.

Periodate et iodate uraneux. Ils s'obtiennent par voie de double décomposition ; ce sont des précipités gris vert, qui ne tardent pas à devenir d'un blanc jaune, et contiennent alors de l'iodate ou periodate uranique.

Carbonate uraneux. Il ne paraît pas exister. Le chlorure uraneux, traité par un carbonate alcalin, donne un précipité d'hydrate uraneux, avec dégagement de gaz acide carbonique; et la solution du sulfate uraneux donne un précipité de soussulfate. Si l'on emploie le carbonate alcalin en excès, l'oxyde uraneux se dissout, en petite quantité, dans la liqueur chargée d'acide carbonique; mais cet oxyde se dépose après que l'acide carbonique s'est dégagé. Cette opération se fait le mieux, suivant *Rammelsberg*, avec le carbonate ammonique. Je n'ai pas pu obtenir, avec ce sel, une solution verte; et j'ai trouvé que lorsqu'on précipite par là un sel uranoso-uranique, l'oxyde uranique se dissout, jusqu'à la dernière trace, dans le carbonate ammonique, pendant qu'il reste de l'hydrate uraneux.

Oxalate uraneux. a. Oxalate neutre, $\dot{U}\dddot{C}$. Il se précipite, par voie de double décomposition, sous forme d'une poudre gris vert, contenant 3 atomes ou 20,61 pour cent d'eau. Il se dissout très-difficilement dans l'acide chlorhydrique, et se décompose complétement, tant par la potasse caustique que par l'ammoniaque.

b. Suroxalate, $\dot{U}\dddot{C} + \dot{U}\dddot{C}^2$. On l'obtient en faisant bouillir longtemps le sel précédent dans une solution d'acide oxalique. L'excès d'acide ne dissout aucune trace de sel; le nouveau composé reste insoluble, mais tout à fait altéré dans son aspect. Il contient 2 atomes ou 6,87 pour cent d'eau. En ajoutant une petite quantité d'hydrate uraneux à une solution d'acide oxalique, on obtient une solution verte, qui semble indiquer l'existence d'un sel contenant une plus forte proportion d'acide. Quand on y ajoute ensuite une plus grande quantité d'oxyde uraneux ou de sel neutre, tout se précipite à l'état de ce dernier sel.

Oxalate uranoso-potassique, $\dot{K}\dddot{C} + 5\dot{U}\dddot{C}$. On le prépare en faisant bouillir de l'hydrate uraneux récemment précipité, avec du bioxalate potassique: l'oxalate uranoso-potassique reste non dissous, tandis que le liquide verdit très-légèrement. C'est une poudre gris vert, qui renferme 10 atomes ou 13 pour cent d'eau.

Oxalate uranoso-ammonique, $\dot{N}H^4\dddot{C} + \dot{U}\dddot{C}$. On le prépare de la même manière, en employant l'hydrate uraneux et le bioxalate ammonique. Mais le sel donne une dissolution vert foncé, légèrement rouge aux bords; par l'évaporation, la liqueur laisse une masse cristalline verte, contenant 1 atome ou 5,15 pour cent d'eau.

Borate uraneux. On l'obtient par voie de double décomposition; c'est un précipité gris vert, peu stable : il cède bientôt son acide à la liqueur, et laisse de l'hydrate uraneux.

Formiate uraneux, $\dot{U}\dddot{F}o$. C'est un précipité vert gris, qui se dissout dans un excès de formiate sodique. Cette solution ne donne pas de précipité par l'additon du chlorure uraneux. Mais quand on chauffe la liqueur, tout le sel se précipite.

Acétate uraneux, $\dot{U}\dddot{A}c$. On l'obtient en dissolvant l'hydrate uraneux dans l'acide acétique. Par l'évaporation de la liqueur, l'oxyde uraneux se précipite, ou, s'il peut se suroxyder, il se dépose de l'acétate uranoso-uranique en mamelons composés de petites aiguilles d'un vert foncé.

Tartrate uraneux. Il se précipite sous forme d'une poudre gris vert, quand on verse de l'acide tartrique, goutte à goutte, dans une dissolution de chlorure uraneux. Mais il est basique, et composé de $\dot{U}^3\overset{\cdot\cdot\cdot\cdot\cdot}{Tr}^2 = 2\dot{U}\overset{\cdot\cdot\cdot\cdot\cdot}{Tr} + \dot{U}$. La solution, où il s'est déposé, a une couleur verte. Le sel précipité est insoluble dans l'eau, et contient, après la dessiccation à l'air, 6 atomes ou 13,84 pour cent d'eau, dont les trois quarts s'en vont à $+ 100°$, en laissant pour résidu $2\dot{U}^3\overset{\cdot\cdot\cdot\cdot\cdot}{Tr}^2 + 3\dot{H}$. Il est soluble dans l'acide chlorhydrique, et la solution se réduit, par l'évaporation, en un sirop vert, qui est une combinaison de chlorure uraneux avec le surtartrate uraneux, soluble dans l'eau. La solution chlorhydrique du sel double, traitée par l'alcali, laisse déposer le composé intact; mais si la liqueur a été préalablement mêlée d'acide tartrique libre, elle n'est plus précipitée par l'alcali, et acquiert ainsi une couleur jaune orange. Le soussel se dissout en quantité insignifiante dans une solution d'acide tartrique.

Tartrate uranoso-potassique, $2\dot{K}\overset{\cdot\cdot\cdot\cdot\cdot}{Tr} + \dot{U}^6\overset{\cdot\cdot\cdot\cdot\cdot}{Tr}$. On l'obtient en faisant bouillir le bitartrate dans l'hydrate uraneux, ou en faisant digérer le soussel précédent avec une solution de tartrate potassique neutre : la liqueur se réduit, par la dessiccation, en une masse noire, brillante; on la redissout dans une très-petite quantité d'eau, on la sépare, par le filtre, du surtartrate potassique neutre, et on la dessèche de nouveau. Le tartrate uranoso-potassique ainsi obtenu renferme 2 atomes ou 2,52 pour cent d'eau. La solution de ce sel est précipitée par la potasse caustique, mais non par l'ammoniaque, ni par le carbonate alcalin. La formule de ce sel paraît étrange; cependant elle est analogue à celles des combinaisons qui se précipitent, quand on traite par l'alcool différents tartrates métalliques, dissous dans la potasse caustique. Le sel en question est une combinaison du sel double neutre avec l'oxyde uraneux, et on doit le représenter par $(2\dot{K}\ddot{\overline{T}}r + \dot{U}\ddot{\overline{T}}r) + 4\dot{U}$.

Le *sel double ammonique* ressemble tout à fait au sel précédent.

Succinate uraneux. Il se précipite, par voie de double décomposition, sous forme d'une poudre vert foncé.

Arséniate uraneux, $\dot{U}^{2}\dddot{\overline{A}}s$. Il s'obtient, comme le phosphate, à l'état de précipité. Il renferme 4 atomes ou 12,53 pour cent d'eau. Il se dissout facilement dans l'acide chlorhydrique, et n'en est pas précipité par l'eau. Cette solution, traitée par l'ammoniaque, donne un sel basique sous forme d'un précipité très-volumineux, gris vert. La potasse le décompose, en en extrayant l'acide.

Sousantimoniate uraneux, $\dot{U}^{5}\dddot{\overline{S}}b^{3} = 3\dot{U}\dddot{\overline{S}}b + 2\dot{U}$. C'est un précipité vert gélatineux, qui se dissout dans la partie encore non décomposée de chlorure uraneux; c'est de là qu'il est précipité par l'antimoniate potassique. Après la décomposition de celui-ci, le précipité devient permanent. Il renferme 15 atomes ou 13,74 pour cent d'eau. Il se dissout à chaud, dans l'acide chlorhydrique concentré; la solution, étendue d'eau, laisse déposer de l'antimoniate antimonique, et la liqueur jaunit par l'oxyde uranique qui se produit. L'acide nitrique dissout l'oxyde uraneux à l'état d'oxyde uranique, et laisse l'acide antimonique insoluble. La potasse enlève au sel humide son acide, et laisse l'oxyde uraneux, tandis qu'il n'enlève presque rien au sel desséché.

Chromate uraneux. Le chlorure uraneux, traité par le chromate potassique, donne un précipité jaune brun qui se redissout d'abord, et finit par devenir permanent. Le liquide filtré est d'un rouge jaune. Le précipité est un mélange d'oxyde uranique et d'oxyde uraneux, en combinaison avec l'acide chromique et l'oxyde chromique. La potasse en extrait l'acide chromique, et laisse un résidu rouge.

Molybdate uraneux. Il forme, par voie de double décomposition, un précipité vert foncé, tandis que le liquide surnageant est bleu. Par le lavage à l'eau, ce précipité cède, pendant très-longtemps, du molybdate molybdique, et laisse à la fin du molybdate uranoso-uranique.

Tungstate uraneux. Il s'obtient, par voie de double décomposition, sous forme d'un précipité brun, qui est $\dot{U}\dddot{W} + \dot{U}\dddot{W}^2$. L'acide chlorhydrique le colore en bleu, et le dissout ensuite en vert. L'acide sulfurique n'y a point d'action. A l'état humide, la potasse en extrait l'acide tungstique, et en sépare l'oxyde uraneux. La combinaison renferme 6 atomes ou 9,9 pour cent d'eau.

2. *Sels uraniques.*

Sulfate uranique, $\ddot{\bar{U}}\dddot{S}^3$. On l'obtient en dissolvant, jusqu'à saturation, l'un des deux sels suivants dans de l'acide sulfurique bouillant concentré, et laissant refroidir la liqueur : le sel se dépose en cristaux jaunes déliquescents. L'eau le décompose, tout en le dissolvant complétement : par l'évaporation de la liqueur, il se dépose, dans une eau-mère très-acide, le sel suivant.

Sulfate sesquibasique, $\ddot{\bar{U}}\dddot{S}^2 + 2\ddot{\bar{U}}\dddot{S}^3 + \ddot{\bar{U}}$. On le prépare en mêlant le sulfate biuranique avec un excès d'acide sulfurique (plus cet excès est grand, mieux cela vaut), et abandonnant le mélange à l'évaporation spontanée : il cristallise, dans une eau mère acide, sous forme d'aiguilles groupées en étoiles concentriques. Si, après que l'eau mère acide s'est égouttée, on le redissout dans l'eau, il ne cristallise pas dans la liqueur, mais on obtient, à sa place, le sel suivant, bien qu'à la fin il se dépose aussi une petite quantité de sulfate sesquibasique.

Sulfate bibasique, $\ddot{\bar{U}}\dddot{S} = \ddot{\bar{U}}\dddot{S}^3 + 2\ddot{\bar{U}}$. On l'obtient en dissolvant l'oxyde uraneux ou l'oxyde uranoso-uranique dans une petite quantité d'acide nitrique mêlé d'acide sulfurique, et évaporant la solution jusqu'à siccité ; on chasse ensuite, par la chaleur, l'excès d'acide sulfurique. Après quoi on dissout le sel dans l'eau, et on évapore la solution jusqu'à consistance sirupeuse : il se dépose difficilement, dans le dessiccateur, en cristaux prismatiques, qui (d'après la dernière formule) contiennent 9 atomes ou 12,79 pour cent d'eau, dont 4 atomes s'en vont, par l'efflorescence, à une douce chaleur, 2 atomes à + 100°, et les derniers 3 atomes à + 300°. Mais le sel reprend peu à peu à l'air toute son eau. Le sel anhydre supporte une douce calcination sans se décomposer; mais, à une chaleur trop forte, il prend une teinte verdâtre, pendant qu'il se forme un peu de sulfate uranoso-uranique. Il est très-soluble dans l'eau et dans l'alcool. 100 parties d'eau à + 22°, 5 dissolvent 215 parties de sel, et 350 parties à la température de l'ébullition. Il exige 25 parties d'alcool, à froid, pour se dissoudre; et cette solution dépose peu à peu, à la lumière directe du soleil, du sulfate uraneux. Soumis à une forte calcination, il se décompose en laissant de l'oxyde uranoso-uranique.

Un *sulfate encore plus basique* se rencontre, à l'état de minéral, à Joachimsthal en Bohême; il présente l'aspect de petits mamelons jaune citron, qui se réduisent facilement en poudre. Probablement on obtient la même combinaison en mêlant la solution du sel précédent avec de l'ammoniaque, jusqu'à ce qu'environ les deux tiers de l'oxyde uranique qui s'y trouve soient précipités. On n'a encore analysé aucune de ces combinaisons basiques.

Sulfate uranoso-uranique, $\dot{U}\dddot{S} + \dddot{\bar{U}}\dddot{S}$. On l'obtient en dissolvant l'oxyde uranoso-uranique dans l'acide sulfurique chaud concentré; après qu'on a évaporé l'excès d'acide à une double chaleur, il reste une masse d'un vert pâle. Il est difficile de décider si c'est une véritable combinaison chimique du sulfate uraneux avec le sulfate uranique; cependant le fait est probable. Le produit se dissout en vert dans l'eau, et, en chauffant la liqueur jusqu'à l'ébullition, il se sépare du soussulfate uraneux, qui se redissout par le refroidissement. L'alcool précipite la totalité de l'oxyde uraneux sous forme d'un sel basique. Pendant la calcination de ce sel, l'oxyde uraneux se suroxyde aux dépens de l'acide, de manière qu'il se dégage de l'acide sulfureux et qu'il reste un résidu jaune $= \dddot{\bar{U}}\dddot{S}$, qui se décompose à une température plus élevée, en laissant de l'oxyde uranoso-uranique.

Sulfate uranico-potassique. On peut l'obtenir en deux proportions différentes. Quand on dissout 3 atomes égaux de sulfate uranique et de sulfate potassique, il se dépose, par l'évaporation de la liqueur, une croûte irrégulièrement cristalline $= \dot{K}\dddot{S} + \dddot{\bar{U}}\dddot{S} + 2\dot{\bar{H}}$, contenant 6,22 pour cent d'eau. Ce composé ne s'altère pas à l'air, mais à + 120° il perd toute son eau; 100 parties d'eau, à + 22°, dissolvent 11 parties de sel cristallisé, et à + 100°, 190 parties. Il supporte la calcination. En ajoutant à la solution du sel précédent une plus grande quantité de sel uranique, on obtient, par l'évaporation de la liqueur, une croûte saline, d'un beau jaune, irrégulièrement cristallisée; sa composition est $= 2\dot{K}\dddot{S} + 3\dddot{\bar{U}}\dddot{S} + \dot{\bar{H}}$, et renferme 3 $\frac{1}{2}$ pour cent d'eau de cristallisation. Ce sel fond à la chaleur rouge commençante, et acquiert, par le refroidissement, une cassure cristalline; il se dissout complétement dans l'eau. Il est insoluble dans l'alcool; celui-ci en extrait un tiers de $\dddot{\bar{U}}\dddot{S}$, et le change dans le sel précédent, dont la solution aqueuse est aussi précipitée par l'alcool.

Sulfate uranico-sodique. Il forme un sel double cristallisé, qu'on n'a pas encore analysé.

Sulfate uranico-ammonique, $\dot{\bar{N}}H^4\dddot{S} + \dddot{\bar{U}}\dddot{S} + 2\dot{\bar{H}}$. Il cristallise en prismes obliques, rectangulaires, et renferme 6,72 pour cent d'eau.

Nitrate uranique, $\dddot{\bar{U}}\overset{\cdot\cdot\cdot\cdot\cdot}{\bar{N}}$. Par l'évaporation spontanée, il cristallise en grandes tables jaunes; la couleur des cristaux les plus volumineux est verdâtre. Les cristaux contiennent 6 atomes ou 21,43 pour cent d'eau, et s'effleurissent légèrement à l'air sec. Le sel est très-soluble dans l'eau, qui, à $+ 18^{\circ}$, en dissout le double de son poids. L'alcool anhydre en dissout trois fois et demie son poids, et, par la distillation de cette solution, il se dégage du nitrite éthylique, pendant qu'il se précipite un sel basique sous forme d'une poudre jaune. Il se dissout aussi dans l'éther, et, exposée à la lumière du soleil, cette solution donne une liqueur vert pré d'oxyde uraneux noir. On n'a pas examiné si cette solution vert pré renferme du nitrite ou de l'acétate uraneux. Dans tous ces dissolvants, abandonnés à l'évaporation spontanée, le sel se dépose sous forme de cristaux. Il fond, par la chaleur, dans son eau de cristallisation, et il se solidifie sous forme cristalline; par l'augmentation de la chaleur, l'eau entraîne une partie d'acide nitrique. Quand on abandonne le sel à la chaleur d'un bain de sable jusqu'à ce qu'il ne se développe plus d'acide nitrique, reconnaissable à son odeur, il reste à la fin une masse jaune qui, soumise à l'ébullition, cède un soussel, pendant qu'il reste de l'hydrate uranique. Le résidu paraît être un autre soussel qui, par l'ébullition dans l'eau, se décompose en un sel moins basique, qui se dissout et cède l'excès de base, en combinaison avec de l'eau.

Sousnitrate uranique. La solution qu'on obtient en épuisant par l'eau le résidu de la calcination du nitrate, a une couleur jaune pâle; soumise à l'évaporation, elle laisse un résidu jaune, transparent, semblable à un vernis qui, même par suite de l'évaporation spontanée, ne présente pas d'indice de cristallisation. Sa composition n'a pas encore été déterminée par l'analyse. J'ai déjà dit qu'il se précipite un sousnitrate, quand on distille ou qu'on fait bouillir la solution du sel neutre dans l'alcool anhydre; mais ce sel lui-même n'a pas encore été analysé.

Phosphate uranique, $\dddot{\bar{U}}\overset{\cdot\cdot\cdot\cdot\cdot}{\bar{P}}$. Il se précipite sous forme d'une poudre volumineuse, d'un jaune pâle, quand on verse goutte à goutte de l'acide phosphorique dans une solution d'acétate uranique, ou en mêlant une solution de sulfate uranique avec du phosphate alcalin. L'acide phosphorique, ainsi saturé, forme une combinaison soluble, sirupeuse, d'où l'ammoniaque caustique précipite un sel encore plus basique, qui paraît être $\dddot{\bar{U}}^2\overset{\cdot\cdot\cdot\cdot\cdot}{\bar{P}}$.

Phosphate uranico-calcique, $\dot{\mathrm{C}}\mathrm{a}^2\overset{\cdot\cdot\cdot\cdot\cdot}{\bar{P}} + \dddot{\bar{U}}\overset{\cdot\cdot\cdot\cdot\cdot}{\bar{P}} + 3\dddot{\bar{U}} + 16\dot{\bar{H}}$. On le rencontre, dans le règne minéral, sous le nom d'*uranite*, cristallisé en tables jaunes, micacées. Il supporte une légère calcination, sans que l'oxyde uranique perde son oxygène. La chaux s'y trouve, en partie, remplacée par la baryte.

Phosphate uranico-cuivrique, $\dot{\mathrm{C}}\mathrm{u}^2\overset{\cdot\cdot\cdot\cdot\cdot}{\bar{P}} + \dddot{\bar{U}}\overset{\cdot\cdot\cdot\cdot\cdot}{\bar{P}} + 3\dddot{\bar{U}} + 16\dot{\bar{H}}$. Il existe, dans la nature, sous le nom de *chalcolithe*, et ressemble au précédent pour la forme cristalline; seulement il est vert, parce que la chaux du sel précédent se trouve ici remplacée par l'oxyde cuivrique.

On n'a pas encore examiné les combinaisons des *oxacides de chlore* avec l'oxyde uranique.

Bromate uranique, $\dddot{\bar{U}}\overset{\cdot\cdot\cdot\cdot\cdot}{\bar{Br}}$. On l'obtient en dissolvant l'hydrate uranique dans l'acide bromique. Il ne cristallise pas, mais il reste sous forme d'un sirop jaune qui, évaporé jusqu'à siccité, laisse un soussel.

Iodate uranique, $\dddot{\bar{U}}\overset{\cdot\cdot\cdot\cdot\cdot}{\bar{I}}$. Il se précipite sous forme d'une poudre jaune, contenant 5 atomes ou 12,66 pour cent d'eau. Il est insoluble dans l'eau, et très-peu soluble dans l'acide nitrique.

Carbonate uranique. Il n'existe pas isolément, mais en combinaison avec le carbonate potassique.

Carbonate uranico-potassique, $2\dot{K}\ddot{C} + \dddot{\bar{U}}\ddot{C}$. On l'obtient en précipitant le nitrate uranique par le carbonate potassique, et dissolvant, jusqu'à saturation complète, le précipité encore humide dans une solution de bicarbonate potassique; on évapore ensuite la liqueur à une douce chaleur; il se forme une croûte cristalline, d'un beau jaune, qui ne renferme pas d'eau chimiquement combinée. 100 parties d'eau à + 15° dissolvent 7,4 parties de ce sel. Il est plus soluble dans l'eau chaude. En étendant la solution de beaucoup d'eau, il se précipite un peu d'uranate potassique, pendant qu'il se produit du bicarbonate potassique dans la liqueur. Chauffé au-dessus de + 300°, il se décompose en un mélange d'uranate et de carbonate potassique.

Carbonate uranico-ammonique, $2\dot{N}H^4\ddot{C}+\dddot{\bar{U}}\ddot{C}$. On l'obtient en précipitant le nitrate uranique exactement par le carbonate ammonique; on sépare ensuite ce précipité, au moyen du filtre; on le dissout, jusqu'à saturation complète, entre + 60° et + 80°, dans du carbonate ammonique, contenu dans un flacon bien fermé; on filtre la liqueur encore chaude pour en séparer la partie non dissoute, et on la laisse refroidir lentement : le sel double se dépose en grains cristallins jaunes, transparents et anhydres. Il perd de l'ammoniaque à l'air. Quand on le chauffe, avec précaution, vers + 300°, mais pas au delà, jusqu'à ce qu'il n'exhale plus d'odeur ammoniacale, il laisse de l'oxyde uranique anhydre. Le sel exige une grande quantité d'eau pour se dissoudre. Par l'ébullition, il se décompose en laissant de l'hydrate uranique.

Oxalate uranique, $\dddot{\bar{U}}\dddot{\bar{C}}$. Il se précipite quand on traite des solutions de sels uraniques par l'acide oxalique; c'est une poudre jaune, contenant 9 atomes ou 13 pour cent d'eau. A + 100°, il perd 2 atomes d'eau; ce qui reste n'en contient qu'un atome ou 4,96 pour cent. Il reprend à l'air les atomes d'eau qu'il a perdus. 100 parties d'eau, à + 14°, ne dissolvent que 0,8 parties de sel, tandis que l'eau bouillante en dissout 3 à 4 parties. La solution est jaune; par l'exposition à la lumière directe du soleil, l'acide oxalique s'oxyde en donnant de l'acide carbonique aux dépens de l'oxyde uranique, pendant qu'il se sépare de l'hydrate uraneux.

Chauffé dans un vase distillatoire, il laisse de l'oxyde uraneux anhydre.

Oxalate uranico-potassique, $\dot{K}\dddot{\bar{C}}+\dddot{\bar{U}}\dddot{\bar{C}}$. On l'obtient en dissolvant de l'oxalate uranique à chaud, jusqu'à saturation, dans du bioxalate potassique. La solution filtrée bouillante laisse, par le refroidissement, déposer le sel en gros cristaux jaunes, transparents, dont la forme primitive est un prisme rhomboïdal. L'oxalate uranico-potassique renferme 3 atomes d'eau de cristallisation, qui s'en vont à + 100°. A + 300°, il se décompose, et laisse, au contact de l'air, de l'uranate potassique $= \dot{K}\ddot{U}^2$, et du carbonate potassique neutre.

Quand on ajoute à la solution bouillante de ce sel 1 atome d'oxalate potassique, il cristallise, par le refroidissement, un autre sel, et la liqueur surnageante contient une petite quantité d'oxyde uranique. On en retire le sel, et on le dissout dans l'eau bouillante; par le refroidissement, il cristallise en aiguilles jaunes, aplaties. Il a pour composition $3\dot{K}\ddot{C} + 2\dddot{U}\ddot{C}$, et contient 10 atomes d'eau de cristallisation, qui s'en vont à + 100°. Il est inaltérable à l'air, et très-peu soluble dans l'eau froide.

Oxalate uranico-ammonique, $\dot{N}H^4\ddot{C} + \dddot{U}\ddot{C}$. Il s'obtient à peu près comme le sel potassique, et forme des prismes droits, rectangulaires, contenant 3 atomes d'eau de cristallisation.

Borate uranique. Il se précipite, par voie de double décomposition, sous forme d'une poudre jaune pâle.

Acétate uranique, $\dddot{U}\bar{A}c$. On l'obtient en dissolvant l'hydrate dans l'acide acétique. La solution est jaune, et ne donne, quand elle est saturée, que difficilement quelques indices de cristallisation, par suite de l'évaporation. Mais si l'on y ajoute de l'acide acétique libre, le sel cristallise dans le dessiccateur, et son eau mère est acide; il contient des proportions d'eau différentes, suivant la température employée. Au-dessus de + 10°, le sel cristallise en octaèdres carrés, contenant 3 atomes ou 12,2 pour cent d'eau. Vers + 20°, il forme des prismes rhomboïdaux renfermant 2 atomes ou 8,47 pour cent d'eau. Le sel octaédrique perd 1 atome d'eau à + 100°, tandis que les deux atomes restants ne s'en vont qu'à + 275°. Le sel est très-soluble dans l'eau et dans l'alcool; il a une grande tendance à former des sels doubles. *Wertheim* a étudié les sels doubles suivants :

Acétate uranico-potassique, $\dot{K}\bar{A}c + 2\dddot{U}\bar{A}c$. Il cristallise en prismes quadrangulaires, terminés par un octaèdre à base carrée. Il renferme 2 atomes ou 3,56 pour cent d'eau. Calciné à l'air libre, il laisse du bi-uranate potassique.

Le *sel sodique*, $\dot{N}a\bar{A}c + 2\dddot{U}\bar{A}c$, cristallise en tétraèdres dont les angles sont remplacés par trois faces du dodécaèdre du grenat. Il est anhydre. Après la combustion, il laisse $\dot{\text{Na}}\dddot{\text{U}}^2$.

Le *sel ammonique*, $\dot{\text{N}}\text{H}^4\dddot{\text{A}}\text{c} + 2\dddot{\text{U}}\dddot{\text{A}}\text{c}$, cristallise d'abord, dans une solution sirupeuse, sous forme de petites aiguilles jaunes, d'un éclat soyeux, contenant 6 atomes ou 10,4 pour cent d'eau, qui s'en vont à + 100°. Il est très-soluble dans l'eau et dans l'alcool.

Le *sel barytique*, $\dot{\text{B}}\text{a}\dddot{\text{A}}\text{c} + 2\dddot{\text{U}}\dddot{\text{A}}\text{c}$, cristallise en petites paillettes jaunes, contenant 6 atomes ou 9,46 pour cent d'eau, qui s'en vont complétement à + 275°; les cristaux deviennent par là rouge jaune. Ils sont très-solubles dans l'eau, et laissent, par la calcination, un résidu = $\dot{\text{B}}\text{a}\dddot{\text{U}}^2$.

Le *sel magnésique*, $\dot{\text{M}}\text{g}\dddot{\text{A}}\text{c} + 2\dddot{\text{U}}\dddot{\text{A}}\text{c}$, cristallise facilement, tant par le refroidissement que par l'évaporation spontanée, en prismes rectangulaires, terminés par les faces d'un octaèdre rhomboédrique, contenant 8 atomes ou 13,53 pour cent d'eau, qui ne s'en vont qu'à + 275°.

Le *sel zincique*, $\dot{\text{Z}}\text{n}\dddot{\text{A}}\text{c} + 2\dddot{\text{U}}\dddot{\text{A}}\text{c}$, cristallise en cristaux jaunes, réguliers, contenant 3 atomes ou 5,32 pour cent d'eau, qui s'en vont à + 250°; ils acquièrent par là une couleur jaune sale. Par la combustion, ils laissent un résidu vert de $\dot{\text{U}} + \dddot{\text{U}}$, mêlé de $\dot{\text{Z}}\text{n}\dddot{\text{U}}$ ou d'uranate zincique neutre.

Le *sel plombique*, $\dot{\text{P}}\text{b}\dddot{\text{A}}\text{c} + \dddot{\text{U}}\dddot{\text{A}}\text{c}$, diffère, par sa composition, du sel précédent, en ce qu'il ne contient que 1 atome de sel uranique; mais, dans une liqueur qui renferme ce sel uranique en excès, on ne peut pas l'obtenir cristallisé avec 2 atomes de $\dddot{\text{U}}\dddot{\text{A}}\text{c}$. Il forme des aiguilles groupées en faisceaux, contenant 6 atomes ou 13,14 pour cent d'eau, qu'il ne perd complétement qu'à + 275°. Par la calcination à l'air libre, il laisse de l'uranate plombique neutre.

Le *sel argentique*, $\dot{\text{A}}\text{g}\dddot{\text{A}}\text{c} + 2\dddot{\text{U}}\dddot{\text{A}}\text{c}$, cristallise, dans une liqueur acide, sous forme de prismes quadrangulaires, terminés par un sommet octaédrique, isomorphes avec le sel potassique. Il renferme 2 atomes ou 3,13 pour cent d'eau, qui ne s'en vont qu'à + 275°; à cette température, que le sel supporte, il devient brunâtre. Il est très-soluble dans l'eau, mais il se décompose dans l'eau bouillante, si l'on n'y ajoute pas d'acide libre. Pendant l'ébullition, il se sépare du biuranate argentique. Le même composé reste par la calcination du sel à l'air libre, bien que l'oxyde argentique se réduise facilement.

Tartrate uranique, $\dddot{\bar{U}}\ddot{T}r$. On l'obtient, suivant *Péligot*, en dissolvant, à une douce chaleur, dans une solution d'acide tartrique, l'oxyde uranique préparé par la calcination du nitrate uranique. Par le refroidissement, il cristallise du tartrate uranique anhydre; par l'évaporation spontanée de l'eau mère, il se dépose d'autres cristaux contenant 3 atomes ou 10,9 pour cent d'eau, qu'ils perdent par l'efflorescence et la chaleur. Le sel se dissout en plus grande quantité dans l'eau chaude que dans l'eau froide, et ce qui s'en dépose par le refroidissement est anhydre. L'acide tartrique, dans ce sel, n'est pas métamorphosé par la chaleur à 200°; il ne donne pas d'eau, mais, à quelques degrés au-dessus de cette température, il commence à se décomposer en répandant une odeur empyreumatique. On n'a pas encore obtenu de sels doubles avec les alcalis.

Sélénite uranique, $\dddot{\bar{U}}\ddot{S}e$. C'est une poudre jaune citron, qui dégage de l'acide sélénieux quand on la calcine, et donne un résidu d'oxyde uraneux; le *bisélénite* se dessèche en un vernis transparent, d'un jaune pâle, qui devient blanc, opaque et cristallin, quand on chasse l'eau qu'il renferme.

Tellurate uranique, $\dddot{\bar{U}}\dddot{T}e$. Précipité volumineux, d'un beau jaune pâle, insoluble dans un excès de nitrate uranique.

Tellurite uranique, $\dddot{\bar{U}}\ddot{T}e$. Il est d'un jaune citrin pâle.

Arséniate uranique, $\dddot{\bar{U}}\ddot{\bar{A}}s$. Il forme une poudre insoluble, d'un jaune clair.

Chromate uranique, $\dddot{\bar{U}}\dddot{C}r$. On l'obtient, d'après *John*, en dissolvant le carbonate uranique dans l'acide chromique. La dissolution est jaune, et donne, par une lente évaporation, des cristaux d'un rouge de feu, qui fondent sans se décomposer quand on les calcine doucement, et laissent, en se redissolvant dans l'eau, une très-petite quantité d'oxyde chromique, mêlé avec de l'oxyde uraneux. Le mode de préparation de ce sel fait supposer que c'est un sel double, provenant de l'oxyde uranique alcalin qui était dissous dans l'acide.

Vanadate uranique. Le *sel neutre*, $\dddot{\bar{U}}\dddot{\bar{V}}$ et le *bisel* sont insolubles, et se précipitent sous forme d'une poudre jaune citron très-pâle.

Molybdate et tungstate uraniques. Ils sont d'un jaune clair (d'après *Richter*, le premier est d'un blanc brunâtre), et se dissolvent dans les acides forts et dans le carbonate ammonique.

C. *Sulfosels d'urane.*

On a tout lieu de croire que l'urane forme deux sulfobases; mais celle qui serait correspondante à l'oxyde uraneux n'a pas encore été étudiée. Le sulfure uranique forme des combinaisons dont quelques-unes sont solubles, et qui sont la plupart brunes ou d'un jaune foncé.

Sulfocarbonate uranique, $\overset{'''}{\text{U}}\,\overset{''}{\text{C}}$. Il forme un liquide transparent, brun foncé, qui se trouble peu à peu, et dépose un précipité brun grisâtre pâle, qui paraît être du *sulfocarbonate uraneux*. La liqueur reste jaune.

Sulfarséniate uranique, $\overset{'''}{\text{U}}{}^{2}\overset{'''''}{\text{As}}$. Il donne un précipité jaune sale; celui formé par le sel basique est un peu plus foncé. Tous deux se dissolvent dans un excès du précipitant, auquel ils communiquent une belle couleur d'un jaune brunâtre foncé. Le précipité est jaune foncé à l'état sec.

Sulfarsénite uranique, $\overset{'''}{\text{U}}{}^{2}\overset{'''}{\text{As}}$. C'est un précipité jaune, qui, après la dessiccation, tire un peu sur le vert, et dont la poudre est d'un jaune clair sale. Chauffé, il se fond à demi, et abandonne une partie de son sulfide arsénieux; après une calcination au rouge blanc, longtemps prolongée dans l'appareil distillatoire, il laisse une masse poreuse, d'un brun grisâtre, qui n'a pas subi de fusion, et dont la poudre est tout à fait semblable à celle que donne l'urane réduit. Elle contient de l'arsenic et du soufre, et paraît être un sel basique.

Sulfomolybdate uranique, $\overset{'''}{\text{U}}\,\overset{'''}{\text{Mo}}$. C'est un précipité brun foncé, qui ne change pas en séchant.

Hypersulfomolybdate uranique, $\overset{'''}{\text{U}}\,\overset{''''}{\text{Mo}}$. C'est un précipité pulvérulent, rouge et sombre.

39. *Sels d'antimoine.*

Les propriétés générales des sels d'antimoine sont les suivantes: ils ont une faible saveur métallique; leurs dissolutions se troublent quand on les étend d'eau; les sulfhydrates les précipitent en orange, le fer et le zinc en précipitent de l'antimoine métallique. A l'état concentré, elles ne sont pas précipitées par une dissolution également concentrée de cyanure ferroso-potassique.

A. *Sels haloïdes d'antimoine.*

Chlorures d'antimoine. 1. *Chlorure antimonique*, $SbCl^3$. On l'obtient en distillant 1 $\frac{1}{4}$ partie d'antimoine en poudre avec 3 parties de chlorure mercurique; on peut employer 1 $\frac{3}{4}$ partie de sulfure antimonique, en place de l'antimoine métallique; le chlorure antimonique distille à une douce chaleur. Son point d'ébullition est, d'après *Capitaine*, à + 230°, et sa vapeur a, d'après *Mitscherlich*, 8,1065 poids spécifique : en admettant que 1 volume de vapeur d'antimoine et 3 volumes de gaz chlore se soient condensés en 2 volumes, on a, par le calcul, le nombre 8,117. Étant chauffé, le chlorure antimonique coule comme de l'huile; mais par le refroidissement il se prend en une masse cristalline. A cause de sa consistance butyreuse, on lui donnait autrefois le nom de *beurre d'antimoine*. En employant du chlorure mercurique et de l'antimoine arsénifère, on obtient un produit de distillation coloré en brun par du chlorure arsénio-mercurique qui est entraîné. Par une fusion prolongée, celui-ci se dépose; mais il vaut mieux soumettre le produit à une nouvelle distillation : le chlorure antimonique passe alors incolore, et le chlorure mercurique brun reste dans la cornue, ou s'y sublime tout au plus. Si l'on emploie le sulfure d'antimoine pour la préparation du chlorure antimonique, il reste dans la cornue du sulfure mercurique. Celui-ci donne du cinabre par la sublimation ; les anciens chimistes donnaient à ce produit le nom de *cinabre d'antimoine*. En médecine, on emploie du chlorure antimonique qui n'est pas entièrement exempt d'eau, et à cet effet on le prépare par un moyen moins coûteux. On mêle, en les broyant ensemble, une partie de *crocus d'antimoine* et deux parties de sel marin décrépité, et l'on distille ce mélange dans une cornue avec une partie d'acide sulfurique très-concentré; le sel antimonique passe dans le récipient, tandis qu'il reste dans la cornue du sulfate sodique et du sulfure antimonique. Le meilleur moyen de préparer ce sel, pour les usages techniques, consiste à dissoudre de l'antimoine ou de l'oxyde antimonique dans de l'acide sulfurique, à évaporer la masse jusqu'à siccité, à la mêler avec deux fois son poids, ou un peu plus, de sel marin, et à distiller le tout; il se forme du sulfate sodique qui reste dans la cornue, et du chlorure antimonique qui distille. Le sel ainsi obtenu est un caustique très-fort qu'on appelait autrefois *causticum antimoniale.* A l'air, il répand des vapeurs, attire de l'humidité, et se trouble. L'eau en précipite un *sel basique*, qu'on appelait autrefois *poudre d'Algaroth*. La liqueur renferme alors du chlorure antimonique, tenu en dissolution par de l'acide chlorhydrique libre. On peut aussi dissoudre l'oxyde antimonique dans l'acide chlorhydrique. Quand on mêle ces solutions avec du chlorure aurique, il se précipite de l'or métallique, tandis que le chlore du sel aurique se porte sur l'antimoine pour former du chloride antimonique. On emploie un mélange de chlorure antimonique et d'un peu d'eau comme mordant pour certaines étoffes en cuir qui brunissent par là, ainsi que pour des objets de fer, surtout des canons de fusil, qui sont ainsi préservés d'une oxydation ultérieure.

Le précipité que le chlorure antimonieux forme dans l'eau, et que les anciens chimistes appelaient poudre d'Algaroth, était regardé comme un soussel. Il est possible qu'il en soit ainsi ; mais on ne peut pas l'obtenir à proportions définies. Il est probable que le chlorure antimonique se combine en effet avec 1, 2, 3 et un plus grand nombre d'atomes d'oxyde antimonique ; mais la précipitation par l'eau ne produit en général qu'un mélange de l'un avec l'autre, et par le lavage à l'eau on enlève sans cesse de l'acide chlorhydrique. Lors même qu'on mêle avec de l'eau bouillante une solution de chlorure antimonique dans l'acide chlorhydrique, tant que le précipité se redissout, et qu'on laisse refroidir lentement la liqueur (il se dépose alors des cristaux octaédriques qui ont la forme de l'oxyde, mais renferment toujours du chlorure qui s'en va par la distillation sèche), on n'obtient pas, par ce moyen, deux fois les mêmes proportions d'oxyde et de chlorure. Il reste donc encore à découvrir quelque méthode pour obtenir un composé à proportions définies. La seule combinaison qu'on ait trouvée tant soit peu stable est celle que l'eau n'altère pas sensiblement, et qui, d'après plusieurs analyses assez concordantes, est du *chlorure pentabasique* $= \text{Sb}\,\text{Cl}^3 + 5\ddot{\text{Sb}}$. C'est une poudre blanche terreuse, très-fusible, et qui, soumise à la distillation sèche, donne du chlorure antimonique qui se dégage, et de l'oxyde antimonique qui reste.

Chlorure antimonique ammoniacal. D'après *H. Rose*, lorsqu'on fait fondre du chlorure antimonique, et qu'on le laisse refroidir dans une atmosphère de gaz ammoniac, il absorbe 1 atome simple de ce gaz, et forme un corps solide, cassant, qui ne s'humecte pas à l'air, mais qui abandonne l'ammoniaque à une température élevée.

Chlorure sulfantimonique. D'après *L. Gmelin*, il se forme lorsqu'on fait passer un courant de gaz sulfide hydrique à travers une dissolution de chlorure antimonique dans l'acide chlorhydrique, et qu'on interrompt l'opération avant que l'antimoine soit précipité. Le précipité qui se produit alors contient 90 pour cent de sulfure d'antimoine. Cette quantité est trop grande pour représenter une combinaison chimique; il paraît que la combinaison est mêlée de sulfure d'antimoine, puisqu'on peut faire passer toute la masse à l'état de sulfure, soit en prolongeant l'action du sulfide hydrique, soit en favorisant cette action par la chaleur.

Sels doubles formés par le chlorure antimonique. Le chlorure antimonique se combine avec d'autres chlorures pour former des sels doubles dont quelques-uns ont été analysés par *Jacquelain.*

Le *sel potassique*, $2K\mathrm{Cl} + \mathrm{Sb}\,\mathrm{Cl}^3$, s'obtient, quand on dissout le chlorure antimonique dans l'acide chlorhydrique, qu'on mêle la liqueur avec une solution concentrée de chlorure potassique, et qu'on l'évapore jusqu'à cristallisation. Le sel cristallise en prismes rhomboïdaux anhydres, qui se dissolvent dans l'eau sans se décomposer.

Le *sel sodique* se prépare, d'après *Liebig*, en dissolvant le chlorure antimonique dans une solution de sel marin, et évaporant la liqueur: le sel double se dépose en gros cristaux.

Le *sel ammonique*, $2\mathrm{N}\mathrm{H}^4\mathrm{Cl} + \mathrm{Sb}\,\mathrm{Cl}^3$, s'obtient en dissolvant 1 atome de chlorure antimonique dans une solution concentrée de 2 équivalents de sel ammoniac, et évaporant la liqueur. Il cristallise en dodécaèdres qu'on peut dériver d'un prisme régulier à six pans. Il est anhydre, et se dissout dans l'eau sans se décomposer.

2. *Chloride antimonieux*, $\mathrm{Sb}\,\mathrm{Cl}^4$. On l'obtient en dissolvant de l'acide antimonieux aqueux dans l'acide chlorhydrique concentré, jusqu'à ce que celui-ci soit complétement saturé. La dissolution s'opère lentement; le liquide est jaunâtre, et contient un excès d'acide chlorhydrique, qui tient le sel en dissolution. Ce composé offre peu de stabilité, et il suffit d'y ajouter de l'eau pour la décomposer. Cependant, quand on y ajoute beaucoup d'eau à la fois, il reste en dissolution.

3. *Chloride antimonique*, $\mathrm{Sb}\,\mathrm{Cl}^5$. D'après *H. Rose*, qui l'a préparé le premier, on l'obtient en chauffant doucement de la poudre d'antimoine métallique dans du gaz chlore. L'antimoine brûle en lançant des étincelles, et il distille un liquide incolore ou légèrement jaunâtre. Ce liquide a une odeur très-désagréable, répand à l'air des fumées abondantes, attire de l'humidité, et devient trouble; en

même temps il se forme des cristaux rhomboïdaux, à sommets dièdres, incolores, qui consistent en chloride antimonique, contenant de l'eau de cristallisation. Ces cristaux se dissolvent ensuite dans le liquide, qui devient limpide. Quand on étend le chloride antimonique d'une grande quantité d'eau à la fois, le mélange s'échauffe, se trouble, et se décompose en acide antimonique aqueux qui se précipite, et en acide chlorhydrique qui reste dissous. Si l'antimoine dont on se sert pour préparer le chloride contient du fer, le produit de la distillation devient plus jaune, et la majeure partie du chlorure ferrique qui s'est formé reste sans se dissoudre dans le liquide, et se dépose au fond du récipient. D'après les expériences de *Woehler*, le chloride antimonique absorbe le gaz oléfiant à une température très-élevée, et il se forme de l'éther chloré et du chlorure antimonique.—*H. Rose* a trouvé que, quand on chauffe du sulfure antimonique dans du gaz chlore, on n'obtient que du chlorure antimonique mêlé de chlorure de soufre. Le premier se dissout, à l'aide de la chaleur, dans le second, et cristallise par le refroidissement. Le chlorure de soufre peut être séparé du chlorure antimonique, en le distillant à une température qui ne suffit pas pour volatiliser le chlorure métallique.

Chloride antimonique ammoniacal. D'après *H. Rose*, on l'obtient en saturant le chloride antimonique de gaz ammoniac. La combinaison est brune, mais la sublimation la rend incolore, sans l'altérer d'ailleurs. Elle n'éprouve pas non plus de changement notable de la part de l'air.

D'après *H. Rose*, le *chloride antimonique* et le *phosphure hydrique* forment ensemble un corps solide, rouge, avec dégagement d'une petite quantité d'acide chlorhydrique. L'eau élimine de nouveau le gaz de la combinaison.

Bromure antimonique, $\text{S̶b}Br^3$. D'après *Sérullas*, on le prépare en introduisant du brôme dans une petite cornue, et y ajoutant de l'antimoine en petits morceaux. Le métal s'unit au brôme avec dégagement de lumière, et quand le brôme est saturé de métal, on le distille. Le bromure antimonique se sublime en aiguilles. Il est incolore, entre en fusion à + 90°, et bout à + 270°. Il attire l'humidité de l'air. L'eau le décompose comme les chlorures.

Iodure antimonique, $\text{S̶b}I^3$. On l'obtient en mêlant l'antimoine avec de l'iode, avec lequel il se combine sans le secours de la chaleur extérieure. Ce sel est d'un rouge foncé, il entre facilement en fusion, et peut être distillé. A l'état solide, il est rouge foncé. L'eau le décompose complétement en acide iodhydrique et oxyde antimonique. Elle le fait d'abord passer par le degré intermédiaire d'un soussel jaune, coloration qui disparaît par un lavage prolongé.

Sousiodure antimonique, $\dot{S}bI^3 + 5\dot{S}b$. On l'obtient, suivant *Stein*, en mêlant une solution de tartrate potassico-antimonique d'abord avec un peu d'acide tartrique libre, puis avec une solution alcoolique d'iode, jusqu'à ce que, par une addition d'iode, la liqueur ne perde plus la couleur de l'iode dissous. Au bout de quelque temps, le composé se sépare sous forme de paillettes cristallines jaunes d'or. On l'obtient à l'état pulvérulent, en broyant ensemble 1 partie d'iode et 2 parties de tartrate dans un peu d'eau, de manière à en former une bouillie; on peut ensuite enlever l'eau mère et l'excès d'iode par de l'eau froide. Le composé est anhydre, et, par la distillation sèche, il donne de l'iodure antimonique neutre qui passe brun et liquide, et se prend en cristaux dans le récipient. Il reste de l'oxyde ammonique dans la cornue.

En dissolvant de l'iode à chaud dans une solution de tartrate antimonico-potassique, le même composé jaune se précipite par le refroidissement; mais, en outre, il se précipite un corps brun pesant qui contient de l'antimoine, de l'iode, de la potasse et de l'acide tartrique dans des proportions encore inconnues.

Iodure sulfantimonique. Suivant *Henry jeune* et *Garot*, le sulfure antimonique se combine très-facilement avec l'iode. Après les avoir bien desséchés l'un et l'autre, on les mêle ensemble, parties égales, et on les chauffe, jusqu'à sublimation, à une chaleur très-douce, dans une petite cornue de verre. Il se produit ainsi un verre rouge qui se condense, dans la partie supérieure de la cornue, en écailles brillantes, transparentes, rouge pavot. Ces écailles cristallines se fondent et se subliment de nouveau par une douce chaleur; mais, à une chaleur brusque et violente, elles se décomposent aux dépens de l'air: il se sublime de l'iode, tandis que du soufre et de l'antimoine s'oxydent. Le gaz chlore les décompose également. L'action directe de la lumière solaire ne les altère pas. Elles ont une saveur piquante, désagréable, et une odeur repoussante. L'eau les décompose: il se dissout de l'acide iodhydrique en même temps qu'il se sépare un mélange d'oxyde antimonique et de soufre. L'alcool et l'éther en extraient de l'iode, et en séparent une poudre jaune. Le gaz acide sulfureux et le gaz sulfide hydrique n'y ont aucune action. Les acides aqueux et les alcalis les décomposent d'abord à l'aide de l'eau, puis ils agissent de la manière ordinaire sur les éléments séparés. D'après les analyses de *Henry* et *Garot*, ce produit résulte de la combinaison du sulfure antimonique avec la même quantité d'iode qu'aurait absorbée l'antimoine métallique, de telle sorte que, sur 100 parties, il y a 23,2 parties d'antimoine, 8,9 de soufre, et 67,9 d'iode.

Fluorure antimonique, SbF^3. Pour l'obtenir, il suffit de dissoudre l'oxyde antimonique dans l'acide fluorhydrique. Il donne, après l'évaporation, des cristaux incolores, qui ont la même saveur que l'émétique, et se dissolvent sans résidu dans l'eau.

Le *fluoride antimonieux* et le *fluoride antimonique* existent, mais ils n'ont pas encore été examinés suffisamment. On sait seulement qu'ils sont solubles dans l'eau, et qu'ils forment avec d'autres fluorures des sels doubles.

Fluorure silicico-antimonique. A l'aide d'un excès d'acide, il se dissout facilement dans la liqueur au sein de laquelle il a pris naissance. Par une lente évaporation, il cristallise en prismes, qui se réduisent en poudre quand on les dessèche rapidement.

Cyanure antimonique. Ce sel ne paraît pas exister. Lorsqu'on verse du cyanure potassique dans la dissolution d'un sel antimonique, il ne se forme point de précipité, ou bien il se dépose de l'oxyde antimonique, et il se dégage de l'acide cyanhydrique.

Mellanure antimonique, $Sb + 3C^6N^8$. Il se précipite, d'après *Liebig*, quand on mêle une solution de mellanure potassique avec une solution de tartrate potassico-antimonique. Il est blanc.

B. *Oxysels d'antimoine.*

Sulfate antimonique, $\dddot{Sb}\dddot{S}^3$. On l'obtient en faisant bouillir l'antimoine avec de l'acide sulfurique concentré : il se dégage de l'acide sulfureux, et il se forme une masse saline blanche, qui consiste en sulfate antimonique neutre. L'eau décompose ce sel en soussulfate pulvérulent qui reste sans se dissoudre, et en sel acide qui se dissout. En évaporant la dissolution, on obtient de petites aiguilles cristallines, qui attirent l'humidité de l'air. Le sulfate antimonique neutre est soluble dans l'acide sulfurique étendu jusqu'à un certain point. D'après *Brandes*, l'eau précipite de cette dissolution un sel bibasique, $\dddot{Sb}\dddot{S}$, qu'il suffit toutefois de faire bouillir avec de l'eau, pour le débarrasser complétement de l'acide.

Sulfite antimonique, $\dddot{Sb}\ddot{S}^3$. On le prépare en faisant digérer l'oxyde antimonique avec de l'acide sulfureux, ou en faisant passer un courant de gaz acide sulfureux à travers du chlorure antimonique. Il est insoluble.

Nitrate antimonique. L'acide nitrique concentré attaque l'antimoine à froid; mais l'acide étendu n'agit sur lui qu'à la température de l'ébullition. L'acide et l'eau sont décomposés, et il se forme du nitrate ammonique. La plus grande partie de l'oxyde antimonique formé se précipite en combinaison avec une petite quantité d'acide à l'état de sel basique, et la dissolution n'en retient qu'une portion insignifiante, qui se dépose en partie, sous forme de petits cristaux, sur les parois du vase. Le sel basique se décompose quand on le fait digérer à plusieurs reprises avec de l'eau, et donne un résidu d'oxyde antimonique pur.

Phosphate antimonique, $\overset{\cdots}{\mathrm{Sb}}{}^{2}\overset{\because\because}{\mathrm{P}}{}^{3}$. On l'obtient en faisant digérer l'oxyde antimonique avec de l'acide phosphorique. *Brandes* indique que si l'acide est tant soit peu saturé, on obtient un sel cristallisé qui, d'après son analyse, renferme 4 pour cent ou 2 atomes d'eau.

Sousphosphate antimonique. a. $\overset{\cdots}{\mathrm{Sb}}{}^{2}\overset{\because\because}{\mathrm{P}}$. D'après *Brandes*, on l'obtient en lavant le sel neutre à l'eau froide; par ce moyen, le soussel reste sous la forme d'une poudre blanche. *b.* $\overset{\cdots}{\mathrm{Sb}}{}^{4}\overset{\because\because}{\mathrm{P}}$. D'après le même chimiste, il se forme quand on fait bouillir le sel précédent avec de l'eau. Cependant il ne paraît pas démontré que cette combinaison diffère d'un mélange d'oxyde et de soussel.

Pulvis Jacobi (James Powder). On a regardé comme du phosphate antimonique un produit pharmaceutique que l'on appelle *poudre antimoniale*, ou *poudre de Jacob*, d'après un médecin anglais *James*, qui en est l'inventeur. Suivant ce médecin, on l'obtient en mêlant parties égales de corne de cerf râpée et de sulfure antimonique, et calcinant le mélange jusqu'à ce qu'il prenne une couleur blanche. Cette poudre n'est, à vrai dire, qu'un mélange d'acide antimonieux et de phosphate calcique, contenant une petite quantité d'antimonite calcique qui se dissout dans l'eau, et donne à celle-ci une faible saveur métallique. En faisant l'analyse d'une certaine quantité de la poudre vendue par les héritiers du docteur *James*, j'ai trouvé qu'elle contenait près de $\frac{2}{3}$ d'acide antimonieux, $\frac{1}{3}$ de phosphate calcique, qui se dissolvait sans effervescence dans les acides, et tout au plus 1 pour cent d'antimonite calcique soluble dans l'eau. La composition de la poudre préparée dans les pharmacies varie beaucoup. *Chenevix* y a trouvé 44 pour cent d'acide antimonieux, et *Pearson* 57. Aujourd'hui on prescrit de la préparer avec parties égales de cendres d'os et de sulfure antimonique, et de chauffer ce mélange jusqu'à ce qu'il soit blanc. Il est évident que la recette de *James* peut seule donner une poudre qui contienne ces différentes substances dans la proportion citée.

Phosphite antimonique, $\dddot{Sb}^2\dddot{P}^3$. Ce sel se précipite, quand on mêle une dissolution de tartrate antimonique et potassique avec une dissolution de chloride phosphoreux. Il est incolore, et dégage, quand on le calcine, du gaz hydrogène pur, en passant à l'état de phosphate.

L'*acide carbonique* ne se combine pas avec l'oxyde antimonique.

Oxalate antimonique, $\dddot{Sb}\,\dddot{C}^3$. On l'obtient, soit en faisant digérer l'oxyde antimonique avec de l'acide oxalique, soit en versant ce dernier goutte à goutte dans une dissolution d'acétate antimonique. L'oxalate antimonique est peu soluble, et se précipite sous forme d'une poudre cristalline.

Oxalate antimonico-potassique, $K\dddot{C} + \dddot{Sb}\,\dddot{C}^3$. On le prépare en saturant le bioxalate potassique par l'oxyde antimonique. Il forme des cristaux rayonnés, groupés en étoiles, qui contiennent, d'après *Lassaigne*, 20,19 pour cent d'eau de cristallisation, et se dissolvent à la température de + 9° dans dix parties d'eau. Il cristallise, suivant *Bussy*, un autre sel en gros prismes rhomboïdaux, formés de $3K\dddot{C} + \dddot{Sb}\,\dddot{C}^3 + 6\dot{H}$. Il se dissout dans une petite quantité d'eau, mais il se précipite par la dilution de la liqueur. Entre les cristaux de ce sel il s'était déposé des cristaux minces d'un autre sel, qu'on n'a pas examiné.

Acétate antimonique, $\dddot{Sb}\,\bar{A}c^3$. On l'obtient en dissolvant l'oxyde antimonique dans l'acide acétique. Il est très-soluble, et forme de petits cristaux. Autrefois il était employé comme vomitif.

Tartrate antimonique, $\dddot{Sb}\,\dddot{T}r^3$. On le prépare en dissolvant l'oxyde antimonique dans l'acide tartrique. Il est très-soluble, et cristallise en prismes quadrilatères, qui attirent l'humidité de l'air. La formule établie pour ce sel ne se fonde que sur une composition supposée probable, car on ne l'a pas analysé.

Quand on dissout ce sel dans l'eau et qu'on traite la solution par l'alcool, il se forme bientôt un précipité blanc, grenu, composé de 1 atome d'oxyde antimonique et de 1 atome d'acide tartrique $= \dddot{Sb}\,\dddot{T}r$, contenant 1 atome d'eau qui s'en va à + 100°. Quand on expose ensuite le sel à une température de + 190°, il se dégage encore 1 atome d'eau, mais formé aux dépens des éléments de l'acide, de manière qu'il reste $\dddot{Sb} + C^4H^2O^4$. Dès qu'on met ce sel en contact avec de l'eau, l'acide tartrique se régénère, et le sel acquiert sa composition primitive. On ne réussit pas à isoler le nouvel acide (formé par une élévation de température) en traitant le sel, chauffé d'abord à + 190°, puis refroidi, par de l'alcool anhydre, et en y faisant arriver du sulfide hydrique; car, tandis que l'oxyde antimonique se change ainsi en sulfure, il se forme 3 atomes d'eau, dont 2 atomes suffisent déjà pour régénérer l'acide tartrique hydraté.

Le sel $\dddot{Sb}\,\ddot{Tr}$ est insoluble dans l'eau, mais il se combine avec la plupart des autres tartrates pour former des sels doubles, composés d'un atome de chacun. Tous ces sels doubles ont la propriété de perdre, à environ + 200°, 2 atomes d'eau, en même temps que l'acide du sel antimonique et celui de l'autre sel se changent en $C^4H^2O^4$, ce qui n'a pas lieu pour les tartrates simples ni pour les tartrates doubles, dans lesquels l'oxyde antimonique est remplacé par 1 atome d'oxyde ferrique, d'oxyde chromique, d'alumine, d'acide arsénieux, d'acide borique, etc. Ce changement ne peut donc être attribué qu'à une action catalytique, propre à l'oxyde antimonique. Pour se rendre compte d'un fait aussi extraordinaire, on a inventé plusieurs théories sur la nature de l'acide tartrique; mais ces théories n'expliquent nullement pourquoi le phénomène n'a lieu qu'avec le sel antimonique; et comme elles reposent sur une exception à la règle, elles s'accordent toutes, en ce sens qu'elles font de la règle une exception.

Ce qui montre que l'explication que nous avons donnée est la vraie, c'est qu'en traitant le tartrate double, changé à + 200° en $\dot{K}\,C^4H^2O^4 + \dddot{Sb}\,C^4H^2O^4$, par l'alcool anhydre et du sulfide hydrique, on régénère, en effet, une très-grande partie du bitartrate potassique; mais en même temps l'alcool dissout une petite portion du sel potassique formé par le nouvel acide, et ce sel ne se change plus en tartrate potassique. Par l'évaporation de l'alcool, on l'obtient en petits cristaux que la chaleur détruit sans répandre l'odeur caractéristique des tartrates; et leur dissolution aqueuse ne donne pas de surtartrate potassique par l'addition d'un acide libre. Il y a donc là un acide différent de l'acide tartrique. Mais comme on n'en obtient qu'une très-petite quantité, on ne l'a pas encore bien examiné. Il est très-probable que si l'on parvenait à faire fondre un de ces nouveaux sels sans le détruire, on rapprocherait les atomes en faisant disparaître les intervalles qu'ont laissés, dans le nouveau composé, les atomes d'hydrogène et d'oxygène dégagés, et l'on s'opposerait ainsi à la régénération facile de l'acide tartrique au contact de l'eau.

Tartrate antimonico-potassique, $\dot{K}\ddot{\bar{T}} + \overset{\cdots}{\overline{Sb}}\ddot{\bar{T}}$. On le connaît, dans les pharmacies, sous le nom d'*émétique* (*tartarus emeticus*). On obtient ce sel en faisant bouillir du bitartrate potassique avec de l'oxyde antimonique, jusqu'à ce que l'excès d'acide soit saturé, filtrant la dissolution et l'évaporant pour la faire cristalliser. L'oxyde antimonique obtenu en traitant l'antimoine par l'acide nitrique, ou en décomposant le chloride ou le sulfate par l'eau, et lavant bien l'oxyde à l'eau bouillante, convient mieux que tout autre à la préparation de l'émétique. Mais comme l'oxyde antimonique, préparé par la voie humide, revient toujours plus cher, on préfère se procurer cet oxyde en grillant le sulfure antimonique, et fondant la masse grillée avec le même sulfure, ainsi que je l'ai dit à l'article Oxyde antimonique. Quel que soit l'oxyde dont on fasse usage, il faut s'assurer auparavant qu'il ne renferme pas d'arsenic. On réduit l'oxyde à l'état de poudre impalpable, on le mêle avec deux tiers ou la moitié de son poids de crème de tartre et cinq à six parties d'eau, et on fait bouillir le mélange jusqu'à ce que toute la crème de tartre soit dissoute. Parties égales en poids de crème de tartre et d'oxyde antimonique sont plus que suffisantes à leur saturation réciproque; on emploie cependant un excès d'oxyde antimonique, pour être parfaitement sûr que l'acide libre de la crème de tartre est saturé. La proportion d'eau est telle, que la majeure partie de la combinaison cristallise pendant le refroidissement de la liqueur. Le sel double forme de gros cristaux qui sont des rhomboïdes octaédriques ou des prismes courts, rhomboïdaux, à quatre pans, terminés par des pyramides rhombo-octaédriques. Le sel renferme, d'après *Wallquist*, 2 atomes d'eau de cristallisation; suivant *Dumas* et *Piria*, il n'en contient que 1 atome. Les cristaux deviennent blancs à l'air, et perdent leur eau de cristallisation. Ils se dissolvent dans 14 parties d'eau froide et dans 1,88 d'eau bouillante. Le sel est insoluble dans l'alcool, qui le précipite de sa solution aqueuse. Il arrive quelquefois qu'après la cristallisation du sel double, l'eau mère paraît presque gélatineuse; mais, en la remuant, elle dépose une petite quantité de cristaux penniformes, et reprend sa liquidité. Ces cristaux consistent en tartrate calcique neutre, qui cesse d'être soluble quand l'acide tartrique libre est saturé, mais cristallise plus tard que le sel double. En évaporant la liqueur au milieu de laquelle ce sel a cristallisé, on obtient une masse sirupeuse, incristallisable, qui est un tartrate double potassique et ammonique, provenant d'antimoniate antimonique qui se trouve souvent mêlé à l'oxyde antimonique employé pour la préparation du sel.

Suivant *Knapp*, on obtient un sel double formé de tartrate antimonique neutre et de tartrate potassique, $= \dot{K}\overset{\cdot\cdot\cdot\cdot\cdot}{T}r + \overset{\cdot\cdot\cdot}{\bar{S}}b\overset{\cdot\cdot\cdot\cdot\cdot}{T}r^3$, en dissolvant 1 atome du sel précédent et 2 atomes d'acide tartrique dans l'eau bouillante, et évaporant la solution jusqu'à consistance sirupeuse : par le refroidissement, le sel se dépose sous forme de cristaux qui ressemblent à ceux du sel précédent, et renferment 2 atomes d'eau. Ils s'effleurissent à l'air, fondent à la chaleur, en perdant leur eau, et forment, par la dessiccation, une espèce de vernis.

De plus, *Knapp* trouva qu'en dissolvant 9 parties de tartrate antimonico-potassique ($\dot{K}\overset{\cdot\cdot\cdot\cdot\cdot}{T}r + \overset{\cdot\cdot\cdot}{\bar{S}}b\overset{\cdot\cdot\cdot\cdot\cdot}{T}r$) et 4 parties d'acide tartrique dans l'eau, laissant refroidir cette solution concentrée pour en séparer un excès du sel double potassique employé, et l'évaporant ensuite jusqu'à faible consistance sirupeuse, on obtient, par le refroidissement, une masse poisseuse, semblable à de la térébenthine, et qui ne tarde pas à se couvrir de cristaux blancs déliés; en les traitant par un peu d'eau froide, après qu'ils sont bien formés, on les débarrasse de la partie non cristallisée. On redissout ensuite les cristaux pour les soumettre à une nouvelle cristallisation : le sel se prend en lamelles minces qu'on peut, d'après *Knapp*, regarder comme formées de $(\dot{K}\overset{\cdot\cdot\cdot\cdot\cdot}{T}r + \overset{\cdot\cdot\cdot}{\bar{S}}b\overset{\cdot\cdot\cdot\cdot\cdot}{T}r) + 3\dot{K}\overset{\cdot\cdot\cdot\cdot\cdot}{T}r^2 + 3\dot{\bar{H}}$, formule qu'on peut aussi exprimer par $(3\dot{K}\overset{\cdot\cdot\cdot\cdot\cdot}{T}r + \overset{\cdot\cdot\cdot}{\bar{S}}b\overset{\cdot\cdot\cdot\cdot\cdot}{T}r^3) + \dot{K}\overset{\cdot\cdot\cdot\cdot\cdot}{T}r^2 + 3\dot{H}$. Mais alors on se demande encore si $\dot{K}\overset{\cdot\cdot\cdot\cdot\cdot}{T}r^2 + \dot{\bar{H}}$ est un élément essentiel de la combinaison, ou si ce n'est qu'un mélange difficile à séparer.

En dissolvant ce sel dans l'eau bouillante, saturant exactement par le carbonate potassique les 3 atomes d'acide tartrique ajoutés au $\dot{K}\ddot{T}r^{2}$, et évaporant la liqueur, on obtient, d'après le même chimiste, des cristaux radiés à groupes concentriques, formés de $7\dot{K}\ddot{T}r + \dddot{S}b\ddot{T}r$, qu'on pourra représenter par $(\dot{K}\ddot{T}r + \dddot{\bar{S}}b\ddot{T}r) + 6\dot{K}\ddot{T}r$.

La composition de l'émétique, sel si important en médecine, a été longtemps incertaine. C'est *Wallquist* qui en donna, par ses expériences, la composition exacte; il découvrit, à cette occasion, la tendance du soustartrate antimonique à former des sels doubles avec d'autres tartrates.

La plus ancienne méthode pour préparer le sel double potassique consistait à saturer une solution bouillante de crème de tartre par du verre d'antimoine pulvérisé $(\dddot{\bar{S}}b + 2\bar{S}b)$: l'oxyde antimonique se dissout, et le sulfure reste. On filtrait ensuite le liquide, et on l'évaporait à siccité. En employant cette méthode, on n'obtenait pas d'acide antimonique en mélange. Plus tard, on prépara le sel au moyen de l'oxyde antimonique, en le faisant cristalliser : le sel formé par l'acide antimonique restait dans l'eau mère.

L'émétique contient ordinairement une quantité d'arsenic assez grande pour qu'on puisse reconnaître ce métal à l'odeur qu'il répand quand on chauffe l'émétique au chalumeau. C'est *Sérullas* qui a découvert la présence de ce corps dangereux dans les préparations d'antimoine. Il provient du sulfure d'antimoine natif, qui contient presque toujours de l'arsenic, attendu que celui-ci peut remplacer l'antimoine dans la plupart des combinaisons que forme ce dernier métal. Quant à la manière de l'obtenir exempt d'arsenic, je l'ai déjà rapportée en traitant de l'oxyde antimonique (tom. II, pag. 264-267).

Le *sel double sodique*, $\dot{N}a\ddot{T}r + \dddot{\bar{S}}b\ddot{T}r$, cristallise difficilement et d'une manière irrégulière; il contient 1 atome d'eau de cristallisation, et s'humecte facilement à l'air.

Le *sel double lithique*, $\dot{L}i\ddot{T}r + \dddot{\bar{S}}b\ddot{T}r$, présente l'aspect d'une gelée transparente, qui laisse peu à peu déposer de petits cristaux prismatiques.

Le *sel double ammonique*, $\dot{\bar{N}}H^{4}\ddot{T}r + \dddot{\bar{S}}b\ddot{T}r$, est isomorphe avec le sel potassique, et renferme 2 atomes d'eau de cristallisation. Il est plus soluble que le sel potassique. Chauffé au-dessus de + 100°, il abandonne de l'ammoniaque et laisse un résidu qui n'a pas été analysé.

Le *sel double barytique*, $\dot{\mathrm{Ba}}\,\dddot{\mathrm{Tr}} + \dddot{\mathrm{Sb}}\,\dddot{\mathrm{Tr}}$, cristallise en lames minces, contenant, pour 2 atomes de sel, 5 atomes d'eau de cristallisation. Suivant *Dumas* et *Piria*, l'acide s'y convertit, à + 100°, en $C^4H^2O^4$, en perdant 8,2 pour cent d'eau.

Le *sel double plombique*, $\dot{\mathrm{Pb}}\,\dddot{\mathrm{Tr}} + \dddot{\mathrm{Sb}}\,\dddot{\mathrm{Tr}}$, se précipite quand on traite le sel potassique par l'acétate plombique. Il est incolore et anhydre.

Le *sel double argentique*, $\dot{\mathrm{Ag}}\,\dddot{\mathrm{Tr}} + \dddot{\mathrm{Sb}}\,\dddot{\mathrm{Tr}}$, se précipite comme le sel précédent; il est anhydre, et la métamorphose de l'acide y a lieu à + 150°.

Le tartrate antimonique forme facilement des soussels doubles avec les oxydes à trois atomes d'oxygène, tels que les oxydes ferrique, chromique, uranique; 1 atome de chaque oxyde s'y trouve uni à 1 atome d'acide tartrique.

Tartrate ferrico-antimonique, $\dddot{\mathrm{Fe}}\,\dddot{\mathrm{Tr}} + \dddot{\mathrm{Sb}}\,\dddot{\mathrm{Tr}}$. On l'obtient en mêlant la solution du sel double potassique avec une solution de chlorure ferrique neutre. C'est un précipité jaune de rouille non cristallisable. Si le chlorure est employé en excès, le précipité est rouge foncé, parce que l'oxyde ferrique, uni au chlorure, se combine avec le sel double précipité.

Tartrate chromico-antimonique, $\dddot{\mathrm{Cr}}\,\dddot{\mathrm{Tr}} + \dddot{\mathrm{Sb}}\,\dddot{\mathrm{Tr}}$. On l'obtient d'une manière analogue : la liqueur devient acide et ne donne plus de précipité, bien qu'elle renferme le sel double antimonique encore intact. Le précipité est vert clair. Par une addition d'ammoniaque, il se forme de nouveau un précipité formé du premier sel, mêlé avec un autre qui renferme de l'oxyde chromique en excès, ce qui lui donne une couleur foncée.

Tartrate uranico-ammonique, $\dddot{\mathrm{U}}\,\dddot{\mathrm{Tr}} + \dddot{\mathrm{Sb}}\,\dddot{\mathrm{Tr}}$. On l'obtient, d'après *Péligot*, en mêlant une solution de sel double potassique avec une solution de nitrate uranique : il se forme un précipité gélatineux, jaune pâle. Mais ce précipité est soluble dans l'eau bouillante, de sorte qu'en mêlant les liqueurs à chaud, et laissant le mélange refroidir lentement, le sel cristallise en aiguilles jaunes, d'un éclat soyeux, contenant 9 atomes ou 12,3 pour cent d'eau de cristallisation; à l'air sec ou dans le vide, sur l'acide sulfurique, il en perd 7 atomes ou 8 pour cent. Les 2 atomes restants ne s'en vont qu'à + 200° : le sel subit alors la même métamorphose que les autres en perdant 4 atomes d'eau, dont 2 aux dépens de l'acide. L'eau reproduit la composition primitive du sel. Quand on dissout le sel dans l'eau bouillante, et que le liquide se refroidit rapidement, il se précipite à l'état gélatineux. Calciné doucement dans une cornue jusqu'à ce qu'il ne se forme plus de produit volatil, il laisse une masse noire pyrophorique qui, projetée dans l'air, brûle avec vivacité.

Arséniate antimonique. On l'obtient en décomposant le chlorure antimonique par l'arséniate potassique; il se précipite sous forme d'une poudre blanche.

Arsénite antimonique. On l'obtient en faisant digérer l'antimoine avec de l'acide arsénique liquide. L'acide est réduit à l'état d'acide arsénieux, et en versant de l'eau dans la liqueur, l'arsénite se précipite.

Le *molybdate* et le *chromate antimoniques* forment des précipités jaunes, pulvérulents. Le premier de ces sels se dissout dans l'eau bouillante.

C. *Sulfosels d'antimoine.*

Le sulfure d'antimoine, $\overset{\prime\prime\prime}{\text{S}}\text{b}$, qui correspond, par sa composition, à l'oxyde antimonique, forme, avec différents sulfides, des sulfosels qui sont encore peu connus.

40. *Sels de tellure.*

Comme plusieurs autres oxydes métalliques électronégatifs, l'acide tellureux a la propriété de jouer le rôle de base par rapport à différents corps électronégatifs, et de donner à un certain degré de concentration, avec les hydracides des corps halogènes, des sels haloïdes qui correspondent à son degré d'oxygénation ; mais le tellure se combine de plus, à l'instar du soufre et du sélénium, avec les corps halogènes, dans des proportions qui ne correspondent à aucun de ses degrés d'oxygénation. — Les oxysels et les sels haloïdes du tellure ont en général une saveur métallique désagréable, à peu près comme les sels d'antimoine ; et ils sont décomposés, à quelques exceptions près, par l'eau qui précipite l'acide tellureux à l'état de soussel, d'où l'autre acide peut être éliminé complétement par de nouvelles quantités d'eau. Une des réactions principales de ces sels consiste en ce que les sulfites alcalins précipitent du tellure métallique de leur dissolution dans l'acide chlorhydrique. Ils ont en outre pour caractères, étant mêlés avec un alcali ou avec un carbonate alcalin, sans excepter l'ammoniaque ni son carbonate, de donner un précipité qui se redissout au moyen de l'addition d'une plus grande quantité du corps précipitant; toutefois la dissolution ne s'opère qu'à chaud, si l'on a employé un carbonate alcalin, et que la quantité de l'acide tellureux précipité soit un peu considérable par rapport à celle du réactif mis en expérience. Ces réactions les distinguent suffisamment des sels antimoniques et bismuthiques, avec lesquels ils partagent d'ailleurs la propriété d'être précipités par l'eau, mais qui en diffèrent de plus en ce qu'ils ne sont pas réduits par l'acide sulfureux. Du reste, la calcination avec un alcali et du charbon, qu'on peut opérer sur de petites quantités dans des tubes de verre fermés, ainsi que la solution rouge que la masse donne avec l'eau, sont des moyens aussi sûrs que faciles pour reconnaître les sels dont il s'agit.

A. *Sels haloïdes de tellure.*

Le tellure se fond aisément et dans toute proportion, non-seulement avec ses propres sels haloïdes, mais encore avec ceux de plusieurs autres métaux. On peut également le mêler par la fusion avec des quantités quelconques de soufre et de sélénium. Par ces propriétés il s'éloigne d'une manière très-remarquable de l'action ordinaire des métaux. Les sels haloïdes du tellure sont décomposés par l'eau. Ils en absorbent une certaine quantité sans s'altérer; mais du moment où l'on en ajoute davantage, ils développent de l'acide tellureux et un hydracide. Avec les sels haloïdes d'autres radicaux, le tellure forme des sels doubles qu'on peut obtenir sous la forme de cristaux, et qui sont décomposés par l'eau, mais exigent, pour se décomposer, de plus grandes quantités de ce liquide que les sels haloïdes simples du tellure.

Chlorures de tellure. Il n'existe pas de chlorure de tellure correspondant à l'acide tellurique. L'acide tellurique dissous dans l'acide chlorhydrique concentré se reproduit sans altération, lorsqu'on laisse l'acide chlorhydrique s'évaporer spontanément. Le tellurate potassique ou sodique, dissous dans l'acide chlorhydrique et soumis à l'évaporation spontanée, donne du chlorure potassique ou sodique et de l'acide tellurique, cristallisés pêle-mêle.

1° *Chlorure tellurique*, $Te\,Gl^2$. On peut le préparer par la voie sèche et par la voie humide. A la température ordinaire de l'air, le chlore est sans action sur le tellure; mais lorsqu'on fait passer un courant de chlore gazeux sur du tellure en poudre, et qu'on chauffe légèrement ce métal, il s'y combine avec une vivacité telle, qu'on peut même voir éclater du feu, s'il y a en même temps assez de chlore. Quand l'absorption du chlore s'opère à une température assez élevée, le tellure excédant fond avec le chlorure produit, et il se forme un liquide noir et épais, qui continue à absorber du chlore jusqu'à ce qu'il acquière de la transparence et une couleur rouge foncé, qui finit par passer au jaune foncé. Après qu'il est devenu transparent, il faut continuer le courant de chlore, si on veut l'obtenir complétement saturé de ce gaz. Pendant le refroidissement la couleur tourne au jaune citrin pur, et au moment de la solidification le chlorure cristallise d'outre en outre, et devient blanc comme la neige. S'il est jaunâtre à l'état solide, il tient encore du chlorure tellureux en dissolution.

Le chlorure tellurique est très-fusible; en fondant, il devient jaune, et, un peu avant d'entrer en ébullition, il est rouge foncé. Il ne bout qu'à une température très-élevée, et alors il présente des soubresauts, de sorte qu'il est difficile à distiller. Sa vapeur est jaune et foncée; dans de l'air sec et froid, elle se condense en une poudre blanche, non cristalline. A l'air libre, le chlorure tellurique se liquéfie plus rapidement que le chlorure calcique; on obtient de cette manière une liqueur claire, jaune, qui devient peu à peu laiteuse, et finit par se dessécher en un sel basique blanc, terreux, dont la formation est accompagnée d'un dégagement d'acide chlorhydrique. Le chlorure tellurique est décomposé par l'eau; il se dissout sans altération dans l'eau bouillante. Quand on fait refroidir lentement la dissolution, elle dépose de l'acide tellureux en cristaux qui acquièrent souvent un volume assez considérable, et sont mêlés de cristaux plus petits d'un sel basique. Le chlorure tellurique est soluble dans l'acide muriatique, et si la quantité de ce dernier est suffisante, la dissolution peut être étendue d'eau sans qu'elle se trouble.

On obtient du chlorure tellurique par la voie humide en dissolvant l'acide tellureux dans l'acide chlorhydrique. La dissolution saturée est jaune, quand bien même les acides employés auraient été incolores. Cette couleur appartient au chlorure tellurique dissous, et ne tient pas à la présence de matières étrangères. Elle s'évanouit tout à fait, quand on décompose le chlorure au moyen de l'eau. Si on fait évaporer au bain-marie le chlorure tellurique préparé par la voie humide, jusqu'à ce que l'excès d'acide muriatique mis en expérience se soit dégagé, on obtient un résidu transparent, jaune pâle, qui n'éprouve plus d'altération à cette température, et reste compacte et transparent après le refroidissement. Je ne l'ai pas analysé; mais je le regarde comme une combinaison basique, parce qu'il se liquéfie très-lentement, qu'il passe en même temps au blanc de lait, et ne fournit pas de liqueur claire, comme le chlorure tellurique.

Du reste, il est difficile de produire un chlorure tellurique à un degré de combinaison déterminé, attendu que l'eau sépare aisément le chlorure tellurique de l'acide tellureux produit. Il n'y a pas jusqu'aux cristaux fournis par une dissolution du chlorure tellurique dans l'eau bouillante qui ne se décomposent par la chaleur; dans cette action, l'acide tellureux décrépite fortement, et le sel basique proprement dit se gonfle comme le borax. La masse qui reste dans la cornue est beaucoup plus fusible que l'acide tellureux, et elle devient transparente après le refroidissement. Même après une calcination prolongée, elle contient encore du chlore. Quand il ne passe plus de chlorure tellurique, on obtient un sublimé cristallin. Ce sublimé est un sel basique, qui communique à l'eau avec laquelle on le fait digérer la propriété de donner, avec le nitrate argentique, un précipité de chlorure argentique. Cependant on n'en obtient qu'une très-petite quantité. En l'analysant, on a trouvé 1 atome de chlorure argentique et 4 atomes d'oxyde tellurique, ce qui indique la composition $\text{Te}\,\text{Gl} + 3\ddot{\text{T}}\text{e}$. Le sel basique qui reste quand le chlorure tellurique se liquéfie à l'air, et redevient peu à peu sec, est composé d'après la formule $\text{Te}\,\text{Gl} + 6\ddot{\text{T}}\text{e}$.

Chlorure tellurico-potassique. Lorsqu'on dissout du chlorure potassique au moyen d'une dissolution acide de l'acide tellureux dans l'acide chlorhydrique, et qu'on laisse la liqueur s'évaporer spontanément, il cristallise d'abord un peu de chlorure potassique incolore; et ensuite, quand la masse a atteint la consistance d'un sirop, on obtient de beaux cristaux d'un jaune citrin, qu'on peut débarrasser de l'eau mère adhérente en les pressant entre des doubles de papier joseph. Ils sont décomposés tant par l'eau que par l'alcool anhydre, n'éprouvent pas d'altération de la part de l'air sec et froid, mais se liquéfient dans l'air humide ordinaire.

Chlorure tellurico-ammonique. On l'obtient en ajoutant du sel ammoniac à la solution du chlorure tellurique. Il cristallise plus facilement que le sel précédent; les cristaux sont de beaux octaèdres jaune citrin, qui sont souvent hémitropiques, et quelquefois tronqués de manière à former des feuilles hexagones et régulières. Le sel ammoniac excédant cristallise en cubes incolores au milieu de ces cristaux. L'eau et l'alcool anhydre le décomposent. Le sel se dissout sans altération dans une petite quantité d'eau, mais la dissolution est alors incolore. La couleur ne se reproduit qu'au moment de la cristallisation.

2° *Chlorure tellureux*, Te Cl. *H. Rose* est le premier qui l'ait préparé. On l'obtient en mêlant le chlorure tellurique avec un poids égal au sien de tellure métallique en poudre, et en soumettant le mélange à la distillation. La vapeur de chlorure tellureux qui se dégage a une couleur pourpre dans le premier moment de son apparition au milieu de l'air de l'appareil; mais quand l'air se trouve expulsé, elle prend une forte teinte jaune. Le chlorure tellureux distillé ne présente que peu ou point de traces de cristallisation; il est noir, très-fusible, plus volatil que le chlorure tellurique, d'une cassure terreuse, donne une poudre verte jaune, attire l'humidité de l'air en s'entourant d'une goutte claire, qu'une plus grande quantité d'eau rend sur-le-champ laiteuse. L'eau lui donne une couleur de blanc de lait, parce qu'elle produit de l'acide tellureux; et l'acide chlorhydrique le rend métallique, en dissolvant l'acide tellureux qui enveloppait la poudre métallique séparée d'abord. *Rose* a fait voir que la moitié de la proportion de tellure se réduit, et que l'autre moitié passe à l'état d'acide tellureux.

Le chlorure tellureux peut être fondu en toute proportion avec le chlorure tellurique; une légère quantité de chlorure tellureux rend celui-ci rouge foncé pendant qu'il est fondu, et jaunâtre après le refroidissement; une plus grande quantité le rend opaque au terme de la fusion, et noir à froid. La moindre quantité d'une matière organique qui se mêle au chlorure tellurique anhydre, colore ce sel en jaune; après quoi, si on l'échauffe plus fortement, on voit se produire la vapeur violette du chlorure tellureux, et un enduit noir recouvrir les parties les moins chaudes de l'appareil.

D'un autre côté, le chlorure tellureux peut être fondu en toute proportion avec le tellure. Lorsqu'on expose ensuite le mélange, dans un appareil distillatoire, à une chaleur plus forte, il passe d'abord du chlorure tellureux, à vrai dire; mais les degrés inférieurs de chloruration que ce métal produit sont si peu volatils, que le résidu de tellure métallique contient encore du chlorure après avoir été maintenu pendant plusieurs minutes à la température où le verre se ramollit, et que les gouttes métalliques sublimées dans cette opération en renferment encore davantage. Le métal conserve son aspect et son éclat métalliques à un point tel, qu'on n'y soupçonnerait pas la présence du chlore; mais il est alors plus facile à pulvériser, produit après quelques instants une saveur aigre sur la langue, et rougit le papier de tournesol humide sur lequel on le met. La meilleure manière d'en éliminer les dernières traces de chlore consiste, soit à le fondre dans une atmosphère de gaz hydrogène, soit à le réduire en poudre, et le faire bouillir d'abord avec une petite quantité d'acide chlorhydrique, et ensuite avec de l'eau. Le tellure se mêle aussi par la fusion avec le chlorure argentique; le mélange est une masse dure, blanche, douée de l'éclat métallique, et cristalline dans sa cassure; on peut le considérer comme une combinaison de chlorure soustellureux et de chlorure argentique fondue avec un excès de tellure.

Chlorure telluroso-ammonique. On l'obtient en mêlant un tellurite avec du sel ammoniac et en distillant le mélange. Il passe d'abord de l'ammoniaque et de l'eau, et l'on obtient ensuite un sublimé noir, qui est le sel qu'il s'agissait de préparer. Ce sel est jaunâtre, cristallin et rayonné dans sa cassure, et il donne une poudre jaune verte. Arrosé d'une très-petite quantité d'eau, il devient d'abord blanc; mais l'acide tellureux précipité se redissout, et l'on obtient, surtout par le concours d'une douce chaleur, une liqueur limpide comme de l'eau, qui dépose du tellure métallique. C'est à la présence de ce tellure métallique que ce sel doit sa texture cristalline et rayonnée. Une grande quantité d'eau sépare de l'acide tellureux, dont on peut débarrasser la poudre métallique par le lavage au moyen d'un peu d'acide chlorhydrique. Lorsqu'on laisse s'évaporer spontanément la solution chargée de sel ammoniac, elle dépose des cristaux de ce sel mêlés avec le sel double jaune et octaédrique susmentionné.

Bromures de tellure. 1° *Bromure tellurique*, $TeBr^2$. Le brôme et le tellure se combinent à la température ordinaire de l'air avec développement de chaleur. La combinaison s'obtient plus facilement en introduisant du brôme dans un tube de verre fermé par un bout, et entouré à cette extrémité de neige ou d'eau à la température zéro, ajoutant du tellure en poudre, et remuant le mélange de temps à autre. Le bromure tellurique reste combiné avec un excès de brôme, dont on peut le débarrasser par la distillation au bain d'eau. Purifié de cette manière, il a une couleur jaune foncée. Il fond aisément, et il se réduit, par la fusion, en un liquide rouge foncé, transparent, qui donne une masse cristalline en refroidissant. Lorsqu'on le sublime, il forme une vapeur jaune foncée, qui se condense en partie sous la forme d'une poudre jaune, en partie sous celle d'aiguilles cristallines et d'un jaune pâle. Il attire très-lentement l'humidité de l'air. Une très-petite quantité d'eau le dissout sans altération; mais une grande quantité d'eau le décompose en acide bromhydrique et en un sel basique qui est jaune ou blanc, suivant qu'il contient un excès de base plus ou moins considérable, et qui est également décomposé, quand on le traite au moyen d'une plus grande quantité d'eau. Lorsqu'on fait évaporer la solution aqueuse du bromure tellurique sur l'acide sulfurique, elle prend d'abord la consistance d'un sirop, et cristallise ensuite en belles tables rhomboïdales d'un rouge de rubis foncé, qui perdent leur eau de cristallisation et deviennent terreuses et jaunâtres après la dessiccation de la liqueur. Le bromure tellurique, cristallisé et hydraté, se liquéfie à l'air avec une rapidité tout à fait extraordinaire.

La manière dont le bromure tellurique se comporte avec l'eau est intéressante, en ce que la couleur de la dissolution fait connaître si la liqueur renferme du bromure tellurique, ou bien de l'acide tellureux et de l'acide bromhydrique; dans le premier cas elle est jaune, et dans le second cas, incolore. En concentrant de nouveau la dernière dissolution par la chaleur, on la voit redevenir peu à peu jaune sur les bords, et l'on finit par obtenir une couche de bromure tellurique liquéfié. La fait-on évaporer au bain-marie, il passe de l'acide bromhydrique avec les dernières portions d'eau, et il reste sur le verre un enduit jaune foncé, semblable à un vernis, qui ne se liquéfie pas à l'air, et dont la moindre parcelle tourne au blanc de lait quand on y ajoute de l'eau. Cet enduit est par conséquent un bromure tellurique basique, analogue au chlorure basique produit par le même moyen.

Le bromure tellurique basique qui se dépose pendant le refroidissement d'une solution dans l'eau bouillante, retient le brôme avec plus d'opiniâtreté que le chlorure tellurique ne conserve le chlore. Il est grenu, ne se gonfle pas quand on le fait fondre, comme cela s'observe pour le chlorure, et donne beaucoup de bromure tellurique à la distillation. Il retient encore du brôme après avoir été maintenu au rouge pendant quelques minutes, et il devient jaune et cristallin en refroidissant : ce n'est qu'après avoir été soumis à une température rouge prolongée pendant très-longtemps, qu'il tourne, en refroidissant, au blanc de lait, comme de l'acide tellureux pur.

Sels doubles de bromure tellurique. Ils ont une belle couleur rouge de cinabre, et ils se forment avec une grande facilité. La manière la plus simple d'obtenir le *bromure tellurico-potassique* consiste à mêler la dissolution du bromure tellurique avec un peu de chlorure potassique. Pendant l'évaporation spontanée, il se prend en beaux cristaux qui forment des tables rhomboïdales, et présentent ordinairement le phénomène de l'hémitropie. On obtient aussi de courts prismes rhomboïdaux, dont la base paraît avoir les mêmes angles que les tables. Les cristaux ne s'altèrent pas à l'air, mais ils sont décomposés tant par l'eau que par l'alcool. Enfin il reste une eau mère qui contient du chlorure et du bromure telluriques, et dont la couleur est beaucoup plus pâle que celle du bromure dissous seul.

2° *Bromure tellureux*, TeBr. Le bromure tellurique peut être fondu dans toute proportion avec le tellure en poudre, et il présente alors les mêmes phénomènes que le chlorure. Lorsqu'on distille une combinaison pareille, il se produit une combinaison définie, qui donne une vapeur violette, puis un sublimé noir ; celui-ci peut être obtenu en cristaux aciculaires déliés et noirs. Le bromure tellureux est très-fusible, noir, sans éclat particulier, et décomposable par l'eau ; sa cassure n'est pas cristalline. La description du chlorure tellureux peut également servir pour le bromure tellureux.

Iodures de tellure. La manière dont le tellure se comporte avec l'iode est très-remarquable. Il peut s'y combiner en toute proportion. Lorsque, après avoir fait fondre de l'iode dans un tube de verre, on y laisse tomber un petit morceau de tellure, qu'on agite le mélange pendant quelques instants, et qu'on décante l'iode, on le trouve entièrement pénétré de tellure. Avec l'eau cet iodure donne lentement une dissolution d'un brun très-foncé, qui toutefois n'en contient qu'une petite quantité, se décolore quand on la mêle avec du sulfite d'ammoniaque, et dépose du tellure métallique si l'on y ajoute en outre de l'acide chlorhydrique. D'un autre côté, une petite quantité d'iode peut être fondue avec une quantité quelconque de tellure. On conçoit, d'après cela, qu'il doit être difficile de combiner ces corps en proportions définies. Il n'y a que l'iodure tellureux qu'on puisse produire par la voie sèche. A cet effet on broie de l'iode avec du tellure, et on chauffe très-doucement le mélange dans un appareil de verre composé de deux boules soufflées très-près l'une de l'autre. L'iode distille et cristallise dans la boule vide, tandis que l'iodure tellureux revêt, sous la forme d'un sublimé noir, la partie vide de la boule qui contient le mélange. La chaleur doit être très-douce, sans quoi l'iodure commencerait à se décomposer, en dégageant de l'iode, et en laissant une masse sursaturée de tellure.

1° L'*iodure tellureux*, TeI, est noir, doué de quelque éclat métallique à sa surface, fusible, volatil; il peut prendre la forme d'un duvet léger et cristallin; il n'est pas cristallin dans sa cassure après avoir été fondu; il résiste à l'eau tant froide que bouillante, mais se décompose en laissant du tellure métallique, quand on le distille avec de l'ammoniaque ou de l'acide chlorhydrique. Soumis à l'action d'une chaleur brusque et considérable, il donne de l'iode qui se sublime, et un iodure plus riche en tellure qui reste.

2° *Iodure tellurique*, TeI^2. Cette combinaison ne s'opère qu'incomplétement, quand on fait digérer de l'iode avec de l'eau et du tellure pulvérisé. Après une réaction prolongée, il se forme une dissolution brune foncée, dont la couleur ne tarde pas à diminuer d'intensité par l'évaporation au bain-marie, et qui laisse un très-faible résidu noir, lequel se dissout avec une lenteur extrême dans l'eau, et colore ce liquide en brun. Pendant l'évaporation, on voit l'air du matras se colorer par de l'iode, ce qui montre que cette dissolution n'était, à vrai dire, qu'une solution d'iode dans l'eau, opérée à la faveur d'une légère trace d'iodure tellurique.

La meilleure manière de préparer l'iodure tellurique consiste à arroser de l'acide tellureux broyé fin avec de l'acide iodhydrique, et à laisser digérer le mélange dans un flacon couvert. Une petite quantité d'iodure tellurique produit par ce moyen se dissout dans l'acide, et ne tarde pas à le colorer en brun foncé; la masse s'agglutine, devient très-foncée, et finit par laisser de l'iodure tellurique sous la forme de grains fins, presque noirs, qui tachent les doigts. Après avoir décanté la solution brune qui surnage l'iodure tellurique indissous, on peut l'évaporer dans le vide, sur l'acide sulfurique; et l'on obtient encore une quantité assez considérable de ce sel sous la forme de cristaux prismatiques, irréguliers, gris de fer, et doués de l'éclat métallique. La cloche dans laquelle on fait le vide doit contenir de la chaux éteinte, pour absorber l'iode et l'acide iodhydrique qui se dégagent pendant l'évaporation. L'iodure tellurique est décomposé par la sublimation. Après avoir été fondu, il entre en ébullition, dégage d'abord de l'iode pur et ensuite de l'iode de plus en plus tellurifère, et finit par laisser du tellure métallique avec une faible proportion d'iode. Par lui-même il est peu soluble, voire même tout à fait insoluble dans l'eau; sa solubilité tient à la formation d'un sel basique et de l'acide iodhydrique, qui dissout de l'iodure tellurique. On peut le laver à l'eau froide sans qu'il se dissolve, ni sans que l'eau soit colorée visiblement; cependant l'eau de lavage finit par devenir brune, quand on la réduit, par l'évaporation, à un volume très-petit. Lorsqu'on place le sel encore humide sur du papier joseph, il se forme également une tache brune autour de l'endroit humide, pendant que le papier imbibé de liqueur continue à se dessécher. En arrosant de l'iodure tellurique en grains avec de l'eau bouillante, et l'y faisant digérer pendant un moment au bain-marie, on obtient une dissolution brune foncée, et il reste un sel basique gris brun qui a la même forme que l'iodure employé, et qui ne passe pas au blanc quand on le fait bouillir plusieurs fois avec de l'eau récente. La solution brune foncée n'est pas troublée par la dilution; évaporée au moyen de la chaleur, elle abandonne de l'iode et de l'acide iodhydrique, sans éprouver d'autre trouble que celui qui résulte de la séparation de l'iode à sa surface; à la fin il reste de l'iodure tellurique sous la forme d'une masse grise, douée de l'éclat métallique, et cristallisée d'une manière plus ou moins distincte. L'alcool même anhydre le dissout, en le décomposant partiellement.

Iodure tellurique basique. Ainsi que je viens de le rapporter, on l'obtient en arrosant l'iodure tellurique réduit en poudre très-ténue avec de l'eau bouillante, et l'y faisant digérer. 100 parties d'iodure tellurique traitées de cette manière, laissent 36,5 parties d'une poudre d'un gris brun pâle, qui est très-lourde. Les deux tiers de l'iode contenu dans l'iodure tellurique se transforment en acide iodhydrique pour dissoudre environ $\frac{1}{15}$ d'iodure non décomposé. Le sel basique obtenu ne paraît pas éprouver d'altération ultérieure de la part de l'eau. Chauffé dans un vaisseau distillatoire, il fond avec une lenteur extrême, abandonne une trace d'humidité, puis dégage de l'iode avec très-peu de tellure, et donne enfin du tellure métallique, quand la température est le rouge blanc. Cette expérience prouve qu'une température élevée décompose également l'iodure tellurique dans cette combinaison.

En saturant l'acide iodhydrique avec la quantité d'iodure tellurique qu'il peut dissoudre, et en faisant évaporer la solution dans le vide sur de l'acide sulfurique et de la chaux éteinte, on obtient, vers la fin, de longs prismes quadrilatères, en apparence rectangulaires, d'un bel éclat métallique, qui paraissent être une combinaison d'*acide iodhydrique* et d'*iodure tellurique*. Ayant introduit ces cristaux dans un tube de verre, si on tient celui-ci pendant quelque temps dans la main après l'avoir bouché, ils fondent en une liqueur brune foncée, qui se solidifie par le refroidissement. Au contraire, lorsqu'on chauffe les cristaux dans un vase ouvert, et qu'on les maintient pendant quelque temps à une température de 50 à 60 degrés, ils n'entrent pas en fusion, mais ils dégagent de l'acide iodhydrique qui se décompose à l'air, et apparaît sous la forme d'une fumée brune; et ils laissent un squelette poreux et terne, qui a la même forme que les cristaux, et qui consiste en iodure tellurique. L'eau les décompose; une portion d'iodure tellurique se dissout à la faveur de l'acide iodhydrique, et il reste de l'iodure tellurique. La dissolution est brune.

Sels doubles d'iodure tellurique. La meilleure manière de préparer ces combinaisons consiste à prendre une dissolution concentrée d'iodure tellurique dans l'acide iodhydrique, et à la saturer exactement par un alcali, ou à la mêler avec la solution de l'iodure, avec lequel on veut former le sel double. Il serait très-difficile de dissoudre l'iodure tellurique sous la forme solide dans la solution d'un iodure alcalin. Lorsqu'on laisse la dissolution s'évaporer spontanément, le sel double se prend en cristaux gris de fer, doués de l'éclat métallique, et à faces extrêmement lisses. Ils sont très-solubles dans l'eau, qu'ils colorent en brun; la dissolution supporte, avant de se troubler, une addition bien plus considérable d'eau que les chlorures et les bromures doubles correspondants. Le précipité n'est jamais que très-faible.

L'*iodure tellurico-potassique* cristallise tantôt en prismes, tantôt en feuilles rhomboïdales, dont la forme paraît être la même que celle du bromure double correspondant.

L'*iodure tellurico-sodique* est très-soluble dans l'eau et dans l'alcool; il est difficile de le faire cristalliser en évaporant les dissolutions au moyen de la chaleur. Il n'a pas d'éclat métallique, mais il est brun; il contient de l'eau combinée, et il se liquéfie dans l'air humide.

L'*iodure tellurico-ammonique* se prend en cristaux qui présentent les mêmes formes que ceux du chlorure correspondant. L'iodure ammonique en excès cristallise en cubes ou en feuilles rectangulaires, qui se mêlent également avec le sel double, comme cela s'observe pour le chlorure. L'alcool anhydre le dissout.

Lorsqu'on mêle de l'*acide iodhydrique* avec de l'*acide tellurique*, on obtient une solution brune et claire, quand bien même la quantité du dernier acide dépasse celle que l'acide iodhydrique peut décomposer. Comme il ne se précipite pas d'iode, il résulte, de cette expérience, qu'une combinaison de 3 atomes doubles d'iode avec 1 atome de tellure est soluble dans l'eau; mais cette combinaison ne peut être obtenue à l'état solide, puisque la liqueur soumise à l'évaporation spontanée dépose de l'iodure tellurique ordinaire, tandis que l'acide tellurique se dépose en cristaux incolores sur les bords du vase. Par conséquent il se dégage 1 atome double d'iode, avec l'eau, pendant l'évaporation. On ne réussit pas mieux à produire ce composé en mêlant les deux acides dissous et tellement concentrés, qu'il se dépose un corps solide noir peu d'instants après leur réunion; car ce corps n'est encore autre chose que de l'iodure tellurique ordinaire, et il donne l'iodure basique foncé ordinaire, quand on le traite par l'eau bouillante.

Fluorures de tellure. On n'a pu produire que le *fluorure tellurique*, $Te\,F^2$. On l'obtient en dissolvant l'acide tellureux dans l'acide fluorhydrique. Si l'on fait évaporer cette dissolution au bain-marie jusqu'à ce qu'il reste un sirop clair et incolore, et qu'on la laisse refroidir, il se forme de petits mamelons d'un blanc de lait, qui paraissent être un sel basique. Lorsqu'on expose ensuite ces cristaux à une température plus élevée, ils entrent en fusion, et abandonnent de l'eau et un peu d'acide fluorhydrique libre. On obtient ensuite du fluorure tellurique. Voici de quelle manière je recueillis ce corps: Je fermai tout à fait l'ouverture du creuset de platine, qui contenait le fluorure, en y introduisant un creuset de platine plus grand, dans lequel je versai de l'eau que je maintins froide, pendant l'expérience, en la mêlant avec de la glace. Dès que le fond du creuset inférieur commença à rougir, j'interrompis l'expérience. Le sublimé obtenu par ce moyen était parfaitement transparent; mou ou demi-fluide à chaud, il se prit, à froid, en une masse compacte qui se liquéfia si promptement, qu'elle découla déjà du creuset avant qu'il fût possible de la soumettre à aucune expérience. L'addition d'une quantité d'eau plus grande précipita de l'acide tellureux.

Fluorure tellurique basique. Il paraît qu'il peut contenir différentes proportions de base; car indépendamment des cristaux grenus, couleur de lait, qui fournissent le fluorure tellurique par la sublimation, le sel qui reste après la calcination de ces cristaux au rouge, a été trouvé contenir encore du fluorure tellurique. Liquide à chaud, ce résidu se prend en une masse composée de grains cristallins pendant le refroidissement. Il abandonne de l'acide fluorhydrique, soit qu'on le fasse bouillir avec de l'eau, soit qu'on le traite par de l'acide sulfurique concentré. Dans le premier cas, l'acide fluorhydrique est dissous par l'eau, et dans le second cas, il se dégage.

Le fluorure tellurique produit des sels doubles avec les fluorures des métaux alcalisables. Le *fluorure tellurico-sodique* se présente sous la forme de cristaux irréguliers, qui sont décomposés par l'eau froide, mais qui peuvent se dissoudre dans une très-petite quantité d'eau bouillante.

On ne peut préparer le *fluorure tellureux* dans des vaisseaux de verre, attendu que le fluorure tellurique, du moins celui qu'on a obtenu par la voie humide, attaque plutôt le verre, que de se combiner avec une plus grande quantité de tellure. Je n'ai pas essayé de le produire dans un creuset de platine, de crainte de voir ce creuset percé par le tellure métallique.

B. *Oxysels de tellure.*

L'acide tellurique n'a aucune des propriétés qui caractérisent les bases; mais il existe des sels à base d'acide tellureux. Nous pouvons conserver à ces sels le nom de *sels telluriques*, par lequel on les a déjà désignés précédemment, tant que nous ne connaissons pas d'autres degrés d'oxygénation au tellure. Les sels telluriques des acides minéraux donnent avec l'eau un précipité d'où l'acide peut être extrait par le lavage à l'eau chaude. Les sels dont l'élément électro-négatif est un acide végétal se dissolvent, au contraire, dans l'eau, sans éprouver d'altération. Leur caractère principal consiste en ce qu'ils donnent du tellure métallique lorsqu'on les traite par un sulfite après y avoir ajouté de l'acide chlorhydrique.

Sulfate tellurique, $\ddot{T}e\dddot{S}^2$. Lorsqu'on arrose du tellure pulvérisé avec une quantité suffisante d'acide sulfurique concentré, pour que la masse forme une bouillie claire, et qu'on la chauffe ensuite, elle prend une belle couleur rouge purpurine. Ce phénomène, qui a été découvert par *Magnus*, paraît tenir à une dissolution du tellure métallique; la couleur est la même que pour les solutions des tellures des métaux alcalisables, et elle appartient d'autant moins à un sel tellureux, que le tellure paraît être dépourvu d'un pareil degré d'oxydation. La couleur pourpre de la solution persiste tant qu'il reste encore une portion de la liqueur, tandis que la partie du métal qui n'est pas dissoute s'oxyde aux dépens de l'acide sulfurique, et développe de l'acide sulfureux. C'est seulement alors que l'acide est décomposé, le tout converti en une masse blanche et toute trace de couleur purpurine effacée. Lorsqu'on expose le sel blanc qui reste à une chaleur très-douce et à peine suffisante pour chasser l'excès d'acide, il reste une masse blanche, terreuse, sans indice de cristallisation. Placée sur la langue, elle produit une sensation de sécheresse, mais elle donne, après quelques instants, une saveur métallique. Chauffée dans une cornue, elle fond, entre en ébullition, donne de l'acide sulfurique anhydre, et laisse une masse jaune, très-fusible, qui, en refroidissant, devient transparente et incolore comme du verre. Cette dernière substance est encore un soussel dont la transparence tient à la présence de l'acide sulfurique. Quand on la fait fondre de nouveau dans un creuset ouvert, l'acide sulfurique se dégage, et l'oxyde qui reste alors devient cristallin et opaque en se solidifiant. Le sulfate tellurique est soluble, à chaud, dans l'acide nitrique ou dans l'acide chlorhydrique; la solution saturée donne des grains cristallins par le refroidissement. L'eau le décompose en acide sulfurique qui se dissout avec une quantité de tellure très-insignifiante, et en acide tellureux qui reste. Lorsqu'on traite

1 atome de tellure pulvérisé avec 1 atome d'acide sulfurique aqueux et d'acide nitrique concentré, le tellure se dissout complétement; mais après quelques instants, il se dépose une portion considérable d'acide tellureux dans la modification que l'acide nitrique produit d'ordinaire. Enfin on obtient le sulfate sous la forme d'écailles nacrées, en évaporant la liqueur décantée pour la débarrasser de l'acide nitrique, et en éliminant ensuite l'acide sulfurique par une chaleur ménagée.

Nitrate tellurique, $\ddot{\text{Te}}\dddot{\text{N}}^{2}$. Il n'existe qu'en dissolution. L'acide nitrique ne tarde pas à transformer l'acide tellureux en acide ^{a}tellureux et à se dissocier complétement.

Oxalate tellurique, $\ddot{\text{Te}}\,\dddot{\text{C}}^{2}$. L'acide ^{a}tellureux n'est pas dissous d'une manière sensible par les acides végétaux, mais l'acide ^{b}tellureux s'y dissout facilement. L'oxalate cristallise en grains composés de rayons concentriques. Il se redissout facilement dans l'eau.

Rhodicate tellurique. On l'obtient en dissolvant l'oxyde tellurique dans une solution alcoolique d'acide rhodicique; par l'évaporation de la liqueur, le sel se dépose sous forme d'une masse amorphe et rouge.

L'acétate tellurique paraît ne pas pouvoir exister. L'acide ^{b}tellureux est complétement insoluble dans l'acide acétique, tant concentré qu'étendu; on peut l'en séparer intégralement au moyen de l'évaporation; lorsqu'on traite le résidu sec par l'acide sulfurique, il ne se dégage pas la moindre trace d'acide acétique.

Le *tartrate tellurique*, $\ddot{\text{Te}}\dddot{\text{T}}^{2}$, est très-soluble dans l'eau. La dissolution, abandonnée à l'évaporation spontanée, se dessèche en une masse incolore, transparente, cristalline et rayonnée. Sa dissolution dans l'eau n'est précipitée ni par les alcalis, ni par une solution de borax, ni par le molybdate d'ammoniaque, ni par le tellurate sodique, ni par l'infusion de noix de galle.

Tartrate tellurico-potassique. La crème de tartre dissout l'acide ^{a}tellureux avec lequel on la fait digérer. Elle dissout également l'acide ^{b}tellureux. Dans l'un et l'autre cas, la combinaison dépose beaucoup de tartre, et elle finit par se dessécher, entre les cristaux, en un vernis clair. Traité par de l'eau froide, ce sel se décompose, devient blanc, et laisse de l'acide tellureux. Lorsqu'on chauffe le mélange, l'acide tellureux se redissout, et reste dissous tant que la liqueur est chaude. Évaporé de nouveau jusqu'à siccité et repris par l'eau, le sel laisse encore l'acide tellurique. L'acide tellurique ayant, dans ses propriétés, beaucoup de ressemblance avec l'acide borique, on en fit dissoudre 1 atome avec 1 atome de surtartrate potassique, dans la supposition qu'il s'y combinerait, comme l'acide borique; mais la chaleur de la digestion ramena une portion de tellure à l'état métallique, et fit passer la liqueur au jaune; après quoi celle-ci contenait un mélange de tartre et de tartrate tellurico-potassique.

DÉVELOPPEMENT

DE

L'ANALYSE CHIMIQUE;

DOCTRINE DES PROPORTIONS CHIMIQUES,

ET

DÉTERMINATION DES POIDS ATOMIQUES.

Toute théorie n'est qu'une manière de se représenter la nature des phénomènes. Elle est admissible et suffisante tant qu'elle peut expliquer les faits connus. Elle peut cependant être inexacte, quoique, dans un certain période du développement de la science, elle lui serve tout aussi bien qu'une théorie vraie. Les expériences augmentent en nombre, on découvre des faits qui ne peuvent plus se concilier avec la théorie, on est obligé de chercher une autre explication applicable également à ces nouveaux faits, et c'est ainsi que, de siècle en siècle, on changera probablement les modes de se représenter les phénomènes dans les sciences, sans peut-être jamais trouver les véritables; mais quand même il serait impossible d'atteindre ce but de nos travaux, il ne faudrait pas moins s'efforcer d'en approcher.

Dans l'incertitude inséparable de toute spéculation purement théorique, il arrive quelquefois que deux explications différentes peuvent également avoir lieu : il devient alors nécessaire de les étudier toutes deux; et, bien que notre incertitude en augmente, elle ne diminuera pas nos efforts pour trouver la vérité, parce que le véritable savant, celui qui s'applique plutôt à connaître ce qui est qu'à croire, étudie les probabilités, et ne donne la préférence à aucune opinion, tant qu'elle n'est pas fondée sur des preuves décisives.

En traitant les sciences, il nous faut toujours une théorie pour ranger nos idées dans un certain ordre, sans lequel les détails seraient trop difficiles à retenir. Nous avons une bonne théorie, quand elle explique tous les faits connus. Lorsqu'elle est généralement adoptée, il est souvent très-utile pour la science que l'on puisse prouver que les phénomènes admettent encore une autre explication; mais il ne s'ensuit pas que la première doive être considérée comme inexacte, et c'est toujours une innovation blâmable que de changer une manière d'expliquer déjà adoptée pour une nouvelle, dont la justesse n'est point fondée sur de plus grandes probabilités. Il est donc indispensable de prouver d'abord que celle qui est généralement établie est inexacte, et qu'il en faut une autre. Quant à celle qu'on lui substitue, on ne peut prouver autre chose, sinon qu'elle convient mieux aux faits connus à cette époque.

Dès que l'on commença à considérer les corps comme composés d'éléments simples, il paraît qu'on admit aussi que, dans les corps composés, les mêmes caractères extérieurs et les mêmes propriétés internes indiquent une combinaison des mêmes éléments dans les mêmes proportions. On trouve cette idée adoptée par les philosophes dès les temps les plus anciens, où l'expérience n'était pas encore suffisante pour servir d'appui à la spéculation. Elle a fait déjà partie de la philosophie de *Pythagore;* et *Philon*, auteur du livre de la Sagesse, compris parmi les livres apocryphes de l'Écriture sainte, et que l'on croit avoir vécu au temps de *Caligula*, dit, dans le chapitre II, v. 22 : *Dieu a tout fait avec mesure, nombre et poids*. Toutefois, jusqu'à nos jours, les philosophes n'ont eu qu'un pressentiment obscur de cette vérité. Tant que ceux qui se livraient à des recherches chimiques regardaient, tantôt le feu, l'air, l'eau et la terre, tantôt le mercure, le sel et la terre comme les éléments de la nature, il n'y avait pas moyen de songer à acquérir une connaissance exacte de la composition des corps. Ce n'est que vers le milieu du dix-septième siècle que nous trouvons chez *Glauber* des notions plus exactes de la composition de quelques corps. Il découvrit que l'acide sulfurique expulse du nitre l'acide nitrique, et du sel marin, l'acide chlorhydrique, en prenant la place de ces acides, que l'alcali fixe déplace l'ammoniaque et s'y substitue; ceci le conduisit à l'idée de la composition du sulfate sodique, appelé, d'après lui, *sel de Glauber*, du nitre, du sel marin et du sel ammoniac; il savait au moins que ces corps se composent d'alcali et d'acide, bien que la différence entre la potasse et la soude fût encore inconnue. Le premier bout du fil est toujours difficile à trouver; mais, dès qu'on l'a trouvé, on ne tarde pas à se reconnaître. *Glauber* parvint bientôt à acquérir des notions exactes sur ce que nous appelons des doubles décompositions; il montra que le beurre d'antimoine se produit au moyen du sublimé corrosif et du sulfure d'antimoine, le mercure se combinant avec le soufre pour former du cinabre, et l'antimoine avec l'acide chlorhydrique, pour former du beurre d'antimoine; enfin, il fit voir que, lorsqu'on mêle la liqueur des cailloux avec une solution d'or dans l'eau régale, l'alcali reste dissous sous forme de sel, pendant que l'or se précipite avec la silice. Ce fut un trait de lumière au milieu des ténèbres d'alors; les doubles décompositions ou les affinités électives ouvrirent la voie qui conduisit à la connaissance de la composition des produits obtenus; mais il se passa plus d'un siècle avant d'arriver des déterminations qualitatives aux analyses quantitatives, et avant de pouvoir démontrer que le même corps a toujours la même composition.

Wenzel, chimiste allemand, paraît être le premier qui ait fixé son attention sur ces rapports, et qui ait cherché à les vérifier par des expériences. Il examina un phénomène qui avait déjà frappé les chimistes, savoir, que deux sels neutres conservent leur neutralité après s'être mutuellement décomposés. Il exposa le résultat de ces expériences dans un mémoire intitulé : *Lehre von den Verwandschaften*, ou *Théorie des affinités*, publié à Dresde en 1777, et prouva, par des analyses singulièrement exactes, que ce phénomène était dû à la circonstance que les rapports relatifs entre les quantités d'alcalis et de terres qui saturent une quantité donnée du même acide sont les mêmes pour tous les acides; en sorte que si l'on décompose, par exemple, du nitrate calcique par du sulfate potassique, le nitrate potassique et le sulfate calcique qui en résultent conservent leur neutralité, parce que la quantité de potasse qui sature un poids donné d'acide nitrique est à la quantité de chaux qui sature la même quantité d'acide nitrique, comme la potasse est à la chaux qui neutralise une portion donnée d'acide sulfurique. Les résultats numériques des expériences de *Wenzel* sont plus exacts que ceux d'aucun autre chimiste de son temps, et la plupart ont été confirmés par les meilleures analyses faites depuis. Néanmoins on y fit à peine attention, et l'on admit, sur l'autorité de noms plus connus, des résultats moins exacts, qui étaient contredits d'ailleurs par le phénomène que *Wenzel* avait si bien expliqué.

Bergmann, dont les travaux obtinrent une si juste célébrité, s'aperçut aussi des phénomènes produits par les proportions chimiques, et les exposa dans une dissertation publiée à Upsal, en 1782, sous le titre : *De diversa phlogisti quantitate in metallis.* Il y rapporte un grand nombre d'expériences sur la précipitation des métaux l'un par l'autre, et il en tire cette conclusion : *Phlogisti mutuas quantitates præcipitantis et præcipitandi ponderibus esse inversæ proportionales.*

Bergmann travailla beaucoup au développement de la théorie des affinités, et tâcha d'expliquer le phénomène de la conservation de la neutralité des sels neutres après leur décomposition mutuelle ; cependant ses analyses n'étant pas aussi exactes que celles de *Wenzel*, ne lui décelèrent point la belle explication trouvée par ce dernier.

C'est à *Bergmann* que nous devons la méthode de déterminer, par la pesée des composés connus, le poids de la partie constituante, de calculer, par exemple, d'après le précipité que donnent l'un avec l'autre l'acide sulfurique et la baryte, la quantité de l'un des composants. Cependant cette excellente méthode, sans l'application de laquelle l'analyse quantitative n'aurait jamais fait bien des progrès, devint la cause de recherches dont les résultats étaient inexacts, parce qu'il était alors impossible d'avoir une connaissance précise de la composition quantitative des corps soumis à l'analyse.

Mais c'est principalement à *J. B. Richter*, chimiste de Berlin, que nous devons la première indication positive des proportions chimiques, fondée sur de nombreuses expériences, auxquelles ce savant paraît avoir consacré une grande partie de son temps. Il tâcha de donner à la chimie une forme entièrement mathématique dans un ouvrage intitulé : *Stœchiométrie chimique*, où cependant son imagination ne se laissa pas toujours guider par l'expérience. Mais nous laisserons de côté ses erreurs, pour nous occuper uniquement de ses travaux essentiels sur les proportions chimiques. On en trouve l'exposition dans un ouvrage périodique, publié par lui sous le titre de : *Ueber die neueren Gegenstaende der Chemie* (*sur les nouveaux objets de la chimie*), où il avait pris pour épigraphe le passage déjà cité du livre de la Sagesse. C'est surtout dans les cahiers

7, 8 et 9, imprimés de 1796 à 1798, que l'on trouve des expériences bien dignes d'attention sur les proportions chimiques. C'est là qu'il examine le phénomène observé par *Wenzel*, et qu'il l'explique de la même manière que ce dernier. Il cherche à déterminer la capacité de saturation relative des bases et des acides. Il fait ensuite remarquer que dans la précipitation des métaux les uns par les autres, la neutralité du liquide n'est point altérée, et il en donne une explication dont on reconnaît encore aujourd'hui la justesse.

Lorsqu'on lit les travaux de *Richter* sur les proportions chimiques, on s'étonne que l'étude de ces rapports ait pu être négligée un seul instant. Cependant il y a dans les ouvrages de *Richter* une circonstance qui semble en affaiblir le mérite : c'est que les résultats numériques de ses expériences ne sont pas très-exacts. Dans ses comparaisons, il part presque toujours du carbonate d'alumine, combinaison que nous savons maintenant ne pouvoir exister. Ses expériences avaient besoin d'être répétées pour détruire le soupçon, qui naît naturellement dans l'esprit du lecteur, que le désir de ce chimiste de voir confirmer son système avait influé sur les résultats. D'ailleurs son style est singulier; il adopte les découvertes de l'école antiphlogistique, sans pouvoir se résoudre à abandonner entièrement le langage des phlogisticiens; et, en cherchant à tenir le milieu entre les deux partis, il déplut à l'un et à l'autre.

Il est cependant à présumer que ce qui empêcha, pendant quelque temps, les chimistes de donner leur attention aux travaux sur les proportions déterminées, fut principalement la grande révolution qui s'opéra vers cette époque dans la théorie de la chimie, d'où furent bannies avec le phlogistique toutes les spéculations vagues, pour y substituer le résultat des expériences et des recherches. Le système de *Lavoisier* était presque le seul objet des méditations des chimistes, et la lutte que ce système eut à soutenir détourna leur esprit de tout ce qui n'appartenait pas directement à la nouvelle théorie et à son application pour expliquer les faits connus.

Ce système fut enfin généralement adopté; ses adversaires les plus décidés reconnurent qu'il méritait la préférence sur ceux de *Stahl* et de *Becher*, et la plupart des chimistes de nos jours l'ont pris pour base de la science. Alors se partagea l'attention longtemps fixée sur ce point, et l'on commença, sous l'égide de la nouvelle théorie, à diriger l'étude de la chimie sur toutes les parties de cette science. On peut donc dire que le développement du principe des proportions chimiques fut quelque temps suspendu par celui de la théorie antiphlogistique, qui prit naissance à la même époque.

On ne trouve, dans les écrits de *Lavoisier*, rien de positif sur les proportions chimiques, si ce n'est la différence qu'il établit entre la *solution* et la *dissolution;* l'une pouvant avoir lieu dans toutes les proportions, tandis que l'autre, changeant la nature du corps dissous, n'admet que des proportions fixes et invariables.

Mais les travaux de *Lavoisier* avaient jeté les fondements de la doctrine des proportions chimiques, qui autrement n'auraient jamais pris naissance. Ces travaux avaient donné une idée des corps élémentaires, en avaient défini la plupart et indiqué ceux qui restaient encore à découvrir (les radicaux des alcalis, des terres, de l'acide muriatique et de l'acide fluorique). *Cavendish* et *Lavoisier* étudièrent en même temps la composition de l'eau. Le premier, partisan de l'école de *Stahl*, arriva à cette conclusion que l'eau est un corps simple qui, privé de son phlogistique, matière imaginaire, se manifeste à l'état de gaz oxygène, et qui, saturé de cette matière, forme le gaz hydrogène. Avec une pareille doctrine, on ne serait jamais arrivé à la théorie des proportions chimiques. Mais *Lavoisier* montra que l'oxygène et l'hydrogène sont des éléments, et put essayer de déterminer les proportions dans lesquelles l'oxygène et l'hydrogène se combinent pour former de l'eau. L'art de l'analyse venait de naître; il était donc impossible de s'attendre à des résultats numériques irréprochables.

Quelque temps après l'établissement du système de *Lavoisier*, *Berthollet*, un de ses plus célèbres compatriotes, publia un ouvrage intitulé : *Essai de statique chimique*, Paris, 1803, où il exposa d'une manière vraiment philosophique les affinités chimiques et les phénomènes qui en dépendent. Il tâcha de prouver dans cet écrit que les forces actives ne sont pas aussi nombreuses qu'on pourrait le supposer d'après la diversité des phénomènes; il démontra la probabilité de la production de ces derniers par l'effet d'une même force principale; ainsi que la force qui attire les corps vers la terre est la même que celle qui retient les planètes dans leurs orbites autour du soleil. Il prévit qu'on parviendrait un jour à calculer les effets de la première de ces forces, comme on avait calculé depuis longtemps les effets de la dernière. En développant ces idées, *Berthollet* s'attacha à établir que la prétendue différence entre la solution et la dissolution ne consiste que dans les différents degrés de force d'une même affinité, le degré de la première étant plus faible que celui de la seconde. Les éléments, disait-il, ont leur maximum et leur minimum, au delà desquels ils ne sauraient se combiner; mais entre ces deux limites, ils le peuvent dans toutes les proportions. Lorsque des corps se combinent dans des rapports fixes et invariables, ces phénomènes sont dus à d'autres circonstances, telles que la cohésion, par laquelle une combinaison tend à devenir solide, et l'expansion, qui la fait passer à l'état de gaz. Les éléments qui, en se combinant, subissent une forte condensation, s'unissent toujours dans des proportions fixes: c'est ainsi, par exemple, que le gaz oxygène et le gaz hydrogène ne se combinent jamais que dans une seule proportion; mais lorsque, d'autre part, les éléments combinés restent au même état de densité, les combinaisons ont lieu dans toutes les proportions entre le maximum et le minimum. Suivant cette opinion, la fixité dans les rapports des éléments des acides, des sels, etc., ne dépend que de la cristallisation, de la précipitation, ou, lorsqu'ils sont à l'état de gaz, de la condensation. *Berthollet* fit nombre d'expériences ingénieuses pour démontrer la vérité de cette assertion; et bien que nous trouvions maintenant qu'elle n'explique pas d'une manière assez complète les faits multipliés que des travaux plus récents ont découverts, il faut avouer que ce savant a exposé ses opinions, ainsi que les preuves sur lesquelles elles s'appuient, avec une clarté et une sagacité qui entraînent la conviction. Examinant ensuite les données de *Richter* sur les capacités de saturation des bases et des acides, il trouva d'autres nombres que ce dernier.

Berthollet prouva d'une manière décisive que l'intensité de l'action chimique des corps les uns sur les autres ne dépend pas uniquement du degré de leur affinité, mais qu'elle dépend aussi de la quantité du corps qui l'exerce, c'est-à-dire de la masse. Ce phénomène n'a lieu cependant que lorsque les corps qui tendent à se combiner, et les nouvelles combinaisons qui en résultent, conservent leur contact mutuel, c'est-à-dire leur forme liquide ou leur état de solution.

La statique chimique de *Berthollet* fit naître entre lui et *Proust* une discussion sur la fixité des proportions de plusieurs combinaisons, discussion aussi remarquable par la solidité des arguments produits des deux côtés, que par le ton modéré avec lequel elle fut soutenue. On crut d'abord que les effets de l'action de la masse chimique, constants dans les liquides, pouvaient s'étendre à des combinaisons solides, telles que les oxydes métalliques, admettant qu'entre le maximum et le minimum d'oxydation d'un métal, il pouvait y avoir un nombre infini de degrés. *Proust* s'appliqua principalement à prouver que cette idée était inexacte, et démontra que les métaux ne produisent, avec le soufre comme avec l'oxygène, qu'une ou deux combinaisons dans des proportions fixes et invariables, tous les degrés intermédiaires qu'on avait cru observer n'étant en effet que des mélanges de deux combinaisons à proportions fixes. *Proust* observa que le passage d'un degré d'oxydation à l'autre se fait par des sauts déterminés d'une quantité d'oxygène à l'autre; il essaya, pour quelques oxydes, d'en évaluer la grandeur, et s'il avait pu alors exécuter des analyses bien exactes, le rapport des multiples ne lui aurait pas échappé. *Berthollet* se défendit avec une sagacité qui tint en suspens l'esprit de ses lecteurs, même lorsque leur propre expérience leur parlait en faveur des opinions de *Proust;* mais le grand nombre d'analyses faites depuis lors a enfin décidé la question conformément aux idées de ce dernier savant.

Pendant que la doctrine des proportions fixes commençait à se développer dans la chimie, *Emmanuel Kant* établit, en 1786, dans son ouvrage intitulé : *Metaphysische Anfangsgründe der Naturwissenschaft* (Principes métaphysiques de la science naturelle), qu'il n'existe qu'*une seule* matière, mais soumise à l'influence de deux forces, agissant en sens contraire. L'une, la force attractive, si elle n'était pas contre-balancée, finirait par réduire la matière à un point mathématique; l'autre, la force expansive, si elle agissait seule, répandrait la matière à l'infini dans l'espace. C'est du rapport inégal de ces deux forces que dépendait, selon lui, la différence de la matière limitée dans l'espace. Il devait s'ensuivre que, dans les combinaisons, la matière reste la même, tandis que le rapport des forces change, et n'est plus ce qu'il était pour chacun des composants; ce qui expliquerait la différence des propriétés de la combinaison. Celle-ci ne serait donc pas le résultat d'une juxtaposition d'éléments différents, mais une fusion de la matière dans des proportions différentes des forces attractive et expansive. La puissance logique de ce grand philosophe lui avait valu, dans les sciences spéculatives, une telle autorité, que ses compatriotes regardèrent cette manière de voir comme la révélation d'un esprit supérieur, en dehors de toute contestation. Cette doctrine sur la matière et les combinaisons chimiques reçut le nom de *théorie dynamique;* ses partisans ne pouvaient pas, sans doute, soulever la question des proportions chimiques.

La théorie ancienne sur la composition des corps par la pénétration intersticielle des parcelles les plus petites, reçut, en opposition avec la doctrine précédente, le nom de *théorie corpusculaire.* L'idée de la composition des corps par des particules insécables est très-ancienne. Le mot *atome* fut déjà employé par *Épicure*, disciple d'*Aristote;* et *Robert Boyle*, dans son *Chemista scepticus*, met en avant une théorie corpusculaire rationnelle, en parlant de corps composés du premier, du deuxième, etc., ordre. Mais *Higgins*, savant irlandais, émit le premier l'idée de nombres relatifs déterminés, d'après lesquels ces particules devaient se combiner; cette idée se trouve énoncée dans un ouvrage intitulé: *A comparative view of the phlogistic and antiphlogistic theories* (1789), dans lequel il envisageait sous un nouveau point de vue les différents degrés de combinaisons qui peuvent avoir lieu entre les mêmes corps. Il y établit que les corps sont composés de particules ou d'atomes. Selon lui, un nouvel atome d'oxygène ajouté à un oxyde, c'est-à-dire à un corps composé d'un atome de radical et d'un atome d'oxygène, produit un nouveau degré d'oxydation. Cependant *Higgins* lui-même parut attacher peu d'importance à cette hypothèse, dont il ne chercha d'ailleurs à démontrer la vérité par aucune expérience analytique; il ne pressentit pas même les proportions multiples qui en sont la conséquence nécessaire. Son ouvrage excita peu d'attention, et ne tarda pas à tomber dans l'oubli (1).

Quinze années après, *John Dalton* reproduisit la même idée; mais il en fit une application plus étendue aux phénomènes chimiques, et chercha à la vérifier par les résultats de meilleures analyses. Dans les premiers écrits que *Dalton* publia sur cette matière, la nou-

(1) Trente années plus tard, *Higgins* voulut prouver que cette hypothèse, dont il n'avait fait qu'une application fort limitée, devait le faire considérer comme l'auteur de la découverte des proportions multiples.

velle théorie ne fut pas exposée assez clairement pour attirer une grande attention, et peu de chimistes s'aperçurent de sa tendance. Il fit paraître, dans le journal de *Nicholson*, en 1807, une petite table contenant les poids absolus de quelques corps, c'est-à-dire les quantités relatives dans lesquelles les corps se combinent de préférence, ou les poids relatifs de leurs atomes. Il publia l'année suivante le premier volume d'un nouveau système de chimie, sous le titre de *New system of chemical philosophy*, dont le second volume parut en 1810. D'après ce système, les corps sont composés d'atomes, et un atome d'un élément peut se combiner avec 1, 2, 3, etc., atomes d'un autre élément, mais non avec des degrés intermédiaires ou des fractions d'atomes. De même, un atome d'un corps composé peut se combiner avec 1, 2, 3, etc., atomes d'un autre corps composé. Cette hypothèse fut ensuite confirmée par de nombreuses expériences; et l'on peut dire, sans exagération, qu'elle est un des plus grands pas que la chimie ait jamais faits vers son perfectionnement. *Dalton* suppose que les atomes élémentaires se combinent de préférence un à un; et toutes les fois que nous ne connaissons qu'une seule combinaison de deux substances, il la considère comme composée d'un atome de chacune. Y en a-t-il plusieurs, il considère la première comme composée, par exemple, de A + B, la seconde de A + 2B, la troisième de A + 3B, etc. Dans son nouveau système de chimie, *Dalton* examine les corps oxydés, et il indique le nombre d'atomes qu'il suppose y être contenus. Il paraît cependant que, dans ce travail, ce savant distingué s'est trop peu appuyé sur l'expérience, et peut-être n'a-t-il pas agi avec assez de discernement en appliquant la nouvelle hypothèse au système de la chimie. Il m'a semblé que, dans le petit nombre d'analyses qu'il a publiées, on pouvait quelquefois s'apercevoir du désir de l'opérateur d'obtenir un résultat préconçu; ce dont on ne peut trop se garder lorsqu'on cherche des preuves pour ou contre une théorie dont on est préoccupé. Néanmoins c'est à *Dalton* qu'est dû l'honneur de la découverte de cette partie des proportions chimiques que nous appelons *les proportions multiples*, qu'aucun de ses prédécesseurs n'avait observées. Elles font, pour ainsi dire, la base des proportions chimiques, mais elles n'en constituent point toute la théorie, et ne suffisent pas pour déterminer les phénomènes des proportions chimiques, tels que nous les avons observés, comme on le verra plus bas. En même temps que *Dalton* publiait son système, il l'enseignait publiquement en Angleterre, ce qui, joint à un mémoire de *Wollaston* sur les proportions multiples de l'acide oxalique dans ses trois combinaisons avec la potasse, publié dans le journal de *Nicholson*, de novembre 1808, commença à fixer plus généralement l'attention des chimistes sur cette partie de la science.

Dans un travail sur l'eudiométrie, *A. de Humboldt* et *Gay-Lussac* trouvèrent, en 1806, qu'un volume de gaz oxygène, combiné avec deux volumes de gaz hydrogène, produit l'eau. *Gay-Lussac*, continuant les recherches auxquelles cette observation avait donné lieu, découvrit quelque temps après que les corps gazéiformes en général se combinent de telle manière, qu'une mesure de gaz absorbe 1, 1 $\frac{1}{2}$, 2, 3, etc., mesures d'un autre gaz, c'est-à-dire que les gaz se combinent ou à volumes égaux, ou que le volume de l'un est un multiple de celui de l'autre. Son *Mémoire sur la combinaison des substances gazeuses les unes avec les autres*, est imprimé dans les *Mémoires d'Arcueil*, tome II, Paris, 1809. Si l'on substitue le nom d'*atome* à celui de *volume*, et qu'on se figure les corps à l'état solide, au lieu d'être à l'état gazeux, on trouve, dans la découverte de *Gay-Lussac*, une des preuves les plus directes en faveur de l'hypothèse de *Dalton*. *Gay-Lussac* se contenta d'avoir démontré les rapports dans lesquels se combinent les substances gazéiformes, combinaisons qui, suivant la statique de *Berthollet*, doivent toujours avoir lieu dans des proportions fixes; mais il ne fit point d'application plus générale de cette découverte.

Dalton, au lieu d'être satisfait de la confirmation dont les expériences de *Gay-Lussac* venaient de couronner ses travaux spéculatifs, voulut prouver que ce savant s'était mépris, et que les corps gazéiformes ne se combinent point à mesures égales. Cependant les expériences de *Gay-Lussac* ont été confirmées par d'autres chimistes, et l'on considère maintenant les résultats généraux qu'il en a tirés comme bien constatés. Ayant aussi examiné la précipitation des métaux les uns par les autres, il obtint les mêmes résultats que *Bergmann* et *Richter*.

Enfin, pour achever ce petit tableau historique des travaux relatifs aux proportions chimiques, je dois ajouter que, depuis l'année 1807, je me suis moi-même appliqué à les étudier assidûment. Les différents mémoires que j'ai publiés sur cette matière se trouvent dans l'ouvrage suédois intitulé : *Afhandlingar i Fysik, Kemi och Mineralogie* (*Mémoires relatifs à la physique, à la chimie et à la minéralogie*), tomes III, IV, V et VI, et dans les *Mémoires de l'Académie des sciences de Stockholm* pour l'année 1813, ainsi que dans d'autres mémoires publiés plus tard, et que je ne mentionne pas ici, parce qu'ils ne contiennent que des applications de la doctrine déjà confirmée.

Occupé de la publication d'un Traité élémentaire de chimie, je parcourus, entre autres ouvrages que l'on ne lit pas généralement, les *Mémoires de Richter*, dont il a été parlé plus haut. Je fus frappé des lumières que j'y trouvai sur la composition des sels et sur la précipitation des métaux l'un par l'autre, et dont on n'avait encore tiré aucun fruit. Il résulte des recherches de *Richter*, qu'au moyen de bonnes analyses de quelques sels, on pourrait calculer avec précision la composition de tous les autres. J'en donnai un aperçu dans mon Traité élémentaire, tome I, pages 398-401, de la première édition suédoise de 1808, et je formai en même temps le projet d'analyser une série de sels, moyennant quoi il serait superflu d'examiner les autres. Il est évident que si l'on analyse tous les sels formés par un acide, par exemple par l'acide sulfurique avec toutes les bases, et ceux formés par une base, par exemple la baryte avec tous les acides, on aura les données nécessaires pour calculer la composition de tous les sels formés par une double décomposition, en conservant leur neutralité. Pendant l'exécution de ce projet, la composition des alcalis fut découverte par *H. Davy*. Je trouvai, ainsi que d'autres chimistes, que l'ammoniaque laissait sur le pôle négatif de la pile électrique un corps jouissant des propriétés d'un métal, et j'en conclus que cet alcali devait être aussi considéré comme un oxyde, dont la quantité d'oxygène, quoiqu'il fût impossible de la constater par une expérience directe, devait être calculée d'après les phénomènes de la précipitation des métaux, dont nous venons de parler. L'étude de ces phénomènes devait donc faire partie de mes expériences; et lorsque j'eus connaissance des idées de *Dalton* sur les proportions multiples, je trouvai dans le nombre des analyses dont j'avais déjà les résultats, une telle confirmation de cette théorie, que je ne pus m'empêcher d'examiner lesdits phénomènes; et ce fut ainsi que le plan de mon travail sur une partie d'abord très-limitée des proportions chimiques, s'agrandit de plus en plus, et embrassa finalement les proportions dans toute leur étendue, dont j'étais loin de me faire une juste idée en commençant mes expériences. Elles donnèrent d'abord des résultats bien différents de ceux auxquels je croyais devoir m'attendre. A force de les répéter et d'y employer des méthodes variées, je m'aperçus des fautes commises. Éclairé par l'expérience de mes propres erreurs, et à l'aide de meilleurs procédés, je parvins à trouver une grande corrélation entre le résultat des analyses et les calculs de la théorie. La comparaison de ces résultats développa successivement de nouvelles vues, qui demandaient à être vérifiées, en sorte que le travail augmenta d'étendue, et peut-être aussi d'importance.

En conséquence de ses idées, *Dalton* avait essayé de déterminer le poids atomique de plusieurs corps, et il l'avait comparé avec celui de l'hydrogène, pris pour unité. En comparant les nombres de *Dalton* avec ceux que je pouvais déduire de mes propres analyses, je trouvai une différence trop grande pour être considérée comme une erreur d'observation. Je parvins bientôt, par de nouvelles expériences, à me convaincre que les nombres de *Dalton* manquaient de l'exactitude nécessaire à l'application de la théorie.

Je reconnus ainsi la nécessité, pour le développement de la science, de déterminer d'abord aussi exactement que possible les poids atomiques d'un très-grand nombre de corps simples, et surtout de ceux qu'on rencontre le plus communément ; puis de fixer les rapports dans lesquels les atomes complexes se combinent entre eux, comme, par exemple, dans les sels, que j'étais depuis quelque temps occupé à analyser. Sans ce travail, tout progrès était impossible. C'était là l'objet le plus important de la science, et je m'y livrais tout entier.

Mais je ne tardai pas à m'apercevoir de la grande difficulté d'arriver, par des méthodes différentes, à des résultats assez approximatifs, pour que les différences doivent être considérées comme des erreurs d'observation *inévitables ;* et je pus ainsi me convaincre qu'il y avait encore beaucoup à faire, quant aux méthodes d'opération et à ma faculté personnelle, pour atteindre une exactitude parfaite ; enfin, je prévis avec chagrin que les nombres, dont la détermination m'a coûté tant de temps et de recherches multipliées par des voies différentes, pourraient un jour s'obtenir par des procédés meilleurs et avec moins de peine, et que le résultat de mon travail deviendrait ainsi un objet de critique. Cependant, d'un autre côté, je compris aussi qu'en approchant autant que possible de la vérité, les nombres trouvés pourraient être aussi utiles au développement de la science que les nombres parfaitement exacts: je léguai donc à l'avenir la tâche qui restait encore à accomplir. J'ose dire aujourd'hui que le but a été atteint. Après de longs intervalles, j'ai soumis, à l'aide de meilleures méthodes, plusieurs poids atomiques importants à une nouvelle vérification. Après des travaux de dix ans (publiés, à mesure qu'ils s'achevaient, dans les journaux scientifiques), je fus mis à même de faire paraître (1), en 1818, une table qui donnait les poids atomiques établis par mes expériences, et l'analyse d'environ deux mille corps simples et composés.

J'espère, par cet aperçu historique, obtenir un jugement impartial de la part de ceux qui voudront tenir compte des procédés d'analyse et de l'état de la science à l'époque où ces premiers essais furent faits : ce jugement sera au moins plus équitable que celui qui émane quelquefois de ceux qui, profitant des progrès de la science pendant trente ans écoulés, croient avoir fourni des résultats plus approximatifs de la vérité.

2. *Détermination du nombre relatif des atomes des corps simples dans les combinaisons.*

1. Le moyen le plus simple, le plus généralement employé, et qui conduit le plus sûrement au but dans la détermination du nombre relatif des atomes, consiste à fixer le rapport variable dans lequel un corps élémentaire se combine avec l'oxygène. Si, pour un même poids du corps élémentaire, les quantités de l'oxygène sont comme 1, 2 et 3, on peut admettre, en toute sûreté, que les degrés d'oxydation renferment 1, 2 et 3 atomes d'oxygène. C'est une conséquence de la théorie atomistique, que dans aucun composé il n'y a d'atomes fractionnaires. Cependant, en examinant les séries d'oxydation de plusieurs corps simples, on les trouve représentées

(1) Le titre suédois, traduit en français, est : *Table contenant les poids atomiques, ainsi que la composition, en centièmes, de la plupart des corps simples et composés, indispensables à l'étude de la chimie inorganique*; Stockholm, 1818, in-4°. L'édition française parut, en 1819, à Paris (Méquignon-Marvis).

par 1, $1\frac{1}{2}$, 2, $2\frac{1}{2}$, 3 et $3\frac{1}{2}$. Nous allons seulement prendre pour exemple les combinaisons du soufre et du fer avec 1 et $1\frac{1}{2}$ atome d'oxygène, telles qu'elles existent, d'un côté, dans l'acide sulfureux et l'acide sulfurique, de l'autre, dans l'oxyde ferreux et l'oxyde ferrique. C'étaient les seuls oxydes de soufre et de fer que l'on ait connus dans les premiers essais de détermination des nombres relatifs des atomes. Comme, d'après le principe établi, l'acide sulfurique ne saurait être considéré comme composé de 1 atôme de soufre et de $1\frac{1}{2}$ atome d'oxygène, il s'ensuit que, dans l'acide sulfureux, le soufre doit être combiné avec 2 atomes, et dans l'acide sulfurique, avec 3 atomes d'oxygène; car $2:3=1:1\frac{1}{2}$. Nous savons que ce rapport est en effet incontestablement exact. Mais ce qui était vrai dans un cas paraissait, tant qu'il n'y avait pas d'objection sérieuse, être vrai aussi pour l'autre cas. Les deux oxydes du fer devaient, d'après cela, se composer de 1 atome de fer, et de 2 et 3 atomes d'oxygène. C'est là ce qu'on admettait primitivement; et l'analogie entre l'oxyde ferreux et d'autres bases salifiables puissantes faisait supposer que toutes ces bases contiennent 1 atome de radical et 2 atomes d'oxygène, supposition que les deux oxydes du cuivre et du mercure semblaient parfaitement corroborer: à cela on pouvait ajouter encore les deux oxydes de sodium, dans lesquels l'oxygène se trouve également dans le rapport de 2 : 3. Cependant la conclusion, bien qu'appuyée sur ces faits, n'était pas exacte; mais comme la détermination de ce qu'on avait à considérer comme le poids d'un atome devait être fondée sur un rapport naturel, et non pas sur une simple supposition, je crus devoir suivre l'indication qui paraissait être donnée par ces rapports. C'est ainsi que, dans les tables mentionnées plus haut, les poids atomiques de la plupart des métaux basigènes furent calculés le double de ce qu'on admet maintenant.

Des circonstances, sur lesquelles je reviendrai plus bas, montrèrent que des corps élémentaires qui entrent, par atome simple, dans la composition d'un oxyde, peuvent entrer, par atome double, dans un autre degré d'oxydation; enfin, que si nous avons une série représentée par 1 atome de radical en combinaison avec 1, 2, 3 et 4 atomes d'oxygène, nous en avons une autre représentée par 2 atomes de radical en combinaison avec 1, 2, 3, 5 et 7 atomes d'oxygène, et que plusieurs radicaux peuvent suivre les deux séries, comme, par exemple, le soufre et le manganèse.

Pour plusieurs corps, comme les corps halogènes, il est certain qu'on ne connaît pas de combinaison où un de ces corps se trouverait par atome simple.

De même qu'on emploie, pour l'établissement des séries les combinaisons de l'oxygène avec un radical, ainsi on peut se servir de celles du soufre : on trouve de cette façon des degrés de combinaison que ne donne pas l'oxygène, mais qui contribuent à confirmer le résultat.

2. Un autre moyen de déterminer le nombre relatif des atomes consiste à combiner un corps oxydé avec un autre dont la constitution élémentaire est connue. Ainsi, quand on combine un corps dont on sait qu'il contient, par exemple, 1 atome de radical et 1 atome d'oxygène, avec un autre corps qui renferme plusieurs atomes d'oxygène, il est démontré que l'oxygène du dernier est un multiple de l'oxygène du premier, et ces multiples donnent le nombre des atomes d'oxygène; par exemple, la formule du sulfate potassique, $\dot{K}\dddot{S}$, fait voir que le nombre des atomes d'oxygène de l'acide sulfurique est 3; et si le corps électronégatif n'a qu'un degré d'oxydation, on peut néanmoins reconnaître ainsi le nombre des atomes d'oxygène. Ainsi, nous avons vu qu'on n'a pas jusqu'à présent trouvé, d'une manière certaine, de degré d'oxydation de l'iode inférieur à l'acide iodique. Or, nous savons que dans un iodate neutre l'acide iodique renferme cinq fois l'oxygène de la base, comme, par exemple, dans l'iodate potassique $\dot{K}\overset{\cdot\cdot\cdot\cdot\cdot}{I}$; et c'est ce qui a fait connaître le nombre des atomes d'oxygène dans l'acide iodique. L'oxygène de l'acide chromique est à l'oxygène de l'oxyde chromique comme 2 : 1, le poids du chrôme restant le même. On pourrait donc conclure, de la simple série d'oxydation, que l'oxyde se compose de 1 atome de chrôme et de 1 atome d'oxygène, et l'acide chromique, de 1 atome de radical et 2 atomes d'oxygène: or, dans les chromates neutres, l'acide renferme trois fois autant d'oxygène que la base; il en résulte donc que l'acide chromique contient effectivement 3 atomes d'oxygène; il en résulte encore que, dans la série d'oxydation, l'oxyde chromique doit être représenté par 3 atomes d'oxygène et 2 atomes de chrôme.

Mais comme de semblables combinaisons entre des corps oxydés peuvent souvent avoir lieu dans plusieurs proportions, et qu'il est quelquefois difficile de décider laquelle renferme ces corps dans un nombre égal d'atomes, on peut être amené à des erreurs, et calculer le poids atomique ou trop haut ou trop bas, en prenant facilement 2 ou 3 atomes pour un, *et vice versa*. C'était, par exemple, le cas pour l'acide borique. La faible affinité de cet acide pour les bases salifiables fait que les biborates alcalins ont encore une réaction alcaline ; et comme ceux-ci se forment de préférence, on supposait le sel naturel, le borax, composé de 1 atome de soude et de 1 atome d'acide borique, qui contiendrait alors 6 atomes d'oxygène. Enfin, lorsqu'on trouva que l'acide borique (*voir* tome I, pag. 631) peut se combiner, comme base, avec le bitartrate potassique, il devint manifeste que 1 atome du sel acide ne s'était combiné qu'avec la moitié de la quantité d'acide borique qu'on avait prise d'abord, d'après l'analyse du borax, pour le poids de 1 atome d'acide borique. Il en résulta que cet acide ne renferme que 3 atomes d'oxygène, et que le borax est un biborate.

Dans les essais de déterminer le nombre des atomes d'oxygène dans les oxydes basiques, on ne peut souvent pas se servir des combinaisons qu'ils forment entre eux, parce qu'on obtient ces combinaisons rarement bien définies et permanentes. Souvent 1 atome de l'une des bases se combine avec 1 atome de celui de l'autre ; et lorsqu'on parvient à déterminer ce rapport avec quelque certitude, on trouve que l'oxygène des deux bases est ou le même, ou que l'un est 1 $\frac{1}{2}$, 2 ou 3 fois celui de l'autre. C'est par cette voie qu'on parvint, par exemple, à découvrir le nombre des atomes de l'oxygène dans l'alumine. Nous ne connaissons qu'un oxyde d'aluminium. *Dalton* supposa donc qu'il se compose de 1 atome de radical et de 1 atome d'oxygène; mais, en examinant le sulfate d'alumine et de potasse (alun), on trouva que l'alumine y renferme trois fois autant d'oxygène que la potasse, et qu'elle y est combinée avec trois fois plus d'acide sulfurique. On en conclut que l'alumine contient 3 atomes d'oxygène. Cependant l'application des sels doubles à une pareille recherche exige une réflexion mûre, et avant tout il faut s'efforcer d'en varier les rapports en employant plusieurs acides; car il arrive souvent qu'un sel dont l'oxyde contient 3 atomes d'oxygène se combine, en plusieurs proportions, avec un sel dont l'oxyde ne renferme que 1 atome : ainsi, en représentant par A le sel dont la base a 3 atomes d'oxygène, et par B le sel dont la base a 1 atome d'oxygène, on a A + B, A + 2B et A + 3 B. Dans le second rapport, l'oxygène des bases est comme

$1\frac{1}{2}:1$; dans le dernier, il est égal. On a vu, dans plusieurs cas, que le rapport $1\frac{1}{2}:1$ désigne un oxyde contenant 3 atomes d'oxygène, et on en fait ainsi l'application. Mais c'est là toujours une raison moins certaine que celles que nous avons indiquées, et on ne peut l'appliquer que là où il n'y a pas d'autre voie pour arriver à saisir le nombre des atomes d'oxygène dans un oxyde; car il n'est pas douteux que lorsque des sels à base mono-atomique se combinent dans le rapport de 2 atomes d'un sel avec 3 atomes d'un autre, on a ici une fois et demie plus d'oxygène dans une base que dans l'autre.

3. Nous trouvons un troisième moyen de détermination dans l'isomorphie, en vertu de laquelle tel corps peut, dans une combinaison, en remplacer un autre de même constitution atomique, sans en troubler la forme cristalline. En partant de cette circonstance, nous sommes arrivé à des résultats certains, qu'autrement on n'aurait jamais obtenus. Je citerai quelques exemples remarquables.

Nous avons vu comment on est arrivé, par voie d'expérience, à découvrir que l'acide chromique se compose de 1 atome de chrôme et de 3 atomes d'oxygène, et que l'oxyde chromique a le même nombre d'atomes d'oxygène en combinaison avec 2 atomes de chrôme. Après que *Mitscherlich* eut montré à quelles conclusions peut conduire l'isomorphie, on comprit l'importance des sulfates chromique, ferrique et manganique, isomorphes avec le sulfate aluminique dans l'alun. Il résulte de l'analyse de ces sels qu'en remplaçant, dans l'alun ordinaire, l'aluminium par le fer, par le manganèse ou le chrôme, de manière à produire de l'oxyde ferrique, manganique ou chromique, on ne change pas le rapport des éléments du sel, ni la forme cristalline; et on en conclut que la constitution atomique de ces quatre sels est la même. Or, si l'oxyde chromique renferme, pour 3 atomes d'oxygène, 2 atomes de radical, il faut attribuer la même composition à l'alumine, à l'oxyde ferrique et à l'oxyde manganique. C'est ainsi qu'on fut amené à reconnaître que les oxybases puissantes renferment, non pas 1 atome de radical et 2 atomes d'oxygène, mais 1 atome de radical et 1 atome d'oxygène. D'après cela, on remania, en 1826, les tables des poids atomiques.

Citons un autre exemple non moins remarquable. L'hydrogène se combine avec l'oxygène dans deux proportions, = 1 : 2. En comparant les deux gaz entre eux, on trouve que le peroxyde hydrique se compose de volumes égaux de gaz hydrogène et de gaz oxygène, tandis que l'eau se compose de 1 volume de gaz oxygène et de 2 volumes de gaz hydrogène. Il fallait en chercher la raison. Je supposais donc que l'eau se compose de 1 atome d'oxygène et de 2 atomes d'hydrogène, mais que, dans le peroxyde hydrique, 1 atome d'oxygène se trouve uni à 1 atome d'hydrogène, comme cela a lieu dans les deux oxydes du cuivre et du mercure. *Dalton* admettait, en Angleterre, que l'eau se compose de 1 atome d'oxygène et de 1 atome d'hydrogène; le poids atomique de l'hydrogène lui servait d'unité dans la détermination des autres poids atomiques, qui furent exprimés, en chiffres ronds, comme des multiples de cette unité. Pour expliquer comment un même nombre d'atomes d'hydrogène, sous forme de gaz, peut être le double du volume de l'oxygène, on admettait que 1 volume de gaz oxygène renferme une fois plus d'atomes que 1 volume de gaz hydrogène. On appliqua ensuite ce raisonnement à tous les gaz simples, dont 2 volumes se combinent avec 1 volume de gaz oxygène. Il est évident que cette explication ne peut pas être démontrée par l'expérience directe, et qu'elle n'est, par conséquent, qu'une simple supposition imaginée à l'appui d'une théorie préconçue. Bien qu'on ne cherche à baser les théories sur des faits, en évitant les hypothèses, on peut néanmoins se tromper, parce qu'on ne connaît pas tous les faits divergents, qui doivent concourir à une démonstration complète. Malgré cela, l'indice d'un fait qui nécessite l'établissement d'une hypothèse présente toujours plus de certitude qu'une simple supposition. La théorie de *Dalton* s'est conservée assez généralement en Angleterre; elle a trouvé même de nombreux partisans en France et en Allemagne. *L. Gmelin*, dans son excellent Manuel de Chimie, s'est efforcé de la faire valoir parmi les chimistes allemands. Plusieurs de mes amis, en France et en Allemagne, m'ont engagé à abandonner la théorie que j'ai adoptée : ils lui reprochent d'être incommode, à cause des formules représentant les atomes d'hydrogène, dont le nombre est, suivant ma théorie, le double de celui qu'admet la théorie de *Dalton*. Mais une raison de *commodité*, vraie ou imaginaire, ne doit jamais être érigée en principe de science. Il faut chercher ce qui est vrai, et l'appuyer sur les démonstrations réelles qu'on a à sa disposition. Nous allons maintenant voir quelle lumière peut nous fournir l'isomorphie.

La série d'oxydation du manganèse a été assez bien examinée pour qu'on puisse admettre, d'une manière non douteuse, que l'acide permanganique se compose de 2 atomes de manganèse et de 7 atomes d'oxygène. Le permanganate potassique est isomorphe avec le perchlorate potassique : l'un remplace l'autre dans les cristaux, sans en altérer la forme. Il suit de là que l'acide perchlorique se compose, d'une manière analogue à l'acide permanganique, de 2 atomes de chlore et de 7 atomes d'oxygène, de même que l'acide hypochloreux se compose, comme l'oxyde cuivreux et l'oxyde mercureux, de 2 atomes de radical et de 1 atome d'oxygène. Il s'ensuit encore que si l'acide hypochloreux est formé de 2 volumes de gaz chlore et de 1 volume de gaz oxygène, le gaz chlore et le gaz oxygène contiennent, à volumes égaux, le même nombre d'atomes. Dans ces derniers temps on a découvert que l'hydrogène, en combinaison soit avec le carbone et l'oxygène, soit avec le carbone, le nitrogène et l'oxygène, peut être remplacé par son volume égal de gaz chlore : cette découverte a fourni l'occasion de constater que, dans plusieurs de ces nouvelles combinaisons, le produit chloruré affecte la même forme cristalline que le corps primitivement non chloruré, avec lequel il est complétement isomorphe. Il s'ensuit que, si 2 atomes de gaz chlore contiennent deux fois plus d'atomes que 1 volume de gaz oxygène, le même rapport existe pour le gaz hydrogène, et qu'en raison de l'isomorphie, l'eau se compose de 2 atomes d'hydrogène et de 1 atome d'oxygène.

4. Il faut conclure, d'après ce qui précède, que la comparaison des volumes des corps simples, à l'état de gaz, est un moyen de déterminer les proportions atomiques. C'est par ce moyen qu'on a trouvé le nombre relatif des atomes dans l'eau, dans l'ammoniaque, dans les oxydes de nitrogène, etc.

J'ai cependant indiqué, dans plusieurs points de ce qui vient d'être dit, que cette application n'est exacte que pour les gaz permanents, et que les gaz non permanents (vapeurs) du soufre, du phosphore et du mercure font, par les raisons que nous ferons connaître, exception à cette loi. On a aussi essayé de se servir du poids spécifique des corps composés, à l'état gazeux, pour déterminer le nombre des atomes des éléments constitutifs. A cet effet, on a comparé le volume du gaz composé avec le volume de l'oxygène, de l'hydrogène ou du chlore, dont l'analyse avait indiqué la présence. Mais ce moyen ne donne pas une idée exacte du volume du corps élémentaire, dont le poids spécifique, à l'état de gaz, n'est pas connu d'avance, et ne conduit à aucun résultat décisif. Ainsi, par exemple, le poids spécifique du gaz oxyde carbonique et du gaz acide carbonique, comparé avec le volume de l'oxygène, a conduit à admettre que le gaz oxyde carbonique se compose de 2 volumes de carbone sous forme gazeuse, et de 1 volume de gaz oxygène, condensés en 1 volume; mais on peut, avec autant de probabilité, admettre que l'oxyde carbonique renferme des volumes de carbone et d'oxygène, et que l'acide carbonique est formé de 1 volume de carbone et de 2 volumes d'oxygène, condensés en 2 volumes. Bien que la composition des carbonates alcalins témoigne parfaitement de l'exactitude du dernier résultat, il y a cependant encore beaucoup de chimistes qui admettent la première manière de voir, quelque défectueuse qu'elle soit. Mais le poids spécifique des corps composés, sous forme gazeuse, donne un excellent moyen de contrôler les résultats obtenus par une autre voie.

5. La chaleur spécifique des corps simples peut également mettre sur la voie de ces déterminations (*voir* tome I, page 47), bien qu'il y ait là quelques exceptions qui n'ont pas encore été expliquées. Mais cette méthode est inapplicable, en raison de la variabilité de la chaleur spécifique suivant la température, et l'état allotropique des corps simples, ainsi qu'à cause de la difficulté qu'on a d'arriver à des nombres parfaitement exacts. Quoi qu'il en soit, il est toujours bon de la consulter.

III. *Détermination des poids atomiques.*

Lorsqu'on a constaté, d'après les méthodes indiquées, le nombre relatif des atomes des corps simples, il reste à en déterminer le poids relatif de la manière la plus précise. Cette détermination, pour être absolument exacte, est extrêmement difficile, et même, jusqu'à présent, impossible. On ne peut pas être assez attentif aux circonstances nombreuses qui amènent des résultats défectueux : il y en a plus qu'on ne le suppose ordinairement. Il faut tenir compte de ces circonstances, et, autant que possible, les éviter. Plus une méthode est indépendante de la dextérité et de l'habileté du manipulateur, plus elle offre de garanties. L'inattaquabilité des vases chimiques, ainsi que la pureté des substances qu'on emploie, sont des conditions absolument indispensables : cependant, tout chimiste expérimenté sait combien il est difficile de répondre de la pureté absolue des réactifs. Je n'ai pas l'intention de donner à cet égard des préceptes; quiconque en a besoin n'est pas encore apte, et ne doit pas se livrer au travail de détermination des poids atomiques. Je veux seulement faire voir que les résultats auxquels nous sommes arrivé ne sont pas encore parfaitement exacts, et qu'il faut les considérer seulement comme des approximations; mais si l'on joint l'habileté à un jugement éclairé, on peut approcher de la vérité de très-près, peut-être même l'atteindre, bien qu'on ne sache pas quand ce cas arrive. En employant des substances préparées par le même procédé, et en faisant usage du même mode d'opération, on réussit rarement d'obtenir deux fois exactement le même nombre. On réussit bien plus rarement encore en se servant de substances préparées par des procédés différents, et les soumettant à des opérations différentes. Plus on multiplie les expériences, mieux cela vaut; on obtient ainsi un maximum et un minimum qui constatent les limites de la certitude, et d'où l'on tire ordinairement la moyenne. Ceci n'est cependant qu'une voie propre à prévenir l'arbitraire; et la moyenne ne doit pas être précisément considérée comme le nombre exact. Si, par exemple, le procédé est propre à donner un résultat plutôt en plus qu'en moins (supposé qu'on n'ait pas pris toutes les précautions pour éviter ces extrêmes), les nombres les moins élevés se trouveront plus près de la vérité, tandis que la moyenne s'en éloigne; dans le cas inverse, les nombres les plus élevés se rapprocheront le plus de la vérité; ce n'est que lorsque la perte et l'excès sont également possibles, que la moyenne se rapproche le plus du nombre vrai.

Il serait sans doute important de connaître les poids atomiques absolument exacts, qu'il faut sans cesse chercher à atteindre. Cependant il est certain que les résultats approximatifs que nous avons acquis suffisent pour une application sûre de la doctrine des atomes et des proportions chimiques, de telle sorte que nos formules empiriques ne pourraient être rectifiées que par des corrections des poids atomiques exprimant le $\frac{1}{2}$, $\frac{2}{3}$ ou le double des nombres qui furent plus tard réellement démontrés.

Nous avons les moyens suivants de déterminer les poids atomiques :

1° Un corps simple d'un poids donné est porté jusqu'à un certain degré d'oxydation, dont on évalue ensuite le nombre relatif des atomes.

Aux difficultés déjà citées, il faut ajouter d'abord celle d'obtenir le corps simple à l'état de pureté absolue. C'est quelquefois la plus grande des difficultés. On sait, par exemple, combien il est malaisé de se procurer un métal absolument pur de toute trace de carbone, de silicium, de soufre, d'arsenic, ou d'un autre métal. En réduisant, à l'aide du gaz hydrogène, un oxyde précipité, on croit souvent obtenir le métal pur; mais, au moment de la précipitation, l'oxyde se combine fréquemment avec de petites quantités du précipitant qu'on ne peut pas tout à fait enlever par le lavage; et quand on emploie l'ammoniaque, il se précipite facilement un soussel en même temps que l'oxyde. Toutes ces circonstances amènent des résultats défectueux.

Péligot a proposé récemment une méthode qui n'a pas encore été d'un emploi général, bien que dans beaucoup de cas elle paraisse être très-avantageuse. Cette méthode consiste à purifier le chlorure métallique par la cristallisation, à le déshydrater par la calcination dans un courant de gaz acide chlorhydrique sec, et à le réduire, à la chaleur rouge, dans un courant de gaz hydrogène sec et pur. Les chlorures se réduisent de cette manière plus facilement que les oxydes; nous avons vu que le chlorure chromique peut être ainsi réduit à une forte chaleur rouge; enfin les chlorures sont plus faciles à obtenir à l'état de pureté. Jusqu'à présent cette méthode n'a été appliquée qu'à un très-petit nombre de déterminations des poids atomiques.

Une autre difficulté est d'obtenir un oxyde à un degré d'oxydation déterminé. A une chaleur trop forte, on peut en expulser une certaine quantité d'oxygène; à une chaleur trop faible, on ne parvient pas à expulser complétement l'acide employé à l'oxydation.

2° On réduit un oxyde d'une constitution atomique connue, à l'aide du gaz hydrogène. Si l'oxyde et le gaz hydrogène sont purs, le résultat sera exact. Cette méthode donne, plus souvent que les autres, des résultats concordants.

3° Si l'on ne peut pas, par la réduction d'un oxyde, obtenir un radical absolument pur, il faut calculer le poids atomique du radical par l'analyse de ses sels. C'est la voie qui a dû être prise pour la détermination des radicaux terreux et de celui de l'acide borique. Mais tout dépend ici de l'habileté de l'opérateur, pour exécuter l'analyse du sel avec la plus grande précision.

Il est inutile de dire comment on déduit du résultat obtenu le poids atomique par la simple règle de trois.

Dans ces derniers temps, on a attaché une grande importance au poids atomique déterminé dans le vide à une certaine température, par exemple, à 0° ou à 4°. Si l'on a des nombres parfaitement exacts, il est important de les réduire ainsi pour les comparer entre eux; mais tant que les erreurs d'observation sont, dans nos expériences, plus grandes que cette correction, celle-ci n'est pas d'une véritable utilité. D'ailleurs, comme nos expériences sont faites dans l'air, dont les changements de pression n'influent que d'une manière insignifiante sur le résultat numérique, cette correction ferait naître la nécessité de réduire au vide le produit quantitatif de chaque expérience, ce qui serait une peine inutile, surtout si l'on songe que les différentes combinaisons dans lesquelles se rencontre un corps simple déterminé, ou qui servent de point de départ au calcul, ont un poids spécifique qui n'est pas la moyenne de celui des éléments constituants, et que par conséquent la réduction au vide est toujours incertaine jusqu'à un certain degré, si l'on ne peut pas déterminer le poids spécifique du corps élémentaire à l'état solide et isolé; car il faut le déduire du poids spécifique d'une certaine combinaison, et il n'est pas identiquement le même dans une autre combinaison.

IV. *Les poids atomiques des corps simples ont-ils entre eux un certain rapport?*

J'ai dit que *Dalton* a exprimé, dans ses écrits, les poids atomiques des corps simples en nombres ronds, comme des multiples de l'équivalent de l'hydrogène, supposé = 1. Il n'y a pas d'autre avantage à cela que de représenter les poids atomiques par des nombres bas et entiers. On n'avait pas encore déterminé le poids atomique de l'hydrogène, et ses multiples s'éloignaient beaucoup des nombres approximatifs qu'on trouva plus tard.

Prout établit ensuite en principe que les poids atomiques de tous les corps simples sont des multiples, en nombres ronds, de celui de l'hydrogène, et que les différences dans les résultats trouvés doivent être considérées comme des erreurs d'observation. Il n'essaya pas de démontrer sur quoi un pareil principe devait se fonder. Lorsque, quelques années après, l'équivalent de l'hydrogène fut, conformément aux expériences entreprises par *Dulong* et moi, évalué, à peu de chose près, à un huitième de celui de l'hydrogène, il mit ce résultat en avant pour montrer l'exactitude du principe établi. Il suit de là qu'en comparant les poids atomiques avec celui de l'oxygène pris par unité = 100, on peut les représenter par 12,5; 25; 37,5; 50; 62,5; 75; 87,5. Quand les poids atomiques trouvés étaient exprimés par des nombres intermédiaires, il mit ces différences sur le compte d'une observation erronée, en ne croyant pas à la possibilité d'avoir des expériences assez précises pour que la réduction en multiples de l'équivalent de l'hydrogène fût exempte de toute erreur.

Le système de *Prout* fit sensation, et *Thomas Thomson* s'empressa d'en prouver par des expériences l'exactitude parfaite. Ces expériences consistaient, en général, à corriger, suivant l'hypothèse de *Prout*, les poids atomiques connus; puis à peser, d'après le poids atomique ainsi corrigé, des corps susceptibles de se décomposer réciproquement par la précipitation ou la sublimation. Il trouva que ces phénomènes de décomposition ont exactement lieu sans aucun reste de part et d'autre; de telle façon que 1 atome de carbonate sodique et 1 atome de sulfate zincique donnent naissance à un précipité de 1 atome de carbonate zincique neutre, et à 1 atome de sulfate sodique qui reste dans la liqueur. (Voir Carbonate zincique, tome IV, page 48.) Il passa ainsi en revue toute la série des combinaisons formées par les corps simples jusqu'alors connus, et publia ses résultats dans un ouvrage qui parut, en 1825, en 2 volumes, sous le titre: *An Attempt to establish the first principles of chemistry*. Les données qui s'y trouvent furent admises comme exactes par beaucoup de chimistes qui ne se donnaient pas la peine de les contrôler. C'est ainsi que l'hypothèse de *Prout* fut presque généralement adoptée en Angleterre, et trouva aussi beaucoup de partisans en Allemagne et en France. Cependant, comme elle n'était pas universelle et reconnue comme exacte, on conservait encore quelque doute même en Angleterre; et en 1832, dans la réunion des membres de l'association pour les progrès des sciences, *Turner*, qui était lui-même partisan de cette hypothèse, fut chargé d'établir à cet égard un contrôle, et d'en faire connaître le résultat pour la réunion qui devait avoir lieu l'année d'après. Ce résultat fut que l'hypothèse de *Prout* n'était pas exacte, et qu'on devait l'abandonner.

Cependant en 1840 elle fut de nouveau reprise par *Dumas*, et cela à l'occasion suivante: Le poids atomique du carbone avait été primitivement calculé d'après le poids spécifique du gaz acide carbonique; car on admettait que le gaz oxygène, en se changeant en gaz acide carbonique, conserve son volume intact; et ceci était regardé comme parfaitement démontré par des raisons qui, en 1819, semblaient encore irréfragables. Ce qui, à volume égal, pesait plus que le gaz oxygène, devait être mis sur le compte du carbone, dont le poids atomique était ainsi trouvé par le calcul=76,48. On savait alors seulement que le gaz acide carbonique était un gaz permanent, et dans ce cas la détermination du poids atomique du carbone était parfaitement exacte. Mais, quelques années plus tard, on découvrit que le gaz acide carbonique appartient au nombre des gaz condensables qui éprouvent, par la pression atmosphérique, une diminution de volume plus grande que celle qui est proportionnelle à la pression, et que par conséquent l'oxygène, en se changeant en gaz acide carbonique, ne conserve pas son volume primitif, mais qu'il subit une certaine contraction qui en augmente le poids spécifique. Cependant on ne fit pas d'abord valoir l'influence que cette découverte devait avoir sur le poids atomique du carbone, qu'on continuait à admettre=76,48, jusqu'à ce qu'enfin dans l'analyse de substances très-riches en carbone, comme, par exemple, de la naphthaline, on rencontra (par la réduction de l'acide carbonique en carbone) un tel excès de poids, qu'on ne pouvait plus se dissimuler la présence d'une erreur dans le poids atomique du carbone. C'est alors que *Dumas* détermina directement le poids atomique du carbone par la combustion de quantités connues de diamant, de graphite et de charbon de bois dans le gaz oxygène, et par la pesée de l'acide carbonique ainsi obtenu. Quinze expériences donnèrent, pour le poids atomique du carbone, un minimum de 74,875, un maximum de 75,125, et une moyenne de 75,0, qui représente exactement le sextuple de l'équivalent du carbone. Dans un mémoire publié à ce sujet, *Dumas* représenta le nombre 76,48 (déduit d'une analyse prétendue inexacte, faite par moi) comme renfermant une erreur de 2 pour cent, ce qui serait la plus grande erreur qu'on ait pu commettre dans les expériences de ce genre. Or, comme les deux poids atomiques, tant celui de l'oxygène que celui du carbone, étaient des multiples, en nombres ronds, de l'équivalent de l'hydrogène, il admit comme probable l'exactitude de l'hypothèse de *Prout*, et que tous les poids atomiques établis par moi n'étaient pas rigoureusement exacts, mais qu'ils exigeaient une rectification. Il promit en même temps de poursuivre ce travail avec un soin consciencieux.

L'autorité de *Dumas* remit donc en vigueur une ancienne hypothèse. *Erdmann* et *Marchand* répétèrent les mêmes expériences, et tirèrent de vingt analyses, dont les résultats étaient compris entre 74,84 et 75,19, la moyenne 75,0 pour le poids atomique du carbone.

Par suite de cette vue théorique, *Dumas* entreprit d'examiner de plus près le nombre fondamental, c'est-à-dire l'équivalent de l'hydrogène. Bien que le nombre 12,5, qui devait venir à l'appui de l'hypothèse, se rapproche, dans les limites des moindres erreurs d'observation, du nombre 12,48, trouvé par *Dulong* et moi, *Dumas* jugea néanmoins une nouvelle analyse nécessaire, parce que, selon lui, nos expériences étaient faites avec des matières impures, mal établies et inexactement calculées, ce qui ne devait pas conduire à un résultat certain. Les expériences de *Dumas*, sur lesquelles je reviendrai à l'occasion du poids atomique de l'hydrogène, furent faites, autant qu'il est permis d'en juger par la description, avec tout le soin imaginable, et par l'application de tous les moyens dont la science dispose pour arriver à des résultats précis. Dans dix-neuf expériences, il trouva l'équivalent de l'hydrogène entre 12,472 et 12,562. La moyenne était 12,515; il l'admit = 12,5. Ce résultat fut confirmé par *Erdmann* et *Marchand*.

Par une nouvelle détermination du poids spécifique du gaz nitrogène et une analyse du spath calcaire d'Islande, il crut, en outre, avoir démontré que le poids atomique du nitrogène et du calcium sont des multiples, en nombres ronds, de 12,5. Mais ses expériences se sont jusqu'à présent arrêtées là.

Ces résultats, si favorables à l'hypothèse de *Prout*, provoquèrent des recherches semblables, entreprises, d'une part par *Erdmann* et *Marchand*, d'autre part par *Marignac*. Les expériences du dernier surpassent tout ce qui a été encore fait à ce sujet, soit sous le rapport du choix des méthodes variées pour chaque élément, soit sous le rapport du nombre et du contrôle des expériences, soit enfin sous le rapport de la conscience avec laquelle les analyses sont exécutées, en dehors de toute théorie préconçue : on peut donc affirmer que si jamais on doit parvenir à découvrir les nombres exacts, on n'y parviendra que par des recherches telles que *Marignac* les a faites. Il examina ainsi les poids atomiques du potassium, de l'argent, du nitrogène, du chlore, du brôme et de l'iode. Il résulta de cet examen que les poids atomiques du nitrogène et du brôme étaient, à très-peu de chose près, des multiples de 12,5, le premier par 7, le dernier par 80. Quant aux autres, quelques-uns approchaient des multiples en nombres ronds; mais le poids atomique du chlore s'en éloignait tellement, qu'il serait tout à fait absurde d'admettre une si grande erreur d'observation pour l'assimiler à un multiple, en nombres ronds, de 12,5. Je regrette que les résultats de *Marignac* aient été si tard portés à la connaissance du public, qu'il m'a été impossible d'en profiter dans la rédaction des deux premiers volumes de cet ouvrage. Mais j'y reviendrai dans ce qui va suivre.

Erdmann et *Marchand*, occupés quelque temps de travaux venant à l'appui de l'hypothèse de *Prout*, parvinrent, de leur côté, à constater que le poids atomique du cuivre ne peut pas non plus être mis en accord avec cette hypothèse. En 1830, j'avais démontré la même chose pour le plomb. Ainsi, nous voyons ici encore que le principe établi par *Prout* est sans fondement. Si, dès le commencement, *Prout* était parti du véritable poids atomique de l'hydrogène, admis = 6,25, il aurait été plus difficile, en raison de la diminution de ce nombre, de trouver des objections valables, bien que, même dans ce cas, le poids atomique du chlore s'en éloigne beaucoup trop; car, pour approcher d'un rapport multiple, on est obligé de comparer le poids de 1 atome d'hydrogène avec le poids de 2 atomes de chlore. *Pelouze* fit, en outre, une expérience simple et tout à fait ingénieuse pour faire ressortir l'inexactitude de cette hypothèse : il dosa l'oxygène en l'expulsant, sous forme de gaz, d'une quantité de chlorate potassique anhydre. Le sel perd ainsi 6 atomes d'oxygène, et laisse 1 atome de chlorure potassique qu'on peut ensuite calculer d'après le poids de l'oxygène dégagé, et qui, si l'hypothèse est exacte, doit être un multiple, en nombres ronds, de l'équivalent de l'hydrogène. Mais la différence qu'on obtient ainsi est si grande, que l'inexactitude de l'hypothèse saute aux yeux.

En jetant un coup d'œil sur la table des poids atomiques ci-dessous, on voit que plusieurs corps ont le même ou presque le même poids atomique, par exemple, le chrôme et le fer, le nickel et le cobalt, le platine et l'iridium, l'or et l'osmium; quelques-uns ont leur poids atomique double de celui de quelques autres, par exemple, le silicium et le bore, le tungstène et le molybdène, le magnésium et le lithium, etc. Les poids atomiques de l'oxygène, du soufre, du sélénium et du tellure, sont entre eux à peu près comme 1, 2, 5 et 8. En y ajoutant ceux qui paraissent être des multiples de l'équivalent de l'hydrogène, on voit que des corps qui présentent jusqu'à un certain point les mêmes propriétés ont leurs poids atomiques dans certains rapports. Mais il se pourrait bien qu'une vérification minutieuse de tous ces nombres (laquelle est loin d'être faite) les éloignât encore davantage les uns des autres, ou des rapports où ils semblent se trouver. Il serait donc tout à fait inutile d'établir dès à présent des spéculations à ce sujet : elles pourraient facilement conduire à des hypothèses dont la fausseté ne se trahirait peut-être que tard. Je pense donc que, dans aucun cas, lorsque le poids atomique d'un corps simple se rapproche du multiple d'un autre corps, on ne doit rendre le nombre, donné par l'expérience, égal à ce multiple. Ceci ne devra se faire qu'à une époque du développement de la science, où l'on pourra répondre sûrement de l'exactitude de ces rapports.

V. *Combinaison des atomes entre eux.*

Nous avons vu dans le tome I, page 30, que les atomes simples ou composés de même espèce se combinent entre eux pour donner naissance à des molécules formées d'un nombre déterminé de ces atomes, ce qui est la cause de la figure géométrique de chaque combinaison. Un atome complexe, supposé composé du plus petit nombre possible d'atomes, forme déjà un pareil groupe d'atomes, maintenus par une force différente de celle qui produit les molécules. L'une de ces forces est l'affinité, l'autre la cohésion. Nous avons vu que 2, 3 et 4 atomes de soufre peuvent se combiner avec 5 atomes d'oxygène pour former un atome composé; dans la chimie organique, nous apprendrons à connaître des corps qui sont composés de plusieurs éléments, et d'un plus grand nombre d'atomes de chaque élément. C'est ce qui a fait naître la question de savoir si, dans les corps inorganiques contenant un petit nombre d'atomes simples, par exemple, A + B, A + 2B, etc., la combinaison a lieu entre ces atomes en petit nombre, ou si un groupe d'atomes d'un élément ne se combine pas de même ici avec un ou plusieurs groupes d'un autre. Il est hors de doute que s'il y a des composés en masse, il y a des millions d'atomes qui passent en même temps à l'état de combinaison. Mais on ne peut rien conclure de la simultanéité avec laquelle les atomes entrent en combinaison ; et tant que nous ignorons la position relative des atomes élémentaires dans les composés qu'ils forment, il nous sera impossible de dire si la combinaison s'effectue entre A + 2B ou entre 1000 A + 2000 B, supposé le plus petit nombre d'atomes élémentaires dont l'atome composé puisse se former. L'expérience se tait ici. Cependant, il est évident que la forme géométrique régulière des corps simples ou composés fait supposer des molécules ou des groupes d'atomes homogènes en nombre déterminé; mais il ne s'ensuit pas que la combinaison chimique doive s'opérer entre ces groupes entiers qui se dissolvent en vertu de la grande force qui agit au moment de la combinaison, pendant que la force de cohésion cède à l'affinité. Quoi qu'il en soit, on a commencé à s'occuper de spéculations à ce sujet, et on a essayé de faire d'une théorie scientifique une espèce de philosophie moléculaire. On a regardé l'isomorphie comme un argument en faveur de cette philosophie moléculaire; on a cité comme un exemple frappant les sels potassiques isomorphes avec les sels ammoniques, en faisant valoir que cette isomorphie subsiste, bien que, par exemple, le chlorure potassique ne contienne que 3 atomes simples, tandis que le chlorure ammonique en contient 12, et que par conséquent elle ne peut se fonder que sur les combinaisons qui ont lieu entre les molécules des corps élémentaires : le nombre des atomes du sel potassique, pris quatre fois, serait ainsi égal à celui des atomes du sel ammonique. Au premier abord, la raison parle en faveur d'une pareille spéculation ; mais celle-ci ne supporte pas un examen approfondi. L'isomorphie repose sans doute sur l'égalité dans le nombre des atomes, mais ce n'est pas la seule condition nécessaire; outre l'égalité dans le groupement des atomes, il faut encore autre chose; et ce qui le prouve, c'est que, par exemple, le nitrate et le chlorate potassiques ne sont pas isomorphes. Nous ignorons quelles sont les autres conditions nécessaires de l'isomorphie. Dans l'exemple des sels potassiques et ammoniques, que citent les partisans de la philosophie moléculaire, on suppose seulement qu'à l'aide du calcul on peut obtenir l'égalité dans le nombre des atomes; il est donc évident qu'on ne parvient pas, au moyen d'un simple raisonnement philosophique, à découvrir ce qui est encore inconnu dans la production de l'isomorphie de ces sels. Ce qu'il y a de certain, c'est que, quelque étendue que soit notre expérience, il restera toujours beaucoup de points essentiels à éclaircir; et si nous voulons y suppléer par des hypothèses, il sera facile d'élever d'immenses échafaudages, qui dureront jusqu'au premier coup de vent qui les renverse.

VI. *Sur le mode de détermination du poids atomique de chaque corps simple.*

1. *Oxygène.* Son poids atomique est supposé = 100, et sert d'unité ou de terme de comparaison pour les poids atomiques des autres corps.

2. *Hydrogène. Gay-Lussac* et *de Humboldt* avaient découvert que 2 volumes de gaz hydrogène se condensent exactement avec 1 volume de gaz oxygène pour former de l'eau. D'après les poids spécifiques de ces gaz, déterminés par *Biot* et *Arago*, il était facile de calculer la composition quantitative de l'eau et le poids atomique de l'hydrogène; ce dernier fut trouvé = 6,6338, et son équivalent = 13,2676. Lorsque je commençai à me servir du gaz hydrogène pour réduire les oxydes métalliques, et à comparer le poids de l'oxygène enlevé à l'oxyde avec le poids de l'eau recueillie, je ne tardai pas à me convaincre que ce poids atomique de l'hydrogène était trop élevé. Ceci conduisit précisément à déterminer la composition quantitative de l'eau: cette recherche fut entreprise par moi et *Dulong* en février 1819, dans le laboratoire de *Berthollet*, à Arcueil; et en même temps nous déter-

minâmes le poids spécifique du nitrogène, de l'oxygène, de l'hydrogène et du gaz acide carbonique. L'expérience fut disposée de manière à réduire, par le gaz hydrogène, une quantité pesée d'oxyde cuivrique pur calciné; cet hydrogène était préparé avec un mélange de zinc deux fois distillé, et d'acide sulfurique étendu, également distillé; puis on l'avait purifié en le faisant passer dans une solution potassique d'oxyde plombique, et desséché par de la poudre grossière d'hydrate potassique fondu. L'eau formée était recueillie dans un vase pesé d'avance, et présentant à l'un des bouts la forme d'un tube : il contenait des fragments de chlorure de calcium fondu, sur lesquels passait l'excès du gaz hydrogène. Ce qui avait augmenté le poids de ce vase était de l'eau, et la perte de l'oxyde cuivrique indiquait l'hydrogène. On en déduisit le poids atomique de l'hydrogène = 6,24, et son équivalent = 12,48, résultat qui fut confirmé par la comparaison des poids spécifiques des gaz.

Plus tard, en 1842, *Dumas* entreprit, conjointement avec *Stass*, un nouveau travail (*voir* page 510) relatif au poids atomique de l'hydrogène; il choisit, pour cela, la méthode employée par *Dulong* et moi, et qui consiste à réduire l'oxyde cuivrique par le gaz hydrogène. Pour avoir du gaz hydrogène pur, on le prépara avec du zinc et de l'acide sulfurique distillé; pour le dépouiller du gaz sulfide hydrique, on le fit passer d'abord à travers une solution de nitrate plombique; puis, pour le débarrasser de l'arséniure hydrique, on le fit passer à travers une solution de nitrate argentique; de là, dans une solution concentrée d'hydrate potassique; de là, sur de petits fragments d'hydrate potassique fondu; enfin, pour le dessécher complétement, on lui fit traverser un tube contenant des fragments de pierre ponce humectés d'acide sulfurique concentré. Le tube était entouré de glace, pour éviter toute formation d'acide sulfureux, qui se produit facilement lorsque l'acide peut s'échauffer. Le gaz hydrogène ainsi préparé était parfaitement inodore. Les expériences furent exécutées en grand, de manière que les quantités d'eau produite variaient entre 15 et 70 grammes. J'ai déjà indiqué, page 511, le résultat numérique de ces expériences, dans lesquelles le poids atomique de l'hydrogène est en moyenne = 6,2575, au maximum 6,2875, et au minimum 6,2405. Les chimistes nommés prirent cependant 6,25 pour le nombre exact, parce c'était un sous-multiple de 16 par rapport à 100, poids atomique de l'oxygène. L'équivalent de l'hydrogène fut donc considéré = 12,5, qui est = $\frac{100}{8}$.

L'extrême soin avec lequel ces expériences ont été exécutées mérite tout éloge. Mais il y manque une circonstance qui paraît avoir été oubliée, ou qui du moins n'a pas été indiquée. A la fin de chaque expérience, le vase contenant l'eau formée était rempli de gaz hydrogène qui, avant la pesée, devait être remplacé par de l'air ; c'est pourquoi on y faisait, pendant plusieurs heures, arriver lentement un courant d'air. Cet air était sec à son entrée, et à sa sortie il passait dans le vase ajouté à l'appareil, et destiné à la dessiccation du gaz aqueux, pour se dépouiller de l'eau formée qu'il aurait pu entraîner, et dont il ne se perdait par conséquent aucune trace. L'eau formée était saturée d'air atmosphérique, et ainsi pesé. En calculant, d'après ce poids, la composition de l'eau (la quantité d'oxygène étant connue par la perte qu'avait éprouvée l'oxyde cuivrique), on ajoutait le poids de l'air contenu dans l'eau à celui de l'hydrogène, qui se trouvait ainsi plus élevé qu'il ne l'était réellement, et cela en raison du poids de l'air absorbé par l'eau. Quelque faible qu'ait été cet excès, il était toujours assez grand pour qu'il ne dût pas être négligé dans des expériences d'une si extrême précision. Cette source d'erreur dans la pesée était évitée dans mes expériences et celles de *Dulong*, parce que l'eau formée était immédiatement absorbée par le chlorure calcique. Dans tous les cas, si nous avons tellement approché du poids atomique véritable de l'hydrogène, qu'on peut l'admettre indifféremment = 6,24 ou = 6,29, ceci est sans importance dans l'application, tant qu'on se sert toujours d'un même nombre. Telle est la circonstance qui fait que je n'ai pas de raison pour changer l'ancien poids atomique, 6,24, et l'équivalent, 12,48.

3. *Nitrogène.* D'après les poids spécifiques de l'oxygène et du nitrogène, trouvés par *Dulong* et moi, nous avons calculé le poids atomique du nitrogène = 88,518, et son équivalent = 177,036. Si on le calcule d'après les poids spécifiques déterminés plus tard par *Dumas* et *Boussingault*, on le trouve = 175,816 (*voir* tome I, p. 162), ce que *Dumas* exprima, en nombres ronds, par 12,5 + 14 = 175,0.

Marignac essaya ensuite de déduire le poids atomique du nitrogène, des analyses du nitrate argentique et du chlorure ammonique. Ces analyses sont du nombre de ces expériences modèles dont je viens de faire mention (page 511). La première série avait pour but de déterminer combien on obtient de nitrate argentique neutre anhydre avec un poids donné d'argent. A cet effet, l'argent était d'abord dissous, en évitant avec le plus grand soin toute perte qu'aurait pu entraîner le dégagement du gaz; puis le sel ainsi produit était desséché, fondu et maintenu quelque temps à son point de fusion, afin d'éloigner l'humidité et tout excès d'acide; enfin, il était pesé. Voici les résultats de ces expériences :

Poids de l'argent dissous, évalué en grammes.	Poids du sel argentique obtenu.	Poids atomique calculé du nitrate argentique.
62,987	108,608	2124,80429
57,844	91,047	2124,37753
66,436	104,592	2124,80641
70,340	110,718	2124,41933
200,000	314,894	2124,99918

D'après cela, la moyenne du nitrate argentique est 2124,68135. Déduction faite de 1 atome d'argent et de 6 atomes d'oxygène, il reste pour l'équivalent du nitrogène 175,02135.

La seconde série d'expériences avait pour but de déterminer les quantités relatives de nitrate argentique et de chlorure potassique, qui se détruisent réciproquement, et de calculer, d'après le poids atomique du chlorure potassique, celui du nitrate argentique.

Poids du chlorure potassique.	Poids du nitrate argentique.	Poids atomique du nitrate argentique.
1,849	4,218	2126,42063
2,473	5,640	2125,85922
3,317	7,565	2125,90070
2,926	6,670	2124,86345
6,191	14,110	2124,44610
4,351	9,918	2124,78276

Parmi ces expériences, les trois premières donnent un poids

atomique plus élevé que la série précédente. Ceci est dû, suivant *Marignac*, à ce que le sel argentique, employé dans ces expériences, n'avait pas été cristallisé de nouveau, ce qui avait eu lieu pour les trois dernières. La moyenne des six expériences donne, pour le poids atomique du sel, 2125,37881; de là se déduit l'équivalent du nitrogène = 175,71881. Mais il n'est guère rigoureux de faire entrer en ligne de compte les trois premières expériences, car le sel, qui n'avait pas été soumis à une nouvelle cristallisation, devait évidemment renfermer un excès d'acide nitrique. La moyenne des trois dernières expériences donne alors, pour le poids atomique du sel argentique, 2124,69744; de là l'équivalent du nitrogène = 175,03744.

La troisième série d'expériences avait pour but de déterminer l'équivalent du chlorure ammonique, qui donne celui du nitrogène, déduction faite de 1 équivalent de chlore et de 4 équivalents d'hydrogène. A cet effet, on fit dissoudre un poids donné d'argent, et on détermina la quantité de chlorure ammonique nécessaire pour précipiter exactement l'argent.

Poids de l'argent.	Poids du chlorure ammonique.	Équivalent du chlorure ammonique.
8,063	3,992	668,21812
9,402	4,656	668,37024
10,339	5,120	668,36823
12,497	6,191	668,62000
11,337	5,617	668,69897
11,307	5,595	667,84715
4,326	2,143	668,59022

Les trois premières expériences s'accordent de très-près entre elles. La moyenne donne l'équivalent du chlorure ammonique = 668,31886, et l'équivalent du nitrogène = 175,12086. Les dernières donnent un nombre plus élevé. La moyenne des sept expériences est, pour le chlorure ammonique, 668,38756, et pour l'oxygène 175,18956.

Si l'on élimine, dans le calcul, les expériences qui donnent les résultats les plus divergents, savoir, les trois premières de la première série, et les quatre dernières de la troisième série, on a, par la première série, l'équivalent du nitrogène = 175,02135, par la deuxième série, = 175,03744, et par la troisième, = 175,12086; de là, pour l'équivalent, la moyenne = 175,06, et, pour le poids de l'atome, = 87,53. Ces nombres ont été adoptés dans les tables.

4. *Soufre.* Le poids atomique du soufre fut déterminé par moi en 1817. A cet effet, je fis dissoudre un poids donné de plomb métallique dans de l'acide nitrique, additionné d'acide sulfurique; je calcinai le produit jusqu'à siccité dans un creuset de platine, et je le chauffai au-dessus d'une simple lampe à alcool, jusqu'à ce que tout excès d'acide fût évaporé; puis je pesai le sulfate plombique calciné. Son poids atomique fut déterminé d'après celui du plomb, et, déduction faite de 1 atome de plomb et de 4 atomes d'oxygène, il restait le poids atomique du soufre. J'avais fait plusieurs expériences, parmi lesquelles je choisis celle qui, pour 10 grammes de plomb, donna 14,644 de sulfate plombique; de là le poids atomique du soufre = 201,165. D'autres expériences plus anciennes confirmaient ce résultat; ainsi, j'avais trouvé que 100 parties d'argent se combinent avec 14,9 parties de soufre, ce qui donne le poids atomique du soufre = 201,10; et la comparaison établie entre les quantités de chlorure argentique et de sulfate barytique, résultant d'un poids donné de chlorure barytique, donna 201,38.

Depuis que c'était en quelque sorte devenu une mode de ramener les poids atomiques des corps simples à des multiples, en nombres ronds, de 12,5, *Erdmann* et *Marchand* cherchèrent à montrer que le poids atomique du soufre est = 200,0. A cet effet, ils analysèrent le cinabre par la distillation sèche avec de la planure de cuivre, et ils obtinrent, dans quatre expériences, en employant 100 parties de sulfure mercurique, de 86,205 à 86,222 parties de mercure; de là le poids atomique du soufre (calculé d'après le poids atomique qu'ils avaient trouvé pour le mercure), au minimum = 199,85, et au maximum = 200,14. Ils ont objecté contre ma méthode, indiquée ci-dessus, que le sulfate plombique, soumis à la chaleur rouge, perd de l'acide sulfurique, et donne ainsi des résultats inexacts. Mais l'un n'est pas une conséquence de l'autre. Le sulfate plombique supporte parfaitement la chaleur qui expulse l'excès d'acide sulfurique, et ce n'est qu'à une forte chaleur rouge qu'il commence à se décomposer. Enfin, si cette erreur était commise, le poids atomique de soufre serait évalué, non pas trop haut, mais trop bas.

Cette incertitude, relativement à un nombre aussi important que celui du soufre, me détermina à soumettre mes anciennes expériences à une révision, en faisant usage d'une petite correction qui a été depuis introduite dans le poids atomique du plomb. (*Voir* le poids atomique du plomb.)

10 grammes de plomb ont donné, sulfate plombique,	Poids atomique du sulfate plombique.	Poids atomique du soufre.
14,638	1895,10	200,455
14,640	1895,36	200,715
14,644	1895,88	201,235
14,658	1897,60	202,945

La quatrième expérience, qui donne un nombre trop élevé, probablement parce que la calcination n'avait pas été assez longtemps continuée pour chasser l'acide sulfurique libre, ne doit pas être prise en considération. La moyenne des trois premières expériences est 200,8017.

Pour approcher, autant que possible, du nombre exact, je décomposai (après que j'eus connaissance du résultat d'*Erdmann* et *Marchand*) le chlorure argentique anhydre par du gaz sulfide hydrique sec, à une température élevée, mais insuffisante pour fondre le chlorure argentique; lorsqu'à la fin il ne changeait plus de poids, il fut pesé. Le poids atomique du sulfure argentique fut calculé d'après celui du chlorure argentique, et le poids atomique du soufre fut obtenu en déduisant le poids atomique de l'argent de celui du sulfure argentique.

Chlorure argentique employé, en grammes.	Poids du sulfure argentique obtenu.	Poids atomique du sulfure argentique.	Poids atomique du soufre.
6,6075	5,715	1550,760	201,10
9,2323	7,98325	1550,388	200,728
10,1175	8,80075	1550,300	200,640
12,9815	11,2405	1550,410	200,750

La moyenne des poids atomiques du soufre est 200,706, et la moyenne des deux séries d'expériences 200,75, ce qui s'accorde aussi avec le résultat de la dernière expérience de la seconde série. C'est ce nombre que j'ai inscrit dans les tables des poids atomiques.

5. *Phosphore*. Le moyen employé à déterminer le poids atomique de ce corps consistait à trouver la quantité d'or que donne, par voie de réduction, un poids connu de phosphore dans une solution de chlorure aurique en faible excès, puis à trouver de même la quantité d'argent que donne le phosphore dans une solution de sulfate argentique en excès. Dans les deux cas, le métal précipité était bouilli dans l'excès de la dissolution saline. Le sulfate argentique non dissous était enlevé par l'ammoniaque caustique. Comme 1 équivalent de phosphore se combine avec 5 équivalents d'oxygène, il est clair que 1 équivalent de phosphore réduit 1 $\frac{2}{3}$ équivalents d'or et 5 atomes d'argent. Voici les résultats des expériences :

Poids du phosphore.	Poids du métal réduit.	Équivalent du phosphore.
Gramm.	Gramm.	
0,829	8,714 or.	389,70
0,754	7,930	389,57
0,8115	13,98 argent.	392,041

En raison de l'incertitude du poids atomique de l'or, on préféra les résultats obtenus avec l'argent à ceux obtenus avec l'or, et on en tira l'équivalent du phosphore = 392,041, et son poids atomique = 196,02.

6. *Chlore*. Dans mes premières expériences pour déterminer le poids atomique du chlore, je rencontrai d'abord la difficulté d'avoir un terme de comparaison avec le poids atomique de l'oxygène, car on ne connaissait pas de composé de chlore avec l'oxygène qui y fût applicable. Je ne pouvais pas non plus me servir, pour cela, de la composition du chlorure argentique, puisque le poids atomique de l'argent n'était pas connu. Je partis alors des données suivantes : Le chlorate potassique se compose de 1 atome de potassium, de 2 atomes de chlore et de 6 atomes d'oxygène; les deux derniers corps s'en vont par la calcination, en laissant 1 atome de chlorure potassique, dont on peut ainsi calculer le poids atomique.

En précipitant le chlorure potassique par le nitrate argentique, et déterminant exactement les quantités de chlorure potassique et de chlorure argentique, on a le poids atomique du chlorure argentique. En cherchant ensuite à savoir combien on obtient de chlorure argentique avec un poids donné d'argent, on trouve tout à la fois les poids atomiques du chlore, de l'argent et du potassium. Mais cette méthode est défectueuse, parce que tout y dépend de l'exactitude avec laquelle on détermine l'oxygène du chlorate potassique. Je ne m'arrêterai pas longtemps à mes expériences, qui (bien qu'à l'époque où elles étaient faites elles fussent d'une exactitude irréprochable) sont dépassées par celles de *Marignac*. Voici quels en étaient, en somme, les résultats : 100 parties de chlorate potassique donnèrent 39,15 parties d'oxygène; 100 parties de chlorure potassique donnèrent 192,4 parties de chlorure argentique, et 100 parties d'argent donnèrent 132,75 parties de chlorure argentique. De là, on tira le poids atomique du chlorure potassique =932,567; celui du chlorure argentique=1794,371; l'équivalent du chlore = 442,654; le poids atomique de l'argent = 1351,607, et celui du potassium = 489,916. Ces nombres formaient la base de nos déterminations.

Depuis que *Dumas* avait ressuscité l'idée que tous les poids atomiques sont des multiples de 12,5, on essaya, de différents côtés, de mettre aussi le poids atomique du chlore en accord avec elle. *Marignac*, dans les essais qu'il avait le premier entrepris sur un autre plan, crut avoir trouvé l'équivalent du chlore = 12,5 × 36 = 450,0. Mais ce nombre fut contesté par *Laurent*, qui démontra, par des expériences, qu'il ne pouvait pas être si élevé, et qu'il ne devait pas beaucoup s'écarter de celui qui avait été jusqu'alors admis. Comme *Marignac* lui-même ne paraissait pas bien convaincu de l'exactitude de ce résultat, il résolut de répéter ses recherches d'après la méthode que j'avais suivie. Dans ces expériences, qu'il exécuta de la même manière que moi, il trouva le poids atomique du chlorure potassique=932,1365, celui du chlorure argentique = 1792,828, celui de l'argent 1350,63, celui du potassium = 489,954, et l'équivalent du chlore = 442,198, résultats qui s'éloignent peu des nombres que j'avais trouvés. *Pelouze* ayant rappelé qu'on pourrait contrôler ces nombres en pesant des atomes égaux de chlorure potassique et d'argent, en dissolvant l'argent par l'acide nitrique et précipitant la liqueur par le chlorure potassique, et que, s'ils étaient parfaitement exacts, il ne resterait pas de trace de chlore ni d'argent dans la dissolution, *Marignac* établit ce contrôle, et il trouva que ces nombres n'étaient pas encore parfaitement exacts. C'est ce qui le détermina à entreprendre une nouvelle série d'expériences, en employant la méthode de *Gay-Lussac*, le dosage de l'argent par la voie humide : la précipitation, en dernier lieu, se fait par une dissolution étendue d'une quantité et d'un volume connus, en ayant soin de saisir le moment précis où il ne faut plus rien ajouter; on parvient ainsi, par la mesure du volume, à déterminer des quantités si petites qu'elles ne sont pas sensibles à la balance. Par l'application de cette méthode, *Marignac* obtint un degré de précision que personne avant lui n'avait encore atteint. Les tables qui suivent en renferment les résultats spéciaux.

Résultats des expériences portant sur la composition du chlorate potassique :

Poids, en grammes, du chlorate potassique employé.	Poids de l'oxygène dégagé.	Oxygène en centièmes.	Poids atomique du chlorure potassique.
46,850	18,344	39,155	932,385
32,590	12,764	39,165	931,980
37,544	14,705	39,167	931,824
73,733	28,871	39,156	932,32
63,640	24,922	39,161	932,1365
64,690	25,333	39,161	932,1365

La moyenne de ces expériences est pour l'oxygène, en centièmes, = 39,161, qui est le résultat immédiat des deux dernières expériences, et donne le poids atomique du chlorure potassique = 932,1365. Le poids atomique le plus bas est 931,824, et le plus élevé 932,385. C'est entre ces deux que doit se trouver le nombre absolument exact. Il est probable que la moyenne en approche autant que possible. Les expériences pour y arriver seraient très-faciles, s'il ne fallait pas employer les plus grandes précautions pour empêcher, pendant la décomposition du sel, le gaz oxygène d'entraîner, sous forme d'une poussière très-fine, une partie du sel non décomposé; il fallait donc trouver le moyen de le retenir de manière à le décomposer à la chaleur rouge, et c'est à quoi *Ma-*

rignac est arrivé par une disposition convenable de l'appareil.

Pelouze, qui s'était également occupé de la composition du chlorate potassique, trouva, dans une de ses expériences, la moyenne de *Marignac;* dans les autres, il trouva un nombre un peu moins fort. Dans mes expériences, je voulais obvier à l'inconvénient signalé, en chauffant le sel dans le gaz hydrogène ; mais je trouvai que celui-ci n'y agissait qu'au-dessus de la température à laquelle a lieu le dégagement de l'oxygène. Je faisais donc passer le gaz oxygène à travers un diaphragme de papier à filtre; mais comme le sel non décomposé, qui restait dans le papier, retenait son oxygène, je ne parvenais, dans mes expériences, à évaluer l'oxygène qu'à 39,15.

On détermina ensuite combien il faut de chlorure potassique pour précipiter un poids donné d'argent, dissous dans l'acide nitrique; dans ce cas, le poids du chlorure potassique est à celui de l'argent comme le poids atomique du premier est à celui du second.

Poids, en grammes, du chlorure potassique.	Poids de l'argent	Poids atomique de l'argent.
3,2626	4,7238	1349,60657
15,001	21,725	1349,95400
15,028	21,759	1349,63788
15,131	21,909	1349,69123
15,216	22,032	1349,68656
17,350	25,122	1349,69067

Cinq de ces expériences s'accordent jusqu'à la première décimale. La deuxième en diffère de 0,3, et montre qu'il s'y est glissé une erreur d'observation qu'on pouvait éviter dans les cinq autres expériences; elle ne doit donc en rien altérer le résultat obtenu, qui donne en moyenne, pour le poids atomique de l'argent, le nombre 1349,66258.

Après cela, le poids atomique de l'argent était déterminé en précipitant un poids donné de chlorure potassique par du nitrate argentique, et évaluant le poids du chlorure argentique obtenu d'après le poids du chlorure potassique; d'où il était facile de calculer le poids atomique du chlorure argentique.

Chlorure potassique employé.	Chlorure argentique obtenu.	Poids atomique du chlorure argentique.
17,034	32,761	1792,75707
14,427	27,749	1792,87835
15,028	28,910	1793,19046
15,131	29,102	1792,81187
15,276	29,271	1793,14321

La moyenne des poids est 1792,95602.

Ce résultat fut contrôlé en déterminant la quantité de chlorure argentique qu'on retire d'un poids donné d'argent dissous, pour calculer ensuite, d'après le poids atomique de l'argent, celui du chlorure argentique. Voici les résultats de cette série d'expériences :

Poids de l'argent, en grammes.	Poids du chlorure argentique.	Poids atomique du chlorure argentique.
79,853	106,080	1792,94366
69,905	92,864	1792,92789
64,905	86,210	1792,68454
92,362	122,693	1792,87840
99,653	132,383	1792,94090

La moyenne 1792,92271 ne s'écarte qu'au sixième nombre de celui qui précède; et, en tirant des deux données la moyenne, on a 1792,9393, qu'on pourra, sans erreur, exprimer par 1792,94. En en ôtant le poids de 1 atome d'argent, on a, pour le poids de l'équivalent du chlore, 443,28. Et en ôtant 1 équivalent de chlore au poids atomique du chlorure potassique, on a, pour le poids atomique du potassium, 488,8565.

Marignac employa encore, pour l'évaluation de ces atomes, une troisième série d'expériences, savoir, l'analyse du chlorate argentique. Mais les éléments de ce sel ne sont pas assez stables entre eux pour qu'ils puissent fournir des données aussi certaines que celles que nous venons de faire connaître, et qui s'accordent si extraordinairement entre elles. Cependant on l'a eu approximativement, en trouvant le poids atomique du chlorure argentique =

1792,2775, et l'équivalent du chlore = 442,618. Mais, en ajoutant cette nouvelle série des expériences précédentes pour en tirer la moyenne, il est arrivé à un résultat numérique qui diffère un peu de celui que j'en viens de tirer. Cette différence est devenue encore plus grande, parce qu'il a réduit ses nombres à la pesée dans le vide, d'après la densité des éléments dans le chlorate argentique, afin de les rendre ainsi plus comparables entre eux. C'est ce qui fait que la grande concordance qui existe dans ses résultats n'est pas aussi évidente qu'elle l'est réellement d'après l'exposition qui précède.

Les poids atomiques, tirés de cette série d'expériences, sont :

1 atome de chlorure potassique	=	932,1365
1 — de chlorure argentique	=	1792,94
1 équivalent de chlore	=	443,28
1 atome de chlore	=	221,64
1 — d'argent	=	1349,66
1 — de potassium	=	488,856

7. *Brôme*. Les données varient sur l'équivalent du brôme. *Balard* le trouva = 942,9, *Liebig* = 941. Je l'ai trouvé, dans quelques expériences, de 978,445 à 978,646. Mais *Marignac* a démontré ensuite qu'il est presque impossible de le purifier complétement de chlorure bromique ; il n'y parvint qu'en préparant du bromate potassique qu'il fit cristalliser à différentes reprises, et ce n'est qu'à la troisième cristallisation qu'il l'obtint exempt de chlore et d'iode. Les expériences furent exécutées comme celles qui avaient pour objet la détermination de l'équivalent du chlore.

Poids du bromate potassique.	Poids de l'oxygène.	Oxygène en centièmes.	Poids atomique du bromure potassique.
6,801	1,952	28,7016	1490,60958
3,480	0,997	28,6496	1494,28285
6,320	1,814	28,605	1490,40794
23,186	6,665	28,746	1487,26182

Ces résultats ne s'accordent pas autant entre eux que ceux obtenus avec le chlorate potassique. La cause en est qu'une petite quantité de potassium peut facilement échanger le brôme contre de l'oxygène, et donner ainsi un résidu alcalin, ce qui occasionne une perte trop grande. La moyenne donne, pour le poids atomique du bromure potassique, 1490,60598, qui représente, jusqu'au dernier chiffre, le résultat de la première expérience. Déduction faite de 1 atome de potassium, il reste pour l'équivalent du brôme 1001,74948.

On fit une autre série d'expériences pour trouver le poids atomique du bromure potassique d'après le poids de l'argent, qui peut ainsi se convertir en bromure argentique.

Argent employé.	Bromure potassique employé.	Poids atomique du bromure potassique.
2,131	2,351	1488,99606
2,559	2,823	1488,89801
2,447	2,700	1489,20392
3,025	3,336	1488,41841
3,946	4,353	1488,86720
11,569	12,763	1488,95415
20,120	22,191	1488,58375

La moyenne de ces sept expériences est 1488,8459, ce qui donne, pour l'équivalent du brôme, 999,9894. La troisième série d'expériences avait pour but de trouver la quantité de bromure argentique obtenu avec un poids donné d'argent dissous dans l'acide nitrique.

Argent employé.	Bromure argentique obtenu.	Poids atomique du bromure argentique.
25,00	43,518	2349,380155
20,12	35,020	2349,159700
15,00	26,110	2349,308173

La moyenne est 2349,28268, dont on peut, sans inconvénient, retrancher les trois dernières décimales. Déduction faite du poids atomique de l'argent, il reste pour l'équivalent du brôme 999,62. Comme ces dernières expériences sont des nombres plus exacts que les précédents, et comme elles s'accordent si bien entre elles, j'en ai pris la moyenne, en inscrivant dans les tables, pour équivalent du brôme, 999,62, et pour son poids atomique 499,81. Sans doute celui qui l'exprime en nombres ronds, par 1000, ne commet pas de faute notable.

8. *Iode*. Mes expériences pour changer l'iodure argentique en chlorure, et calculer, d'après cela, le poids atomique de l'iode, ont donné 1579,499 comme équivalent de l'iode, et ce nombre fut ensuite adopté. Mais les expériences plus récentes de *Marignac* ont montré qu'on ne peut obtenir l'iode exempt de chlore qu'en le changeant en iodate potassique qu'on purifie, et qu'on fait cristalliser à différentes reprises. Ces expériences, dont je communique ici les résultats, indiquent un nombre un peu plus élevé pour le poids de l'équivalent. Elles se composent de deux séries.

La première avait pour but de trouver combien il faut d'iodure potassique pour précipiter un poids donné d'argent dissous ; la seconde était instituée pour déterminer le poids de l'iodure argentique qu'on obtient avec une quantité donnée d'argent.

I.			II.		
Poids de l'argent.	Poids de l'iodure potassique.	Poids atomique de l'iodure potassique.	Poids de l'argent.	Poids de l'iodure argentique.	Poids atomique de l'iodure argentique.
1,616	2,483	2073,7660	15,000	32,625	2935,5105
2,503	3,846	2073,82835	14,790	32,170	2935,6702
3,427	5,268	2074,70350	18,549	40,339	2935,7743
2,141	3,290	2073,97543			
10,821	16,642	2075,69002			

La moyenne des poids atomiques de l'iodure potassique est 2074,39266, et donne, déduction faite de 1 atome de potassium, pour l'équivalent de l'iode, 1585,9917.

La moyenne des poids atomiques de l'iodure argentique est 2935,6517, et donne, déduction faite de 1 atome d'argent, exactement le même équivalent de l'iode que le nombre précédent. De là, j'ai inscrit, dans les tables, l'équivalent de l'iode = 1585,992, et son atome = 792,996.

9. *Fluor*. Le poids atomique du fluor est tiré d'une expérience faite de manière à changer du fluorure calcique très-pur, cristallisé, naturel, au moyen d'une douce calcination, en sulfate calcique.

100 parties de fluorure calcique ont donné, dans trois expériences, 174,9, 175 et 175,1 parties de sulfate calcique. La moyenne est 175 parties. Il s'ensuit que 1 atome de fluorure calcique pèse 487,086; déduction faite de 1 atome de calcium, il reste pour l'équivalent du fluor 235,435, et pour son atome 117,717. Je ferai cependant observer que ce poids atomique doit être plus exactement déterminé. Les composés naturels ne sont jamais assez purs pour être propres à de pareilles recherches. Le fluorure sodique, le fluorure plombique, et d'autres composés obtenus artificiellement et absolument purs, conviennent beaucoup mieux pour cela. Jusqu'à présent on ne mettait pas, il est vrai, une grande importance à l'exactitude du poids atomique du fluor, et le nombre approximatif indiqué suffisait. Mais quand une fois on cherche à obtenir, autant que possible, des nombres exacts, il faut en entreprendre l'expérience pour tous les corps simples.

10. *Carbone.* Mes premières expériences, relatives à la détermination du poids atomique du carbone, datent de 1817, par l'analyse du carbonate plombique. 10 grammes donnèrent, dans une expérience, 8gr. 3333 d'oxyde plombique, 1,6442 acide carbonique, et 0,0225 d'eau; et dans une autre, 8,3333 d'oxyde plombique, 1,6447 acide carbonique, et 0,022 d'eau. Comme les poids de l'oxyde plombique et de l'acide carbonique sont entre eux comme leurs poids atomiques, le poids atomique du carbone est, d'après la première expérience, 75,141; d'après la seconde, 75,2241; mais comme la différence d'un demi-milligramme entre les deux expériences faisait varier le troisième nombre du poids atomique du carbone, il me semblait trouver une voie bien plus sûre, pour la détermination de celui-ci, dans les poids spécifiques du gaz acide carbonique et du gaz oxygène. Ces poids venaient alors d'être déterminés par *Biot* et *Arago*, et c'est d'après cela qu'on établit, dans les premières tables des poids atomiques, le nombre 75,33 pour le carbone. J'ai déjà dit, page 509, pourquoi le calcul direct, d'après les poids spécifiques des gaz, ne peut pas donner de résultat exact; j'ai signalé les circonstances qui, en 1819, ont conduit au nombre élevé de 76,438, et j'ai indiqué les faits qui démontrent l'inexactitude de ce nombre, ainsi que les expériences de *Dumas* et de *Stass*, qui le firent descendre à $12,5 \times 6 = 75,0$. Peu de temps après, le baron *F. Wrede* entreprit de déterminer les poids spécifiques de l'oxygène, du gaz oxyde carbonique et

du gaz acide carbonique; la densité du dernier fut déterminée sous des pressions différentes, inférieures à la pression atmosphérique ordinaire, ce qui permit de calculer sa déviation de la loi de *Mariotte*.

Le poids spécifique du gaz oxyde carbonique est = 1,5201 $\left(\frac{1 + 0{,}0049.\ p.}{1 + at.}\right)$; la formule ajoutée indique le changement qu'éprouve le poids spécifique des gaz sous des pressions différentes. Le poids spécifique du gaz oxyde carbonique est = 0,96779. La comparaison de ces poids spécifiques entre eux donne le poids atomique du carbone.

Gaz acide carbonique avec gaz oxyde carbonique	= 75,22
Gaz acide carbonique avec gaz oxygène	= 75,06
Gaz oxyde carbonique avec gaz oxygène	= 75,12
Moyenne	= 75,13

Les calculs sont faits d'après les coefficients de dilatation de *Rudberg*. Si ce calcul se fait d'après les coefficients différents que *Magnus* et *Regnault* ont trouvés pour l'air et le gaz acide carbonique, les résultats s'accordent singulièrement entre eux. Le poids spécifique du gaz acide carbonique est alors 1,52037 $\left(\frac{1 + 0{,}0049}{1 + at.}\right)$, et la comparaison s'établit ainsi :

Gaz acide carbonique avec gaz oxyde carbonique	= 75,14
Gaz acide carbonique avec gaz oxygène	= 75,11
Gaz oxyde carbonique avec gaz oxygène	= 75,12
Moyenne	= 75,12

Comme nous avons fait voir précédemment que les multiples de 12,5 ne peuvent pas être admis comme une loi générale, il est aussi possible que probable qu'un autre nombre que 75,0, parmi ceux trouvés par *Dumas* et *Stass*, ou par *Erdmann* et *Marchand*, approche davantage de la vérité. C'est pourquoi j'ai inscrit dans les tables le nombre 75,12, qui est le résultat du beau travail de *Wrede*, et tombe, en outre, dans la série des nombres déduits des recherches des chimistes nommés.

11. *Bore*. Jusqu'à présent il a été impossible de déterminer avec certitude la quantité exacte de l'oxygène contenu dans l'acide borique. D'après les expériences de *Humphry Davy*, l'acide

borique contient 68 pour cent d'oxygène. Mes expériences ont montré qu'il en contient 60 pour cent. Pour trouver le nombre exact, je choisis un composé défini d'acide borique, savoir : le borax $\dot{\mathrm{Na}}\overset{\cdots}{\mathrm{Bo}}{}^{2} + 10\dot{\mathrm{H}}$. Parmi les trois parties constituantes de ce sel, qui sont l'acide borique, la soude et l'eau, cette dernière a pu être déterminée avec la plus grande exactitude; dans trois expériences, le borate a donné constamment 47,1 pour cent d'eau. L'expérience a donné 16,31 pour cent de soude. D'après le rapport entre l'oxygène de l'eau et celui de la soude, le sel contient 16,3753 pour cent de base; il reste donc 36,5248 d'acide borique. Il résulta de la recherche sur la quantité d'oxygène (68 pour cent) contenue dans l'acide borique, que les proportions d'oxygène de l'acide borique, de la soude et de l'eau, sont entre elles comme 6 : 1 : 10, et que l'acide borique renferme 68,81 pour cent d'oxygène. On avait admis primitivement que l'acide borique se compose de 1 atome de bore et de 6 atomes d'oxygène, et que le borax est un sel neutre, parce qu'on ne connaissait pas de borates alcalins contenant une plus grande quantité d'acide, et que le borate magnésique naturel, le boracite, pouvait être considéré comme un soussel. Plus tard, on réussit à préparer des borates alcalins, magnésique et argentique, dans lesquels le rapport de l'oxygène de la base était à celui de l'acide comme 1 : 3. Il était donc évident que l'acide borique renferme 3 atomes d'oxygène; ce qui fut, en outre, confirmé par l'espèce de sel double qui résulte de la combinaison de l'acide borique avec le bitartrate potassique : l'acide borique y joue le rôle d'une base, et on en peut enlever l'excès par l'alcool, de même qu'on sépare l'excès de bitartrate potassique par la cristallisation. (*Voir* tome III, page 159.) Cependant on n'est pas encore sûr si les 3 atomes d'oxygène de l'acide borique sont unis à 1 ou à 2 atomes de bore, c'est-à-dire, s'il faut le représenter par $\overset{\cdots}{\mathrm{Bo}}$ ou par $\overset{\cdots}{\bar{\mathrm{B}}\mathrm{o}}$. Nous n'avons pas encore de moyen pour faire disparaître toute incertitude à cet égard. On a voulu tirer la dernière formule du poids spécifique des vapeurs de perfluorure et de perchlorure boriques, en tenant compte des rapports de condensation de ces vapeurs; mais ces rapports peuvent également s'expliquer d'après l'une ou l'autre manière de voir. D'après l'analyse ci-dessus indiquée du borax, l'atome ou l'équivalent du bore pèse 136,204. Si ce nombre exprime l'équivalent, celui de l'atome sera 68,102, qui se rapproche de l'atome du carbone. Dans ce cas, l'acide borique est pour le bore ce que l'acide oxalique est pour le carbone. J'ai inscrit, dans les tables, le nombre 136,204, comme représentant le poids de 1 atome de bore, par la raison qu'il est le plus simple, et qu'en attendant il en faut choisir un.

12. *Silicium.* J'ai montré, par des expériences directes, que 100 parties de silicium calciné, et dépouillé d'acide silicique par l'acide fluorhydrique, forment 208 parties d'acide silicique, par voie d'oxydation, de telle manière que l'acide silicique renferme 51,9231 pour cent d'oxygène. En calculant l'oxygène de l'acide d'après l'analyse du silico-fluorure barytique, on obtient 51,975 pour cent. Mais comme ce calcul repose sur les poids atomiques du baryum et du fluor, et que les différences influent ici sur le résultat, celui-ci ne peut avoir de la valeur qu'autant qu'il sert à contrôler le résultat obtenu par la combinaison directe du silicium avec l'oxygène. Il avait déjà servi précédemment à calculer le poids atomique de l'acide silicique.

La détermination des atomes de l'oxygène et du radical est ici très-incertaine, ce qui a conduit à des manières de voir différentes. L'acide silicique, dans ses combinaisons avec les bases, offre autant de degrés variables de saturation que l'acide oxalique et l'acide borique. Plusieurs cas se présentent : l'oxygène de l'acide est ou égal à celui de base, ou il est un multiple par 2, 3, 6. En raison des propriétés électro-négatives faibles de l'acide silicique, les silicates alcalins solubles conservent la réaction alcaline, qui manque complétement dans les silicates insolubles. Il n'est donc pas permis de savoir, d'après cela, quel est le degré de saturation qui se compose de 1 atome de base et de 1 atome d'acide silicique. Le silicate le plus universellement répandu à la surface du sol, c'est le feldspath. Sa composition est telle, que si dans 1 atome d'alun anhydre, $\dot{K}\dddot{S}+\dddot{\overline{Al}}\dddot{S}^3$, on remplace le soufre par la quantité de silicium nécessaire pour former de l'acide silicique avec l'oxygène de l'acide sulfurique, on aura le feldspath. C'est pourquoi j'admis primitivement 3 atomes d'oxygène dans l'acide silicique, et je croyais que la composition du feldspath devait être exprimée par la formule $\dot{K}\dddot{Si}+\dddot{\overline{Al}}\dddot{Si}^3$; je le croyais d'autant plus, que si l'acide silicique ne renfermait que 1 atome d'oxygène, le silicate aluminique du feldspath contiendrait le nombre peu admissible de 9 atomes d'acide silicique. Un tel rapport n'était pas fondé sur la composition de l'acide, bien que toutes les proportions de combinaison dépendent tout aussi bien des acides que des bases. Mais si l'on admettait 2 atomes d'oxygène dans l'acide silicique, le silicate aluminique du feldspath se composerait de $4\frac{1}{2}$ atomes d'acide silicique, composition impossible, ou de 2 atomes d'alumine et de 9 atomes d'acide silicique, composition absurde. C'est par ces raisons que je considérais la composition de l'acide silicique comme analogue à celle de l'acide sulfurique, c'est-à-dire que je le considérais comme formé de 1 atome de silicium et de 3 atomes d'oxygène. Calculé d'après l'analyse du silico-fluorure barytique, le poids atomique du silicium fut trouvé 277,312. C'est d'après cela que sont calculées les données dans le tome I. Mais, en vérifiant les poids atomiques inscrits dans les tables, et leurs modes de détermination, je me suis décidé en faveur de l'expérience directe, comme un moyen plus certain de calculer la composition de l'acide silicique; il suit de là, pour le poids atomique du silicium, le nombre 277,778, qui diffère peu du nombre tiré du silico-fluorure barytique; il a donc été reçu dans les tables.

Cependant il y a des circonstances qui ne paraissent pas se concilier avec cette manière d'envisager la composition de l'acide silicique. Les silico-fluorures, par exemple, contiennent, pour 1 atome de fluorure métallique, une quantité de perfluorure silicique où le fluor est le double de celui du fluorure métallique, tandis que dans les fluoborures le rapport est = 1 : 3, et dans le gaz fluoride silicique la condensation des éléments diffère de celle qui a lieu pour le gaz fluoride borique; ce dont il faut chercher la cause dans la différence de la constitution élémentaire. Celle qu'on comprend le plus facilement est que, dans les silico-fluorures, 1 atome de perfluorure silicique renferme deux équivalents de fluor. Quant à la condensation différente dans les deux gaz nommés, elle montre seulement que le gaz du perfluorure silicique occupe exactement la moitié du volume du fluor gazeux, tandis que le gaz du perfluorure borique a les deux tiers du volume du gaz fluor y contenu. Si l'on ajoute que la condensation dans les perchlorures titanique et stannique est tout à fait la même que dans les gaz du perfluorure et du perchlorure siliciques, et que les deux derniers renferment deux équivalents de chlore, on ne peut pas nier qu'il n'y ait de fortes objections contre l'établissement de trois équivalents dans les combinaisons siliciques. Et si la condensation du volume des éléments était constante dans les gaz de toutes les combinaisons, elle serait une preuve parfaitement valable contre l'établissement de trois équivalents de chlore ou de fluor; mais nous avons des exemples qui montrent que le volume même des éléments isolés diffère suivant les modifications allotropiques, et qu'en outre la condensation des gaz des combinaisons homogènes n'est pas la même. On n'en peut donc pas tirer de conclusion certaine relativement au nombre des atomes simples dans les combinaisons du silicium, d'autant moins que d'autres circonstances s'accordent mal avec ce résultat, qui se déduit, de la manière la plus naturelle, de la composition des silico-fluorures.

Il n'a pas manqué de chimistes qui ont ajouté à cette composition plus d'importance qu'aux degrés de saturation (qui ne sont guère conciliables avec cela) qu'on remarque dans les silicates. *Kühn* s'éleva fortement contre l'admission de 3 atomes d'oxygène dans l'acide silicique. Cette opinion fut adoptée par *L. Gmelin*, qui, dans son excellent *Manuel de Chimie*, admet l'acide silicique formé de 1 atome de silicium et de 2 atomes d'oxygène; et il chercha à la confirmer par la plupart des analyses des minéraux. Il représente ainsi la composition du feldspath par la formule $\dot{K}\ddot{S}^3 + \dddot{\bar{Al}}\ddot{S}^3$, représentant un trisilicate potassique combiné avec 1 atome de silicate aluminique neutre. Il est de même très-facile, dans les sels doubles que l'alumine forme avec les bases non oxydées, d'ôter à l'alumine l'acide silicique, qui ne convient pas à la formule $\ddot{Si}$, et de l'attribuer à la base mono-atomique, pour former avec l'excès d'acide un sursel. Mais ce moyen détourné n'est pas applicable lorsque des bases, représentées par $\dddot{\bar{R}}$, se combinent avec l'acide silicique; et la composition de $\dddot{\bar{R}}\ddot{Si}^3$ est, d'après sa formule, impossible pour l'acide silicique. Pour sortir d'embarras, il considère la glucyne et la zircone comme des bases mono-atomiques $= \dot{R}$; mais ceci n'écarte pas toutes les difficultés qui subsistent pour l'alumine et l'oxyde ferrique, qui appartient sans contredit à la formule $\dddot{\bar{R}}$. Ainsi, par exemple, l'anthosidérite est, d'après l'analyse de *Wöhler*, $= \dddot{\bar{Fe}}\ddot{Si}^3 + \dot{\bar{H}}$. Ce composé cristallin est impossible d'après la formule de *Gmelin;* aussi n'ai-je pas trouvé ce minéral parmi ceux qu'il cite. Dans le bamlite également cristallin, analysé par *Axel Erdmann*, l'oxygène de l'alumine est à celui de l'acide silicique comme 6 : 9, $= \dddot{\bar{Al}}\ddot{Si}^3 + \dddot{\bar{Al}}$, rapport impossible si l'on admet $\ddot{Si}$, ou qu'il faudrait exprimer par $\dddot{Al}^4\dddot{Si}^9$, ce qui serait une formule tout à fait improbable; tandis qu'en adoptant $\dddot{Si}$, on rentrerait dans les bases ordinaires à trois atomes d'oxygène, combinés avec des acides qui renferment aussi trois atomes d'oxygène. D'après les analyses concordantes exécutées récemment par plusieurs chimistes, l'andalusite, le chiastolithe, le fibrolite, sont composés de manière que l'oxygène de l'alumine est à celui de l'acide silicique comme 12 : 9, c'est-à-dire, le double de ce qu'il est dans le bamlite; et la composition s'exprime simplement par $\dddot{Al}\dddot{Si}^3 + 3\dddot{Al}$, qui est encore la formule ordinaire des soussels d'alumine à acides triatomiques, et qui, en adoptant la formule $\ddot{Si}$ de *Gmelin*, serait $\dddot{Al}^8\ddot{Si}^9$, ce qui n'est certainement pas admissible. *Gmelin* établit, il est vrai, la formule $\dddot{Al}\ddot{Si}$; mais son calcul s'éloigne tellement du résultat trouvé par l'expérience, qu'il est évident pour tout le monde qu'il part ici d'une idée préconçue. Ces exemples, qu'il serait facile de multiplier, peuvent montrer suffisamment que l'idée que suggère la composition des silico-fluorures pour admettre 2 atomes d'oxygène dans l'acide silicique, quelque persuasive qu'elle soit, ne supporte pas l'examen comparativement aux combinaisons que l'acide silicique forme avec les bases à divers degrés de saturation.

Il reste encore la question de savoir si l'acide silicique contient 1 ou 2 atomes de radical. Cette question est ici aussi difficile à décider que pour l'acide borique. La condensation différente des composés gazeux qu'il forme avec le chlore et le fluor, tient peut-être à ce que l'un renferme 1 atome et l'autre 2 atomes de radical; la condensation moindre dans les gaz des composés de bore viendrait alors d'un volume double du radical; mais ce n'est là qu'une simple supposition, et la raison peut être tout autre. L'isomorphie nous donne quelque droit de supposer 2 atomes de radical dans l'acide silicique. Le grenat et l'oxyde ferroso-ferrique ont tous deux la même forme cristalline; la forme la plus ordinaire est le dodécaèdre de grenat; j'ai analysé des grenats de Klefva en Småland, dans lesquels un côté du cristal était presque entièrement formé d'oxyde ferroso-ferrique, tandis que l'autre côté contenait, en très-grande partie, les éléments du grenat. Dans tous les échantillons que j'ai analysés, l'oxyde ferroso-ferrique était inégalement mêlé avec les éléments du grenat. La composition de l'oxyde ferroso-ferrique est exprimée par $\dot{Fe} + \dddot{\overline{Fe}}$; celle du grenat l'est ordinairement par $\dot{F}e^3\dddot{Si} + \dddot{Al}\dddot{Si}$, où $\dot{Fe}$ se trouve quelquefois complétement, mais le plus souvent dans des proportions variables, remplacé par $\dot{Ca}$, et l'alumine par $\dddot{\overline{Fe}}$, par $\dddot{\overline{Mn}}$, et plus rarement par $\dddot{\overline{Gr}}$. En représentant la formule du grenat par $\dot{Fe}\dddot{Al} + 2\dot{Fe}\dddot{\overline{Si}}$, aluminate ferreux avec silicate ferreux, où l'acide silicique est supposé renfermer 2 atomes de radical, on a toutes les raisons de l'isomorphie; car $\dddot{Al}$ est isomorphe avec $\dddot{\overline{Fe}}$, et l'acide silicique, s'il est composé comme ceux-ci, d'après la formule $\dddot{\overline{R}}$, doit être isomorphe avec $\dddot{Al}$ et $\dddot{\overline{Fe}}$. Cependant la forme cristalline de l'acide silicique libre, dans le règne minéral, n'est pas isomorphe avec l'alumine et l'oxyde ferrique libres; en outre, le dodécaèdre est une de ces formes régulières dont on ne pourrait tirer de preuve concluante comme de ces formes qui n'appartiennent pas au système régulier. La question reste donc indécise.

13. *Sélénium.* D'après mes expériences, 100 parties de sélénium absorbent 179 parties de chlore sec. Par l'eau, la masse ainsi obtenue est exactement transformée en acide chlorhydrique et en acide sélénieux, composé de 1 atome de sélénium et de 2 atomes d'oxygène. Il s'ensuit que 179 parties de chlore, absorbées par 100 parties de sélénium, forment 2 équivalents. De là le poids atomique du sélénium = 495,285.

14. *Tellure.* Mes expériences ont montré que ce métal a deux acides, dont les quantités d'oxygène sont entre elles comme 2 : 3, à l'instar de ce qui a lieu pour le soufre et le sélénium. La capacité de saturation de ces acides est également identique avec celle des acides analogues du soufre et du sélénium. Il y a par conséquent lieu d'admettre que l'acide tellureux contient 1 atome de radical et 2 atomes d'oxygène. Les expériences faites dans le but de déterminer le poids atomique du tellure ont donné les résultats suivants : 1 gram. 5715 de tellure oxydés par l'acide nitrique ont donné 1 gram. 9365 d'acide tellureux; 2 gram. 88125 de tellure ont fourni 3 gram. 600 d'acide tellureux. Le premier résultat correspond à un poids atomique de 801,786, et le second à un poids atomique de 801,74. La moyenne 801,76 a été inscrite dans les tables.

15. *Arsenic.* Ce corps étant isomorphe avec le phosphore, ses acides doivent avoir le même nombre atomique que les combinai-

sons correspondantes du phosphore. Pour trouver le poids relatif de l'oxygène et de l'arsenic dans l'acide arsénieux, 2As + 3O, on a décomposé 2 gram. 203 d'acide arsénieux, en les distillant, avec du soufre, dans un petit appareil qui permît à l'acide sulfureux de se dégager. Après la pesée, on trouva ainsi 1 gram. 069 d'acide sulfureux. 2 atomes d'acide arsénieux donnent ainsi 3 atomes d'acide sulfureux; d'où l'on tire l'équivalent de l'arsenic = 938,80, et le poids atomique 469,4. L'ancien nombre 470,04 a été un peu changé par la correction très-récente introduite dans le poids atomique du soufre.

16. *Antimoine.* On sait que, dans les trois oxydes de l'antimoine, les proportions de l'oxygène sont comme 3, 4 et 5, et que l'antimoine est isomorphe avec l'arsenic. Il s'ensuit qu'à ce nombre d'atomes de l'oxygène s'unissent 2 atomes d'antimoine, de sorte que l'oxyde intermédiaire peut être regardé comme formé de 1 atome d'antimoine et de 2 atomes d'oxygène. Si l'on oxyde 100 parties d'antimoine en les traitant par l'acide nitrique pur, et qu'après avoir distillé l'acide on calcine doucement le produit jusqu'à ce qu'il devienne blanc par le refroidissement, on trouve qu'il pèse 124,8, et qu'il constitue la combinaison $\ddot{S}b$. D'après cette expérience, le poids de l'atome de l'antimoine est 806,452, ou de son atome double 1612,903.

17. *Chrôme.* Le poids atomique du chrôme a d'abord été déterminé par moi. Les premières expériences donnèrent des résultats peu concordants, jusqu'à ce qu'on ait pris le moyen de déterminer la quantité de chromate plombique qu'on obtient en précipitant, par le chromate potassique neutre, un poids donné de nitrate plombique dissous dans l'eau. 100 parties de nitrate plombique, précipitées par le chromate potassique neutre, ont donné 98,772 parties de chromate plombique : de là, le poids atomique du chrôme fut calculé = 351,815. Plus tard, *Péligot*, dans ses expériences sur les degrés de combinaison inférieurs du chrôme, prétendit avoir trouvé un nombre moins élevé, compris entre 325 et 330, sans qu'il lui ait été jusqu'à présent possible d'en faire une détermination plus exacte. J'engageai par conséquent le docteur *Berlin* de faire à cet égard des recherches conduites de manière à changer un poids donné de chromate argentique en chlorure argentique, et à déterminer en même temps la

quantité d'oxyde chromique obtenue par la réduction de l'acide chromique. Voici les résultats de ces recherches :

Chromate argentique, en grammes.	Chlorure argentique obtenu.	Poids atomique du chlorate argentique.	Poids atomique du chrôme.
1. 4,668	4,027	2078,33	328,67
2. 3,4568	2,983	2077,72	328,06
3. 2,506	2,1605	2079,66	330,00
4. 2,153	1,8555	2080,41	330,85
5. 4,3335	2,8692	2077,97	329,155

Oxyde chromique obtenu.	Moitié du poids atomique de l'oxyde chromique.	Poids atomique du chrôme calculé d'après celui de l'oxyde.
1. 1,0754	4788,00	328,80
2. 0,796	4784,37	328,437
3. 0,577	4788,36	328,836
4. 0,4945	4778,30	327,830
5. 1,530	4780,425	328,042

Il faut noter ici que la cinquième expérience a été faite avec du bichromate argentique. La moyenne tirée du poids atomique de l'argent est de 329,347, et celle tirée de la moitié du poids atomique de l'oxyde chromique est 328,38, qui est le nombre inscrit dans les tables.

18. *Vanadium*. Le poids atomique du vanadium n'a pu être déterminé que par des moyens indirects. 100 parties d'acide vanadique, calcinées dans le gaz hydrogène, ont perdu dans quatre expériences 20,901, 20,916, 20,840, 20,952 parties d'oxygène : la moyenne est 20,927. Mais il reste du sousoxyde noir qu'on ne peut réduire ni par le gaz hydrogène, ni par le charbon. Pour en déterminer la quantité d'oxygène, on le chauffa dans un courant de gaz chlore anhydre : il se produisit du chlorure vanadique qui passa à la distillation en laissant de l'acide vanadique, dont le poids était exactement le tiers de celui employé à la préparation du sousoxyde; il suit de là qu'un tiers de l'oxygène de l'acide est resté dans le sousoxyde, et que l'oxygène du sousoxyde est à celui de l'acide comme 1 : 3. L'analyse a fait connaître que,

dans les vanadates, l'acide contient trois fois l'oxygène de la base; il renferme donc 3 atomes d'oxygène. Dans l'oxyde intermédiaire entre l'acide et le sousoxyde, l'oxygène peut, à l'instar du soufre, être à celui de l'acide comme 2 : 3, ou comme 1, 5 : 3, à l'instar du chrôme. L'analyse du sulfate vanadique, ainsi que la réduction de l'oxyde en sousoxyde, à l'aide du gaz hydrogène, montrent que l'oxygène de l'oxyde est à celui de l'acide comme 2 : 3. On peut donc demander si ces trois degrés d'oxydation sont $\dot{\bar{\mathrm{R}}}$, $\dot{\mathrm{R}}$ et $\dddot{\bar{\mathrm{R}}}$, ou $\dot{\mathrm{R}}$, $\ddot{\mathrm{R}}$ et $\dddot{\mathrm{R}}$. Il est difficile de résoudre cette question. Cependant, comme le degré moyen d'oxydation a, comme les acides sulfureux et tellureux, les caractères nets d'un oxyde électronégatif, et qu'il forme des sels particuliers avec les alcalis, les terres et les oxydes métalliques, on a quelque raison d'y supposer 1 atome de radical et 2 atomes d'oxygène $= \ddot{\mathrm{V}}$. Dans ce cas, l'atome du vanadium (calculé d'après l'expérience qui consiste à réduire l'acide en sousoxyde au moyen de l'hydrogène) est $= 855,84$.

19. *Molybdène.* Ce métal a des degrés d'oxydation et de sulfuration qui correspondent à la série 1, 2, 3, 4; et, dans les molybdates neutres, l'oxygène de l'acide est le triple de celui de la base; l'acide molybdique renferme donc 3 atomes d'oxygène. Pour déterminer le poids atomique du molybdène, on précipite une solution de 100 parties de nitrate plombique anhydre par une solution de molybdate ammonique neutre; on obtient ainsi 110,68 parties de molybdate plombique. En calculant, d'après cela, le poids atomique du molybdate plombique (en employant les poids atomiques corrigés du plomb et du nitrogène), on trouve 2290,75, et, déduction faite de 1 atome de plomb et de 4 atomes d'oxygène, il reste, pour le poids atomique du molybdène, le nombre 596,10, qui était $= 598,52$ à l'époque où l'on ne connaissait pas si exactement le poids atomique du nitrate plombique. La méthode employée ici est loin d'être irréprochable, et le résultat numérique qu'il donne est beaucoup plus défectueux que le poids atomique du chrôme, déterminé de la même manière. Le poids atomique du molybdène exige donc de nouvelles recherches, tentées par d'autres voies. L'acide molybdique se laisse probablement réduire par le gaz hydrogène; on pourra ainsi obtenir un nombre exact, surtout si, après la pesée, on a soin de saturer l'acide par du gaz ammoniaque pour s'opposer à sa volatilisation, de décomposer ensuite le sel ammonique par la chaleur, et de calciner l'oxyde

fixe restant dans du gaz hydrogène. On ne sait pas d'une manière certaine si la série d'oxydation du molybdène est $\dot{R}$, $\ddot{R}$ et $\dddot{R}$, ou $\dot{\bar{R}}$, $\dot{R}$ et $\dddot{R}$. Mais comme il se produit ici avec l'oxygène et le chlore une combinaison analogue à celle que forme le chrôme avec ces mêmes corps, on a été conduit à admettre dans l'acide 1 atome seulement du radical. Cette question ne pourra être décidée qu'ultérieurement.

20. *Tungstène.* Ce métal a une série d'oxydation égale à celle du molybdène, et, dans les tungstates neutres, l'oxygène de l'acide est le triple de l'oxygène de la base. Les tungstates sont isomorphes avec les molybdates; leur constitution intime est la même. 899 parties d'acide tungstique, fortement calciné dans du gaz hydrogène pur, ont laissé 716 parties de tungstène. 676 parties de métal ont donné, par la combustion, 846 parties atomiques d'acide tungstique. Du premier résultat on tire pour le poids du tungstène le nombre 1173,77; et du dernier, celui de 1192,94. La moyenne de ces deux nombres est 1188,36, qui est presque le double du poids atomique du molybdène.

21. *Tantale.* Ce métal a deux oxydes, dans lesquels l'oxygène est comme 2 : 3. Il a été impossible d'en déterminer exactement le poids par la voie directe. En saturant l'acide tantalique par de l'eau de baryte, on obtient, sur 100 parties d'acide, pas tout à fait 40 parties de baryte, dont l'oxygène 4,2 devait être un multiple, par deux ou par trois, de l'oxygène de l'acide tantalique. Pour s'assurer du vrai nombre, on changea 99,75 parties de sulfure de tantale, chauffé dans du gaz chlore, en chlorure tantalique. Celui-ci, traité par l'eau, donna 89,35 d'acide tantalique. La différence entre les deux poids est 10,4. Or, la différence entre le poids de 1 atome de soufre et de 1 atome d'oxygène est 10,075, d'où il est facile de trouver, par le calcul, que 89,35 parties d'acide tantalique contiennent 10,3226 parties d'oxygène : conséquemment 100 parties d'acide contiennent 11,433 d'oxygène. C'est là à peu près le triple de l'oxygène de la baryte, d'où il résulte que l'acide renferme 3 atomes d'oxygène. L'analyse du fluorure tantalico-potassique donne 23,77 parties de potasse, et 56,3 parties d'acide tantalique, où l'oxygène est comme 1 : 1 $\frac{1}{2}$, ou comme 2 : 3, rapport ordinaire qui existe, dans les sels doubles potassiques, entre l'élément électronégatif et les corps qui contiennent 3 équivalents de l'élément négatif. On peut donc regarder comme démontré que l'acide

tantalique renferme 3 atomes d'oxygène. En partant ensuite de la donnée fournie par le changement du sulfure tantalique en acide tantalique, savoir, que 89,35 parties d'acide tantalique renferment 10,3226 parties d'oxygène, qui font 3 atomes, on a pour le poids atomique du tantale le nombre 2296,73. Mais ce nombre est tellement supérieur au poids atomique le plus élevé des autres corps simples, par exemple, des métaux pesants, comme l'or et le platine, qu'on a tout lieu de le prendre pour un atome double, et d'admettre ainsi, dans l'acide tantalique, 2 atomes de tantale pour 3 atomes d'oxygène, ce qui diminue de moitié le poids atomique, = 1148,365. Contre cette manière de déterminer l'oxygène de l'acide tantalique, on a objecté que, si le sulfure tantalique était $\overset{''}{Ta}$, le calcul conduirait à un résultat faux. Mais, pour faire tomber cette objection, on n'a qu'à faire le calcul comme si le sulfure tantalique était $\overset{''}{Ta}$: l'oxygène de l'acide dépassera 34,3 pour cent ; et cet acide contiendrait de 8 à 9 fois plus d'oxygène que la base, ce qui n'a pas l'ombre de probabilité.

22. *Titane.* L'acide titanique est isomorphe avec l'oxyde stannique, et le titane a la même série d'oxydation que l'étain. Son poids atomique a été déterminé par *H. Rose*. Il examina combien on obtient de chlorure argentique et d'acide titanique avec un poids donné de chlorure titanique, Ti Cl^2. D'après le poids atomique du chlorure argentique, on peut ensuite calculer le poids atomique du chlorure titanique et de l'acide titanique, parce que, dans les quantités trouvées, 2 atomes de chlorure argentique correspondent à 1 atome de chlorure ou d'acide titanique. Voici les résultats de *Rose*, calculés d'après le poids atomique corrigé (*voir* page 526) du chlorure argentique:

Chlorure argentique obtenu.	Chlorure titanique employé.	Poids atomique du chlorure titanique.	Poids atomique du titane.	Acide titanique obtenu.	Poids atomique de l'acide titanique.	Poids atomique du titane.
2,661	0,885	1192,572	306,012	0,379	510,728	310,728
7,954	2,6365	1188,606	302,046	1,120	504,936	304,936
5,172	1,7157	1189,538	302,978	0,732	507,514	307,514
9,198	3,0455	1187,302	300,739	1,322	515,388	315,388
7,372	2,440	1187,008	300,435	1,056	513,658	313,658

On voit immédiatement que les nombres tirés de l'oxyde sont trop incertains pour qu'ils puissent servir de base à la détermination du poids atomique du titane. Ceux tirés du chlorure sont beaucoup plus concordants, excepté les premiers, qui ne doivent pas entrer en ligne de compte. La moyenne des quatre qui restent est 301,5495, que nous pouvons admettre = 301,55 : ce nombre est inscrit dans les tables.

D'après les expériences de *Mosander*, qui n'ont jamais été décrites, le poids atomique du titane serait 295,81, moyenne de neuf analyses.

23. *Urane*. Le poids atomique de ce métal autrefois admis était inexact, pendant tout le temps qu'on supposait l'oxyde uraneux combustible être le métal lui-même. Depuis la découverte de *Péligot*, d'après laquelle l'oxyde uraneux se décompose au moyen du chlore et du charbon, on a été mis sur la vraie voie. Cependant les expériences qu'on a faites depuis pour déterminer le poids atomique du véritable urane ont donné des résultats si différents, qu'on ne connaît peut-être pas encore le nombre exact. *Péligot* l'admit = 750, pour avoir un multiple, en nombres ronds, de 12,5. *Rammelsberg* fit des expériences nombreuses, et obtint des résultats très-variables ; cependant jamais il n'atteignit un chiffre aussi élevé. *Wertheim* analysa l'acétate double de soude et d'oxyde uranique, et il en tira le nombre 740,512. Enfin, *Ebelmen* arriva, par des expériences précises et répétées, à un nombre un peu plus élevé. Il se servit, pour cela, de l'oxalate uranique formé, en moyenne, de 18,73 d'acide oxalique, de 76,29 d'oxyde uranique, et de 4,96 d'eau. Ce sel fut desséché dans une cornue de platine sur un bain de sable, pendant qu'on y faisait passer un courant d'air sec jusqu'à ce qu'il n'y eût plus de changement de poids. On décomposa ensuite le sel par la calcination dans du gaz hydrogène sec, et on pesa le résidu refroidi dans le courant de gaz hydrogène, après avoir remplacé ce gaz par l'air. Enfin, on l'oxyda, à la chaleur rouge, par l'air qu'on y faisait arriver, et on le pesa lorsqu'il n'augmenta plus de poids. Pour contrôler le résultat, on réduisit la matière dans le gaz hydrogène, et on le pesa de nouveau. Les poids furent ramenés au vide, après que le poids spécifique de l'oxyde uraneux eût été trouvé = 10,15, celui de l'oxyde vert $\dot{U} + \ddot{\bar{U}}$ = 7,31, et celui de l'oxalate = 2,98. Six expériences ont donné, en moyenne, pour

le poids atomique de l'oxyde uraneux, le nombre 842,875 (maximum 843,1, minimum 832,45); de là le poids atomique de l'urane = 742,875.

24. *Or.* L'or a deux oxydes, dans lesquels l'oxygène est comme 1 : 3. Pour déterminer le poids atomique de l'or, on se servit d'abord de la réduction du sel aurique par un poids donné de mercure : 3 atomes de mercure réduisent 1 atome de chlorure aurique. Le poids atomique de l'or, calculé d'après celui du mercure, fut trouvé = 1243,013. Mais comme on reconnut que le poids atomique du mercure n'était pas lui-même bien exact, on prit une autre voie; on chercha à déterminer les poids relatifs du chlorure potassique et de l'or dans le chlorure aurico-potassique, $K\,Cl + Au\,Cl^3$, ce qui est très-facile, après avoir réduit le sel dans le gaz hydrogène à une température élevée. Voici les résultats de quelques expériences que j'ai faites tout récemment. On ne pouvait pas faire entrer dans le calcul la perte du chlore, parce qu'il est impossible de dessécher parfaitement le sel, sans qu'il n'éprouve une légère perte.

Sel double employé.	Chlorure potassique.	Or.	Équivalent de l'or.
4,1445	0,8185	2,159	2458,145
2,2495	0,44425	1,172	2459,120
5,1800	1,01375	2,67225	2457,120
3,4130	0,674	1,77725	2457,920
4,19975	0,8295	2,188	2458,730

La moyenne est 2458,327, que j'ai fixé à 2458,33 dans les tables. La chaleur spécifique de l'or indique que c'est là l'équivalent; le poids atomique est 1229,165.

25. *Osmium.* La série d'oxydation de l'osmium est 1, 1 $\frac{1}{2}$, 2, 3, 4. Le second membre montre suffisamment qu'il y a là 2 atomes d'osmium combinés avec 3 atomes d'oxygène, tandis que dans les autres il y a 1 atome d'osmium uni à 1, 2, 3 et 4 atomes d'oxygène. Pour déterminer le poids atomique, on se servit du chlorure osmico-potassique, qui a pour formule $K\,Cl + Os\,Cl^2$. $1^{gr},3165$ de ce sel double, réduit par le gaz hydrogène, ont laissé 0,936 d'un mélange d'osmium métallique et de chlorure potassique, que l'eau décom-

posa en 0,401 chlorure potassique et 0,535 osmium. Calculé d'après le poids atomique du chlorure potassique, l'atome de l'osmium pèse 1242,624.

26. *Iridium.* Il a le même poids atomique que le platine, savoir : 1232,08.

27. *Platine.* Il forme des composés isomorphes avec l'osmium; mais il n'a pas, autant qu'on sache, les mêmes degrés de combinaison. Cependant le nombre des atomes simples dans les composés platiniques connus est évidemment le même que dans les composés d'osmium correspondants. Le poids atomique fut trouvé comme pour l'osmium. $6,^{gr}981$ de $K\mathrm{Gl} + Pt\mathrm{Gl}^2$, réduit dans le gaz hydrogène, ont laissé 4,957 d'un mélange de platine et de chlorure potassique, que l'eau décompose en 2,135 chlorure potassique et en 2,822 de platine. De là découle pour le platine le poids atomique 1232,08.

28. *Palladium.* Il est isomorphe avec l'osmium, le platine et l'iridium, et donne avec ceux-ci des combinaisons isomorphes ; d'où il suit que l'oxyde palladeux est formé de 1 atome de métal et de 1 atome oxygène, tandis que l'oxyde palladique se compose de 1 atome de métal et de 2 atomes d'oxygène. Le poids atomique a été tiré de l'analyse du chlorure palladoso-potassique, $K\mathrm{Gl} + Pd\mathrm{Gl}$. $2,^{gr}606$ de ce sel, réduit par le gaz hydrogène, ont laissé 2,043 d'un mélange de chlorure potassique et de palladium, qui se décompose, dans l'eau, en 1,192 chlorure potassique et 0,851 palladium. Calculé d'après cela, le poids atomique est 665,477.

Les anciens poids atomiques de ces métaux, décrits dans le tome II, diffèrent un peu de ceux qui viennent d'être indiqués. Cette différence est due à ce que, dans leur évaluation, on tint compte du chlore qu'on a en perte pendant la réduction du sel double potassique à l'acide du gaz hydrogène. Or, on s'est depuis assuré qu'aucun de ces sels ne peut être obtenu anhydre sans perdre du chlore : la perte est donc trop faible si le sel est anhydre, et trop forte s'il y reste de l'eau. Bien que les différences tenant à la perte, et mises seulement sur le compte du chlorure, ne soient pas très-sensibles, on aura toujours ici un résultat incertain, qui ne doit pas faire changer celui qui découle d'une méthode plus sûre.

29. *Rhodium.* Il se distingue des métaux précédents qui accompagnent le platine, en ce qu'il n'a pas d'aussi nombreux degrés de combinaison, et dont le seul jusqu'à présent bien connu corres-

pond à la combinaison dans laquelle 2 atomes d'osmium ou d'iridium se trouvent unis à 3 équivalents d'oxygène ou 3 équivalents de chlore. Ce qui le prouve, c'est que l'oxygène de l'hydrate rhodique est le triple de celui de l'eau : dans le chlorure double potassique, le chlorure rhodique contient une fois et demie, et dans le sel double sodique, trois fois autant de chlore que le chlorure alcalin. Le poids atomique du rhodium a été dérivé de l'analyse du sel potassique double, K Gl + R Cl³ (il ne faut pas oublier que le second membre de la formule représente des atomes de chlore simples). Ce sel supporte, sans altération, une température à laquelle il peut être obtenu anhydre. 3^gr.,146 de sel, réduit par le gaz hydrogène, ont perdu 0,930 chlore, et ont donné 1,304 chlorure potassique et 0,912 rhodium. En admettant 3 atomes simples de chlore, ces nombres donnent 652,05 pour le poids atomique; calculé d'après le chlorure potassique, il est = 651,924. De là, la moyenne = 651,962.

30. *Argent.* Son poids atomique est 1349,66. Quant à la méthode par laquelle il a été déterminé, voyez le poids atomique du chlore, pag. 521. On ne sait pas encore si ce nombre exprime l'équivalent ou l'atome. Suivant les recherches de *Dulong* et *Petit*, ainsi que d'après celles de *Regnault*, la chaleur spécifique de l'argent plaide en faveur de l'équivalent. Ceci serait incontestable, s'il n'y avait jamais de différences dans la production de la chaleur spécifique. Or, on n'ignore pas qu'il y en a, et l'argent peut se trouver dans ce cas. Il ne paraît pas probable que l'oxyde argenteux se compose de 1 atome d'oxygène et de 4 atomes d'argent, quoiqu'une pareille composition ne soit pas sans exemple, ainsi que le font voir l'oxyde phosphorique et le sousoxyde de fer; le sulfure argentique est quelquefois remplacé par le sulfure cuivreux Gu, de même que le premier peut remplacer le dernier, sans changement de forme. *H. Rose* a conclu de cet exemple d'isomorphie qu'il y a également 2 atomes de métal dans le sulfure argentique, c'est-à-dire que le poids atomique est réellement le poids de l'équivalent. *Mitscherlich* a cependant montré que, bien que ces sulfures métalliques aient, à l'état isolé, presque la même forme cristalline, celle-ci n'est pas telle qu'elle puisse constituer un cas d'isomorphie. La question reste donc indécise. J'ai indiqué, comme poids atomique, le nombre 1349,66; non pour trancher une difficulté qui n'est pas encore près d'être parfaitement résolue, mais parce qu'il s'appuie sur

beaucoup d'autres analogies, par exemple, celles du plomb, l'isomorphie du sulfate sodique avec le sulfate argentique, etc., et que, d'ailleurs, on ne doit pas abandonner, jusqu'à preuve du contraire, ce qui est depuis longtemps reçu.

31. *Mercure.* Les premières expériences pour déterminer le poids atomique de ce métal furent faites, en 1812, par *Sefström.* Dans trois analyses de l'oxyde mercurique, il trouva 100 parties de métal uni à 7,89 et 7,97 parties d'oxygène. En calculant d'après cela le poids atomique du métal, on a 1267,53, 1265,823 et 1254,705. *Sefström* donne la préférence au nombre moyen, qui fut depuis lors adopté. Mais, en 1844, *Erdmann* et *Marchand* entreprirent une nouvelle détermination du poids atomique du mercure. A cet effet, ils décomposèrent, par la distillation avec le cuivre, une quantité pesée d'oxyde mercurique pur, pendant qu'ils y faisaient arriver un courant de gaz acide carbonique sec. Le mercure qui passa à la distillation fut recueilli et pesé. Voici les résultats de ces expériences :

Poids, en grammes, de l'oxyde mercurique.	Poids du mercure.	Poids atomique du mercure.
81,999	75,9278	1250,623
51,0265	47,2495	1250,98
84,4905	78,2430	1252,39
44,6235	41,3215	1251,408
118,3938	109,6308	1251,065

La moyenne est 1251,293. Il est clair que, d'après ces expériences, le mercure est toujours dosé trop bas, car il peut s'en perdre, et on n'obtient jamais plus de mercure que n'en renferme l'oxyde mercurique. Malgré cela, *Erdmann* et *Marchand* admettent le poids atomique du mercure = 1250. J'ai inscrit dans les tables la moyenne de leurs analyses. Il est ici à propos de rappeler que le poids spécifique du mercure, à l'état gazeux, semble indiquer que ce nombre exprime l'équivalent du mercure, ainsi que la chaleur spécifique l'indique pour l'argent; l'oxyde mercurique devra donc être représenté par $Hg\,O$, et l'oxyde mercureux par $Hg^2\,O$. Mais ce résultat est en opposition avec la chaleur spécifique du mercure. Ainsi, il peut arriver que des principes qui, dans certains cas, peuvent servir à fixer notre jugement, sont quelquefois en contradiction; ils ne peuvent donc pas, pris isolément, servir de base à une décision.

32. *Bismuth.* Le poids atomique du bismuth a été déterminé par *Lagerhjelm.* Il trouva que 100 parties de bismuth se combinent avec 222,3 à 225,2 parties de soufre; mais il ne regardait pas ce moyen comme sûr : il préféra oxyder le métal par l'acide nitrique dans un vase pesé d'avance, où la solution fut évaporée à siccité, et l'acide nitrique chassé par la chaleur rouge. 10 grammes de bismuth donnèrent ainsi 11,1275 d'oxyde bismuthique. Depuis qu'on sait que le bismuth suit la série d'oxydation de l'arsenic et de l'antimoine, et que l'oxyde bismuthique se compose de 2 atomes de métal et de 3 atomes d'oxygène, on a tiré le poids atomique du bismuth = 1330,377, et son équivalent = 2660,754.

33. *Cuivre.* Les combinaisons formées par l'oxyde cuivrique sont isomorphes avec celles de la magnésie, de l'oxyde zincique, de l'oxyde ferreux et de l'oxyde manganeux; il est donc évident que l'oxyde cuivrique se compose, comme ces oxydes, de 1 atome de radical et de 1 atome d'oxygène. J'ai déterminé le poids atomique du cuivre, en réduisant l'oxyde par le gaz hydrogène.

7gr.,68075 d'oxyde cuivrique donnèrent 6,13075 cuivre; = poids atom. 395,695.
9, 6115 — 7,6725 — 395,507.

La moyenne est 395,6. C'est par cette même méthode que *Erdmann* et *Marchand* ont déterminé le poids atomique du cuivre. Leurs expériences sont bien moins concordantes que les miennes, et la moyenne en est 396,6. Je n'ai donc pas de raison pour changer le nombre que j'ai trouvé.

34. *Étain.* La série d'oxydation de l'étain est comme 1, 1 $\frac{1}{2}$, 2. La chaleur spécifique indique que, dans les oxydes stanneux et stannique, l'étain se trouve à 1 atome, et, dans l'oxyde sustanneux intermédiaire, à 2 atomes. 100 parties d'étain, oxydé par l'acide nitrique, donnent 127,2 parties d'oxyde calciné. De là le poids atomique de l'étain = 735,294.

35. *Plomb.* Le poids atomique du plomb est de ceux dont la connaissance exacte a de l'importance. Je vais donc décrire en détail la manière dont je l'ai déterminé. Pour avoir de l'oxyde plombique parfaitement pur, et propre à être réduit par le gaz hydrogène, on prit

les précautions suivantes : on purifia d'abord le nitrate plombique par des cristallisations répétées ; on décomposa une partie de ce sel, par la calcination, dans un creuset de platine. Mais il attaque, quoique plus faiblement que le nitre, le platine. On ne peut pas davantage calciner le nitrate plombique dans un creuset de porcelaine, sans que l'oxyde ne dissolve en partie les éléments de la porcelaine. L'oxyde ainsi obtenu fut bouilli avec la solution de la partie non décomposée du sel, et la liqueur fut filtrée bouillante ; par le refroidissement, il se déposa un précipité granuleux de sousnitrate plombique. La liqueur, devenue limpide, fut versée sur l'oxyde plombique pour être de nouveau bouillie et filtrée chaude, et il se déposa une nouvelle quantité de soussel. On répéta cette opération jusqu'à ce qu'on eût obtenu le sousnitrate plombique en quantité suffisante. Il se décompose par la calcination, sans se fondre ni se ramollir préalablement. Une petite partie de ce sel fut broyée avec de l'eau en une poudre fine, pour enduire avec cette masse les parois intérieures du creuset de platine ; puis on dessécha cet enduit avec précaution et fortement, de manière à couvrir le platine à un millimètre d'épaisseur. Quant à la partie restante du sel, on la pressa fortement avant la dessiccation, puis on la broya en morceaux qu'on introduisit dans le creuset de platine ainsi préparé ; celui-ci fut ensuite chauffé jusqu'au rouge, et maintenu à cette température jusqu'à ce qu'après une calcination réitérée il ne perdît plus rien de son poids. On pouvait alors retirer les fragments d'oxyde plombique sans avoir été en contact avec le platine, et sans avoir été, par conséquent, souillés. On les introduisit encore chauds et intacts dans l'appareil de réduction, où l'on les laissa refroidir, dans le dessiccateur, sur l'acide sulfurique. L'emploi de l'oxyde en morceaux avait un double but : d'abord de permettre au gaz un libre accès de tous côtés, puis de multiplier le moins possible les points de contact de la matière avec le verre, parce que celui-ci, s'échauffant beaucoup pendant l'expérience, pourrait être attaqué avant la réduction de l'oxyde auquel il touche, et que le silicate plombique ainsi produit ne se réduirait plus. Il est donc nécessaire de maintenir, pendant la réduction, l'oxyde longtemps à une température qui ne s'élève pas jusqu'au rouge. L'oxyde est ainsi assez facilement réduit à l'état de sousoxyde ; mais cette chaleur faible doit être continuée pendant au moins 2 ½ à 3 heures; ce n'est qu'au moment où il se montre des globules de plomb qu'on augmente la chaleur, de manière à réunir le métal en une seule masse.

Si, dans une expérience moins soigneusement conduite, le verre est attaqué, on obtient un poids atomique trop élevé. Si, avant l'expérience, l'oxyde plombique n'est pas suffisamment calciné, et qu'il renferme encore du nitrate non décomposé, ou si la chaleur employée à la calcination de l'oxyde plombique ne s'élève pas jusqu'à l'incandescence, et que le refroidissement soit ensuite trop lent, il peut se former une petite quantité de minium, et, dans les deux cas, le poids atomique sera trop bas. On obvie au dernier inconvénient par une nouvelle calcination, et par un prompt refroidissement qu'on effectue sur une plaque de fer. Voici les résultats de neuf expériences :

Oxyde plombique employé.	Plomb obtenu.	Poids atomique du plomb.
8,045	7,4875	1293,174
14,183	16,1650	1293,222
10,8645	10,0840	1292,000
13,1465	12,2045	1295,595
21,9425	20,3695	1294,946
11,159	10,359	1294,816
6,6155	6,141	1294,202
14,487	13,448	1294,315
14,626	13,5775	1294,646

La moyenne de ces expériences est 1294,136. En examinant les différences que présentent les résultats tirés des quatre premières expériences, on reconnaît qu'on ne peut pas, en tirant la moyenne, les faire entrer en ligne de compte; tandis que les cinq dernières expériences ne varient qu'au cinquième chiffre. La moyenne de celles-là est 1294,645, nombre qui est de 0,247 plus élevé que celui précédemment adopté.

36. *Cadmium.* L'acide cadmique renferme, d'après une analyse de *Stromeyer*, 100 parties de métal et 14,352 parties d'oxygène; d'où se tire le poids atomique du cadmium = 696,767.

37. *Zinc.* Selon les expériences de *Gay-Lussac*, d'accord avec les miennes, 100 parties de zinc absorbent, pour passer à l'état

d'oxyde zincique, 24,8 parties d'oxygène; d'où l'on tire le poids atomique du zinc=403,226. Assez récemment *Jacquelain* essaya, par des expériences plus ou moins indirectes, de montrer que ce poids atomique est 414,0; et *Favre* chercha bientôt après à prouver, par l'analyse de l'oxalate zincique, que ce nombre est un multiple de 12,5, savoir, 412,5. Pour se décider entre ces deux données discordantes, *Axel. Erdmann* réduisit de l'oxyde zincique pur, mêlé de poudre de charbon (charbon de sucre), dans un courant de gaz hydrogène pur, de manière à faire passer le métal à la distillation; puis il fit dissoudre une partie de ce zinc pur, ainsi obtenu, dans un vase de porcelaine pesé d'avance, et procéda à la calcination, après avoir employé toutes les précautions nécessaires pour que rien ne se perdît pendant la dissolution et la calcination. Voici le résultat de ces expériences :

Zinc employé.	Oxyde zincique obtenu.	Poids atomique du zinc.
1,0102	1,2584	406,519
1,2477	1,5543	406,947
1,2612	1,57165	406,249
0,8525	1,06214	406,649

La moyenne est 406,591; c'est le nombre inscrit dans les tables.

38. *Nickel.* Le poids atomique de ce métal a été déterminé par *Rothoff.* 188 parties d'oxyde niccolique furent saturées d'acide chlorhydrique, et la solution évaporée à siccité; le chlorure niccolique restant fut dissous dans l'eau, et la liqueur précipitée par le nitrate argentique; on obtint ainsi 718,2 parties de chlorure argentique. De là, le poids atomique 369,333.

39. *Cobalt.* Le même chimiste trouva que 269,2 parties d'oxyde cobaltique, changées en chlorure neutre, donnent 1029,9 parties de chlorure argentique. De là, le poids atomique 368,65.

40. *Fer.* Le poids atomique de ce métal fut déterminé par moi en 1809. A cet effet, on fit dissoudre du fer aussi pur que possible dans de l'acide chlorhydrique, et on brûla le gaz hydrogène, ainsi dégagé, par le gaz oxygène; l'acide carbonique qui pouvait se produire en même temps fut reçu dans l'eau de chaux; on détermina le poids du carbonate calcique, et on en calcula la quan-

tité de carbone dégagé avec le gaz hydrogène. La dissolution du fer laissa déposer des traces d'acide silicique, qui fut séparé par le filtre et pesé. On oxyda ensuite un autre fragment du même fer par l'acide nitrique, on évapora la solution à siccité, et on calcina le résidu. L'oxyde qui restait fut pesé. Dans le calcul, on déduisit le carbone du poids de fer obtenu, et l'acide silicique de celui de l'oxyde ferrique, et on en tira, pour le poids atomique du fer, le nombre 339,205. Ce nombre, qui avait été jusqu'en 1844 adopté comme exact, était cependant défectueux, et cela par une raison qu'on n'avait pas même alors soupçonnée. Pendant la dissolution d'un fer siliceux, le silicium passe à l'état d'acide silicique, dont la plus grande partie, affectant la modification d'acide ^{a}silicique, reste en dissolution dans la liqueur, tandis qu'une petite partie seulement reste sous forme d'acide ^{b}silicique insoluble. La portion dissoute, qui était calculée comme étant de l'oxyde ferrique, contient 22 pour cent d'oxygène de plus que l'oxyde ferrique; le poids atomique du fer qu'on en tire est donc trop bas. Quatorze ans après, lorsque *Magnus* eut montré que l'oxyde ferrique peut se réduire, à une chaleur modérée, par le gaz hydrogène, *Stromeyer* appela l'attention sur ce que le poids atomique du fer était trop bas; il assura que l'oxyde ferrique ne contient que 30 pour cent, au lieu de 30,66 d'oxygène que faisait supposer le poids atomique alors admis. Cependant une expérience faite par *Magnus*, en réduisant l'oxyde ferrique par le gaz hydrogène, donna un résultat concordant avec le poids atomique admis; on abandonna ainsi cet objet, jusqu'à ce que, dans le courant de l'année 1843, *Wackenroder* rappela les expériences de *Stromeyer* auxquelles il avait participé, et en confirma les résultats par de nouvelles recherches qui lui sont propres.

C'est ce qui provoqua une suite d'expériences de la part de *L. Svanberg* et *E. C. Norlin*, entreprises dans l'intention de déterminer avec une extrême précision le poids atomique du fer. Ils partagèrent leurs expériences en deux séries, dont l'une avait pour but de porter un poids connu du fer à l'état oxyde ferrique, et de calculer d'après cela le poids atomique; l'autre, de réduire l'oxyde ferrique par le gaz hydrogène pur, et d'en dériver le poids atomique.

Pour la première série ils employèrent du fil de clavecin Nr 12, qui laissait une quantité inappréciable de carbone quand ils le dissolvaient dans le chlorure cuivrique acide, et une trace également inappréciable d'acide silicique quand ils le dissolvaient dans l'acide chlorhydrique.

Le fer fut dissous dans l'acide nitrique, et la liqueur évaporée à siccité dans une cornue de verre; le résidu fut calciné jusqu'à ce qu'il ne perdît plus rien de son poids. Voici les résultats de la première série d'expériences :

Fer dissous.	Oxyde ferrique obtenu.	Poids atomique du fer.
Gramm.		
1,5257	2,1803	349,610
2,4051	3,4390	348,936
2,3212	3,3194	348,808
2,32175	3,3183	349,468
2,2772	3,2550	349,335
2,4782	3,5418	349,502
2,3582	3,3720	348,915

Moyenne = 349,225.

L'autre série consistait dans la réduction de l'oxyde ferrique pur par le gaz hydrogène pur. Le fer ainsi réduit fut ensuite calciné fortement dans le gaz hydrogène, pour le rendre plus compacte et moins poreux. On le laissa ensuite refroidir dans le gaz hydrogène, qu'on expulsa ensuite par un courant de gaz acide carbonique sec, qu'on chassa, à son tour, avant de peser le métal, par un courant d'air atmosphérique sec. On employa cette dernière précaution, parce qu'en expulsant le gaz hydrogène immédiatement par l'air, le fer donnait toujours un peu d'eau par la chaleur; ce qui indique qu'il a une tendance à condenser de l'hydrogène, comme le fait le platine. Voici les résultats des expériences de réduction :

Fer employé.	Fer obtenu.	Poids atomique du fer.
2,98353	2,08915	350,379
2,41515	1,691	350,2755
2,99175	2,09455	350,185
3,5783	2,505925	350,523
4,1922	2,9375	351,1835
3,1015	2,17275	350,916
2,6886	1,88305	350,644

Moyenne = 350,5867. La moyenne que *Svanberg* et *Norlin* ont tirée des deux séries est 349,809 ; c'est le nombre qui a été adopté pour le fer (tome II, page 666), réduction faite de son poids dans le vide.

Cependant, en jetant un coup d'œil sur ces expériences, on peut se convaincre qu'il ne faut pas tirer la moyenne des deux séries réunies, puisque celle-ci est incertaine pour chacune d'elles. Les expériences sont sans doute exactes; mais l'une des méthodes est entachée d'une source d'erreur constante, qui conduit à des résultats différents. D'abord, on ne saurait rien objecter contre la réduction exactement exécutée à l'aide du gaz hydrogène. Mais il n'en est pas de même pour ce qui concerne la solution du fer dans l'acide nitrique, l'évaporation de la liqueur à siccité, et la calcination du sel ferrique dans un vase de verre; car on peut à peine s'imaginer que l'alcali du verre résiste absolument à l'action de l'acide. Pour contrôler ces résultats, j'ai moi-même fait quelques nouvelles expériences, relatives à l'oxydation du fer par l'acide nitrique. Le fer employé à cet effet était du bon fer suédois, sous forme de petits cylindres; pour le dépouiller du carbone et de la silice, on le mêla avec de l'oxyde ferroso-ferrique (battitures de fer), et on le fit fondre au feu d'un haut fourneau, dans un creuset d'acier fondu, couvert de verre exempt de métaux. Le régule ainsi obtenu était ainsi exempt de traces sensibles des mélanges étrangers. On fit deux expériences. On se servit d'un creuset de platine pesé d'avance, pour dissoudre le fer dans de l'acide nitrique, étendu d'une quantité d'eau telle que la dissolution s'opérait sans dégagement de gaz ; on évapora la liqueur, au bain-marie, jusqu'à siccité, et on calcina le soussel restant à la lampe à l'alcool ; le creuset de platine où cette calcination s'effectuait était fixé dans l'entaille d'une mince lame de fer, afin d'empêcher l'air qui s'élevait de la lampe de pénétrer dans l'intérieur du creuset. L'oxyde était considéré comme pur et pesé, quand il ne perdait plus rien de son poids par une calcination répétée.

Fer employé.	Oxyde ferrique obtenu.	Poids atomique du fer.
1,586	2,265	350,369
1,4133	2,0185	350,270

Ces expériences d'oxydation rentrent dans les limites des nombres que *Svanberg* et *Norlin* ont obtenus par la méthode de réduction. En tenant compte tout à la fois des expériences de réduction et des expériences d'oxydation, on tire de neuf expériences la moyenne 350,527, que j'ai inscrite dans les tables.

Plus tard, *Erdmann* et *Marchand* ont fait des expériences sur la réduction de l'oxyde ferrique, en employant des quantités beaucoup plus grandes. Ils sont ainsi arrivés à des résultats qui varient entre 349,3 et 350,7, nombres trop élevés pour qu'on puisse, avec certitude, en tirer, comme ils l'ont fait, la moyenne de 350,1.

41. *Manganèse.* La série d'oxydation de ce métal est une des plus étendues et des plus intéressantes. Il est encore incertain quelles sont ici les combinaisons qui contiennent un atome simple ou un atome double. Le poids atomique du manganèse a été déterminé par moi. A cet effet, on chauffa du chlorure manganeux dans un courant de gaz acide chlorhydrique jusqu'au point de fusion, pour l'obtenir parfaitement anhydre. On en fit dissoudre une quantité pesée dans de l'eau; on précipita la solution par le nitrate argentique, et on détermina le poids de chlorure argentique.

Chlorure manganeux.	Chlorure argentique.	Poids atomique du manganèse.
4,20775	9,575	344,631
3,063	6,96912	344,736

La moyenne 344,684 a été inscrite dans les tables.

42-45. *Cerium, lanthane, didyme.* Leurs poids atomiques sont encore inconnus.

46. *Thorium.* Le poids atomique de ce métal n'est connu qu'approximativement : les expériences ont donné à cet égard des résultats variables. Comme dans le sulfate double thorico-potassique,

les deux bases se trouvent combinées avec la même quantité d'acide sulfurique; on a quelque raison (mais pas une certitude absolue) de croire que la thorine renferme 1 atome de radical et 1 atome d'oxygène. Le sulfate thorique, précipité par la chaleur, et redissous dans l'eau froide, a donné, sur $0^{gr},6754$ de thorine, 1,159 de sulfate barytique; de là, le poids atomique = 748,493. Dans une seconde expérience, on obtint, sur 1,0515 de thorine, 1,832 de sulfate barytique; de là, le poids atomique = 735,713. Le sulfate thorico-potassique donna, sur $0^{gr},265$ de thorine, 0,156 d'acide sulfurique et 0,3435 de sulfate potassique. Calculé d'après le rapport qui existe entre le sulfate potassique et la thorine, le poids atomique est = 740,6; tandis que, d'après le rapport de l'acide sulfurique à la thorine, il est = 750,63. La moyenne de toutes ces expériences (qui s'écartent d'un quinzième du maximum au minimum) est 743,86.

47. *Zirconium*. L'oxygène contenu dans la zircone a été déterminé par la quantité qu'il en faut pour saturer 100 parties d'acide sulfurique. Dans six expériences, on a trouvé les quantités suivantes : 75,74, 75,80, 75,84, 75,84, 75,92 et 75,96, dont la moyenne est 75,853. Le fluorure zirconique se combine avec le fluorure potassique en deux proportions, et donne ainsi naissance à des sels doubles, dans lesquels les multiples du fluor sont comme 1 : 1 et 2 : 3. Comme le fluorure aluminique forme, avec le fluorure ferrique, un sel double analogue, et que les oxydes de ces métaux contiennent 3 atomes d'oxygène, il est assez probable que la zircone, de même que ces oxydes, est composée de $2Zr + 3O$. En calculant ensuite le poids atomique d'après la moyenne indiquée, et admettant que 100 parties d'acide sulfurique se combinent avec 75,853 parties de zircone, et que ces 100 parties d'acide font 3 atomes, on trouve pour l'atome du zirconium le nombre 419,728, et pour l'atome double 839,456.

48-50. *Yttrium*, *terbium*, *erbium*. Leurs poids atomiques sont encore inconnus. Leur poids atomique commun, tel qu'il résulte de la composition des gadolinites d'Ytterby, a été évalué à 402,514.

51. *Glucyum* (beryllium). *Awdejew* entreprit, sous la direction de *H. Rose*, des recherches importantes sur la composition de la glucyne et le poids atomique du glucyum. Le poids atomique 331,261, jusqu'alors admis, a été déduit de la composition de ce

qu'on avait d'abord pris pour du sulfate glucyque neutre, soluble dans l'eau (on l'obtient en saturant de l'acide sulfurique étendu par de l'hydrate glucyque); tandis que le sel cristallin qui se dépose dans une solution contenant un faible excès d'acide sulfurique, et dans lequel la baryte se trouve combinée avec le double d'acide sulfurique, était considéré comme du bisulfate glucyque. *Awdejew* prépara le chlorure glucyque en calcinant un mélange de glucyne anhydre et de charbon dans du gaz chlore sec, et il le trouva, par l'analyse, parfaitement analogue au sulfate cristallisé : cette combinaison étant exactement divisible en acide chlorhydrique et en glucyne, on doit la regarder comme neutre, d'où il suit que la glucyne renferme le double de l'oxyde que nous avons jusqu'à présent admis. Par des analyses exactes tant du chlorure que du sulfate glucyque, il trouva la glucyne composée de 36,742 glucyum et 63,258 oxygène. Une quantité aussi grande d'oxygène dans une base salifiable, qui n'est pas précisément une des plus faibles, est très-extraordinaire.

Awdejew a examiné à fond la question de savoir si la glucyne doit être considérée comme composée de 2 atomes de radical et 3 atomes d'oxygène, ou de 1 atome de chaque élément; il s'est à la fin décidé pour la dernière manière de voir, parce que dans le sulfate double potassique et glucyque, ainsi que dans le fluorure potassique et glucyque, les deux bases se trouvent dans le rapport de 1 atome à 1 atome; que, dans l'aluminate glucyque (chrysobéryl), l'alumine renferme le triple de l'oxygène de la glucyne, et qu'en outre les formules de l'émeraude, de la phénakite et de l'euclas, deviennent plus simples, en posant la glucyne $= \dot{G}$. Ces raisons sont sans doute d'une grande importance; mais si l'on élargit la question, elles ne paraissent pas encore décisives. On se heurte ici contre les points suivants : 1. Le poids atomique du glucyum serait plus bas que celui des autres corps simples, à l'exception de l'hydrogène, savoir = 58,04. Ceci ne serait pas encore une difficulté, si les combinaisons du glucyum avaient un poids spécifique proportionnellement très-petit, car nous savons qu'un poids atomique peu élevé correspond aussi à un poids spécifique peu élevé. Or, le poids spécifique de la glucyne est = 2,967; et si l'on compare celui de l'émeraude = 2,7 avec celui de l'euclas (qui renferme $1\frac{1}{2}$ plus de glucyne que l'émeraude), on a le dernier = 3,0, conséquemment augmenté de la quantité de glucyne.

2. La plupart, sinon toutes les bases formées de 2 atomes de radical et de 3 atomes d'oxygène, se combinent en plusieurs proportions avec l'acide sulfurique, pour former des sels représentés par $\overset{\cdots}{\bar{R}}\overset{\cdots}{S}^3$, $\overset{\cdots}{\bar{R}}\overset{\cdots}{S}^2$, $\overset{\cdots}{\bar{R}}\overset{\cdots}{S}$ et $\overset{\cdots}{\bar{R}}^2\overset{\cdots}{S}$. Toutes ces combinaisons sont produites par la glucyne, ainsi que par l'alumine, les oxydes ferrique, chromique, manganique et uranique. Le second composé dans cette série de sels, tant de la glucyne que des autres bases, est soluble dans l'eau, tandis que le troisième et le quatrième sont insolubles. D'un autre côté, je ne connais pas d'exemple décisif de ces bases, qui ne contiendraient que 1 atome de radical. Je crois que cette circonstance mérite quelque attention. *Kobell* a essayé de montrer, il y a quelque temps, que la glucyne ne renferme pas 3 atomes d'oxygène, parce qu'elle n'est pas précipitée par le carbonate calcique. Mais *Awdejew* a fait voir, dans son mémoire, qu'elle est réellement précipitée. D'après toutes ces circonstances, il est probable que la glucyne, comme l'alumine, se compose de 2 atomes de radical et 3 atomes d'oxygène; dans ce cas, l'atome de glucyum pèse 87,124, et son atome double 174,248.

52. *Aluminium.* Il a été parfaitement démontré, tant par l'isomérie que par les combinaisons avec d'autres corps, que l'alumine se compose de deux atomes de radical et de 3 atomes d'oxygène. Le poids atomique de l'aluminium a été trouvé par les expériences suivantes : 100 parties de sulfate aluminique anhydre, complétement décomposées par la calcination, ont donné 29,934 parties d'alumine qui étaient, par conséquent, combinées avec 70,066 d'acide sulfurique. Les nombres correspondent à un atome d'alumine et 3 atomes d'acide sulfurique; de là le poids atomique de l'alumine = 641,80. Déduction faite de 3 atomes d'oxygène, il reste pour l'atome double de l'aluminium 341,8, et pour l'atome simple 170,9.

53. *Magnésium.* On dissout 100 parties de magnésie pure dans un faible excès d'acide sulfurique pur, étendu de 4 à 5 fois son poids d'eau; on évapore la solution à siccité, on chauffe à la lampe à l'alcool pour chasser l'excès d'acide, et on calcine le résidu salin jusqu'à ce qu'il ne perde plus rien de son poids au rouge commençant : ce résidu représente 293,985 parties de sulfate magnésique parfaitement soluble dans l'eau et parfaitement neutre. De là, on tire le poids atomique du magnésium = 158,139.

54. *Calcium.* Le poids atomique du calcium = 256,019 fut,

en 1818, inscrit dans les tables. Ce nombre a été depuis lors conservé sans qu'on se fût aperçu d'une erreur dans le calcul. $3^{gr.},01$ de chlorure calcique anhydre avaient donné 7,75 de chlorure argentique. (*Afh. i Fysik, Kemi och Mineralogi*, V, 267.) Le nombre 7,75 avait été écrit 7,73, et c'est d'après cela qu'on avait fait le calcul. D'après le résultat de l'expérience 7,75, le poids atomique du calcium est 252,075. Cette même expérience a été tout récemment répétée par *Marignac*, qui a trouvé pour le poids atomique le nombre 251,31. *Dumas* analysa du carbonate calcique naturel (spath double d'Islande), et en tira, pour le poids atomique du calcium, le nombre 250,0, à l'appui de la théorie d'après laquelle les poids atomiques sont des multiples de 12,5. *Erdmann* et *Marchand* analysèrent le carbonate calcique obtenu par voie de précipitation, desséché à 190° et complétement calciné. Les poids relatifs de la chaux caustique et de l'acide carbonique correspondaient exactement au nombre admis de 250, tant par la voie sèche que par la voie humide. En répétant ces expériences, j'ai trouvé que le carbonate calcique, préparé par la voie humide, n'abandonne pas, à 190°, toute son eau, et que celle-ci ne s'en va complétement que lorsque l'acide carbonique commence à se dégager. *Erdmann* et *Marchand* confirmèrent l'exactitude de ce fait, et employèrent ensuite, pour une nouvelle expérience, le spath calcaire limpide; ils l'analysèrent par la calcination, en élaguant ensuite du poids de la chaux une petite quantité d'oxyde ferrique et manganique. Ils trouvèrent ainsi le poids atomique = 250,39. J'ai également répété cette analyse, et j'ai constaté que du spath double d'Islande limpide, réduit en poudre fine, maintenu pendant une demi-heure à 200°, puis calciné dans une cornue, donne de l'eau en même temps que de l'acide carbonique, et que le fer et le manganèse s'y trouvent à l'état de carbonates au minimum. En ôtant à ceux-ci l'acide carbonique, et à l'acide carbonique l'eau, quelque faibles que soient ces quantités, on trouve que le poids atomique du calcium est supérieur à 250,39. J'entrepris alors de déterminer le poids atomique de la chaux de la même manière que celui de la magnésie, c'est-à-dire, en changeant une quantité pesée de chaux pure en sulfate neutre calcique : l'augmentation de poids indique la quantité de l'acide sulfurique, et on tire de là le poids atomique du calcium. Voici les résultats de ces expériences :

Chaux pure employée.	Sulfate calcique obtenu.	Poids atomique du calcium.
1,80425	2,56735	251,911
2,504	3,5705	251,177
3,900	5,5514	251,790
3,0425	4,3265	252,139
3,459	4,9314	251,238

55. *Strontium. Stromeyer* a trouvé que 100 parties de chlorure strontique neutre produisent 181,25 de chlorure argentique. D'après cela, le poids atomique du strontium est 545,929.

56. *Baryum.* Le poids atomique du baryum fut déterminé par moi. 100 parties de chlorure barytique anhydre ont donné, dans deux expériences, 138,06 et 138,08 de chlorure argentique. La moyenne est 138,07, qui donne 855,29 pour le poids atomique du baryum. 100 parties de chlorure barytique ont donné avec l'acide sulfurique 112,17 et 112,18 parties de sulfate barytique. De là, la moyenne = 112,175, et le poids atomique du baryum = 855,51. La moyenne des deux séries d'analyses est 855,40. Cependant je préfère le résultat fourni par le chlorure argentique comme le plus sûr, et j'ai inscrit, dans les tables, le nombre 855,29.

57. *Lithium.* J'ai déterminé le poids atomique du lithium de la manière suivante : 1gr.,874 de sulfate lithique, précipité par le chlorure barytique, ont donné 3,9985 de sulfate barytique. Calculé d'après cela, le poids atomique du lithium est = 81,66.

58. *Sodium.* Dans une expérience que j'ai faite, 100 parties de chlorure sodique ont donné 244,6 parties de chlorure argentique. De là, le poids atomique du sodium = 289,729.

59. *Potassium.* D'après les expériences décrites pag. 524, à l'article *Chlore*, l'atome du potassium pèse 488,856.

Je livre maintenant aux chimistes ces poids atomiques, qui approchent des nombres exacts autant que l'état actuel de la science le permet; je ferai seulement observer qu'il y en a beaucoup qui ont besoin de plus de précision, qu'on peut et qu'on doit arriver à leur donner. Tout lecteur attentif remarquera que les méthodes appliquées à la détermination de plusieurs de ces poids atomiques peuvent être aujourd'hui remplacées par d'autres procédés donnant des résultats plus directs, et moins soumis à ces incertitudes qui dérivent des erreurs d'observation, toujours difficiles à éviter.

ADDITIONS.

Pendant l'impression de ces feuilles, *Pelouze* a publié quelques expériences ayant pour but de déterminer plus exactement les poids atomiques des corps suivants. Nous en communiquons ici, sous forme de supplément, les résultats numériques.

Phosphore. 100 parties d'argent, dissous dans de l'acide nitrique, ont précipité, en moyenne, 42,74 parties de surchlorure phosphoreux, $\text{P}\,\text{Gl}^3$. L'équivalent du phosphore serait, d'après cela, 400,3. Mais l'acide phosphoreux paraît exercer ici une action réductive sur l'oxyde argentique. Le surchlorure phosphorique aurait peut-être donné un résultat plus sûr; aussi *Pelouze* manifeste-t-il l'intention de l'employer plus tard.

Arsenic. On a précipité de la même manière le surchlorure arsénieux. Celui-ci fut distillé sur le mercure; son point d'ébullition était entre 134° et 135°.

Poids atomique de $\text{As}\,\text{Gl}^3$.	Poids de l'équivalent de As.
2267,5	937,9
2266,7	937,7
2267,0	937,4

Silicium. Le chlorure silicique fut précipité par le nitrate argentique.

2$^{\text{gr.}}$,9595 d'argent ont été précipités par 1$^{\text{gr.}}$,167 de chlorure silicique.

3$^{\text{gr.}}$,685 d'argent ont été précipités par 1$^{\text{gr.}}$,454 de chlorure silicique.

Poids atomique de $\text{Si}\,\text{Gl}^3$.	Poids atomique de Si.
1595,85	266,01
1595,84	267,00

Strontium. 2gr.,014 d'argent ont été précipités par 1gr.,48 de Sr-Gl.
3,008........................ 2,210

Poids atomique de Sr-Gl.	Poids atomique de Sr.
991,32.	548,12
991,12.	549,92.

Baryum. 4gr.,002 d'argent ont été précipités par 3gr.,860 Ba-Gl.
6,003. 5,790
3,001. . . . . 2,895.

Poids atomique de Ba-Gl.	Poids atomique de Ba.
1301,14.	857,94
1301,14.	857,94
1301,36.	858,16.

Sodium. 100 parties d'argent ont été précipitées par 54,158 parties
. . . . 54,125 Na-Gl.
. . . . 54,139

De là, les moyennes pour le poids atomique du chlorure sodique = 730,37, et pour celui du sodium = 287,17.

Potassium. La moyenne de trois expériences donna, pour le chlorure potassique, le poids atomique 932,50. Les expériences de *Levol* avaient donné 932,59. Le poids atomique, calculé d'après cela, est 489,30.

FIN DE LA CHIMIE INORGANIQUE.

TABULÆ ATOMICÆ.

AVERTISSEMENT.

Les tables des poids atomiques, annexées aux éditions précédentes de cet ouvrage, comprenaient la plus grande partie des combinaisons inorganiques. Cependant, l'expérience a montré que la plupart des nombres qui s'y trouvaient indiqués sont rarement employés, et qu'on peut réduire ces tables à un petit nombre de corps.

Les poids atomiques de plusieurs corps simples sont tellement liés entre eux, que la correction de l'un entraîne celle de tous les autres qui en dépendent en quelque sorte. On doit toujours s'attendre à de pareilles rectifications, et il se passera probablement bien du temps avant qu'on parvienne à établir des tables destinées à rester intactes pendant une longue suite d'années. C'est une raison de plus pour les abréger autant que l'usage le permet.

Pendant que je travaillais aux tables détaillées plus anciennes, je m'étais fait, pour mon usage journalier, une table abrégée contenant les corps simples et leurs combinaisons avec l'oxygène et le soufre; j'y avais ajouté encore, durant les années que je m'en étais servi, les poids atomiques des sels qui sont quelquefois la base du calcul dans les analyses. Je ne tardai pas à me convaincre que cette table abrégée, formée d'un petit nombre de pages, rendait la grande table détaillée presque tout à fait superflue. Par l'emploi des logarithmes, le calcul est si facile, et la chance de se tromper est si faible, que tous ceux qui se livrent à des recherches analytiques ne pourraient se dispenser de s'en servir ou d'en apprendre l'usage, ce qui ne coûterait que quelques heures de travail. Les logarithmes des poids atomiques inscrits dans la table, nous épargnent le temps de les rechercher dans les tables de logarithmes, qui ne sont plus alors nécessaires que pour chercher le nombre fondamental du logarithme trouvé par le calcul. J'ai donc admis, dans la table, pour chaque poids atomique, le logarithme, à l'exclusion du chiffre caractéristique;

car, en partant des nombres qu'on a trouvés, on peut se passer du chiffre caractéristique pour arriver à reconnaître les nombres entiers et les décimales.

Depuis la publication des tomes premier et second de cet ouvrage, beaucoup de poids atomiques ont été corrigés; les poids atomiques et les nombres, en centièmes, qui sont indiqués dans le texte devaient donc subir quelques légères modifications que le lecteur trouvera dans les tables, aussi correctes que l'état actuel de la science le permet. Je fais cette observation, parce que je désire que le lecteur, qui consulte cet ouvrage pour des proportions de nombres, s'en tienne principalement aux données que fournissent les tables. Sans doute on peut reprocher à mon travail d'être imparfait, parce que les nombres reçus dans le texte ne sont pas toujours les mêmes que ceux inscrits dans les tables; mais le lecteur comprendra, d'après ce qui précède, qu'il n'en a pu être autrement.

Ces tables comprennent les sections suivantes :

1° Corps simples.

2° Radicaux composés, qu'on trouve dans les parties précédentes de l'ouvrage.

3° Acides.

4° Oxydes.

5° Sulfides.

6° Sulfures.

7° Sels qui sont quelquefois nécessaires pour le calcul.

8° Multiples des poids atomiques de l'oxygène, du nitrogène, du carbone, et de l'eau, dont l'emploi est très-commode dans les analyses de combustion de matières organiques.

La nomenclature adoptée pour les corps est empruntée à la langue latine; elle est d'un usage extrêmement commode.

ELEMENTA.

NOMINA.	SYMBOLA.	Pondera atomica.	Logarithmus ponderum atomicor.
Aluminium	Al	170.90	2327421
	~~Al~~	341.80	5337721
Antimonium. Vide Stibium			
Argentum	Ag	1349.66	1302244
Arsenicum	As	469.40	6715431
	~~As~~	938.80	9725731
	3As	1408.20	1486643
	2~~As~~	1877.60	2736031
	3~~As~~	2816.40	4496943
Aurum	Au	1229.165	0896102
	~~Au~~	2458.33	3906402
Azotum. V. Nitrogenium			
Barium	Ba	855.29	9321134
Beryllium. V. Glycium			
Bismuthum	Bi	1330.377	1239747
	~~Bi~~	2660.754	4250046
Boron	B	136.204	1341899
Bromum	Br	499.81	6988049
	~~Br~~	999.62	9998349
	3Br	1499.43	1759262
	2~~Br~~	1999.24	3008649
	3~~Br~~	2998.86	4769562
	4~~Br~~	3998.48	6018949
	5~~Br~~	4998.10	6988049

ELEMENTA.

NOMINA.	SYMBOLA.	Pondera atomica.	Logarithmus ponderum atomicor.
Cadmium	Cd	696.767	8430876
Calcium	Ca	251.651	4007986
Carbonicum	C	75.12	8757556
	Ȼ	150.24	1767856
Cerium	Ce		
Chlorum	Cl	221.64	3456481
	Ȼl	443.28	6466781
	3Cl	664.92	8227694
	2Ȼl	886.56	9477081
	3Ȼl	1329.84	1237994
	4Ȼl	1773.12	2487381
	5Ȼl	2216.40	3456481
Chromium	Cr	328.87	5170243
	Ȼr	657.74	8180543
Cobaltum	Co	368.65	5666142
	Ȼo	737.30	8676442
Cuprum	Cu	395.60	5972563
	Ȼu	791.20	8982863
Didymium	D		
Erbium	E		
Ferrum	Fe	350.527	5447215
	F̶e	701.054	8457515
Fluor	F	117.717	0708393
	F̶	235.435	3718711

ELEMENTA.

NOMINA.	SYMBOLA.	Pondera atomica.	Logarithmus ponderum atomicor.
Fluor	2~~F~~	470.868	6728992
	3~~F~~	706.302	8489903
Glycium	G	87.124	9401378
	~~G~~	174.248	2411678
Hydrargyrum	Hg	1251.29	0973579
	~~Hg~~	2502.58	3983880
Hydrogenium	H	6.24	7951846
	~~H~~	12.48	0962146
Iodum	I	792.996	8992709
	~~I~~	1585.992	2003009
	3I	2378.988	3763923
	2~~I~~	3171.984	5013309
	3~~I~~	4757.976	6774223
	4~~I~~	6343.968	8023609
	5~~I~~	7929.96	8992709
Iridium	Ir	1232.08	0906389
	~~Ir~~	2464.16	3916689
Kalium	K	488.856	6891809
Lanthanium	La		
Lithium	Li	81.66	9120094
Magnesium	Mg	158.14	1990417
Manganium	Mn	344.684	5374211
	~~Mn~~	689.368	8384511
Molybdænum	Mo	596.10	7753191

ELEMENTA.

NOMINA.	SYMBOLA.	Pondera atomica.	Logarithmus ponderum atomicor.
Natrium	Na	289.729	4619920
Niccolum	Ni	369.33	5674146
	~~Ni~~	738.66	8684446
Nitrogenium	N	87.53	9421569
	~~N~~	175.06	2431869
Osmium	Os	1242.624	0943397
	~~Os~~	2485.248	3953697
Oxygenium	O	100.0	0000000
Palladium	Pd	665.477	8231331
	~~Pd~~	1330.954	1241630
Phosphorus	P	196.0205	2923015
	~~P~~	392.041	5933315
	3P	588.062	7694228
	2~~P~~	784.082	8943615
Platina	Pt	1232.08	0906389
Plumbum	Pb	1294.645	1121507
Rhodium	R	651.962	8142223
	~~R~~	1303.924	1152523
Selenium	Se	495.285	6948554
	2Se	990.570	9958852
	3Se	1485.855	1719765
Silicium	Si	277.778	4436978
Stannum	Sn	735.294	8664611
	~~Sn~~	1470.588	1674910

ELEMENTA.

NOMINA.	SYMBOLA.	Pondera atomica.	Logarithmus ponderum atomicor.
Stibium....................	Sb........	806,452	9065785
	~~Sb~~........	1612.903	2076085
Strontium....................	Sr........	545.929	7371362
Sulphur....................	S........	200.75	3026556
	~~S~~........	401.50	6036855
	3S........	602.25	7797768
	4S........	803.00	9047155
	5S........	1003.75	0016255
Tantalum....................	Ta........	1148.365	0600800
	~~Ta~~........	2296.73	3611100
Tellurium....................	Te........	801,76	9040444
	~~Te~~........	1603.52	2050744
	3Te........	2405.28	3811657
Terbium....................	Tr........		
Thorium....................	Th........	743,86	8714912
Titanium....................	Ti........	301,55	4793593
Uranium....................	U........	742.875	8709157
	~~U~~........	1485,75	1719457
Vanadium....................	V........	856.892	9329261
Wolframium....................	W........	1188,36	0749483
Yttrium....................	Y........		
Zincum....................	Zn........	406.591	6091578
Zirconium....................	Zr........	419.728	6229680
	~~Zr~~........	839.456	9239979

RADICALIA COMPOSITA.

NOMINA.	SYMBOLA.	Pondera atomica.	Logarithmus ponderum atomicor.
Amidum	NH^2	200.02	3010734
Ammoniacum	NH^3	212.50	3273589
	$2NH^3$	425.00	6283889
	$3NH^3$	637.50	8044802
	$4NH^3$	850.00	9294189
	$5NH^3$	1062.50	0263289
	$6NH^3$	1275.00	1055102
Ammonium	$NH^4 = Am$.	224.98	3521439
Radicale Aceticum	C^4H^6	337.92	5288139
» Anebenicum	$C^6H^6N^4$	838.28	9233891
» Cyanicum	$C^2N^2 = Cy$.	325.30	5122841
» Cyanurenicum	$C^6H^6N^6$	1013.34	0057551
» Euchroicum	$C^{12}H^2N^2$	1088.98	0370199
» Flaveanicum	$C^4H^4N^4S^3$	1277.81	1064663
» Formicum	C^2H^2	162.72	2114409
» Mellanicum	C^6N^8	1150.96	0610603
» Parabanicum	C^3N^2	400.42	6025158
» Rhodanicum	$C^2N^2S^2$	726.80	8614149
» Rubeanicum	$C^2H^2N^2S^2$	739.28	8688090
» Succinicum	C^4H^4	325.44	5124709
» Tartaricum	C^4H^4	325.44	5124709
» Urenicum	$C^2H^2N^2$	337.78	5286339
» Xanthanicum	$C^2N^2S^3$	927.55	9673373

ACIDA.

NOMINA.	SYMBOLA.	Pondera atomica.	Logarithmus ponderum atomicor.	Partes centesimales	
				Radicalis.	Oxygenii.
Acidum Aceticum...	$C^4H^6O^3$.....	637.92	8047662	52.972	47.028
	$2\overset{\cdot\cdot\cdot}{A}c$.......	1275.84	1057962		
	$3\overset{\cdot\cdot\cdot}{A}c$.......	1913.76	2818875		
» Anebenicum....	$C^6H^6N^4O^7$.	1538.28	1870354	54.494	45.506
	2.........	3076.56	4880654		
	3.........	4614.84	6641567		
» Arsenicicum...	$\overset{\cdot\cdot\cdot\cdot\cdot}{As}$........	1438.80	1580004	65.249	34.751
	2.........	2877.60	4590304		
	3.........	4316.40	6351217		
» Arsenicosum...	$\overset{\cdot\cdot\cdot}{As}$........	1238.80	0930012	75.783	24.217
	2.........	2477.60	3940312		
	3.........	3716.40	5701225		
» Boricum.......	$\overset{\cdot\cdot\cdot}{B}$.........	436.204	6396897	31.225	68.775
	2.........	872.408	9407197		
	3.........	1308.612	1168109		
» Bromicum.....	$\overset{\cdot\cdot\cdot\cdot\cdot}{\overline{Br}}$.........	1499.62	1759812	66.658	33,342
	2.........	2999.24	4770112		
	3.........	4498.86	6531025		
» Carbonicum....	$\ddot{C}$.........	275.12	4395222	27.304	72.696
	2.........	550.24	7405522		
	3.........	825.36	9166434		
» hyper-Chloricum.	$\overset{\cdot\cdot\cdot\cdot\cdot\cdot\cdot}{\overline{Cl}}$........	1143.28	0581525	38.773	61.227
	2.........	2286.56	3591826		
	3.........	3429.84	5352739		

ACIDA.

NOMINA.	SYMBOLA.	Pondera atomica.	Logarithmus ponderum atomicor.	Partes centesimales	
				Radicalis.	Oxygenii.
Acidum Chloricum...	$\overset{\cdot\cdot\cdot\cdot\cdot}{\text{Cl}}$.........	943.28	9746406	46.993	53.007
	2.........	1886.56	2756706		
	3.........	2829.84	4517619		
» Chlorosum.....	$\overset{\cdot\cdot\cdot}{\text{Cl}}$.........	743.28	8711524	59.638	40.362
	2.........	1486.56	1721824		
	3.........	2229.84	3482737		
» hypo-Chlorosum.	$\dot{\text{Cl}}$.........	543.28	7350237	81.593	18.407
	2.........	1086.56	0360536		
	3.........	1629.84	2121450		
» Chromicum.....	$\overset{\cdot\cdot\cdot}{\text{Cr}}$.........	628.87	7985609	52.295	47.705
	2.........	1257.74	0995909		
	3.........	1886.61	2756821		
» Croconicum....	C^5O^4......	775.60	8896378	48.427	51.573
	2.........	1551.20	1906678		
	3.........	2326.80	3667591		
» Cyanicum......	$\dot{\text{Cy}}$.........	425.30	6286954	76.487	23.513
	2.........	850.60	9297254		
	3.........	1275.90	1058166		
» Cyanurenicum..	$C^6H^6N^6O^6$...	1613.34	2077259	62.81	37.19
» Dithionicum....	$\overset{\cdot\cdot\cdot\cdot\cdot}{\text{S}}$.........	901.50	9549657	44.537	55.463
	2.........	1803.00	2559957		
	3.........	2704.50	4320870		
» Dithionosum....	$\ddot{\text{S}}$.........	601.50	7792356	66.75	33.25
	2.........	1203.00	0802656		

ACIDA.

NOMINA.	SYMBOLA.	Pondera atomica.	Logarithmus ponderum atomicor.	Partes centesimales	
				Radicalis.	Oxygenii.
Acidum Dithionosum..	3.........	1804.50	2563569		
» Euchroicum....	$C^{12}H^2N^2O^7$..	1788.98	2526055	60.872	39.128
	2.........	3577.96	5536355		
	3.........	5366.94	7297267		
» Ferricum.......	$\dddot{Fe}$........	650.527	8132654	53.884	46.116
» Formicum......	$C^2H^2O^3$.....	462.72	6653183	35.166	64.834
	$2\dddot{Fo}$.......	925.44	9663483		
	3.........	1388.16	1424397		
» hyper-Iodicum..	$\overset{\cdot\cdot\cdot\cdot\cdot\cdot\cdot}{I}$........	2285.992	3590747	69.379	30.621
	2.........	4571.984	6601047		
	3.........	6857.976	8361959		
» Iodicum.......	$\overset{\cdot\cdot\cdot\cdot\cdot}{I}$........	2085.992	3193127	76.03	23.97
	2.........	4171.984	6203427		
	3.........	6257.976	7964339		
» hyper-Mangani-cum.........	$\overset{\cdot\cdot\cdot\cdot\cdot\cdot\cdot}{M}$........	1389.368	1428173	49.617	50.383
	2.........	2778.736	4438473		
	3.........	4168.104	6199385		
» Manganicum...	$\dddot{Mn}$.......	644.684	8093469	53.466	46.534
	2.........	1289.368	1103769		
	3.........	1934.052	2864681		
» Mellithicum....	C^4O^3.......	600.48	7784985	50.04	49.96
	2.........	1200.96	0795285		
	3.........	1801.44	2556198		

ACIDA.

NOMINA.	SYMBOLA.	Pondera atomica.	Logarithmus ponderum atomicor.	Partes centesimales Radicalis.	Partes centesimales Oxygenii.
Acidum Mesoxalicum.	C^3O^4.......	625.36	7961301	36.037	63.963
	2..........	1250.72	0971600		
	3..........	1876.08	2732514		
» Molybdicum....	$\overset{\cdot\cdot\cdot}{Mo}$.	896.10	9523565	66.522	33.478
	2..........	1792.20	2533865		
	3..........	2688.30	4294777		
» Nitricum.......	$\overset{\cdot\cdot\cdot\cdot\cdot}{\not{N}}$.	675.06	8293424	25.932	74.068
	2..........	1350.12	1303723		
	3..........	2025.18	3064637		
» Nitrosum.......	$\overset{\cdot\cdot\cdot}{\not{N}}$.........	475.06	6767485	36.85	63.15
	2..........	950.12	9777785		
	3..........	1425.18	1538698		
» Osmicum.......	$\overset{\cdot\cdot\cdot\cdot}{Os}$	1642.624	2155382	75.648	24.352
» Oxalicum.	$\overset{\cdot\cdot\cdot}{\not{C}}$..........	450.24	6534441	33.369	66.631
	2..........	900.48	9544741		
	3..........	1350.72	1305653		
» Parabanicum....	$C^3N^2O^2$.....	600.42	7784552	66.69	33.31
» Phosphoricum. .	$\overset{\cdot\cdot\cdot\cdot\cdot}{\not{P}}$.........	892.041	9503848	43.949	56.051
	2..........	1784.082	2514148		
	3..........	2676.123	4275060		
» Phosphorosum. .	$\overset{\cdot\cdot\cdot}{\not{P}}$.	692.041	8401318	56.65	43.35
	2.	1384.082	1411619		
	3.	2076.123	3172531		
» hypo-Phosphorosum.......	$\dot{\not{P}}$.	492.041	6920013	79.676	20.324

ACIDA.					
NOMINA.	SYMBOLA.	Pondera atomica.	Logarithmus ponderum atomicor.	Partes centesimales	
				Radicalis.	Oxygenii.
Acidum Hypo-Phospho-	2..........	984.082	9930313		
rosum......	3..........	1476.123	1691226		
» Selenicum.... .	$\dddot{\mathrm{Se}}$........	795.285	9005229	62.278	37.722
	2..........	1590.570	2015528		
	3..........	2385.855	3776440		
» Selenosum......	$\ddot{\mathrm{Se}}$........	695.285	8421629	71.235	28.765
	2..........	1390.570	1431929		
	3..........	2085.855	3192842		
» Siliciuum.......	$\dddot{\mathrm{Si}}$........	577.778	7617609	48.077	51.923
	2..........	1155.556	0627910		
	3..........	1733.334	2388822		
» Stibicum.......	$\overset{\cdot\cdot\cdot\cdot\cdot}{\overline{\mathrm{Sb}}}$.......	2112.903	3248795	76.34	23.66
	2..........	4225.806	6259095		
	3..........	6338.709	8020007		
» Stibiosum. V. Oxidum stibicum.					
» Succinicum.....	$C^4H^4O^3$.....	625.44	7961857	52.034	47.966
	$2\dddot{\mathrm{Sc}}$.......	1250.88	0972157		
	3..........	1876.32	2733069		
» Sulfuricum.....	$\dddot{\mathrm{S}}$.........	500.75	6996210	40.09	59.91
	2..........	1001.50	0006510		
	3..........	1502.25	176742		
» Sulfurosum.....	$\ddot{\mathrm{S}}$.........	400.75	6028735	50.094	49.906
	2..........	801.50	9039035		

ACIDA.

NOMINA.	SYMBOLA.	Pondera atomica.	Logarithmus ponderum atomicor.	Partes centesimales	
				Radicalis.	Oxygenii.
Acidum Sulfurosum ..	3.	1202.25	0799948		
» Hyposulfuricum et hyposulfurosum. Vide					
» Dithionicum et Dithionosum....					
» Tantalicum.....	$\dddot{\text{Ta}}$........	2596.73	4144268	88.447	11.553
	2.........	5193.46	7154568		
	3.........	7790.19	8915480		
» Tartaricum.....	$C^4H^4O^5$.....	825.44	9166855	39.426	60.574
	$2\ddot{\ddot{\text{Tr}}}$.......	1650.88	2177155		
	3.........	2476.32	3938068		
» Telluricum.....	$\dddot{\text{Te}}$........	1101.76	0420870	72.771	27.229
	2.........	2203.52	3431171		
	3.........	3305.28	5192083		
» Tellurosum.....	$\ddot{\text{Te}}$........	1001.76	0007636	80.035	19.965
	2.........	2003.52	3017936		
	3.........	3005.28	4778850		
» Tetrathionicum .	S^4O^5.......	1303.00	1149444	61.627	38.373
» Titanicum......	$\ddot{\text{Ti}}$........	501.55	7003142	60.124	39.876
	2.........	1003.10	0013442		
	3.........	1504.65	1774356		
» Trithionicum...	S^3O^5.......	1102.25	0422801	54.638	45.362
» Vanadicum.....	$\dddot{\text{V}}$.........	1156.892	0632930	74.068	25.932

ACIDA.

NOMINA.	SYMBOLA.	Pondera atomica.	Logarithmus ponderum atomicor.	Partes centesimales	
				Radicalis.	Oxygenii.
Acidum Vanadicum...	2.........	2313.784	3643228		
	3.........	3470.676	5404141		
» Wolframicum...	$\dddot{W}$.........	1488.36	1727080	79.844	20.156
	2.........	2976.72	4737380		
	3.........	4465.08	6498293		

OXIDA.

NOMINA.	SYMBOLA.	Pondera atomica.	Logarithmus ponderum atomicor.	Partes centesimales	
				Radicalis.	Oxygenii.
Oxidum Aluminicum..	$\overset{\cdots}{\text{Al}}$........	641.80	8073997	53.256	46.744
	2.........	1283.60	1084297		
	3.........	1925.40	2845210		
» Ammonicum....	$\dot{\text{N}}\text{H}^4$.......	324.98	5118566	69.229	30.771
	$2\dot{\text{Am}}$......	649.96	8128866		
	3.........	974.94	9889779		
» Argenticum.....	$\dot{\text{Ag}}$........	1449.66	1612662	93.102	6.898
	2.........	2899.32	4622962		
	3.........	4348.98	6383874		
» Argentosum....	$\dot{\text{Ag}}$........	2799.32	4470525	96.428	3.572
» Auricum.......	$\overset{\cdots}{\text{Au}}$........	2758.33	4406462	89.124	10.876
	2.........	5516.66	7416762		
	3.........	8274.99	9177676		
» Aurosum.......	$\dot{\text{Au}}$........	2558.33	4079566	96.091	3.909
» Baricum.......	$\dot{\text{Ba}}$........	955.29	9801352	89.532	10.468
	2.........	1910.58	2811652		
	3.........	2865.87	4572565		
Bioxidum Baricum....	$\ddot{\text{Ba}}$........	1055.29	0233720	81.048	18.952
Oxidum Bismuthicum.	$\overset{\cdots}{\text{Bi}}$........	2960.754	4714023	89.87	10.13
	2.........	5921.508	7724323		
	3.........	8882.262	9485235		
Bioxidum Bismuthicum	$\ddot{\text{Bi}}$........	1530.377	1847984	86.931	13.069
	$\overset{\cdots\cdot}{\text{Bi}}$........	3060.754	4858285		
	$2\overset{\cdots\cdot}{\text{Bi}}$......	6121.508	7868585		

OXIDA.

NOMINA.	SYMBOLA.	Pondera atomica.	Logarithmus ponderum atomicor.	Partes centesimales	
				Radicalis.	Oxygenii.
Bioxidum Cadmicum..	$\dot{\mathrm{Cd}}$	796.767	9013314	87.449	12.551
	2	1593.534	2023613		
	3	2390.301	3784526		
» Calcicum	$\dot{\mathrm{Ca}}$	351.651	5461118	71.563	28.437
	2	703.302	8471418		
	3	1054.953	0232332		
	$\ddot{\mathrm{Ca}}$	451.661	6548030	55.718	44.282
Oxidum Carbonicum..	$\dot{\mathrm{C}}$	175.12	2433357	42.896	57.104
	$\ddot{\bar{\mathrm{C}}}$	350.24	5443657		
» Cericum	$\dddot{\bar{\mathrm{Ce}}}$				
» Cerosum	$\dot{\mathrm{Ce}}$				
» Chloricum	$\ddot{\mathrm{Cl}}$	421.64	6249418	52.566	47.434
	$\ddddot{\bar{\mathrm{Cl}}}$	843.28	9259718		
	$2\ddddot{\bar{\mathrm{Cl}}} = \ddddot{\bar{\mathrm{Cl}}}\ddddot{\bar{\mathrm{Cl}}}$	1686.56	2270019		
» Chromicum	$\dddot{\bar{\mathrm{Cr}}}$	957.74	9812476	68.676	31.324
	2	1915.48	2822777		
	3	2873.22	4583689		
Bioxidum Chromicum.	$\ddot{\mathrm{Cr}}$	528.87	7233489	62.183	37.817
Oxidum Chromosum..	$\dot{\mathrm{Cr}}$	428.87	6323257	76.68	23.32
» Cobalticum	$\dot{\mathrm{Co}}$	468.65	6708486	78.662	21.338
	2	937.30	9718786		
	3	1405.95	1479699		
Sesquioxid. Cobalticum	$\dddot{\bar{\mathrm{Co}}}$	1037.30	0159044	71.079	28.921
	2	2074.60	3169344		

OXIDA.

NOMINA.	SYMBOLA.	Pondera atomica.	Logarithmus ponderum atomicor.	Partes centesimales	
				Radicalis.	Oxygenii.
Sesquioxid. Cobalticum	3.........	3111.90	4930256		
Oxidum Cupricum....	$\dot{\mathrm{Cu}}$.........	495.60	6951313	79.823	20.177
	2.........	991.20	9961613		
	3.........	1486.80	1722526		
» Cuprosum.....	$\dot{\overline{\mathrm{Cu}}}$.........	891.20	9499752	88.779	11.221
	2.........	1782.40	2510052		
	3.........	2673.60	4270964		
» Didymicum.....	$\dot{\mathrm{D}}$.........				
» Erbicum.......	$\dot{\mathrm{E}}$.........				
» Ferricum......	$\overset{\cdots}{\overline{\mathrm{Fe}}}$.........	1001.054	0004574	70.032	29.968
	2.........	2002.108	3014875		
	3.........	3003.162	4775788		
» Ferrosum......	$\dot{\mathrm{Fe}}$.........	450.527	6537209	77.804	22.196
	2.........	901.054	9547509		
	3.........	1351.581	7308422		
» Ferroso-Ferricum	$\dot{\mathrm{Fe}}\overset{\cdots}{\overline{\mathrm{Fe}}}$......	1451.581	1618412	72.444	27.556
» Glucinicum.....	$\overset{\cdots}{\overline{\mathrm{G}}}$.........	474.248	6760056	36.742	63.258
	2.........	948.496	9770355		
	3.........	1422.744	1531267		
» Hydrargyricum.	$\dot{\mathrm{Hg}}$.........	1351.29	1307486	92.60	7.40
	2.........	2702.58	4317786		
	3.........	4053.87	6078698		
» Hydrargyrosum.	$\dot{\overline{\mathrm{Hg}}}$.........	2602.58	4154041	96.158	3.842
	2.........	5205.16	7164341		

OXIDA.					
NOMINA.	SYMBOLA.	Pondera atomica.	Logarithmus ponderum atomicor.	Partes centesimales	
				Radicalis.	Oxygenii.
Oxid. Hydrargyrosum.	3.	7807.74	8925253		
» Hydrogenicum. .	$\dot{\text{Ħ}}$.	112.48	0510753	11.095	88.905
Bioxid. Hydrogenicum.	$\ddot{\text{Ħ}}$.	212.48	3273181	5.873	94.127
Oxidum Iridicum.	$\ddot{\mathrm{Ir}}$.	1432.08	1559673	86.034	13.966
Sesquioxidum Iridicum	$\dddot{\mathrm{Ir}}$.	1532.08	1852814	80.481	19.519
Oxidum Iridosum. . . .	$\dot{\mathrm{Ir}}$.	1332.08	1245303	92.493	7.507
Sesquioxidum Iridosum	$\dddot{\text{Ī}}$.	2764.16	4415632	89.145	10.854
Oxidum Kalicum.	$\dot{\mathrm{K}}$.	588.856	7700091	83.018	16.982
	2.	1177.712	0710391		
	3.	1766.568	2471304		
Trioxidum Kalicum. . .	$\dddot{\mathrm{K}}$.	788.856	8969977	61.97	38.03
Oxidum Lanthanicum.	$\dot{\mathrm{La}}$.				
» Lithicum.	$\dot{\mathrm{Li}}$.	181.66	2592593	44.952	55.048
	2.	363.32	5602893		
	3.	544.98	7363806		
» Magnesicum. . . .	$\dot{\mathrm{Mg}}$.	258.14	4118553	61.261	38.739
	2.	516.28	7128853		
	3.	774.42	8889766		
» Manganicum. . . .	$\dddot{\mathrm{Mn}}$.	989.368	9953577	69.678	30.322
	2.	1978.736	2963879		
	3.	2968.104	4724791		
Bioxidum Manganicum	$\ddot{\mathrm{Mn}}$.	544.684	7361446	63.281	36.719
	2.	1089.368	0371748		
	3.	1634.052	2132659		

OXIDA.					
NOMINA.	SYMBOLA.	Pondera atomica.	Logarithmus ponderum atomicor.	Partes centesimales	
				Radicalis.	Oxygenii.
Oxidum Manganosum.	$\dot{\mathrm{Mn}}$.	444.684	6480515	77.512	22.488
	2.	889.368	9790814		
	3.	1334.052	1251727		
» Manganoso-Manganicum......	$\dot{\mathrm{Mn}}\dddot{\overline{\mathrm{Mn}}}$. . .	1434.052	1565650	72.107	27.893
» Molybdicum....	$\ddot{\mathrm{Mo}}$.	796.10	9009676	74.878	25.122
» Molybdosum...	$\dot{\mathrm{Mo}}$.	696.10	8426716	85.634	14.366
» Natricum......	$\dot{\mathrm{Na}}$.	389.729	5907627	74.341	25.659
	2.	779.458	8917927		
	3.	1169.187	0678841		
Sesquioxid. Natricum.	$\dddot{\overline{\mathrm{Na}}}$.	879.458	9442151	65.888	34.112
Oxidum Niccolicum..	$\dot{\mathrm{Ni}}$.	469.330	6714783	78.693	21.307
	2.	938.66	9725083		
	3.	1407.99	1485997		
Sesquioxid. Niccolicum	$\dddot{\overline{\mathrm{Ni}}}$.	1038.66	0164735	71.117	28.883
Oxidum Nitricum....	$\dot{\mathrm{N}}$.	187.53	2730708	46.675	53.325
	$\ddot{\overline{\mathrm{N}}}$.	375.06	5741007		
	$2\ddot{\overline{\mathrm{N}}}$.	750.12	8751307		
	$3\ddot{\overline{\mathrm{N}}}$.	1125.18	0512221		
Bioxidum Nitricum...	$\ddot{\mathrm{N}}$.	287.53	4586832	30.442	69.558
	$\ddddot{\overline{\mathrm{N}}}$.	575.06	7597132		
	$3\ddot{\mathrm{N}}=\dot{\mathrm{N}}\ddddot{\overline{\mathrm{N}}}$. .	862.59	9358044		
	$4\ddot{\mathrm{N}}=\dddot{\overline{\mathrm{N}}}\ddddot{\overline{\mathrm{N}}}$. .	1150.12	0607432		
Oxidum Nitrosum....	$\dot{\overline{\mathrm{N}}}$.	275.06	4394274	63.644	36.356

OXIDA.

NOMINA.	SYMBOLA.	Pondera atomica.	Logarithmus ponderum atomicor.	Partes centesimales	
				Radicalis.	Oxygenii.
Oxidum Osmicum....	$\ddot{O}s$	1442.624	1591531	86.136	13.864
Sesquioxid. Osmicum.	$\dddot{O}s$	1542.624	1882600	80.553	19.447
Oxidum Osmiosum...	$\dot{O}s$	1342.624	1279544	92.552	7.448
Sesquioxid. Osmiosum.	$\dddot{\bar{O}}s$	2785.248	4448638	89.229	10.771
Oxidum Palladicum...	$\ddot{P}d$	865.477	9372555	76.891	23.109
» Palladosum.....	$\dot{P}d$	765.477	8839322	86.936	13.064
Suboxidum Palladicum	$\dot{P}d$	1430.954	1556257	93.012	6.988
Oxidum Phosphoricum	P^2O	884.082	9464926	88.689	11.311
» Plumbicum.....	$\dot{P}b$	1394.645	1444638	92.83	7.17
	2.	2789.29	4454937		
	3.	4183.935	6215849		
Bioxidum Plumbicum.	$\ddot{P}b$	1494.645	1745381	86.619	13.381
Sesquiox. Plumbicum.	$\dddot{P}b$	2889.29	4607911	89.617	10.383
Oxidum Plumboso-Plumbicum..	$\dot{P}b\,\dddot{P}b$	4283.935	6318428	90.663	9.337
» Rhodicum......	$\dddot{\bar{R}}$	1603.924	2051838	81.296	18.704
» Rhodosum	$\dot{R}$	751.962	8761959	86.701	13.299
» Stannicum.....	$\ddot{S}n$	935.294	9709482	78.616	21.384
	2.	1870.588	2719782		
	3.	2805.882	4480694		
» Stannosum.....	$\dot{S}n$	835.294	9218394	88.028	11.972
	2.	1670.588	2228694		
	3.	2505.882	3989606		
Sesquioxid. Stannosum	$\dddot{\bar{S}}n$	1770.588	2481175		

OXIDA.

NOMINA.	SYMBOLA.	Pondera atomica.	Logarithmus ponderum atomicor.	Partes centesimales	
				Radicalis.	Oxygenii.
Oxidum Stibicum.....	$\dddot{\bar{\mathrm{S}}}\mathrm{b}$.	1912.903	2816930	84.317	15.683
	2.	3825.806	5827230		
	3.	5738.709	7588142		
Bioxidum Stibicum...	$\ddot{\mathrm{S}}\mathrm{b}$.	1006.452	0027930	80.128	19.872
	$\overset{\cdot\cdot\cdot\cdot}{\bar{\mathrm{S}}}\mathrm{b}$.	2012.904	3038231		
	$4\ddot{\mathrm{S}}\mathrm{b}=\dddot{\bar{\mathrm{S}}}\mathrm{b}\overset{\cdot\cdot\cdot\cdot\cdot}{\bar{\mathrm{S}}}\mathrm{b}$	4025.809	6048532		
Oxidum Stronticum...	$\dot{\mathrm{S}}\mathrm{r}$.	645.929	8101847	84.518	15.482
	2.	1291.858	1112148		
	3.	1937.787	2873060		
Bioxidum Stronticum.	$\ddot{\mathrm{S}}\mathrm{r}$.	745.929	8726975	73.188	26.812
Oxidum Tantalicum...	$\dot{\mathrm{T}}\mathrm{a}$.	1248.365	0963415	91.99	8.01
» Terbicum......	$\dot{\mathrm{T}}\mathrm{r}$.				
» Thoricum......	$\dot{\mathrm{T}}\mathrm{h}$.	843.86	9262704	88.15	11.85
» Uranicum......	$\dddot{\bar{\mathrm{U}}}$.	1785.75	2518207	83.20	16.80
	2.	3571.50	5528507		
	3.	5357.25	7289420		
» Uranosum......	$\dot{\mathrm{U}}$.	842.875	9257632	88.136	11.864
» Uranoso-Uranicum........	$\dot{\mathrm{U}}\dddot{\bar{\mathrm{U}}}$.	2628.625	4197286	84.783	15.217
» Vanadicum.....	$\ddot{\mathrm{V}}$.	1056.892	0240307	81.077	18.923
Suboxidum Vanadicum	$\dot{\mathrm{V}}$.	956.892	9808629	89.549	10.451
Oxidum Wolframicum	$\ddot{\mathrm{W}}$.	1388.36	1425021	85.595	14.405
» Yttricum......	$\dot{\mathrm{Y}}$.				
» Zincicum......	$\dot{\mathrm{Z}}\mathrm{n}$.	506.591	7046575	80.26	19.74

OXIDA.

NOMINA.	SYMBOLA.	Pondera atomica.	Logarithmus ponderum atomicor.	Partes centesimales	
				Radicalis.	Oxygenii.
Oxidum Zincicum. . . .	2.	1013.182	0056875		
	3.	1519.773	1817788		
» Zirconicum. . . .	Z̈r.	1139.456	0566976	73.672	26.328
	2.	2278.912	3577276		
	3.	3418.368	5338189		

SULFIDA.

NOMINA.	SYMBOLA.	Pondera atomica.	Logarithmus ponderum atomicor.	Partes centesimales	
				Radicalis.	Sulphuris.
Sulfidum Arsenicicum.	$\overset{'''''}{As}$.	1942.55	2883722	48.328	51.672
	2.	3885.10	5894022		
	3.	5827.65	7654934		
» Arseniosum. . . .	$\overset{'''}{As}$.	1541.05	1878167	60.919	39.081
	2.	3082.10	4888467		
	3.	4623.15	6649381		
» Hyp-Arseniosum.	$\overset{''}{As}$.	1340.30	1272020	70.044	29.956
» Carbonicum. . . .	$\overset{''}{C}$.	476.62	6781723	15.761	84.239
	2.	953.24	9792023		
	3.	1429.86	1552936		
» Chromicum.	$\overset{'''}{Cr}$.	931.12	9690057	35.32	64.68
» Hydricum.	$\overset{'}{H}$.	213.23	3288483	5.853	94.147
	2.	426.46	6298783		
» Molybdicum. . . .	$\overset{'''}{Mo}$.	1198.35	0785837	49.743	50.257
	2.	2396.70	3796137		
	3.	3595.05	5557049		
» Hyper-Molybd.	$\overset{''''}{Mo}$.	1399.10	1458488	42.606	57.394
» Osmicum.	$\overset{''''}{Os}$.	2045.624	3108259	60.745	39.255
» Phosphoricum. .	$\overset{'''''}{P}$.	1395.791	1448203	28.087	71.913
	2.	2791.582	4458503		
	3.	4187.373	6219416		
» Phosphorosum. .	$\overset{'''}{P}$.	994.291	9975135	39.488	60.572
	2.	1988.582	2985435		
	3.	2982.873	4746347		

SULFIDA.

NOMINA.	SYMBOLA.	Pondera atomica.	Logarithmus ponderum atomicor.	Partes centesimales	
				Radicalis.	Sulphuris.
Sulfidum Hypo-Phosphorosum.	$\overset{,}{P}$	592.791	7729016	66.135	33.865
	2.	1185.582	0739317		
	3.	1778.373	2500227		
» Seleniosum.....	$\overset{,,}{Se}$.	896.785	9526884	55.229	44.771
» Siliciсum.......	$\overset{,,,}{Si}$.......	880.028	9444965	31.565	68.435
» Stannicum......	$\overset{,,}{Sn}$.......	1136.794	0556819	64.681	35.319
	2.	2273.588	3567118		
	3.	3410.382	5328031		
» Stibicum......	$\overset{,,,,,}{\bar{S}}$.	2616.653	4177461	61.64	38.36
	2.	5233.306	7187761		
	3.	7849.959	8948674		
» Stibiosum.....	$\overset{,,,}{\bar{S}b}$.	2215.153	3454038	72.822	27.178
	2.	4430.306	6464332		
	3.	6645.459	8225250		
» Tantalicum.....	$\overset{,,,}{\bar{T}a}$.	2898.98	4622452	79.225	20.775
» Telluricum.....	$\overset{,,,}{Te}$.	1404.01	1473702	57.105	42.895
	2.	2808.02	4484002		
	3.	4212.03	6244915		
» Tellurosum.....	$\overset{,,}{Te}$.	1203.26	0803595	66.632	33.368
	2.	2406.52	3813895		
	3.	3609.78	5574808		
» Titanicum......	$\overset{,,}{Ti}$.......	703.05	8469862	42.892	57.108
» Urenicum......	$C^2H^2N^2S$. . .	538.53	7312099	62.723	37.277

SULFIDA.					
NOMINA.	SYMBOLA.	Pondera atomica.	Logarithmus ponderum atomicor.	Partes centesimales	
				Radicalis.	Sulphuris.
Sulfidum Vanadicum..	$\overset{\prime\prime\prime}{V}$.......	1459.142	1630977	58.631	41.369
» Vanadosum......	$\overset{\prime\prime}{V}$.......	1258.392	0998160	68.094	31.906
» Wolframicum...	$\overset{\prime\prime\prime}{W}$.......	1790.61	2530010	66.366	33.634
	2.......	3581.22	5540310		
	3.......	5371.83	7301222		

SULFURETA.

NOMINA.	SYMBOLA.	Pondera atomica.	Logarithmus ponderum atomicor.	Partes centesimales	
				Radicalis.	Sulphuris.
Sulfuretum Ammonic.	$\overset{,}{Am}$	425.73	6291343	52.245	47.154
	$\overset{,,}{Am}$	626.48	7969072	35.912	64.088
	$\overset{,,,}{Am}$	827.23	9176263	27.197	72.803
	$\overset{,,,,}{Am}$	1027.98	0119847	21.886	78.114
	$\overset{,,,,,}{Am}$	1228.73	0894565	18.31	81.69
	$\overset{,,,,,,,}{Am}$	1630.23	2122489	13.801	86.199
» Argenticum	$\overset{,}{Ag}$	1550.41	1904466	87.052	12.948
» Auricum	$\overset{,,,}{\not{A}u}$	3060.58	4858038	80.322	19.678
» Aurosum	$\overset{,}{\not{A}u}$	2659.08	4247313	92.45	7.55
Subsulfuretum Arsenici	$\not{A}s^6 S$	5833.55	7659329	96.56	3.44
Supersulfuretum »	$As\,S^9$	2276.15	3572009	20.623	79.377
Sulfuretum Baricum...	$\overset{,}{Ba}$	1056.04	0236803	80.99	19.01
	$\overset{,,}{Ba}$	1256.79	0992628	68.054	31.946
	$\overset{,,,,,}{Ba}$	1859.04	2692888	46.01	53.99
» Bismuthicum...	$\overset{,,,}{\not{B}i}$	3263.00	5136171	81.543	18.457
» Bismuthosum...	$\overset{,}{Bi}$	1531.127	1850113	86.89	13.11
» Cadmicum......	$\overset{,}{Cd}$	897.517	9530427	77.633	22.367
» Calcicum.......	$\overset{,}{Ca}$	452.401	6555236	55.626	44.374
	$\overset{,,}{Ca}$	653.151	8150136	38.529	61.471
	$\overset{,,,,,}{Ca}$	1255.401	0987824	20.045	79.955
» Chromicum.....	$\overset{,,,}{\not{C}r}$	1259.99	1003672	52.202	47.798
» Cobalticum.....	$\overset{,}{Co}$	569.40	7554175	64.744	35.256
	$\overset{,,,}{\not{C}o}$	1339.55	1269590	55.041	44.959
	$\overset{,,}{Co}$	770.15	8865753	47.867	52.133

SULFURETA.

NOMINA.	SYMBOLA.	Pondera atomica.	Logarithmus ponderum atomicor.	Partes centesimales	
				Radicalis.	Sulphuris.
Sulfuretum Cupricum.	$\overset{,}{\mathrm{Cu}}$........	596.35	7755012	66.337	33.663
» Cuprosum......	$\overset{,}{\not{\mathrm{C}}\mathrm{u}}$........	991.95	9964898	79.762	20.238
» Ferricum.......	$\overset{,,,}{\not{\mathrm{F}}\mathrm{e}}$........	1303.304	1150457	53.791	46.209
Bisulfuretum Ferricum	$\overset{,,}{\mathrm{Fe}}$........	752.027	8762335	46.611	53.389
Sulfuretum Ferrosum.	$\overset{,}{\mathrm{Fe}}$........	551.277	7413699	53.585	36.415
» Hydrargyricum.	$\overset{,}{\mathrm{Hg}}$.	1452.04	1619786	86.175	13.825
» Hydrargyrosum.	$\overset{,}{\not{\mathrm{H}}\mathrm{g}}$.	2703.33	4318990	92.574	7.426
» Iridicum.......	$\overset{,,}{\mathrm{Ir}}$.......	1633.58	2131404	75.422	24.578
» Iridosum.......	$\overset{,}{\mathrm{Ir}}$.......	1432.83	1561947	85.99	14.01
» Kalicum.......	$\overset{,}{\mathrm{K}}$.......	689.606	8386010	70.89	29.11
	$\overset{,,}{\mathrm{K}}$.......	890.356	9495637	54.905	45.095
	$\overset{,,,}{\mathrm{K}}$.......	1091.106	0378670	44.804	55.196
	$\overset{,,,,}{\mathrm{K}}$.......	1291.856	1112141	37.841	62.159
	$\overset{,,,,,}{\mathrm{K}}$.......	1492.606	1739451	32.752	67.248
» Lithicum.......	$\overset{,}{\mathrm{Li}}$.......	282.41	4508801	28.915	71.085
» Magnesicum....	$\overset{,}{\mathrm{Mg}}$.	358.89	5549614	44.064	55.936
» Manganosum...	$\overset{,}{\mathrm{Mn}}$.	545.434	7367422	63.193	36.807
» Molybdicum....	$\overset{,,}{\mathrm{Mo}}$.	997.60	9989564	59.754	40.246
» Natricum.......	$\overset{,}{\mathrm{Na}}$.	490.479	6906204	59.071	40.929
	$\overset{,,}{\mathrm{Na}}$.	691.229	8396220	41.915	58.085
	$\overset{,,,}{\mathrm{Na}}$.	891.979	9503546	32.482	67.518
	$\overset{,,,,}{\mathrm{Na}}$.	1092.729	0385124	26.514	73.486
	$\overset{,,,,,}{\mathrm{Na}}$.	1293.479	1117594	22.399	77.601
» Niccolicum....	$\overset{,}{\mathrm{N}}$.......	570.08	7559358	64.786	35.214

SULFURETA.

NOMINA.	SYMBOLA.	Pondera atomica.	Logarithmus ponderum atomicor.	Partes centesimales.	
				Radicalis.	Sulphuris.
Sulfuretum Osmicum..	$\overset{,,}{\mathrm{Os}}$.	1644.124	2159346	75.58	24.42
» Osmiosum......	$\overset{,}{\mathrm{Os}}$.	1443.374	1593789	86.092	13.908
» Sesquiosmiosum.	$\overset{,,,}{\not{\mathrm{O}}\mathrm{s}}$.	3087.498	4896066	80.494	19.506
» Palladosum.....	$\overset{,}{\mathrm{Pd}}$.	866.227	9376317	76.825	23.175
» Platinicum.....	$\overset{,,}{\mathrm{Pt}}$.	1633.58	2131404	75.422	24.578
» Platinosum.....	$\overset{,}{\mathrm{Pt}}$.	1432.83	1561947	85.99	14.01
» Plumbicum.....	$\overset{,}{\mathrm{Pb}}$.	1495.395	1747560	86.575	13.425
» Rhodicum......	$\overset{,,,}{\not{\mathrm{R}}}$.	1906.174	2801626	68.406	31.594
» Stannosum.....	$\overset{,}{\mathrm{Sn}}$......	936.044	9712963	78.553	21.447
» Sesqui-Stannosum	$\overset{,,,}{\not{\mathrm{S}}\mathrm{n}}$.	2072.838	3165654	70.94	29.06
» Stronticum.....	$\overset{,}{\mathrm{Sr}}$......	746.679	8731339	73.115	26.885
	$\overset{,,}{\mathrm{Sr}}$.	947.429	9765466	57.622	42.378
	$\overset{,,,}{\mathrm{Sr}}$......	1549.679	1902417	35.229	64.771
» Uranicum......	$\overset{,,,}{\not{\mathrm{U}}}$.......	2088.00	3197305	71.157	28.843
» Uranosum....	$\overset{,}{\mathrm{U}}$.......	943.625	9747994	78.726	21.274
» Wolframicum...	$\overset{,,}{\mathrm{W}}$.......	1589.86	2013589	74.746	25.254
» Zincicum......	$\overset{,}{\mathrm{Zn}}$.......	607.341	7834326	66.946	33.054

SALIA, FUNDAMENTUM CALCULO SÆPIUS PRÆBENTIA.

NOMINA.	SYMBOLA.	Pondera atomica.	Logarithmus ponderum atomicor.
Acetas Plumbicus	$\dot{Pb}\,\dddot{A}c$	2032.56	3080434
Brometum Argenticum	Ag Br	2349.28	3709348
Chloretum Ammonicum	NH^4 Cl	668.26	8249455
» Argenticum	Ag Cl	1792.94	2535658
» Baricum	Ba Cl	1298.57	1134654
» Hydrargyricum	Hg Cl	1694.57	2290595
» Hydrargyrosum	Hg Cl	2945.86	4692122
» Kalicum	K Cl	932.1365	9694796
» Natricum	Na Cl	733.009	8651093
» Platinico-Ammonicum	$NH^4Cl + PtCl^2$	2786.90	4451214
» Platinico-Kalicum	$K\,Cl + Pt\,Cl^2$	3050.776	4844103
» Platinico-Natricum	$NaCl + PtCl^2$	2851.65	4550962
» Plumbicum	Pb Cl	1737.925	2400311
Carbonas Argenticus	$\dot{Ag}\,\ddot{C}$	1724.78	2367338
» Baricus	$\dot{Ba}\,\ddot{C}$	1230.41	0900498
» Calcicus	$\dot{Ca}\,\ddot{C}$	626.771	7971089
» Kalicus	$\dot{K}\,\ddot{C}$	863.976	9365017
» Natricus	$\dot{Na}\,\ddot{C}$	664.85	8227237
» Plumbicus	$\dot{Pb}\,\ddot{C}$	1669.765	2226554
» Stronticus	$\dot{Sr}\,\ddot{C}$	921.05	9642832
Cyanetum Argenticum	Ag Cy	1674.96	2240044
» Palladicum	Pd Cy	990.777	9959759
Fluoretum Calcicum	Ca F	487.086	6876062
Fluosilicietum Baricum	$3BaF + 2SiF^3$	5240.34	7193595

SALIA, FUNDAMENTUM CALCULO SÆPIUS PRÆBENTIA.

NOMINA.	SYMBOLA.	Pondera atomica.	Logarithmus ponderum atomicor.
Fluosilicietum Kalicum.	$3K\bar{F}+2Si\bar{F}^3$.	4141.04	6171094
Iodetum Argenticum	$Ag\,\bar{I}$.	2935.65	4677043
» Palladicum	$Pd\,\bar{I}$.	2251.47	3524662
Nitras Stronticus	$\dot{Sr}\,\overset{\therefore\cdot\cdot}{\bar{N}}$.	1320.99	1208995
Oxalas Calcicus	$\dot{Ca}\,\dddot{\bar{C}}$.	801.891	9041154
Phosphas Sesquiplumbicus	$\dot{Pb}^3\,\overset{\therefore\cdot\cdot}{\bar{P}}$.	5075.98	7055200
Sulphas Baricus	$\dot{Ba}\,\dddot{S}$.	1456.04	1631733
» Calcicus	$\dot{Ca}\,\dddot{S}$.	852.401	9306439
» Kalicus	$\dot{K}\,\dddot{S}$.	1089.606	0372695
» Magnesicus	$\dot{Mg}\,\dddot{S}$.	758.89	8801788
» Plumbicus	$\dot{Pb}\,\dddot{S}$.	1895.395	2776998
» Stronticus	$\dot{Sr}\,\dddot{S}$.	1146.679	0594418
Bi-Tartras Kalicus	$\dot{K}\,\overset{\therefore\cdot\cdot}{Tr}^2+\dot{\bar{H}}$.	2352.216	3714772
Tartras Plumbicus	$\dot{Pb}\,\overset{\therefore\cdot\cdot}{Tr}$.	2220.085	3463697

MULTIPLA					
OXYGENII.			HYDROGENII (Atomi duplices).		
O	100	0000000	H	12.48	0962146
2	200	3010300	2	24.96	3972446
3	300	4771213	3	37.44	5733358
4	400	6020600	4	49.92	6982746
5	500	6989700	5	62.40	7951846
6	600	7781513	6	74.88	8743658
7	700	8450980	7	87.36	9413126
8	800	9030900	8	99.84	9993046
9	900	9542425	9	112.32	0504571
10	1000	0000000	10	124.80	0962146
11	1100	0413927	11	137.28	1376073
12	1200	0791812	12	149.76	1753958
13	1300	1139434	13	162.24	2101579
14	1400	1461280	14	174.72	2423426
15	1500	1760913	15	187.20	2723058
16	1600	2041200	16	199.68	3003346
17	1700	2304489	17	212.16	3266635
18	1800	2552725	18	224.64	3514871
19	1900	2787536	19	237.12	3749682
20	2000	3010300	20	249.60	3972446
21	2100	3222193	21	262.08	4184339
22	2200	3424227	22	274.56	4386373
23	2300	3617278	23	287.04	4579424
24	2400	3802112	24	299.52	4764258
25	2500	3979400	25	312.00	4941546
			26	324.48	5111879
			27	336.96	5275783
			28	349.44	5433726
			29	361.92	5586126
			30	374.40	5733358

MULTIPLA					
HYDROGENII (Atomi duplices).			NITROGENII (Atomi duplices).		
31	386.88	5875763	N	175.06	2431869
32	399.36	6013646	2	350.12	5442169
33	411.84	6147285	3	525.18	7203082
34	424.32	6276935	4	700.24	8452469
35	436.80	6402826	5	875.30	9421569
36	449.28	6525171	6	1050.36	0213382
37	461.76	6644163	7	1225.42	0882850
38	474.24	6759982	8	1400.48	1472769
39	486.72	6872792	9	1575.54	1974294
40	499.20	6982746	10	1750.60	2431869
41	511.68	7089984	11	1925.66	2845797
42	524.16	7194639	12	2100.72	3223681
43	536.64	7296830	13	2275.78	3571303
44	549.12	7396673	14	2450.84	3893150
45	561.60	7494271	15	2625.90	4192782
46	574.08	7589724	16	2800.96	4473069
47	586.56	7683124	17	2976.02	4736358
48	599.04	7774558	18	3151.08	4984594
49	611.52	7864107	19	3326.14	5219405
50	624.00	7951846	20	3501.20	5442169
51	636.48	8037848			
52	648.96	8122179			
53	661.44	8204905			
54	673.92	8286083			
55	686.40	8365773			
56	698.88	8444026			
57	711.36	8520894			
58	723.84	8596426			
59	736.32	8670666			
60	748.80	8743658			

MULTIPLA					
CARBONICI.			CARBONICI.		
C	75.12	8757556	31	2328.72	3671172
2	150.24	1767856	32	2403.84	3809055
3	225.36	3528768	33	2478.96	3942695
4	300.48	4778156	34	2554.08	4072345
5	375.60	5747256	35	2629.20	4198236
6	450.72	6539068	36	2704.32	4320581
7	525.84	7208536	37	2779.44	4449573
8	600.96	7788456	38	2854.56	4555391
9	676.08	8299981	39	2929.68	4668202
10	751.20	8757556	40	3004.80	4778156
11	826.32	9171483	41	3079.92	4885394
12	901.44	9549368	42	3155.04	4990049
13	976.56	9896989	43	3230.16	5092241
14	1051.68	0218836	44	3305.28	5192083
15	1126.80	0518468	45	3380.40	5289681
16	1201.92	0798755	46	3455.52	5385134
17	1277.04	1062045	47	3530.64	5478534
18	1352.16	1310281	48	3605.76	5569969
19	1427.28	1545093	49	3680.88	5659516
20	1502.40	1767856	50	3756.00	5747256
21	1577.52	1979749	51	3831.12	5833258
22	1652.64	2181782	52	3906.24	5917590
23	1727.76	2374834	53	3981.36	6000314
24	1802.88	2559668	54	4056.48	6081494
25	1878.00	2736956	55	4131.60	6161183
26	1953.12	2907289	56	4206.72	6239436
27	2028.24	3071194	57	4281.84	6316304
28	2103.36	3229136	58	4356.96	6391835
29	2178.48	3381536	59	4432.08	6466076
30	2253.60	3528768	60	4507.20	6539068

MULTIPLA

	AQUÆ.			AQUÆ.	
H	112.48	0510753	16	1799.68	2551954
2	224.96	3521053	17	1912.16	2815242
3	337.44	5281966	18	2024.64	3063478
4	449.92	6531353	19	2137.12	3298289
5	562.40	7500453	20	2249.60	3521053
6	674.88	8292266	21	2362.08	3732947
7	787.36	8961733	22	2474.56	3934981
8	899.84	9541653	23	2587.04	4128031
9	1012.32	0053178	24	2699.52	4312865
10	1124.80	0510753	25	2812.00	4490153
11	1237.28	0924681	26	2924.48	4660487
12	1349.76	1302565	27	3036.96	4824391
13	1462.24	1650187	28	3149.44	4982333
14	1574.72	1972033	29	3261.92	5134733
15	1687.20	2271666	30	3374.40	5281966

TABLE DES MATIÈRES.

FIN DE LA TABLE DU TOME QUATRIÈME.

www.ingramcontent.com/pod-product-compliance
Ingram Content Group UK Ltd.
Pitfield, Milton Keynes, MK11 3LW, UK
UKHW021838190726
13855UKWH00001B/42